建筑CAD施工图系列丛书

教育建筑

教育建筑CAD资料集

幼儿园 / 小学 / 中学 / 大学

主 编：樊思亮 刘 嘉 杨佳力

中国林业出版社
China Forestry Publishing House

图书在版编目（CIP）数据

教育建筑 / 樊思亮, 刘嘉, 林 园 主编. -- 北京 :中国林业出版社, 2015.5
（建筑CAD施工图系列）

ISBN 978-7-5038-7946-3

Ⅰ. ①教… Ⅱ. ①樊… ②刘… ③林… Ⅲ. ①教育建筑–建筑设计–计算机辅助设计–AutoCAD软件 Ⅳ. ①TU244-39

中国版本图书馆CIP数据核字(2015)第069512号

本书编委会
主　编：樊思亮　刘　嘉　林　园
副主编：尹丽娟　孔　强　郭　超　杨仁钰
参与编写人员：
陈　婧　张文媛　陆　露　何海珍　刘　婕　夏　雪　王　娟　黄　丽　程艳平　高丽媚
汪三红　肖　聪　张雨来　陈书争　韩培培　付珊珊　高囡囡　杨微微　姚栋良　张　雷
傅春元　邹艳明　武　斌　陈　阳　张晓萌　魏明悦　佟　月　金　金　李琳琳　高寒丽
赵乃萍　裴明明　李　跃　金　楠　邵东梅　李　倩　左文超　李凤英　姜　凡　郝春辉
宋光耀　于晓娜　许长友　王　然　王竞超　吉广健　马宝东　于志刚　刘　敏　杨学然

中国林业出版社·建筑与家居出版分社
责任编辑：王　远　李　顺
出版咨询：（010）83143569

出　版：中国林业出版社（100009 北京西城区德内大街刘海胡同7号）
网　站：http://lycb.forestry.gov.cn/
印　刷：北京卡乐富印刷有限公司
发　行：中国林业出版社
电　话：（010）83143500
版　次：2016年7月第1版
印　次：2016年7月第1次
开　本：889mm×1194mm 1／8
印　张：26.5
字　数：200千字
定　价：128 .00元

前　言

自前几年组织相关单位编写CAD图集（内容涵盖建筑、规划、景观、室内等内容）以来，现CAD系列图书在市场也形成一定规模，从读者对整个系列图集反映来看，值得整个编写团队欣慰。

本系列丛书的出版初衷，是致力于服务广大设计同行。作为设计者，没有好的参考资料，仅以自身所学，很难快速有效提高。从这方面看，CAD系列的出版，正好能解决设计同行没有参考材料，没有工具书的困惑。

本套四册书从广场景观、住宅区景观、别墅建筑、教育建筑这几个现阶段受大家关注的专题入手，每分册收录项目案例近100项，基本能满足相关设计人员所需要材料的要求。

就整套图集的全面性和权威性而言，我们联合了近20所建筑计院所编写这套图集，严格按照建筑及施工设计标准制定规范，让设计师在设计和制作施工图时有据可依，有章可循，并且能依此类推，应用至其他施工图中。

另外，我们对这套书作了严格的版权保护，光盘进行了严格的加密，这也是对作品提供者的保护和认同，我们更希望读者们有版权保护的意识，为我国的版权事业贡献力量。

如一位策划编辑所言，最终检验我们付出劳动的验金石——市场，才会给我们最终的答案。但我们仍然信心百倍。

施工图是建筑设计中既基础而又非常重要的一部分，无论对于刚入行的制图员，还是设计大师，都是必不可少的一门技能。但这绝非一朝一夕能练就，就像一句古语："千里之行，始于足下"，希望广大的设计者能从这里得到些东西，抑或发现些东西，我们更希望大家提出意见，甚或是批评，指导我们做得更好！

编著者
2016年3月

目　录
Contents

A 幼儿园 Nursery School

广元市某五层幼儿园建筑方案 ··· 008
哈尔滨欧式幼儿园建筑方案图 ··· 010
杭州第九班幼儿园建筑施工图 ··· 012
杭州幼儿园建筑施工图 ··· 014
杭州幼儿园九班建筑施工图 ··· 016
合肥小区幼儿园三层六班建筑扩初图 ··· 018
贺州桂东社区幼儿园三层九班建筑施工图 ··· 020
淮南新城二期幼儿园建筑施工图 ··· 022
济南城市中心区三层幼儿园建筑施工图 ··· 024
江苏科学院幼儿园三层九班建筑施工图 ··· 026
江苏欧式幼儿园二十四班建筑施工图 ··· 028
连云港小区幼儿园建筑方案图 ··· 030
南京威尼斯水城幼儿园建筑施工图 ··· 032
南京小区幼儿园三层十二班建筑施工图 ··· 034
欧式风格幼儿园六班建筑方案图 ··· 036
陕西城堡幼儿园六层建筑施工图 ··· 038
上海闵行区幼儿园、托儿所班建筑施工套图 ··· 040
上海幼儿园十五班建筑方案图 ··· 042
深圳幼儿园三层建筑方案图 ··· 044
温州幼儿园三层六班建筑施工图 ··· 046
无锡幼儿园三层十二班建筑施工图 ··· 048
武汉仿欧式小区配套幼儿园建筑施工套图 ··· 050
厦门幼儿园四层十二班建筑施工图 ··· 052
幼儿园三层六班建筑施工图 ··· 054
幼儿园四层九班建筑扩初图 ··· 056
四层五班幼儿园建筑扩初图 ··· 058
幼儿园三层九班建筑方案图 ··· 060
幼儿园三层9班建筑扩初图 ··· 062
幼儿园三层9班建筑扩初图 ··· 064
现代型幼儿园三层建筑方案图 ··· 066
住宅区小型幼儿园四班建筑施工图 ··· 068
幼儿园三层六班建筑方案图 ··· 070

B 小学 Junior School

安徽小学三层教学楼建筑扩初图 ··· 072
北京欧式四层小学教学楼建筑施工图 ··· 074
福建小学五层三十六班教学楼建筑方案图 ··· 076
贵阳某四层教学楼建筑方案图 ··· 078
江苏学校五层欧式综合楼建筑施工图 ··· 080
辽宁锦州小学四层欧式教学楼建筑施工图 ··· 082
上海6层教学楼建筑施工图 ··· 084
武昌花园社区中心小学校建筑施工图 ··· 086
营口朝鲜族小学三层教学综合楼建筑施工图 ··· 088
永嘉县某小学四层教学楼建筑施工图 ··· 090
重庆四层教学楼建筑初步图 ··· 092
重庆中西式小学四层教学楼建筑方案图 ··· 094
遵义某小学四层教学楼建筑施工图 ··· 096
五层外廊式教学楼建筑施工图 ··· 098
小学五层行政楼建筑施工图 ··· 100
小学六层宿舍建筑施工图 ··· 102
小学四层教学综合楼建筑施工图 ··· 104
小学四层教学楼建筑图 ··· 106
小学科技综合楼建筑扩初图 ··· 108
学校五层综合楼建筑扩初图 ··· 110
四层小学教学楼建筑扩初图 ··· 112
小学三层教学楼建筑扩初图 ··· 114
欧式小学建筑设计方案 ··· 116
九层学校综合楼建筑施工图 ··· 118
四层学校综合楼建筑施工图 ··· 120

目 录
Contents

三层小学教学楼建筑施工图 …… 122
三层小学教学楼建筑方案图 …… 124

C 中学 Middle School

安徽中学五层教学实验楼建筑方案图 …… 126
广西南宁中学六层教学楼建筑施工图 …… 128
杭州中学四层综合楼建筑施工图 …… 130
杭州中学五层教学楼建筑施工图 …… 132
杭州中学五层教学楼建筑施工图 …… 134
临汾中学三层教学楼建筑扩初图 …… 136
烟台市中学六层教学楼建筑方案 …… 138
重庆中学五层学生宿舍建筑施工图 …… 140
舟山五层中学教学楼的建筑施工图 …… 142
六层中学教学楼综合楼施工图 …… 144
中学四层实验楼建筑结构施工图 …… 146
中学四层实验楼建筑结构施工图 …… 148
中学三层32班教学楼建筑方案图 …… 150
职业中学教学楼建筑施工图 …… 152

D 大学 University

安徽大学校设计扩初图 …… 154
安徽校区实验楼建筑施工图 …… 156
安徽学院七层教学实验楼建筑设计方案 …… 158
北京八层音乐学院建筑方案图 …… 160
东北某商学院教学楼建筑施工图 …… 162
涪陵学校综合楼建筑扩初图 …… 164
福州大学教学综合楼建筑施工图 …… 166
华南实验楼建筑施工图 …… 168
惠州学院六层教学综合楼建筑施工图 …… 170
兰州某大学建筑方案图 …… 172
南海教学楼建筑施工图 …… 174
宁夏理工建筑施工图 …… 176
青岛理工大学施工图 …… 178
上海大学教学楼建筑施工图 …… 180
上海知名高校二层礼堂建筑方案图 …… 182
上海知名高校七层教学楼扩建施工图 …… 184
四川美术学院雕塑系六层教学楼建筑方案图 …… 186
宿迁市大学实训楼建筑施工图 …… 188
宿迁市电视大学新区5号教学楼建筑施工图 …… 190
宿迁市电视大学新区6号教学楼建筑施工图 …… 192
宿迁市教学楼建筑施工图 …… 194
宿迁市某电视大学新区大门建筑施工图 …… 196
宿迁市学校新区实训楼建筑 …… 198
天津大学六层教学楼建筑施工图 …… 200
新疆大学框架结构礼堂建筑施工图 …… 202
扬州大学六层教学楼建筑方案图 …… 204
中山某学院四层教学楼建筑施工图 …… 206
重庆商学院艺术学院建筑施工图 …… 208
重庆学校六层教学楼建筑施工图 …… 210

幼儿园 / 小学 / 中学 / 大学

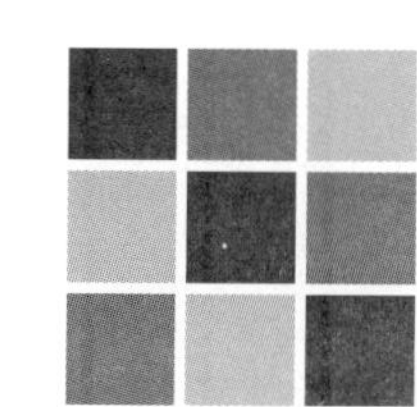

>广元市五层幼儿园建筑方案

设计说明

幼儿园规模：大型（10-12班以上）
建筑风格：现代结构类型
高度类别：多层建筑
结构形式：钢筋混凝土结构
框架图纸深度 ：方案（初设图）

设计风格：现代风格设计流派
图纸张数：10张
容积率：1.67
建筑密度：38.3%
建筑高度：18m

内容简介

本套图纸包括：建筑设计说明，总图，各层建筑平面，立面，剖面图，共10张图纸。
设计功能包括：室内公共活动场，中厅，乳儿室，喂奶室，配乳室，晨检室，医务室，隔离室，寝室，盥洗室，衣帽间，活动室，音体室，办公室等。

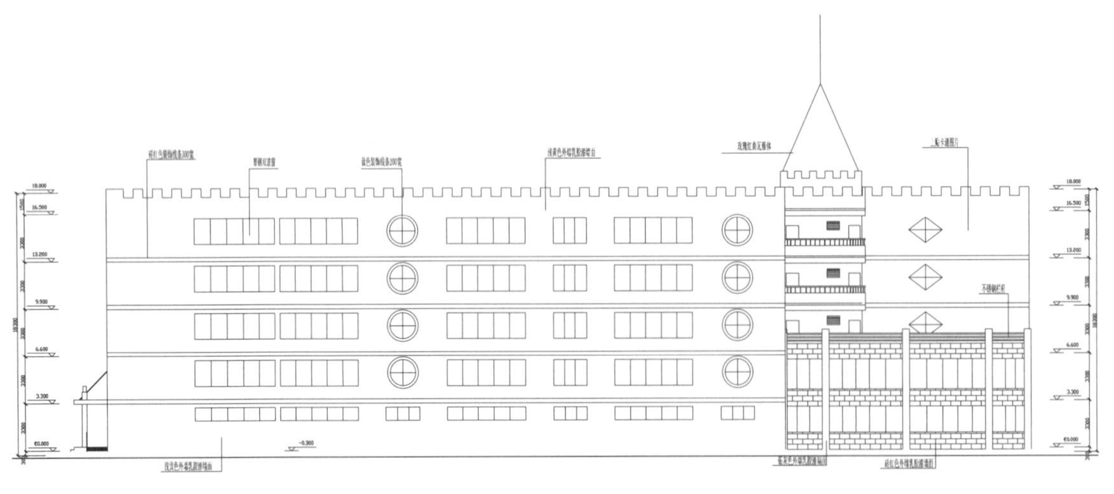

立面图

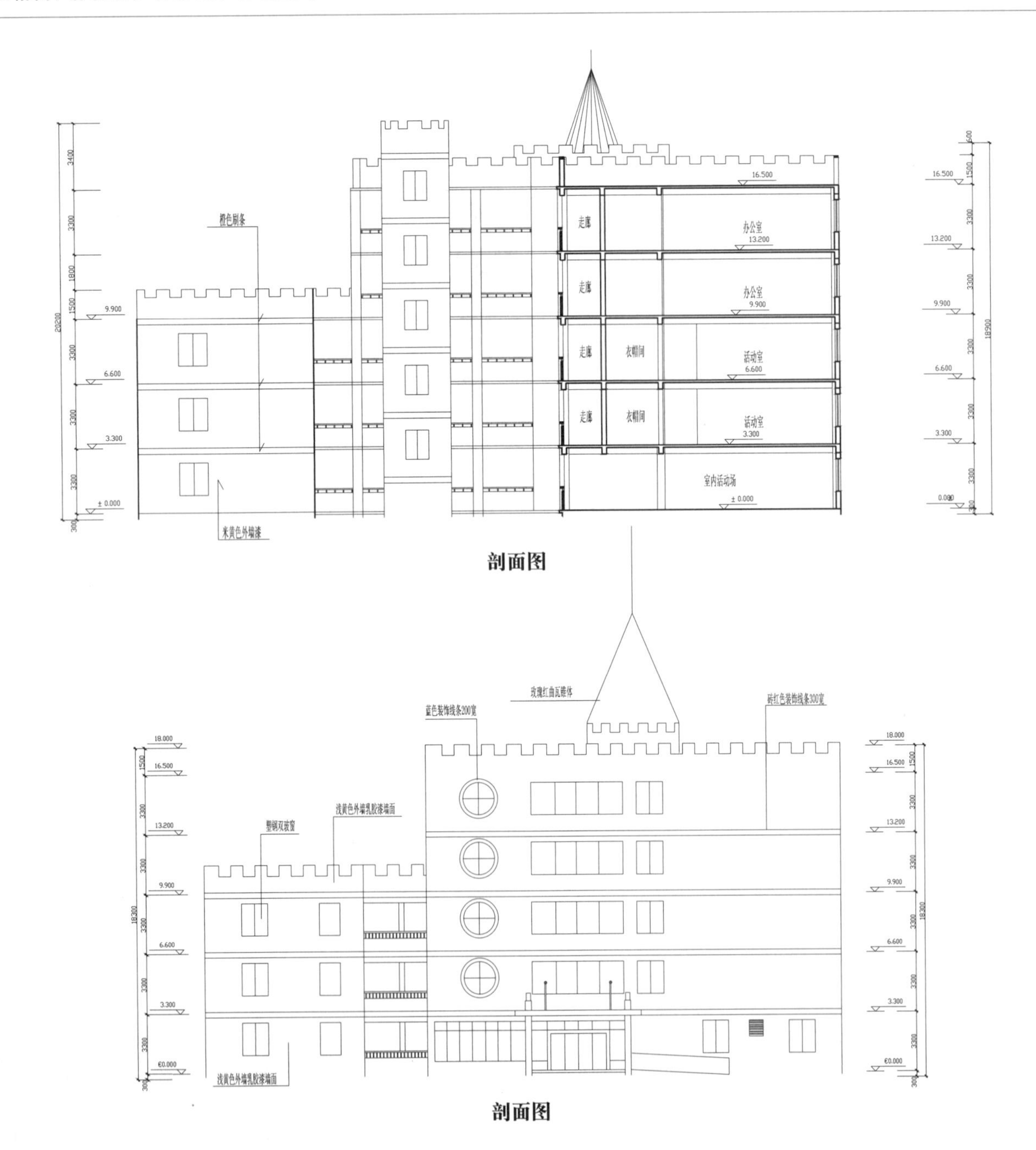

剖面图

剖面图

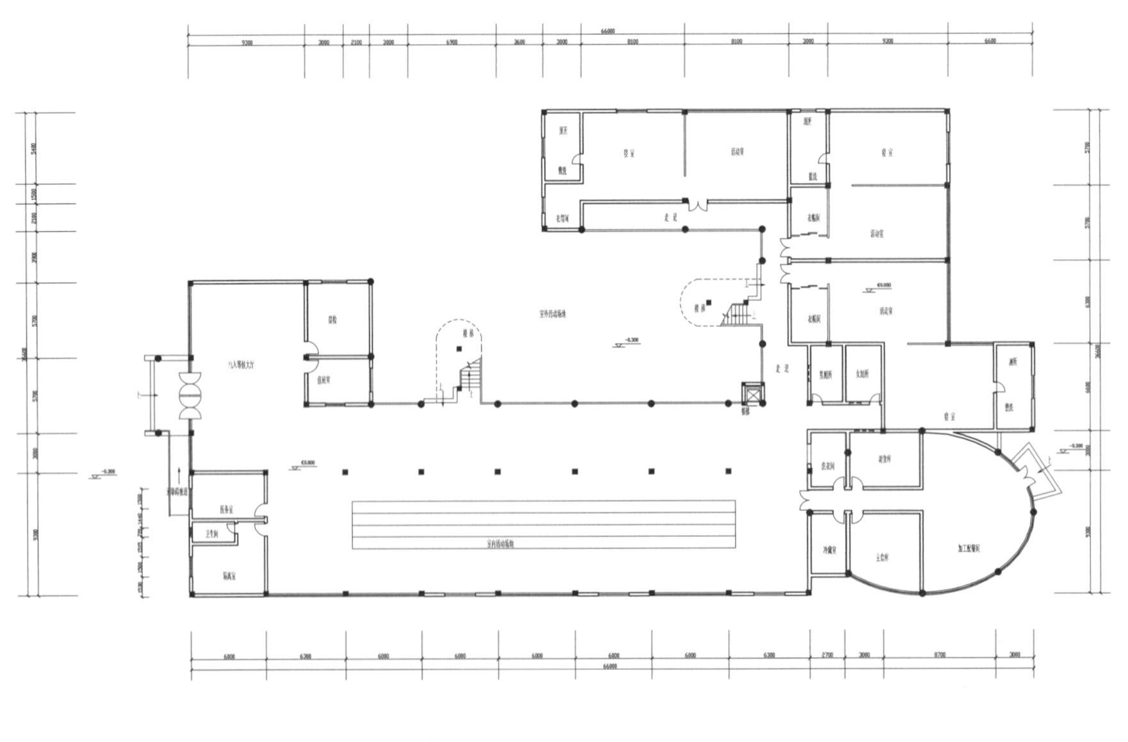

一层平面图

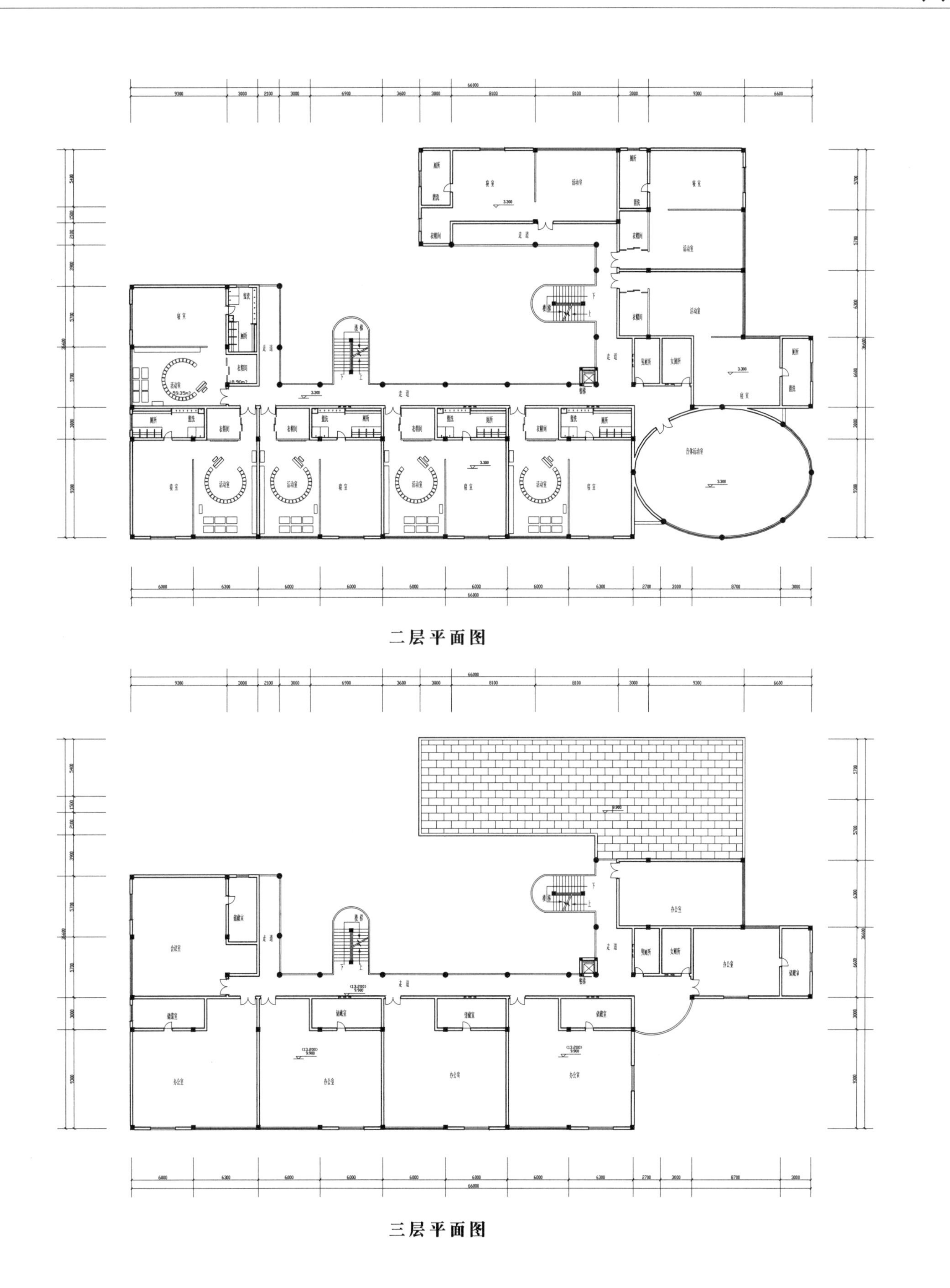

二层平面图

三层平面图

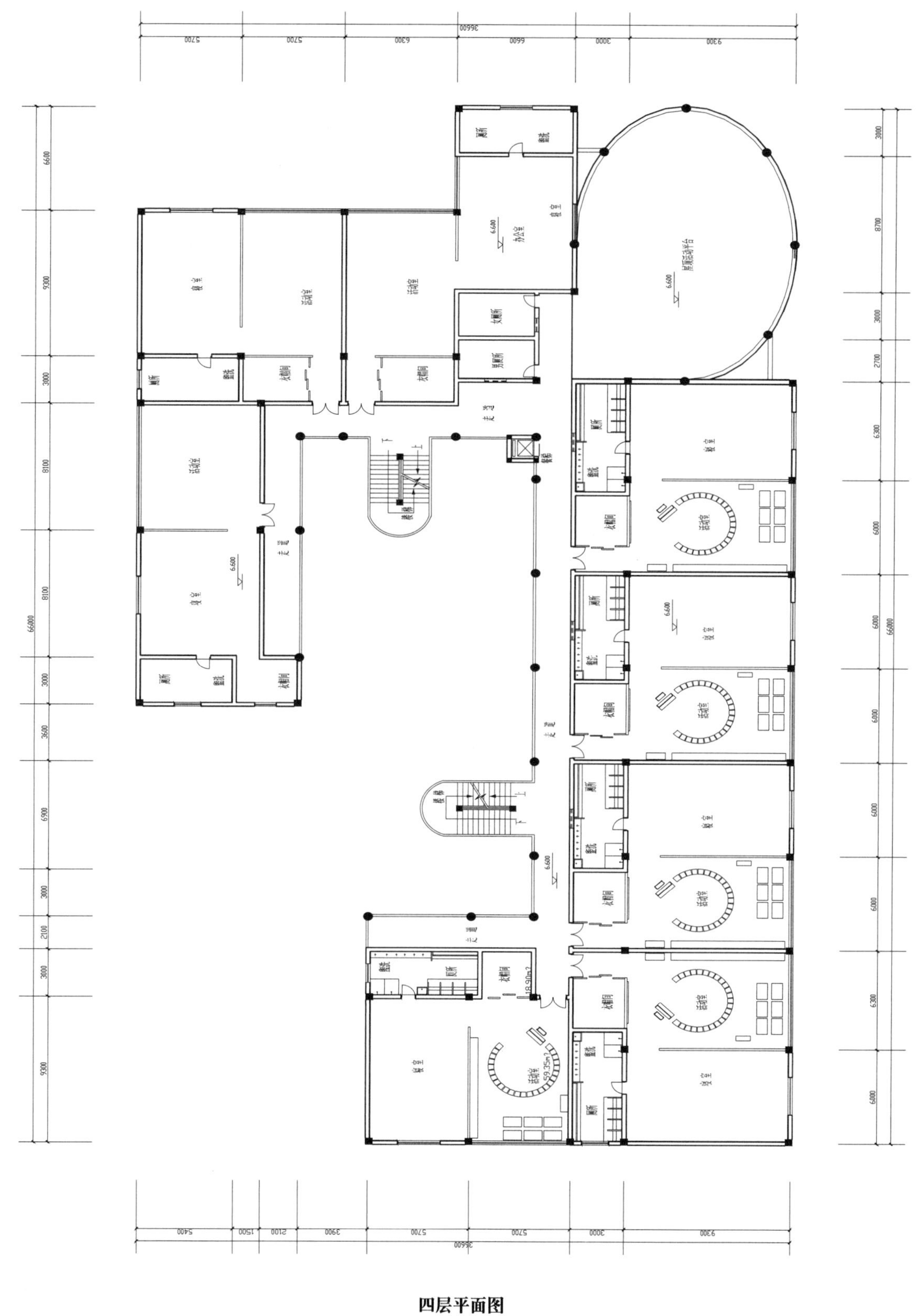

四层平面图

>哈尔滨欧式幼儿园建筑方案图

设计说明

幼儿园规模：中型（6-9班）
高度类别：多层建筑
结构形式：钢筋混凝土结构
框架图纸深度 ：方案（初设图）

设计风格：欧陆风格设计
图纸张数：15张
建筑密度：38.3%
建筑高度：12.75m

内容简介

本套图纸包括：建筑扩初图，建筑平面图、立面图、剖面图和节点详图，共15张图。

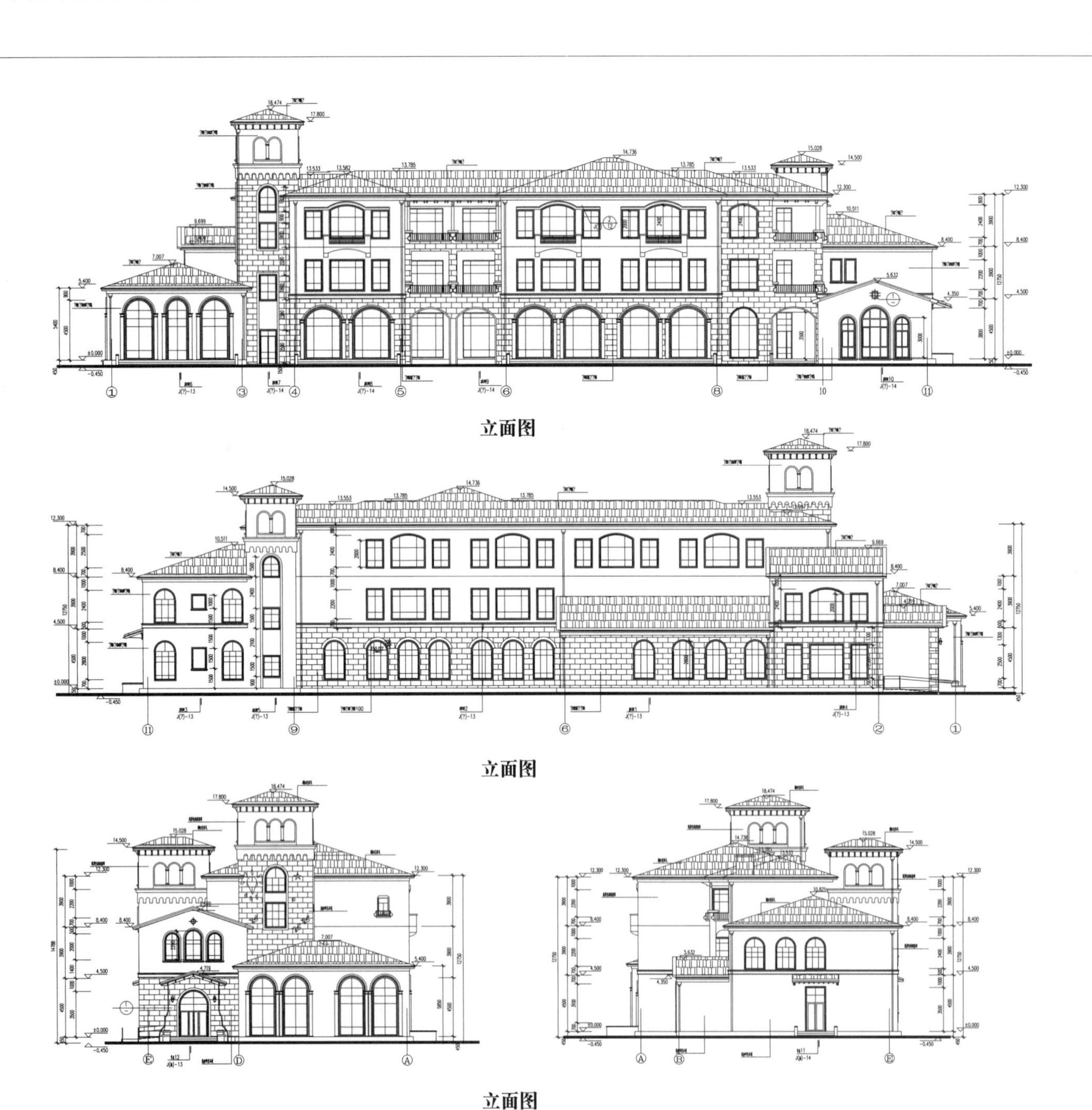

立面图

立面图

立面图

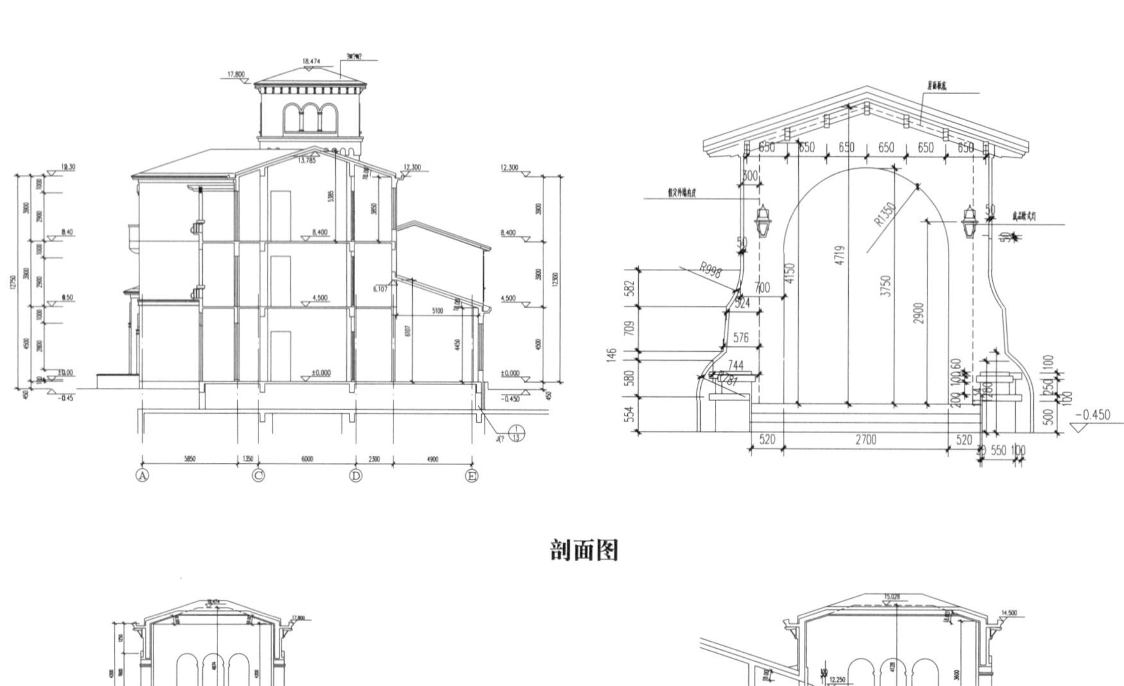

剖面图

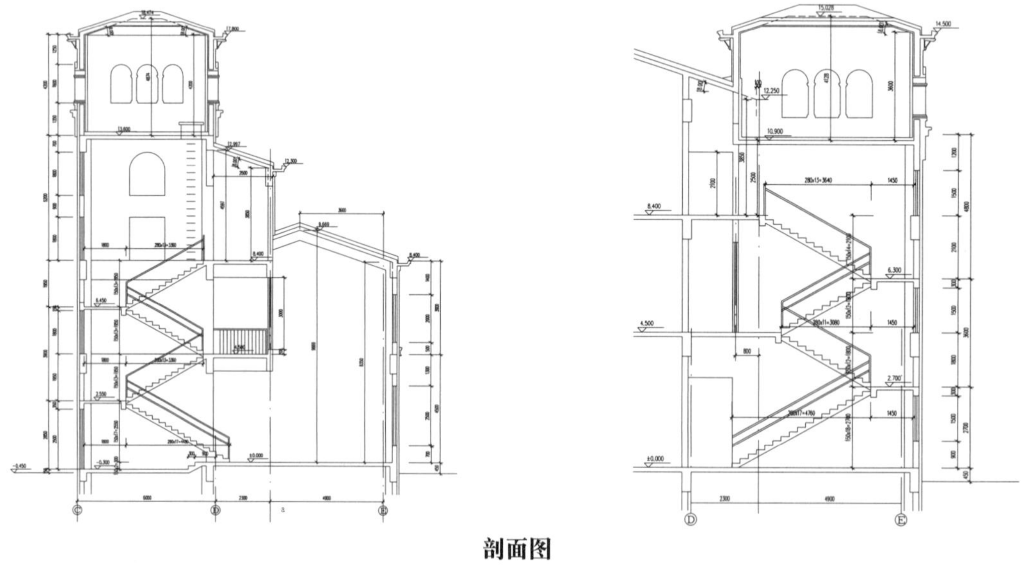

剖面图

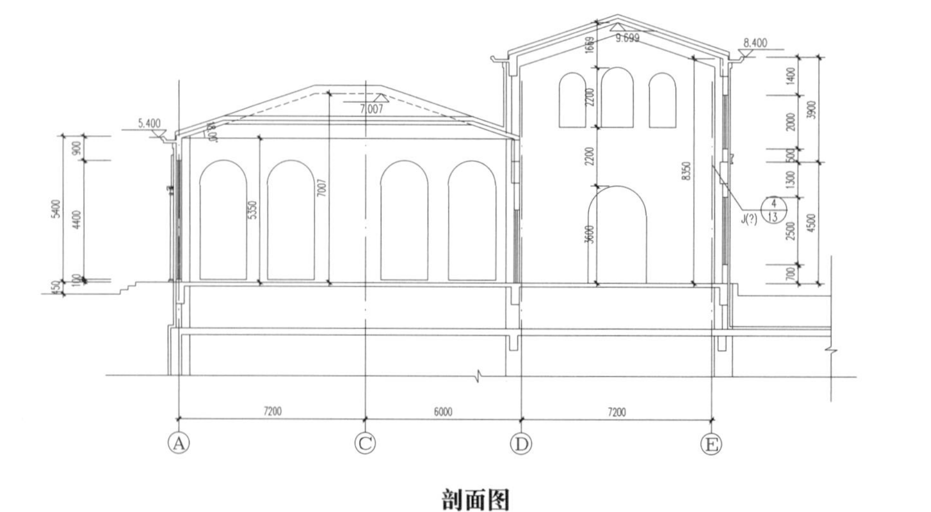

剖面图

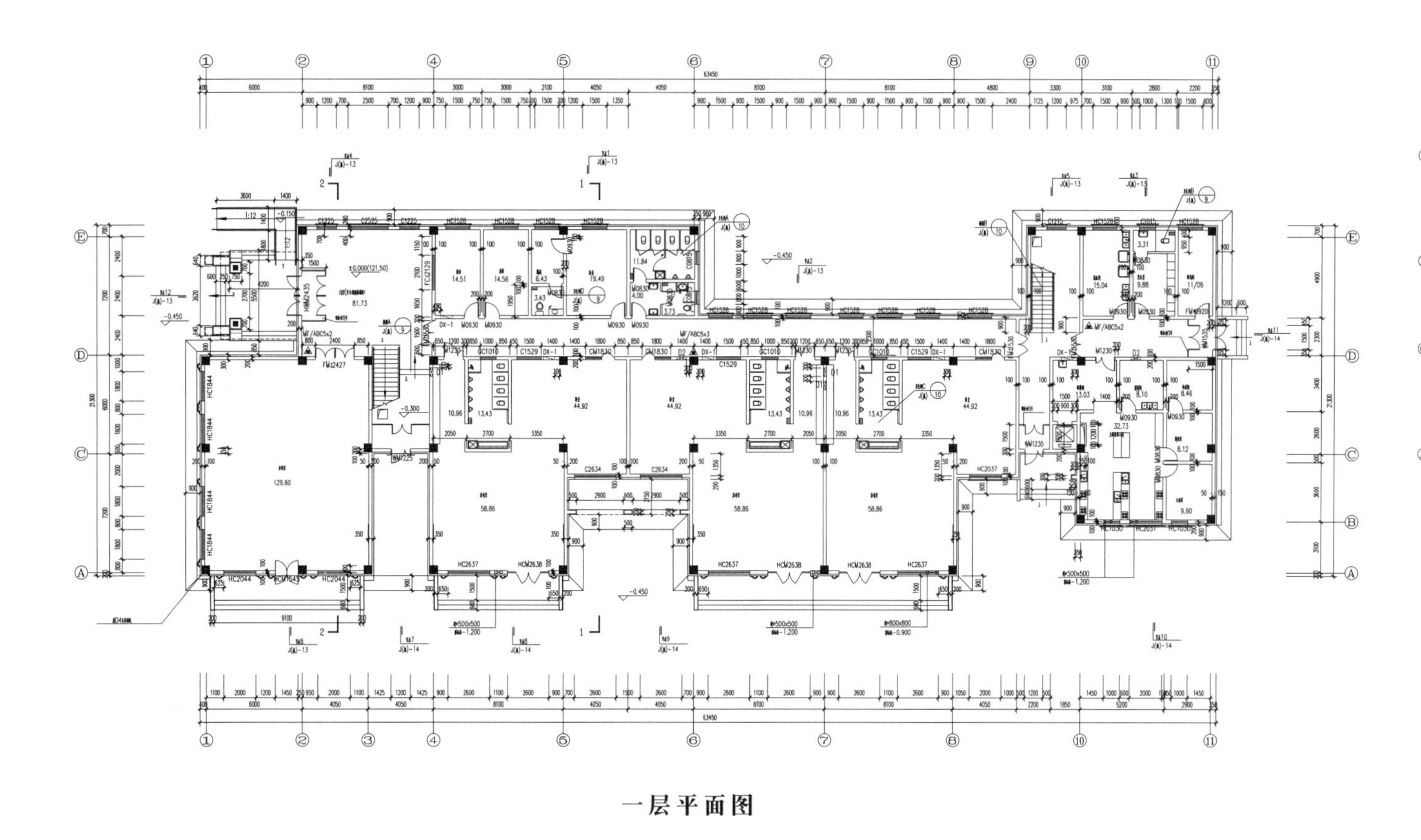

一层平面图

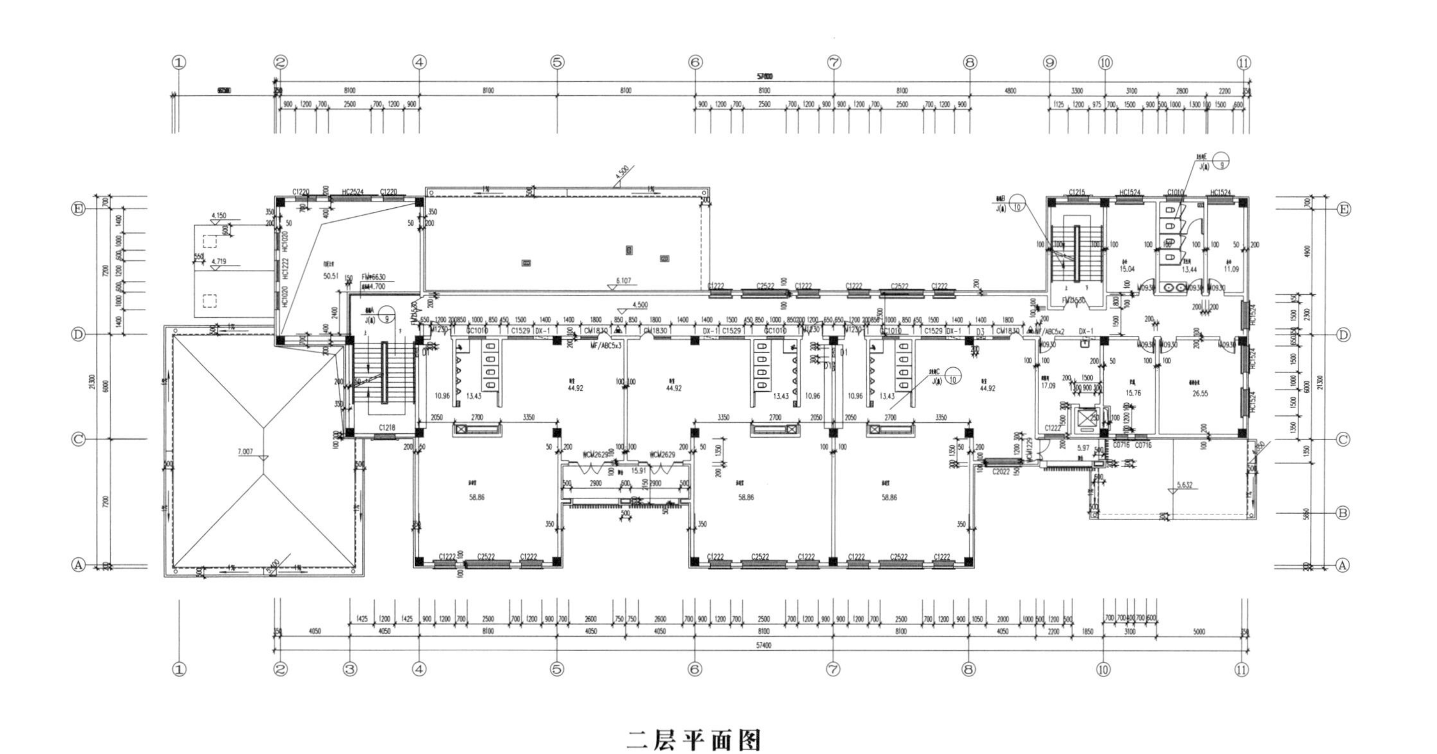

二层平面图

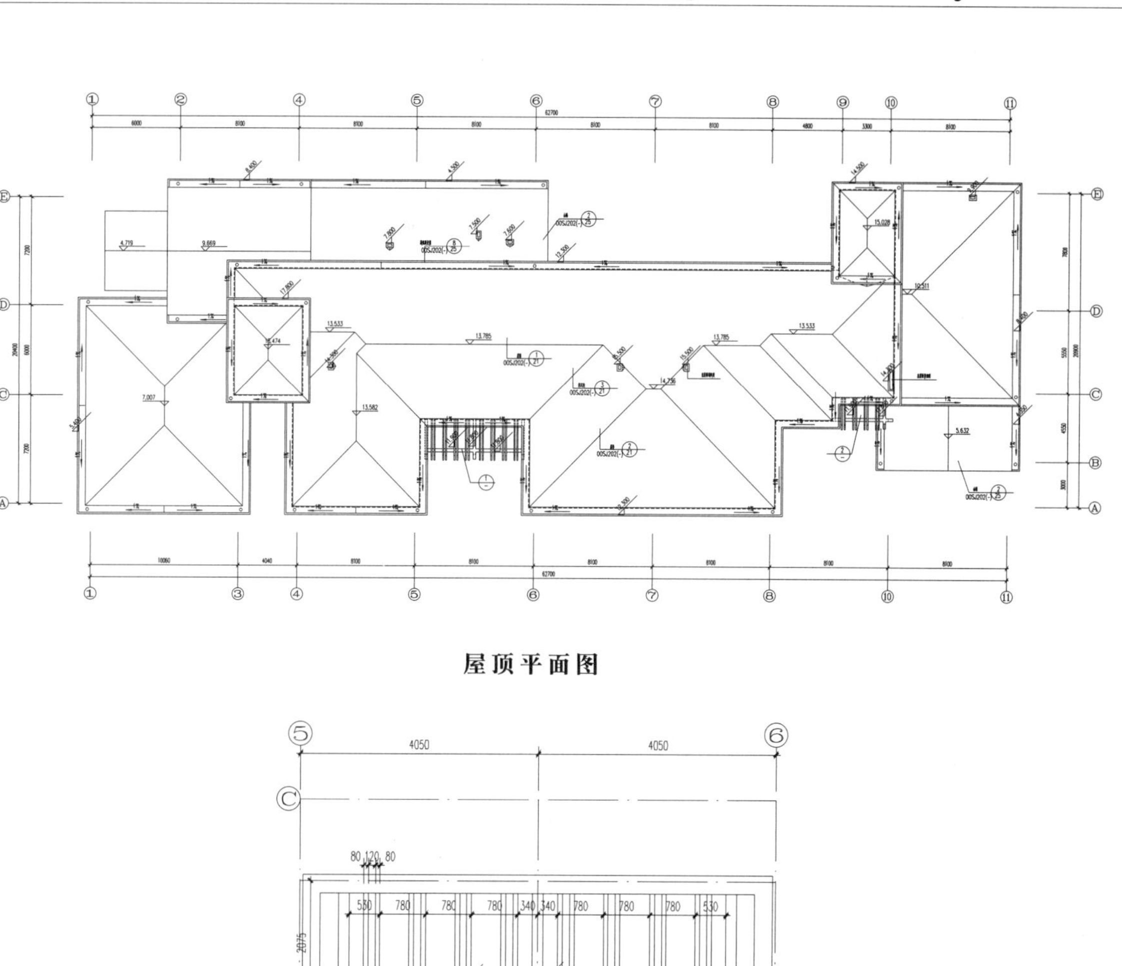

屋顶平面图

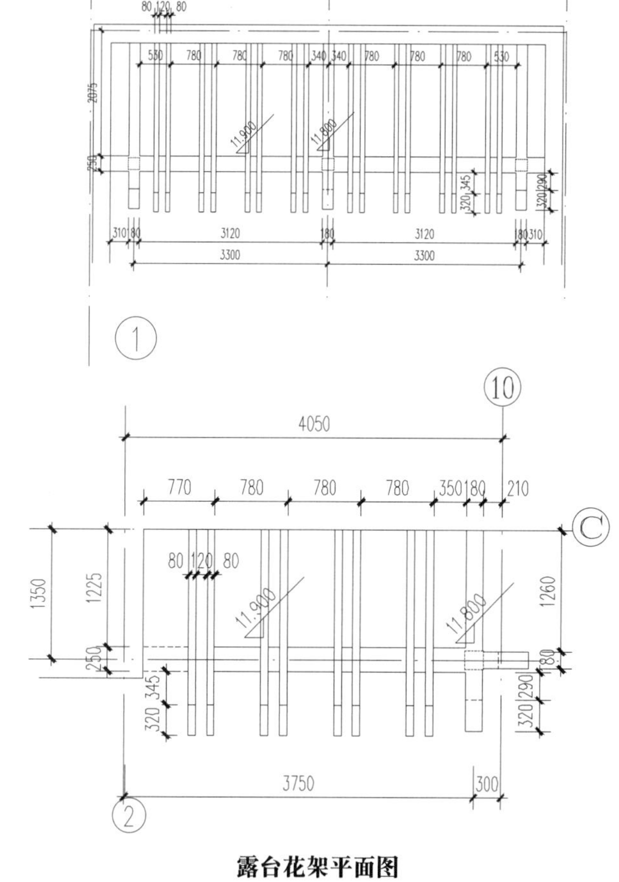

露台花架平面图

> 杭州九班幼儿园建筑施工图

设计说明

幼儿园规模：中型（6-9班）
建筑风格：哈佛红
高度类别：多层建筑
框架图纸深度 ：方案（初设图）

设计风格：哈佛红
图纸张数：14张
建筑高度：12.3m

内容简介

本套图纸包括：建筑设计说明、一层平面图、二层平面图、三层平面图、屋顶层平面图、立面图、剖面图、楼梯详图、阳台大样，卫生间详图、节点大样图、门窗大样

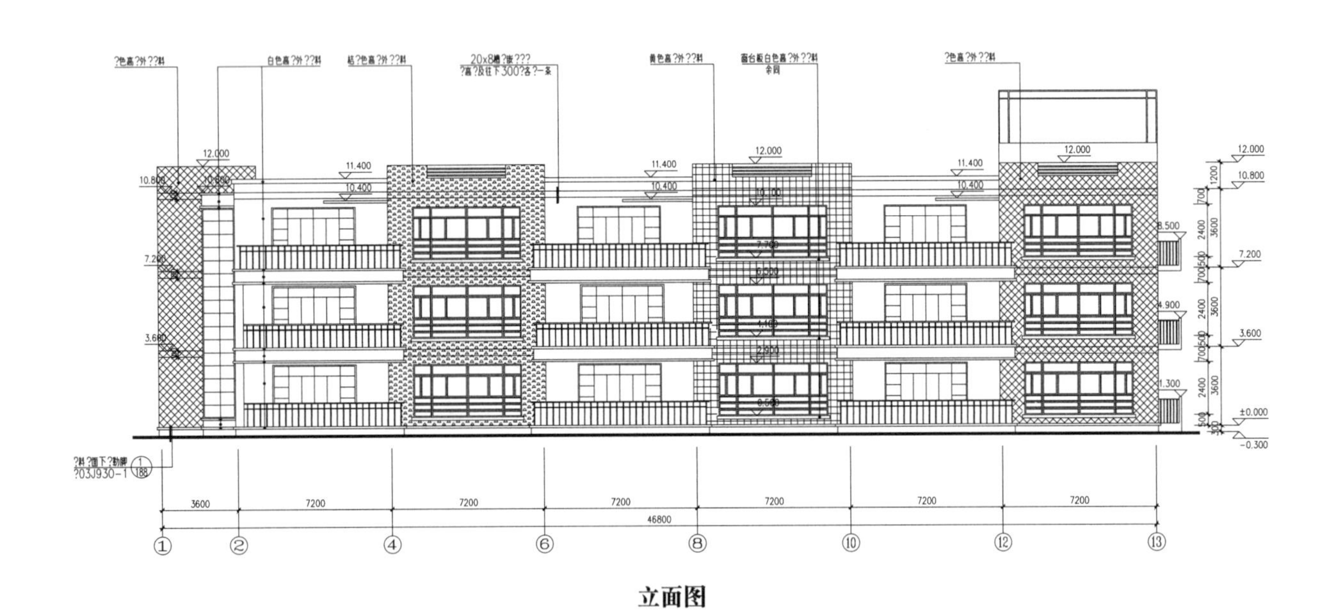

立面图

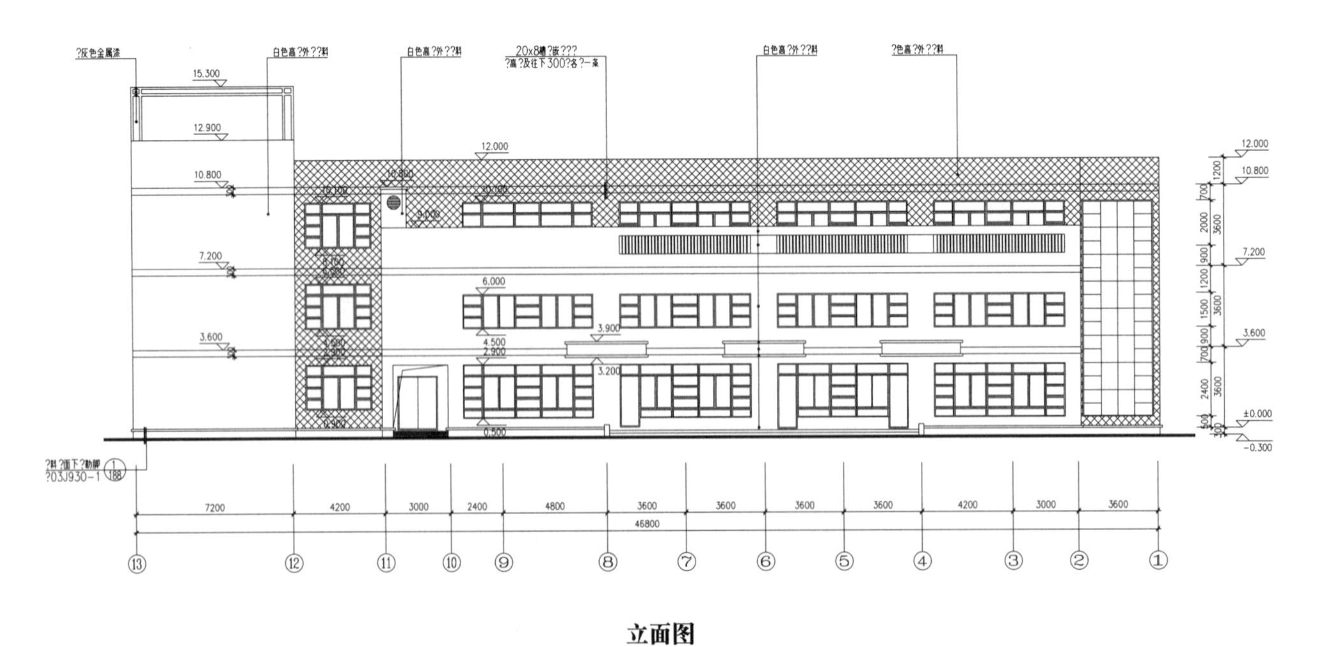

立面图

立面图

剖面图

剖面图

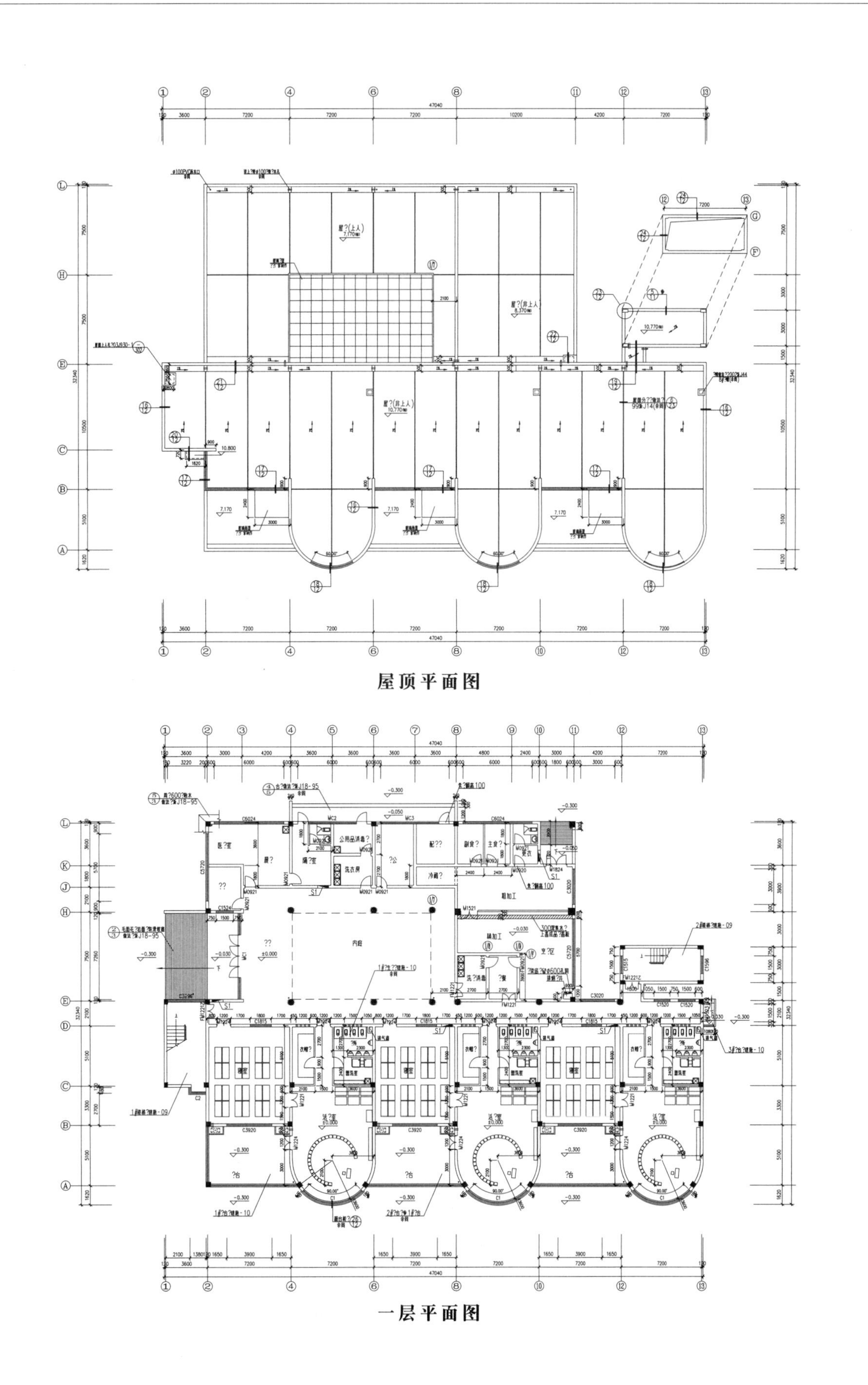

屋顶平面图

一层平面图

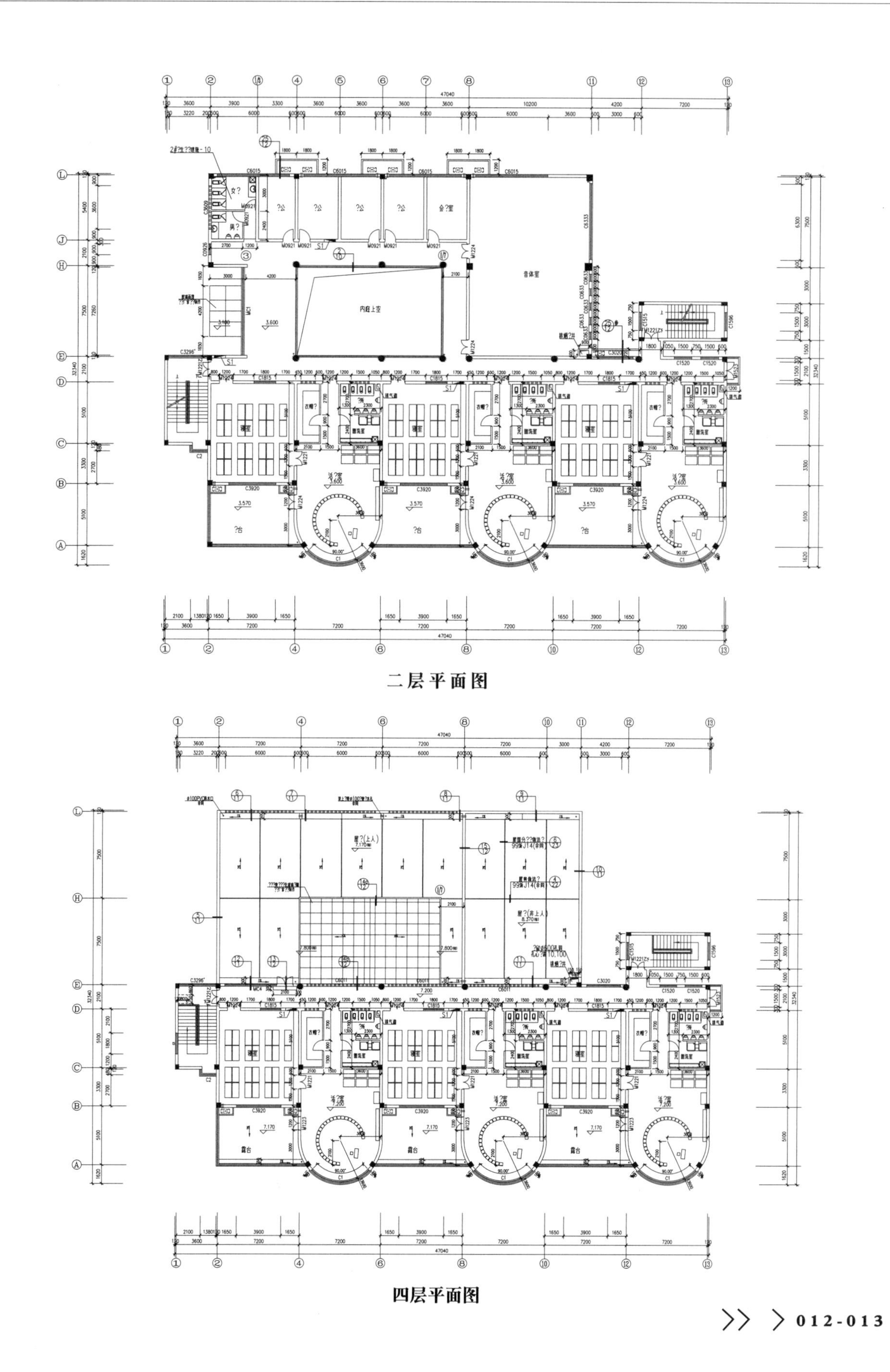

二层平面图

四层平面图

> 杭州幼儿园建筑施工图

设计说明

高度类别：多层建筑
结构形式：钢筋混凝土结构
框架图纸深度 ：方案（初设图）

设计风格：现代风格设计
图纸张数：14张
建筑高度：12.3m

内容简介

本套图纸包括：各层平面，建筑剖面及建筑4个立面共14张图

立面图

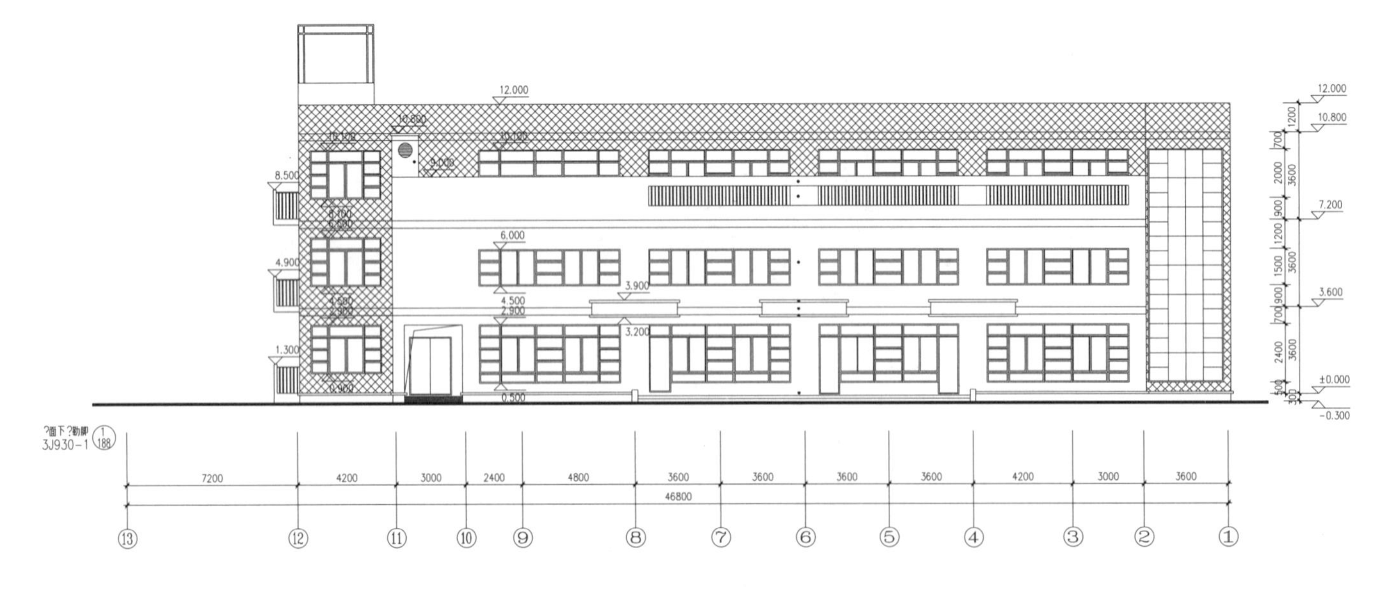

立面图

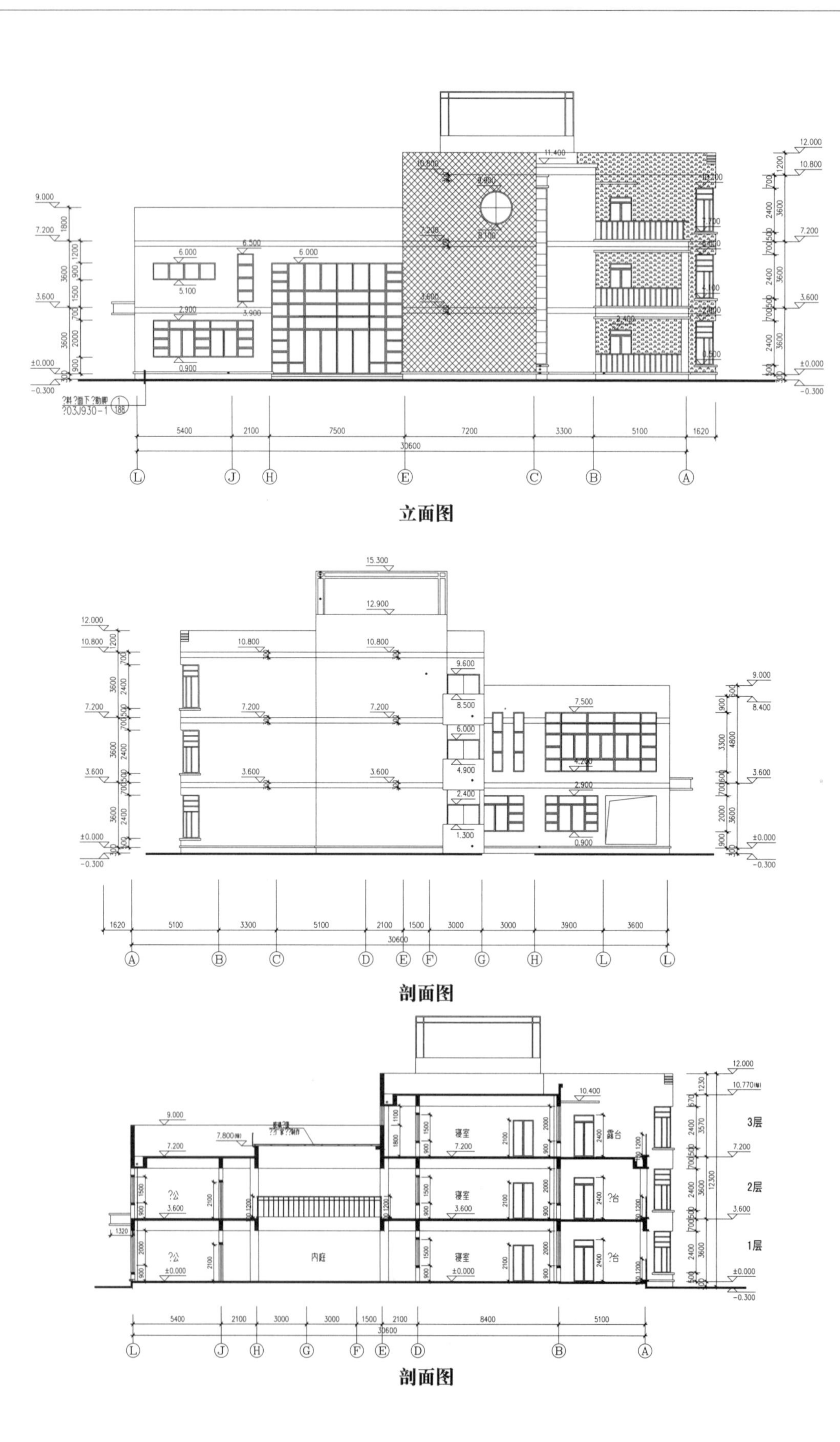

立面图

剖面图

剖面图

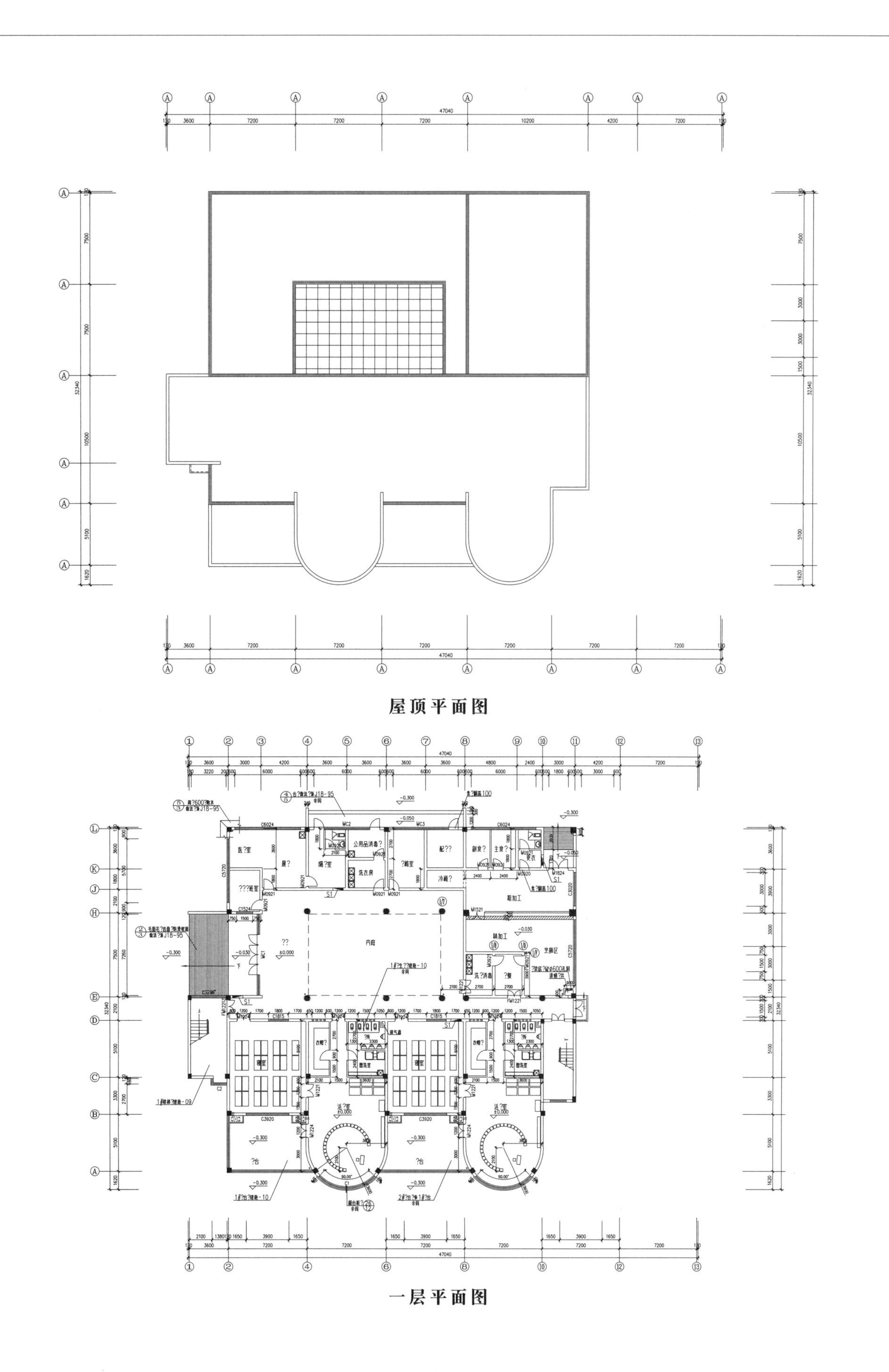

屋顶平面图

一层平面图

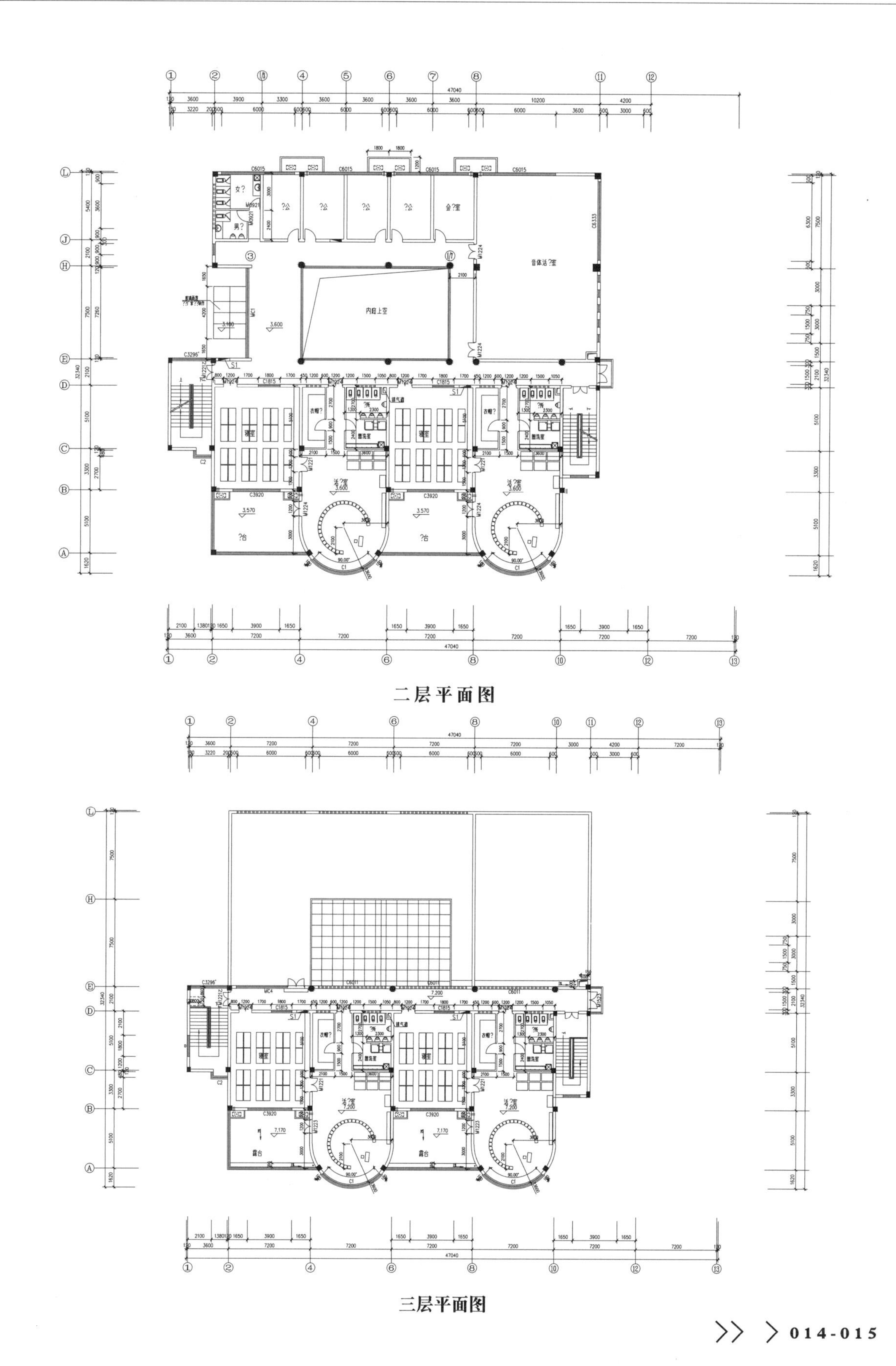

二层平面图

三层平面图

>杭州九班幼儿园建筑施工图

设计说明

幼儿园规模：中型（6-9班）
建筑风格：哈佛红
高度类别：多层建筑
框架图纸深度 ：方案（初设图）

设计风格：哈佛红
图纸张数：13张
建筑高度：12.3m

内容简介

本套图纸包括：设计说明、做法表、各层平面图、立面图、剖面图、门窗表、门窗大样、楼梯大样、节点详图

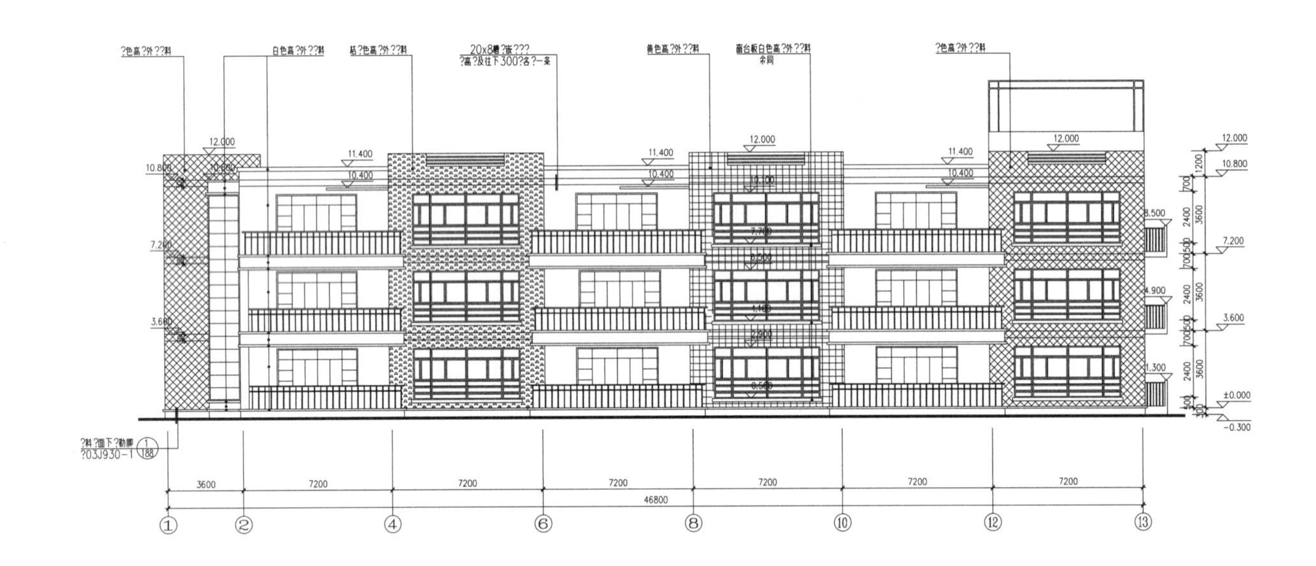

立面图

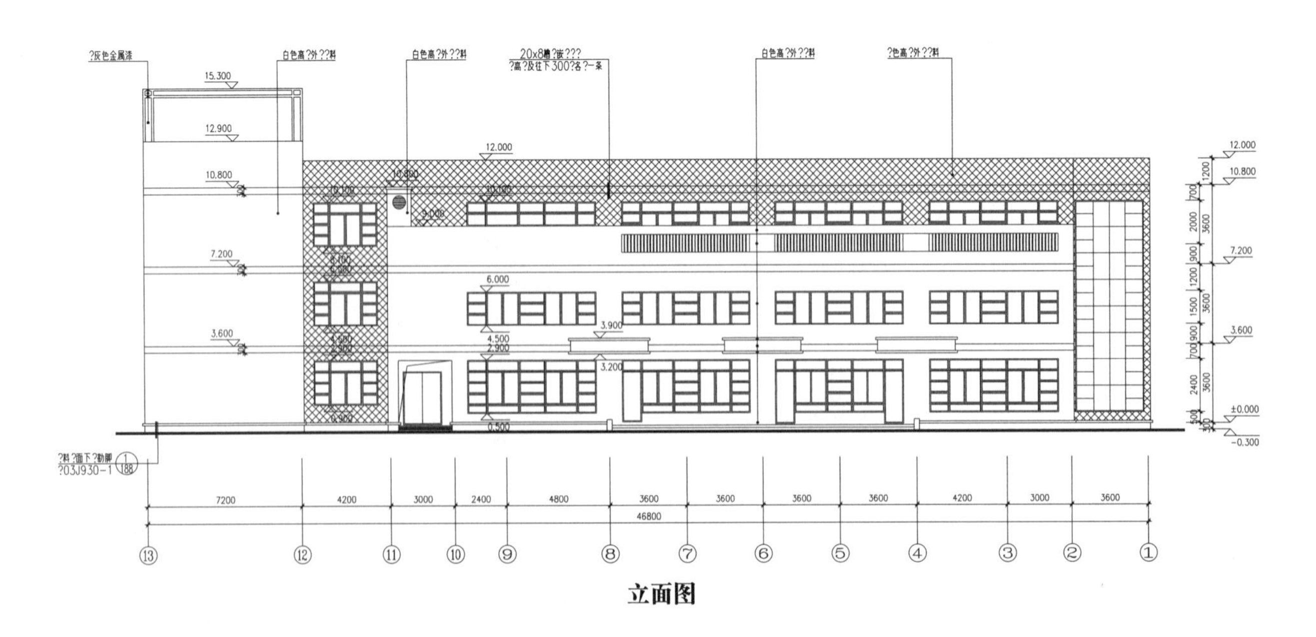

立面图

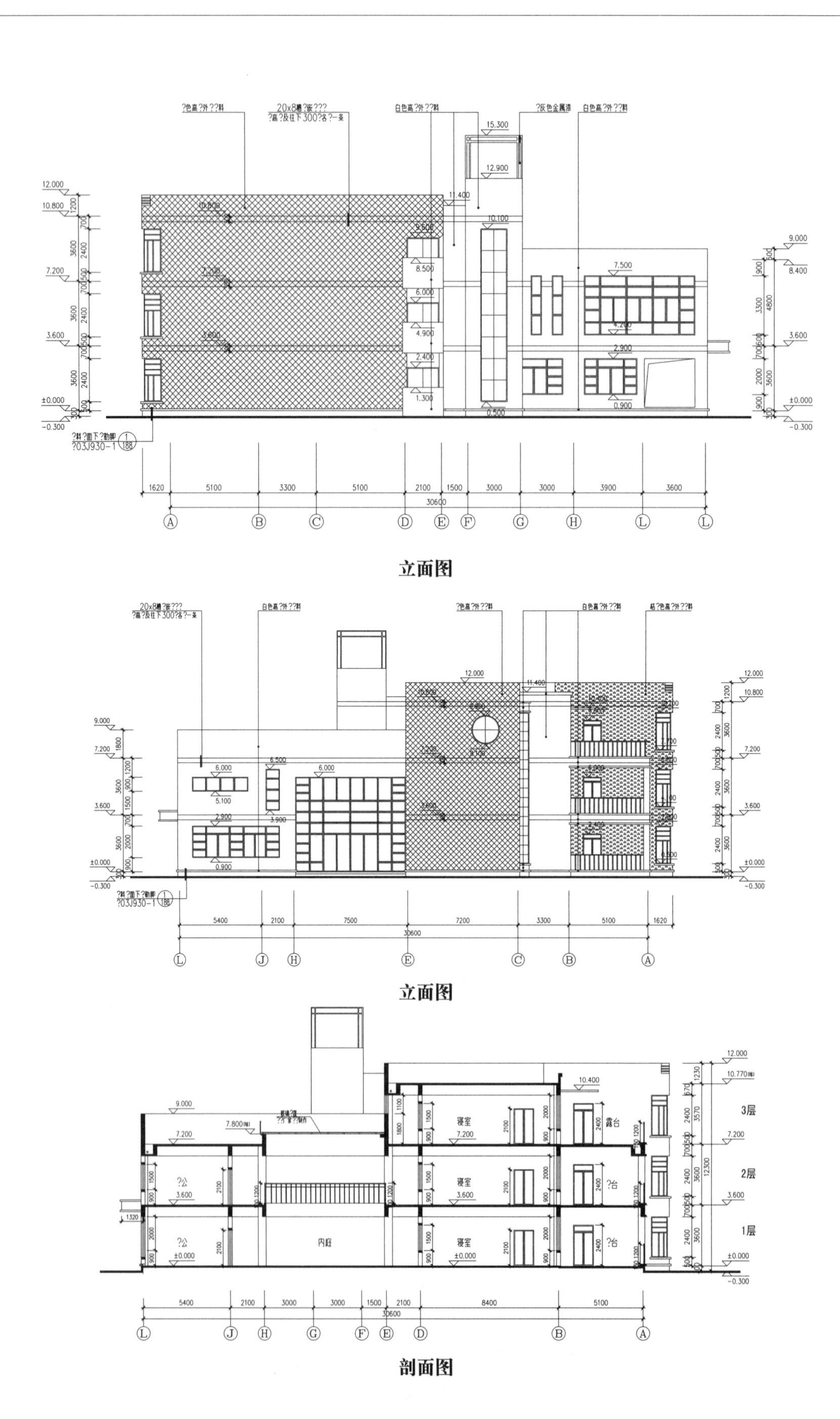

立面图

立面图

剖面图

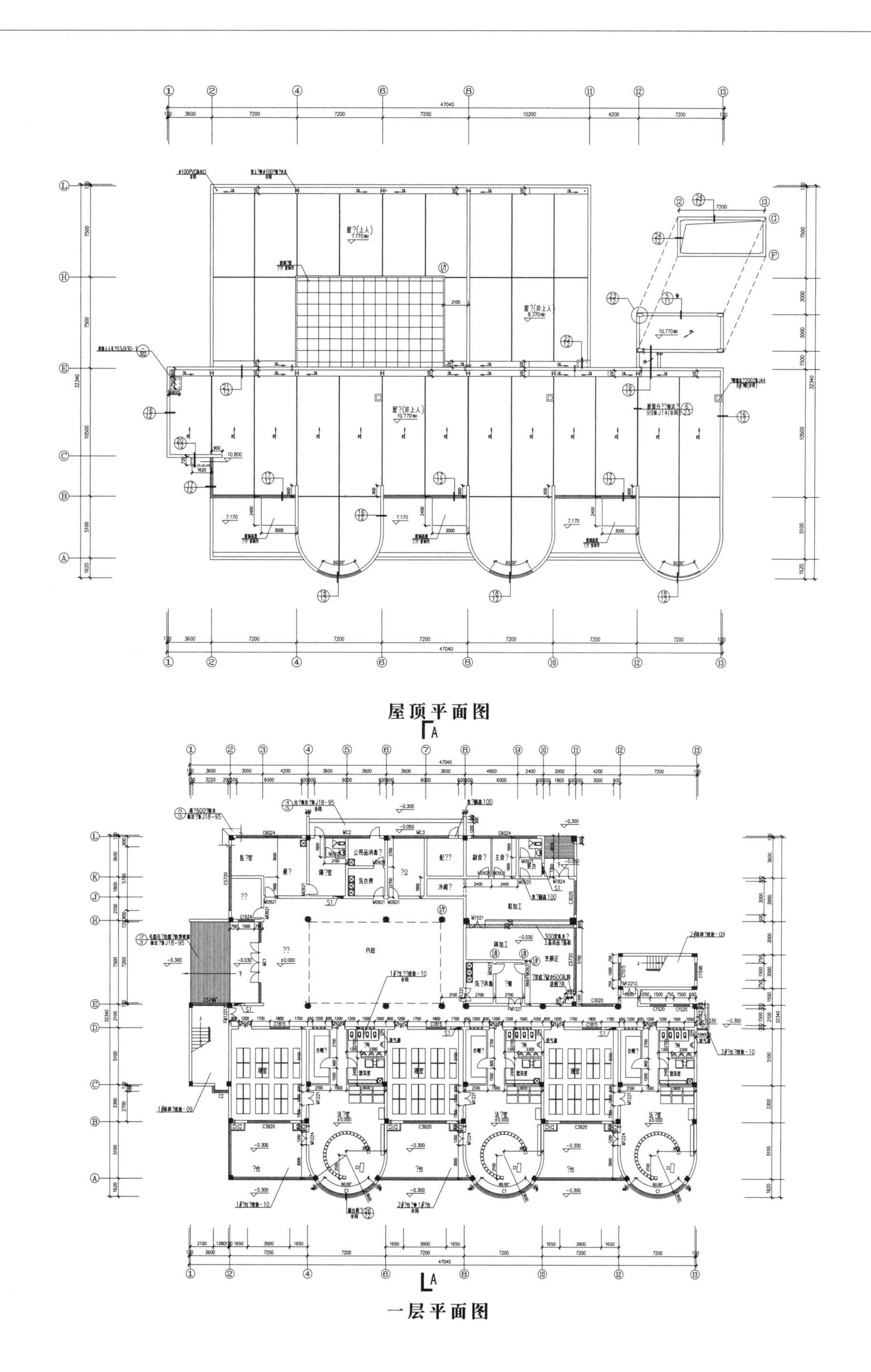

屋顶平面图

一层平面图

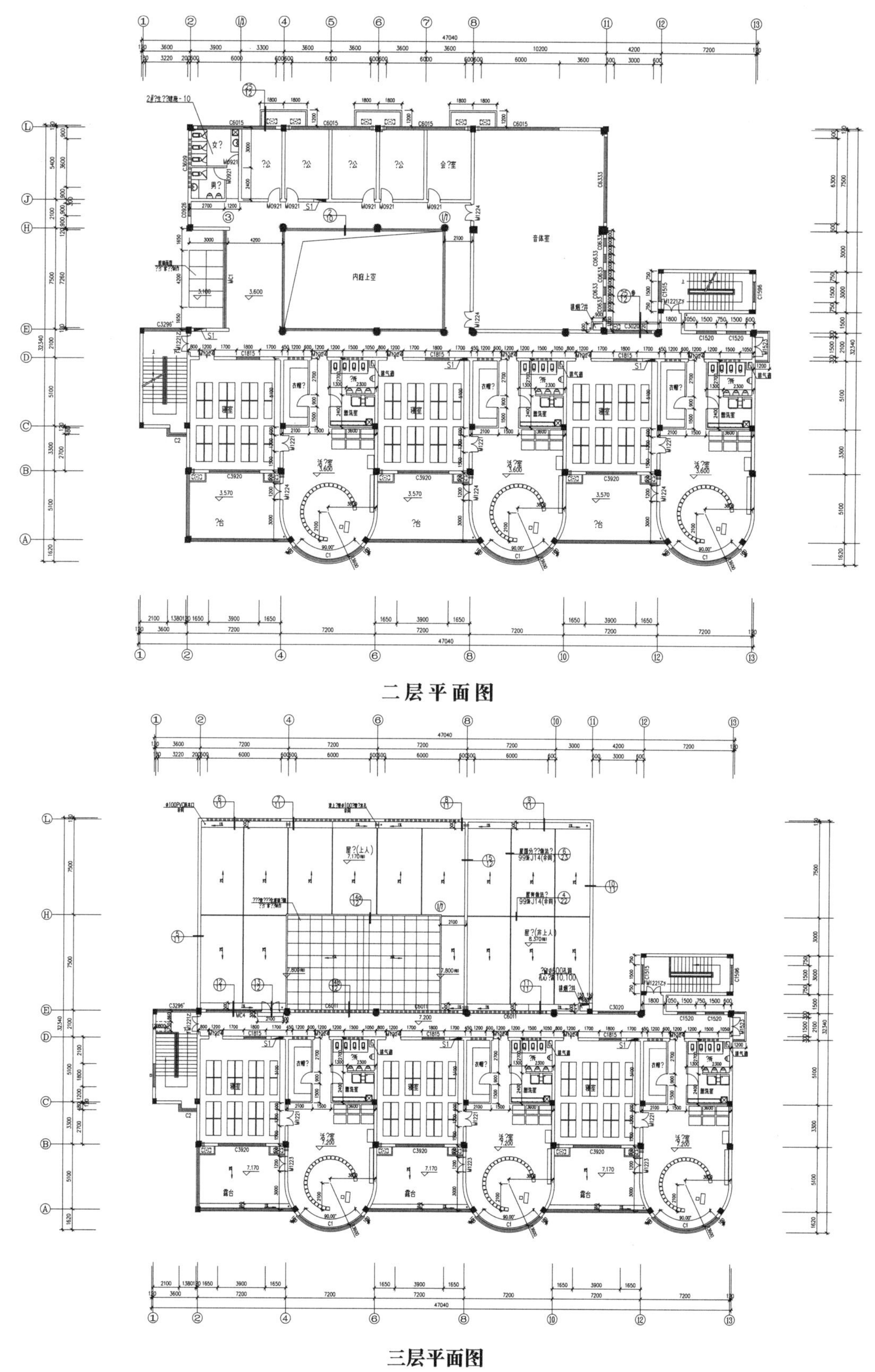

二层平面图

三层平面图

>合肥小区三层六班幼儿园建筑扩初图

设计说明

幼儿园规模：中型（6-9班）
建筑风格：现代建筑
高度类别：多层建筑

设计风格：现代风格设计
图纸张数：9张

内容简介

本套图纸包括：各层平面图、立面图、剖面图、楼梯大样、节点详图

立面图

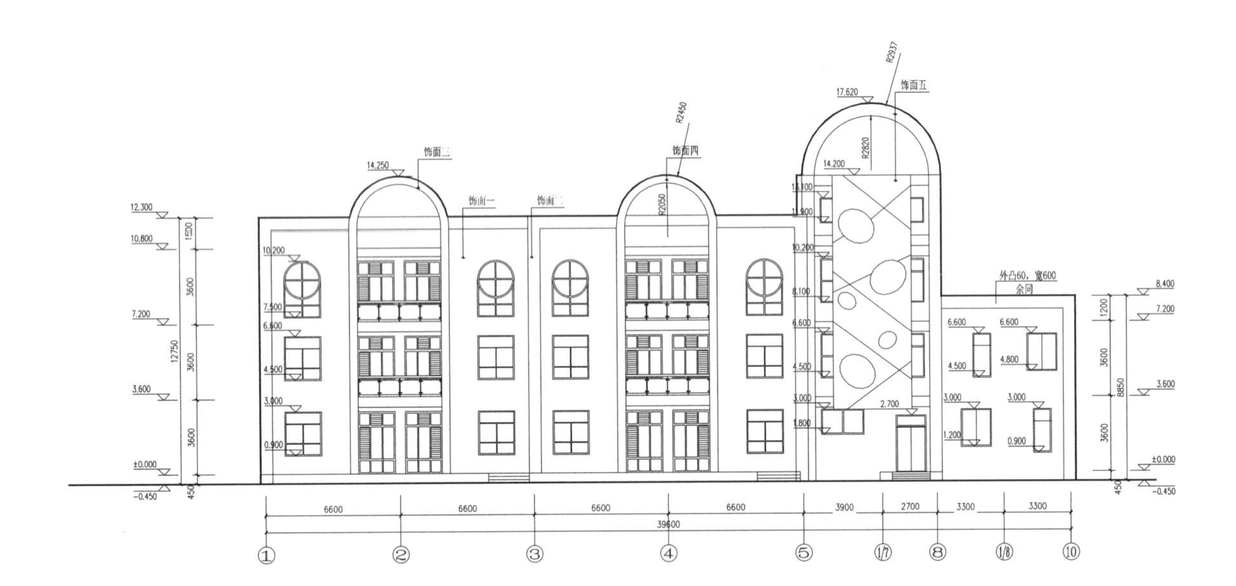

立面图

立面图

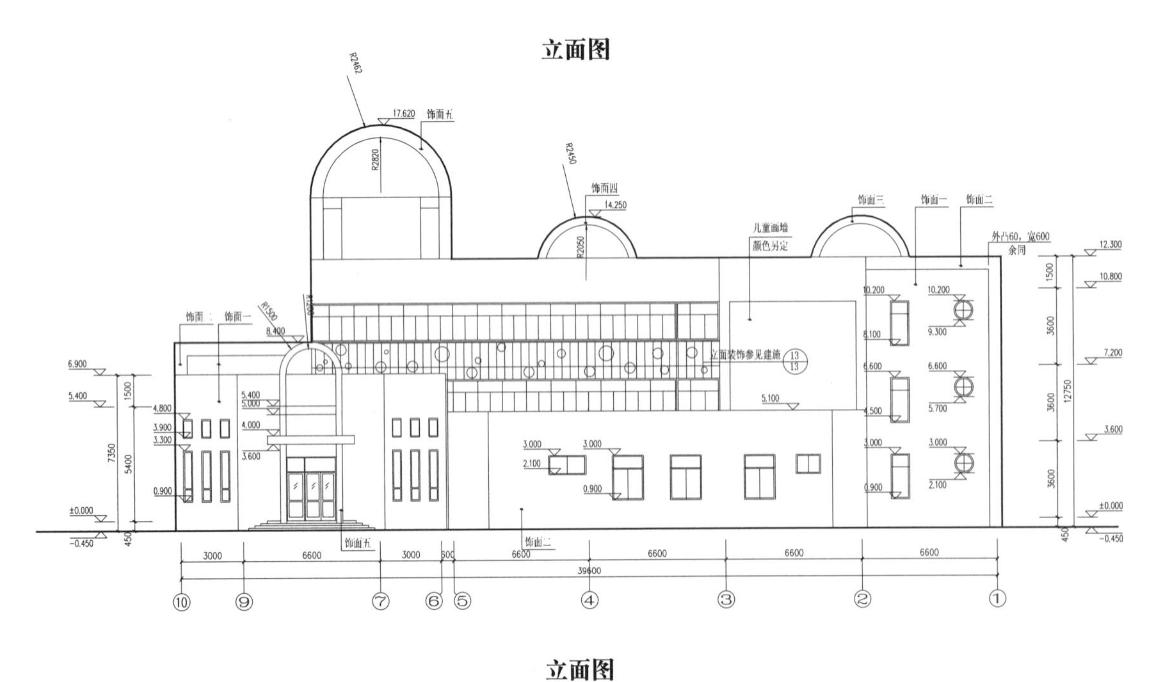

立面图

剖面图

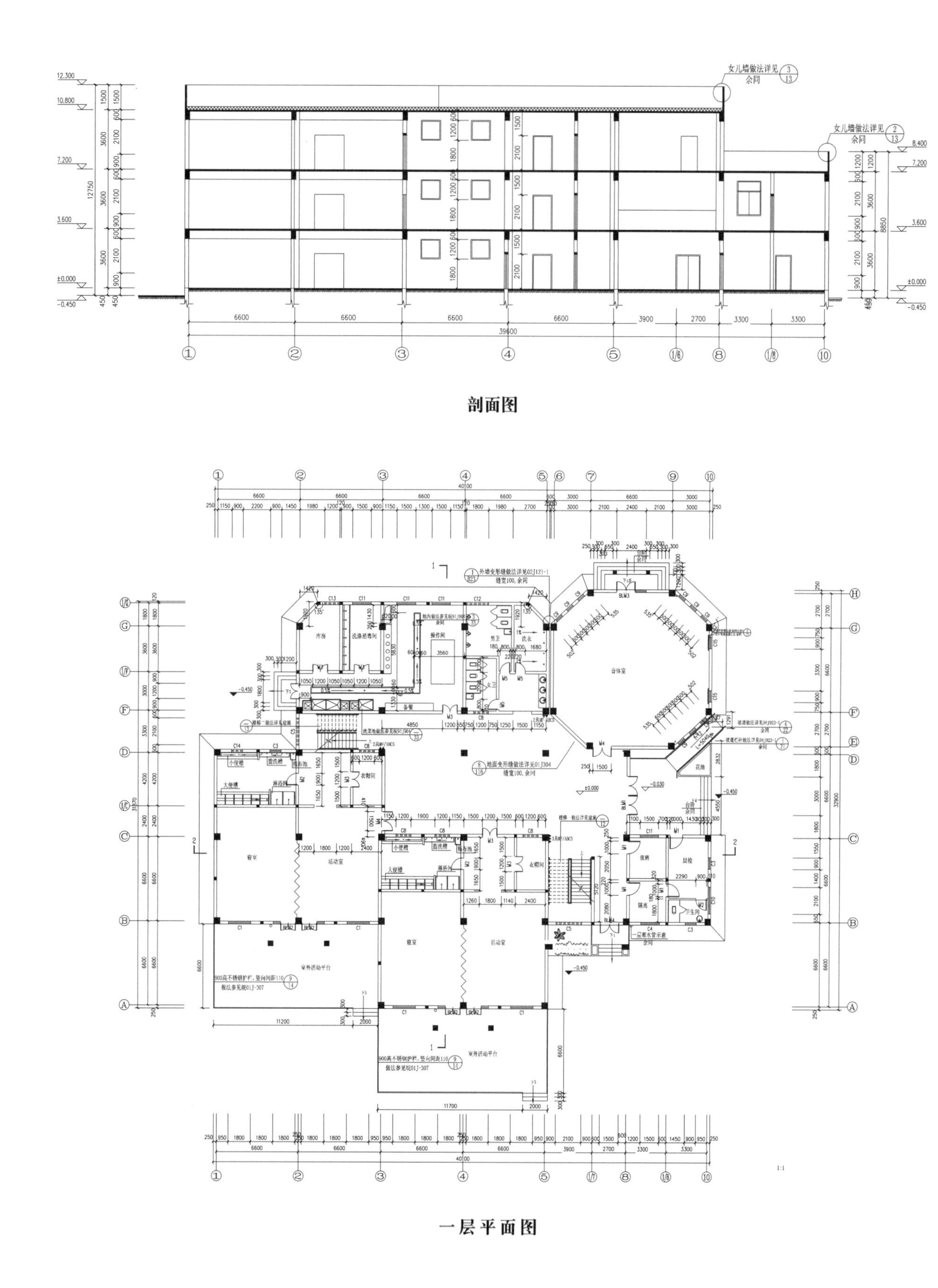

剖面图

一层平面图

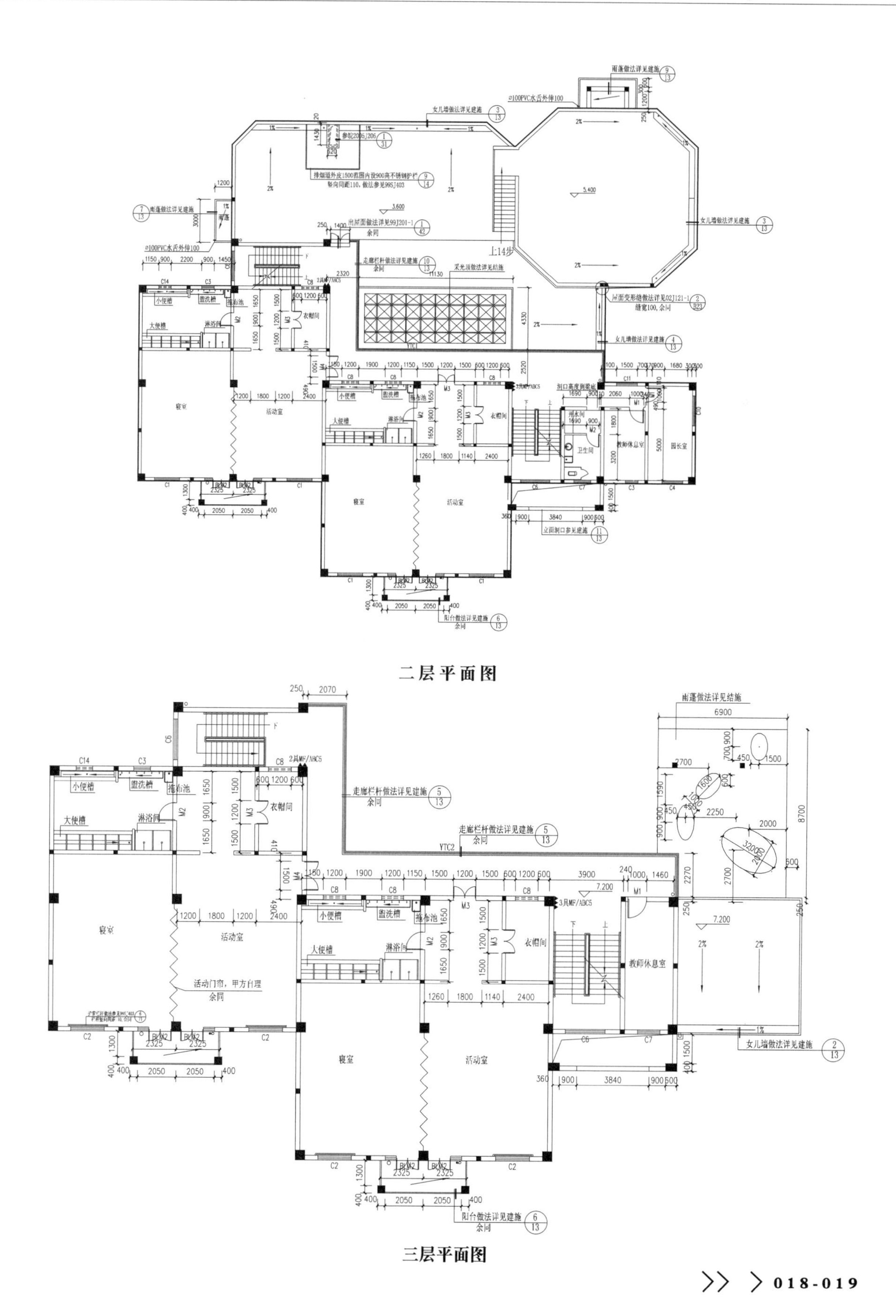

二层平面图

三层平面图

> 贺州桂东社区三层九班幼儿园建筑施工图

设计说明

幼儿园规模：中型（6-9班）
结构形式：钢筋混凝土结构
建筑风格：现代建筑
设计风格：现代风格设计
建筑高度：14.7m
高度类别：多层建筑

内容简介

本套图纸包括：各层建筑平面、立面、剖面图、卫生间详图、楼梯间详图、墙身大样、檐口作法等
设计功能包括： 寝室、活动室

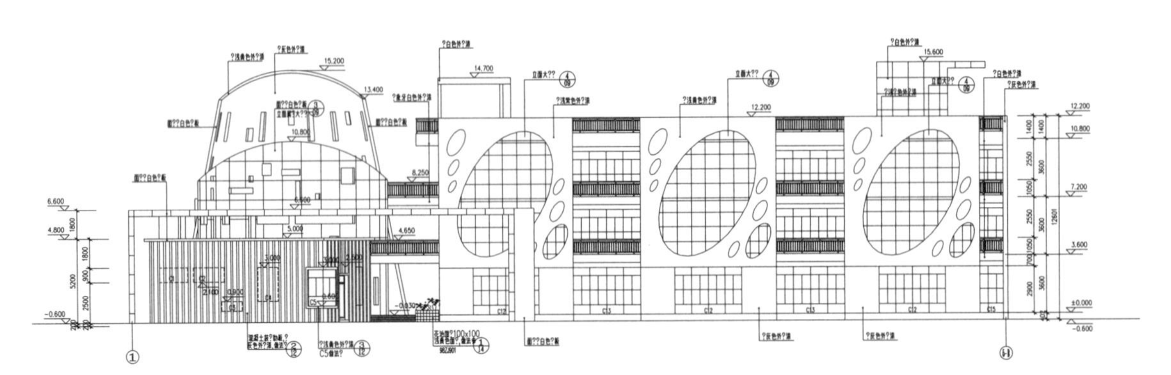

立面图

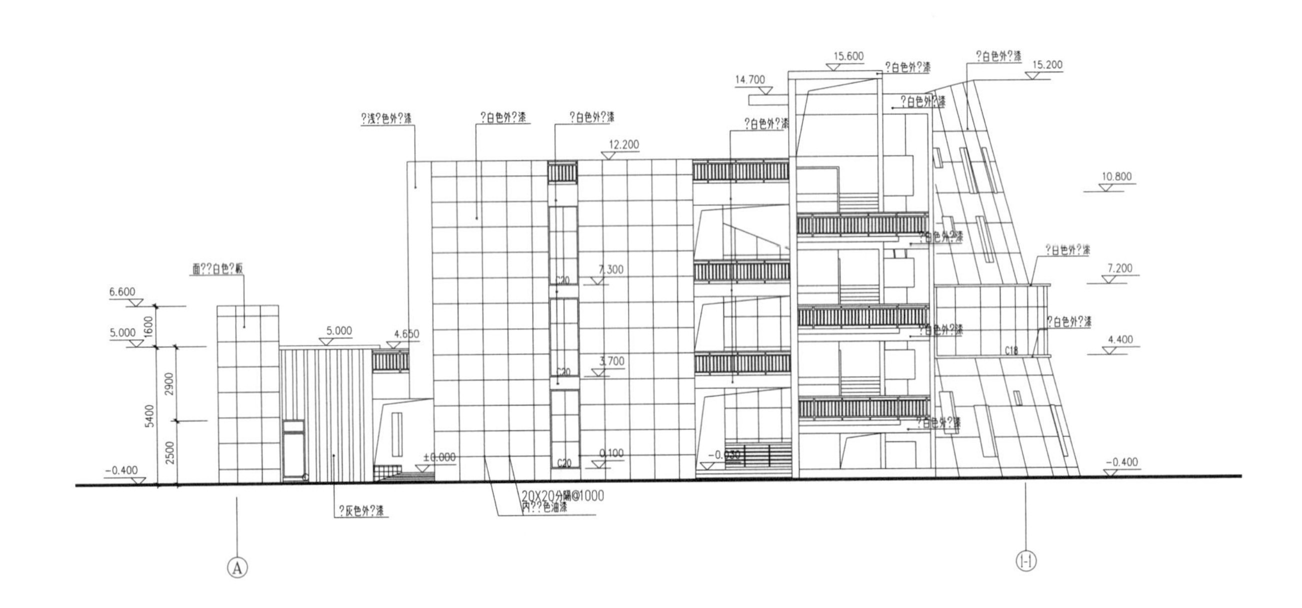

立面图

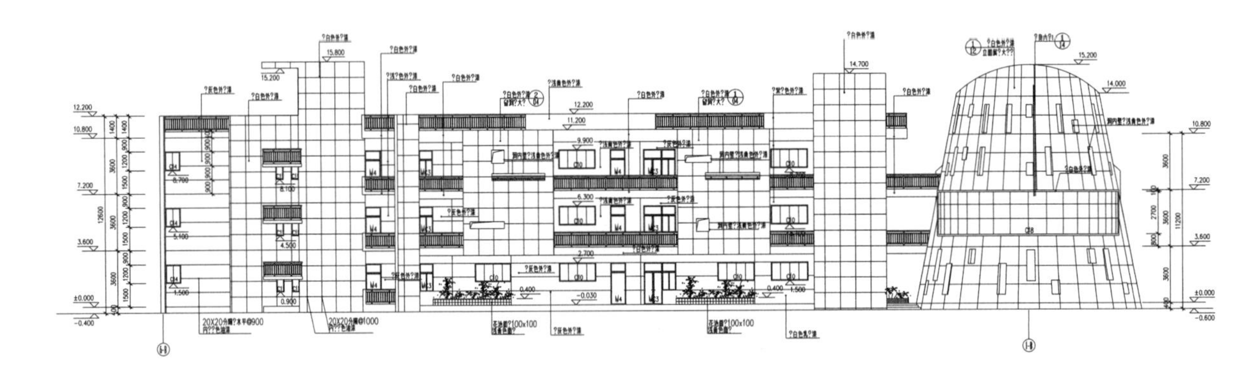

立面图

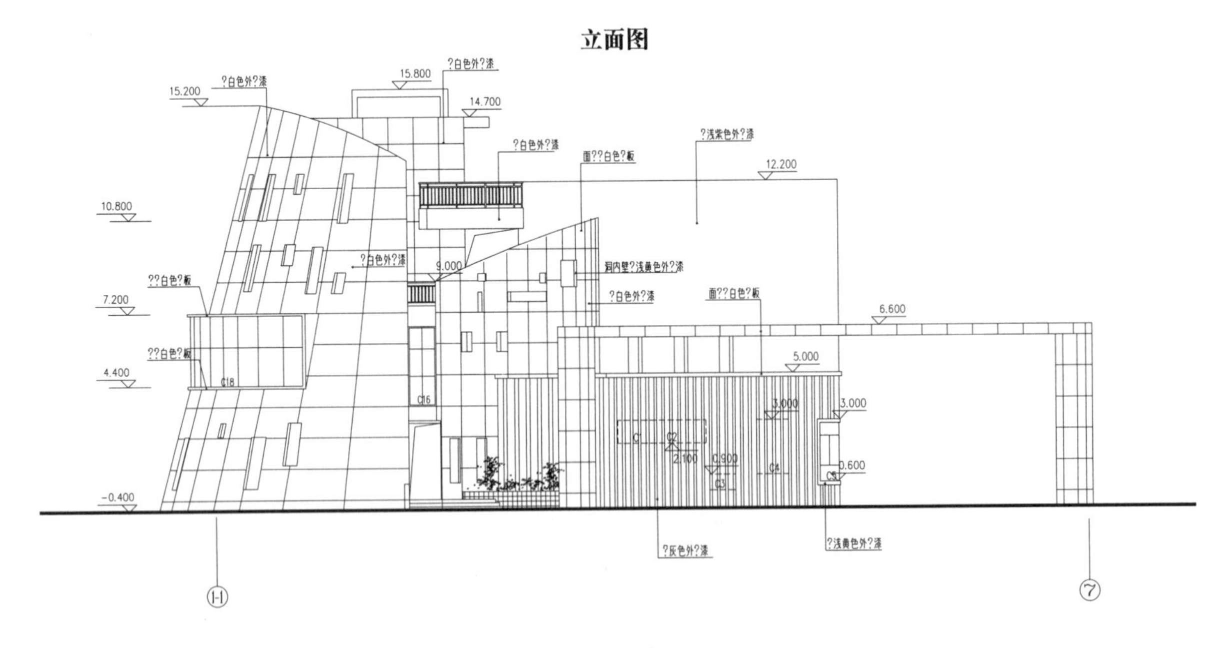

立面图

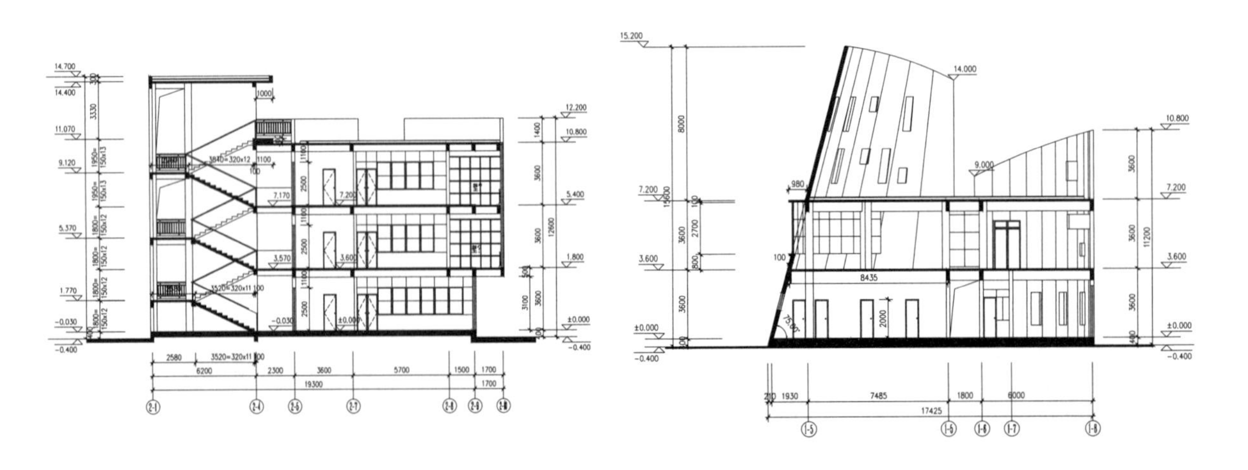

剖面图

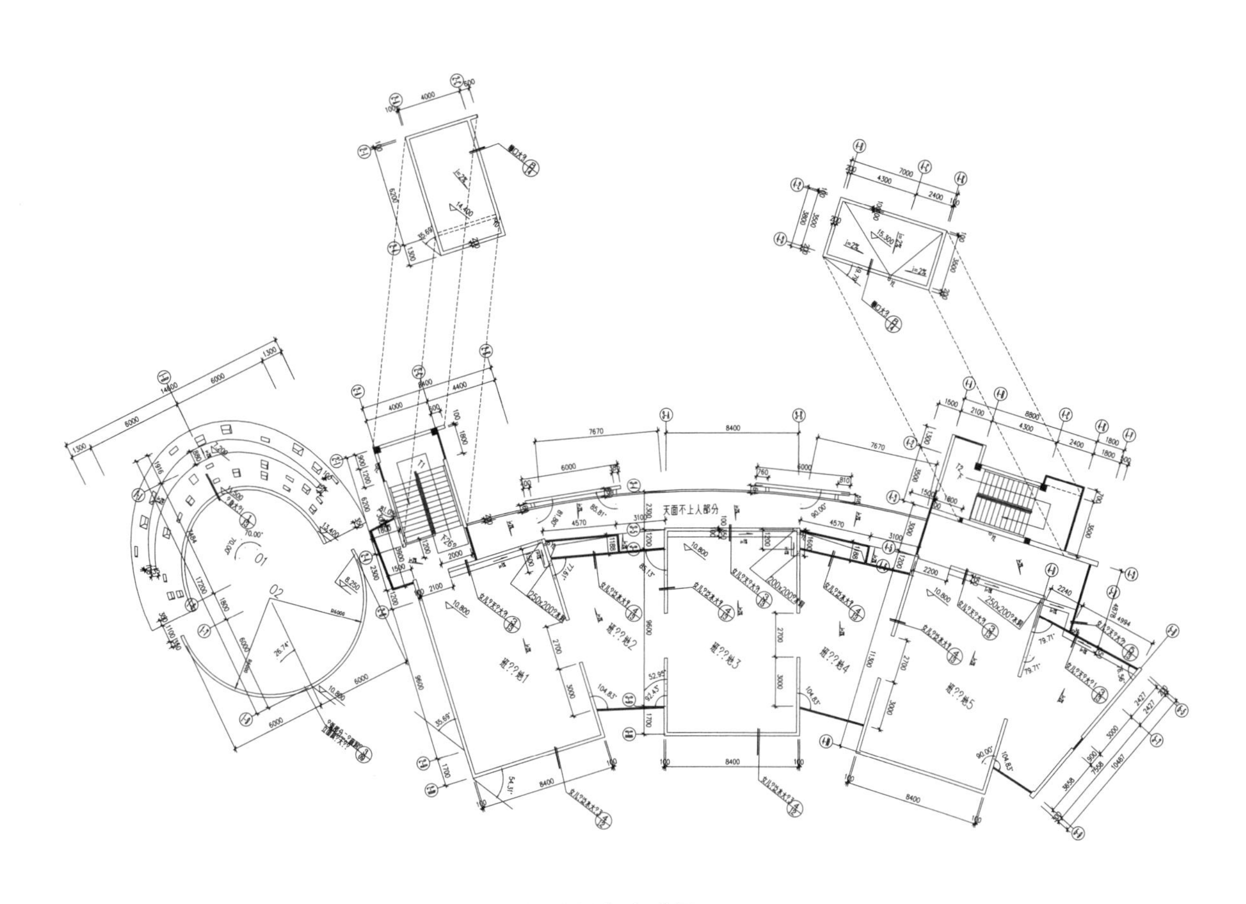

屋顶平面图

二层平面图

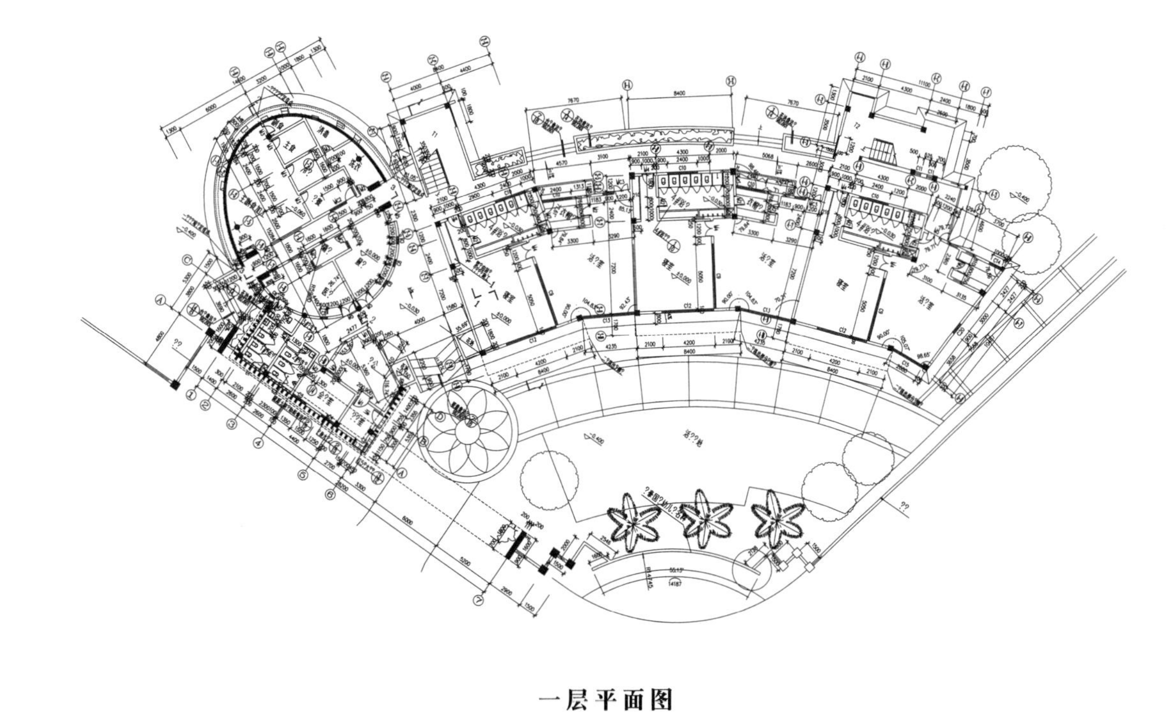

一层平面图

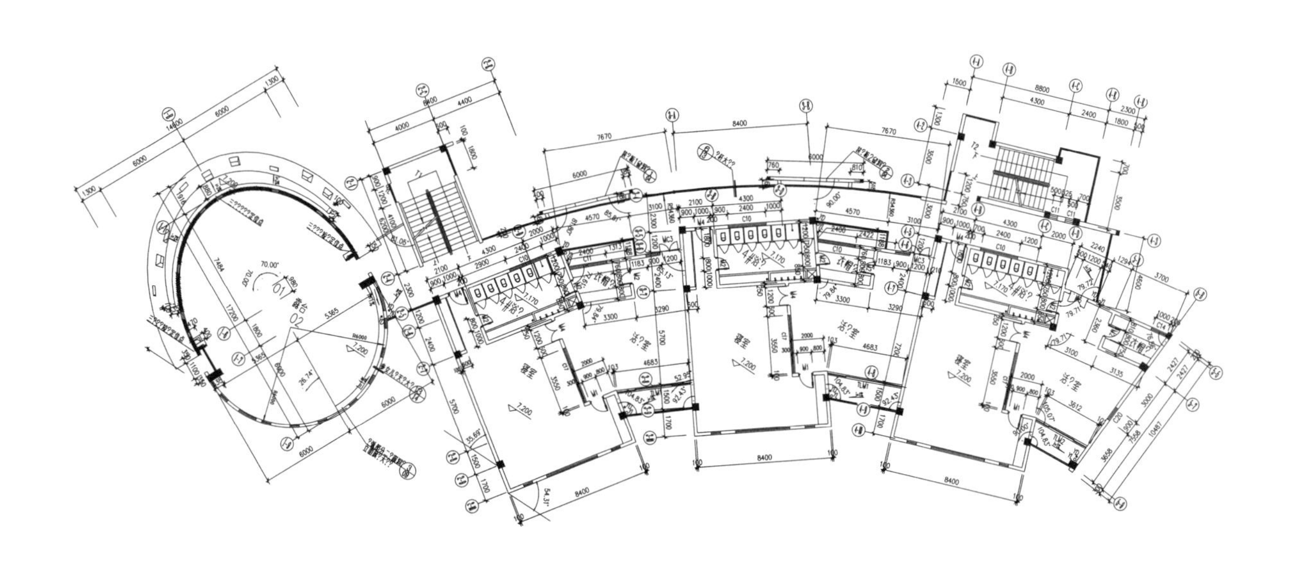

三层平面图

> 淮南新城二期幼儿园建筑施工图

设计说明

幼儿园规模：中型（6-9班）
结构形式：钢筋混凝土结构
建筑风格：现代建筑

设计风格：现代风格设计
建筑高度：10.8m
高度类别：多层建筑

内容简介

本套图纸包括：各层建筑平面、立面、剖面图

立面图

立面图

立面图

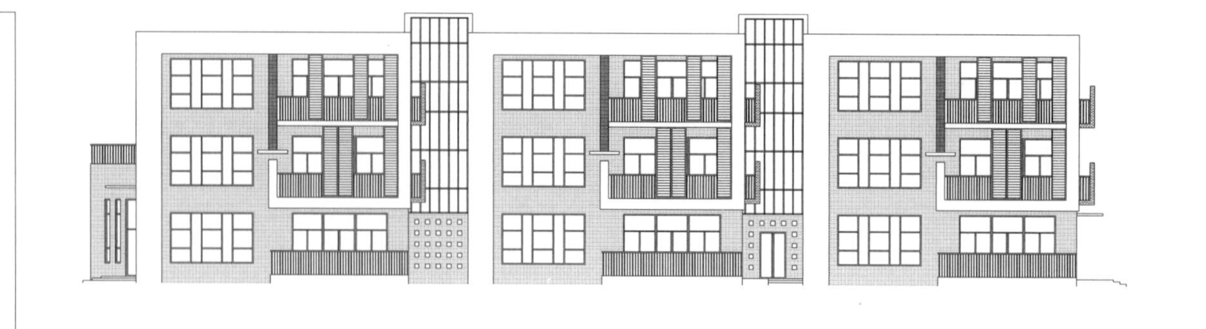

立面图

剖面图

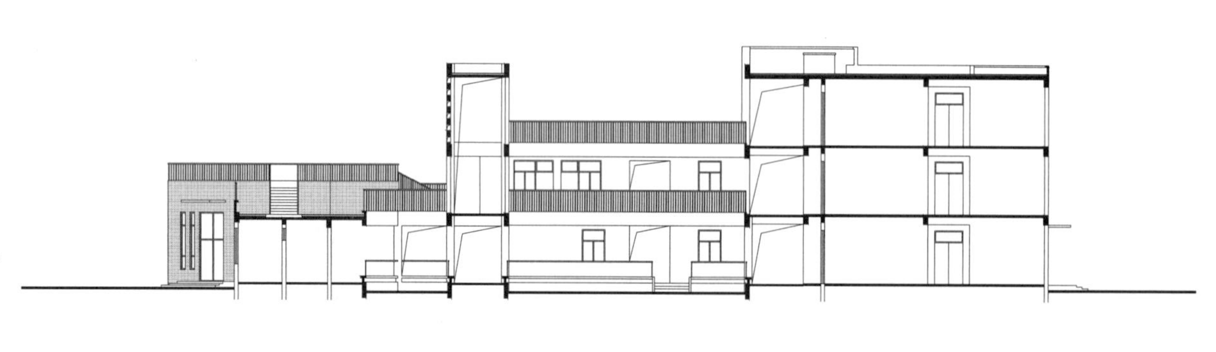

剖面图

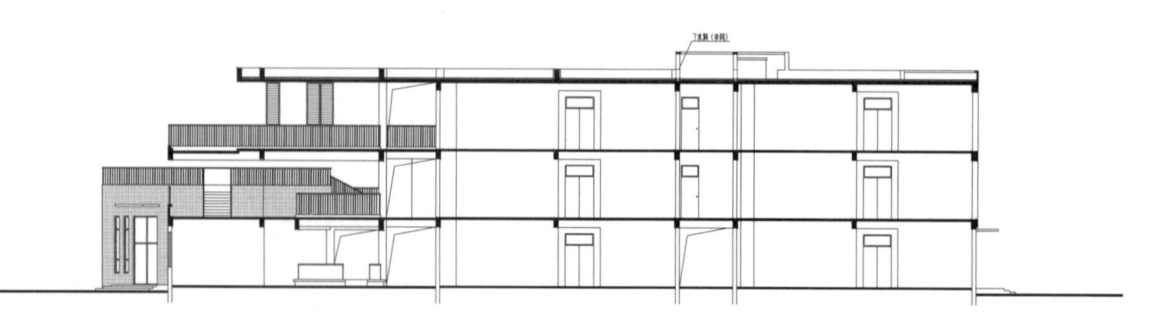

剖面图

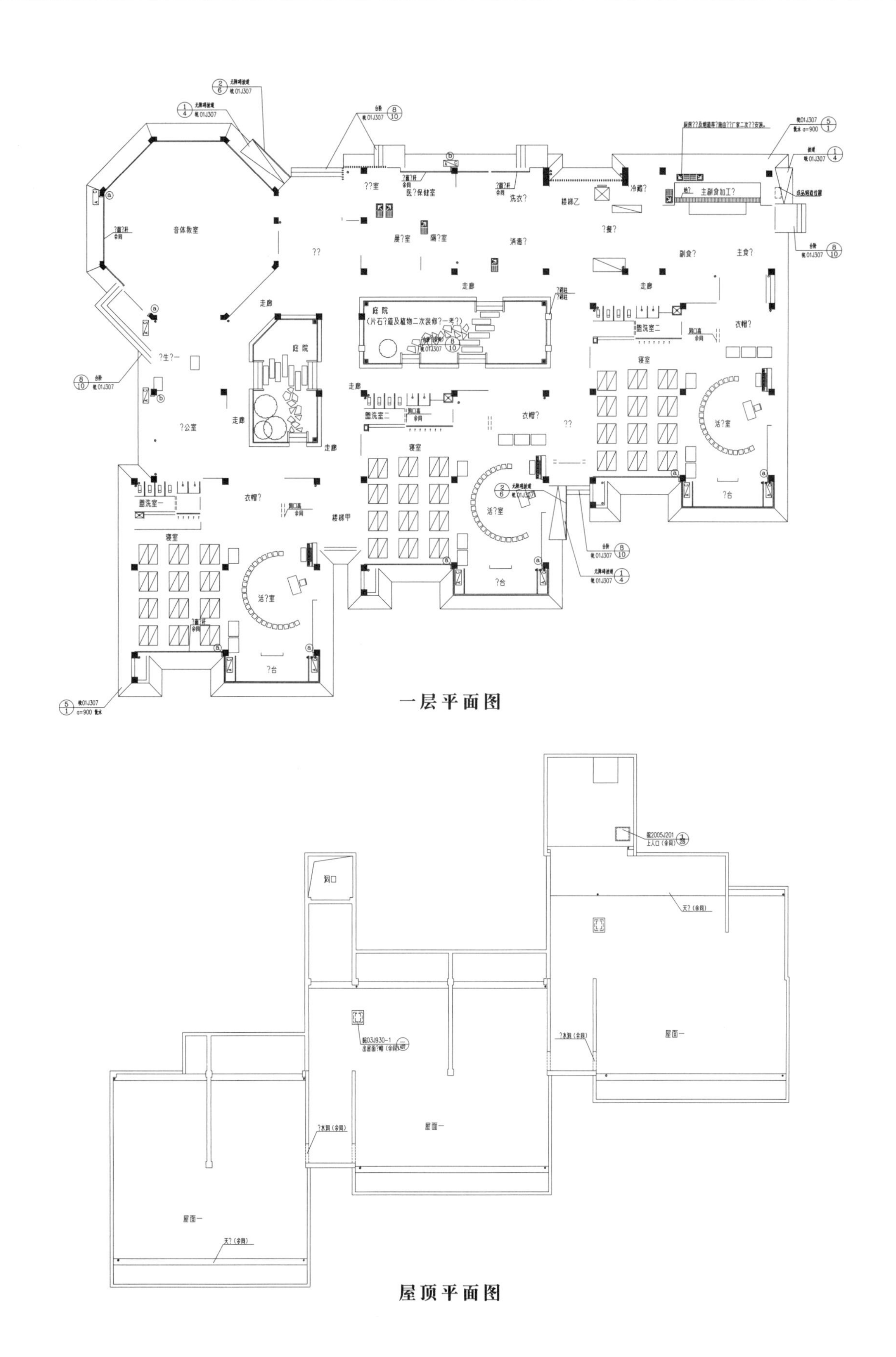

一层平面图

屋顶平面图

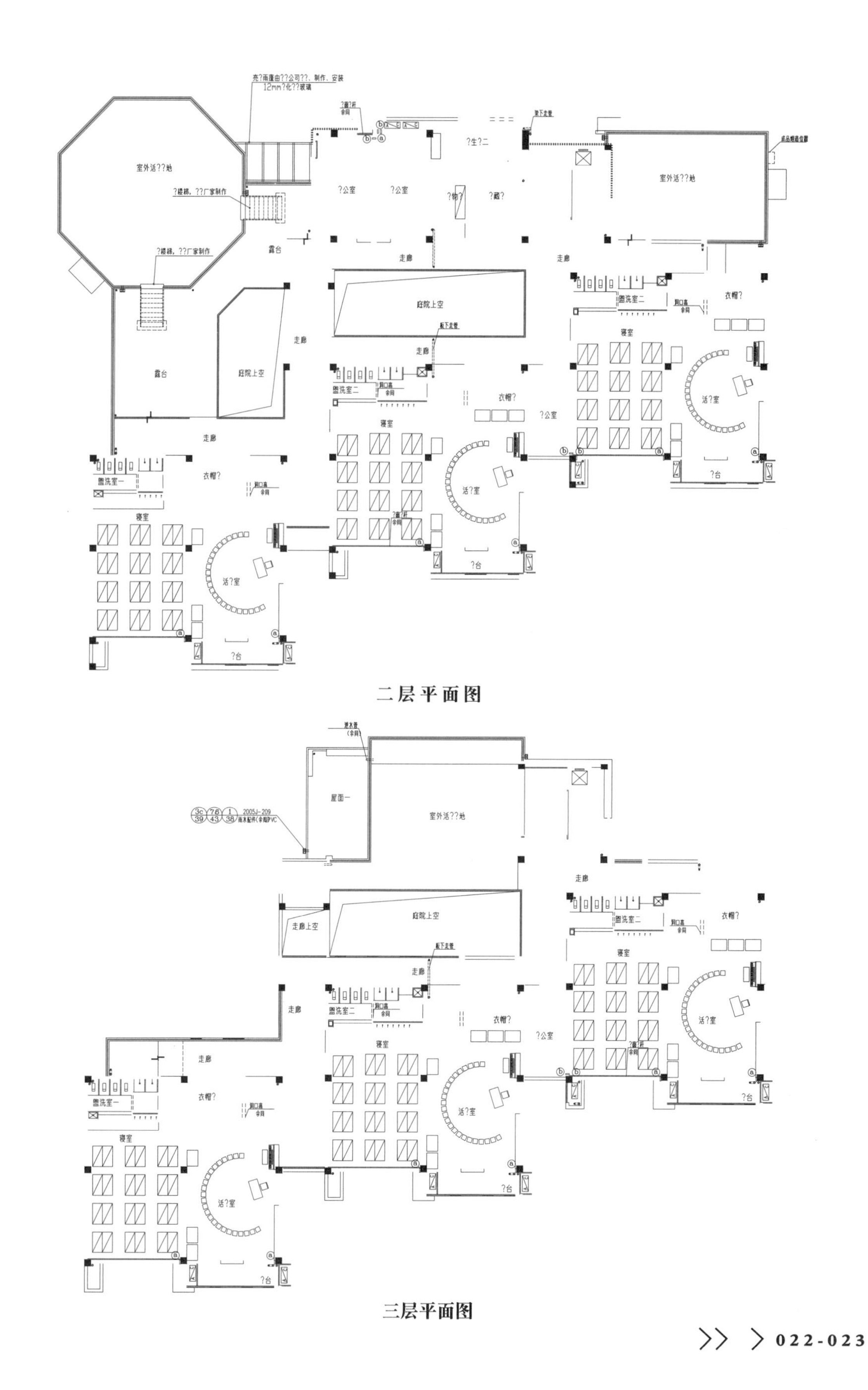

二层平面图

三层平面图

> 济南城市中心区三层幼儿园建筑施工图

设计说明

幼儿园规模：小型（5班以下）
结构形式：钢筋混凝土结构
建筑风格：现代建筑

设计风格：现代风格设计
建筑高度：9.9m
高度类别：多层建筑

内容简介

本套图纸包括：各层建筑平面、立面、剖面图

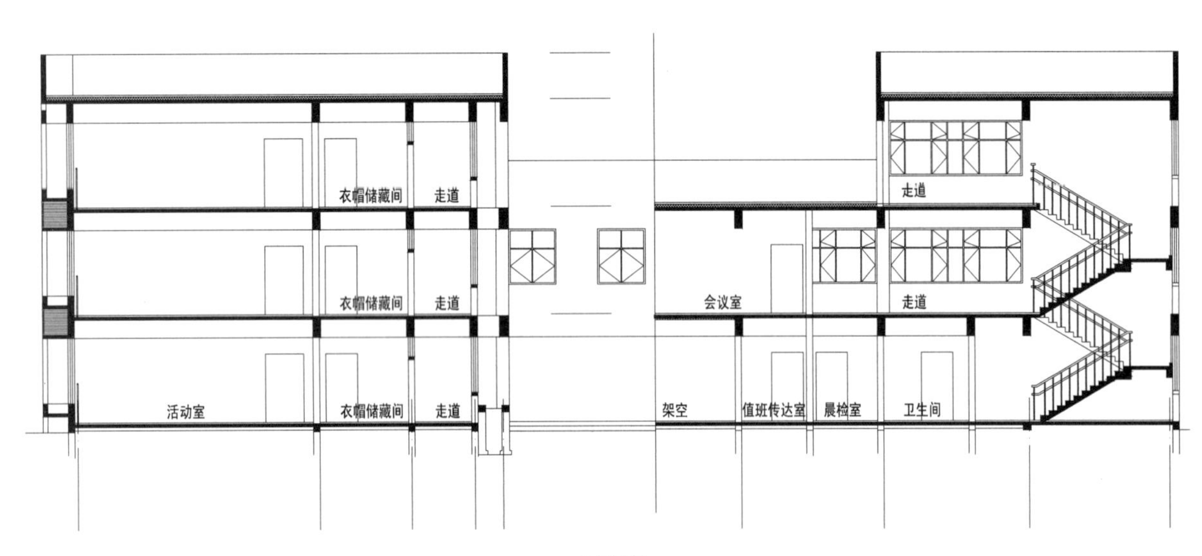

立面图

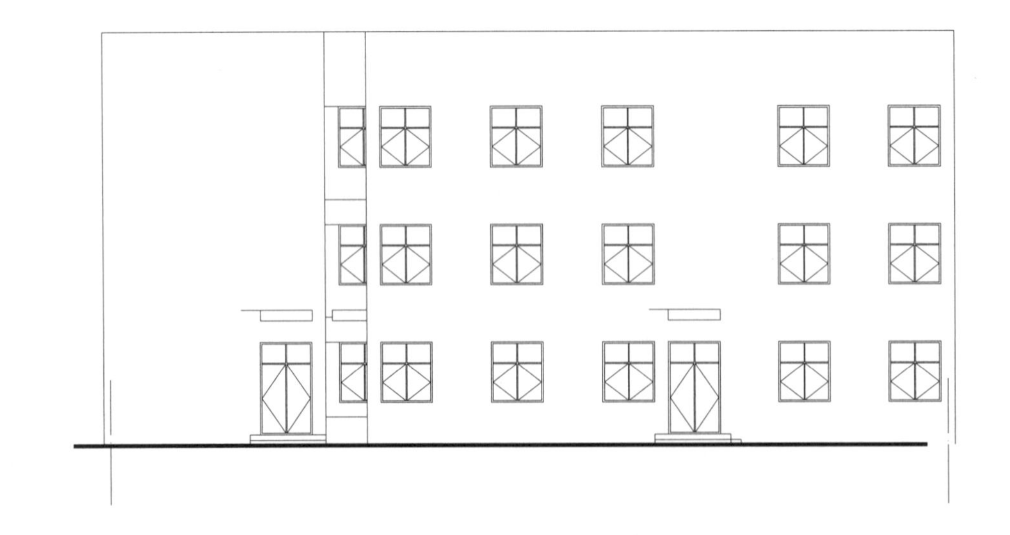

剖面图

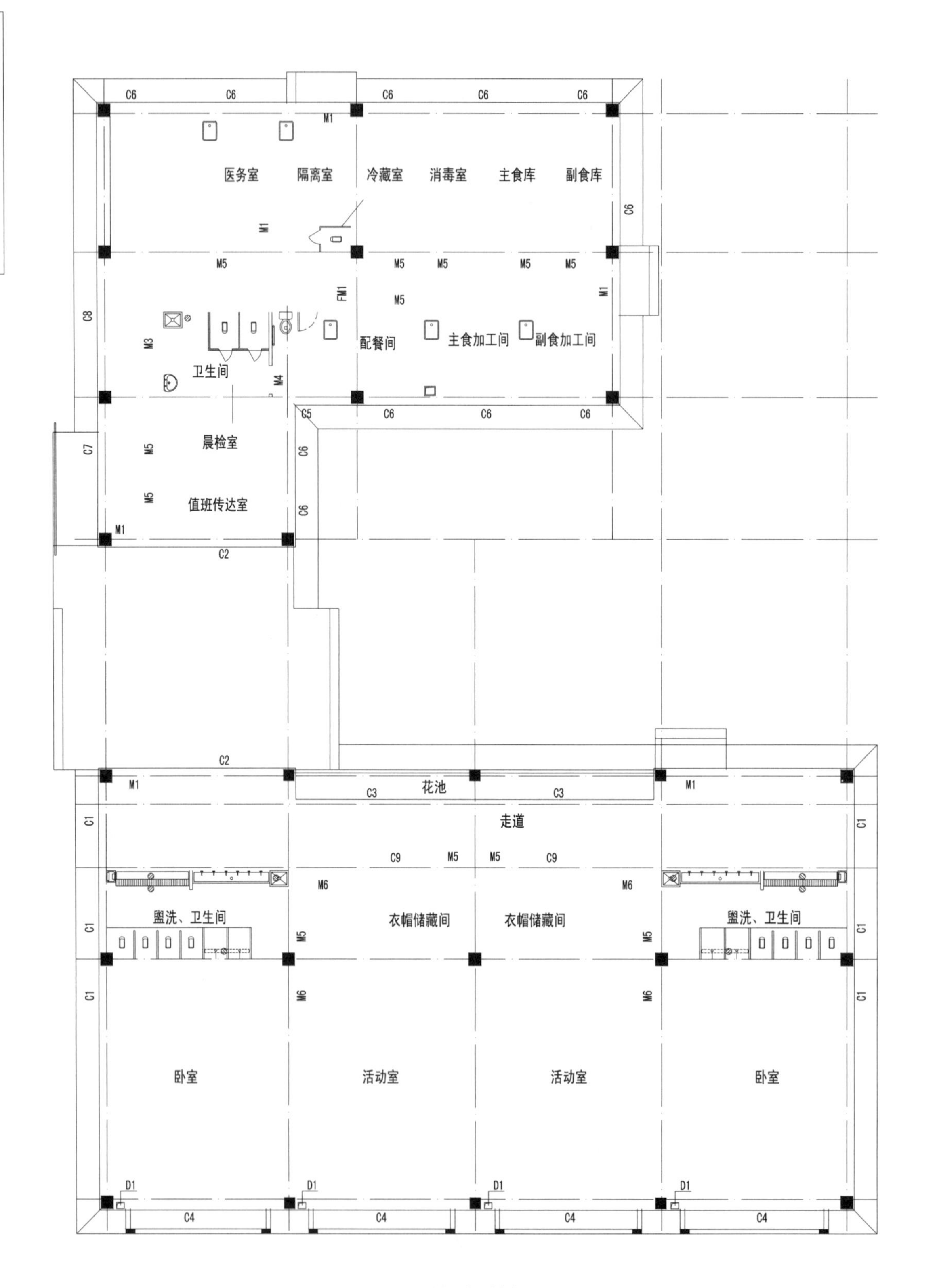

一层平面图

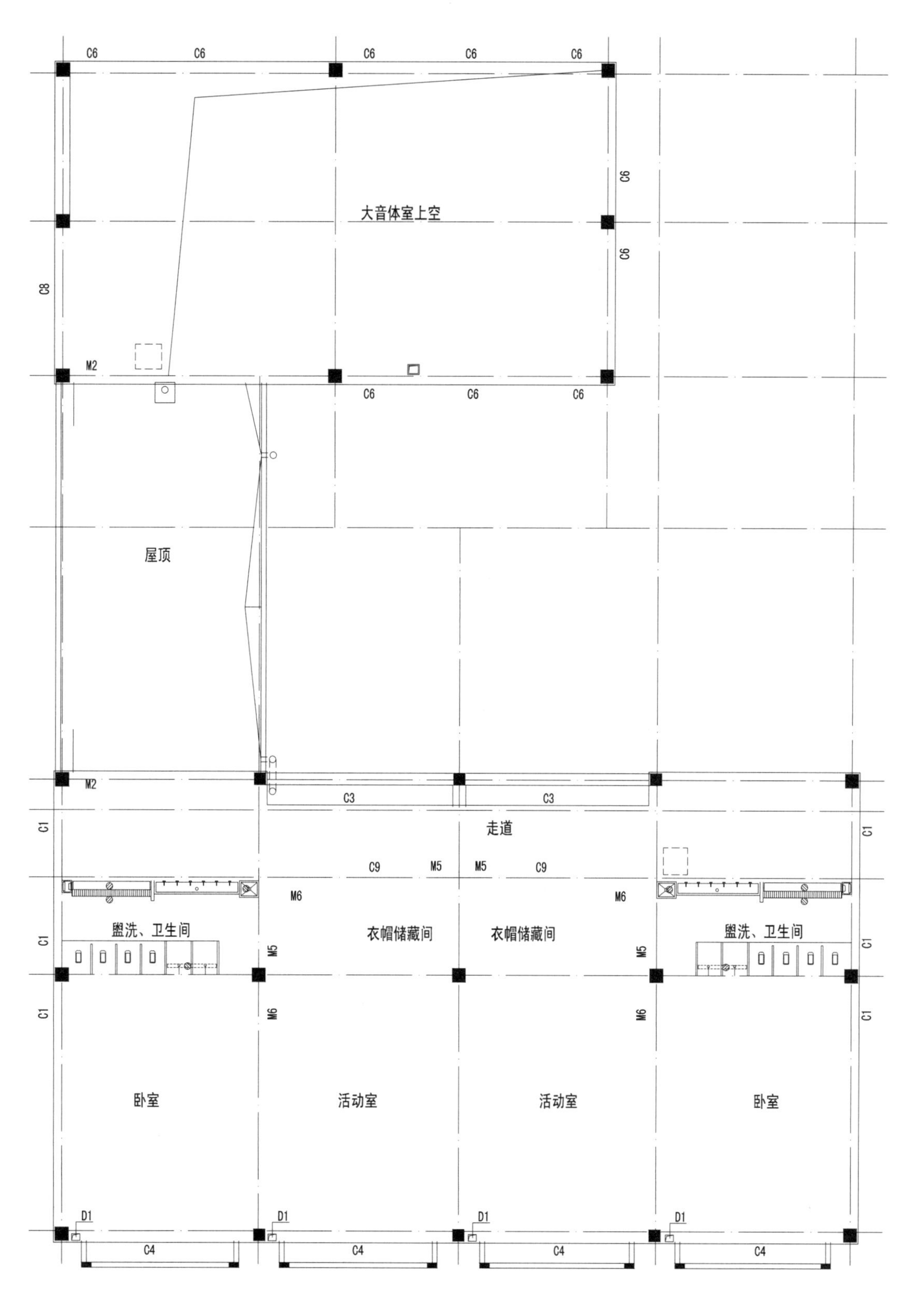

二层平面图

三层平面图

屋顶平面图

>江苏科学院三层九班幼儿园建筑施工图

设计说明

幼儿园规模：中型（6-9班）
结构形式：钢筋混凝土结构
建筑风格：新古典

设计风格：欧陆风格设计
建筑高度：14m
高度类别：多层建筑

内容简介

本套图纸包括：设计说明、做法表、各层平面图、立面图、剖面图、门窗表、门窗大样、楼梯大样、节点详图

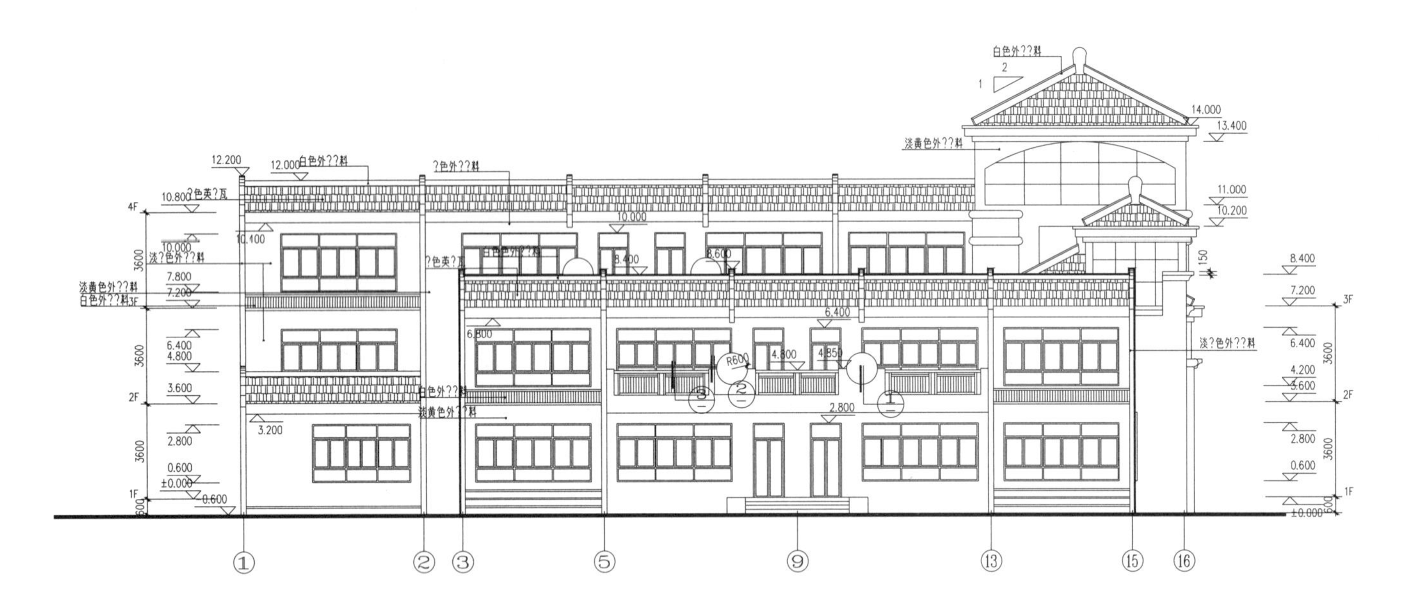

立面图

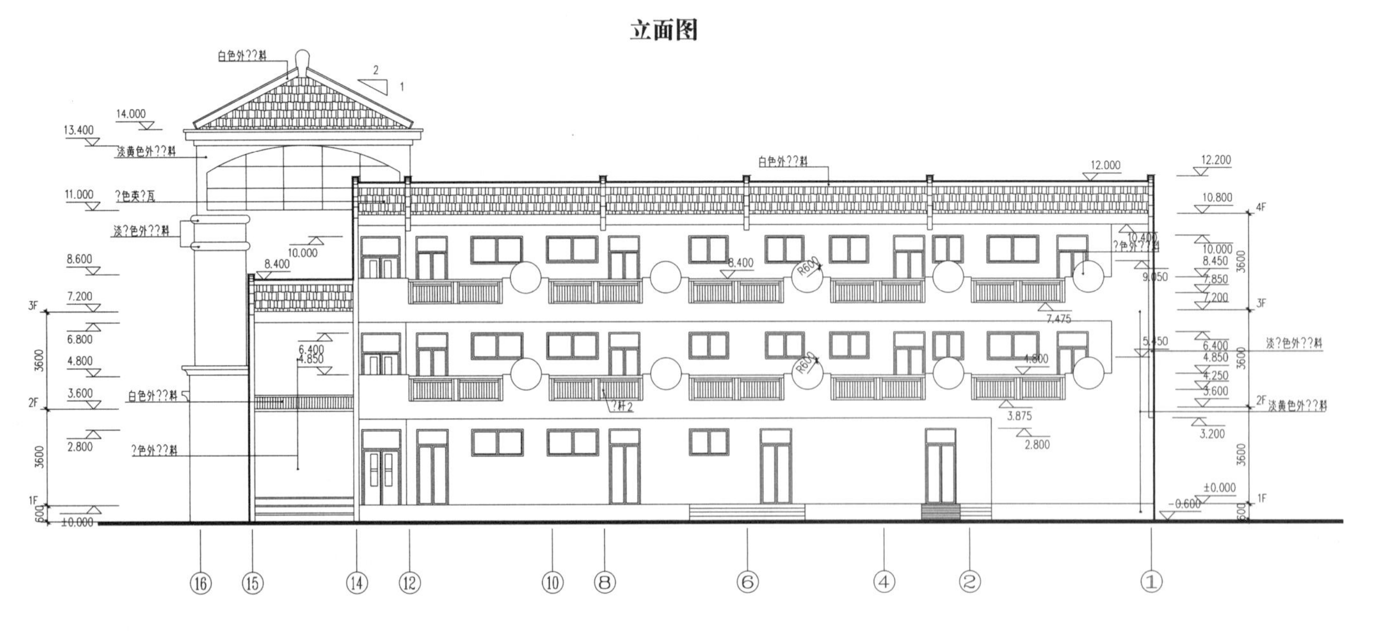

立面图

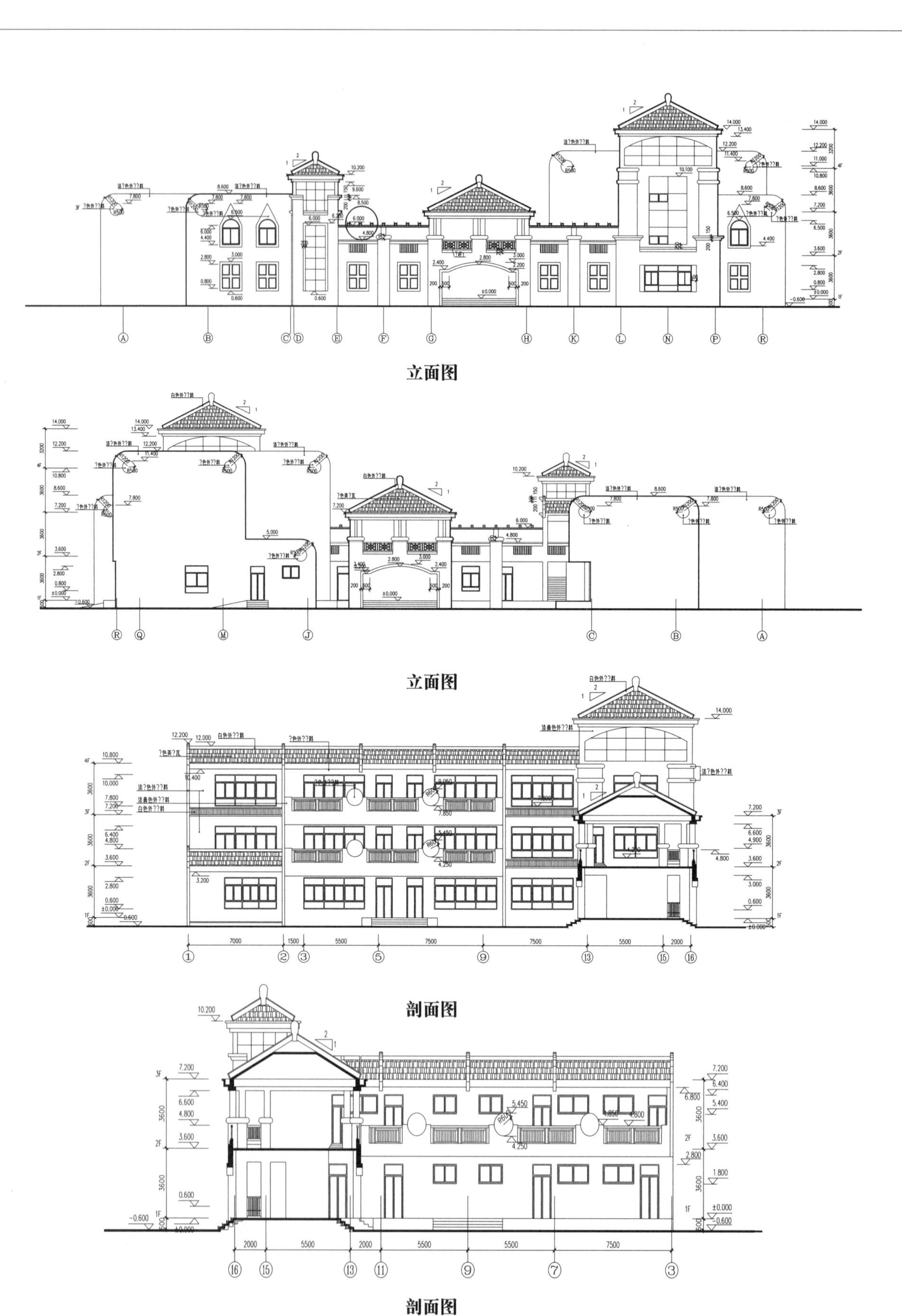

立面图

立面图

剖面图

剖面图

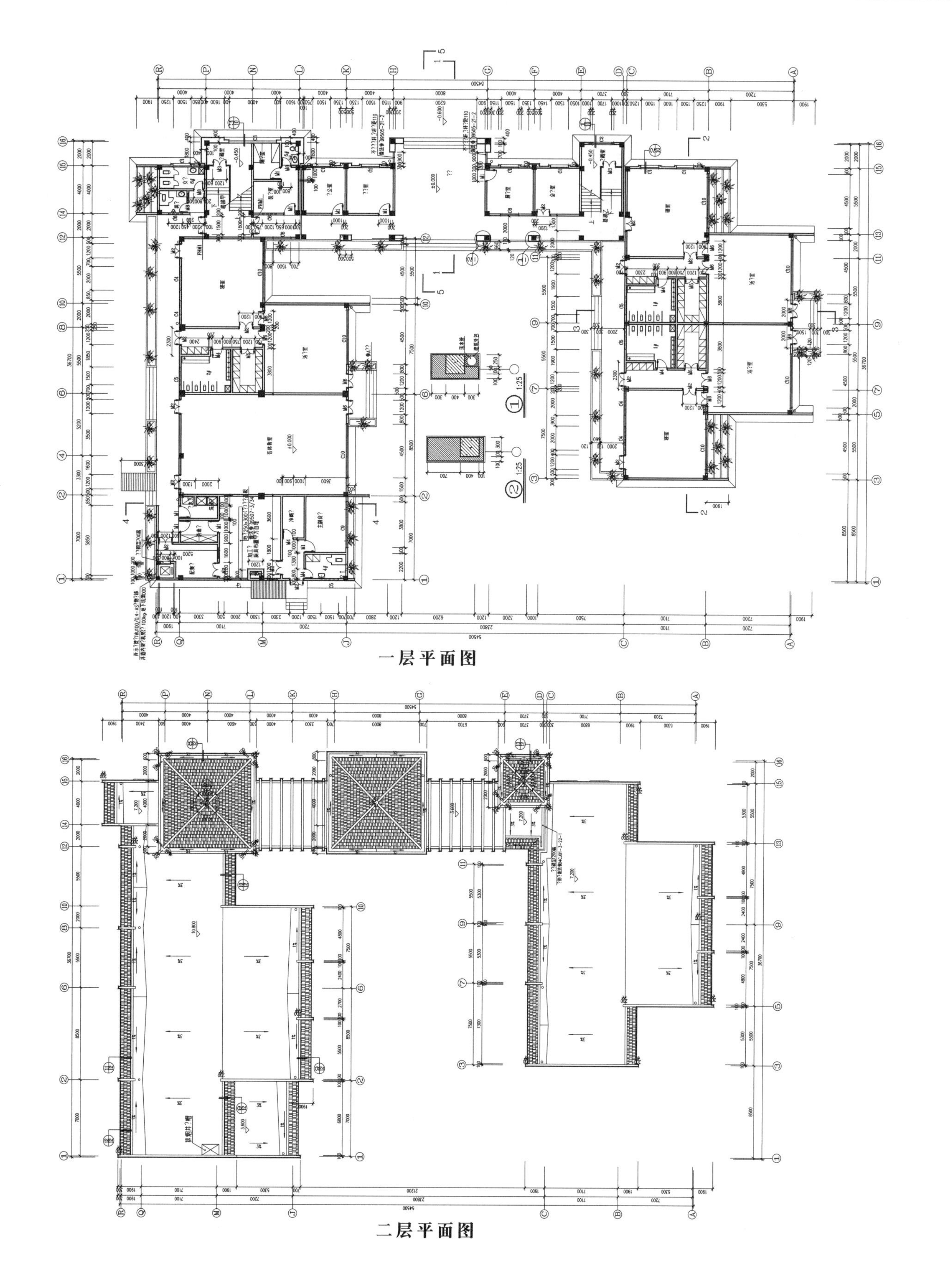

一层平面图

二层平面图

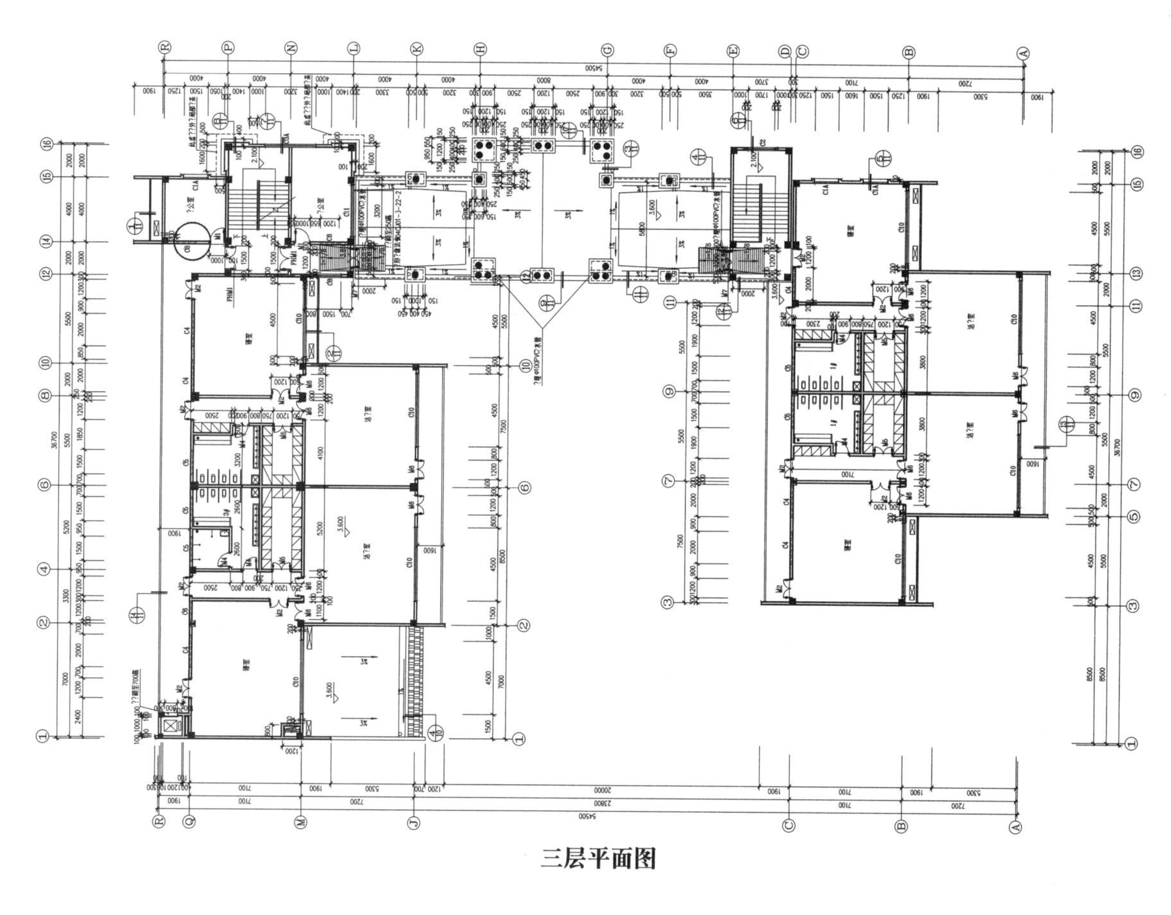

三层平面图

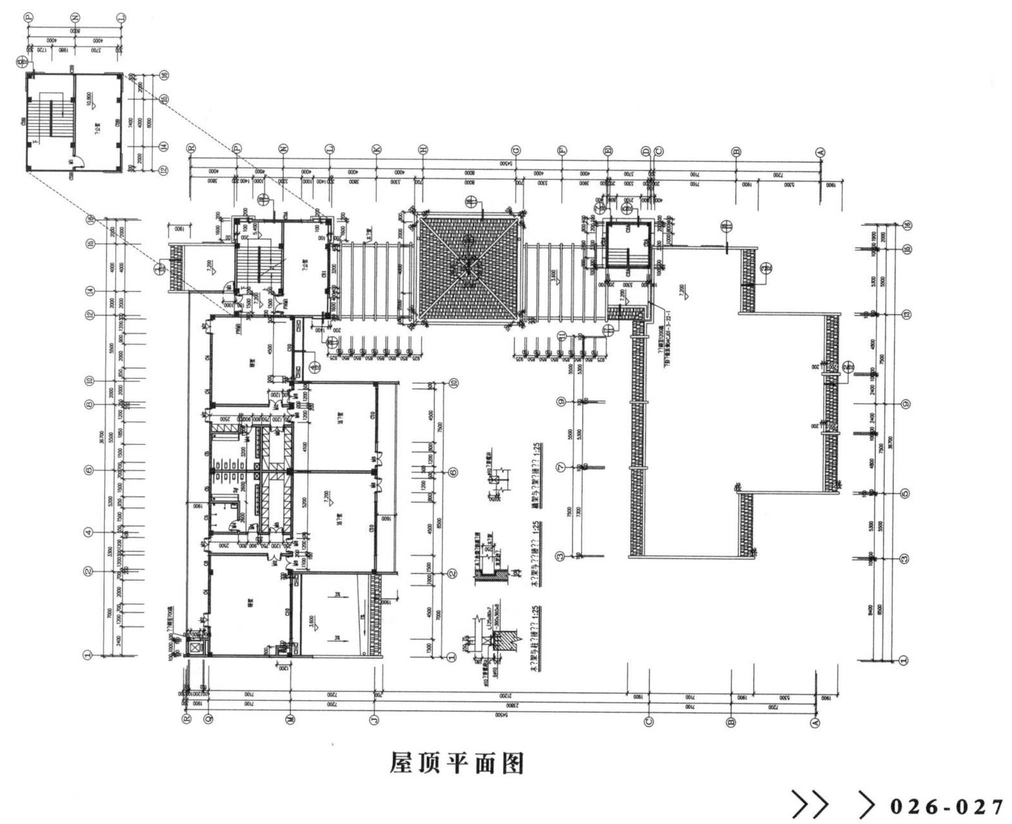

屋顶平面图

> 江苏欧式幼儿园二十四班建筑施工图

设计说明

幼儿园规模：大型（10-12班以上）
结构形式：钢筋混凝土结构
建筑风格：新古典

设计风格：欧陆风格设计
建筑高度：14.65m
高度类别：高层建筑

内容简介

本套图纸包括：总平面、设计说明、做法表、各层平面图、立面图、剖面图、门窗表、门窗大样、楼梯大样、节点详图。

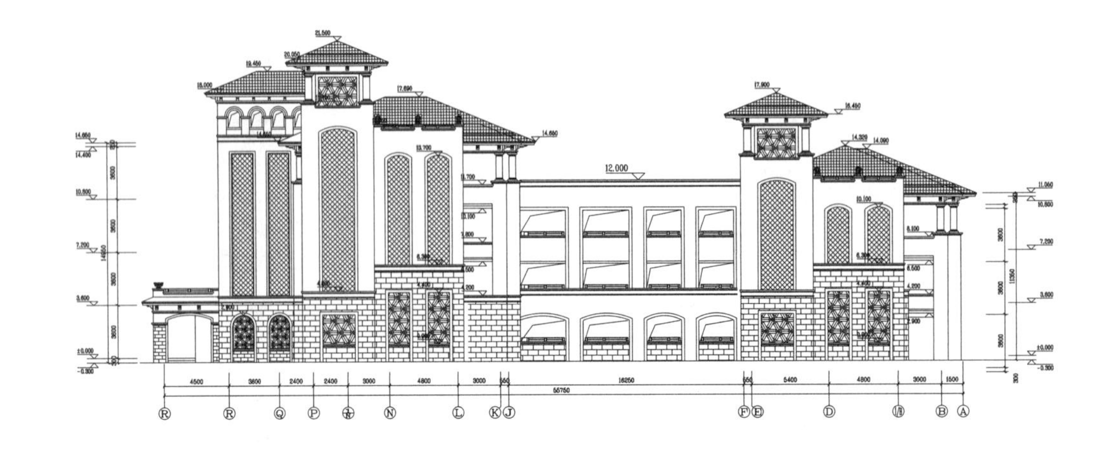

立面图

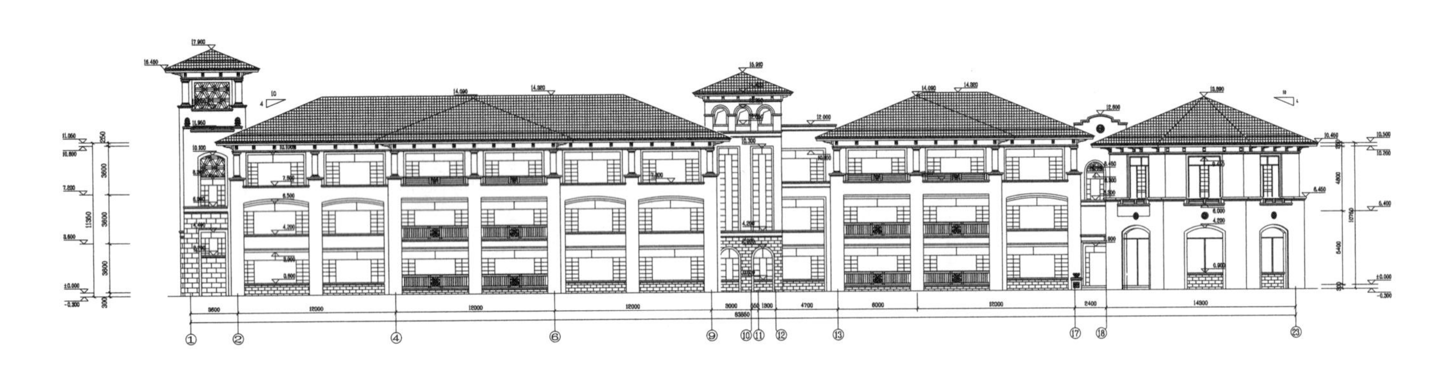

立面图

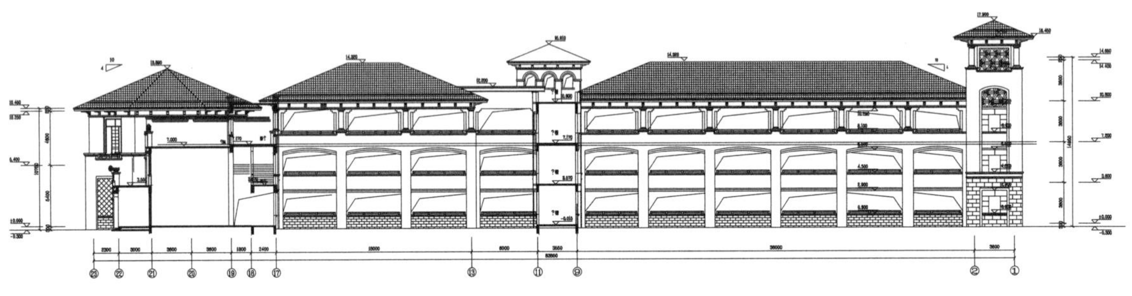

立面图

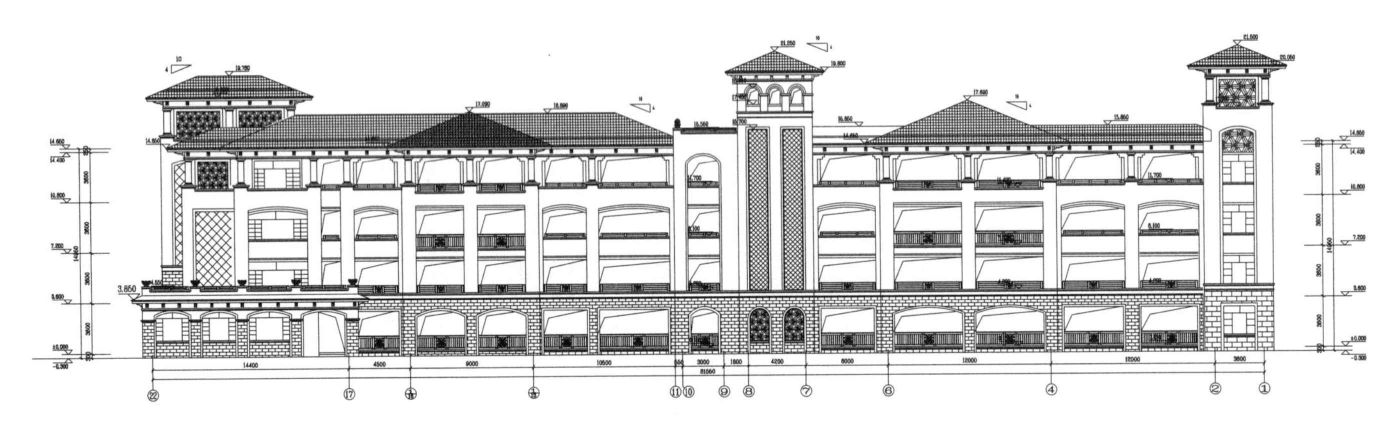

立面图

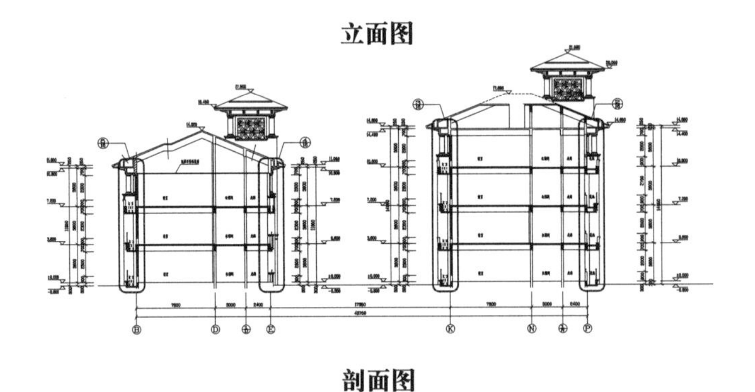

剖面图

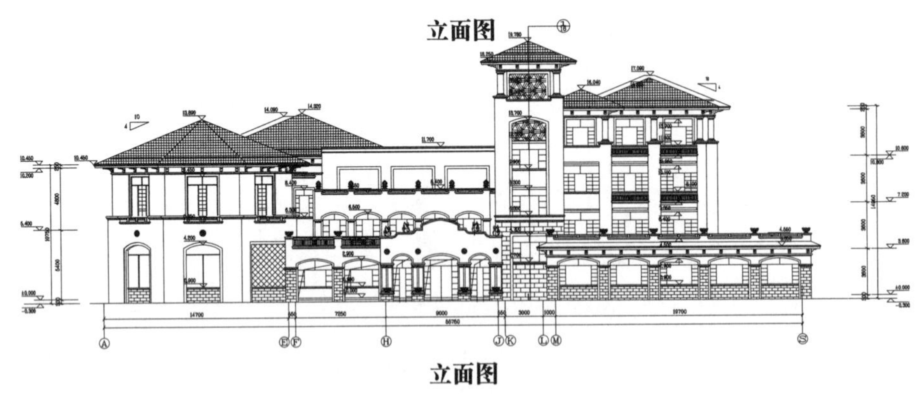

立面图

剖面图

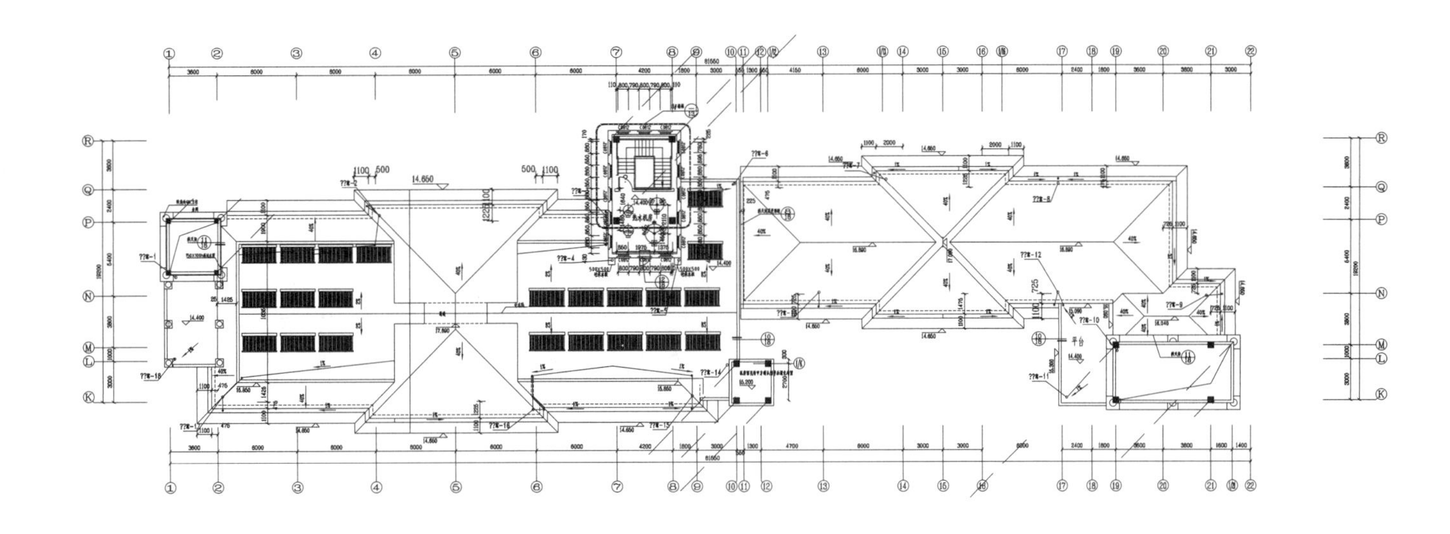

屋顶平面图

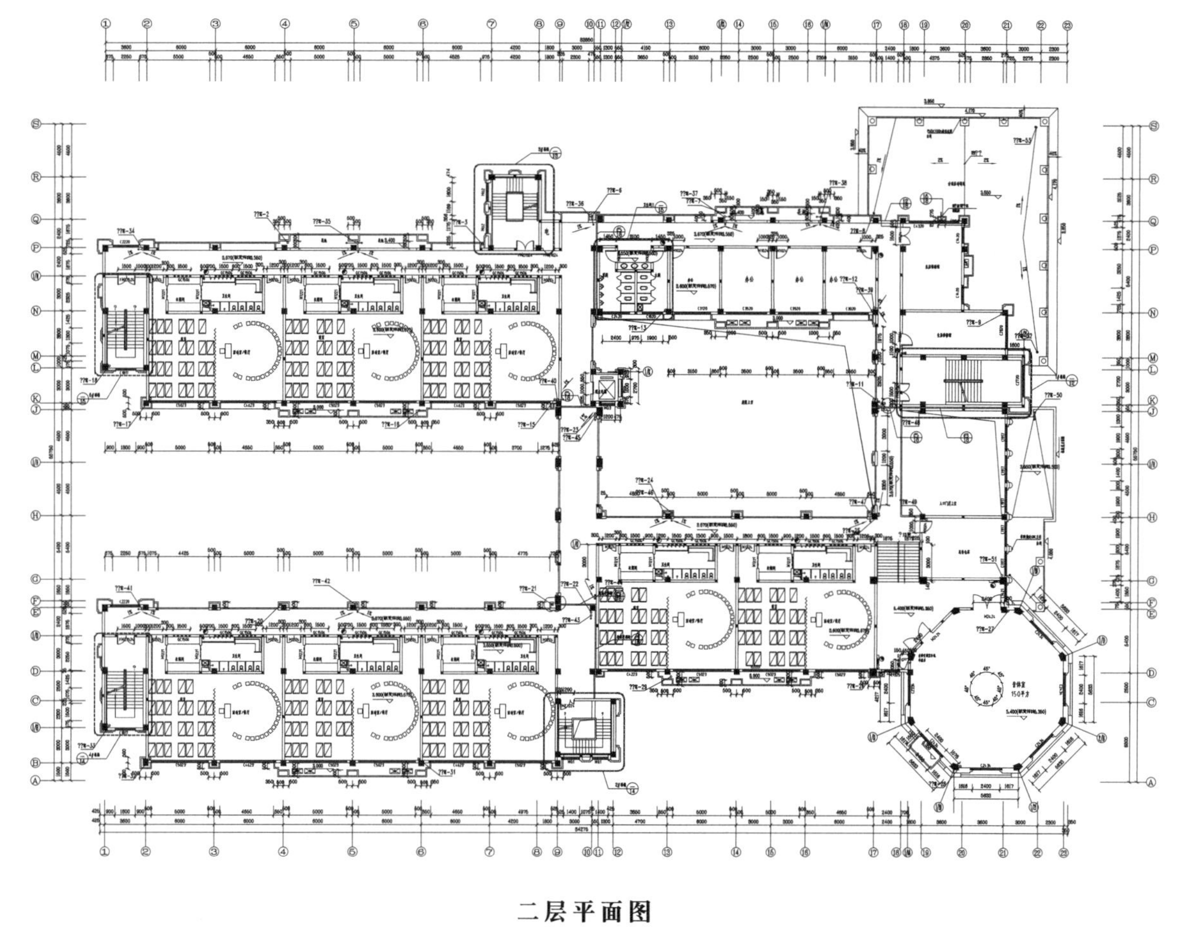

二层平面图

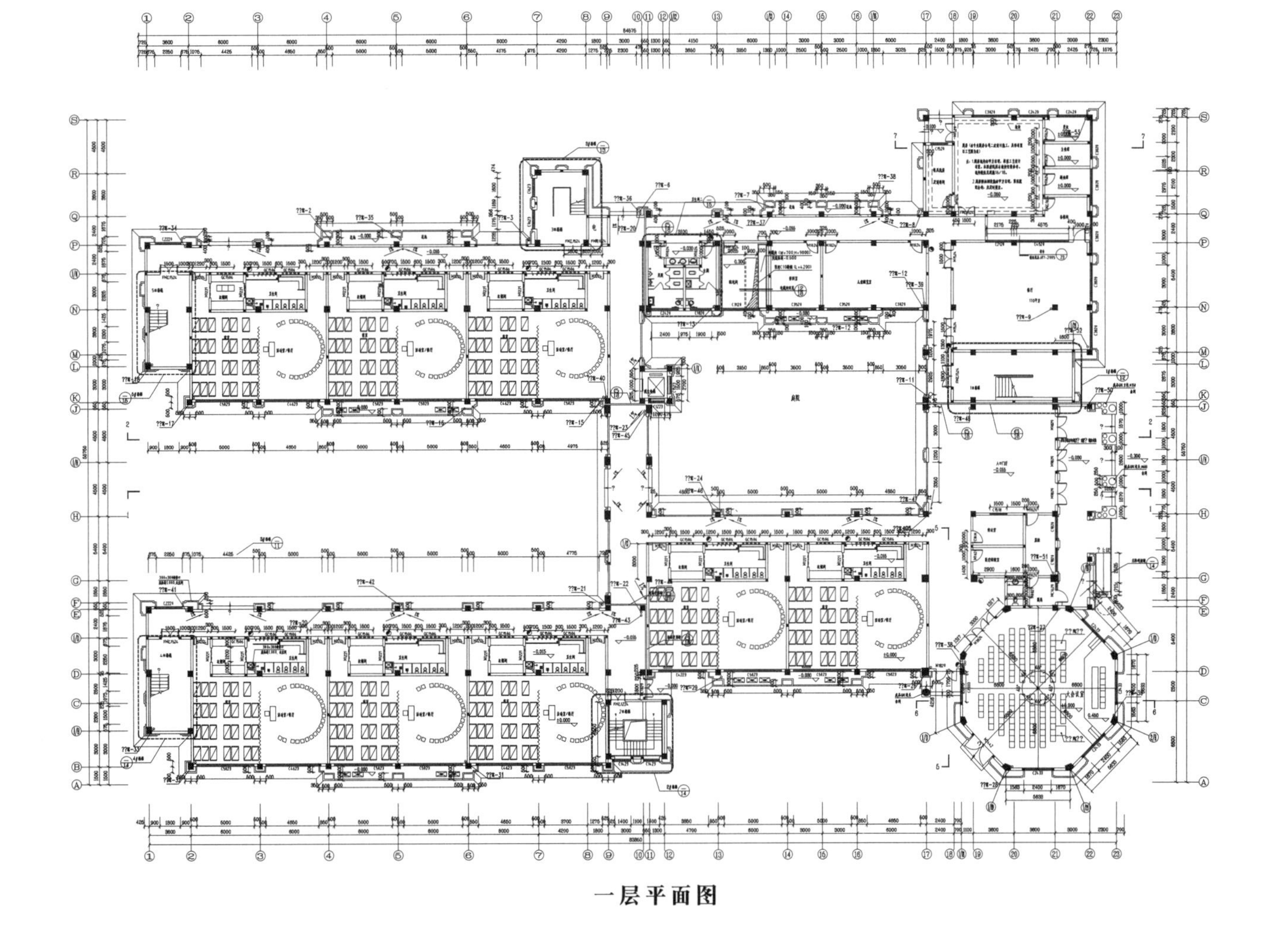

一层平面图

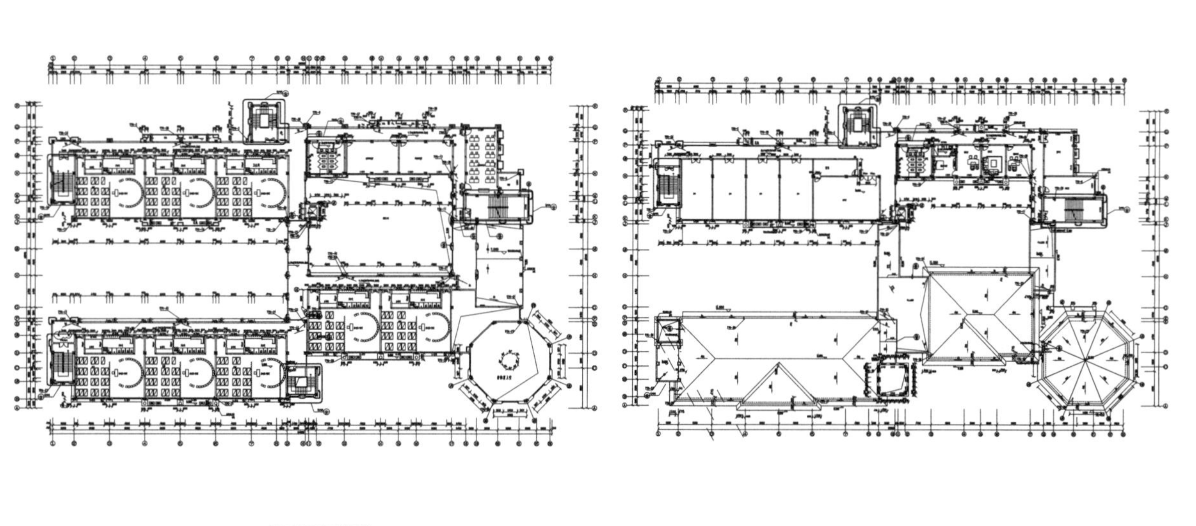

三层平面图

四层平面图

>连云港小区幼儿园建筑方案图

设计说明

图纸深度 ：方案（初设图）
结构形式：钢筋混凝土结构
建筑风格：现代建筑

设计风格：现代风格设计
建筑高度：9.6m
高度类别：高层建筑

内容简介

本套图纸包括：各层建筑平面、立面等.
抗震设防烈度：6 层数为:3层 高度为：9.6米 屋顶形式：平屋。

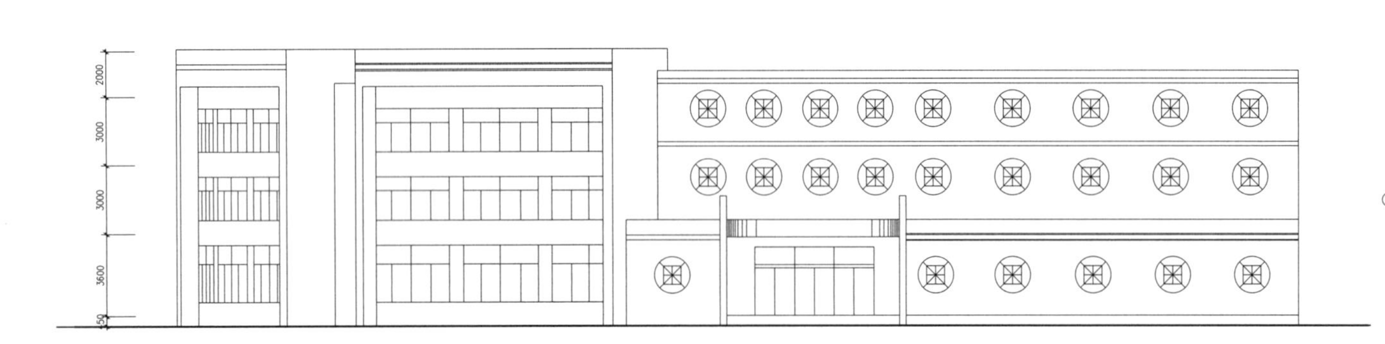

立面图

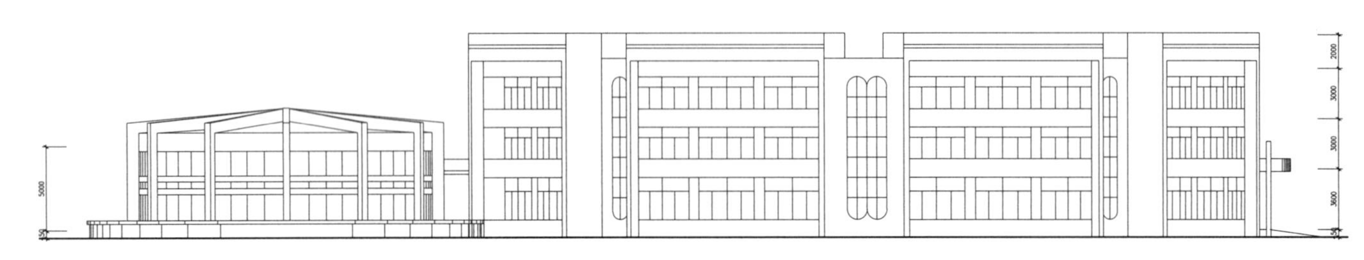

立面图

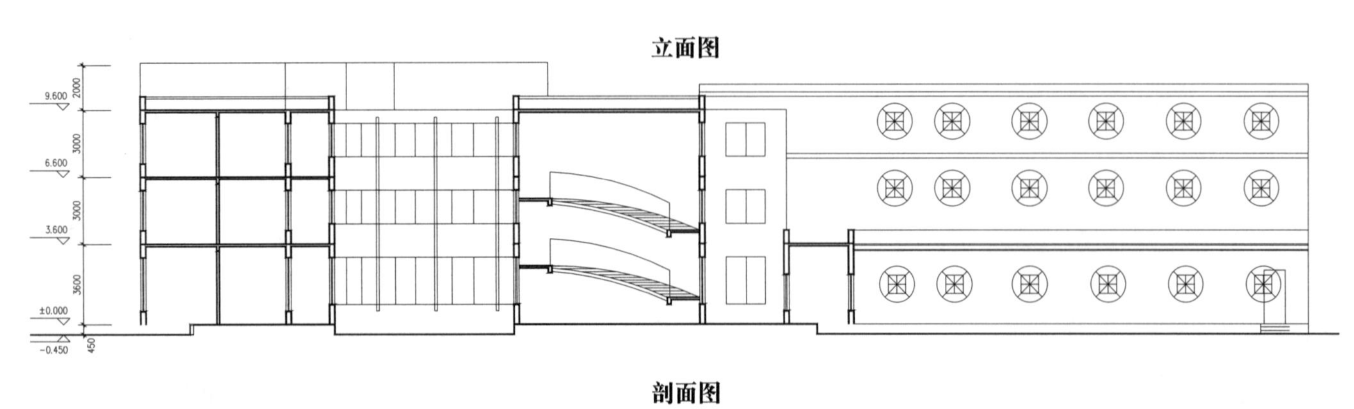

剖面图

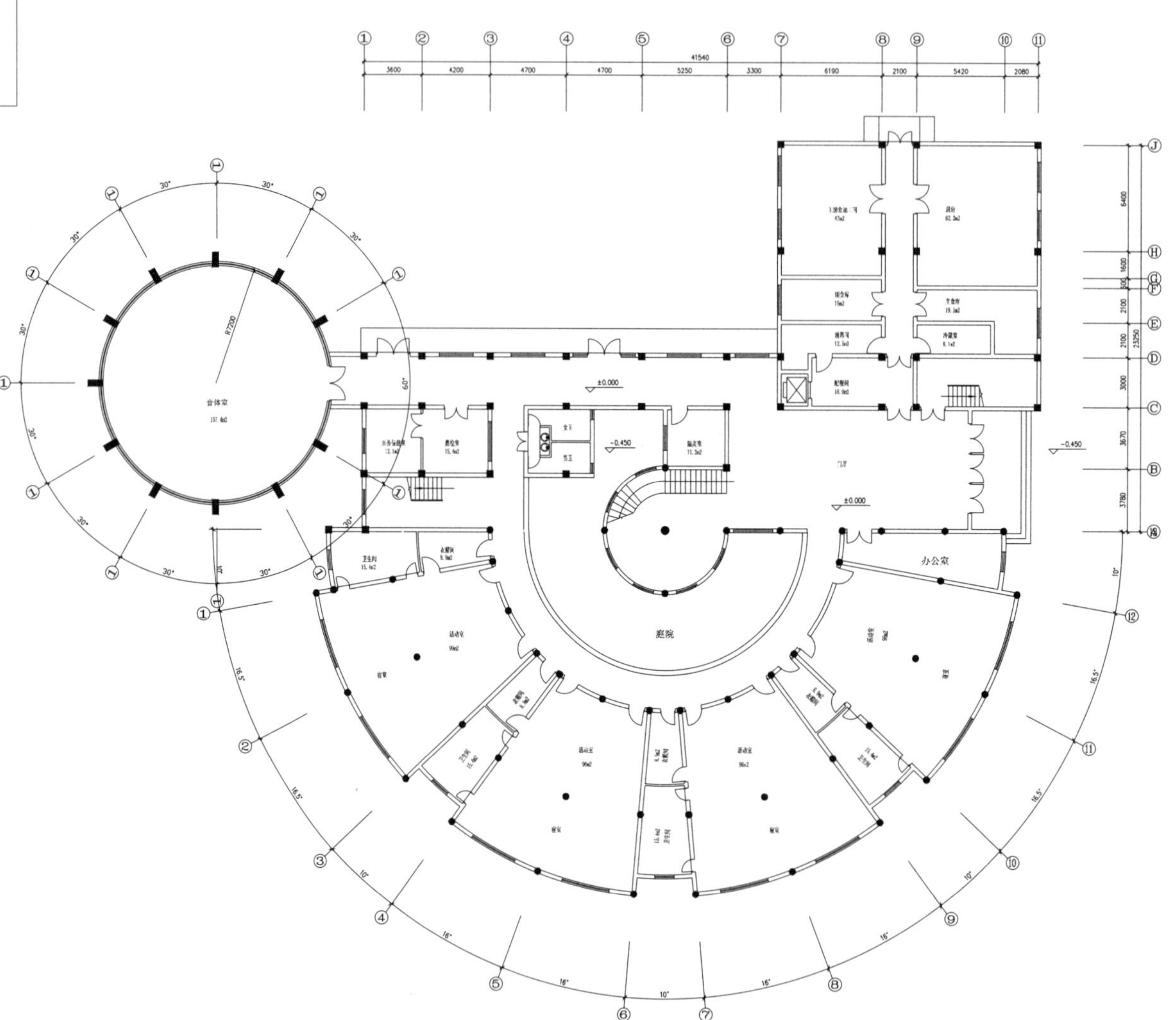

一层平面图

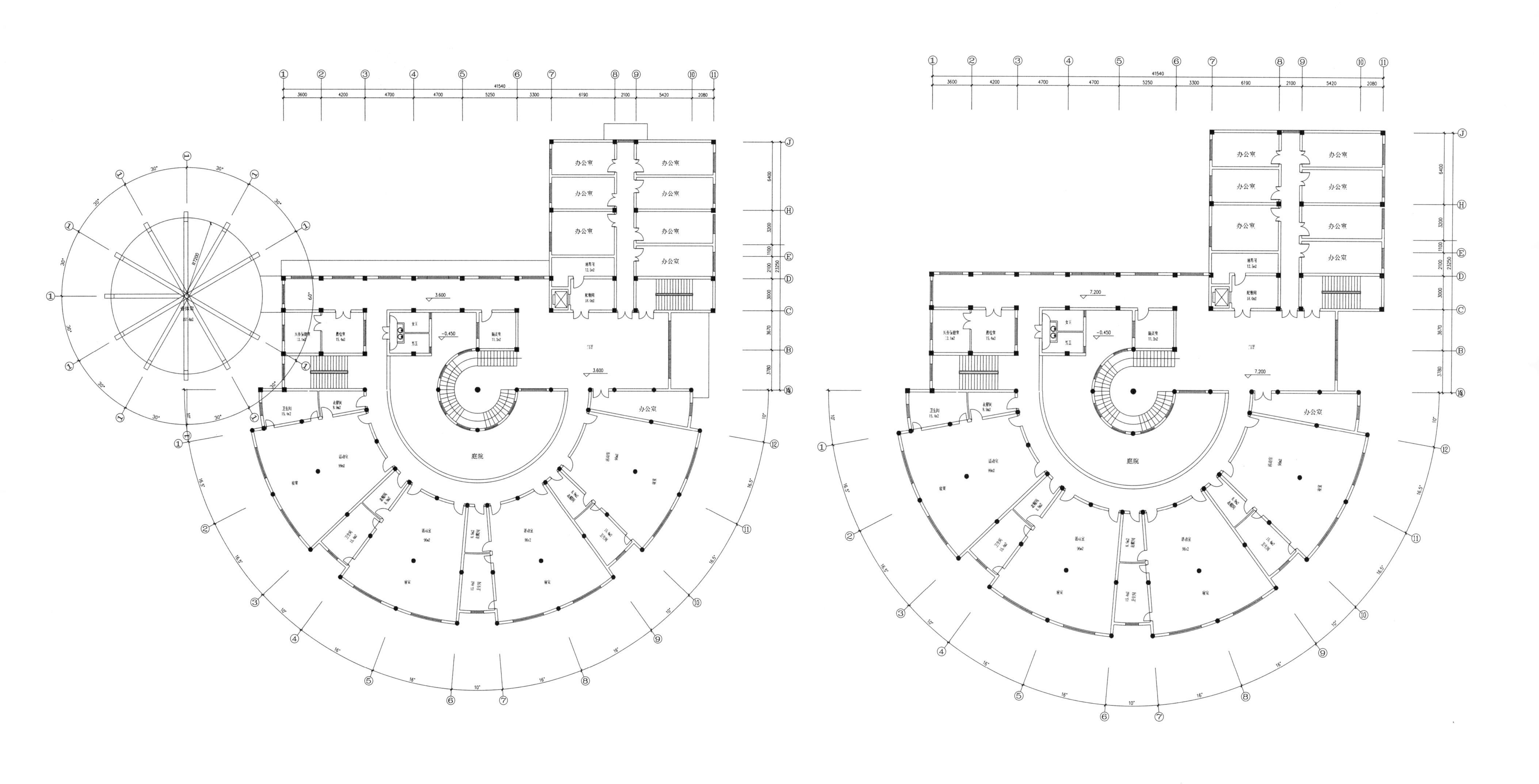

二层平面图

三层平面图

四层平面图

>南京威尼斯水城幼儿园建筑施工图

设计说明

幼儿园规模：中型（6-9班）
结构形式：钢筋混凝土结构
建筑风格：新古典

设计风格：欧陆风格设计
建筑高度：11.35m
高度类别：高层建筑

内容简介

本套图纸包括：设计说明、材料做法表、室内装修表、门窗表、一层平面图、二层平面图、三层平面图、屋顶平面图、立面图、剖面图、大样图、楼梯大样图、门窗大样图。

剖面图

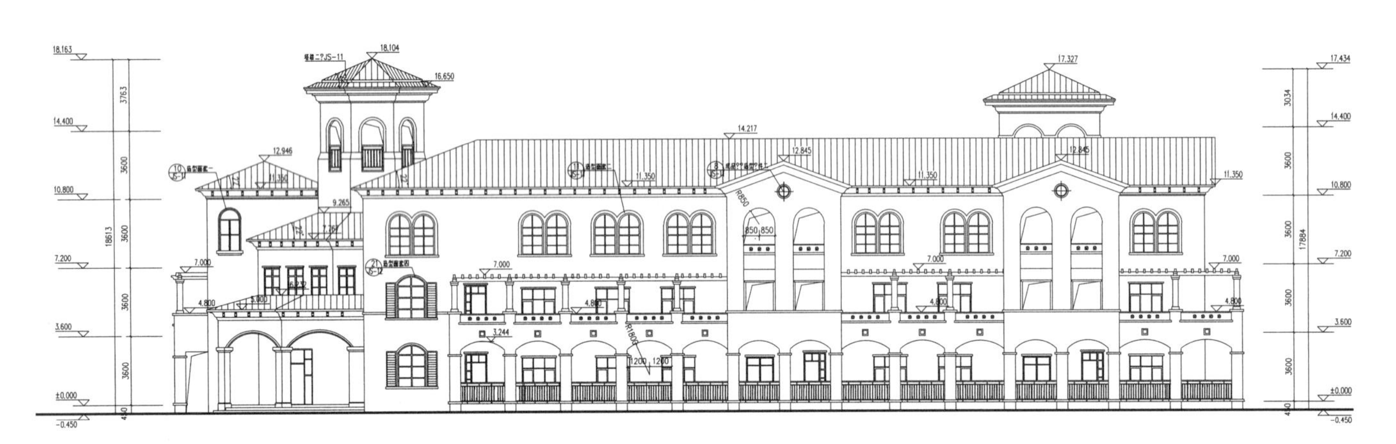

立面图

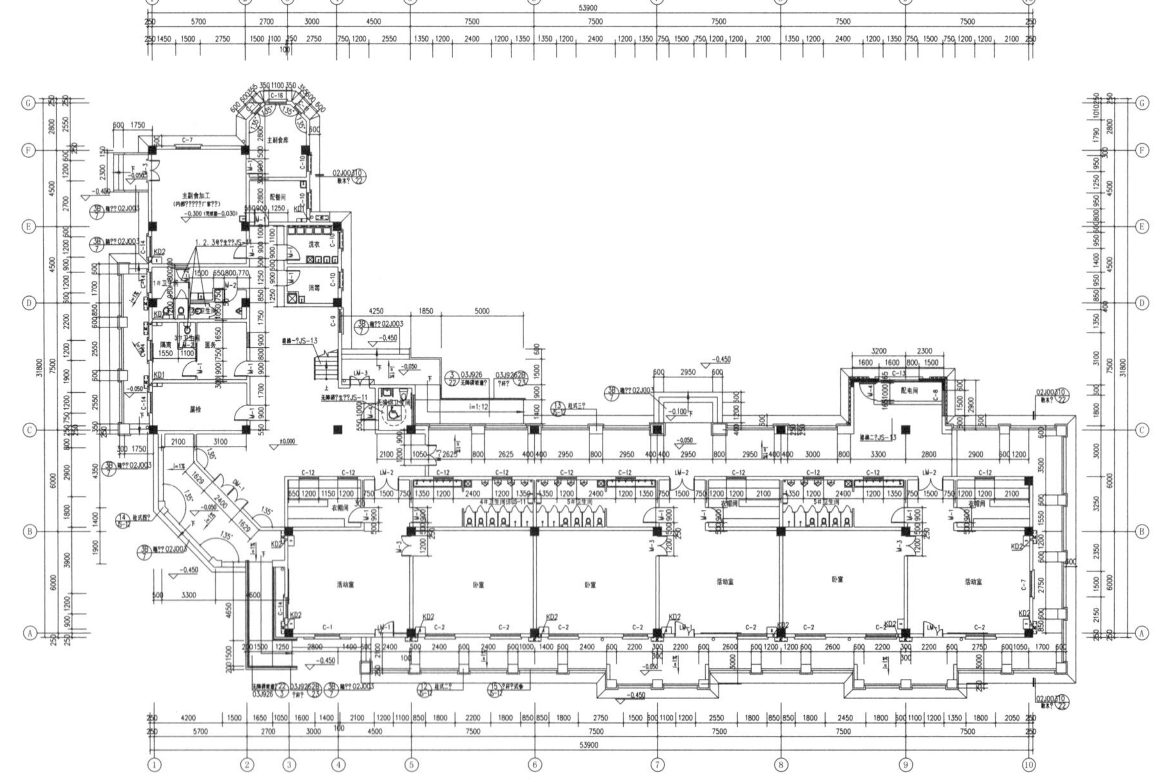

一层平面图

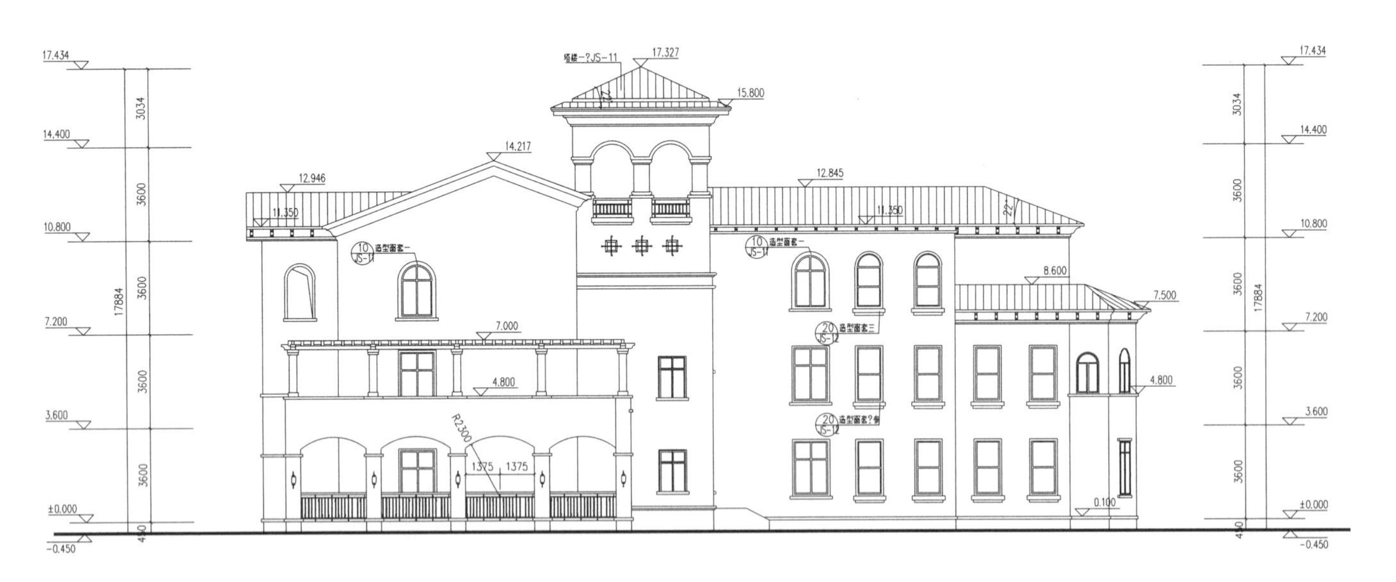

剖面图

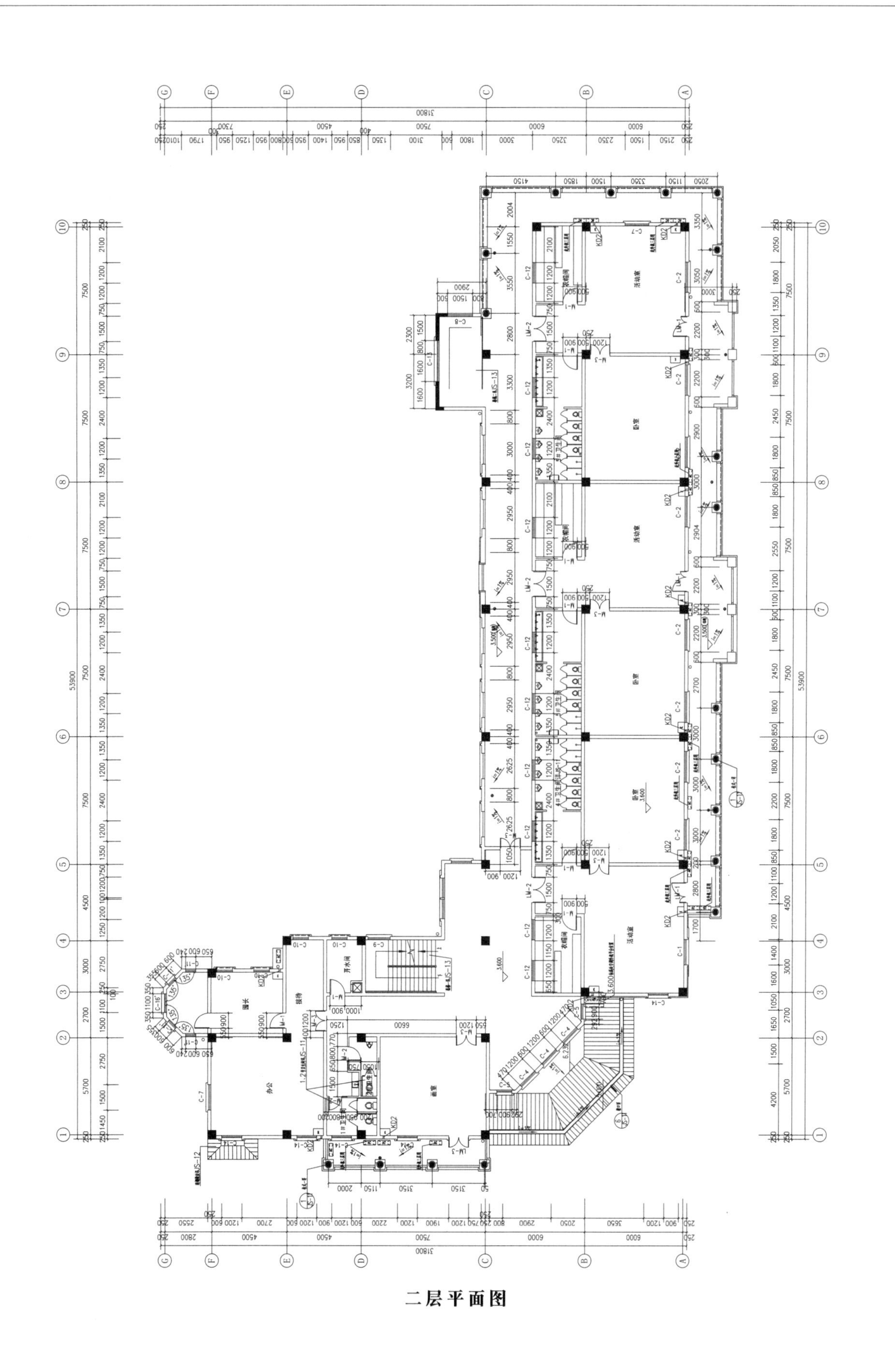

二层平面图

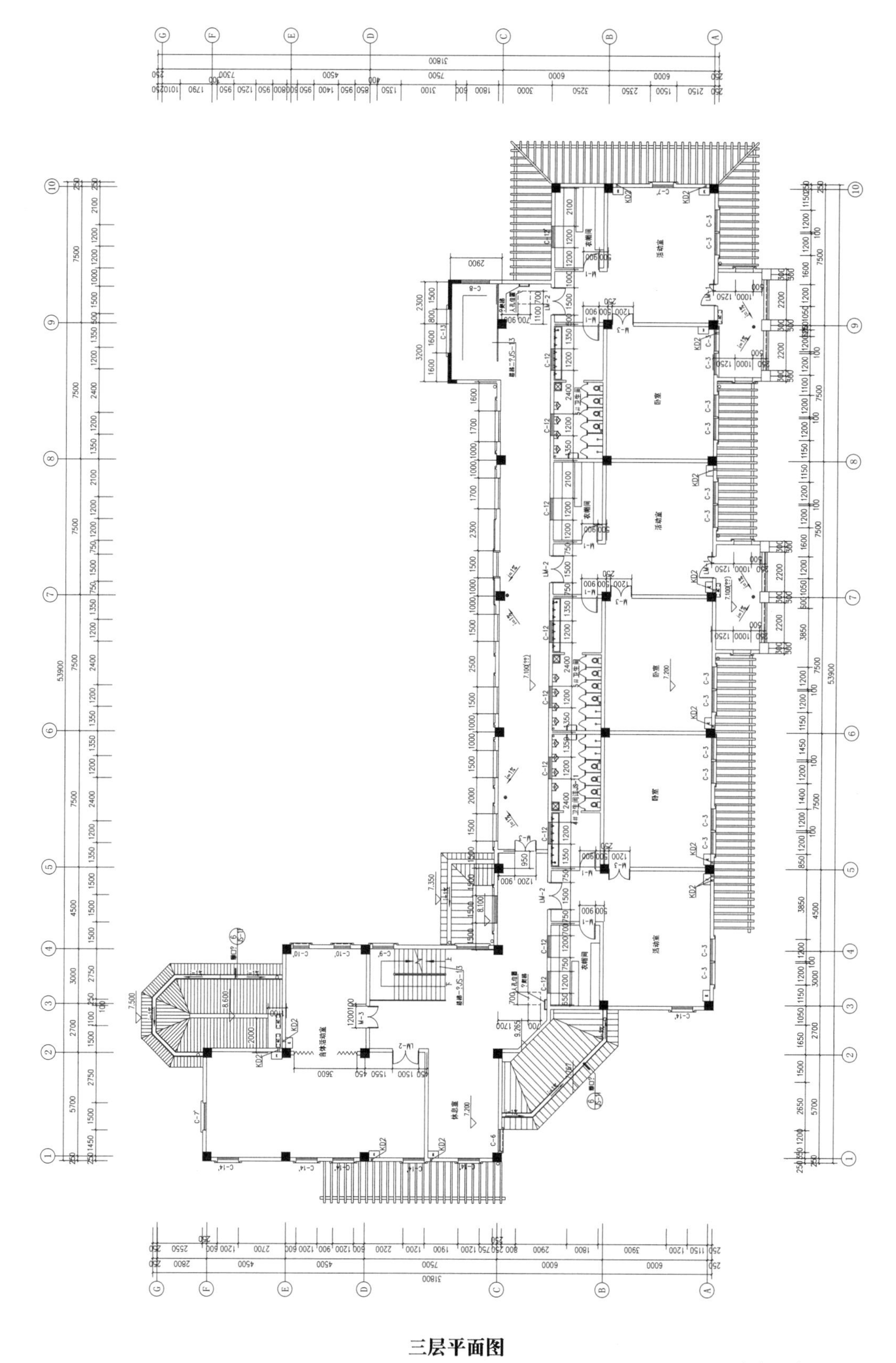

三层平面图

>南京小区幼儿园三层十二班建筑施工图

设计说明

幼儿园规模：大型（10-12班以上）
结构形式：钢筋混凝土结构
建筑风格：新古典
设计风格：欧陆风格设计
建筑高度：10.8m
高度类别：多层建筑

内容简介

本套图纸包括：设计说明、做法表、各层平面图、立面图、剖面图、门窗表、门窗大样、楼梯大样、节点详图。

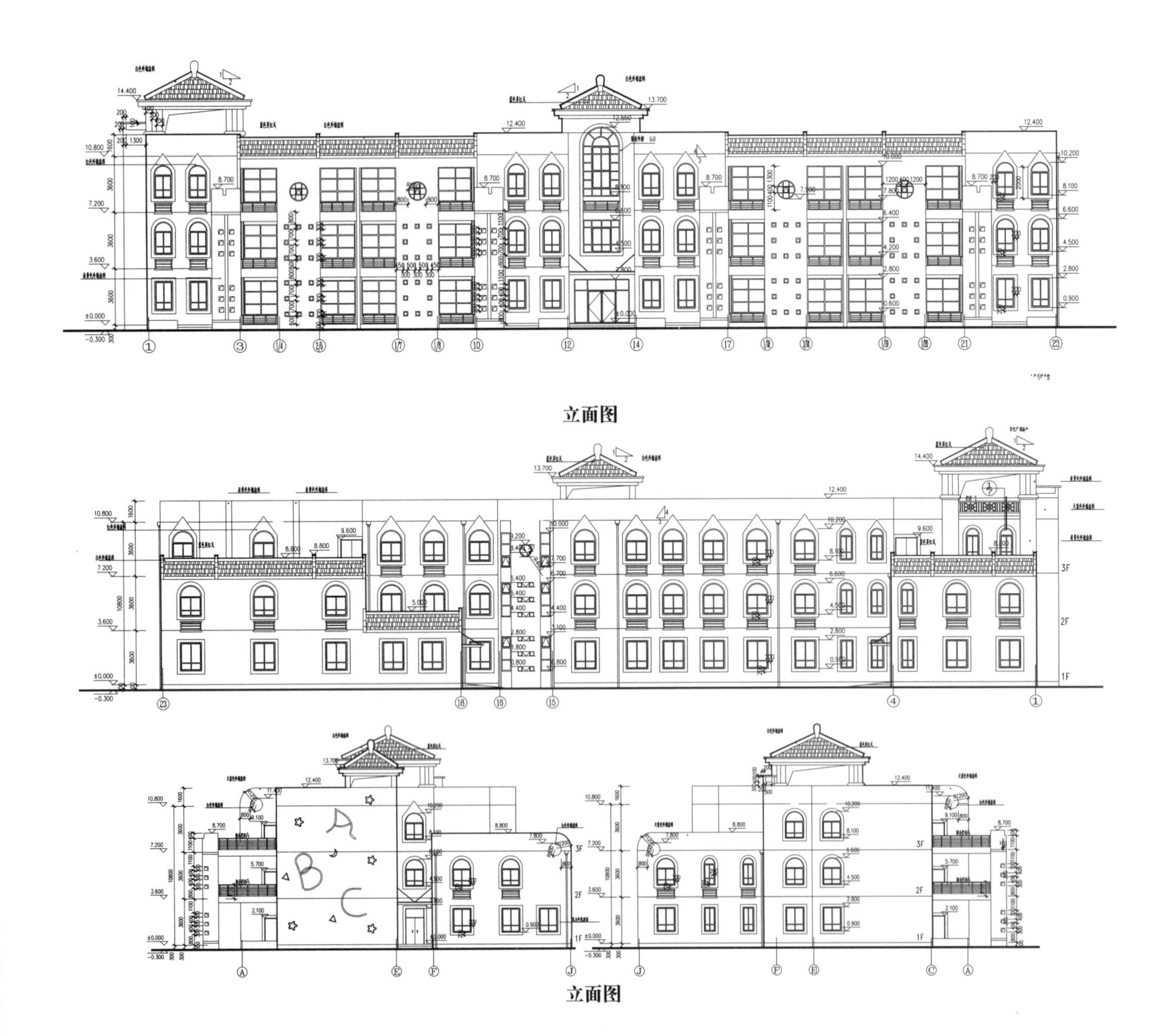

立面图

立面图

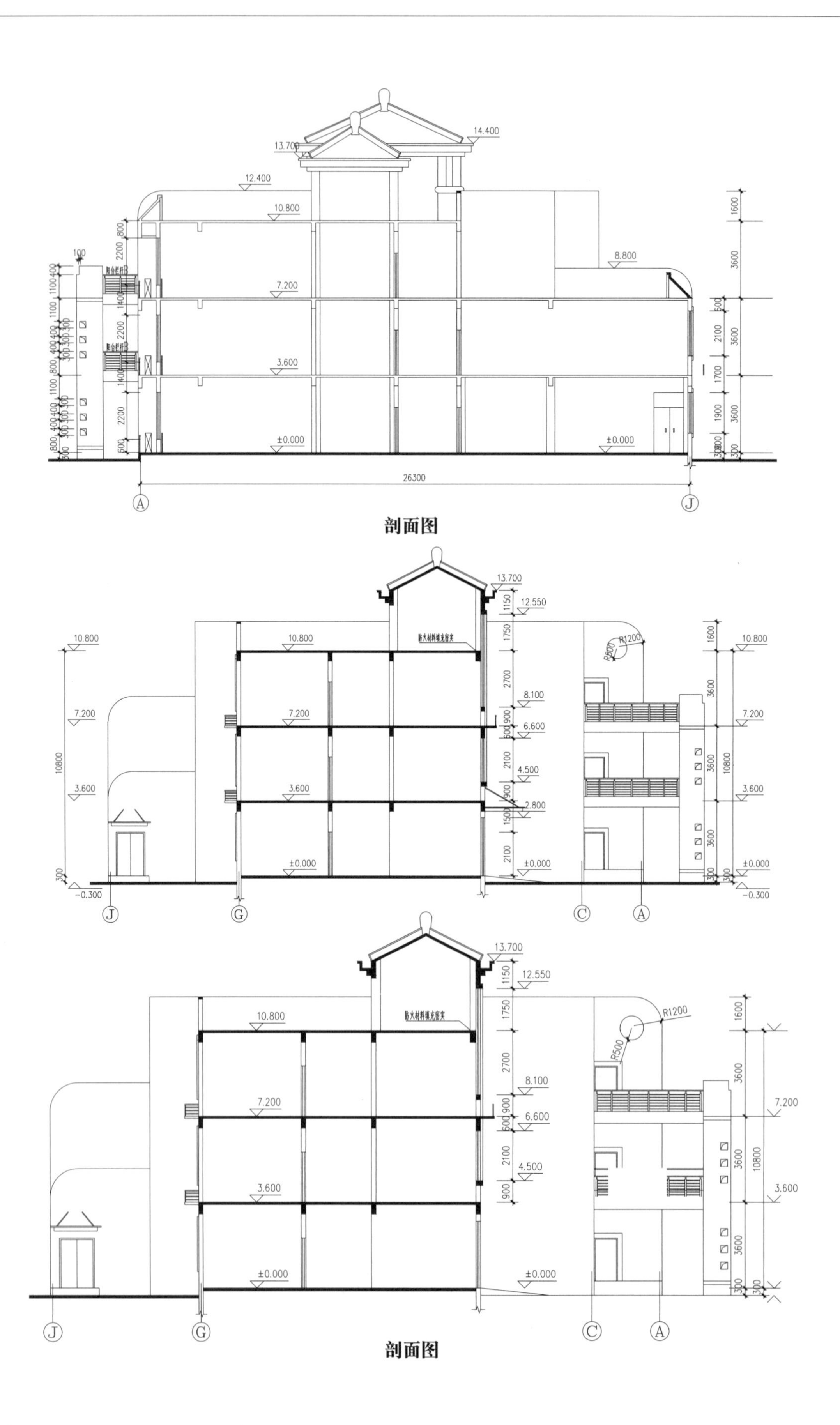

剖面图

剖面图

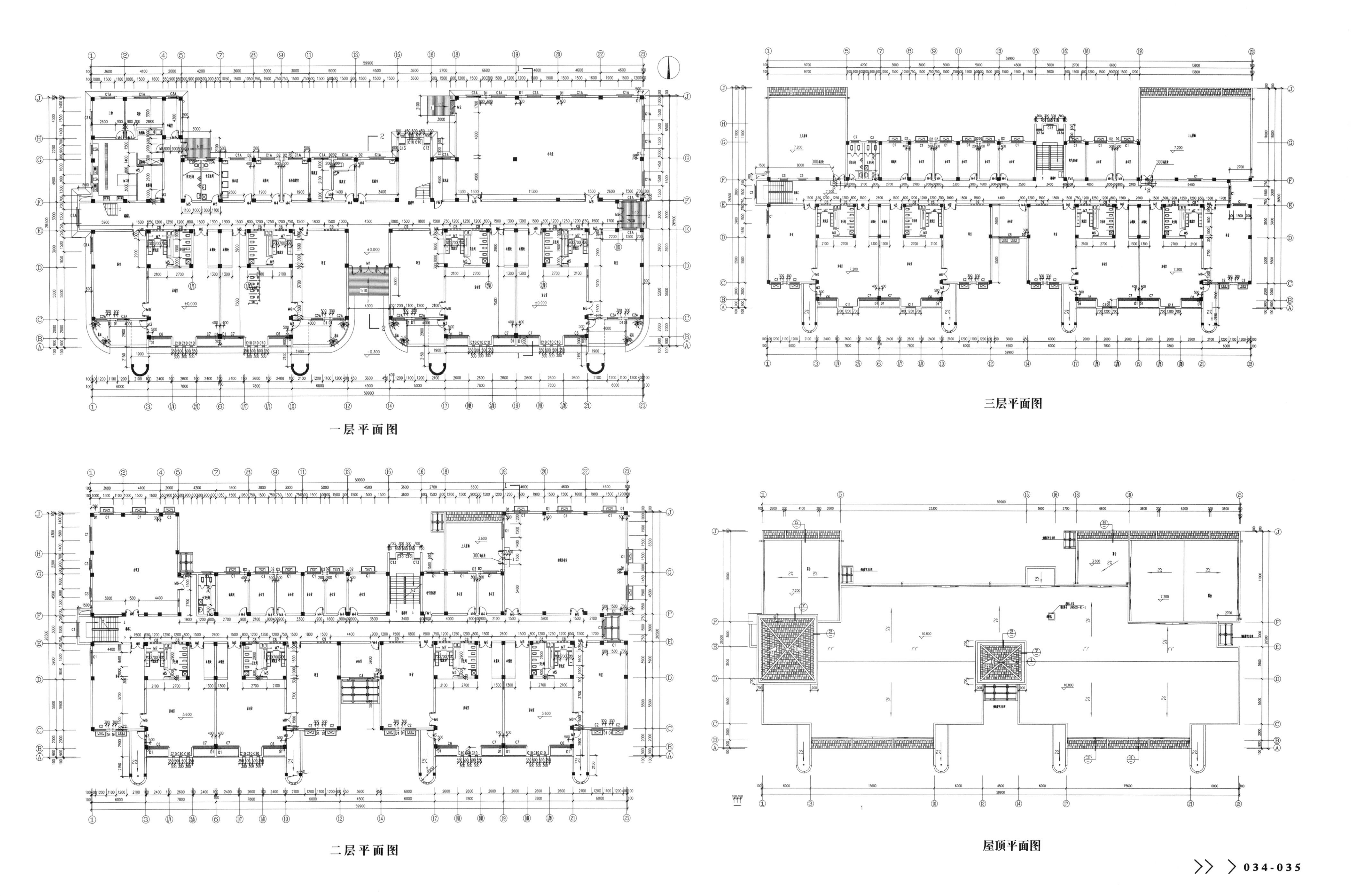

一层平面图

三层平面图

二层平面图

屋顶平面图

>欧式风格幼儿园六班建筑方案图

设计说明

幼儿园规模：中型（6-9班）
结构形式：钢筋混凝土结构
建筑风格：新古典

幼儿园规模：中型（6-9班）
结构形式：钢筋混凝土结构
建筑风格：新古典

内容简介

本套图纸包括：各层平面图、立面图、剖面图。

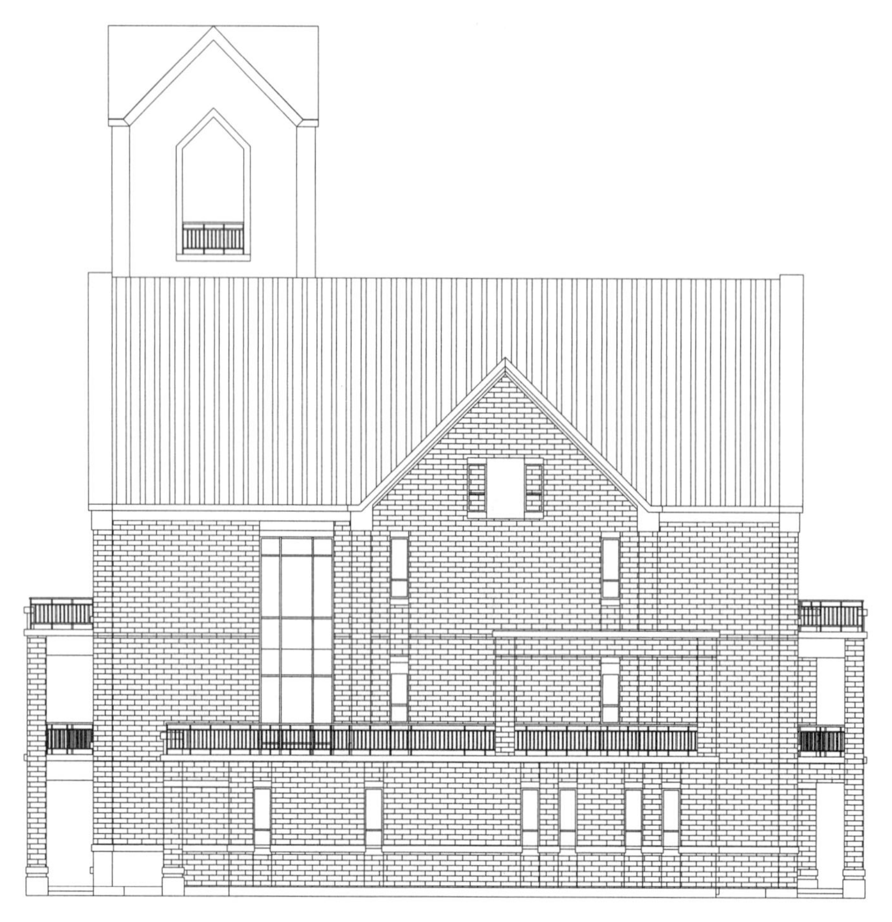

立面图

立面图

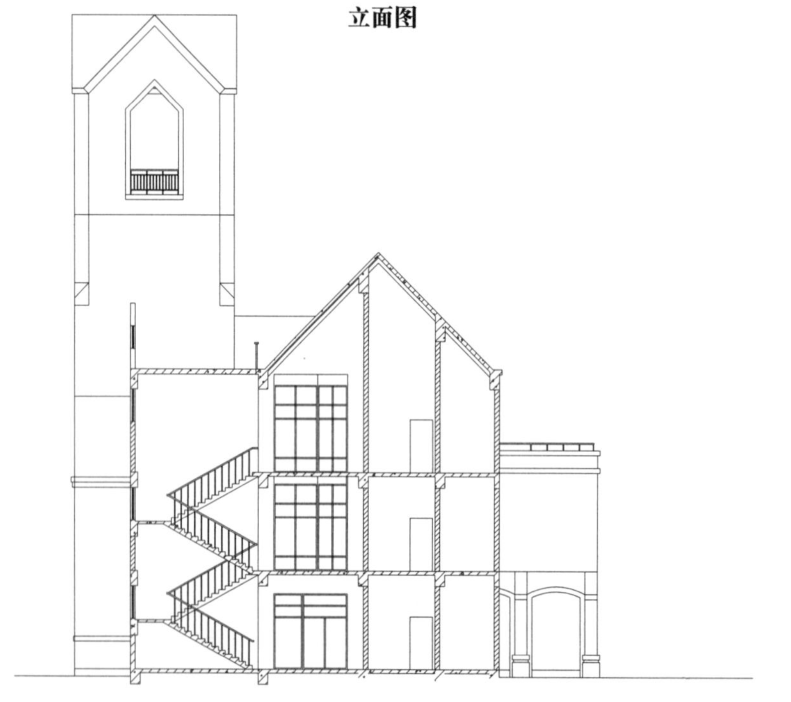

剖面图

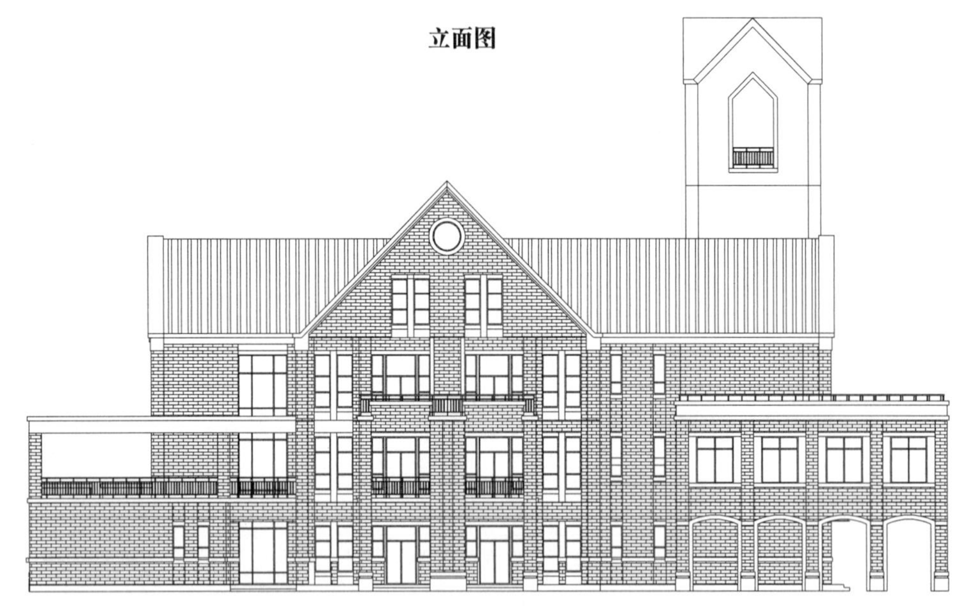

立面图

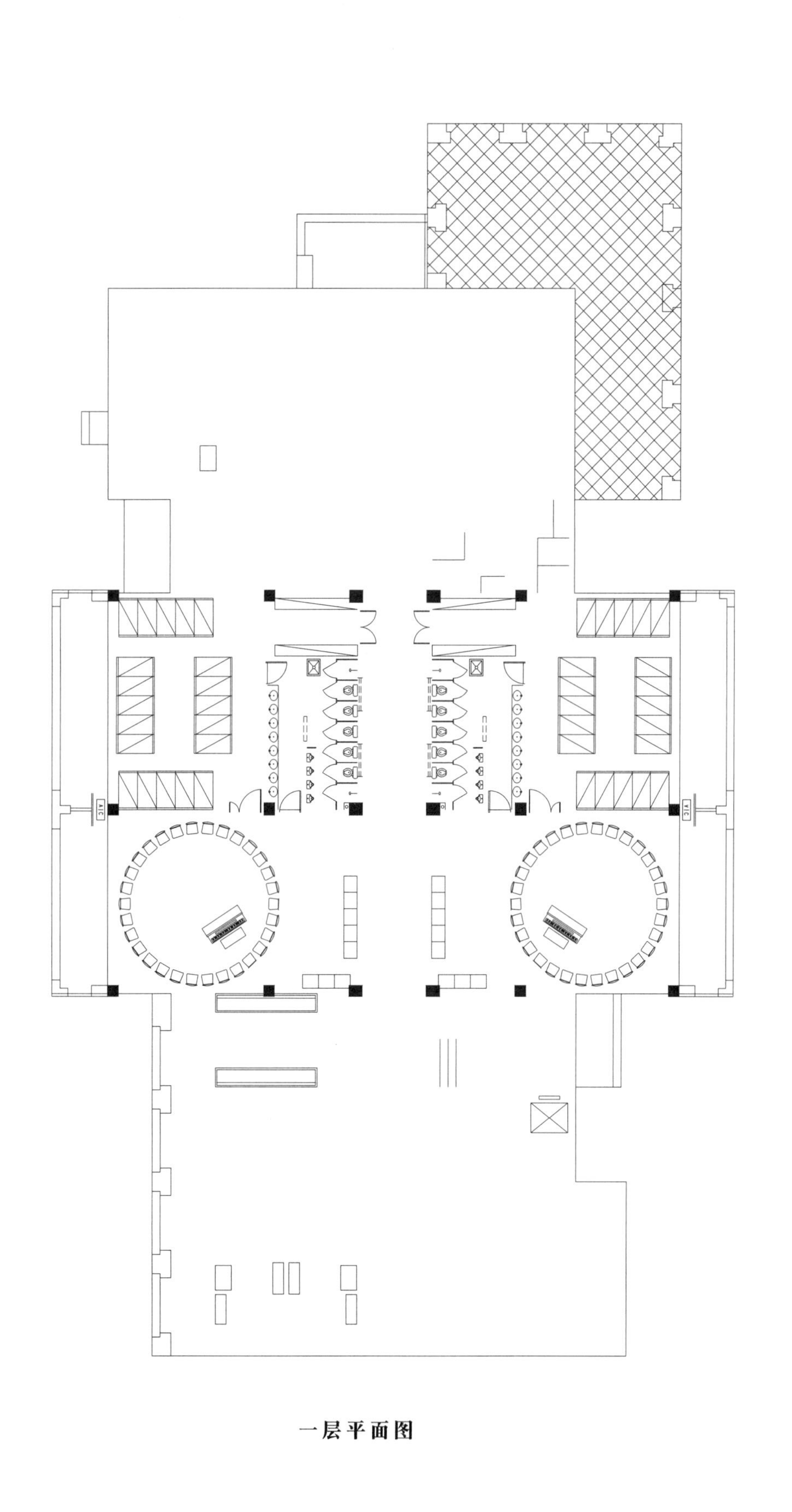

一层平面图

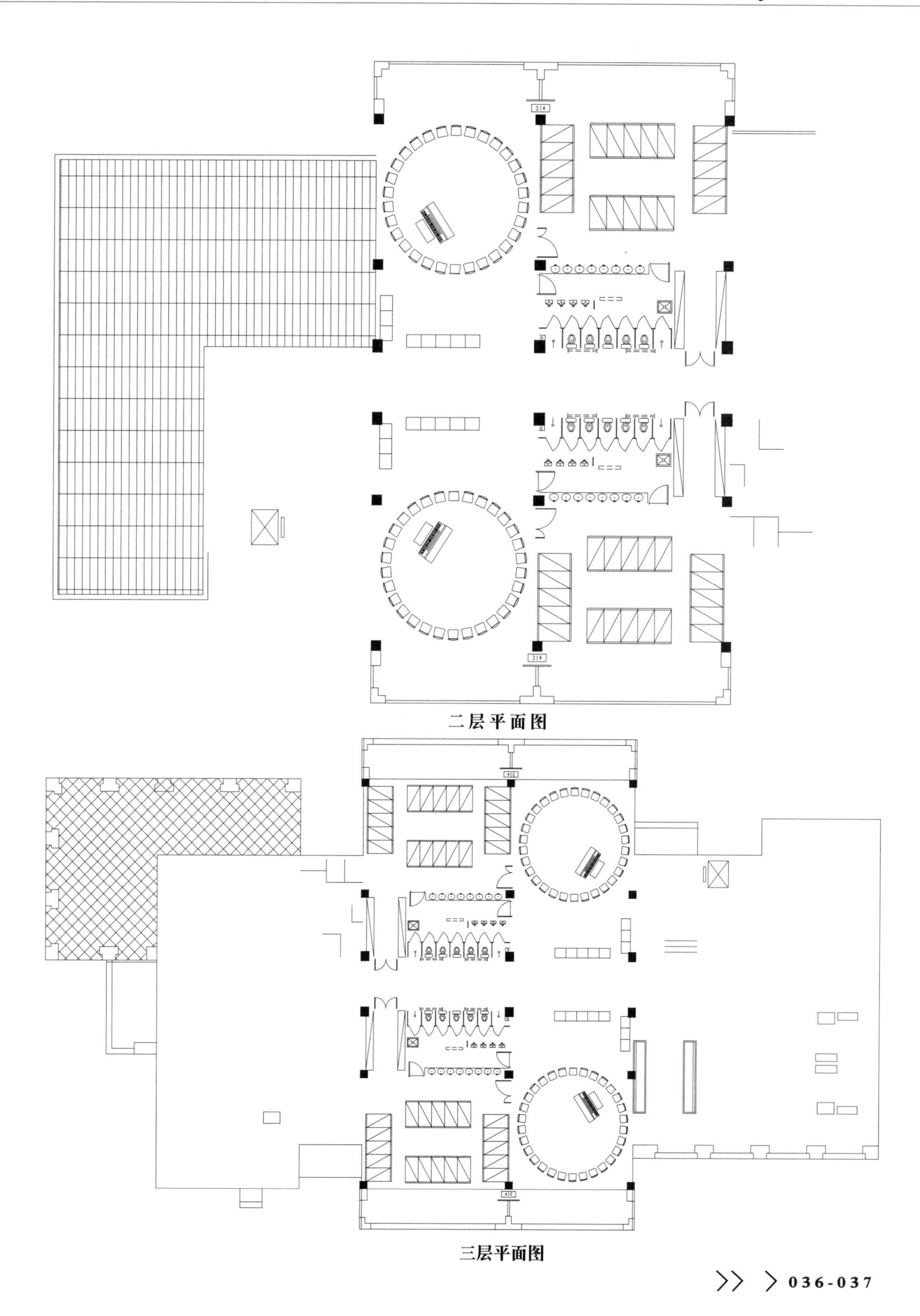

二层平面图

三层平面图

>陕西城堡幼儿园六层建筑施工图

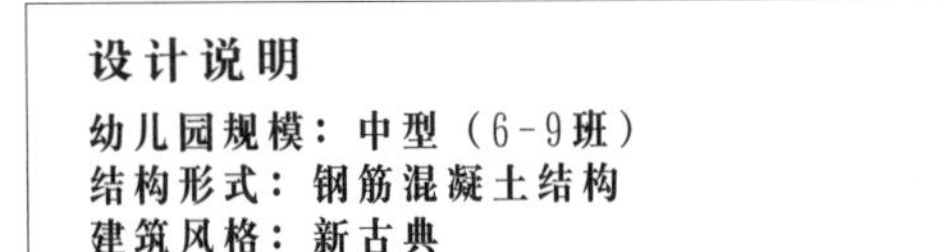

设计说明

幼儿园规模：中型（6-9班）
结构形式：钢筋混凝土结构
建筑风格：新古典

设计风格：欧陆风格设计
建筑高度：19.1m
高度类别：多层建筑

内容简介

本套图纸包括：各层平面图、立面图、剖面图.
建筑物耐火等级：地上二级，地下一级． 建建筑抗震设防烈度：六度 建筑规模：地上四层，局部五层，地下一层。

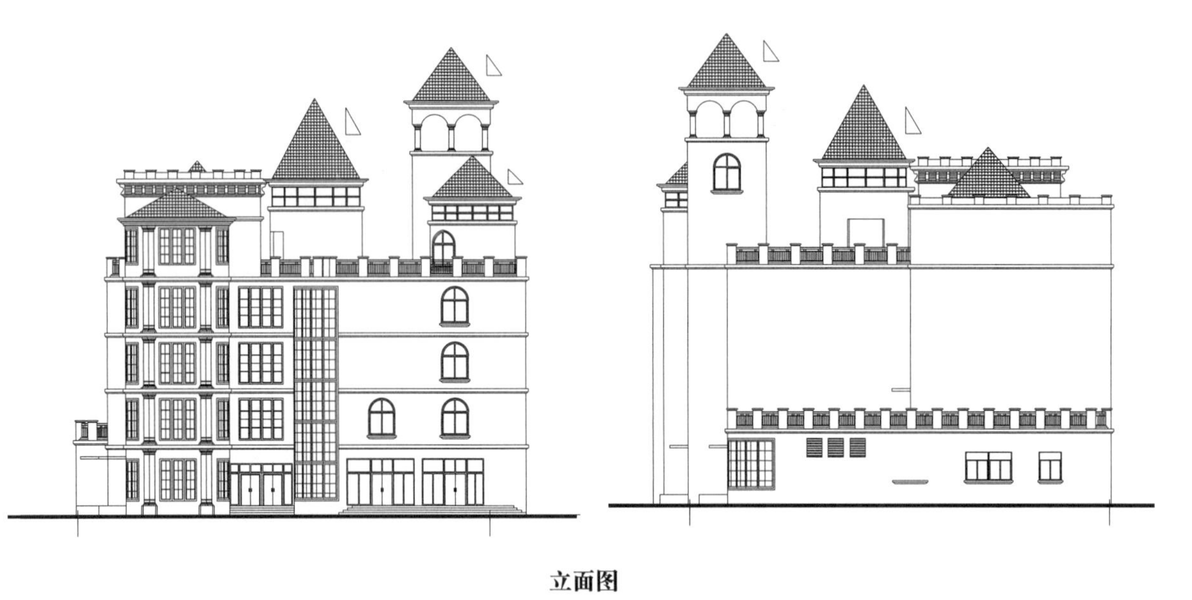

立面图

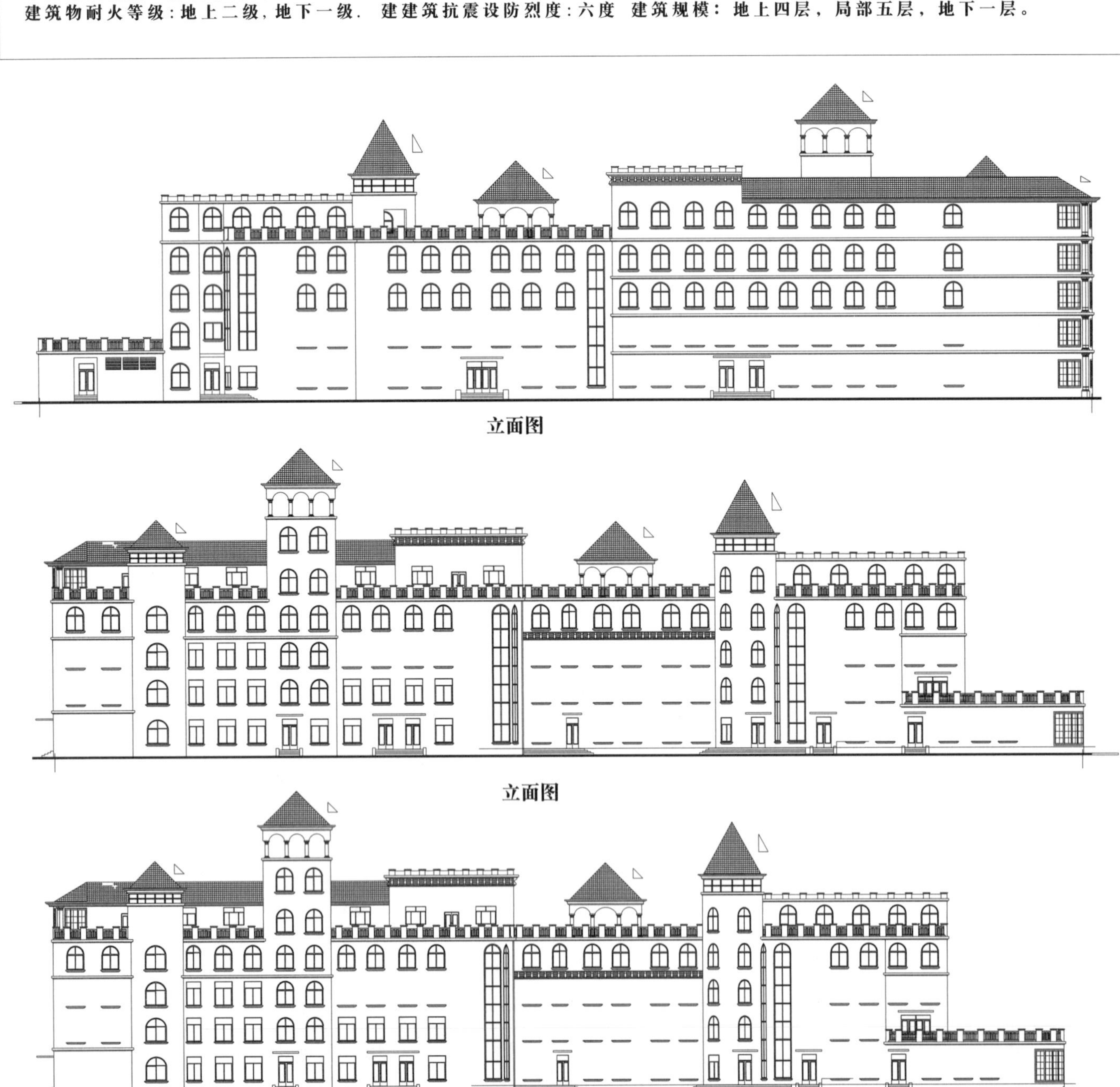

立面图

立面图

立面图

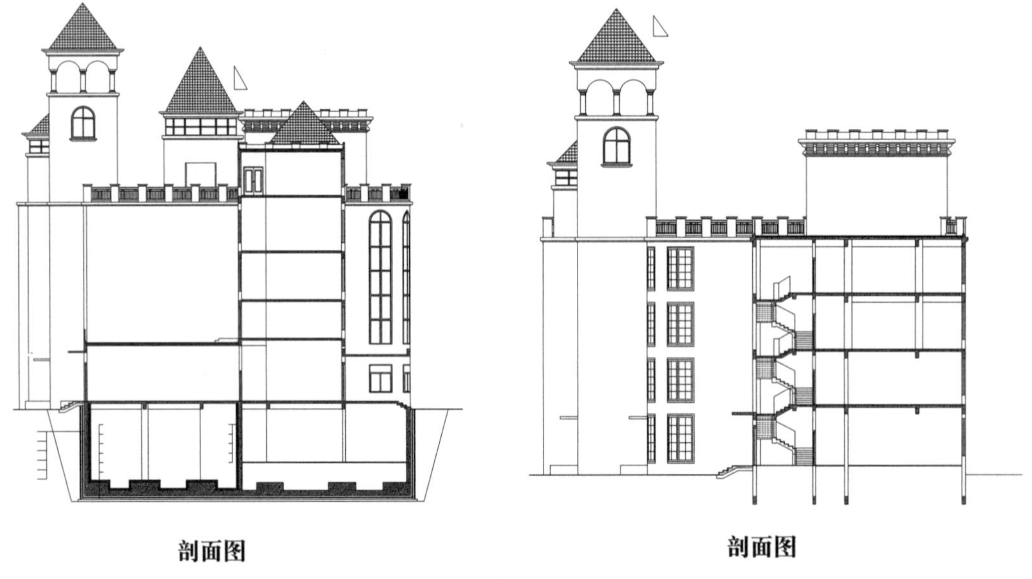

剖面图

剖面图

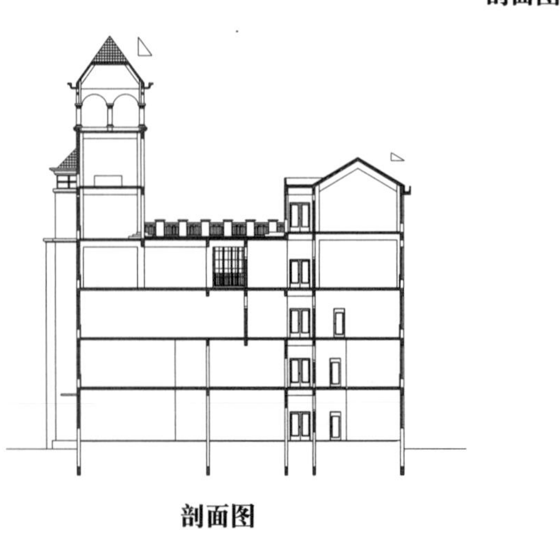

剖面图

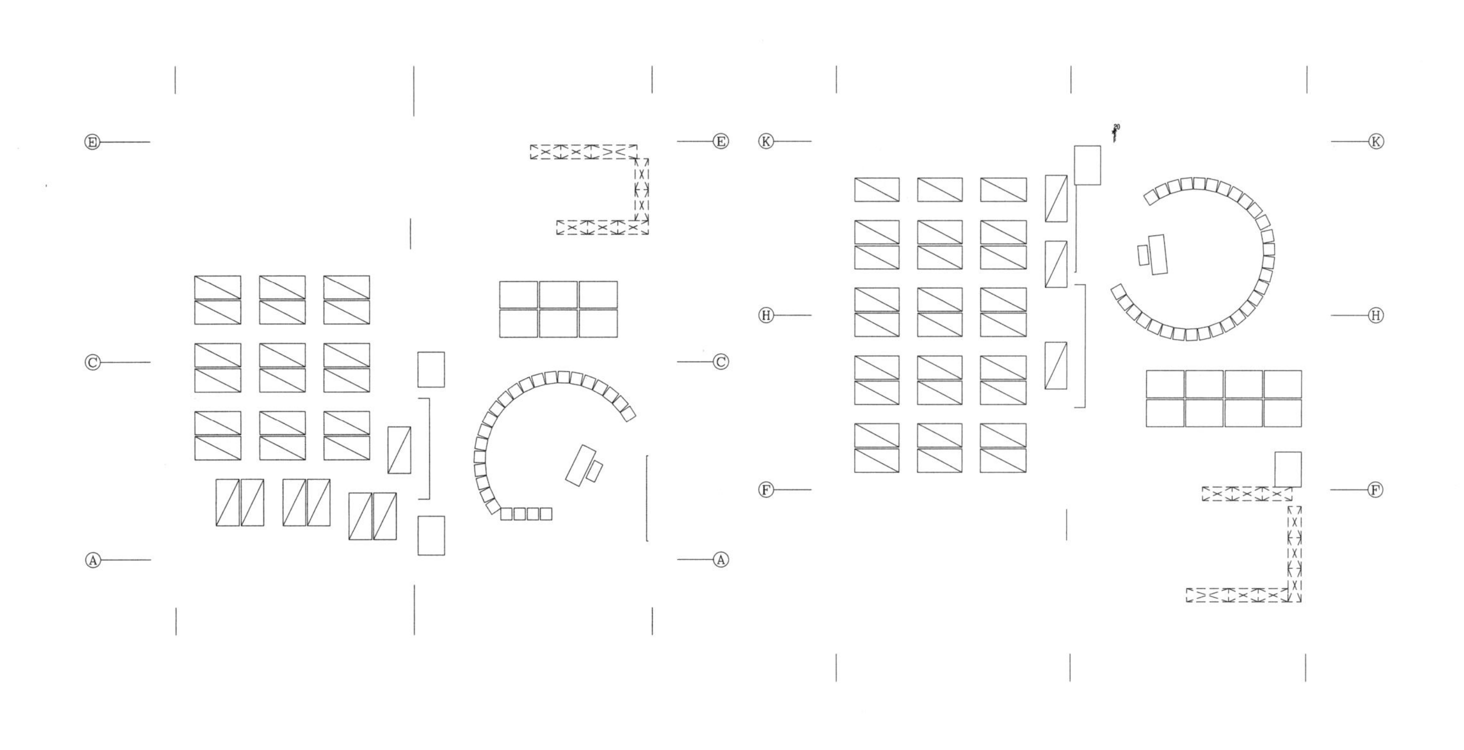

一层平面图

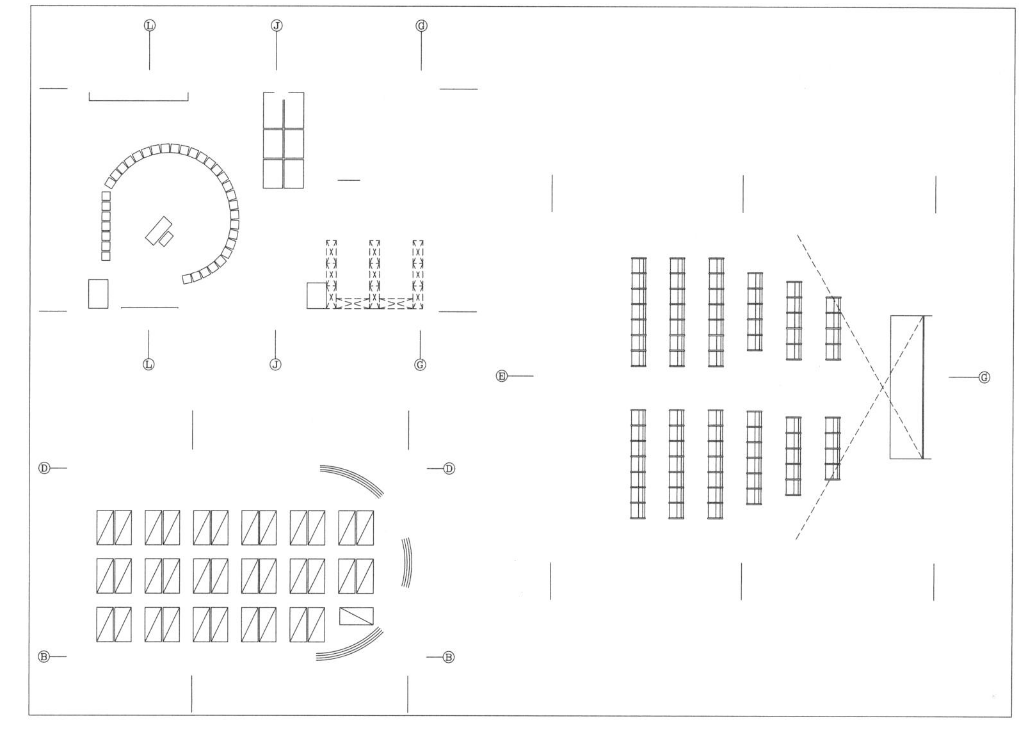

三层平面图

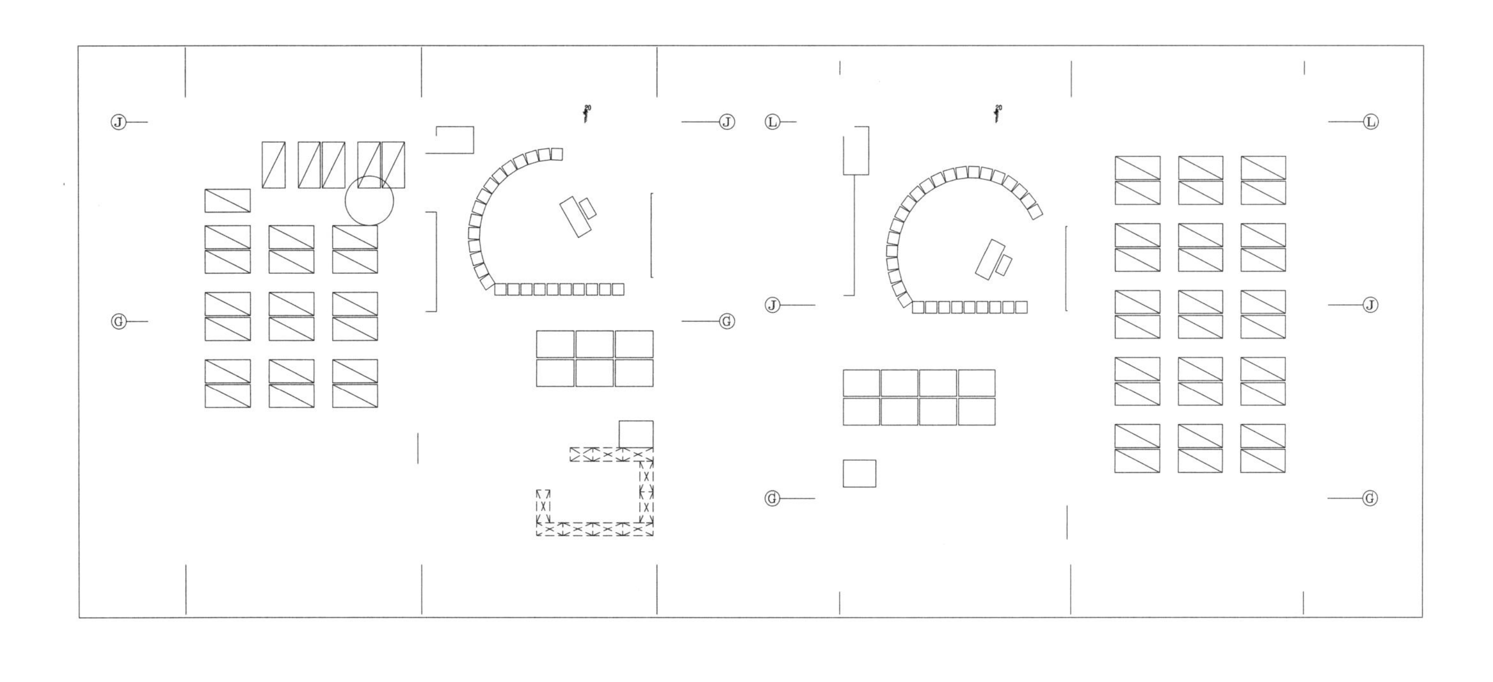

二层平面图

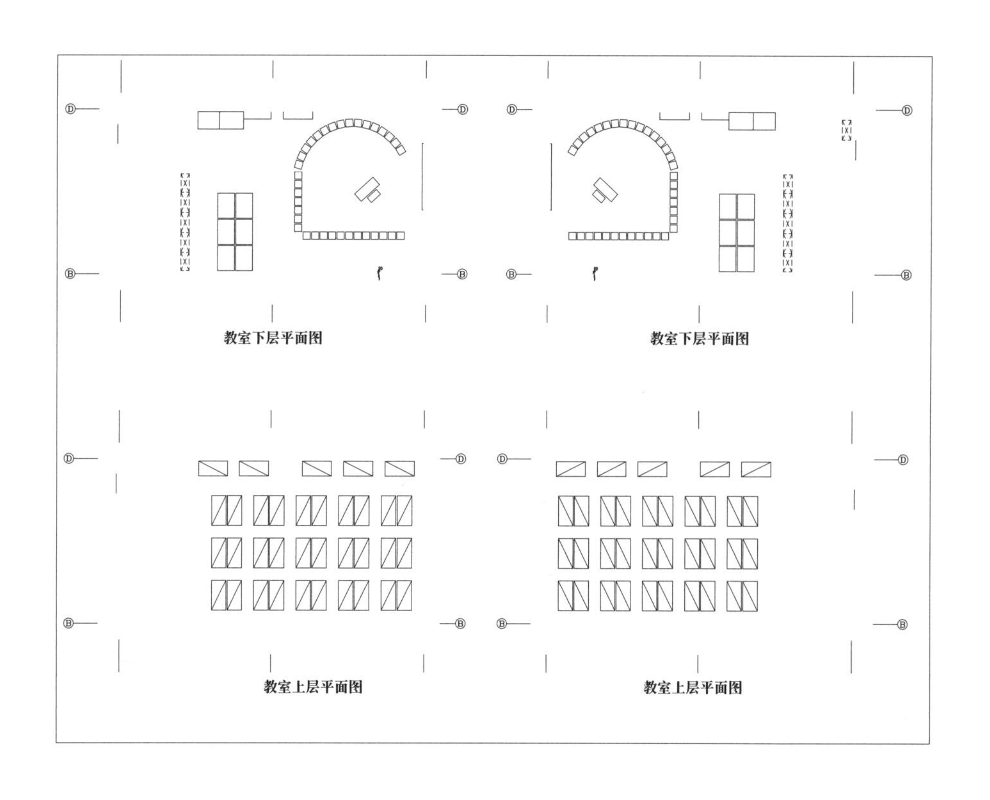

四层平面图

>上海闵行区幼儿园、托儿所建筑施工套图

设计说明

幼儿园规模：中型（6-9班）　　设计风格：现代风格设计
结构形式：钢筋混凝土结构　　高度类别：多层建筑
建筑风格：现代

内容简介

本套图纸包括：方案、扩初、施工图3个阶段的全部成套图纸

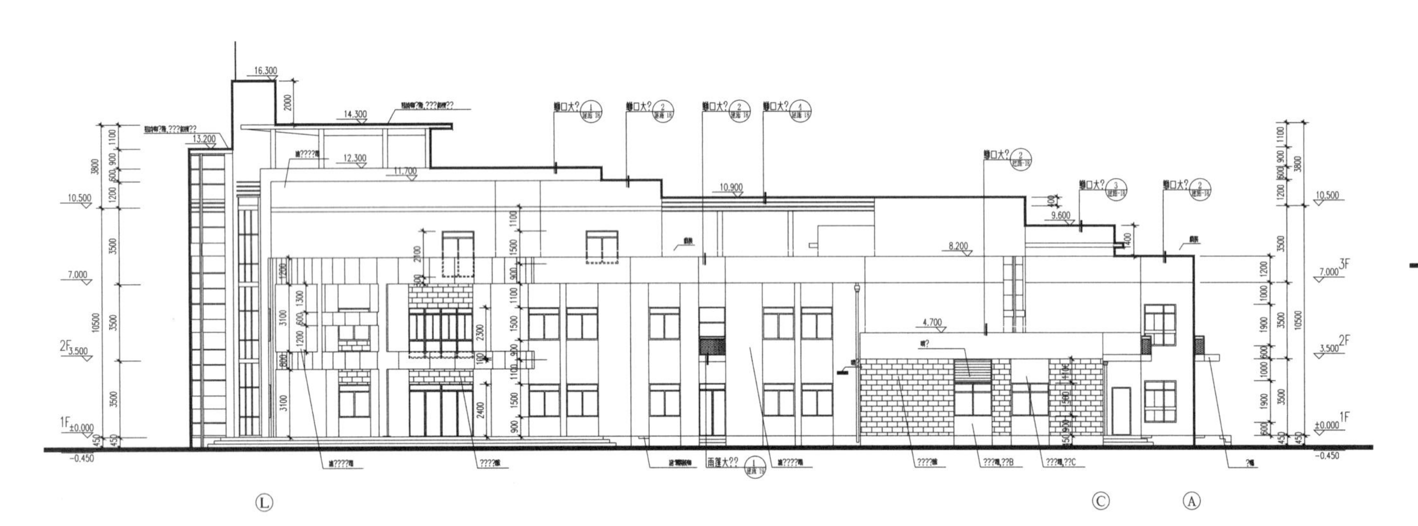

立面图

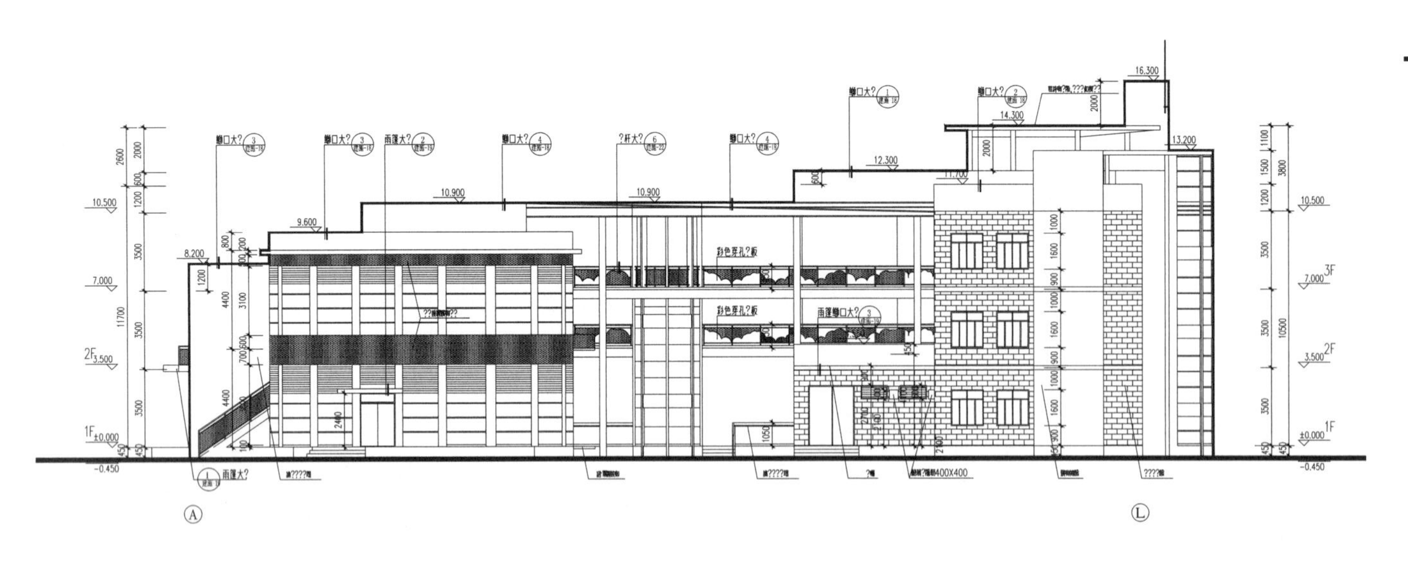

立面图

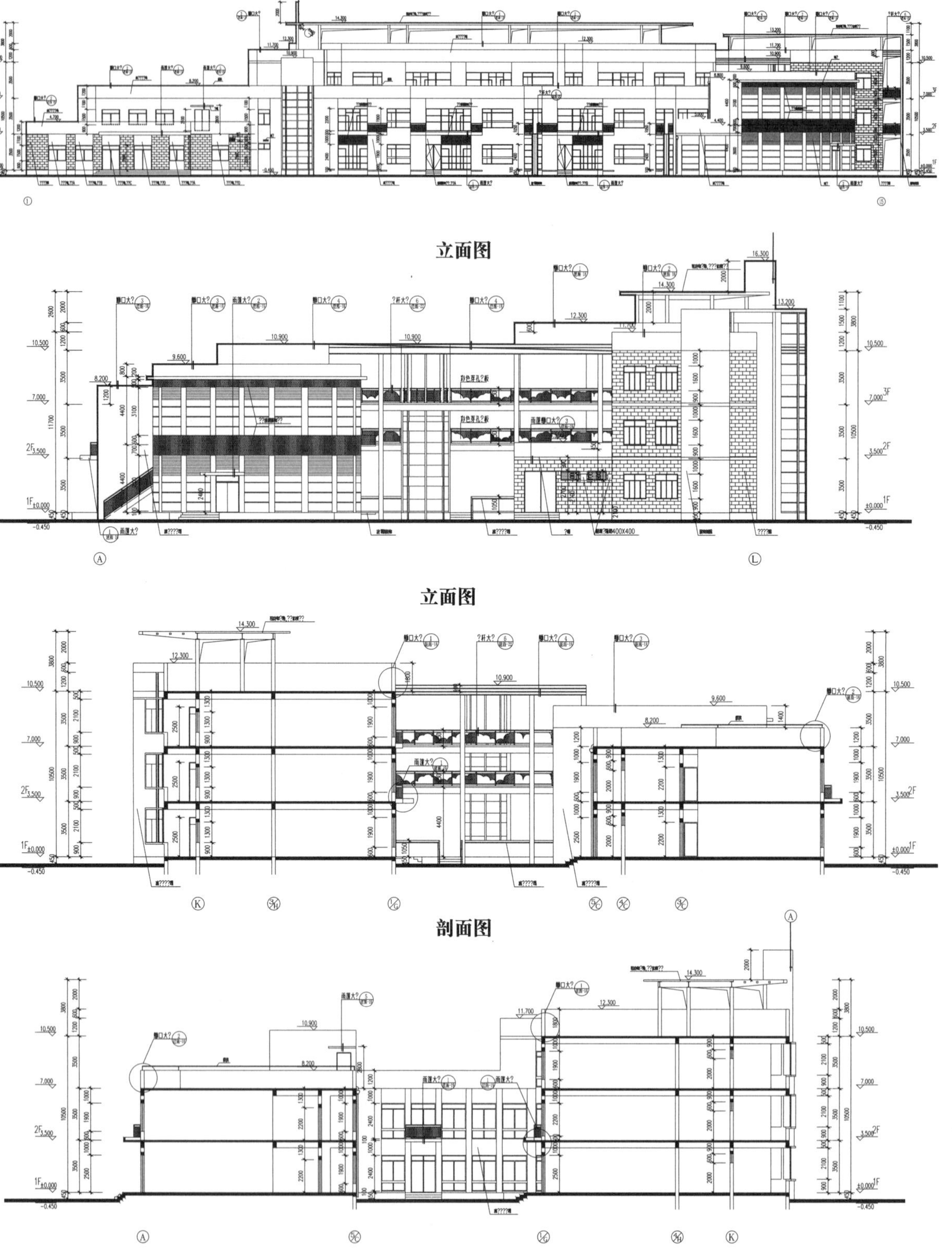

立面图

立面图

剖面图

剖面图

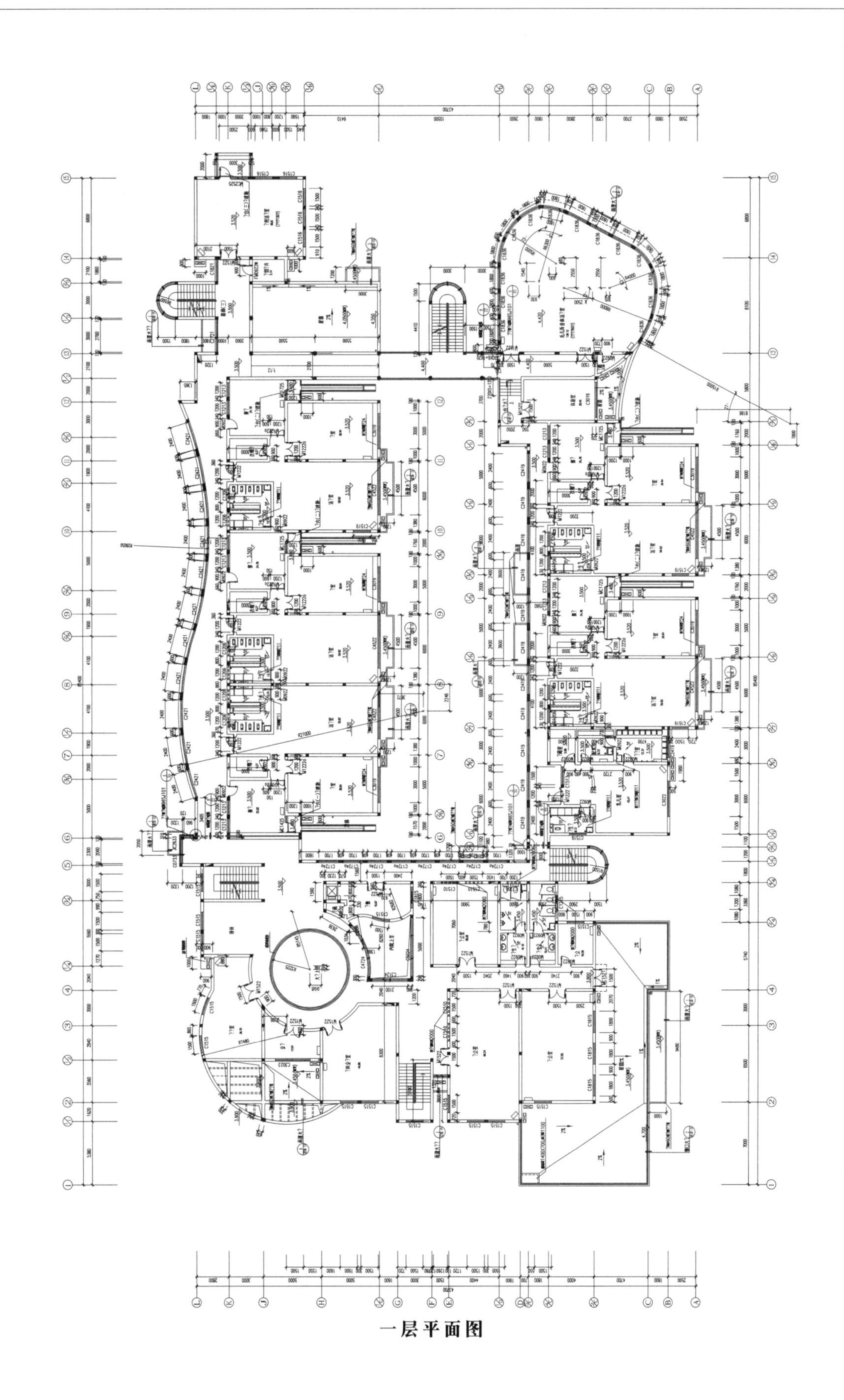

一层平面图

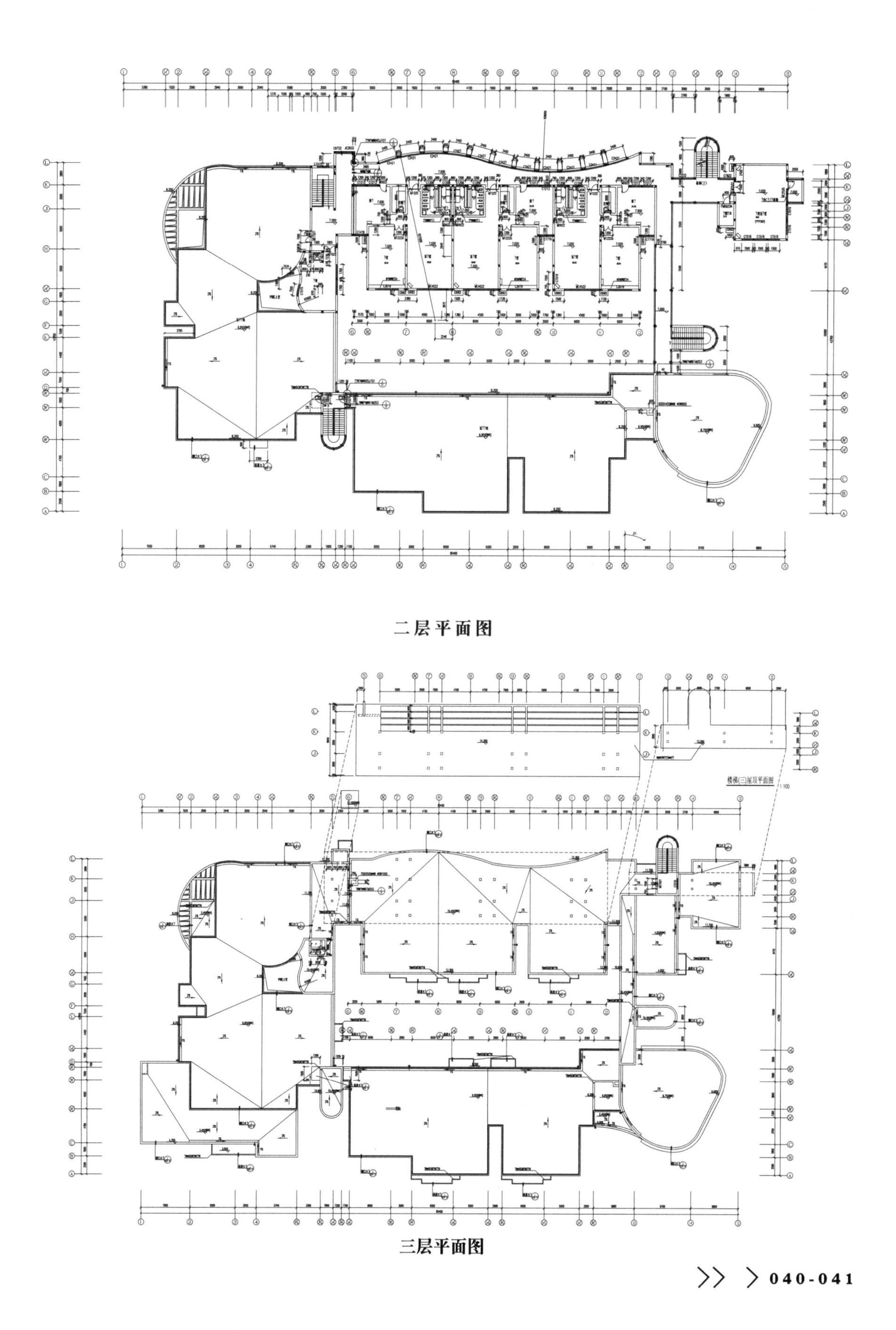

二层平面图

三层平面图

> 上海幼儿园十五班建筑方案图

设计说明

幼儿园规模：大型（10-12班以上）
结构形式：钢筋混凝土结构
建筑风格：现代

设计风格：现代风格设计
高度类别：多层建筑

内容简介

本套图纸包括：平面图、立面图、剖面图、效果图

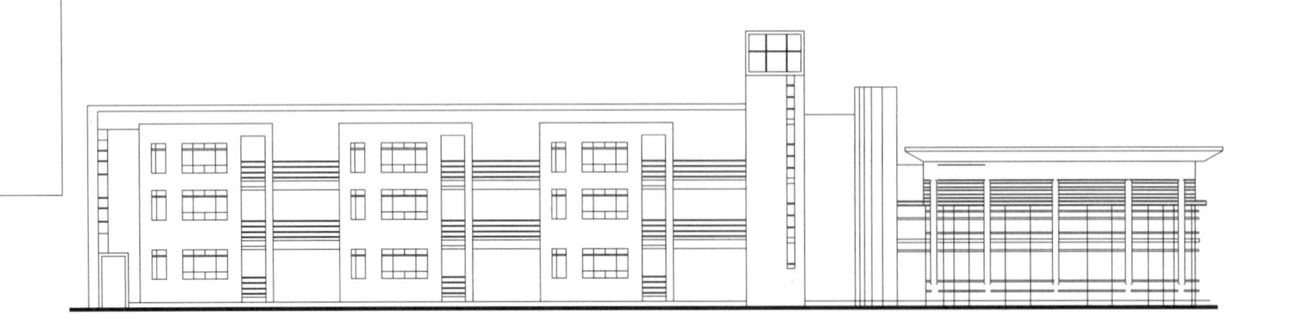

立面图

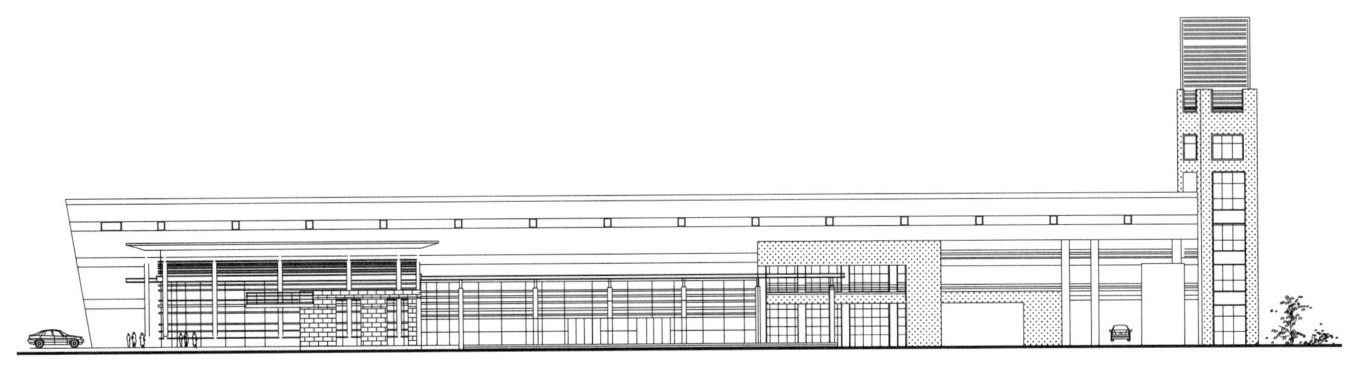

立面图

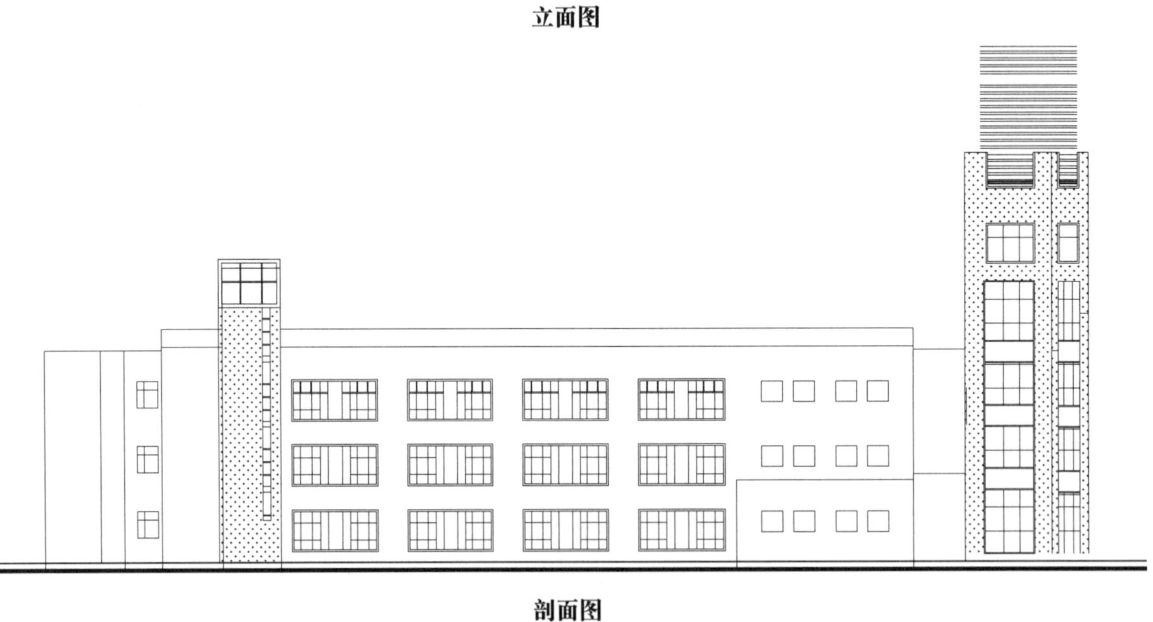

剖面图

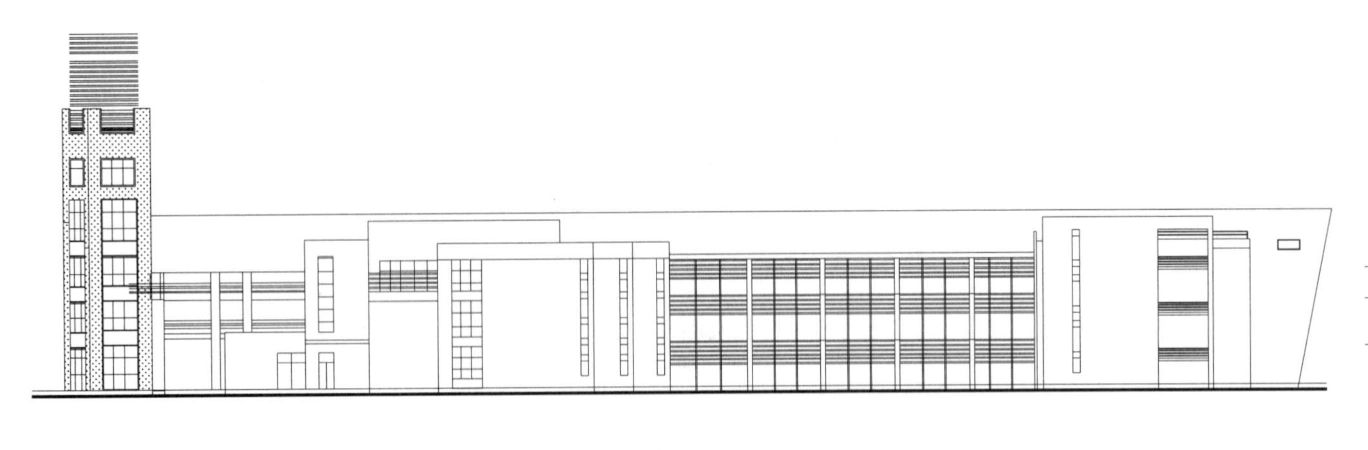

立面图

剖面图

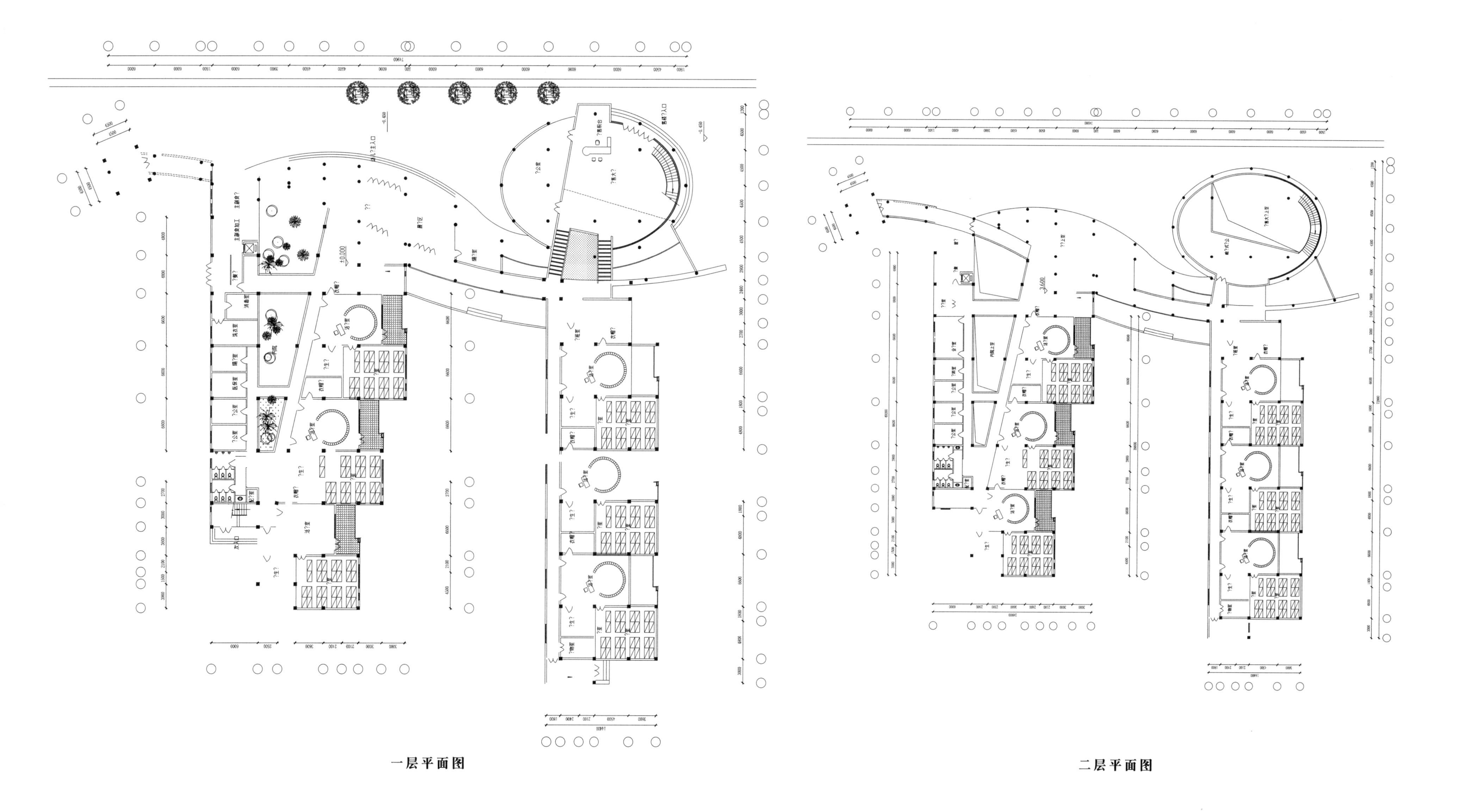

一层平面图

二层平面图

>深圳幼儿园三层建筑方案图

设计说明

幼儿园规模：中型（6-9班）
结构形式：钢筋混凝土结构
建筑风格：哈佛红

设计风格：现代风格设计
高度类别：多层建筑
建筑高度：15.3m

内容简介

本套图纸包括：各层平面图，立面图，剖面图，卫生间大样、门窗及门窗统计表等等

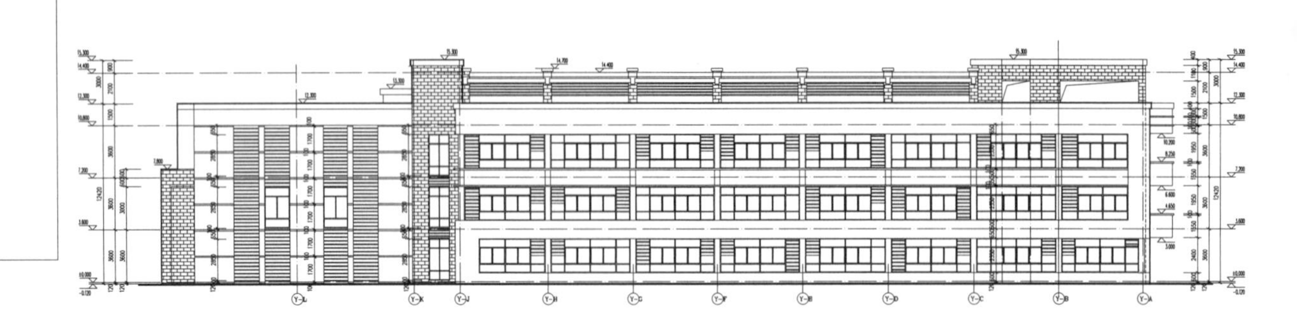

立面图

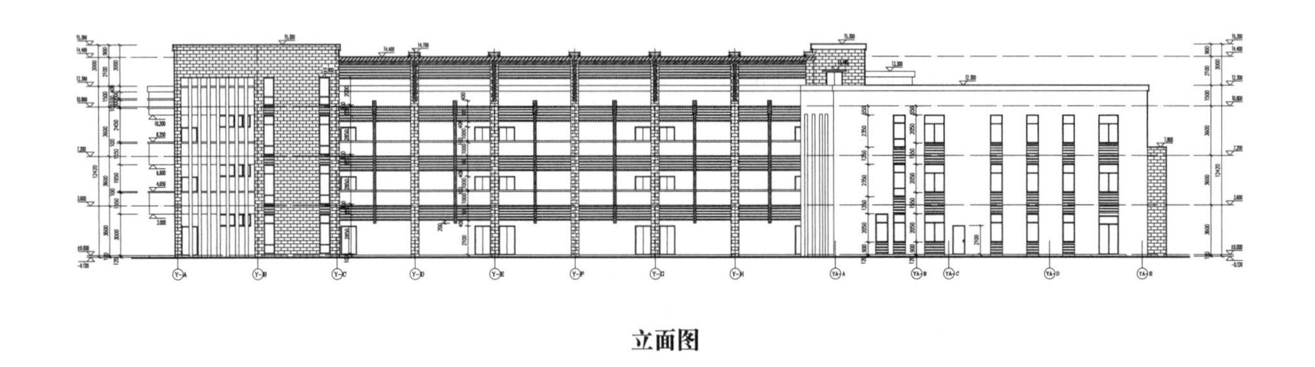

立面图

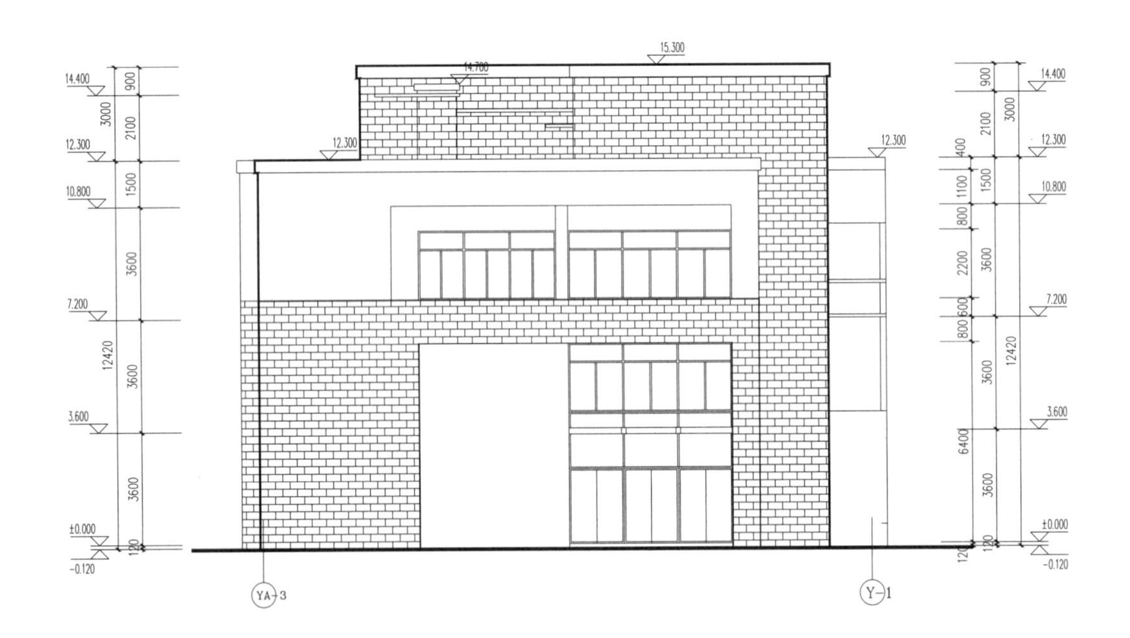

立面图

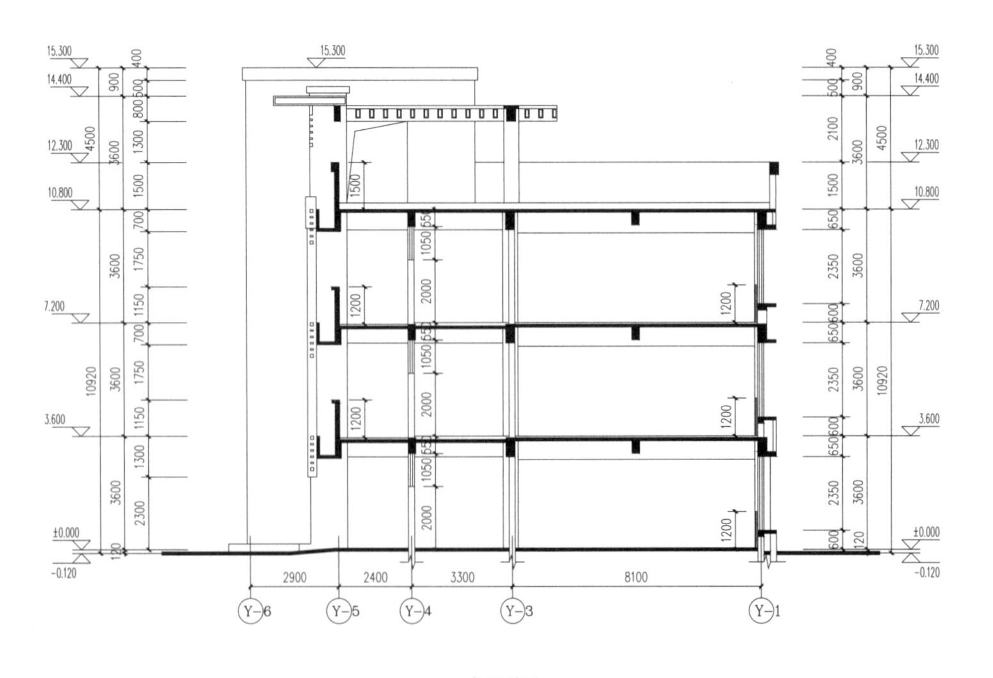

剖面图

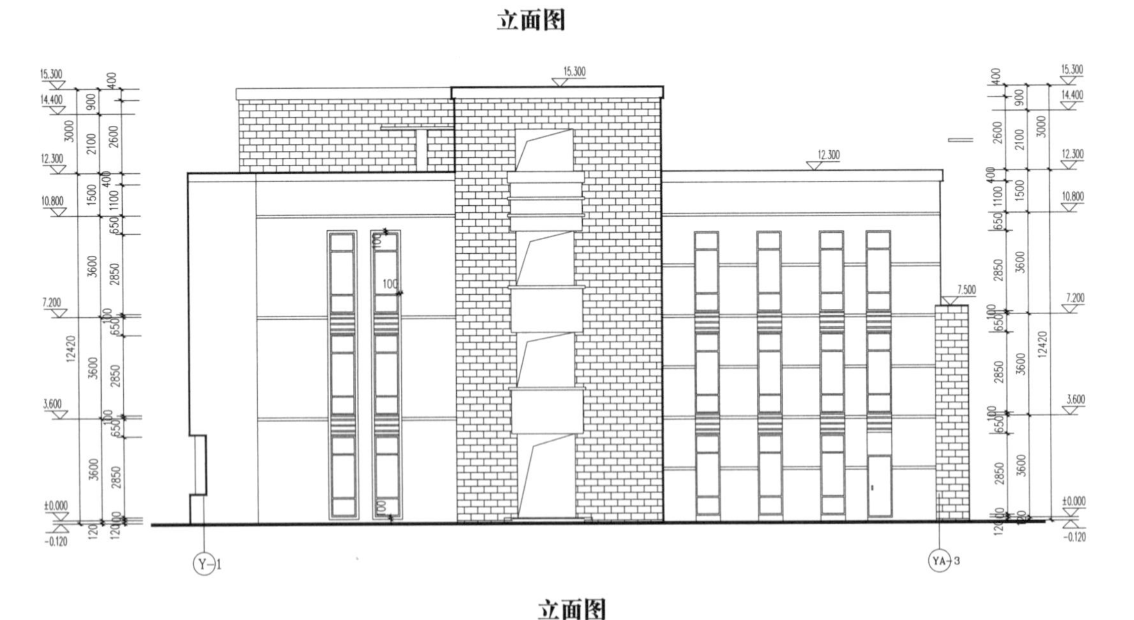

立面图

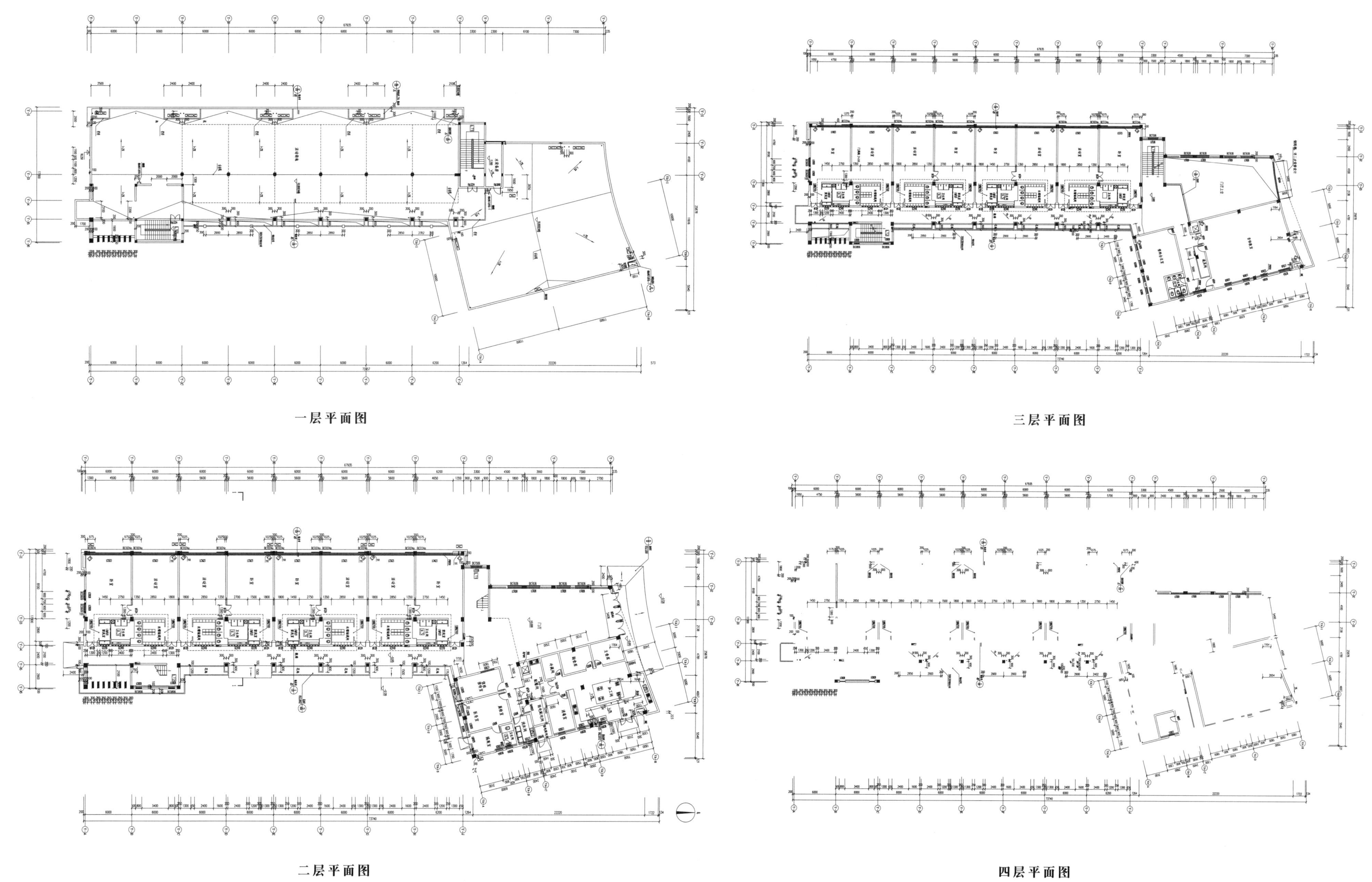
一层平面图
三层平面图
二层平面图
四层平面图

>温州幼儿园三层六班建筑施工图

设计说明

幼儿园规模：中型（6-9班）
结构形式：钢筋混凝土结构
建筑风格：现代风格
设计风格：现代风格设计
高度类别：多层建筑

内容简介

本套图纸包括：设计说明、做法表、总平面图、各层平面图、立面图、剖面图、门窗表、门窗大样、楼梯大样、节点详图

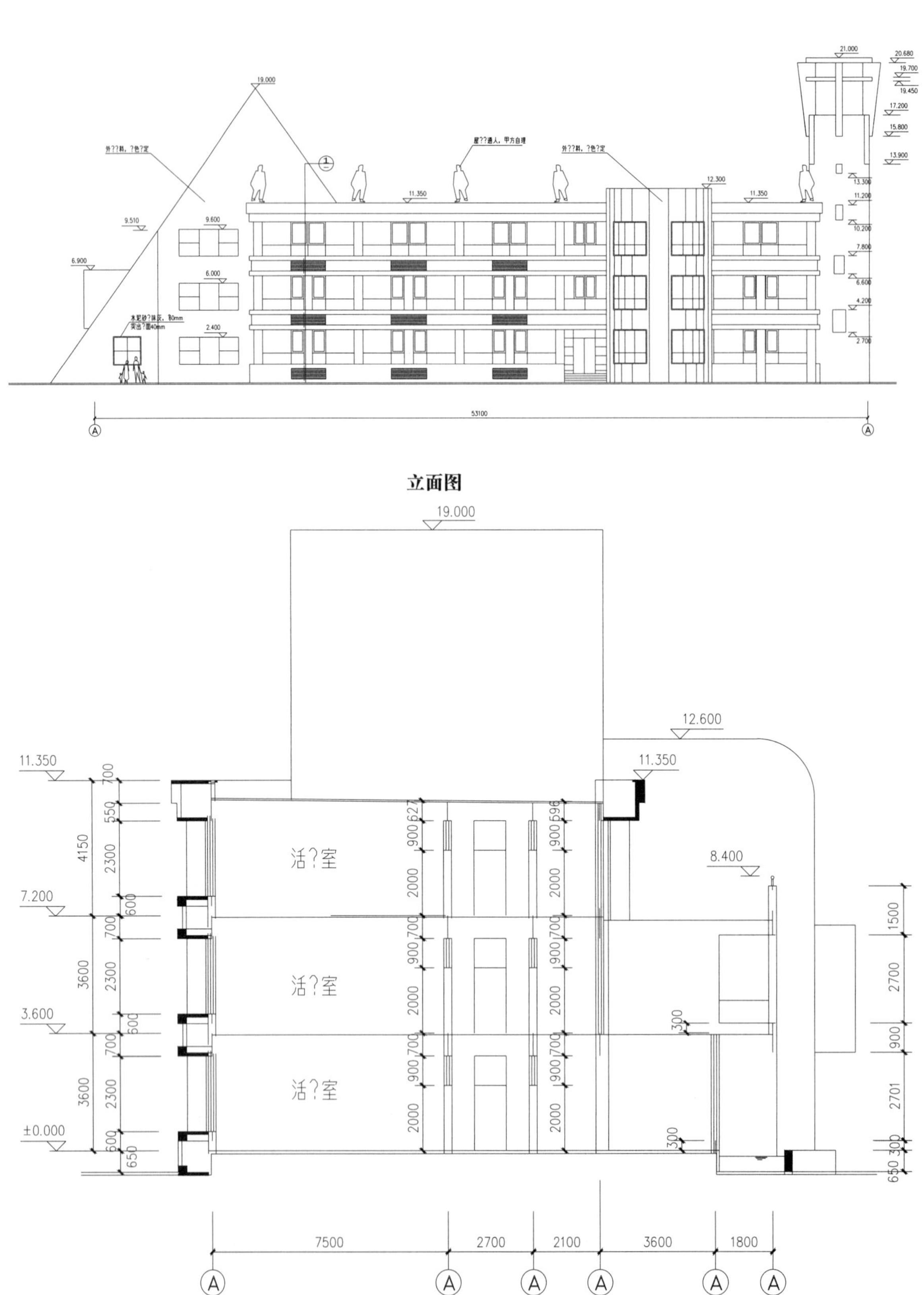

立面图

剖面图

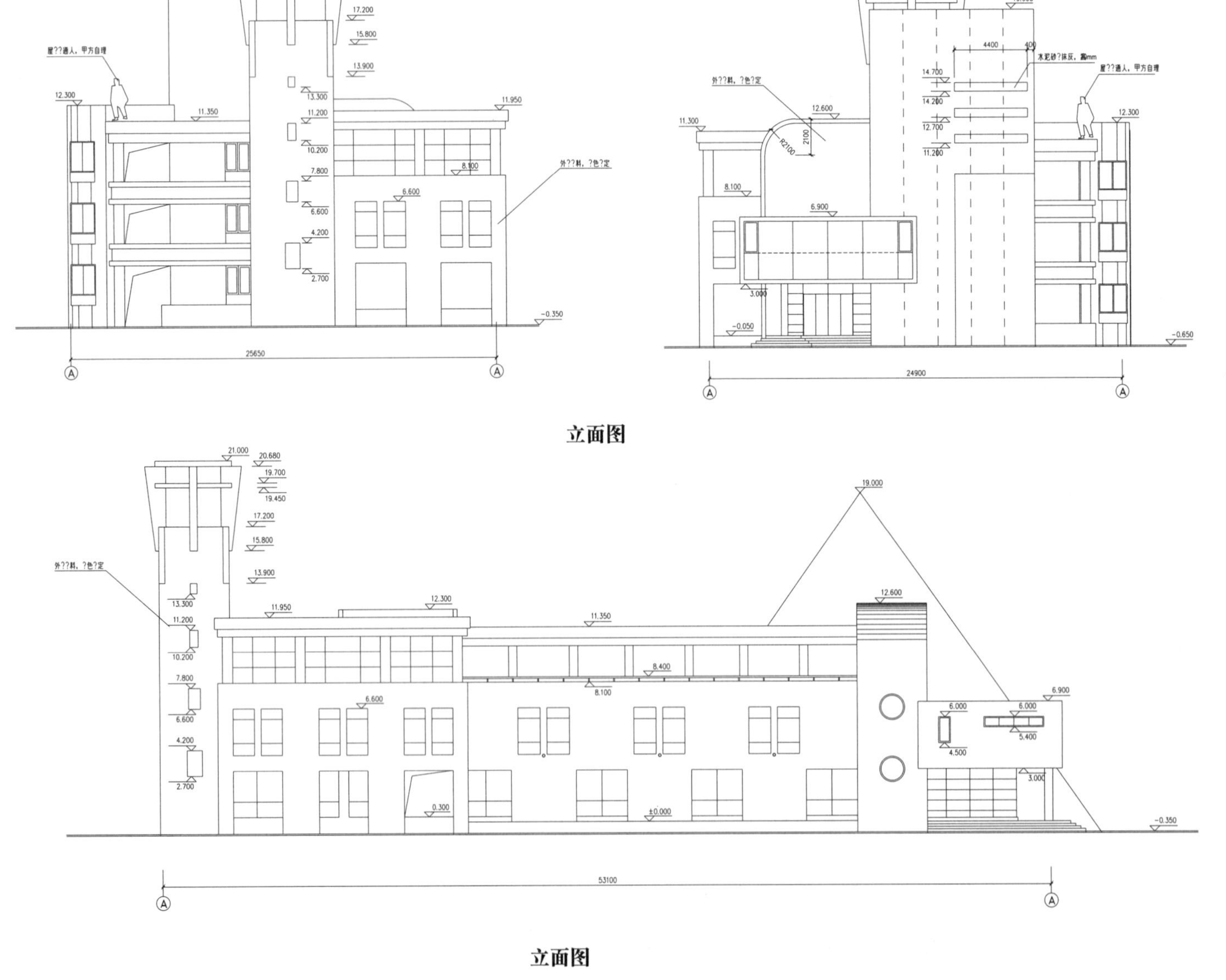

立面图

立面图

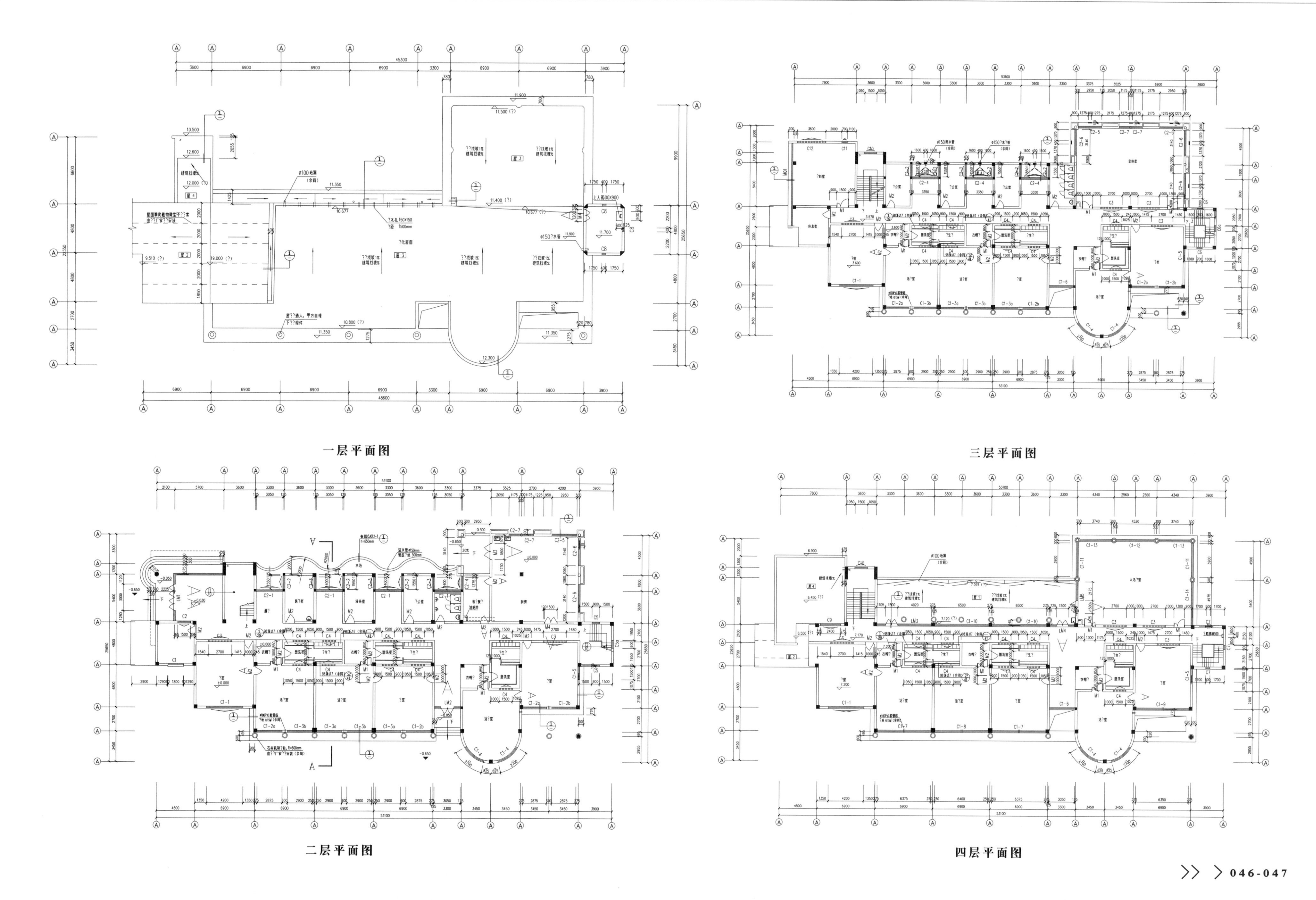
一层平面图
三层平面图
二层平面图
四层平面图

> 无锡幼儿园三层十二班建筑施工图

设计说明

幼儿园规模：大型（10-12班以上）
结构形式：钢筋混凝土结构
建筑风格：哈佛红
设计风格：哈佛红
高度类别：多层建筑

内容简介

本套图纸包括：设计说明、节能专篇、各层平面图、立面图、剖面图、楼梯详图、卫生间大样、门窗表、门窗大样、节点大样

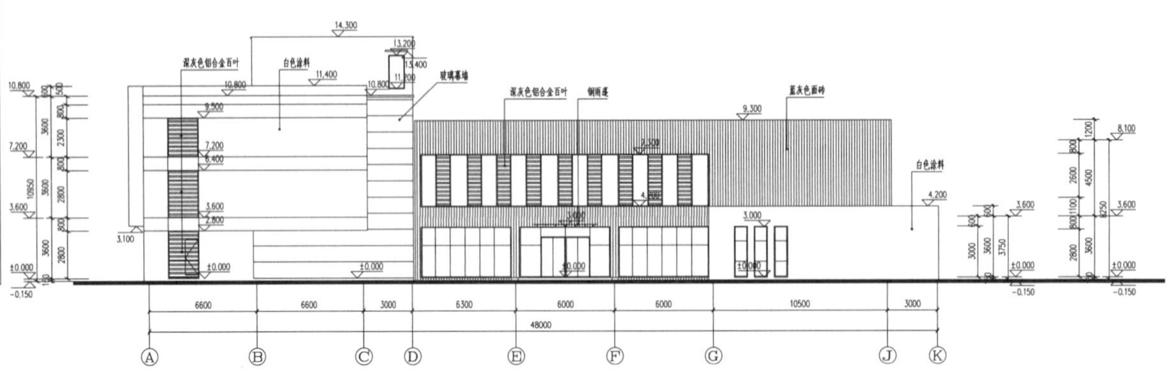

剖面图

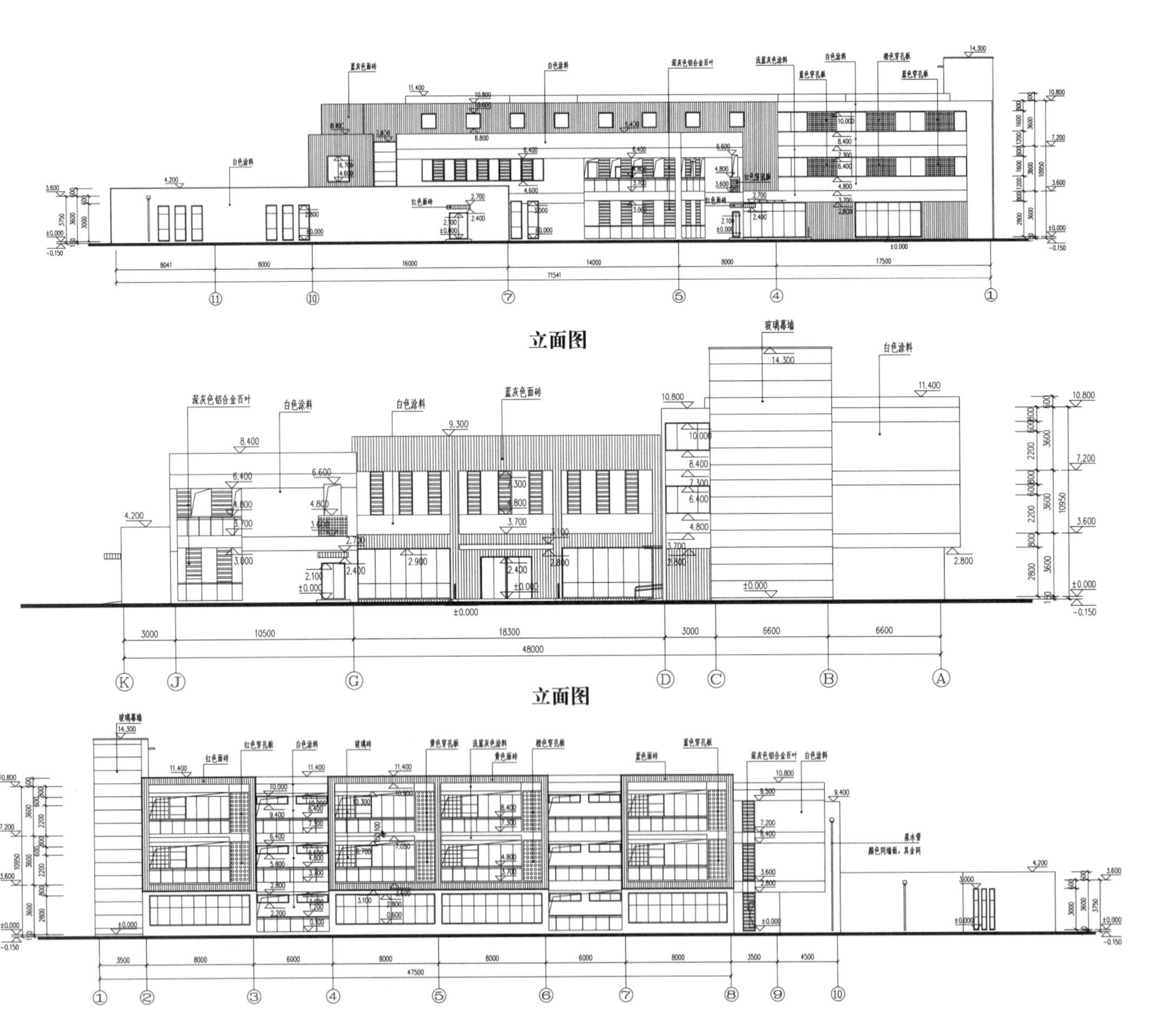

立面图

立面图

立面图

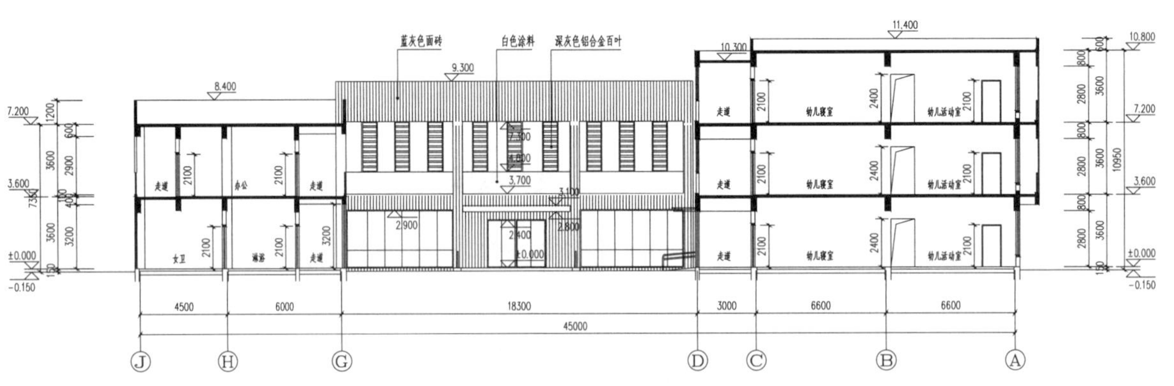

剖面图

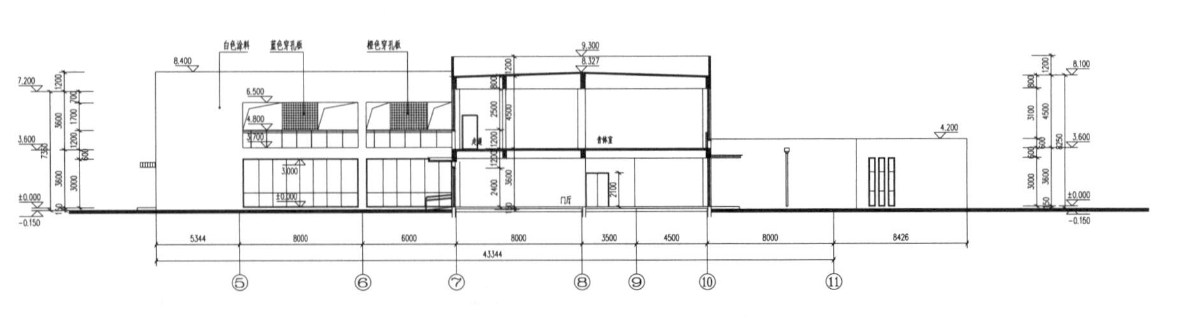

剖面图

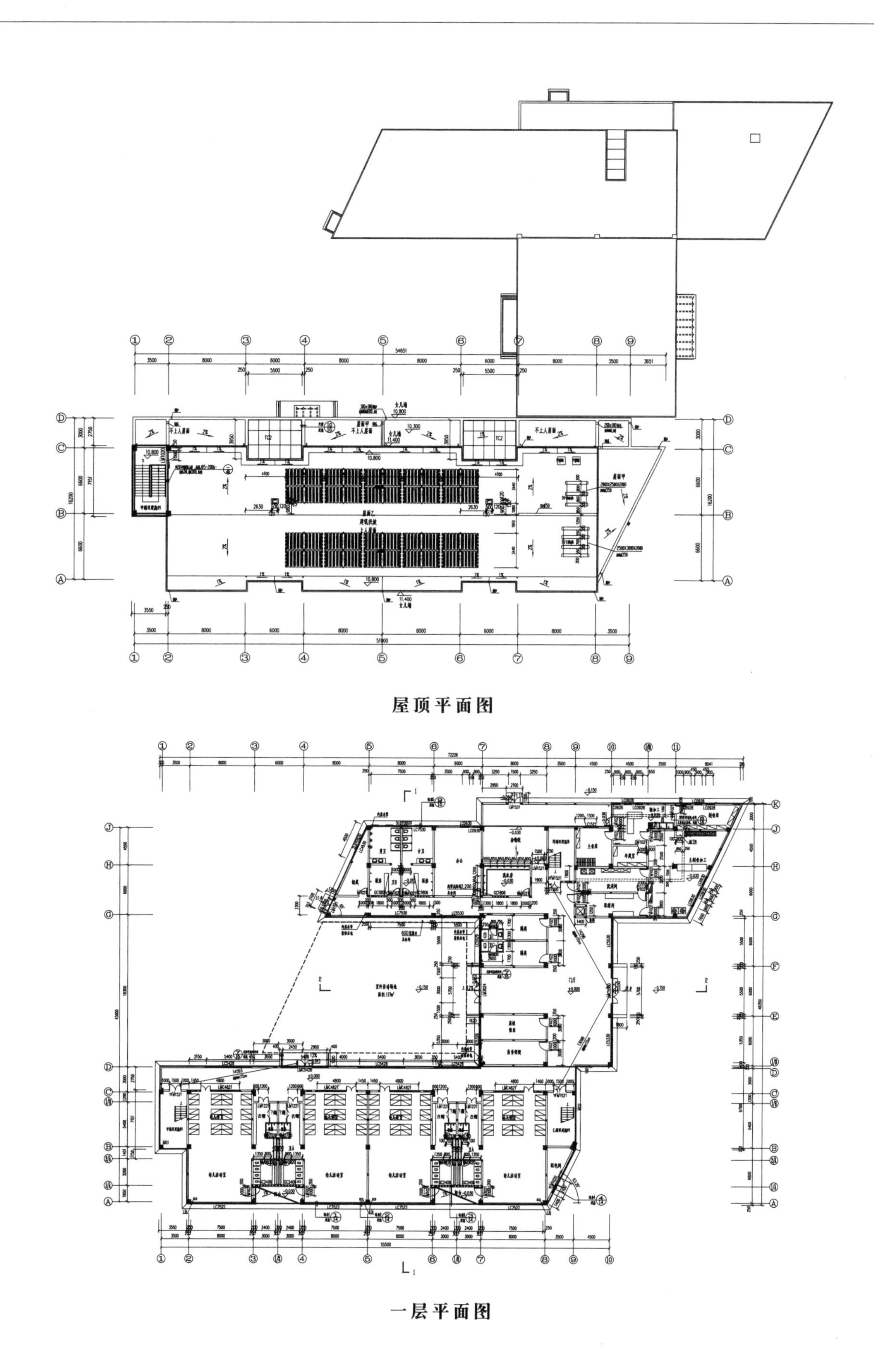

屋顶平面图

一层平面图

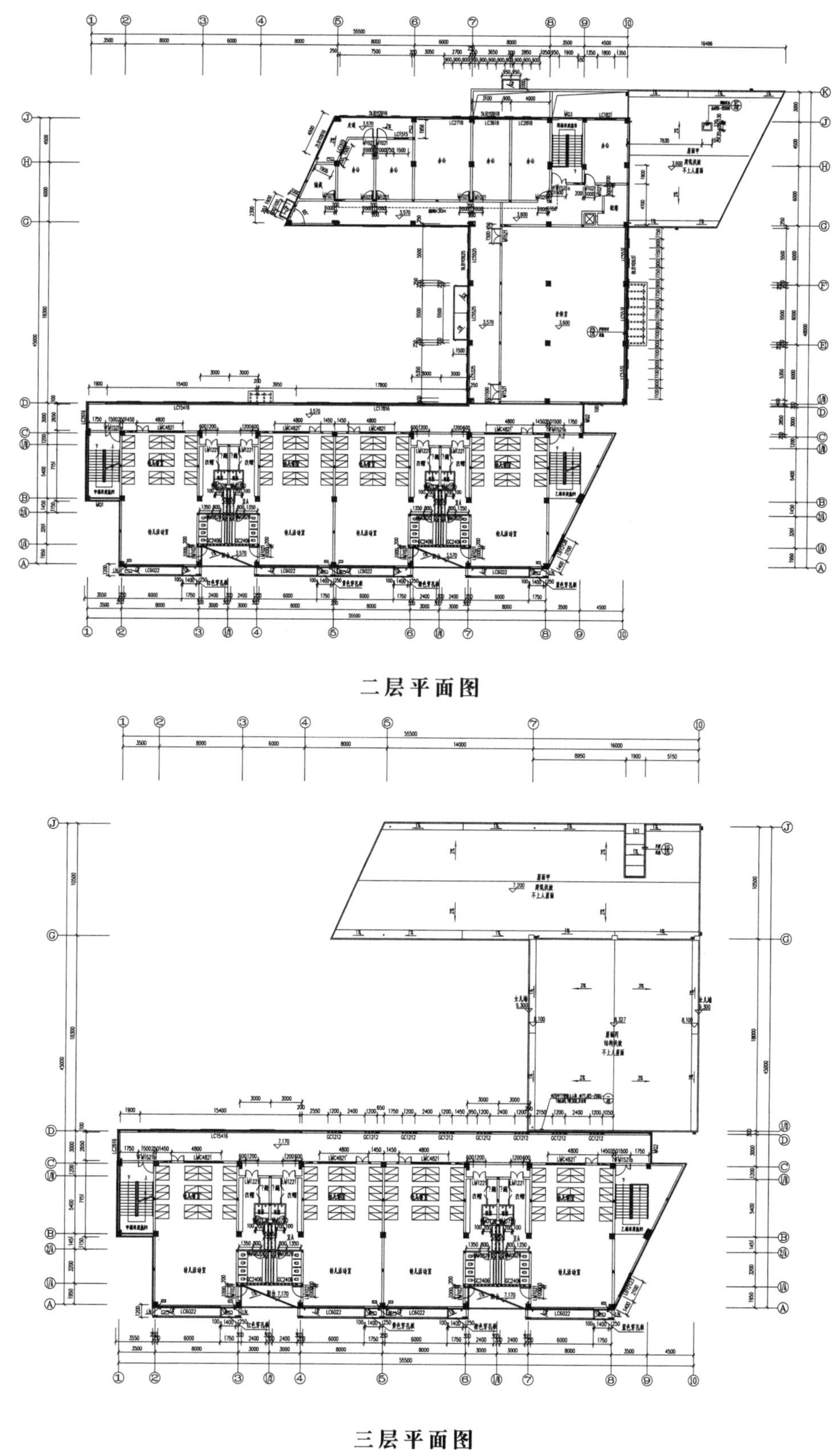

二层平面图

三层平面图

>武汉仿欧式小区配套幼儿园建筑施工套图

设计说明

幼儿园规模：中型（6-9班）
结构形式：钢筋混凝土结构
建筑风格：新古典

设计风格：欧陆风格设计
高度类别：多层建筑
建筑高度：12m

内容简介

本套图纸包括：各层平面图、立面图、剖面图。
建筑结构形式为框架结构，建筑结构抗震类别为丙类，抗震设防烈度为6度，合理使用年限50年

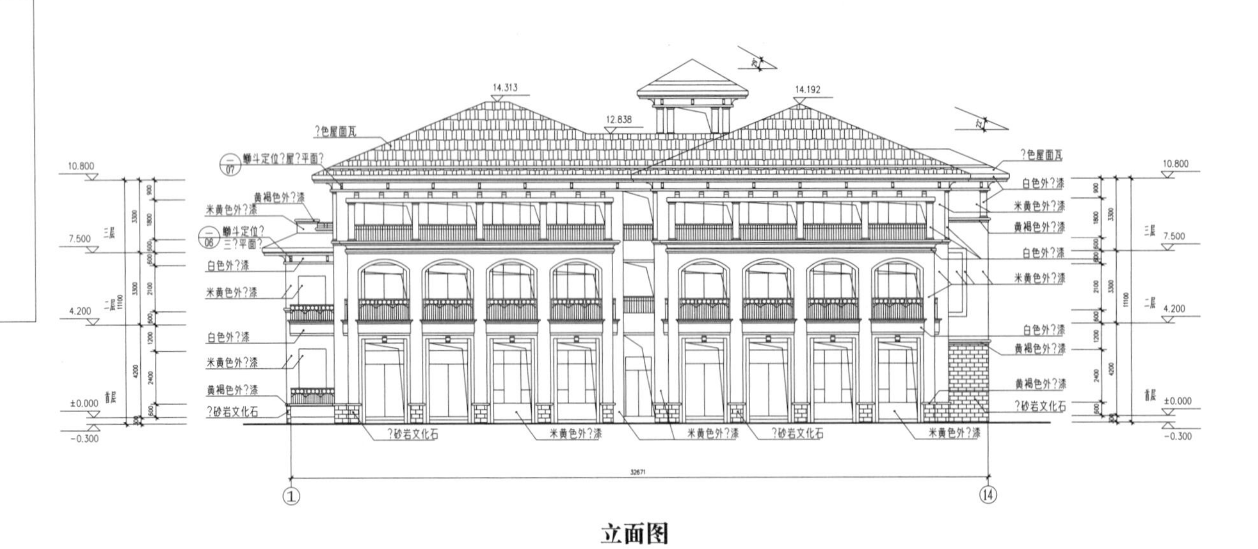

立面图

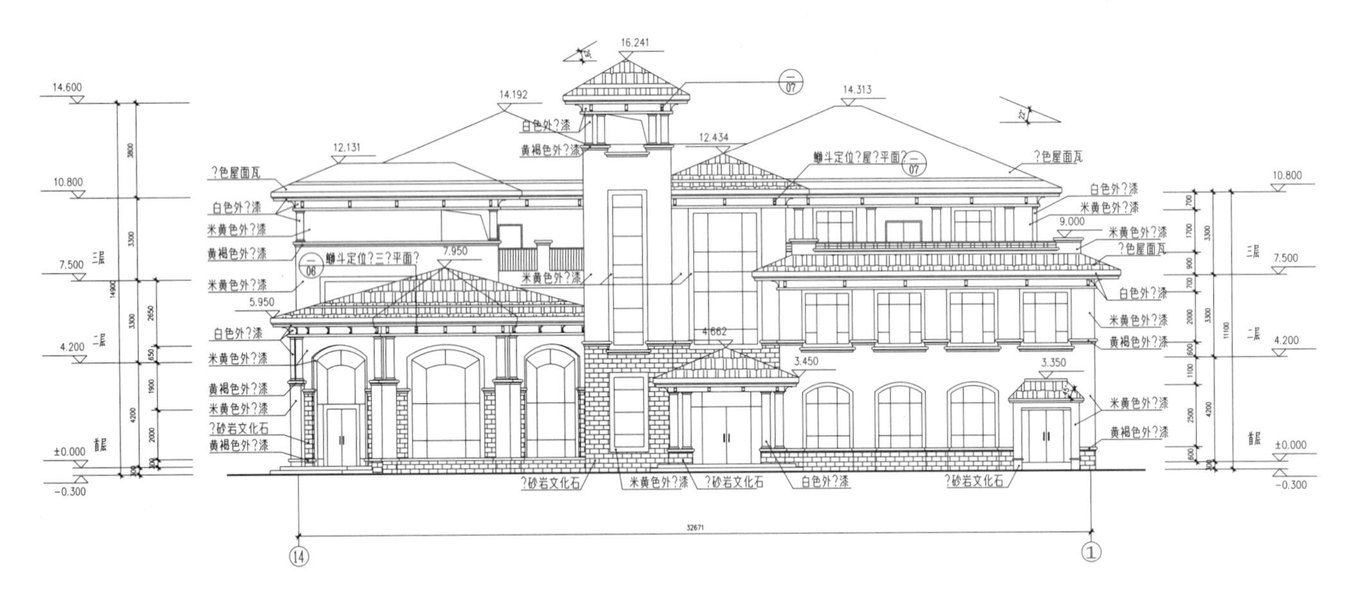

立面图

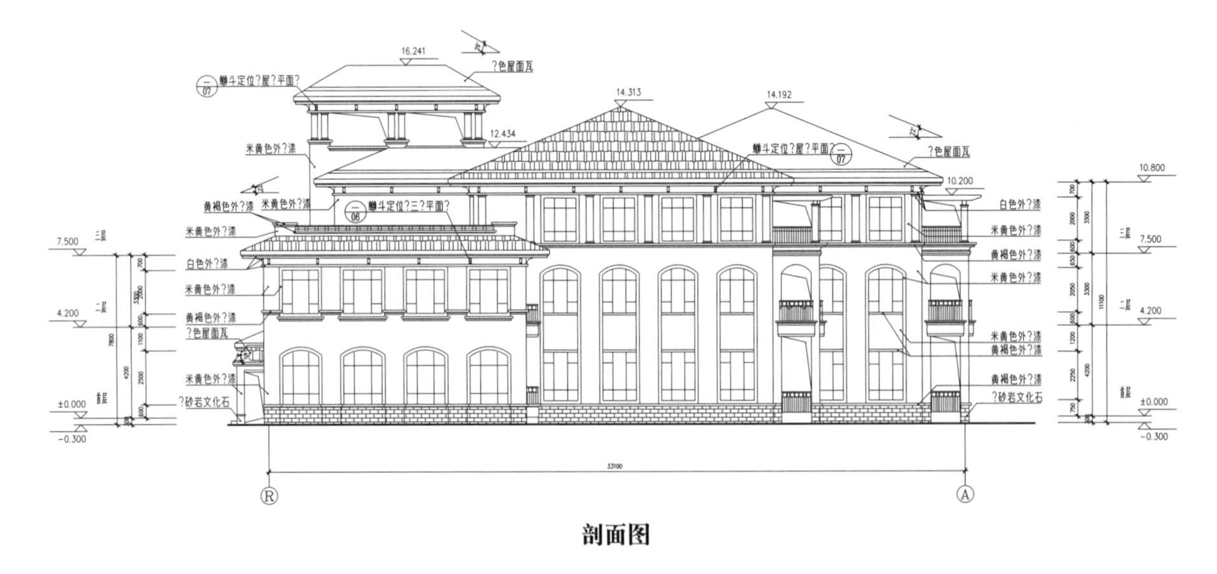

剖面图

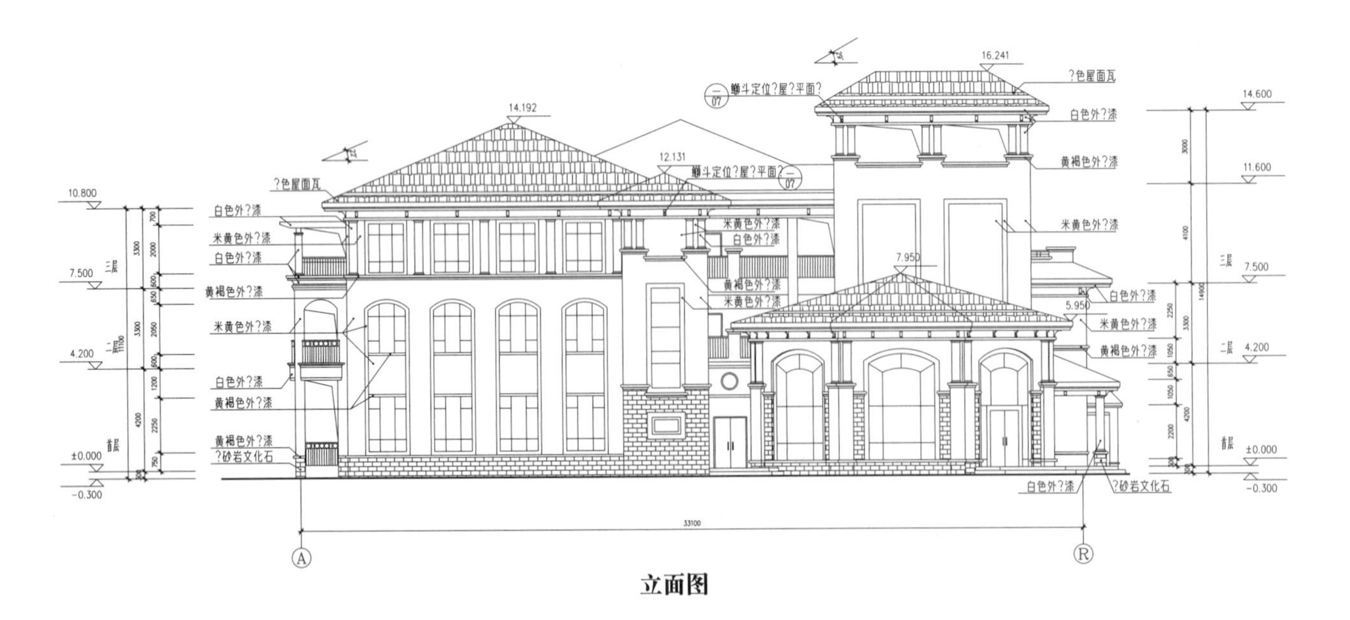

立面图

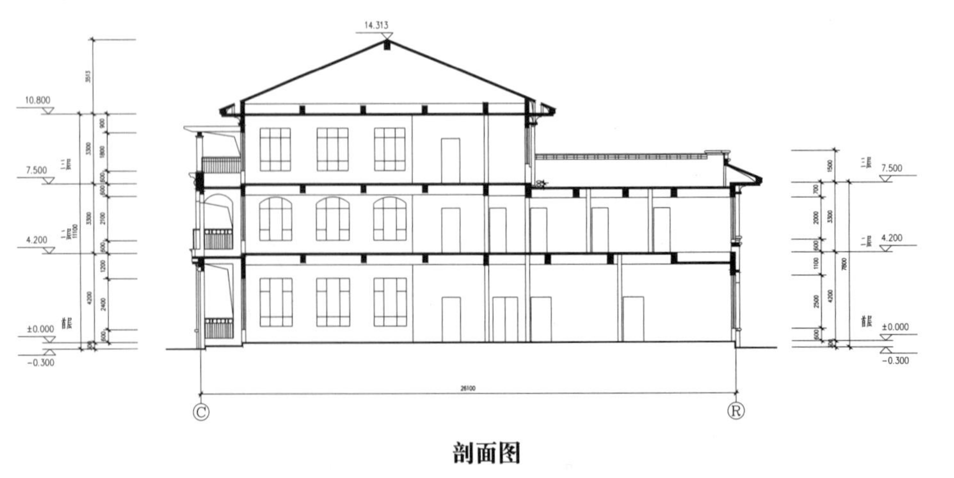

剖面图

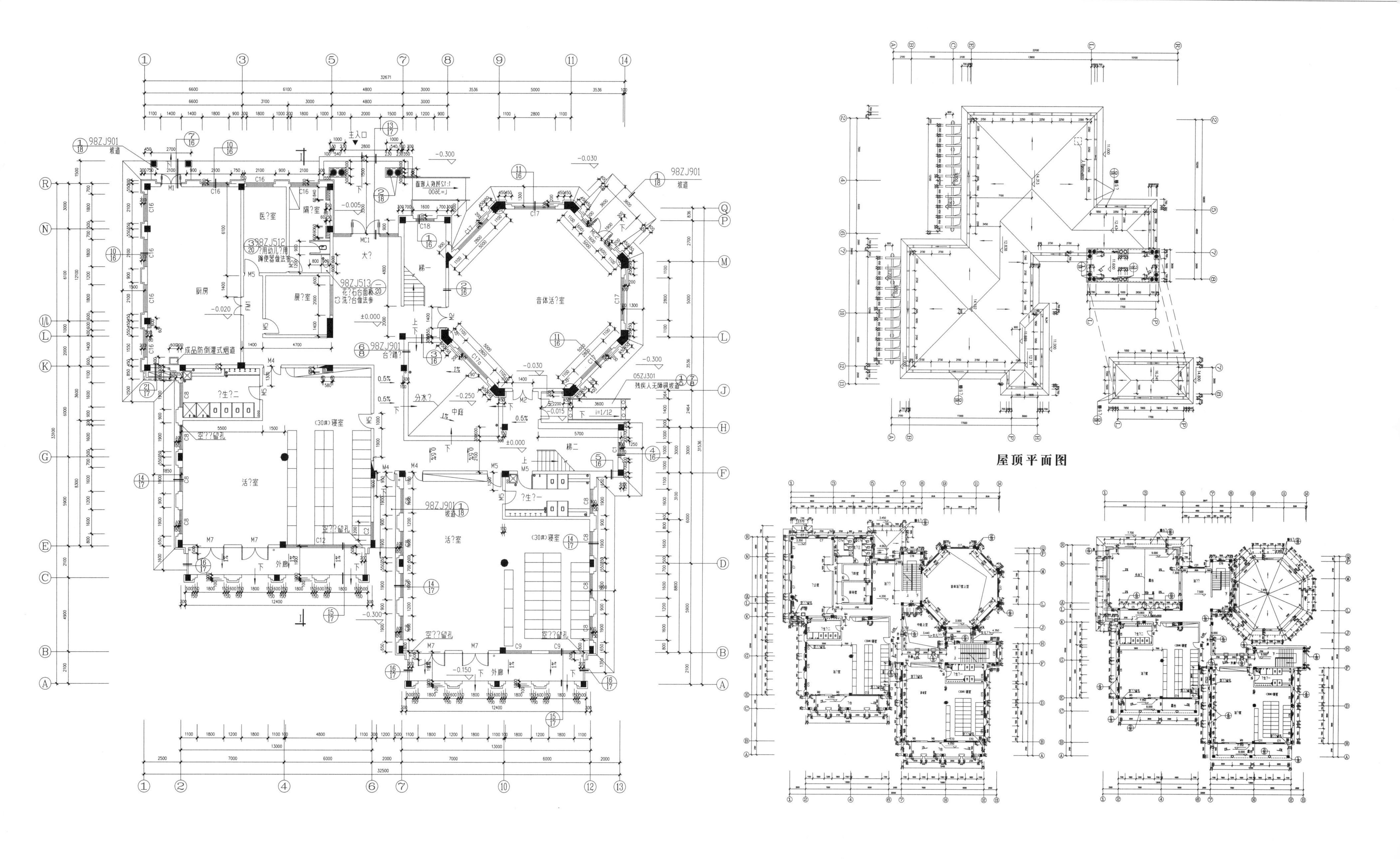
屋顶平面图
一层平面图
二层平面图
三层平面图

> 厦门幼儿园四层十二班建筑施工图

设计说明

幼儿园规模：大型（10-12班以上）
结构形式：钢筋混凝土结构
建筑风格：现代建筑

设计风格：现代风格设计
高度类别：多层建筑
建筑高度：14.25m

内容简介

本套图纸包括：总平面图、设计说明、做法表、各层平面图、立面图、剖面图、门窗表、门窗大样、楼梯大样、节点详图

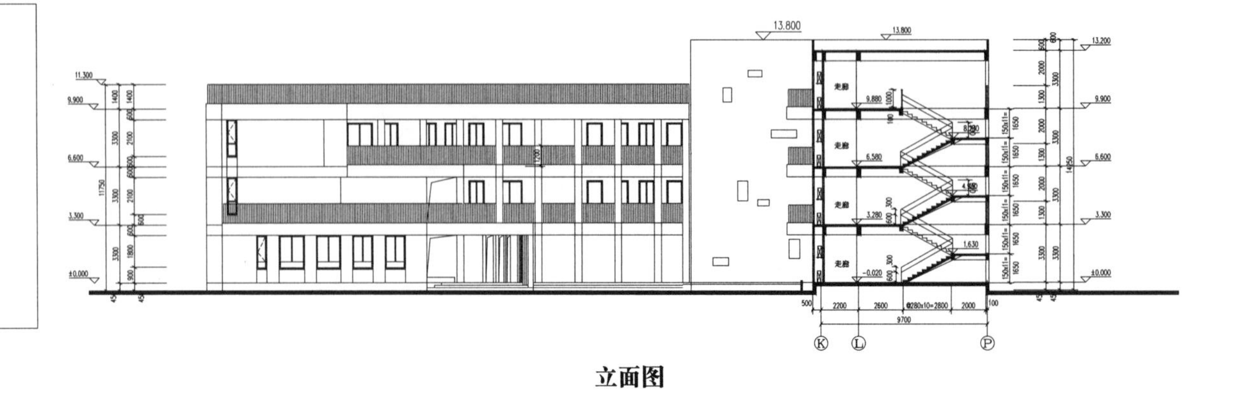

立面图

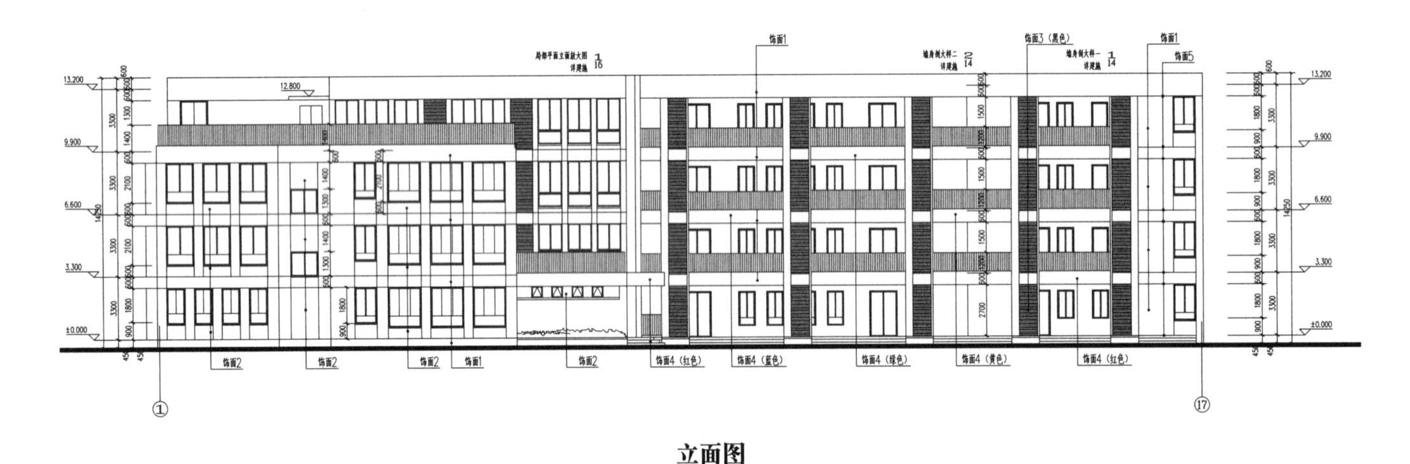

立面图

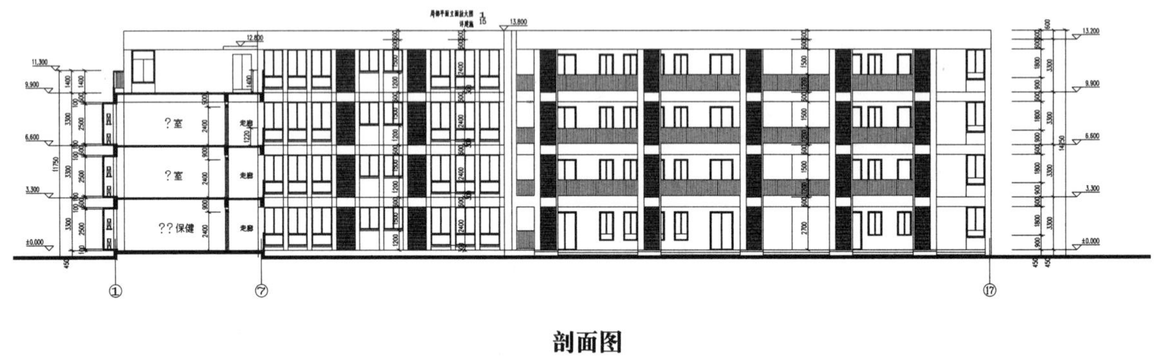

剖面图

立面图

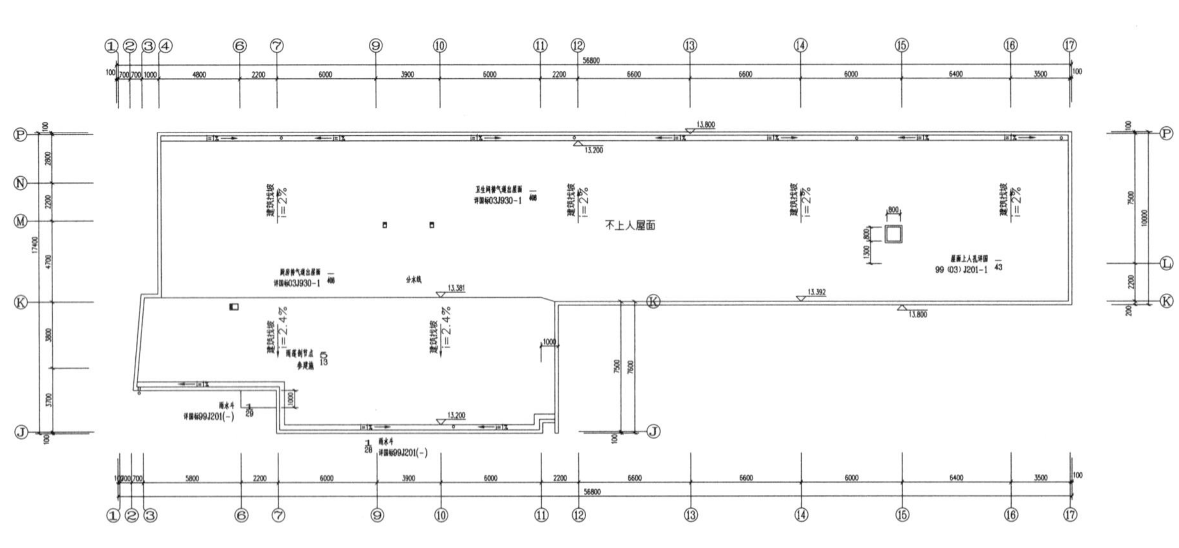

屋顶平面图

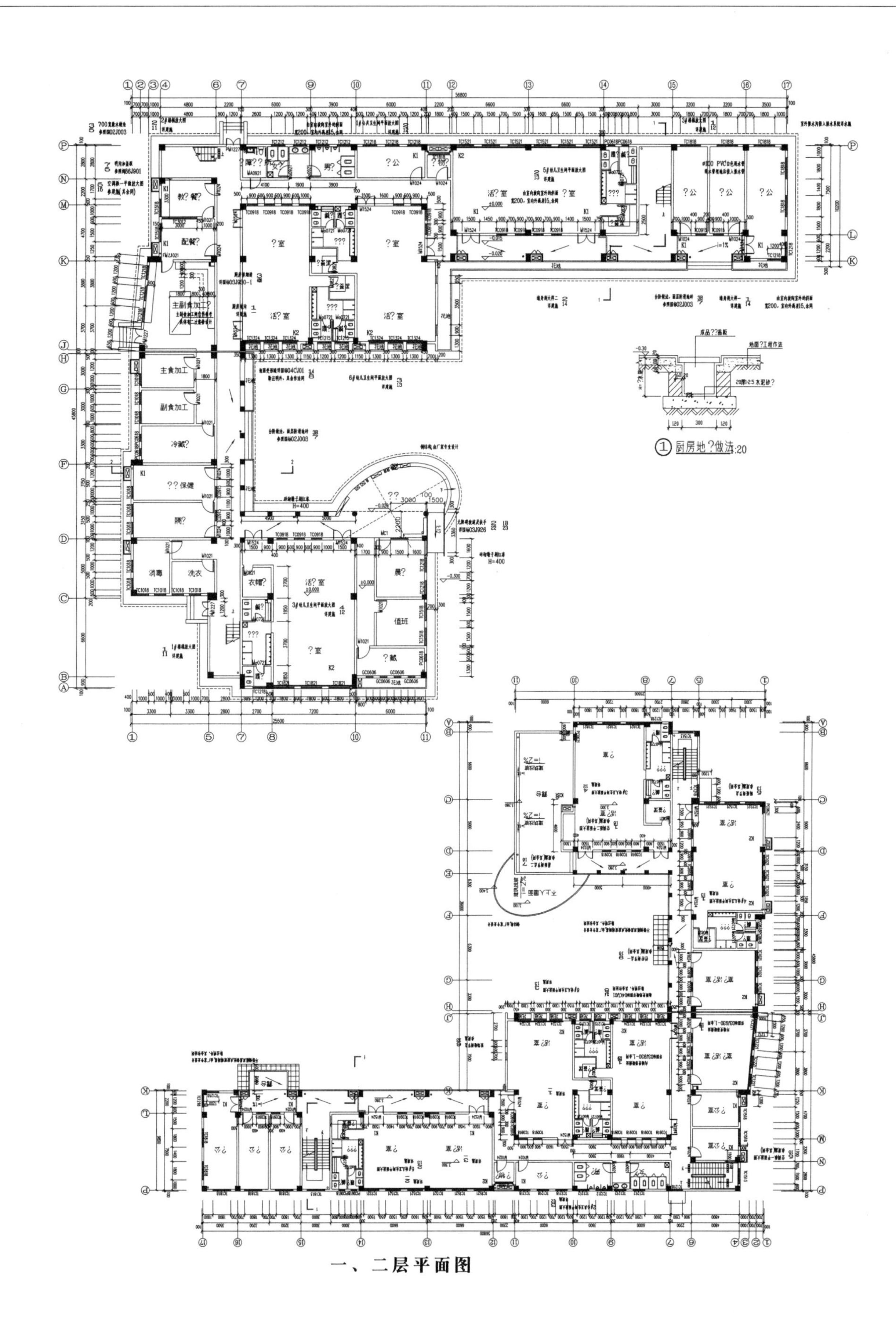

一、二层平面图

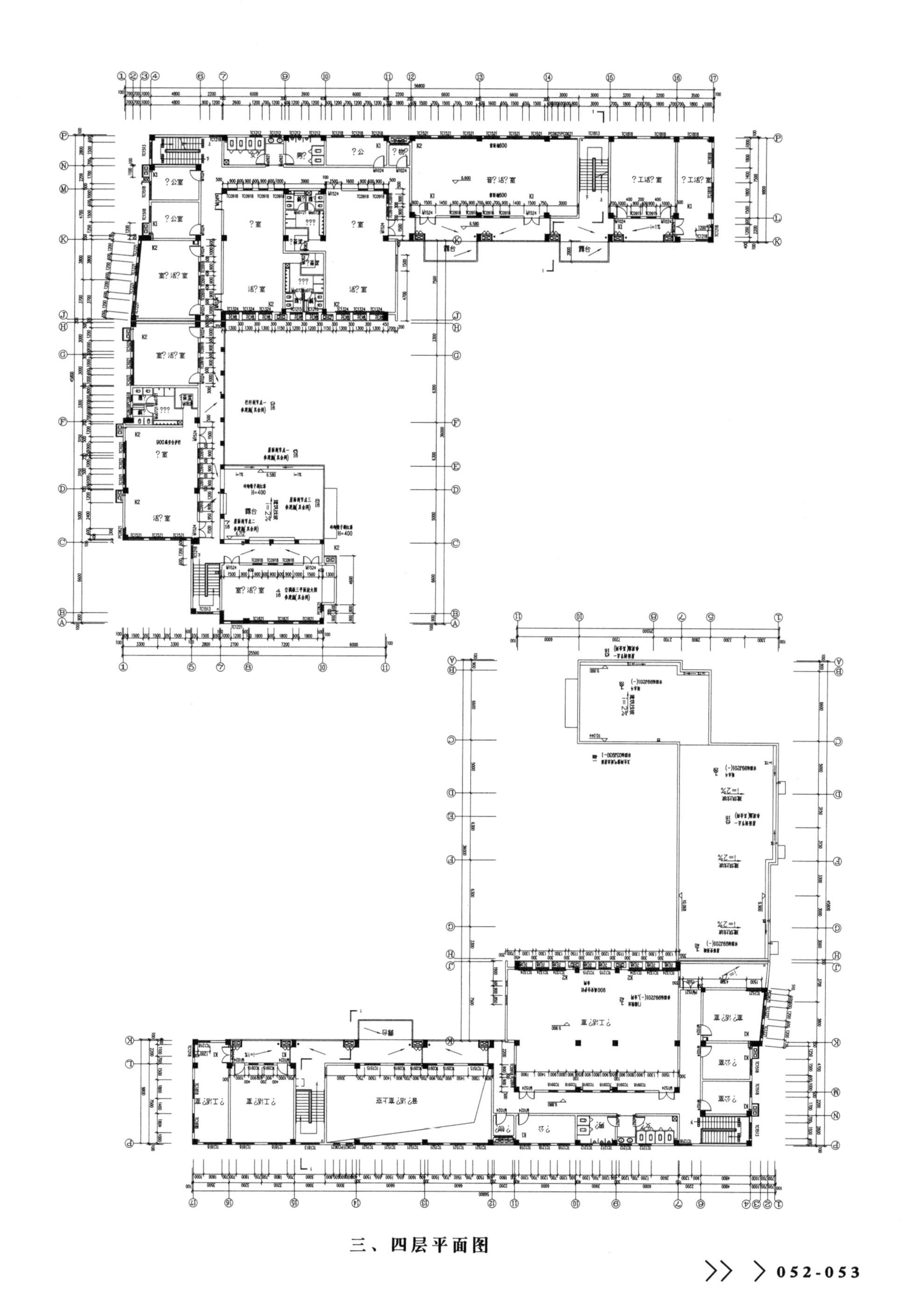

三、四层平面图

> 幼儿园三层六班建筑施工图

设计说明

幼儿园规模：中型（6-9班）
结构形式：钢筋混凝土结构
建筑风格：现代建筑

设计风格：现代风格设计
高度类别：多层建筑
建筑高度：11m

内容简介

本套图纸包括：设计说明、做法表、各层平面图、立面图、剖面图、门窗表、门窗大样、楼梯大样、节点详图

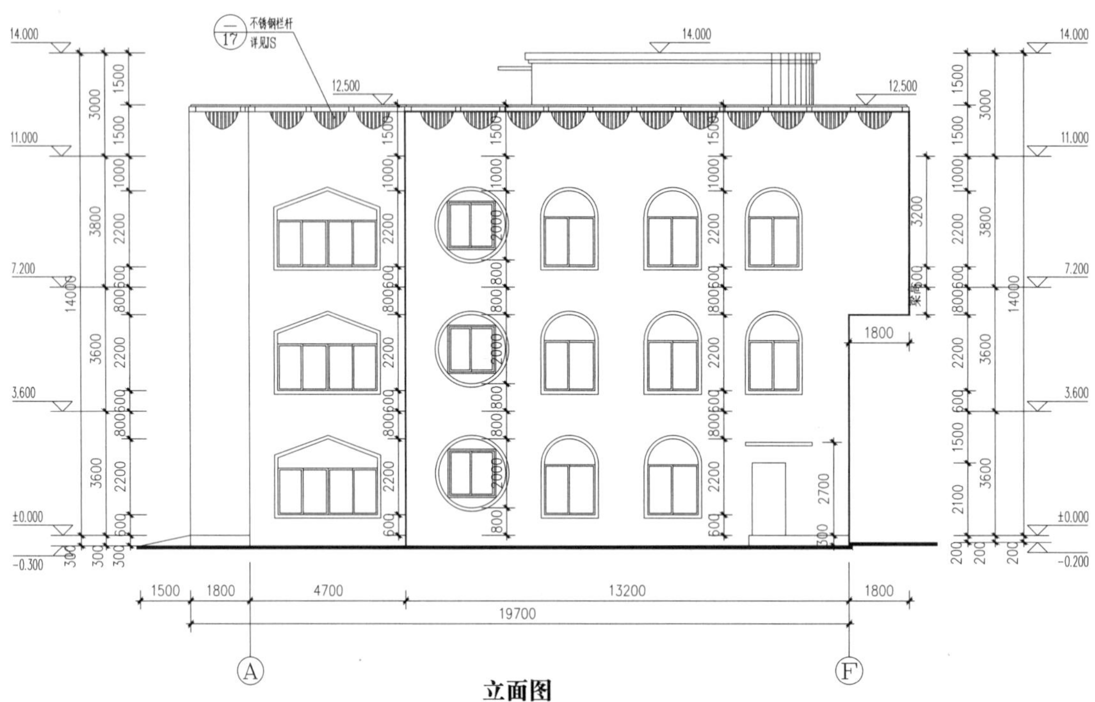

立面图

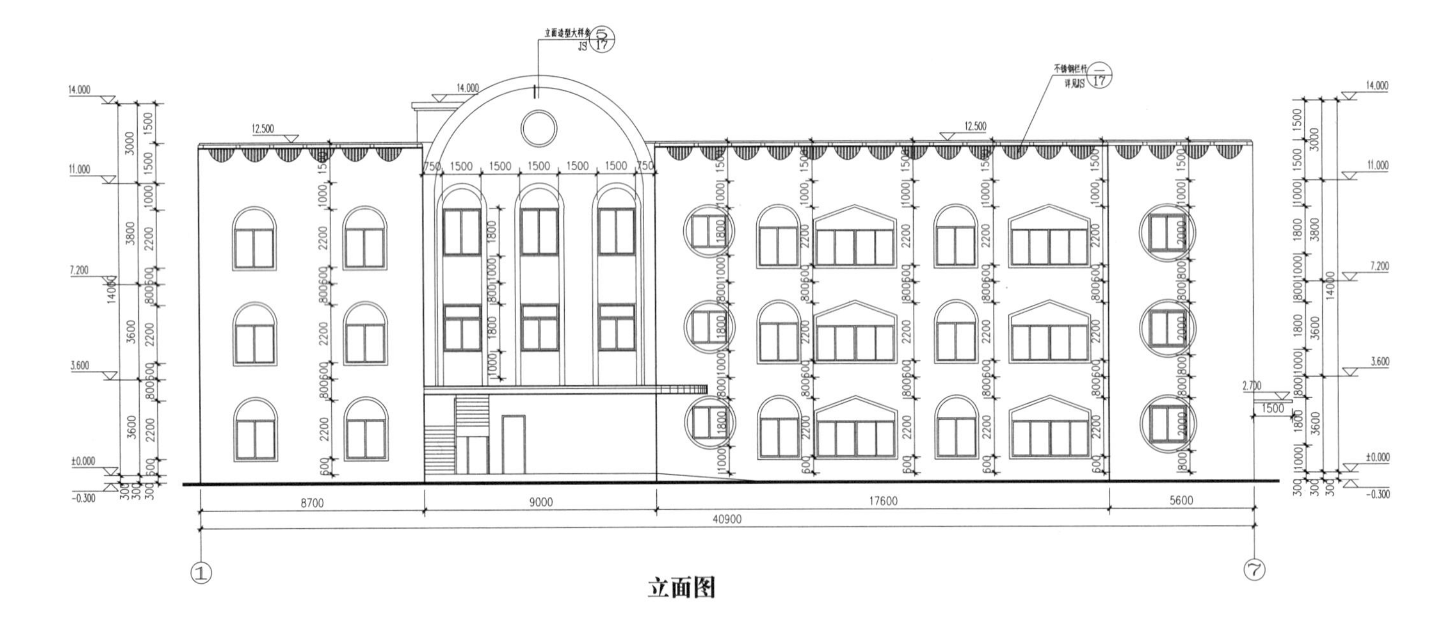

立面图

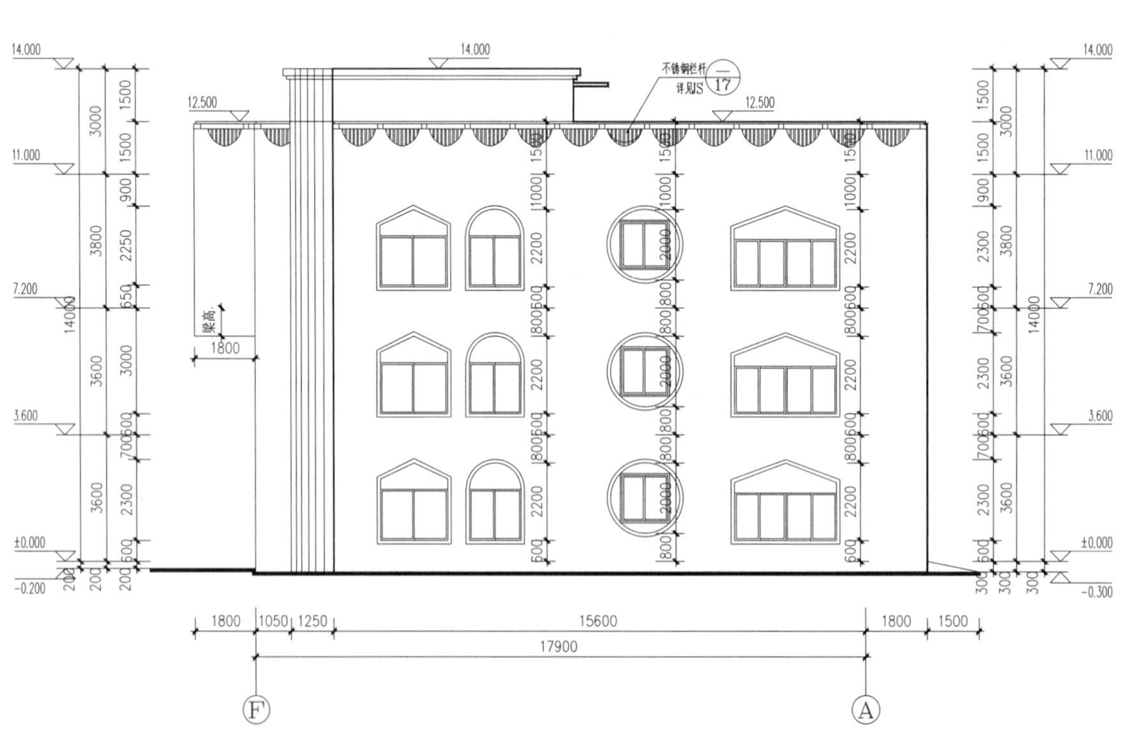

立面图

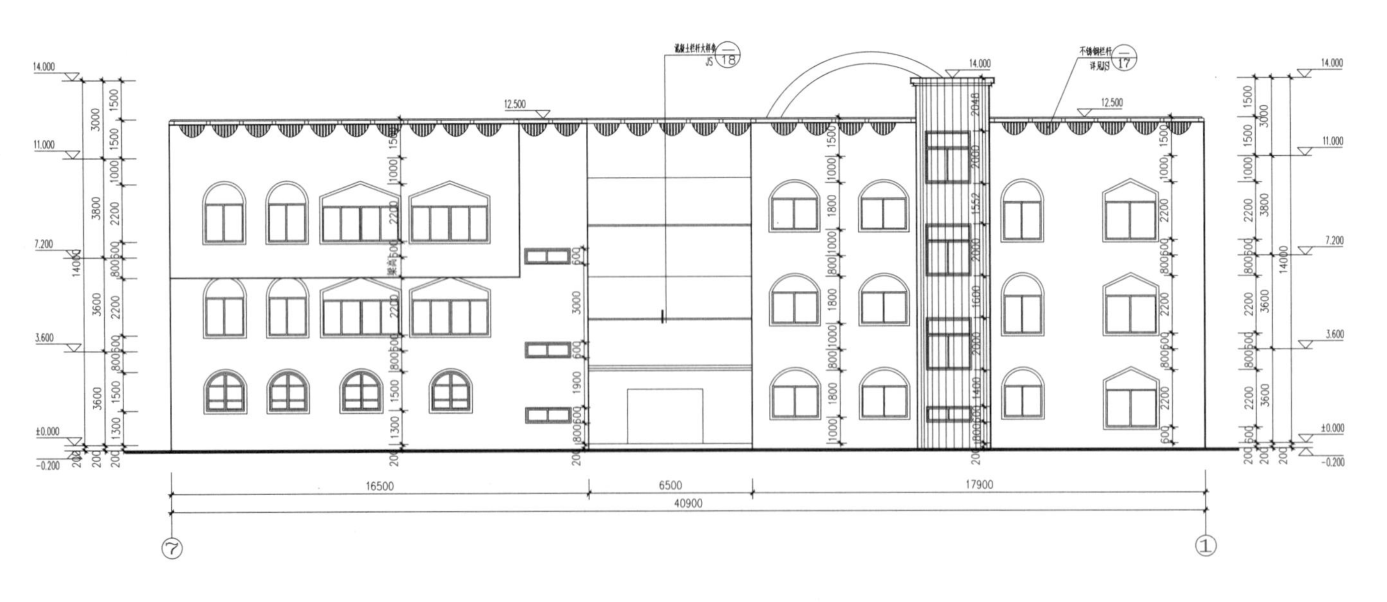

立面图

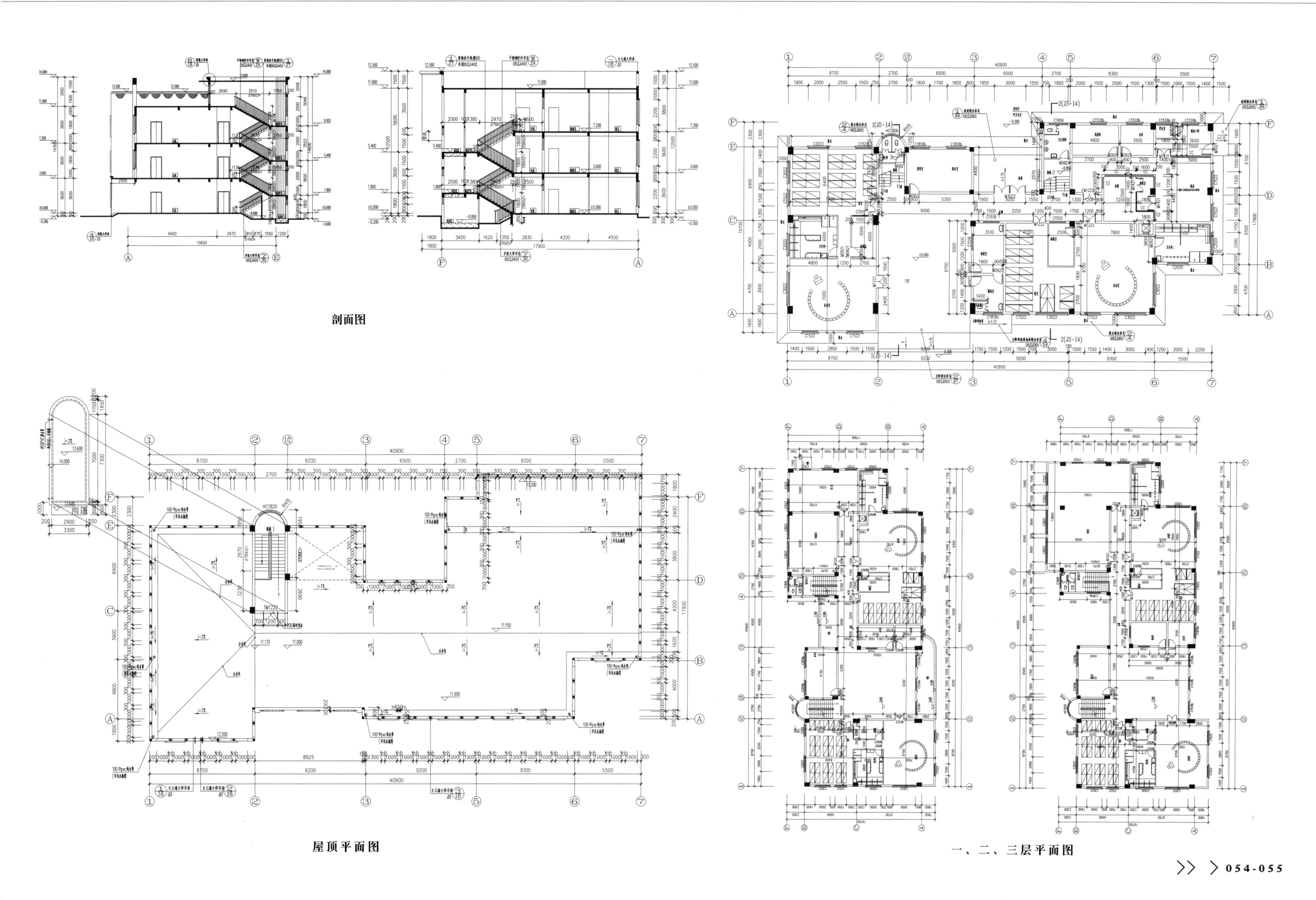

剖面图

屋顶平面图

一、二、三层平面图

> 幼儿园四层九班建筑扩初图

设计说明

幼儿园规模：中型（6-9班）
结构形式：钢筋混凝土结构
建筑风格：现代建筑

设计风格：现代风格设计
高度类别：多层建筑

内容简介

本套图纸包括：各层平面图、立面图、剖面图、做法表、剖面图

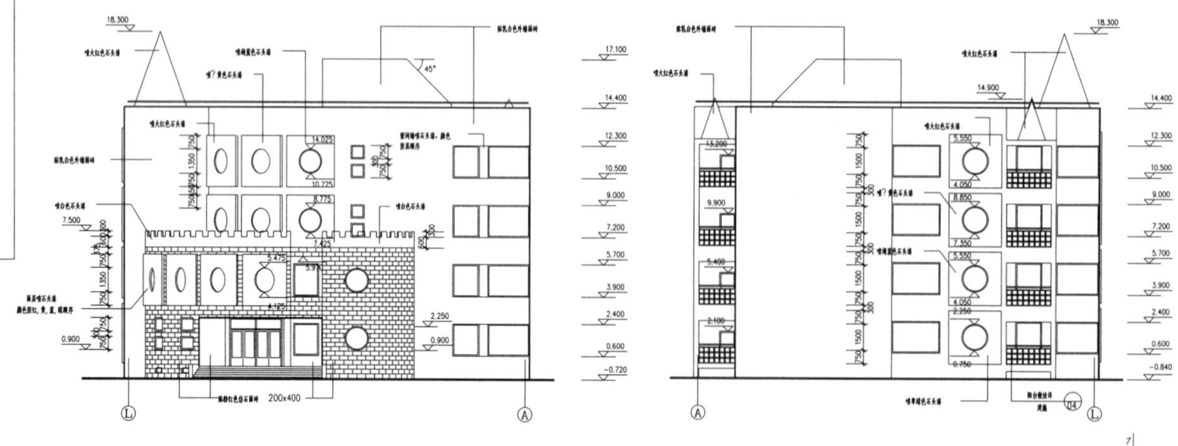

立面图

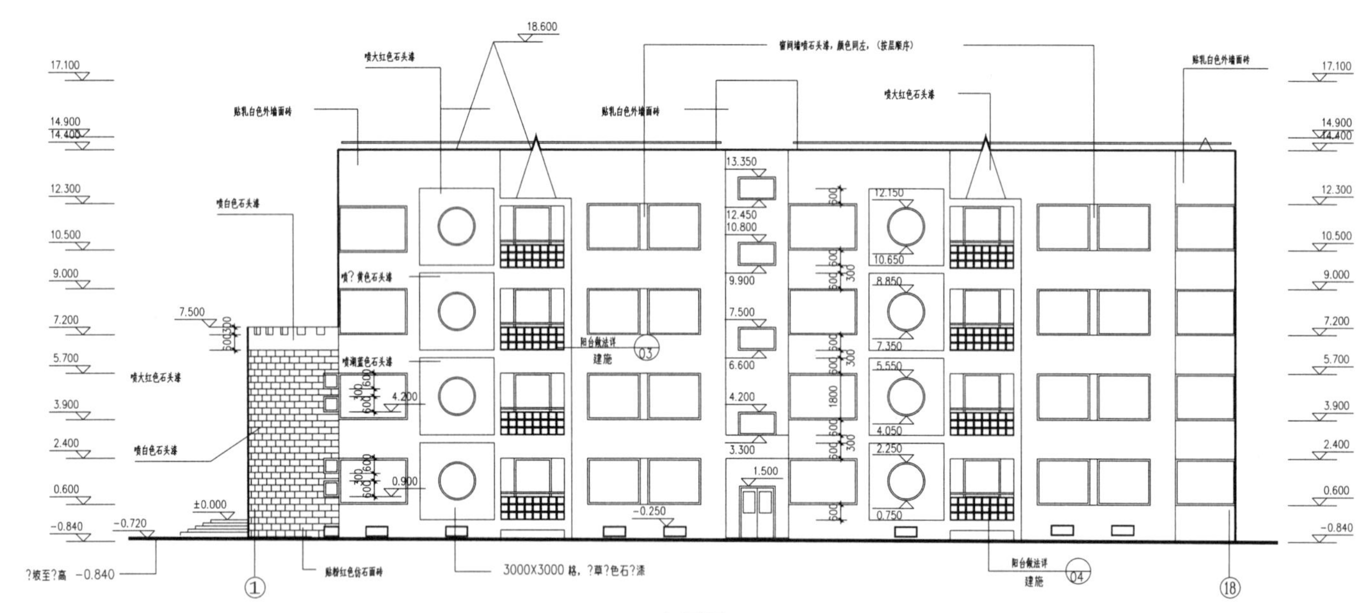

立面图

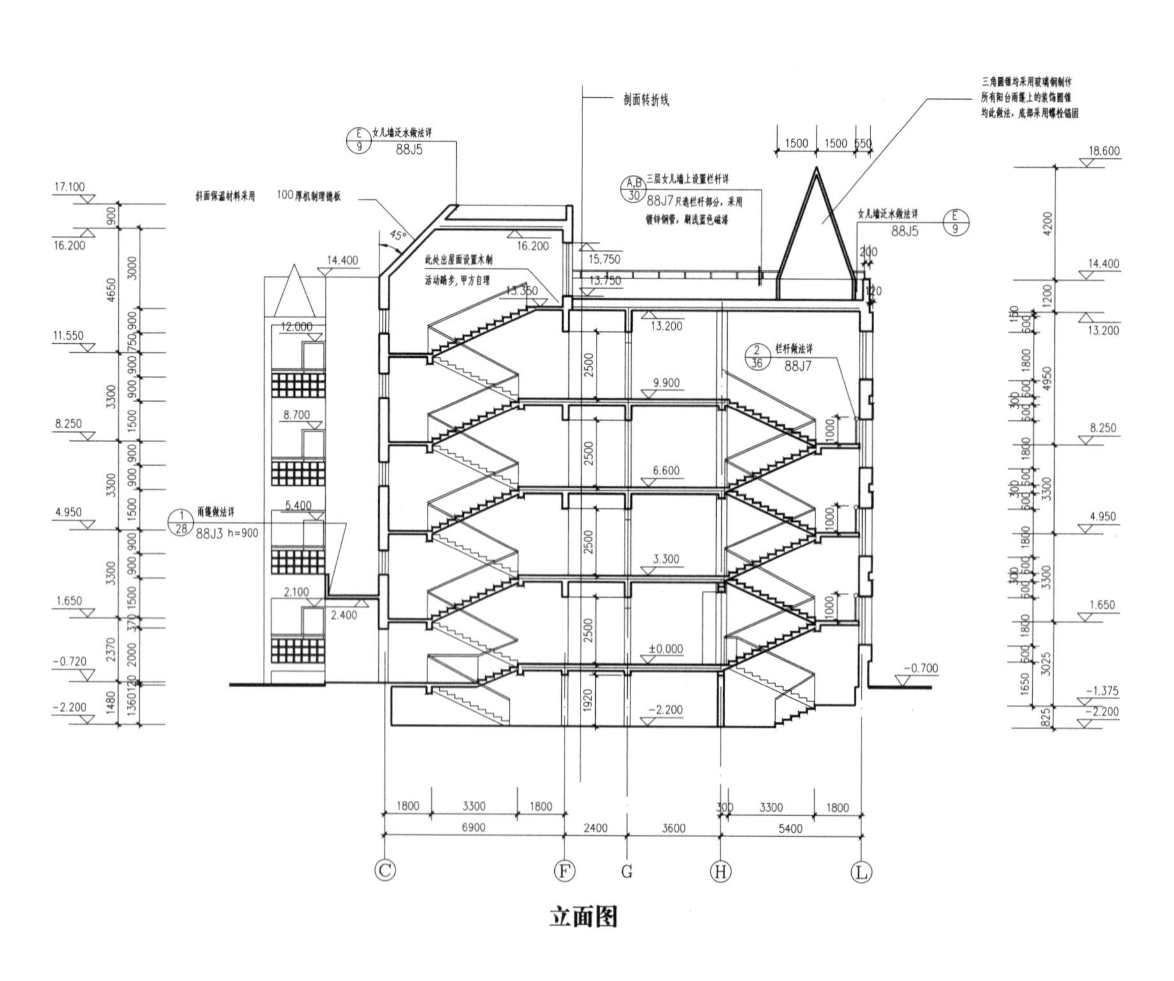

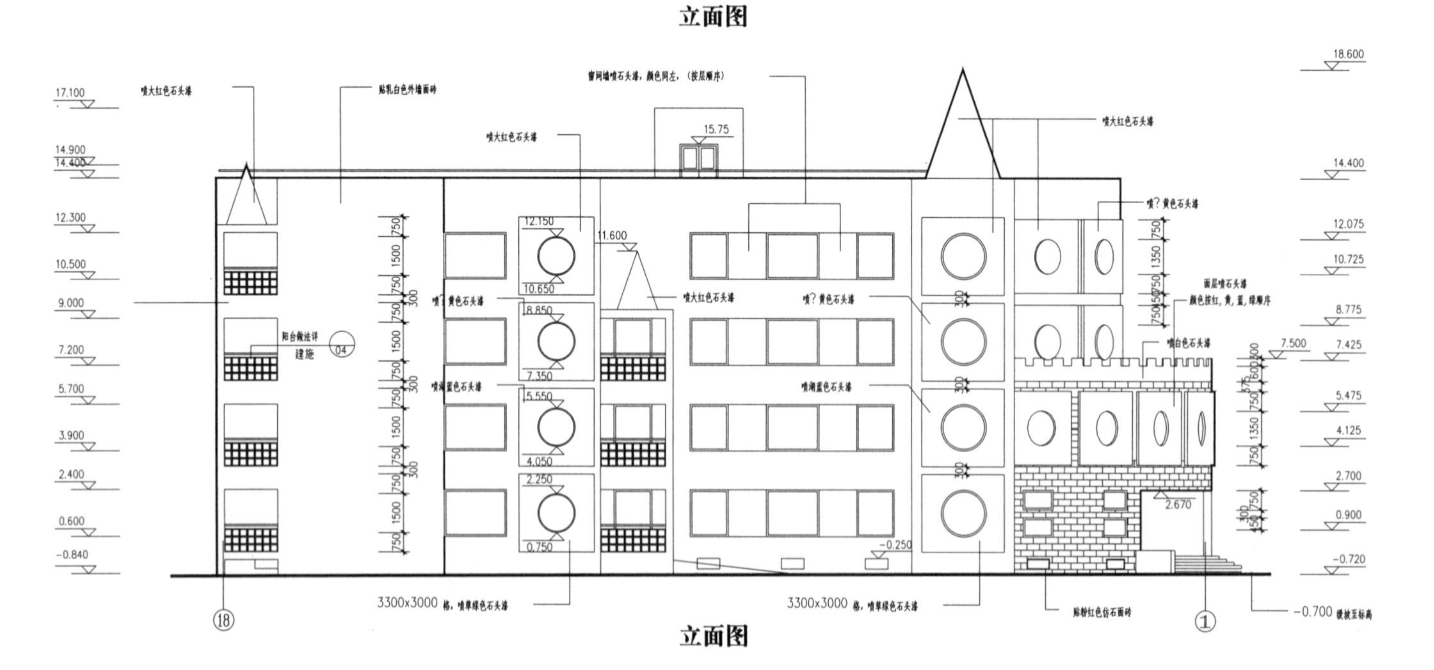

立面图

立面图

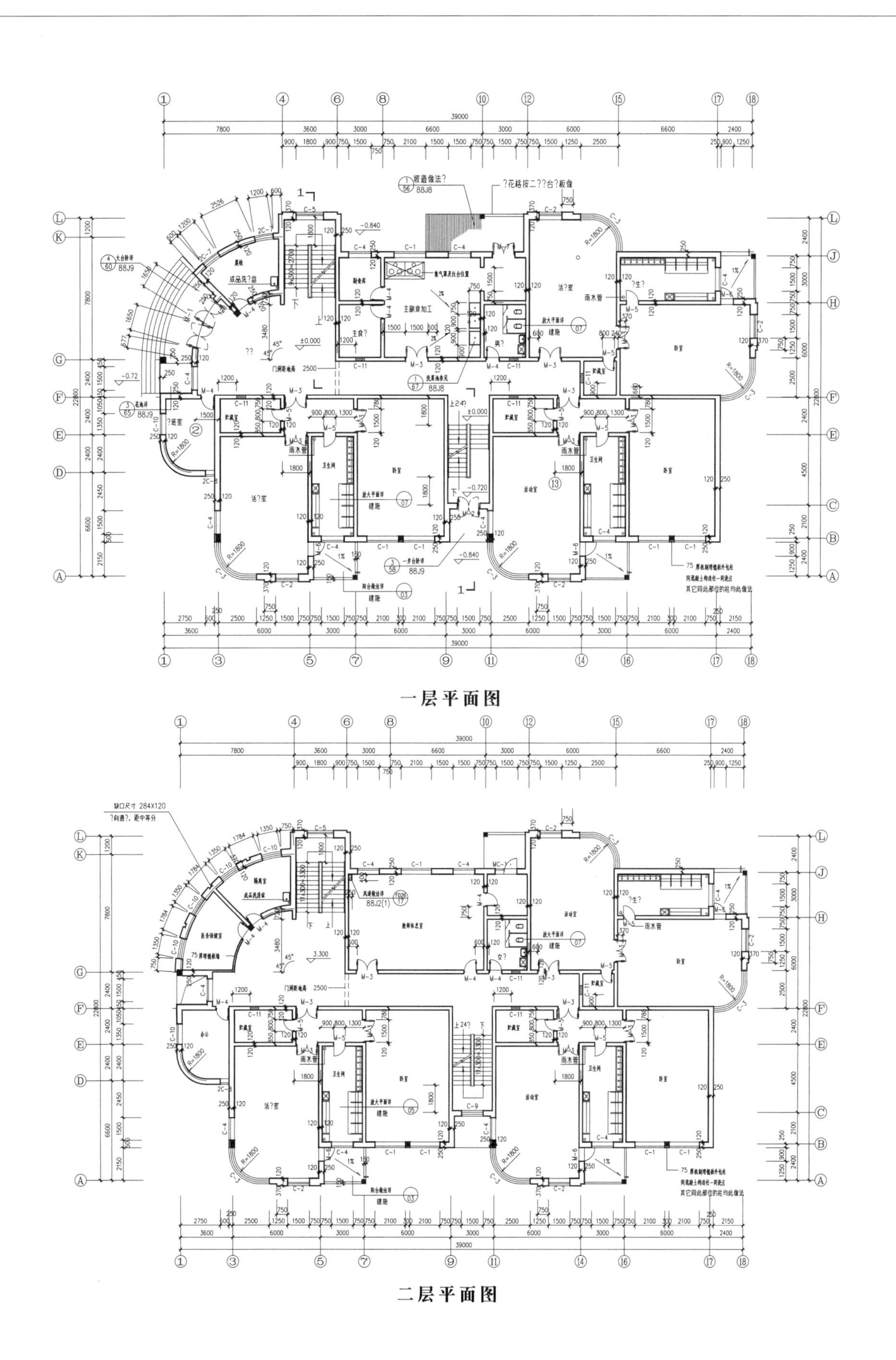

一层平面图

二层平面图

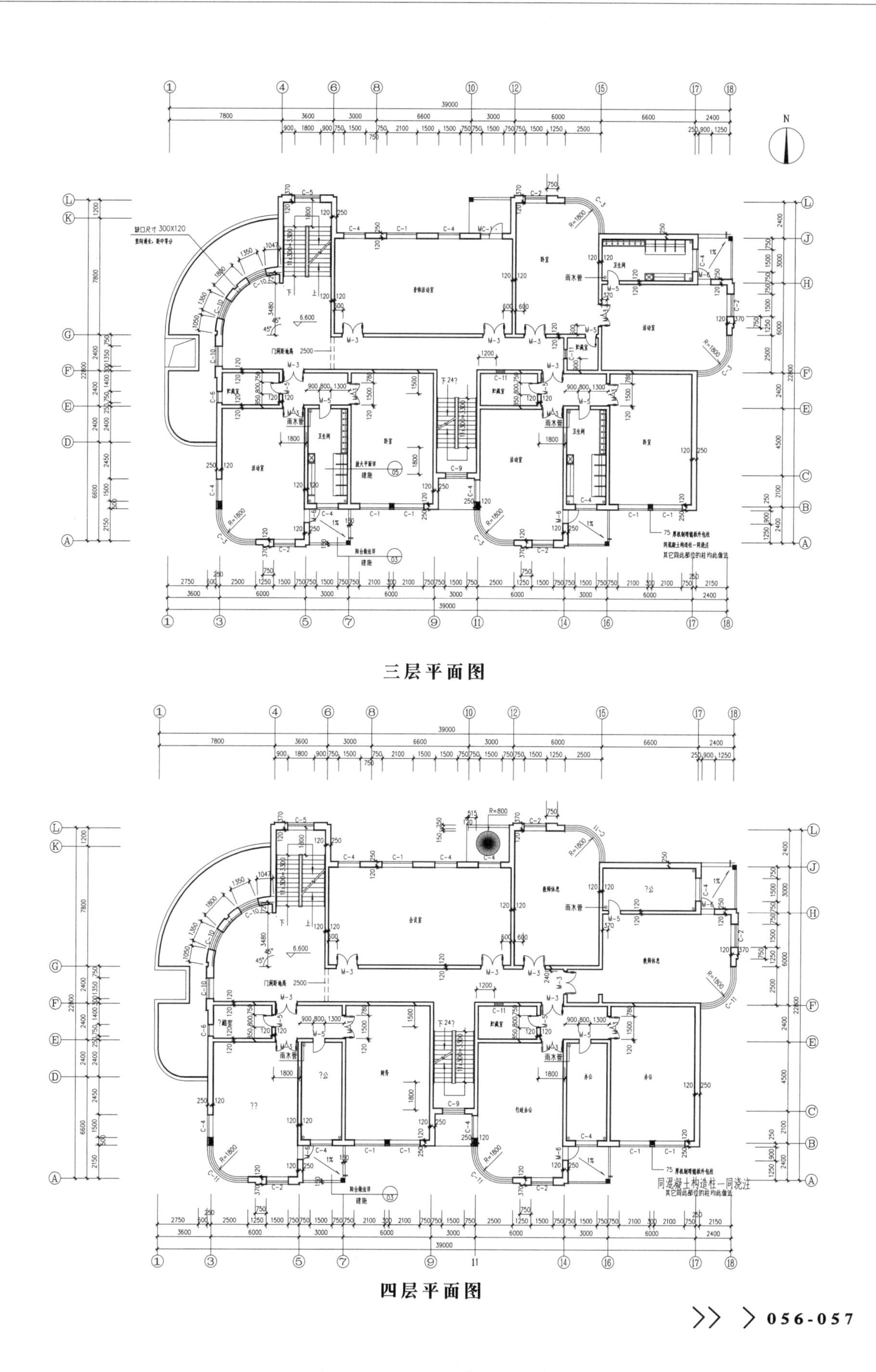

三层平面图

四层平面图

> 四层五班幼儿园建筑扩初图

设计说明

幼儿园规模：小型（5班以下）
结构形式：钢筋混凝土结构
建筑风格：哈佛红
设计风格：哈佛红
高度类别：多层建筑

内容简介

本套图纸包括：各层平面图、立面图、剖面图、楼梯大样、节点详图

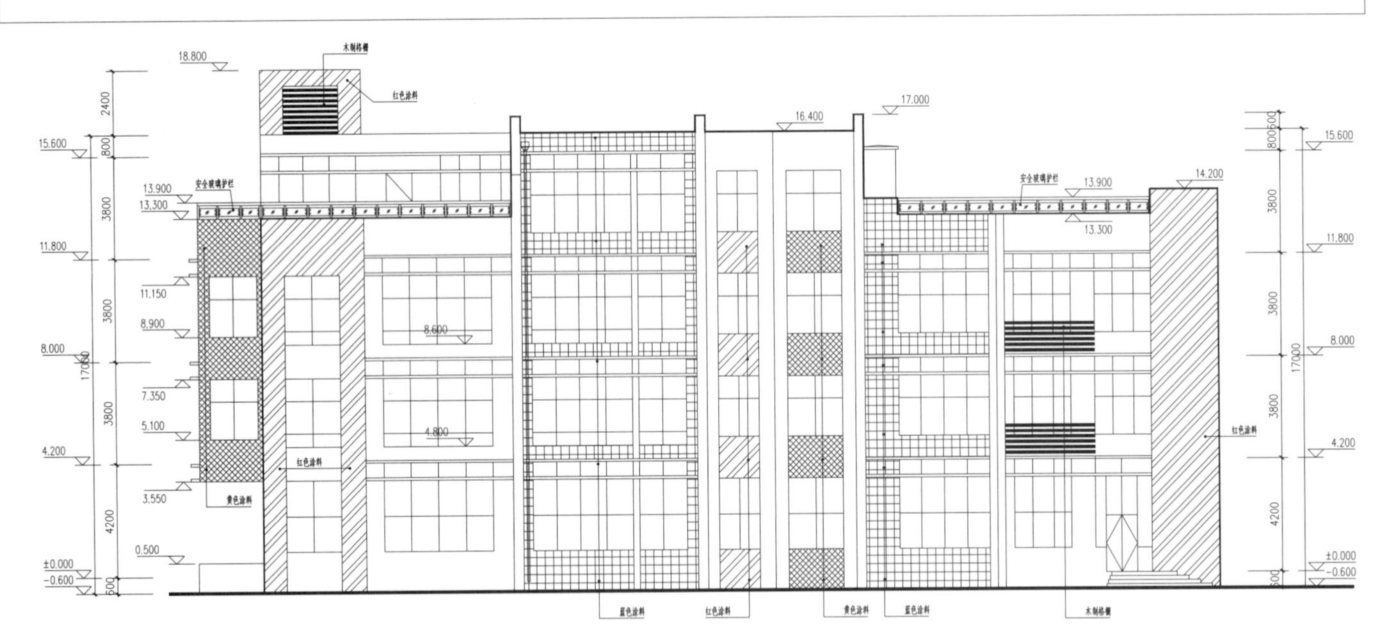

立面图

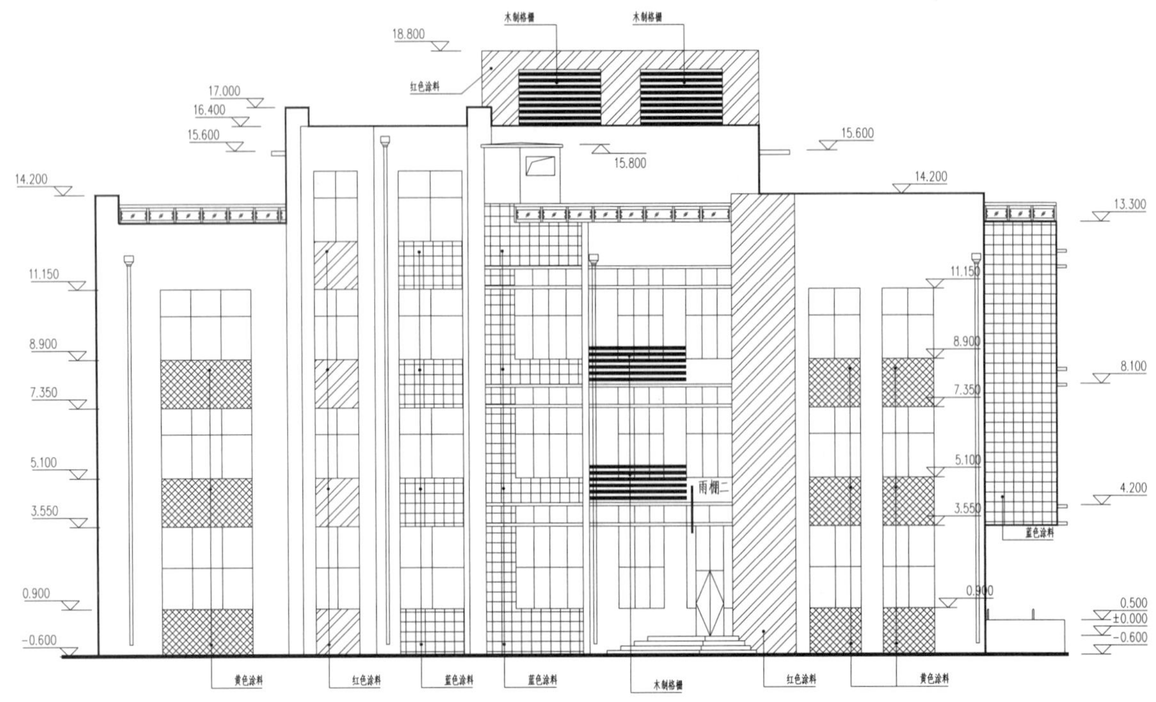

立面图

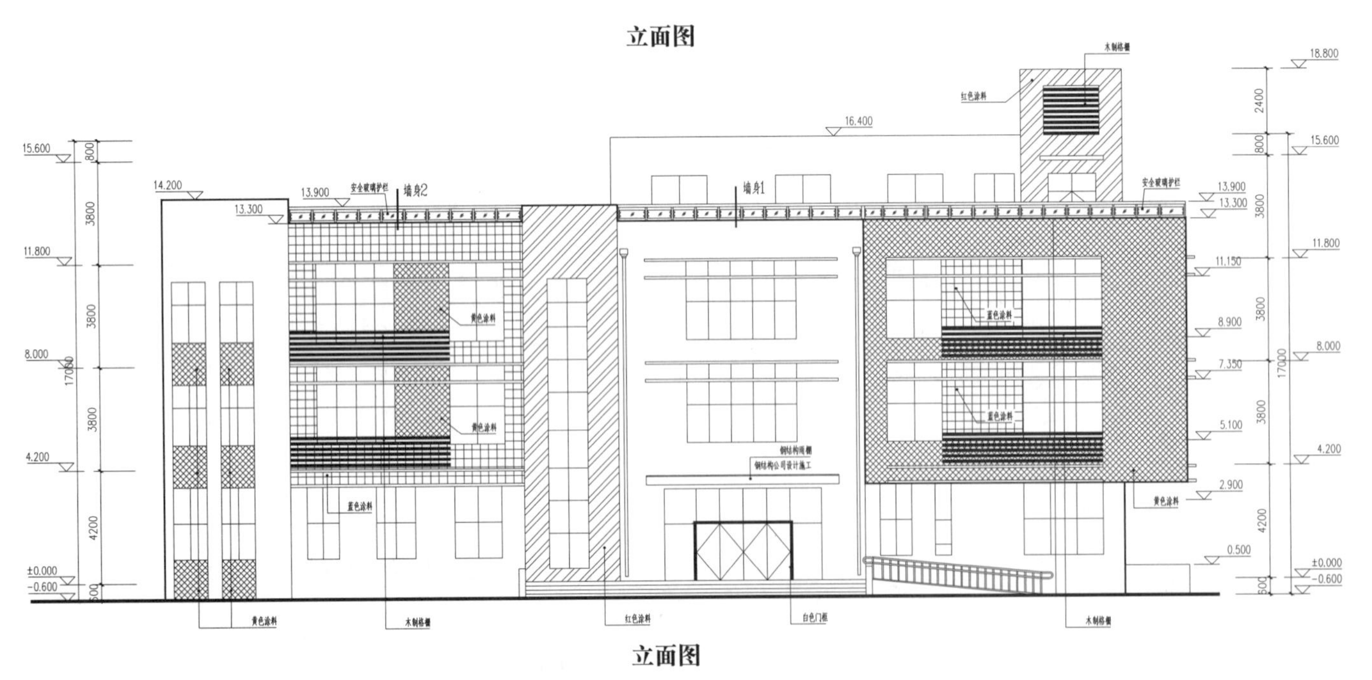

立面图

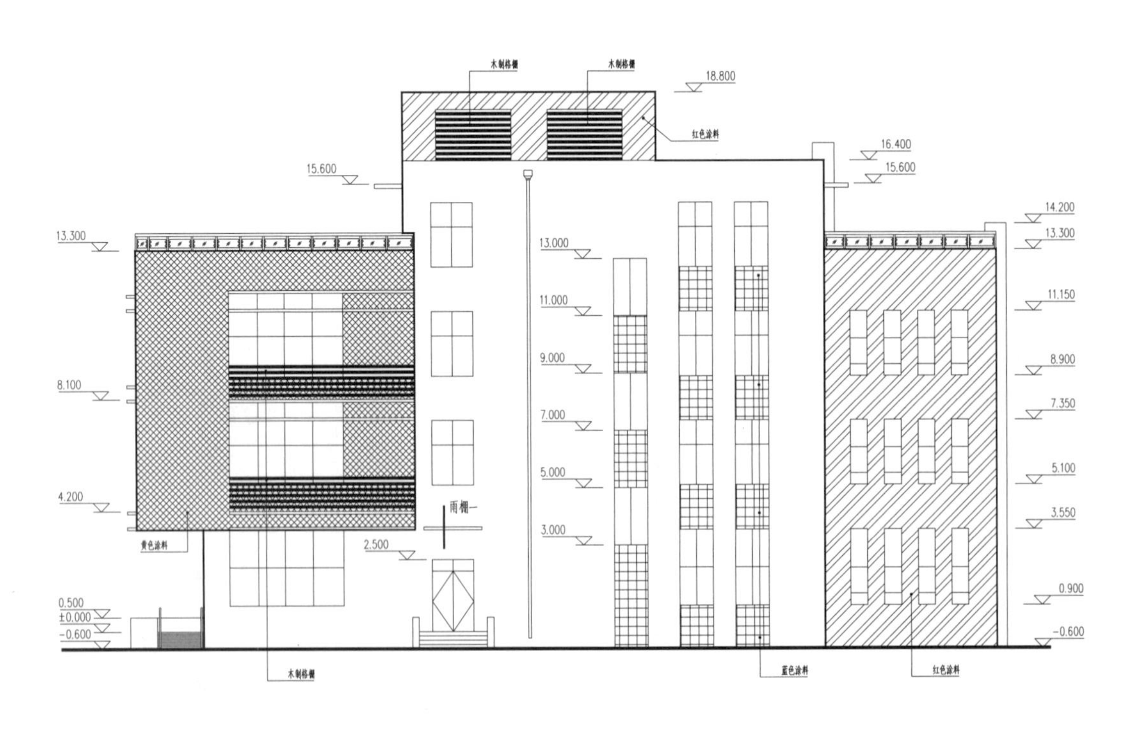

立面图

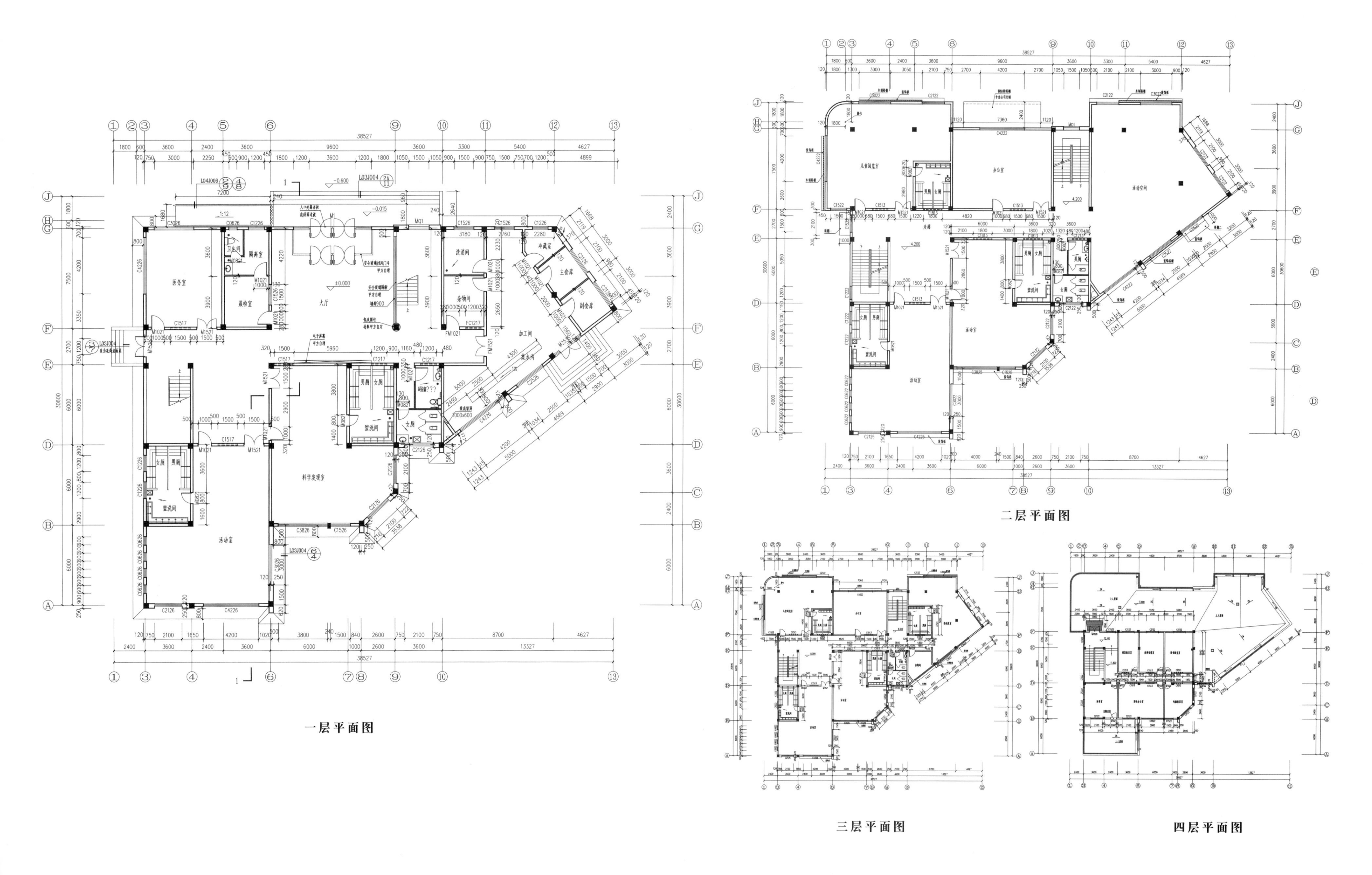

一层平面图

二层平面图

三层平面图

四层平面图

>幼儿园三层九班建筑方案图

设计说明

幼儿园规模：大型（10-12班以上）
结构形式：钢筋混凝土结构
建筑风格：现代建筑

幼儿园规模：大型（10-12班以上）
结构形式：钢筋混凝土结构
建筑风格：现代建筑

内容简介

本套图纸包括：平面图、立面图、剖面图、总平面图

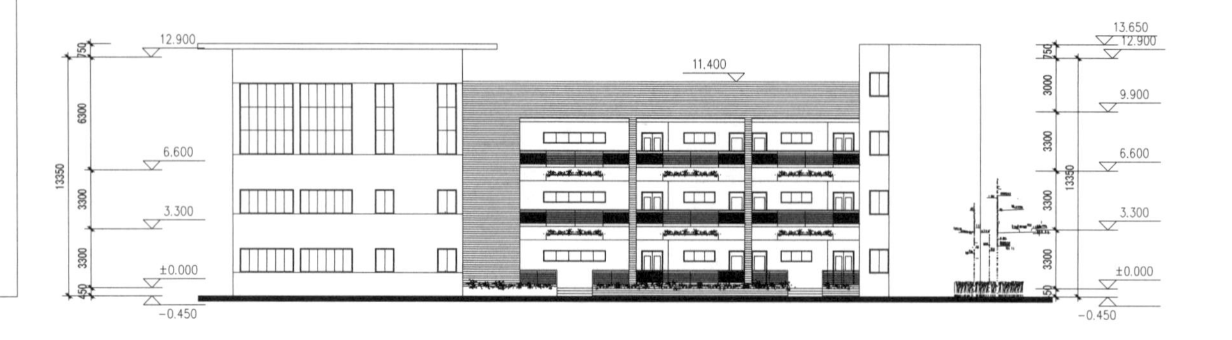

立面图

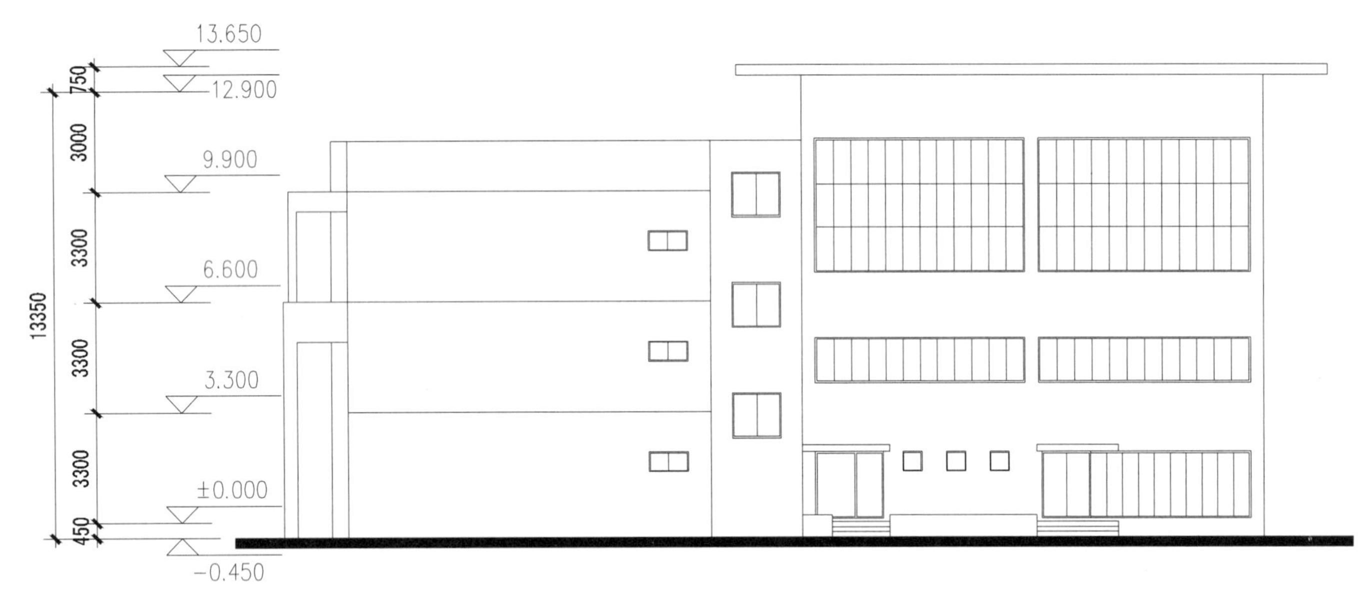

立面图

立面图

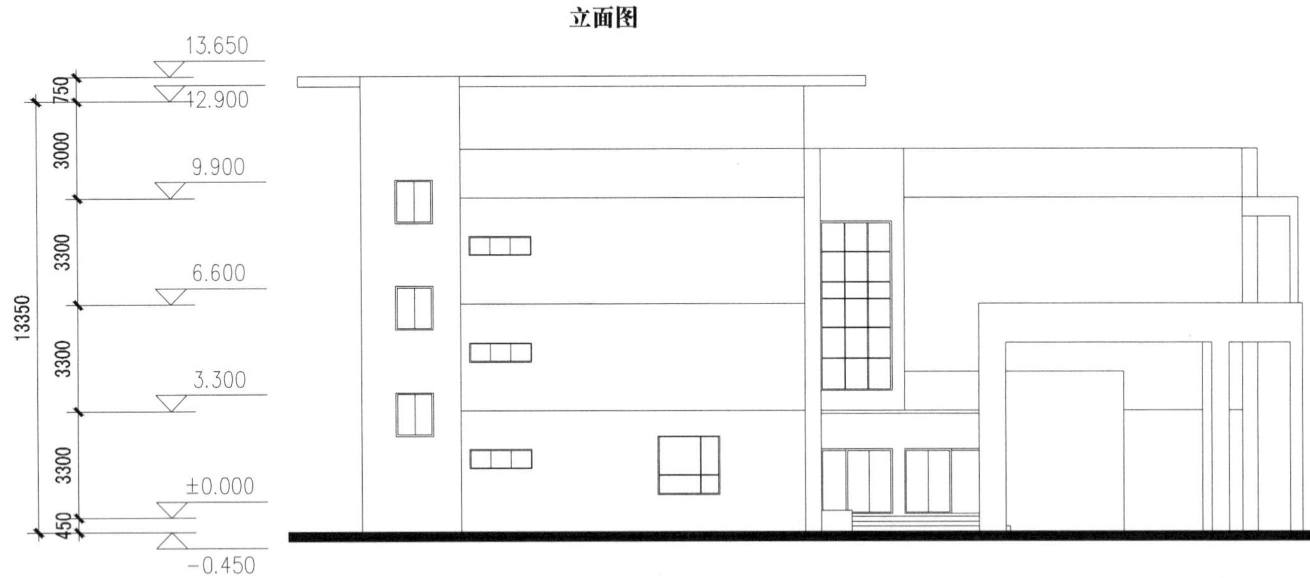

立面图

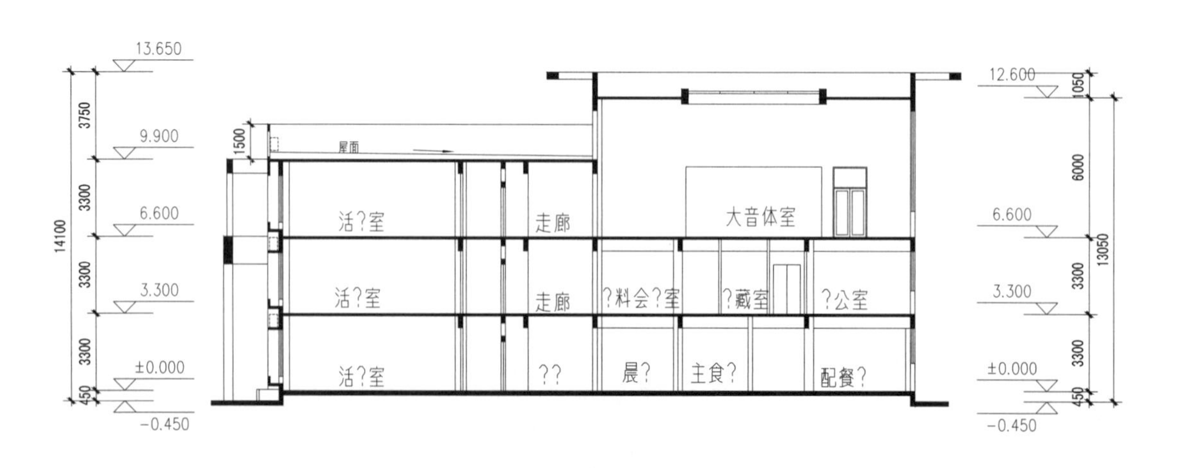

剖面图

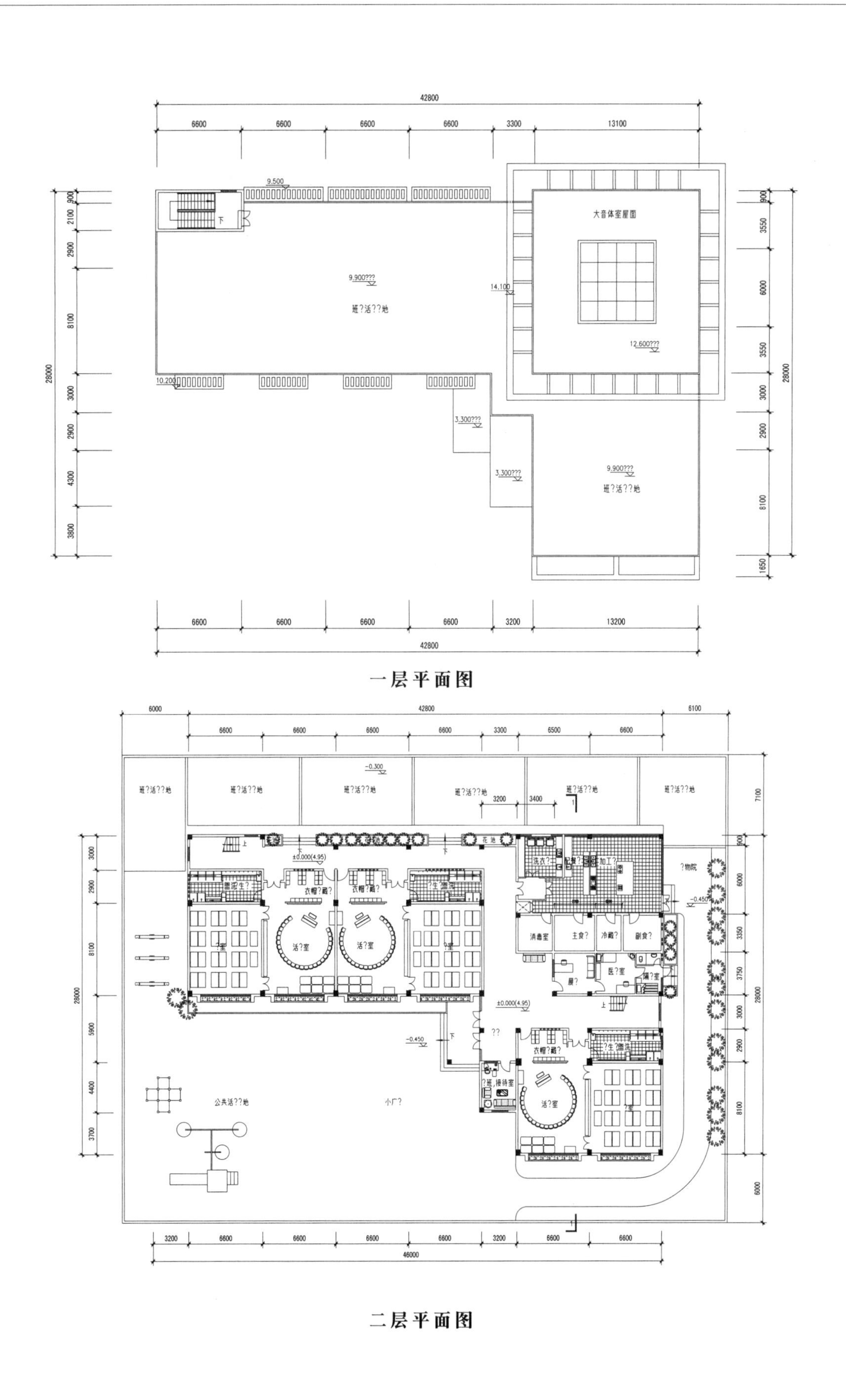

一层平面图

二层平面图

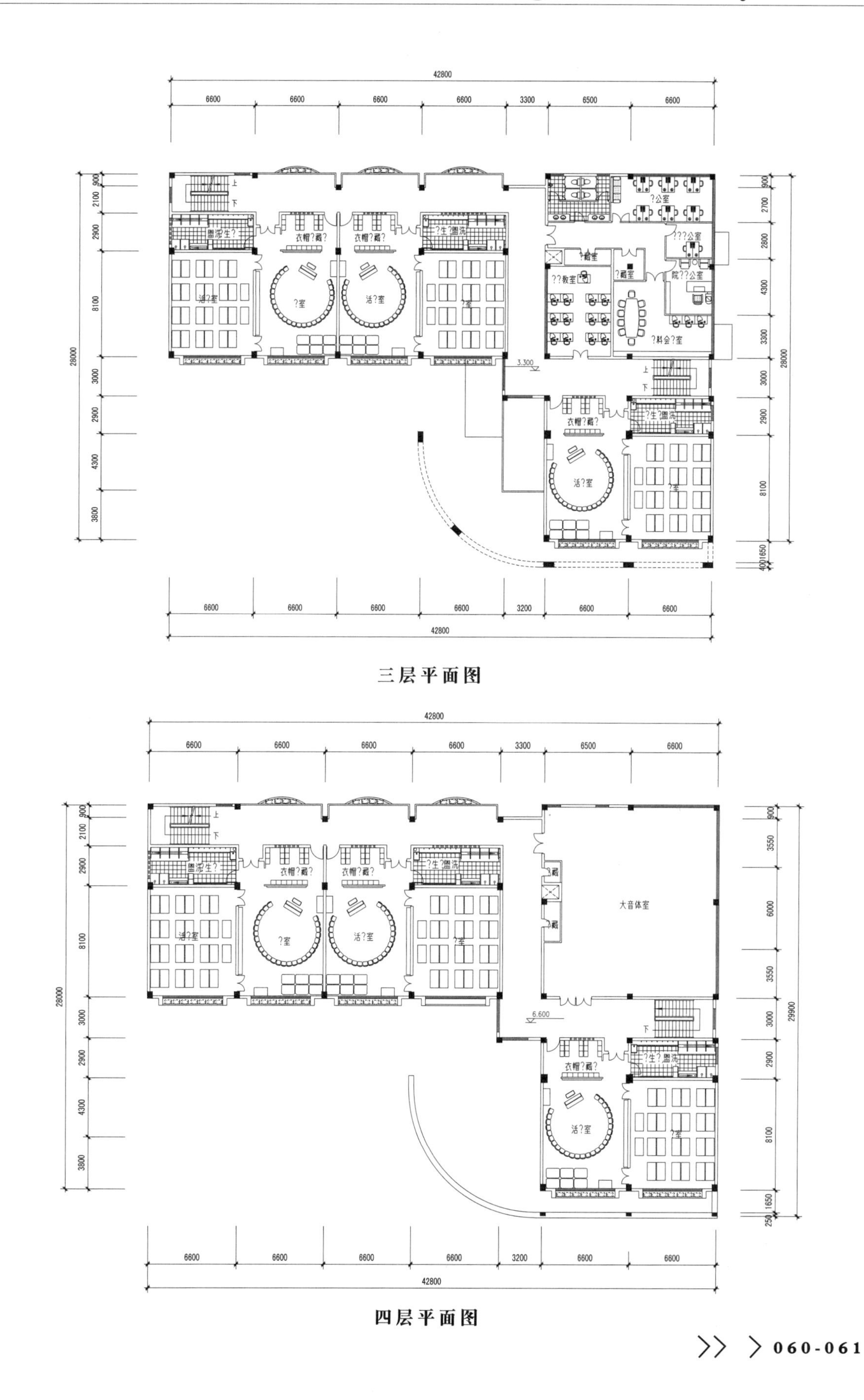

三层平面图

四层平面图

> 幼儿园三层9班建筑扩初图

设计说明

幼儿园规模：中型（6-9班）
结构形式：钢筋混凝土结构
建筑风格：现代建筑
设计风格：现代风格设计
高度类别：多层建筑

内容简介

本套图纸包括：平面图、立面图、剖面图、卫生间大样

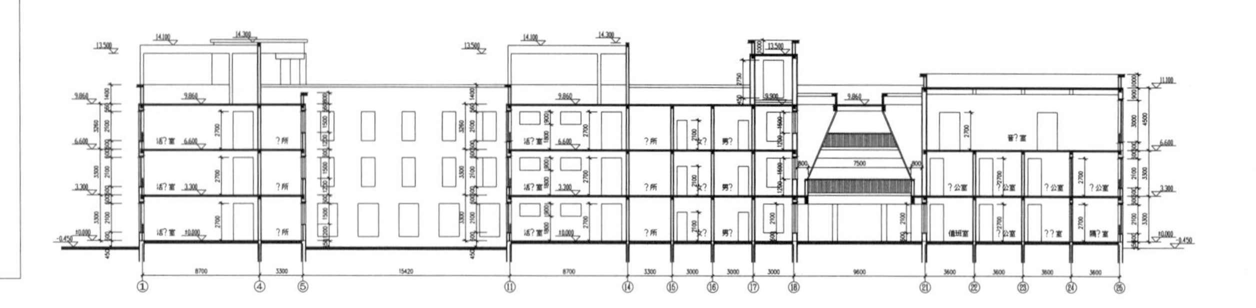

立面图

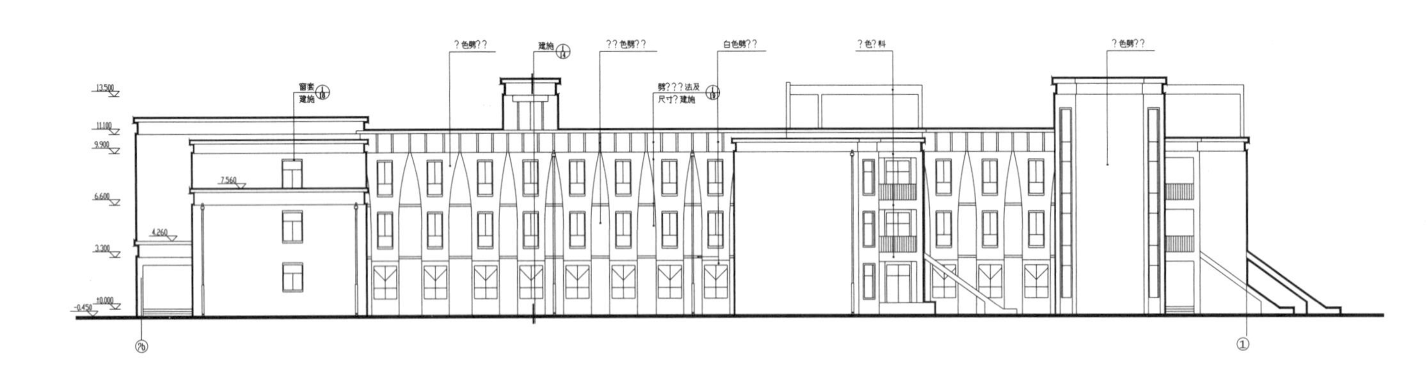

立面图

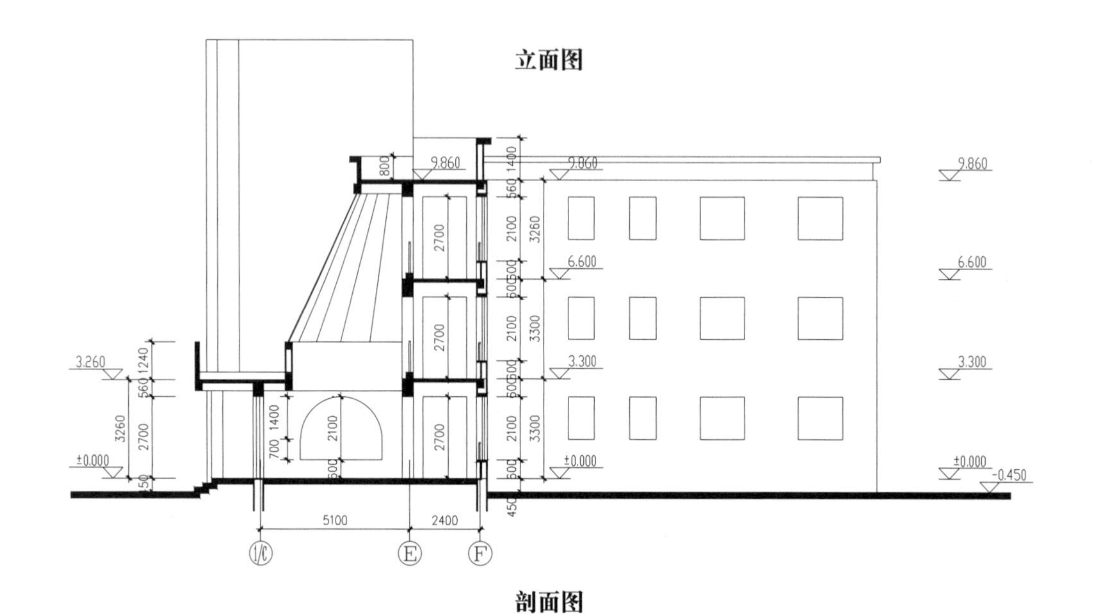

剖面图

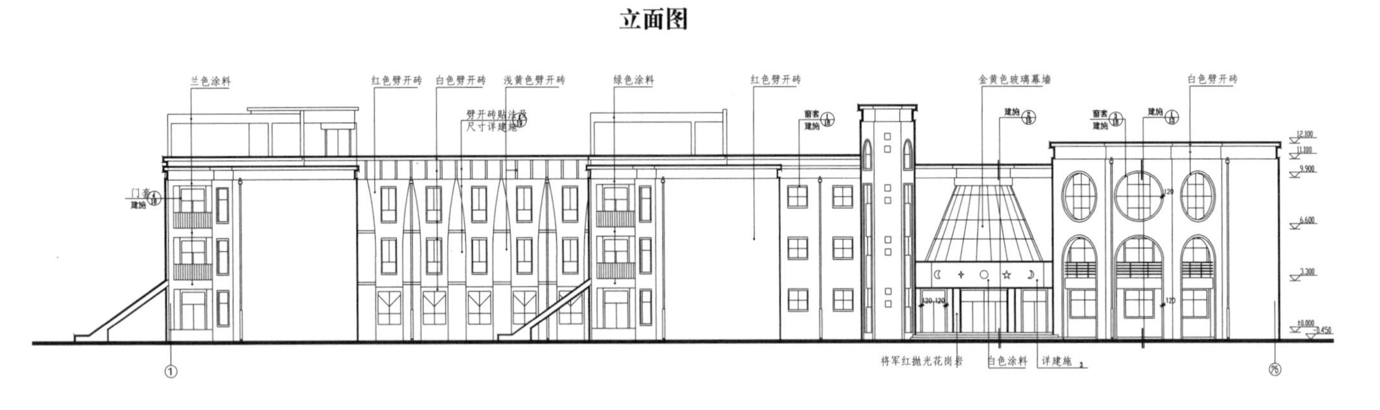

立面图

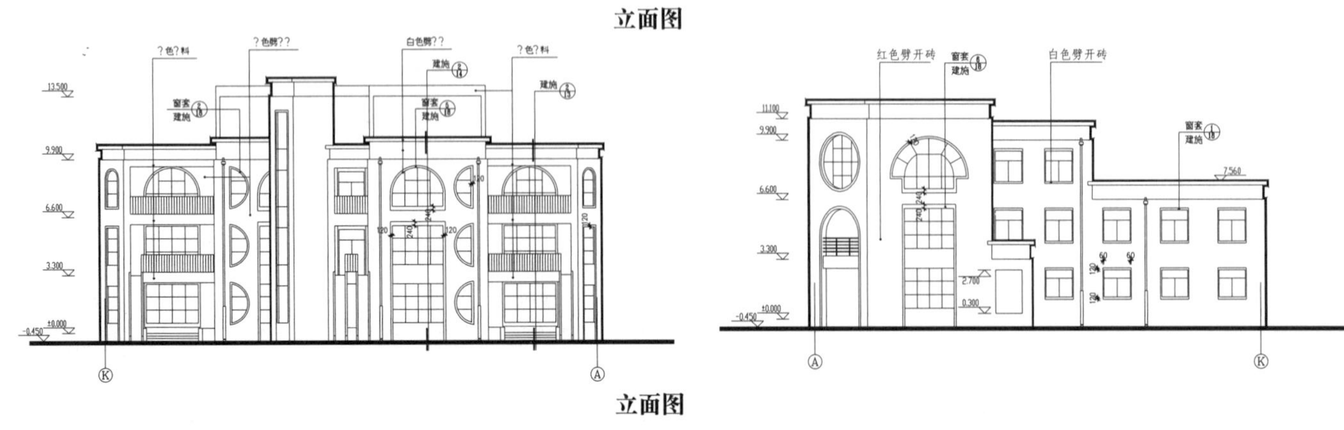

立面图

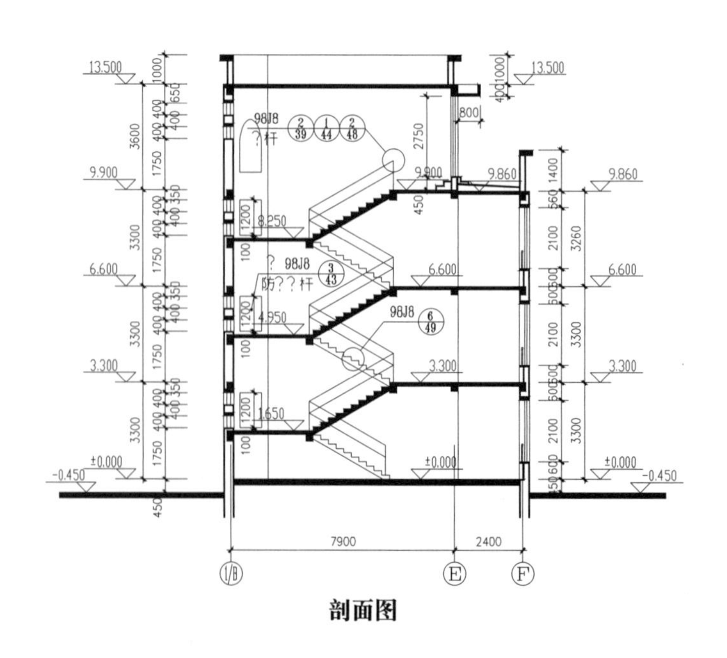

剖面图

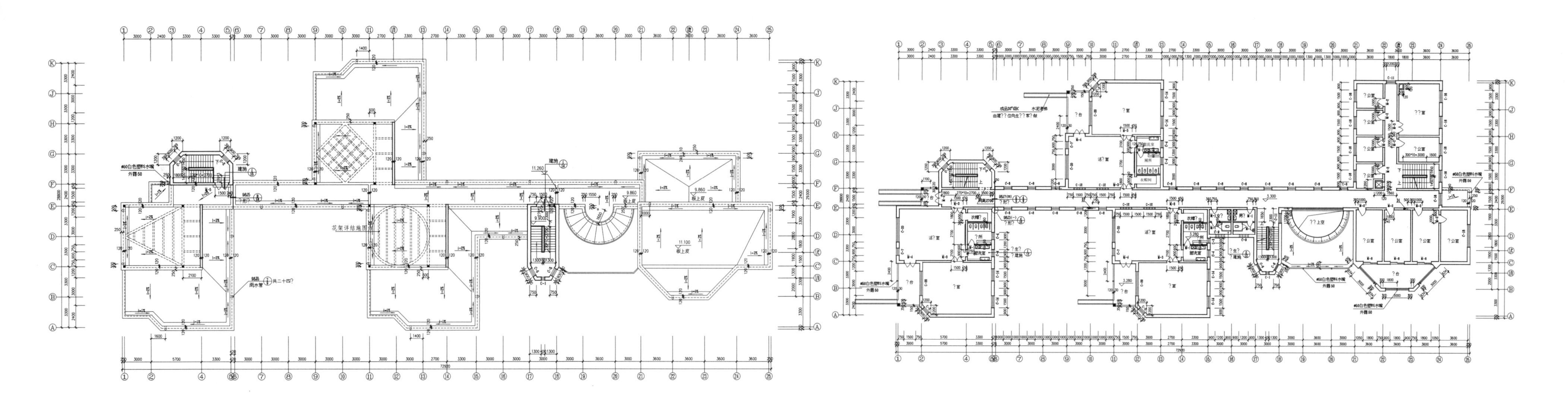

一层平面图

三层平面图

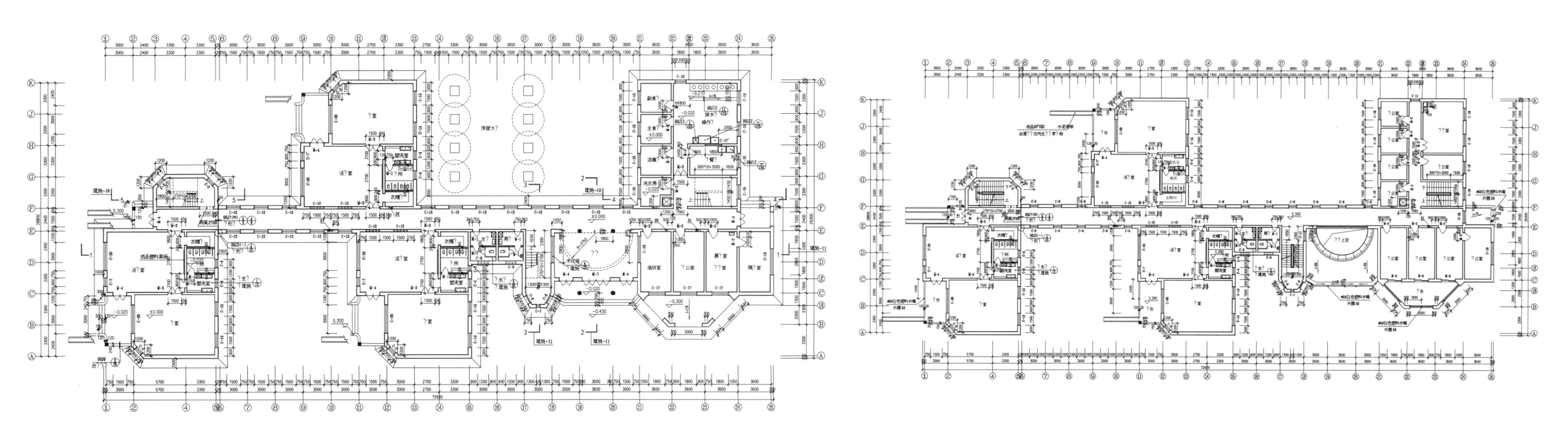

二层平面图

四层平面图

> 幼儿园三层9班建筑扩初图

设计说明

幼儿园规模：中型（6-9班）
结构形式：钢筋混凝土结构
建筑风格：现代建筑

设计风格：现代风格设计
高度类别：多层建筑

内容简介

本套图纸包括：平面图、立面图、剖面图、卫生间大样

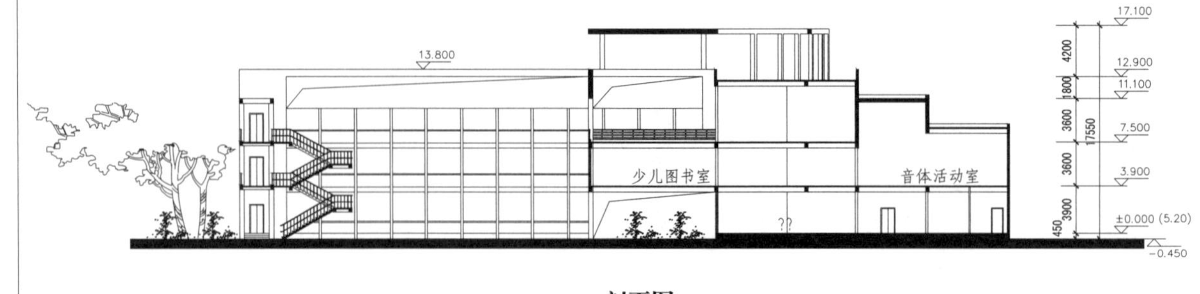

剖面图

立面图

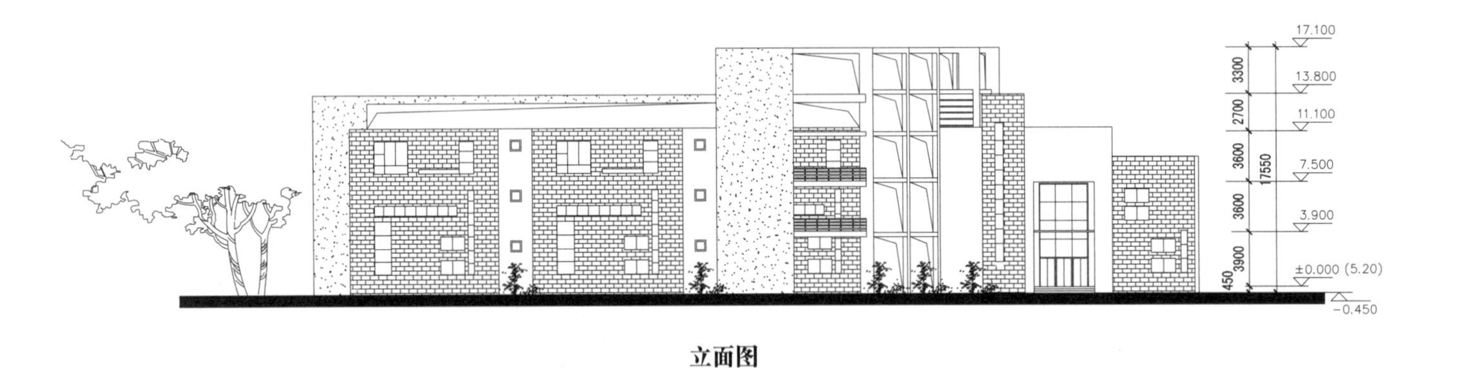

立面图

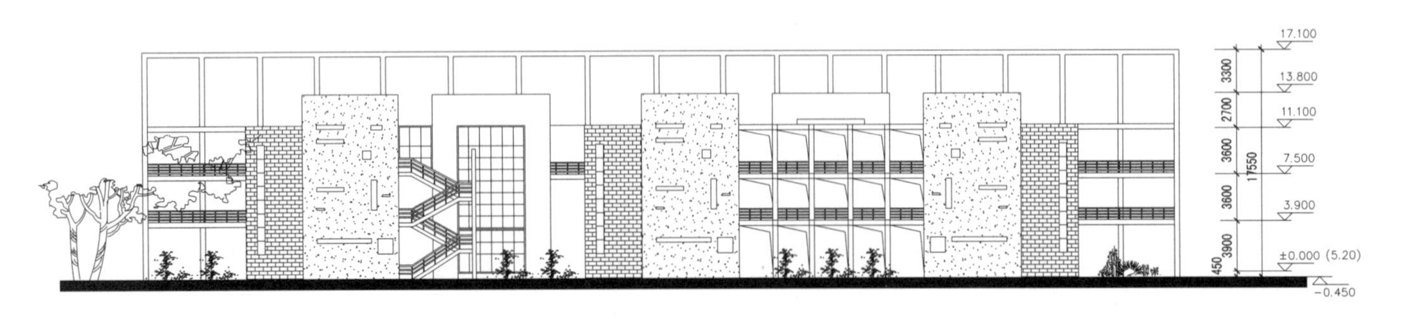

立面图

屋顶平面图

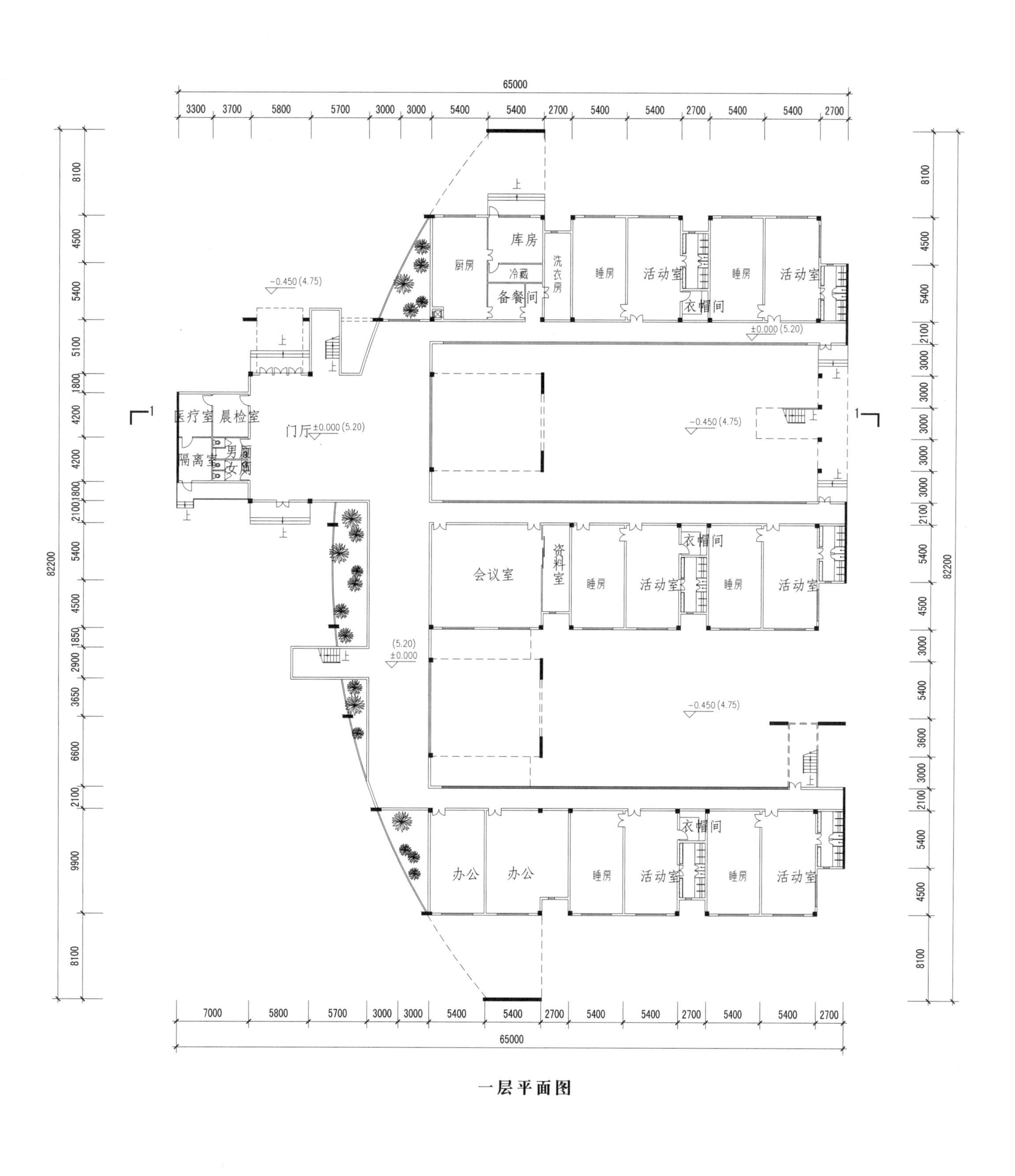

一层平面图

二、三层平面图

> 现代型幼儿园三层建筑方案图

设计说明

幼儿园规模：大型（10-12班以上）
结构形式：钢筋混凝土结构
建筑风格：现代建筑

设计风格：现代风格设计
高度类别：多层建筑

内容简介

本套图纸包括：平面图、立面图、剖面图、总平面图

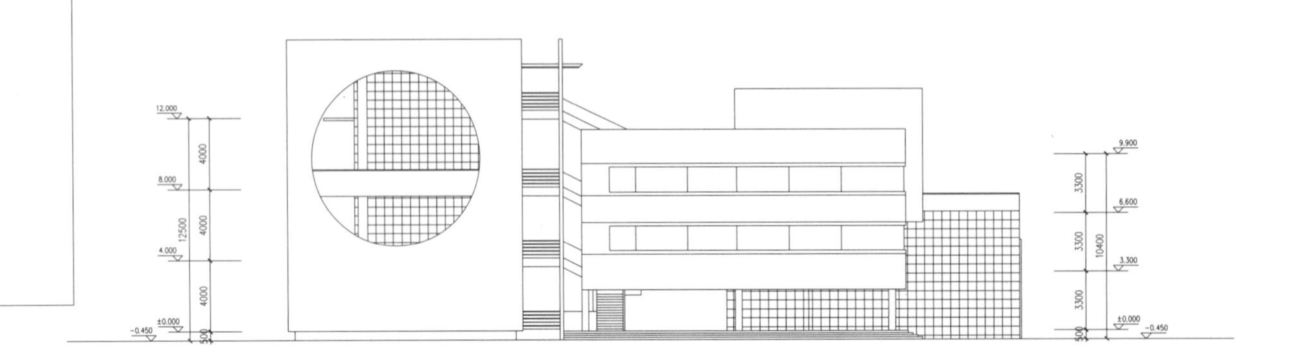

立面图

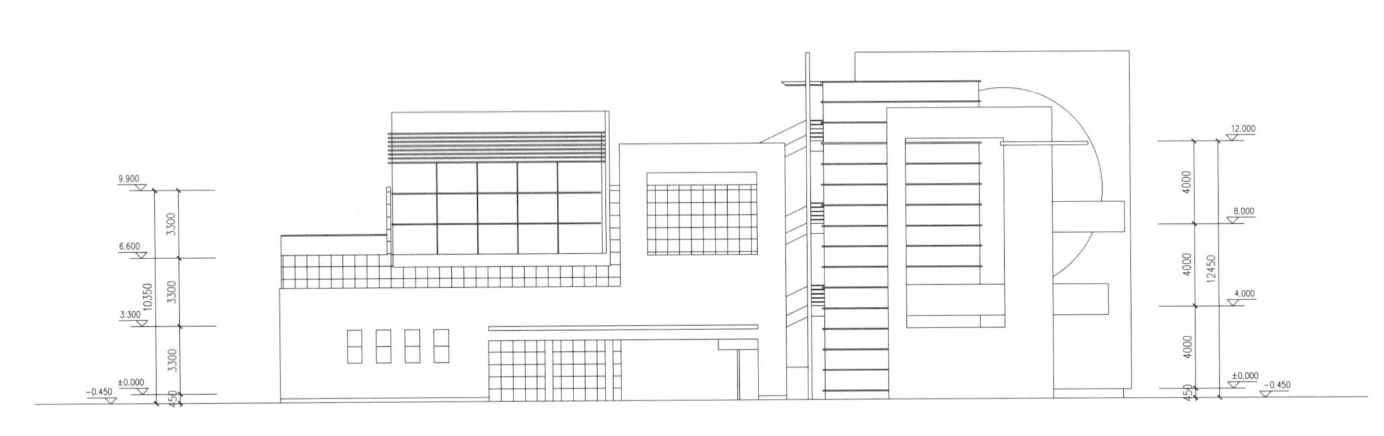

立面图

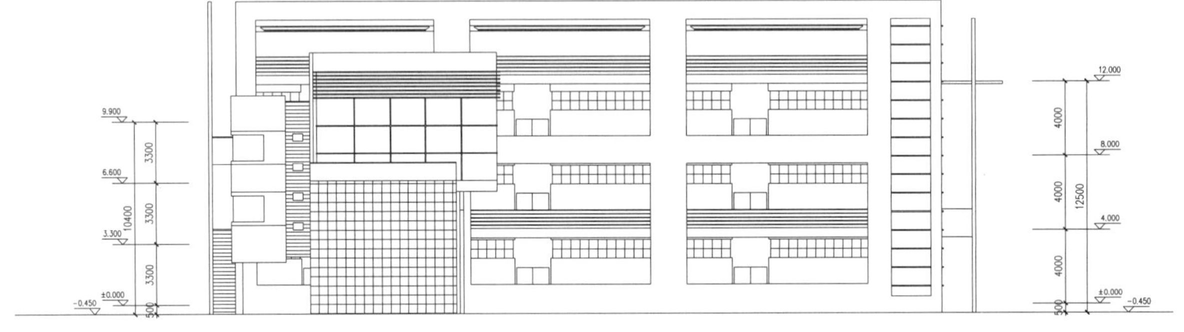

立面图

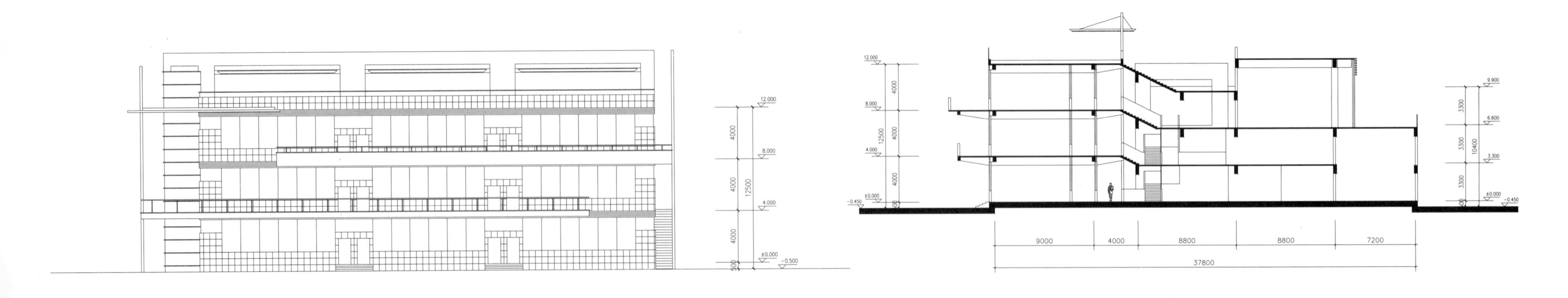

立面图

剖面图

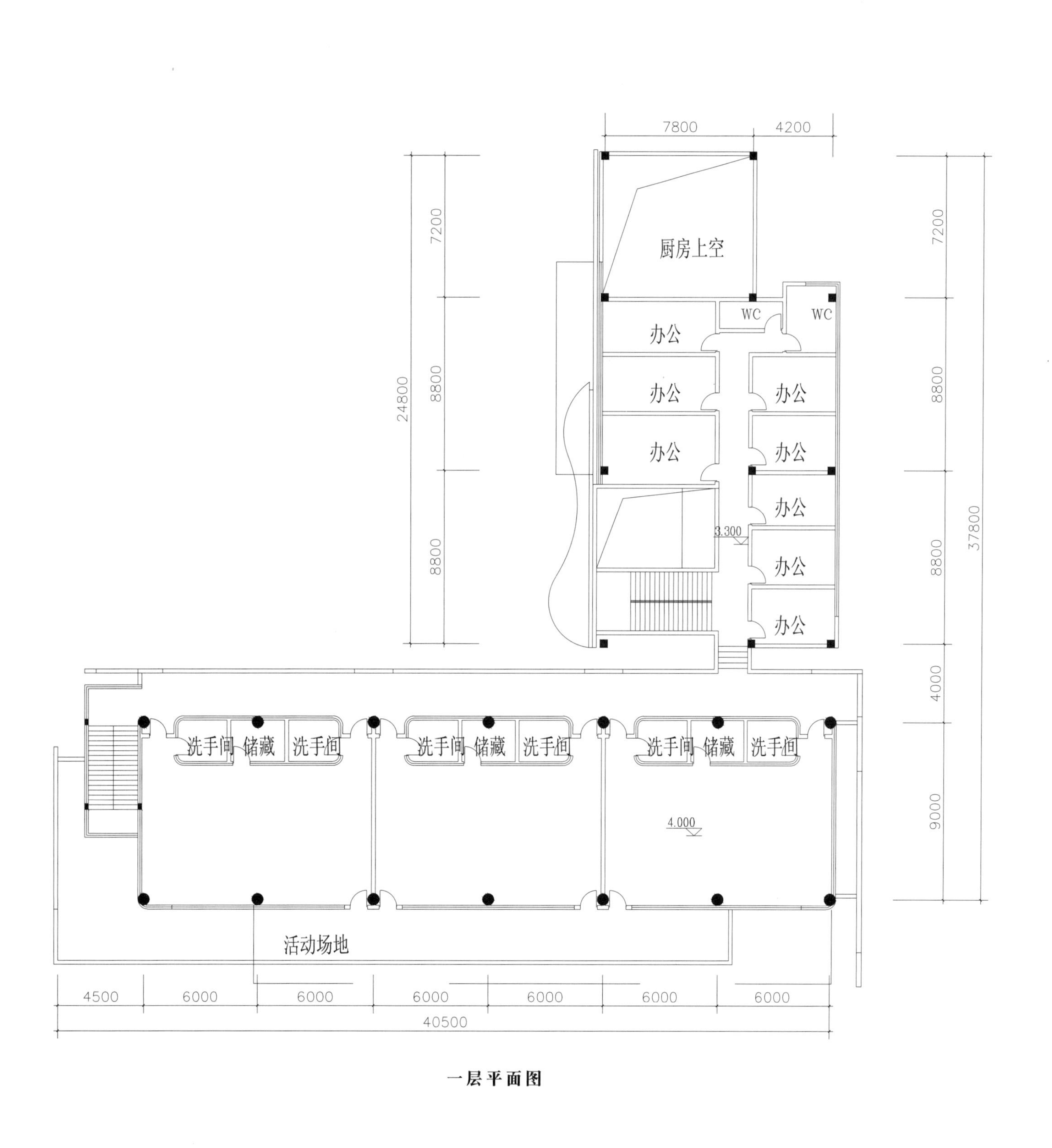

一层平面图

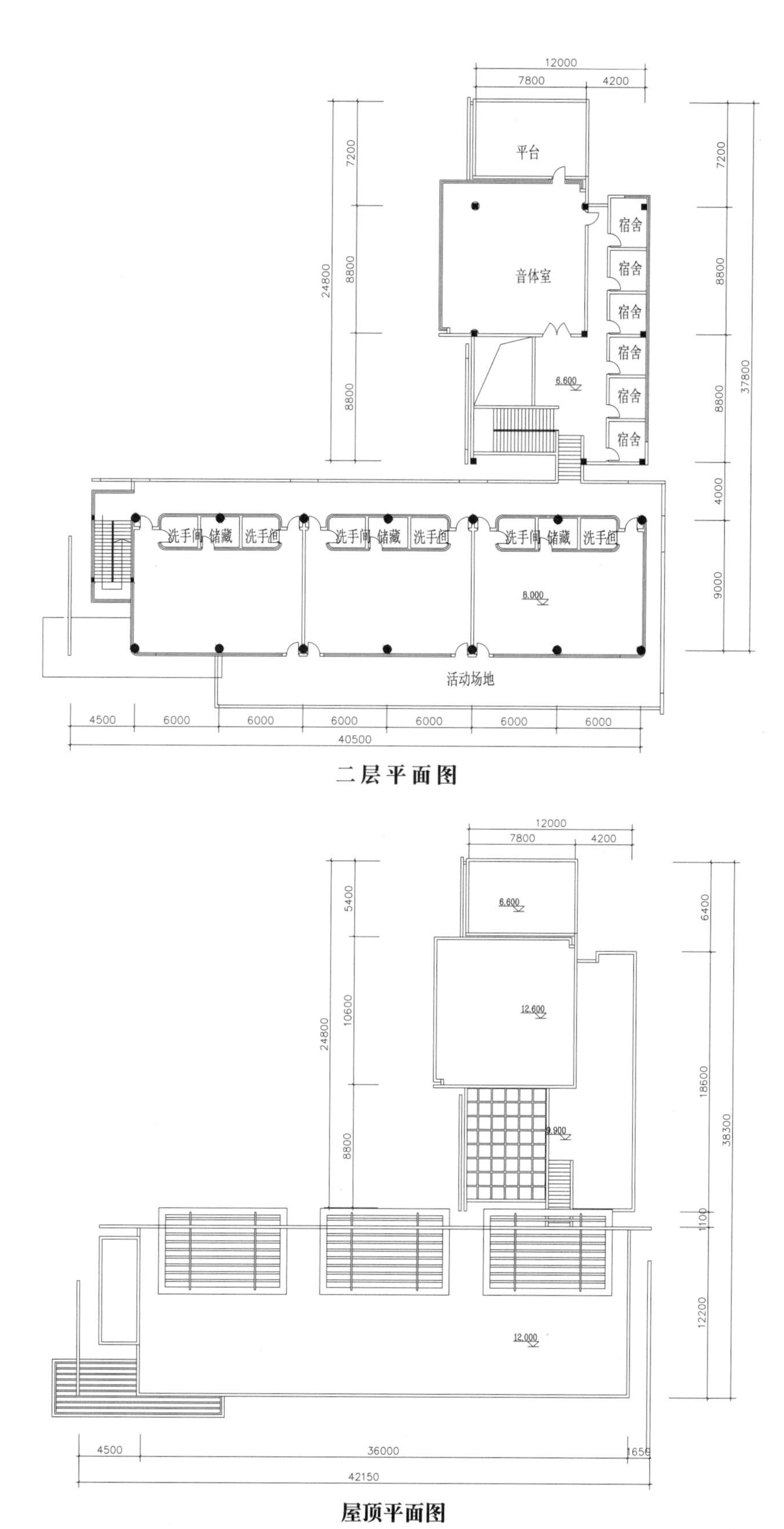

二层平面图

屋顶平面图

>住宅区四班小型幼儿园建筑施工图

设计说明

幼儿园规模：小型（5班以下）
结构形式：钢筋混凝土结构
建筑风格：现代建筑

设计风格：现代风格设计
高度类别：多层建筑
建筑高度：12.6m

内容简介

本套图纸包括：建筑设计说明、建筑节能设计说明、负一层平面图、1-3层平面图、屋顶平面图、立面图、剖面图、卫生间大样、檐口大样、门窗表

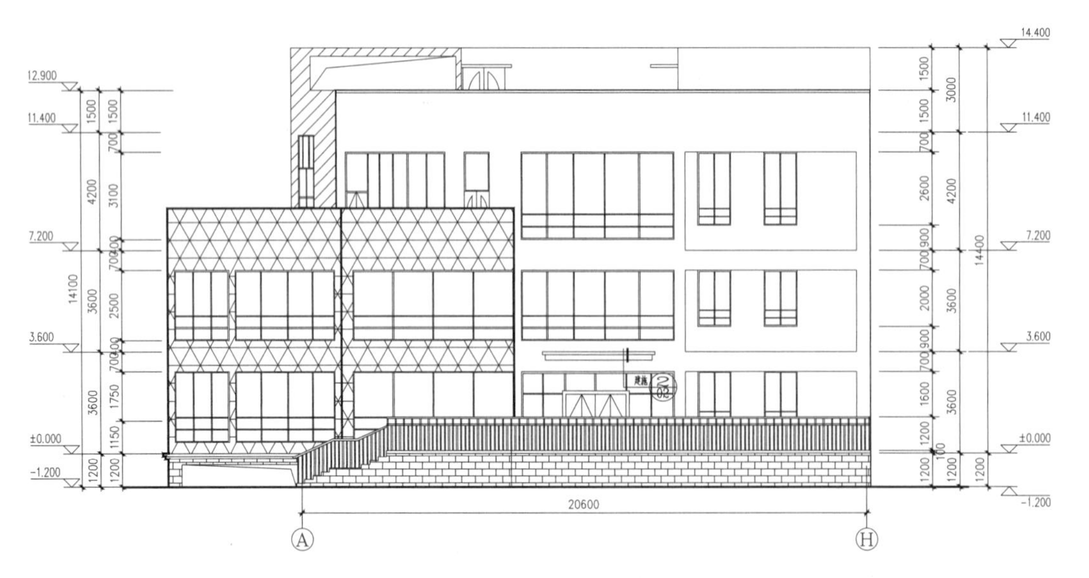

立面图

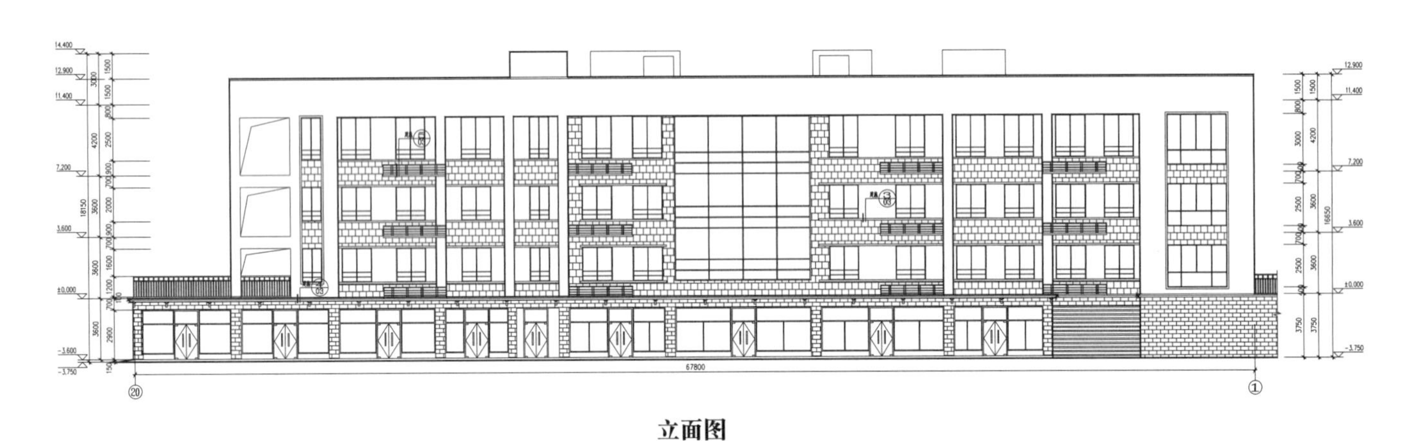

立面图

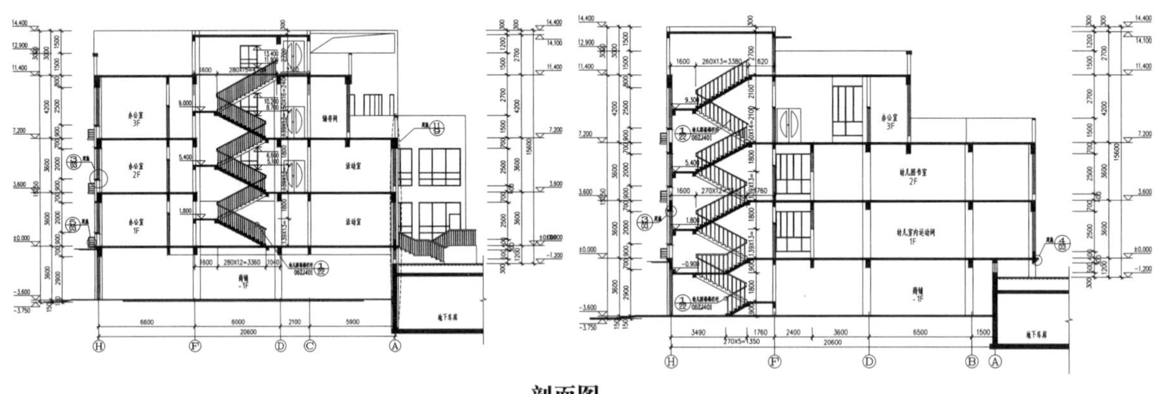

剖面图

立面图

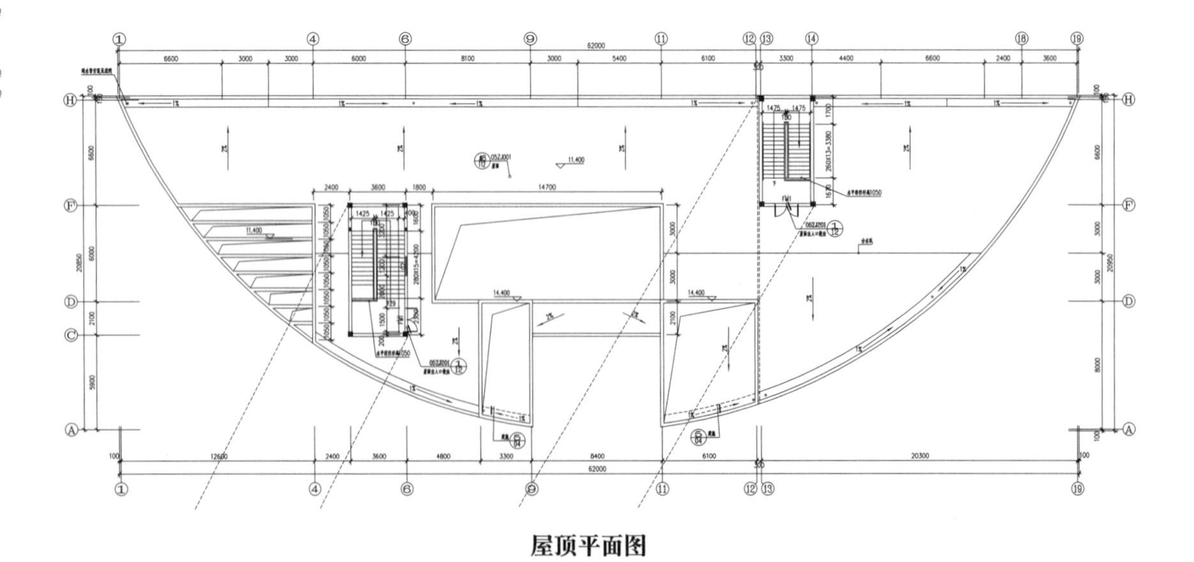

屋顶平面图

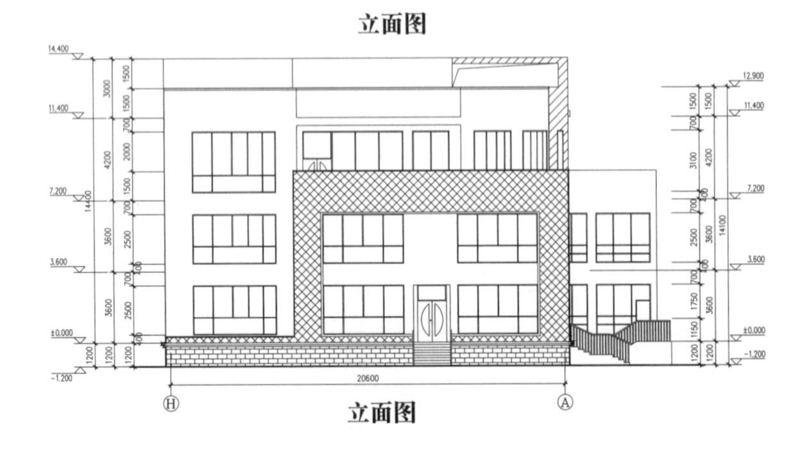

立面图

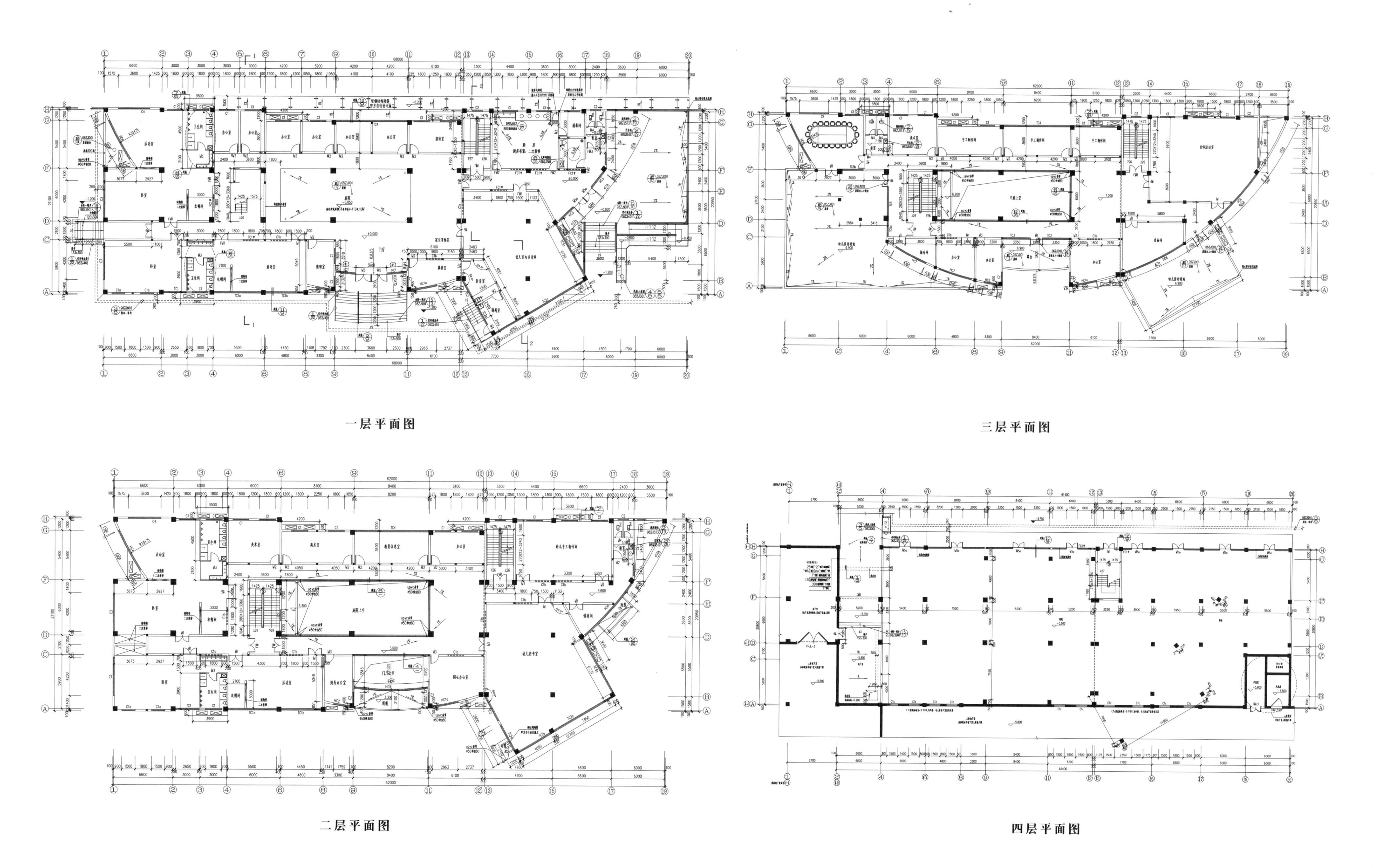

一层平面图

三层平面图

二层平面图

四层平面图

> 幼儿园三层六班建筑方案图

设计说明

幼儿园规模：中型（6-9班）
结构形式：钢筋混凝土结构
建筑风格：现代建筑

设计风格：现代风格设计
高度类别：多层建筑

内容简介

本套图纸包括：平面图、立面图

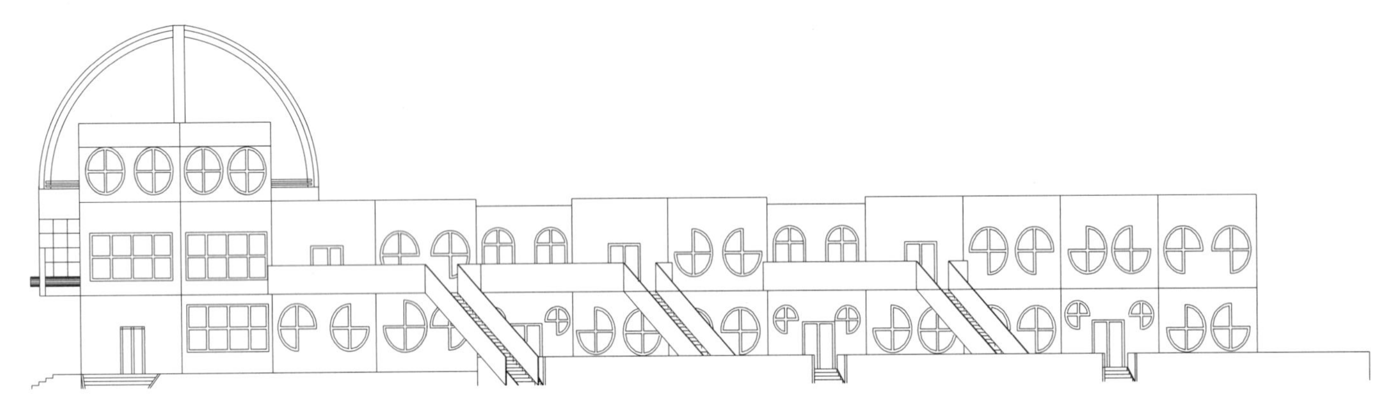

立面图

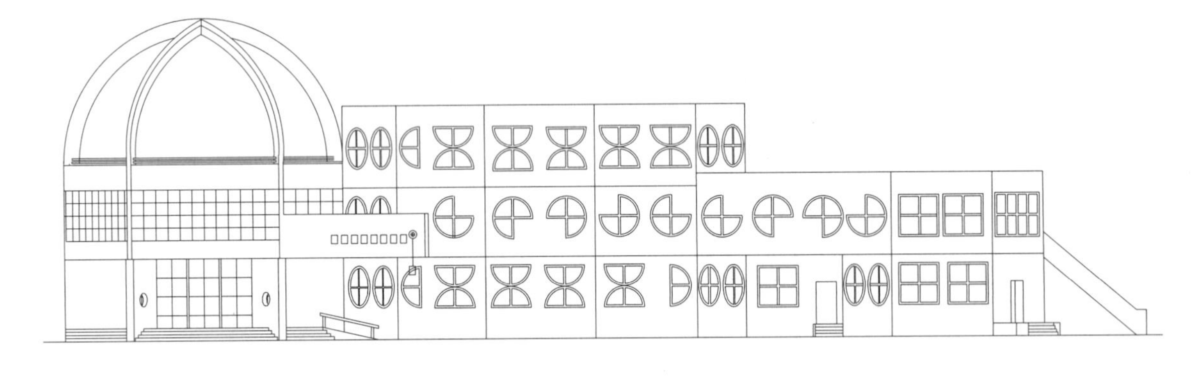

立面图

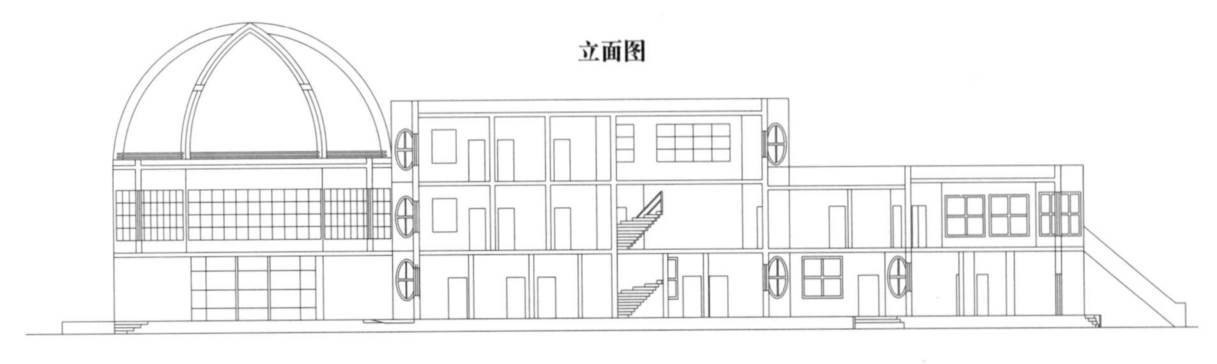

立面图

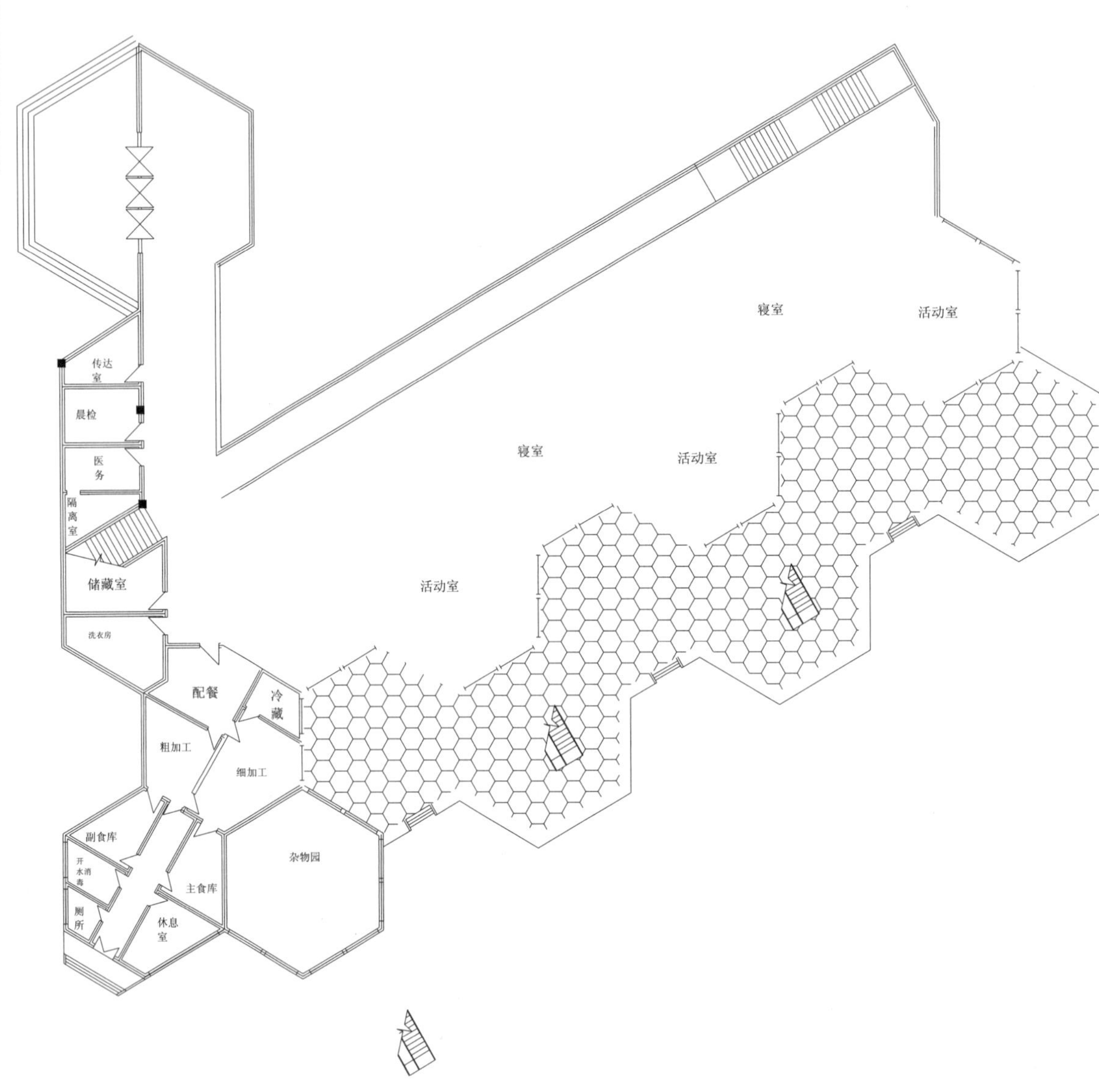

一层平面图

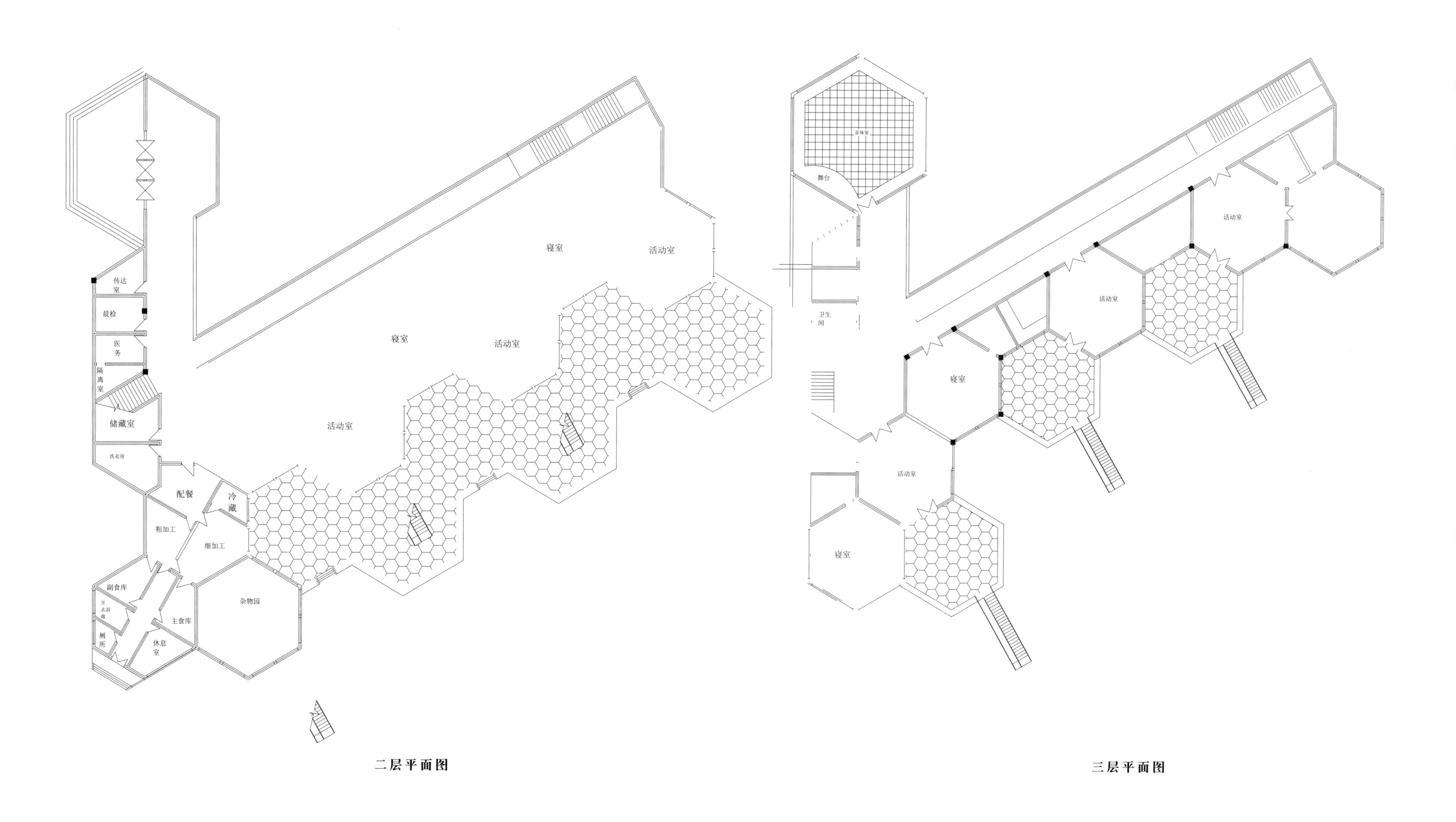
传达室
晨检
医务
隔离室
储藏室
洗衣房
配餐
冷藏
粗加工
细加工
副食库
开水消毒
厕所
主食库
休息室
杂物园
寝室
活动室
寝室
活动室
活动室
寝室
活动室
音体室
舞台
卫生间
活动室
活动室
寝室
活动室
寝室

二层平面图

三层平面图

> 安徽小学三层教学楼建筑扩初图

设计说明

建筑风格：现代结构类型
高度类别：多层建筑
结构形式：钢筋混凝土结构
框架图纸深度 ：方案（初设图）

设计风格：现代风格设计
图纸张数：5张
建筑高度：14.3m

内容简介

本套图纸包括：图纸目录、图纸说明、各层建筑平面、立面、剖面图等，共5张图纸

立面图

立面图

一层平面图

立面图

二层平面图

三层平面图

>北京欧式四层小学教学楼建筑施工图

设计说明

建筑风格：现代结构类型
高度类别：多层建筑
结构形式：钢筋混凝土结构
框架图纸深度 ：方案（初设图）

设计风格：欧陆风格设计
图纸张数：29张
建筑高度：17.70m

内容简介

本套图纸包括：图纸目录、图纸说明、工程作法、门窗表、各层建筑平面、立面、剖面图、卫生间详图、楼梯间详图、墙身大样、檐口作法等，共29张图纸。
设计功能包括：普通备用教室、教具仪器室、自然教室、图书室等。

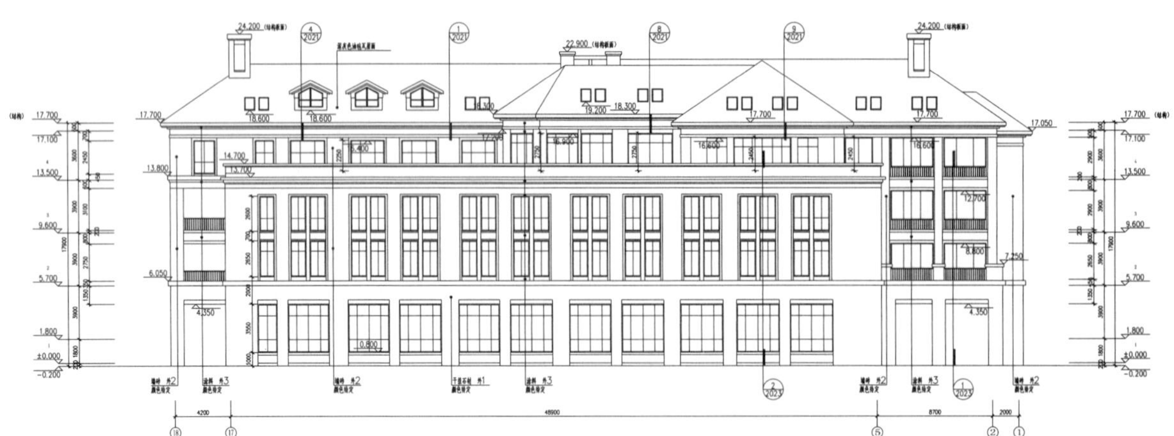

立面图

立面图

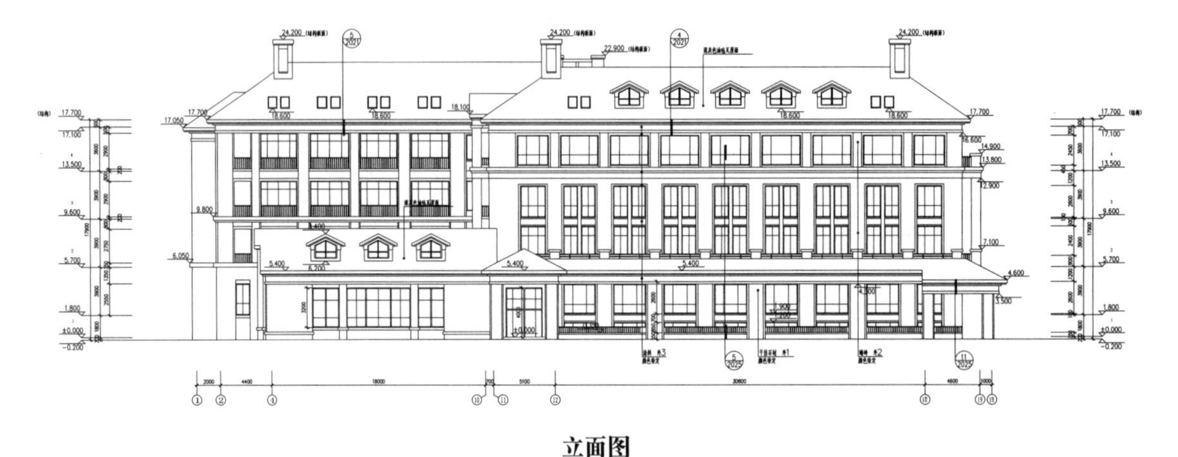

立面图

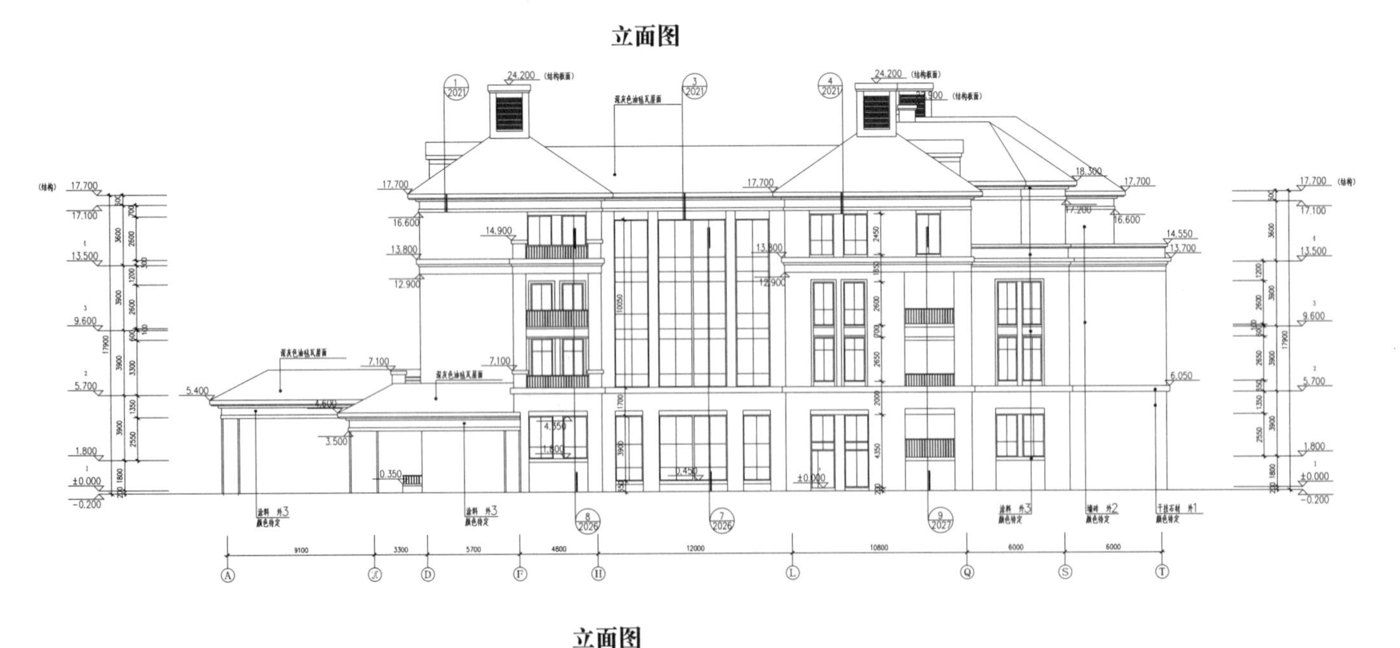

立面图

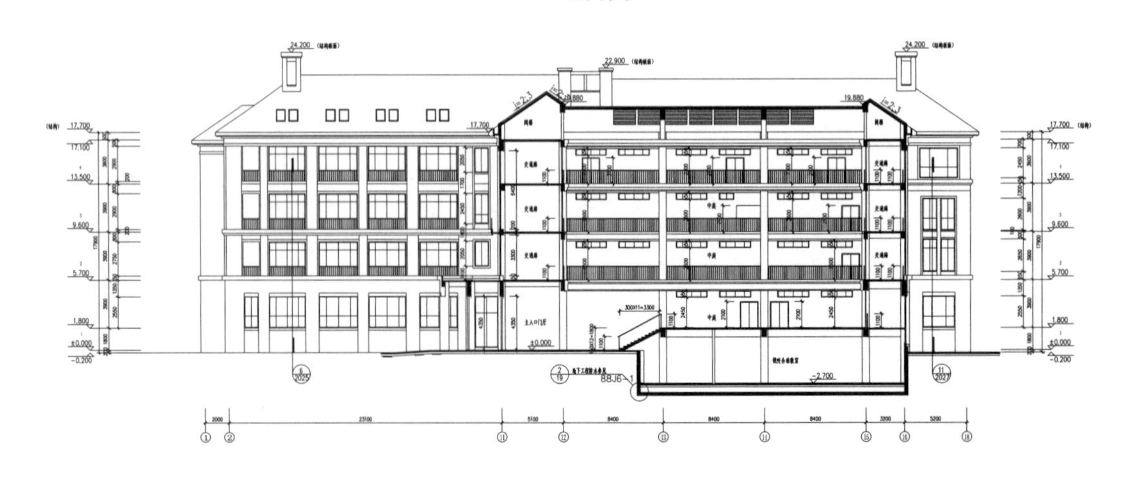

立面图

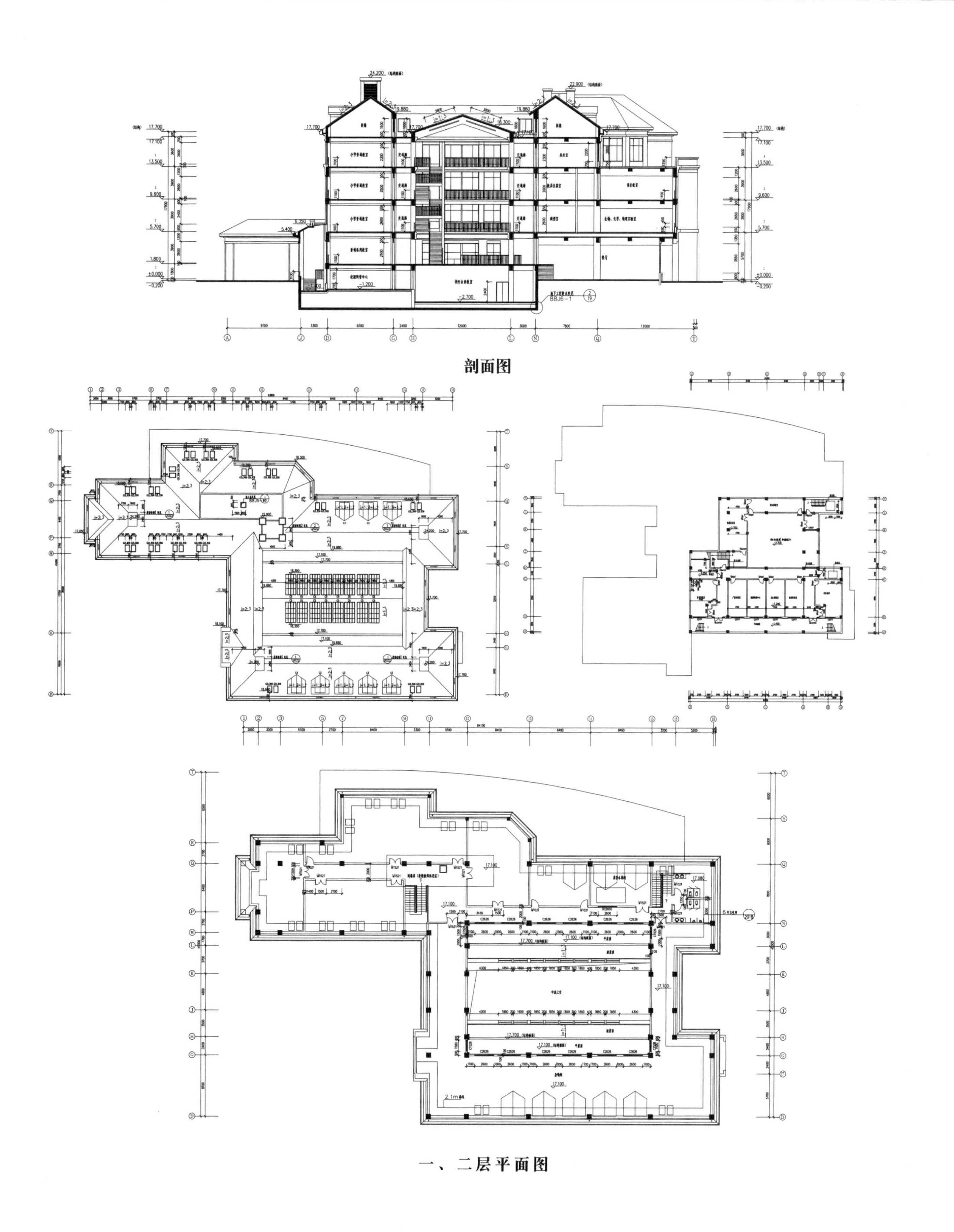

剖面图

一、二层平面图

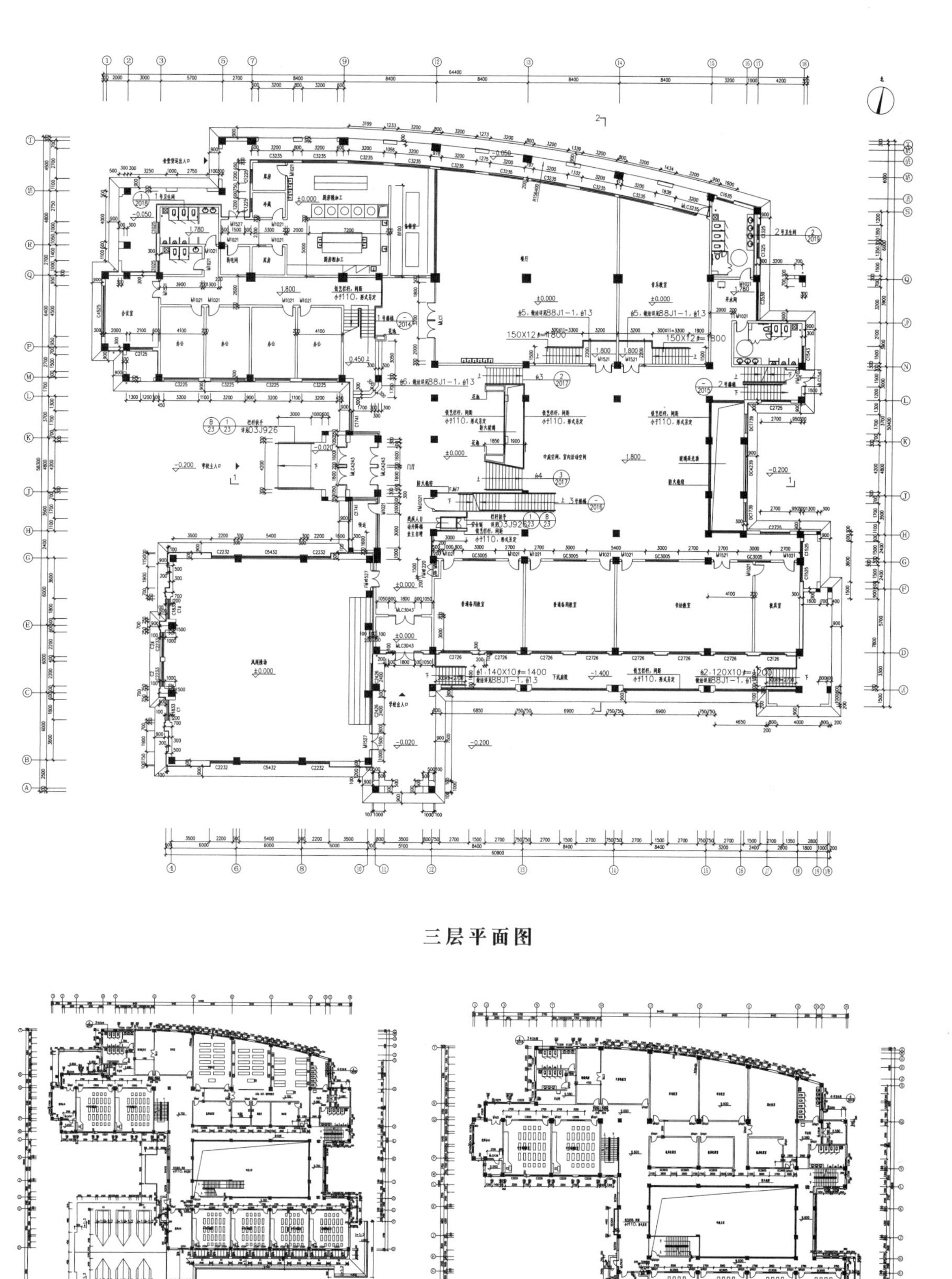

三层平面图

四、五层平面图

>福建小学五层三十六班教学楼建筑方案图

设计说明

规模：大型（10-12班以上）
建筑风格：现代结构类型
高度类别：多层建筑

设计风格：现代风格设计
结构形式：钢筋混凝土结构
框架图纸深度 ：方案（初设图）

内容简介

本套图纸包括：平面图、剖面图

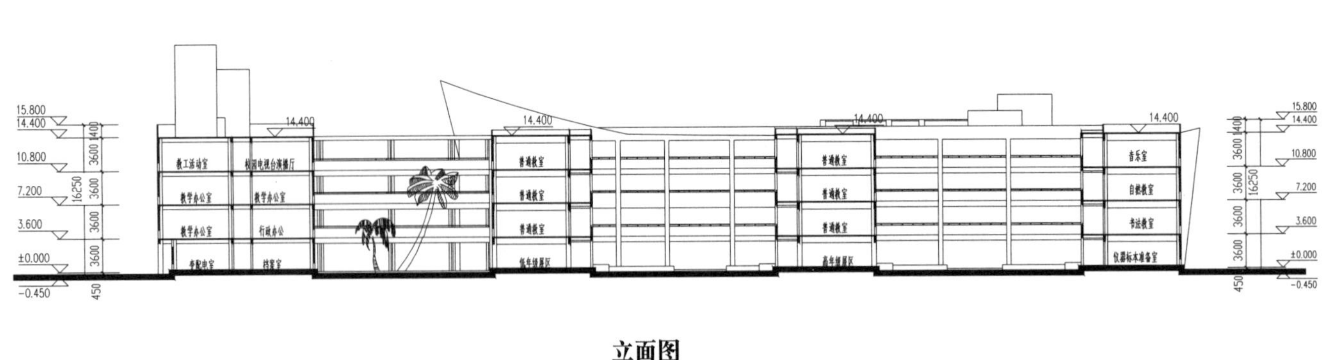

立面图

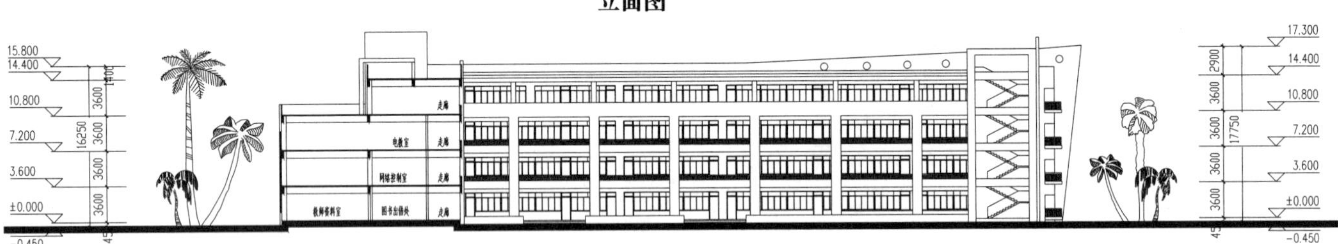

立面图

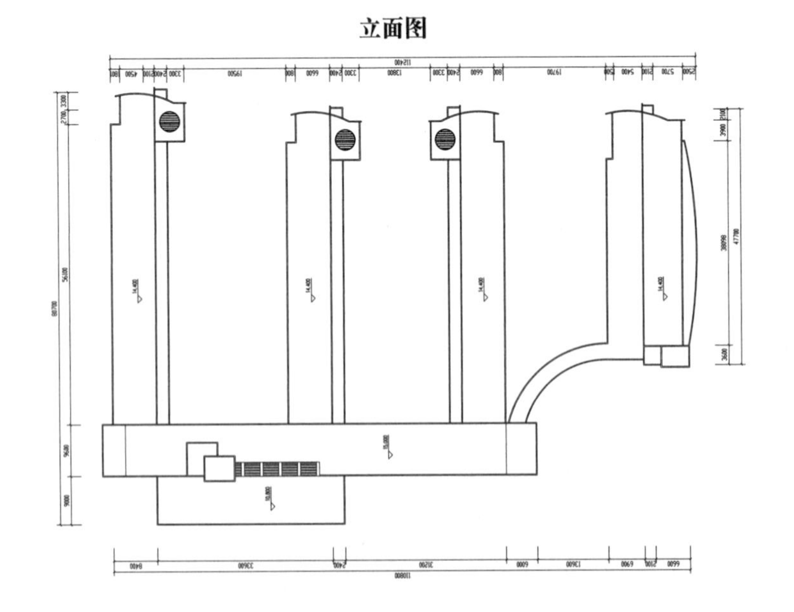

屋顶平面图

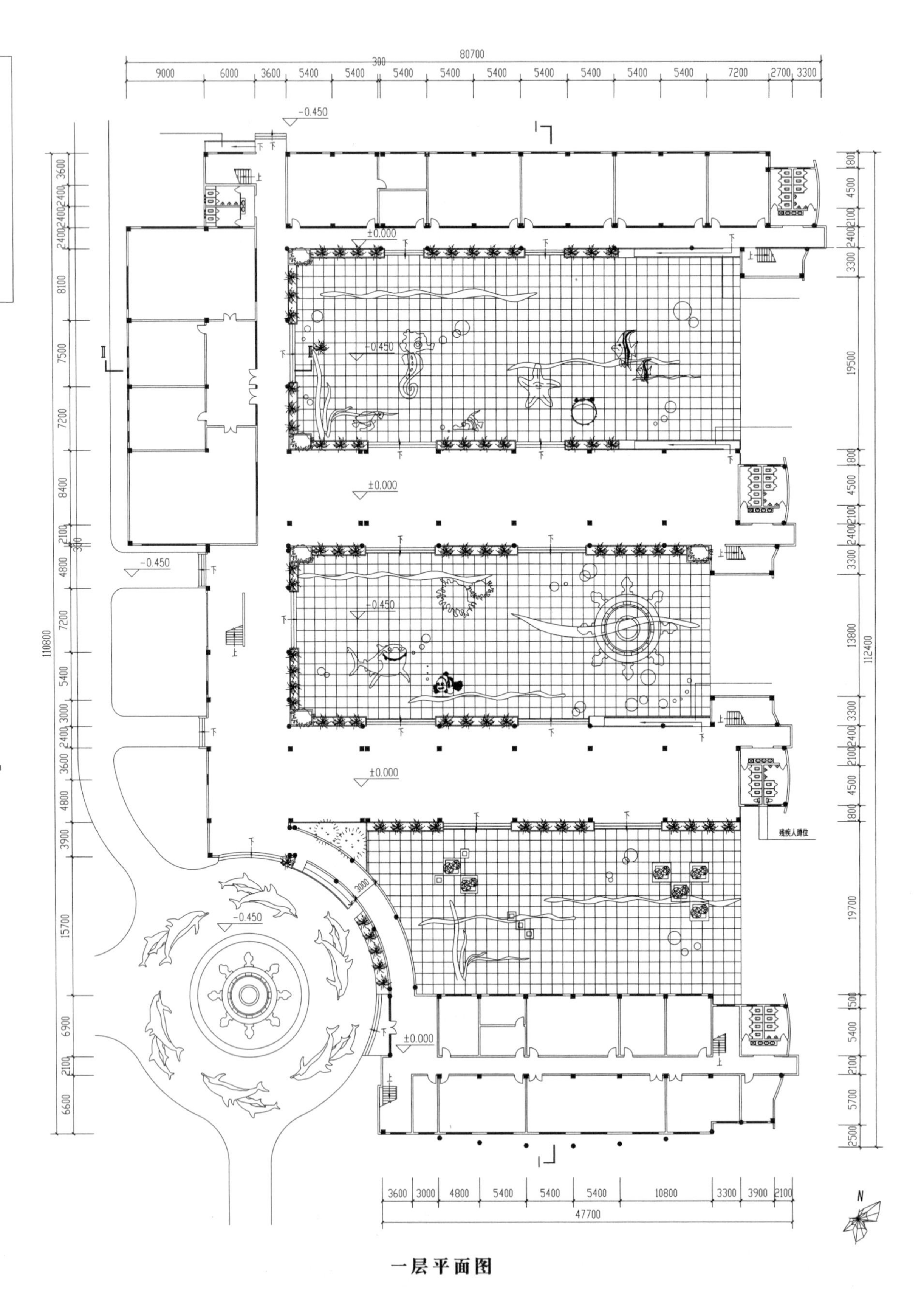

一层平面图

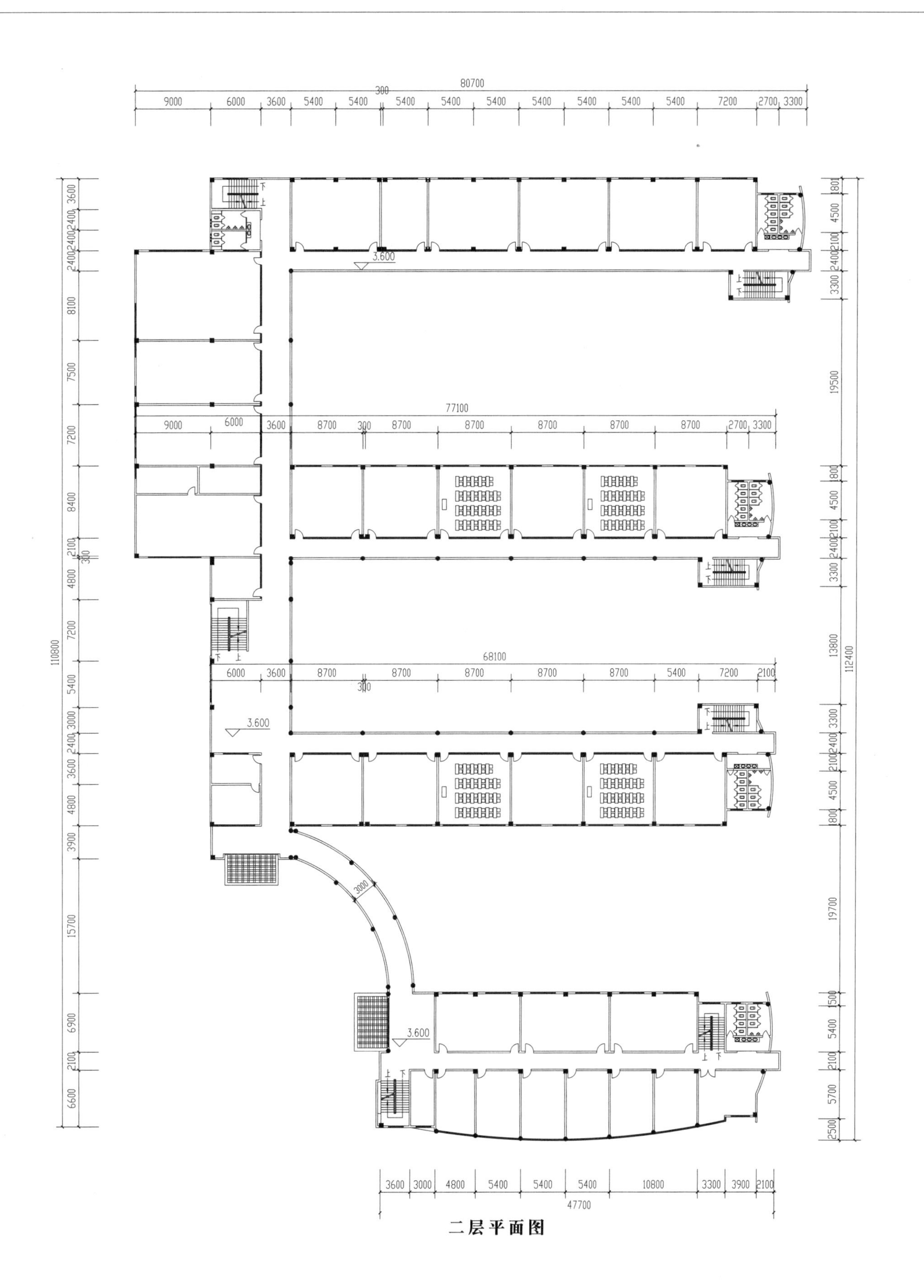

二层平面图

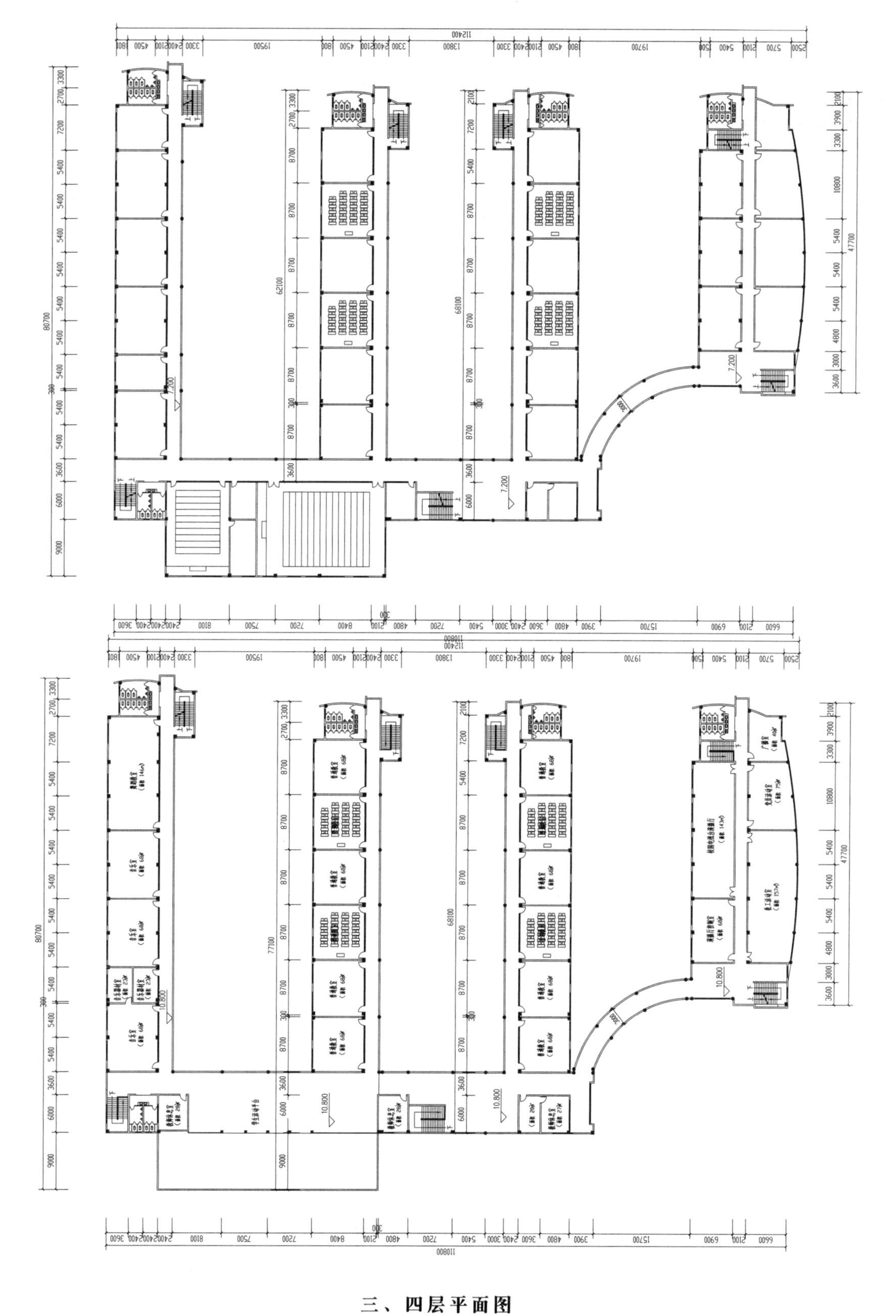

三、四层平面图

> 贵阳某四层教学楼建筑方案图

设计说明

框架图纸深度 ：方案（初设图）
建筑风格：现代结构类型
结构形式：钢筋混凝土结构

设计风格：现代风格设计
高度类别：多层建筑
建筑高度：14.4m

内容简介

本套图纸包括：设计说明、门窗表、各层平面图、立面图、剖面图

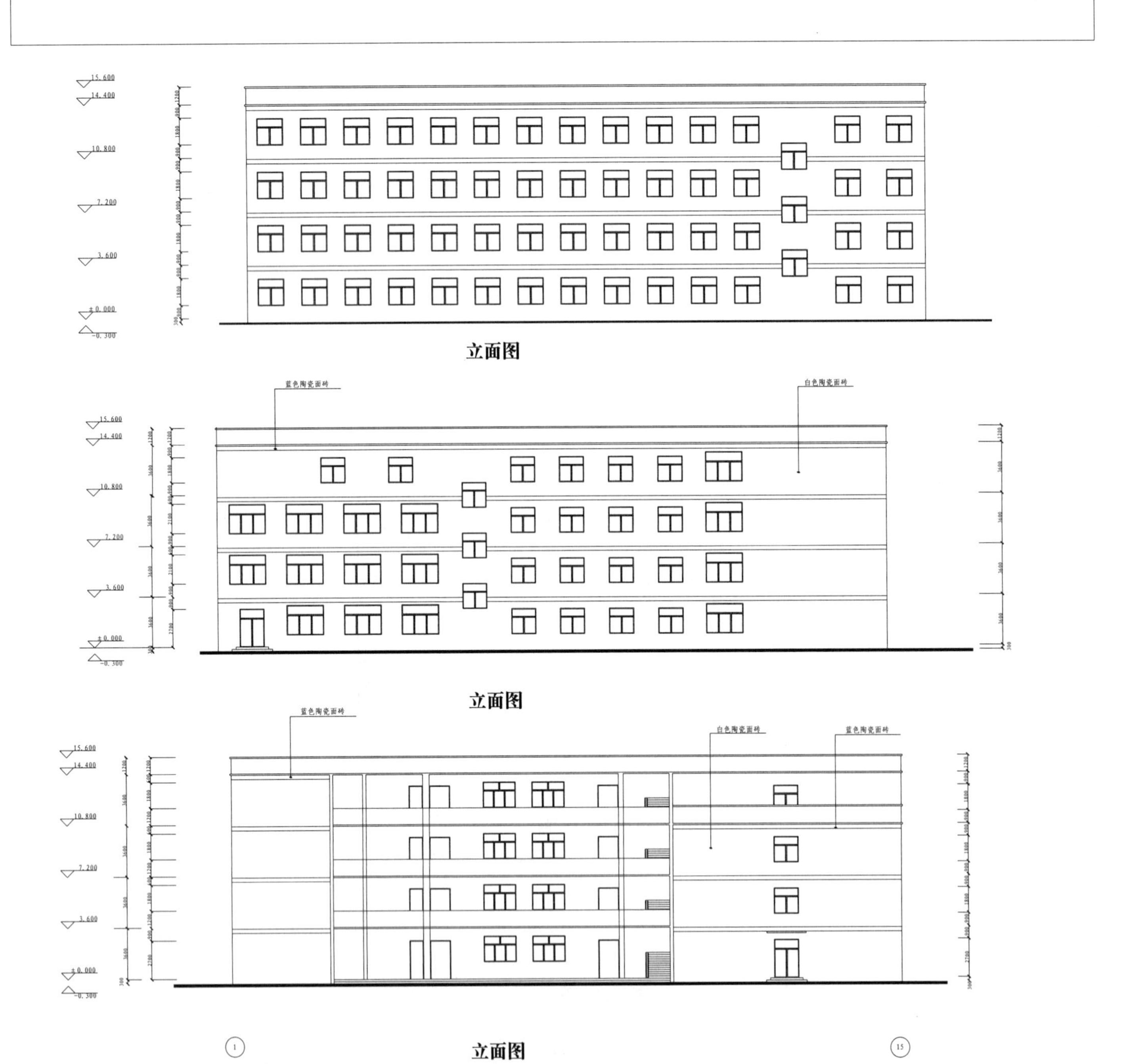

立面图

立面图

立面图

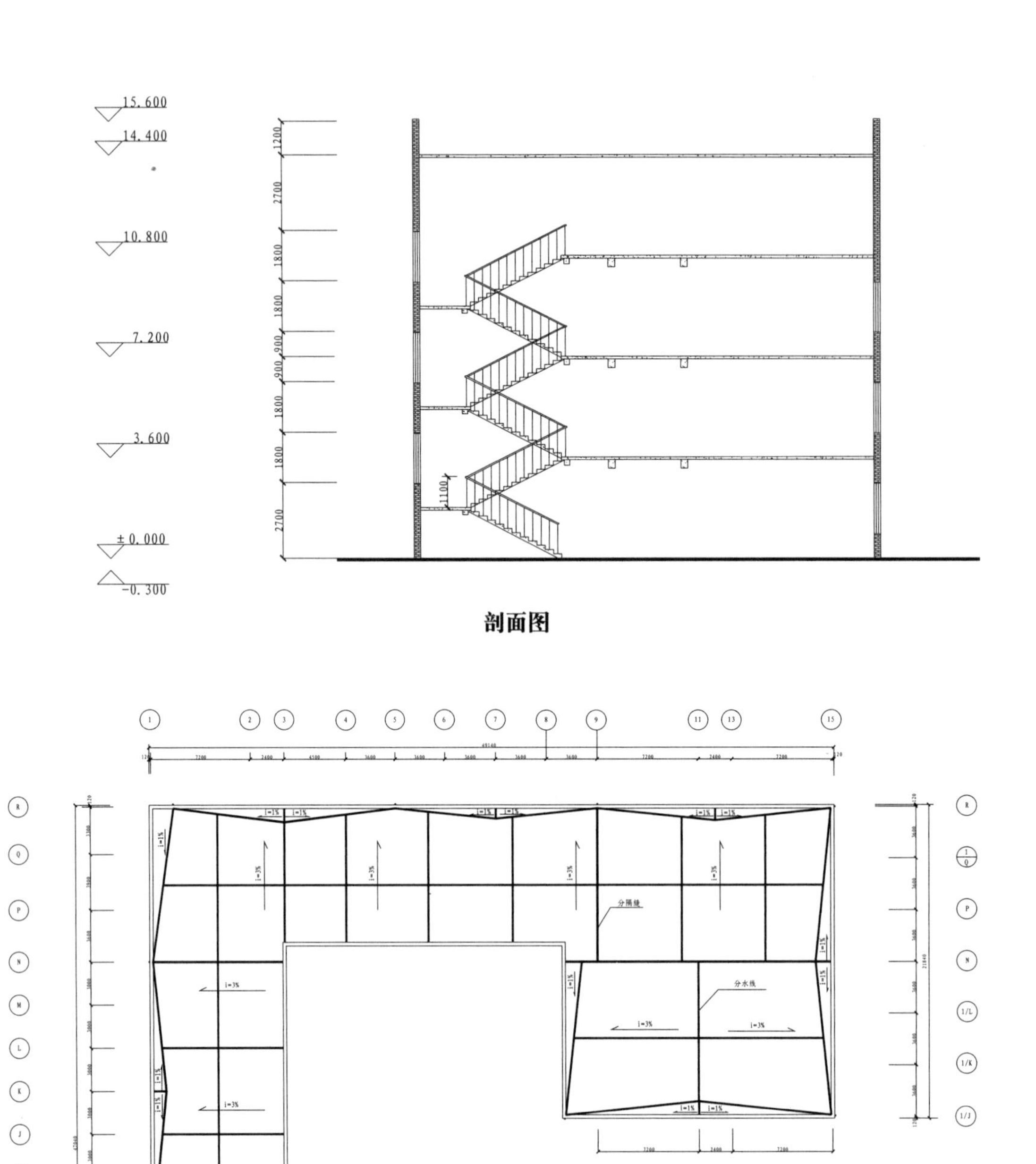

剖面图

屋顶平面图

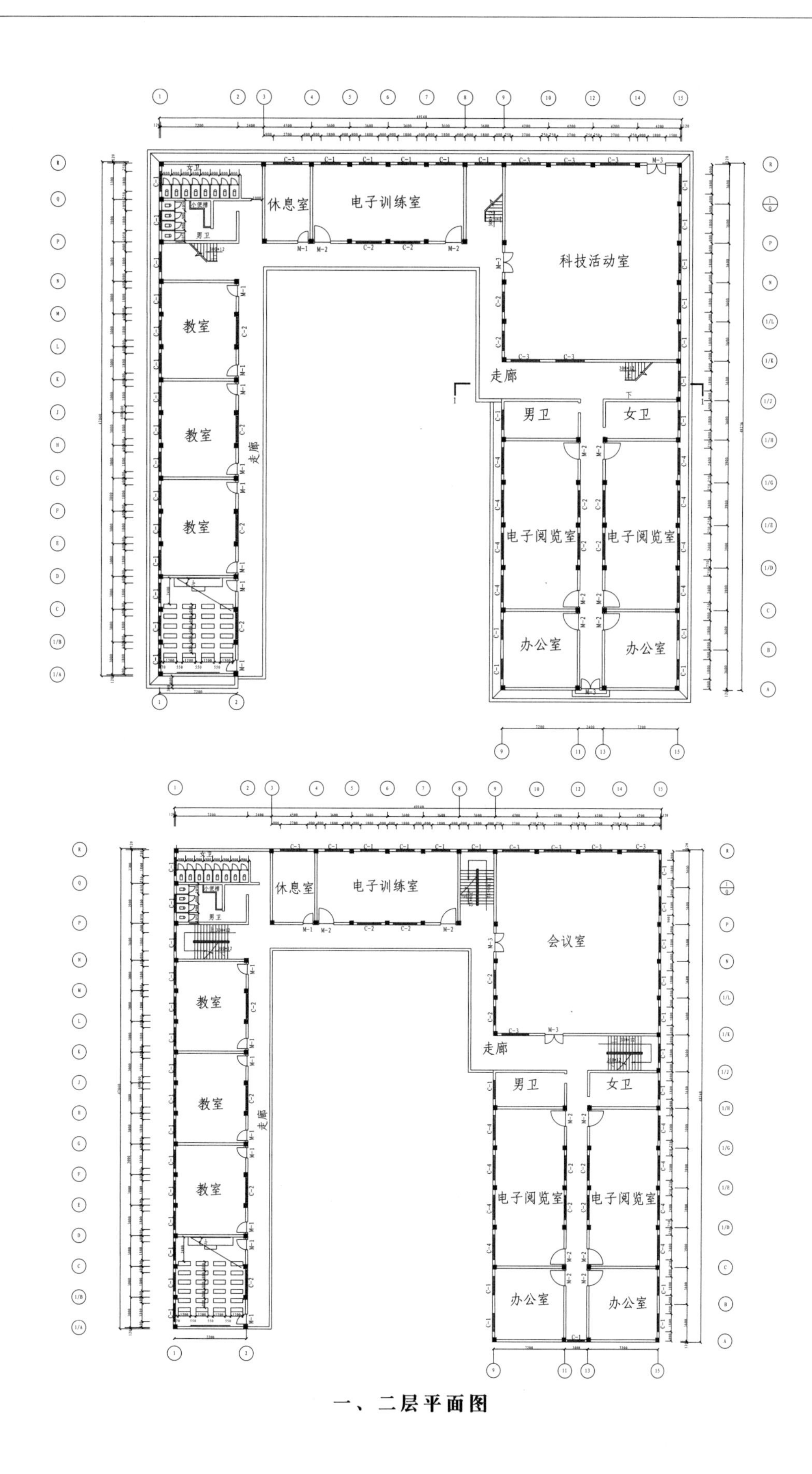

一、二层平面图

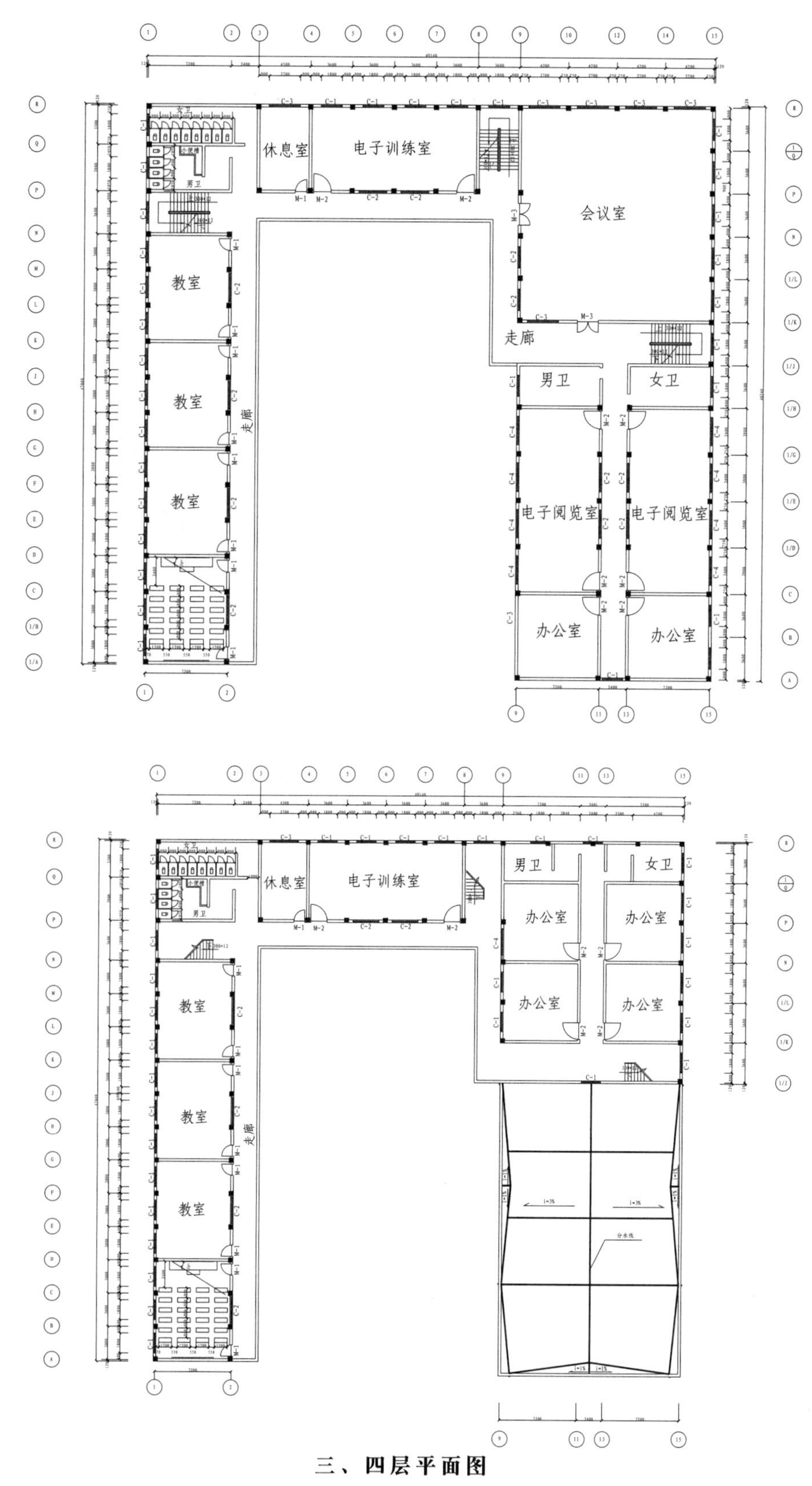

三、四层平面图

> 江苏学校五层欧式综合楼建筑施工图

设计说明

框架图纸深度 ：方案（初设图）
建筑风格：新古典
结构形式：钢筋混凝土结构
高度类别：多层建筑

设计风格：欧陆风格设计
结构形式：钢筋混凝土结构
建筑高度：20.2m

内容简介

本套图纸包括：设计说明、做法表、各层平面图、立面图、剖面图、门窗表、门窗大样、楼梯大样、节点详图。
功能：室内篮球馆、餐厅、多媒体室

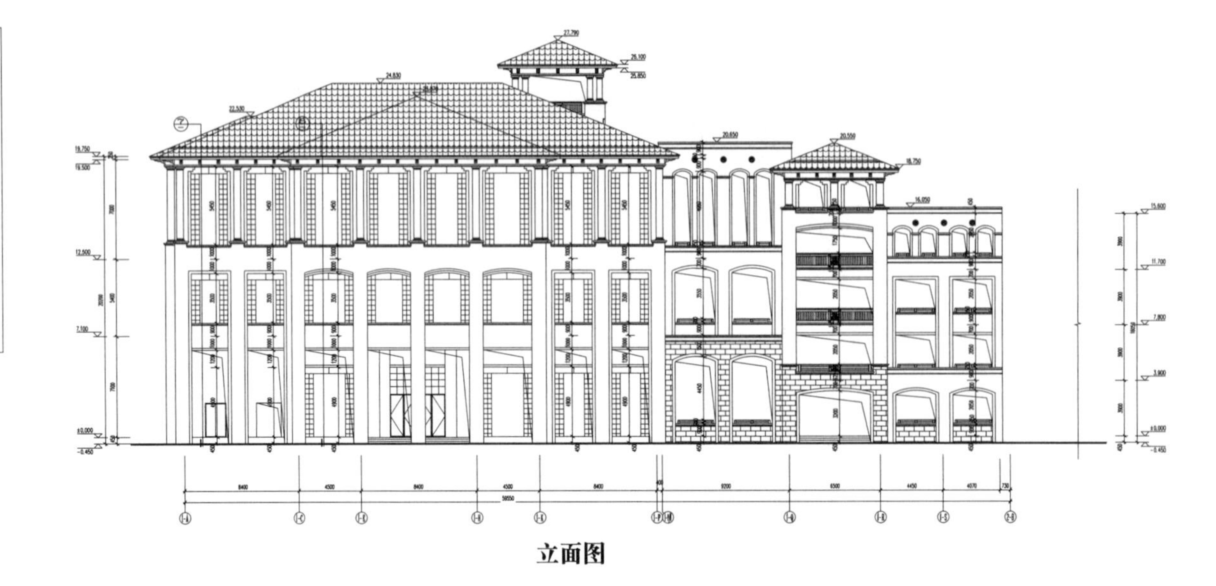

立面图

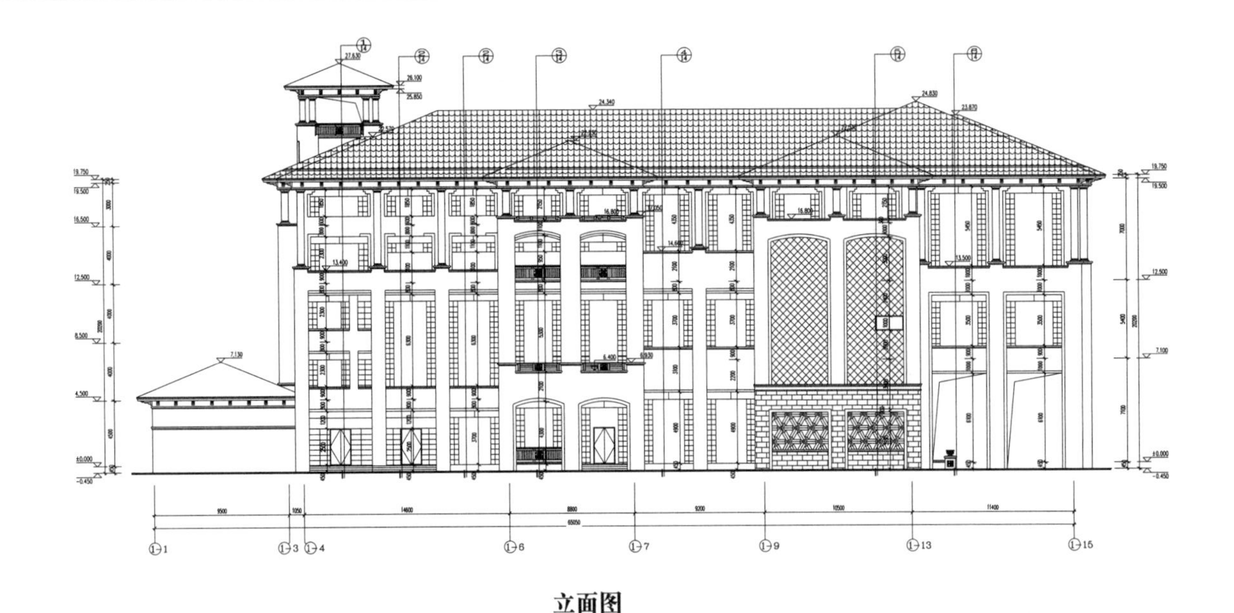

立面图

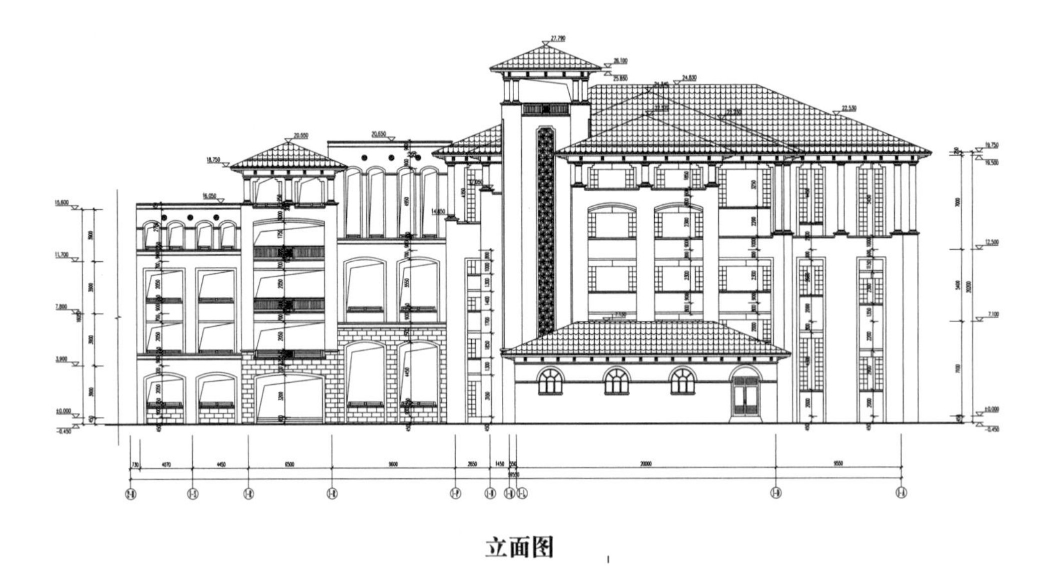

立面图

立面图

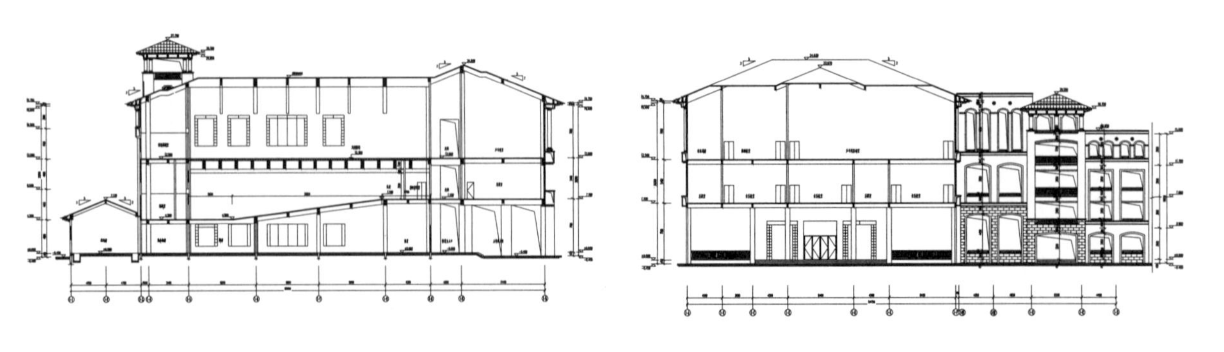

剖面图

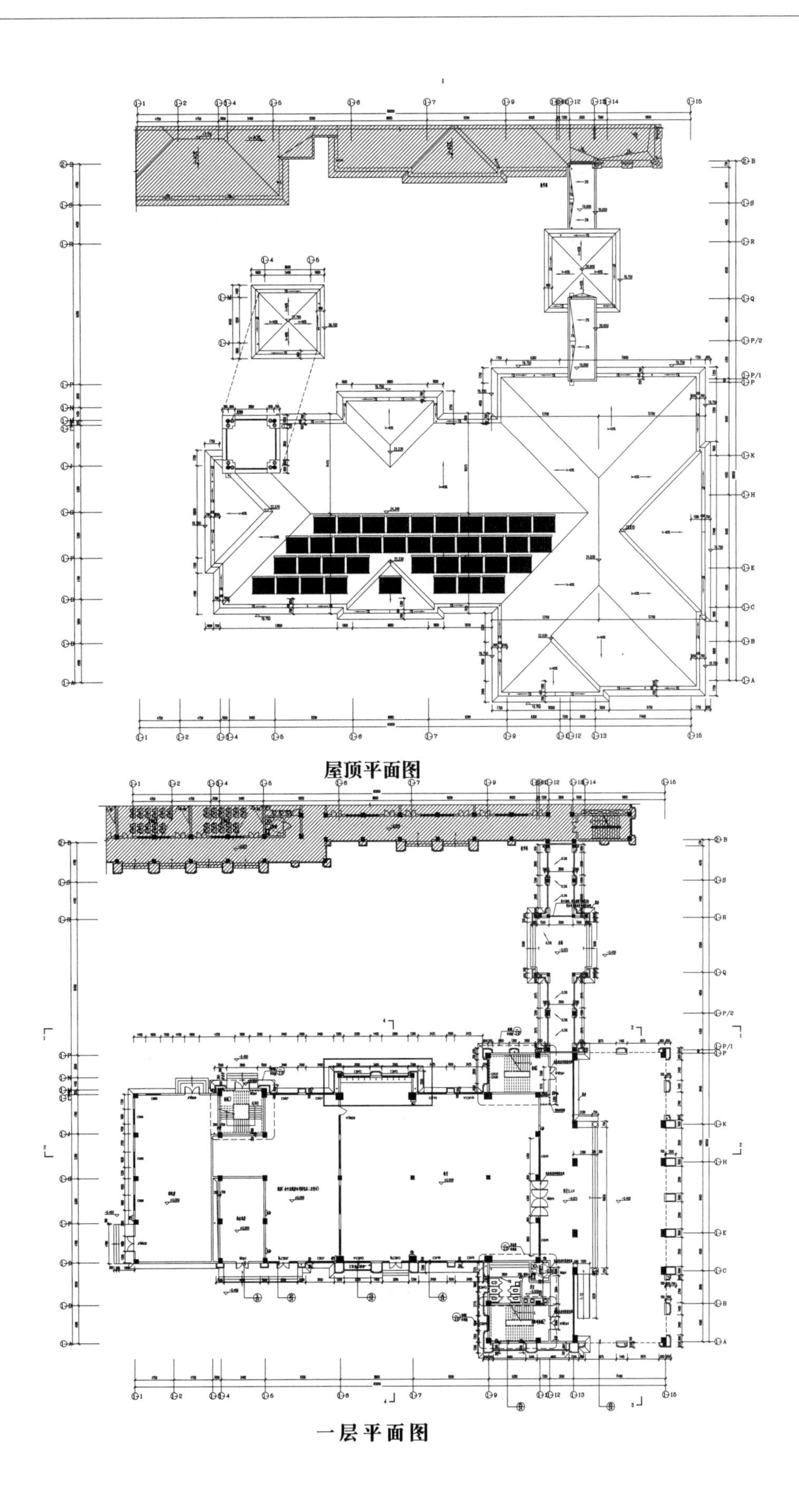

屋顶平面图

一层平面图

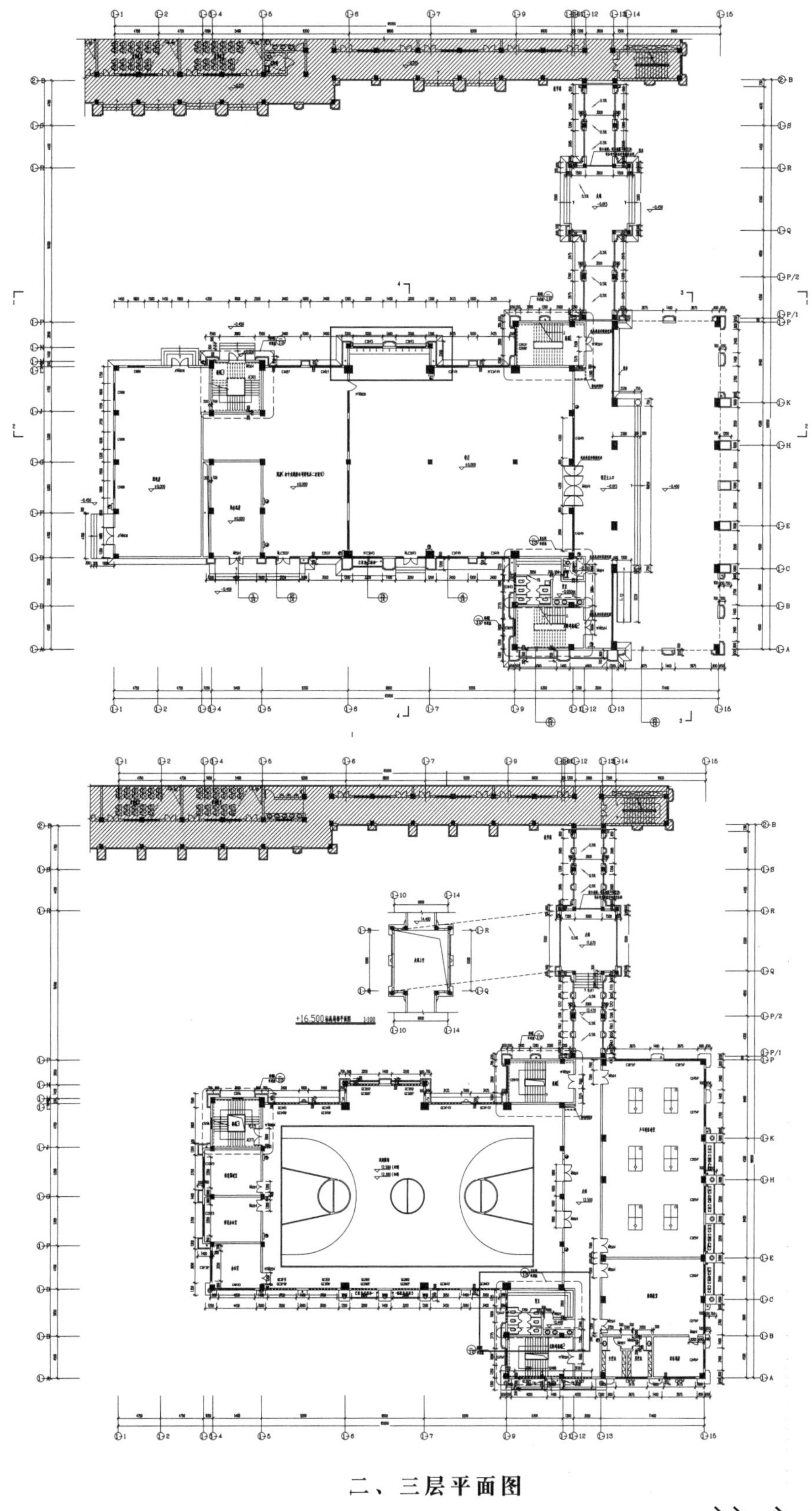

二、三层平面图

> 辽宁锦州小学四层欧式教学楼建筑施工图

设计说明

框架图纸深度 ：方案（初设图）　　设计风格：哈佛红
结构形式：钢筋混凝土结构　　建筑高度：17.65m
高度类别：多层建筑

内容简介

本套图纸包括：设计说明、总平面图、做法表、各层平面图、立面图、剖面图、教室平面图、楼梯详图、卫生间详图、节点详图、门窗表、门窗详图

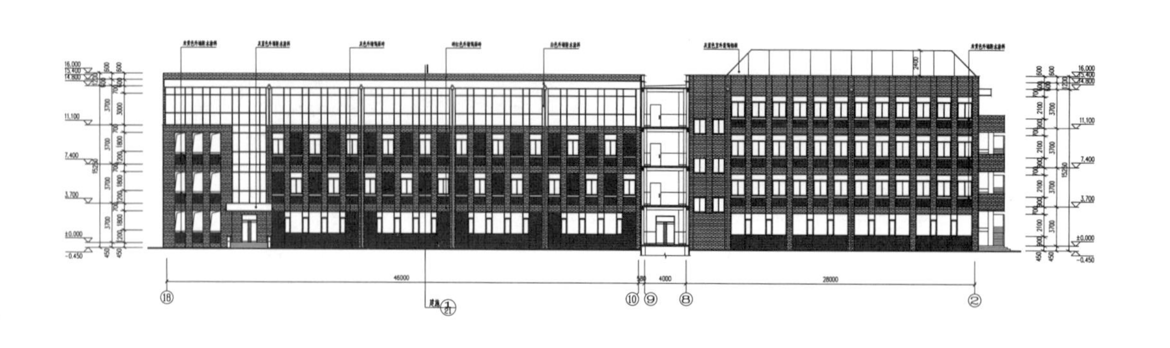

立面图

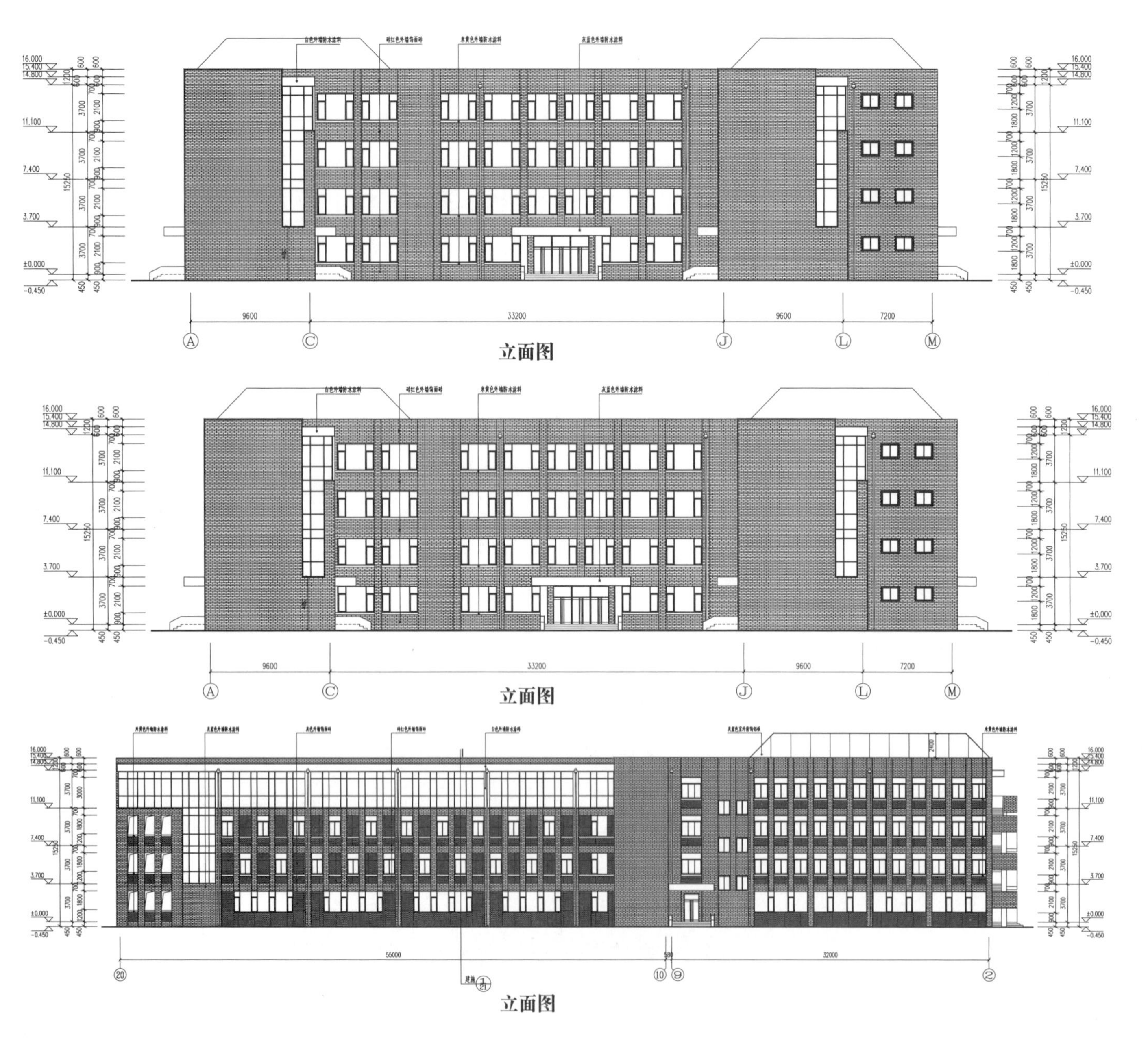

立面图

立面图

立面图

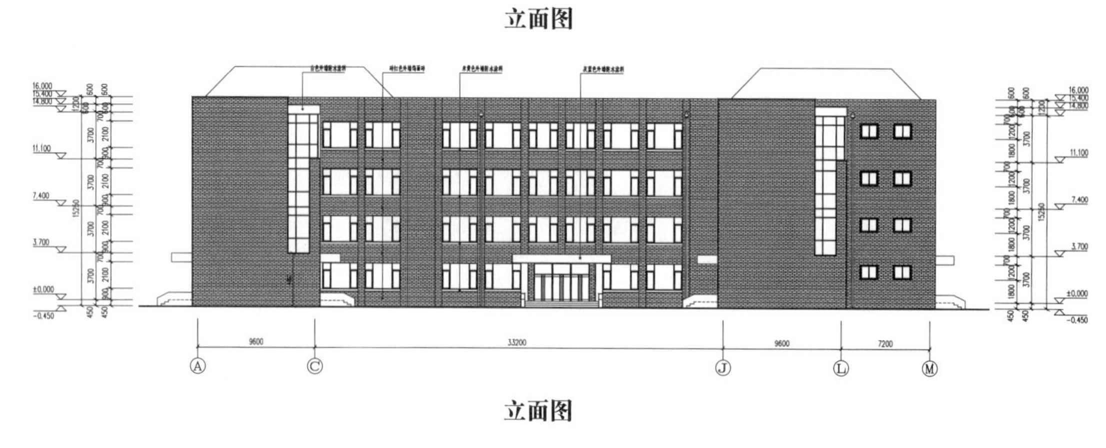

立面图

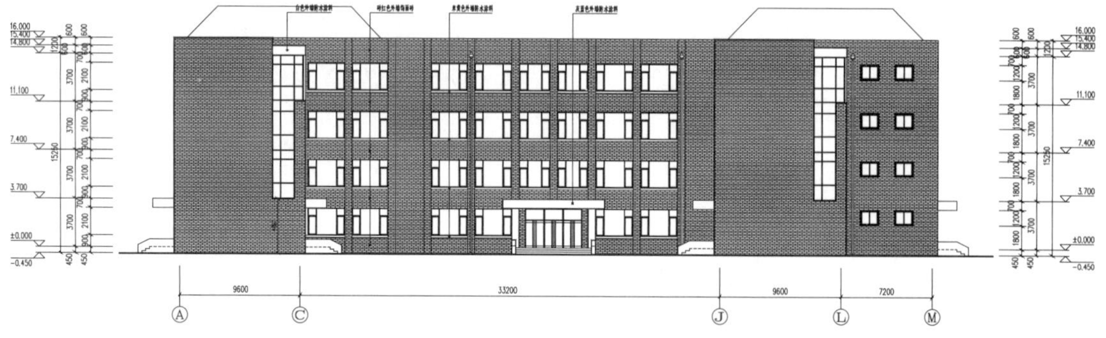

立面图

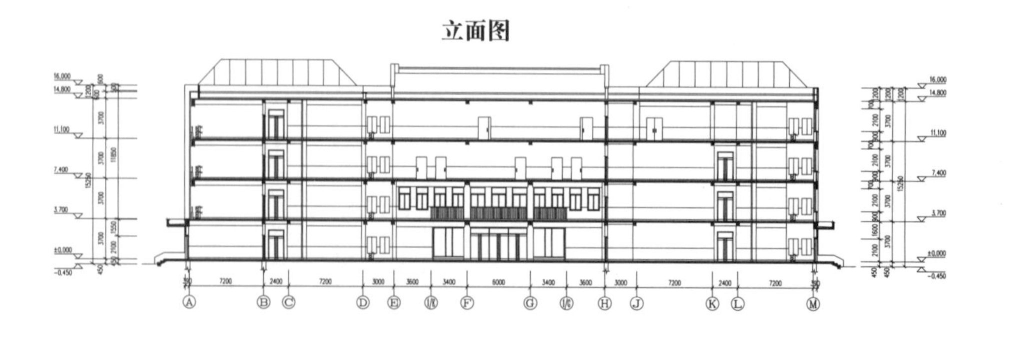

剖面图

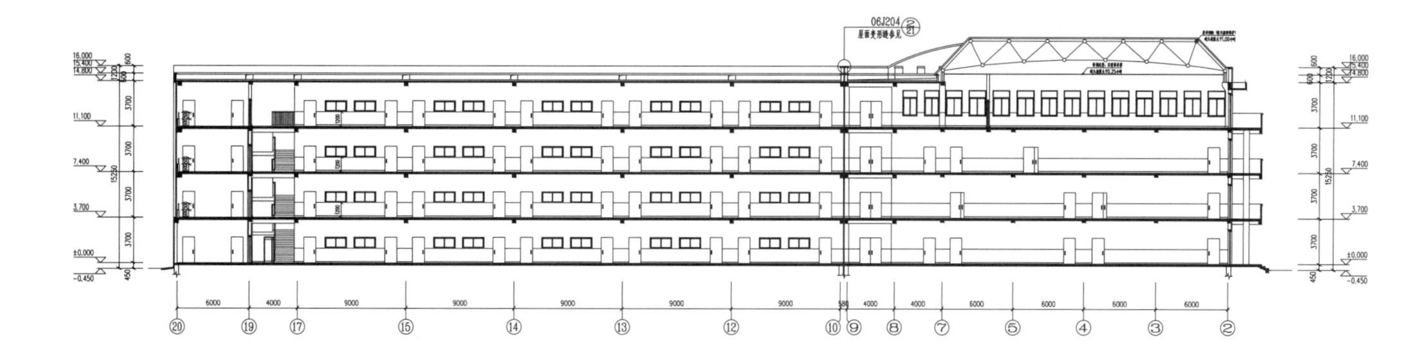

剖面图

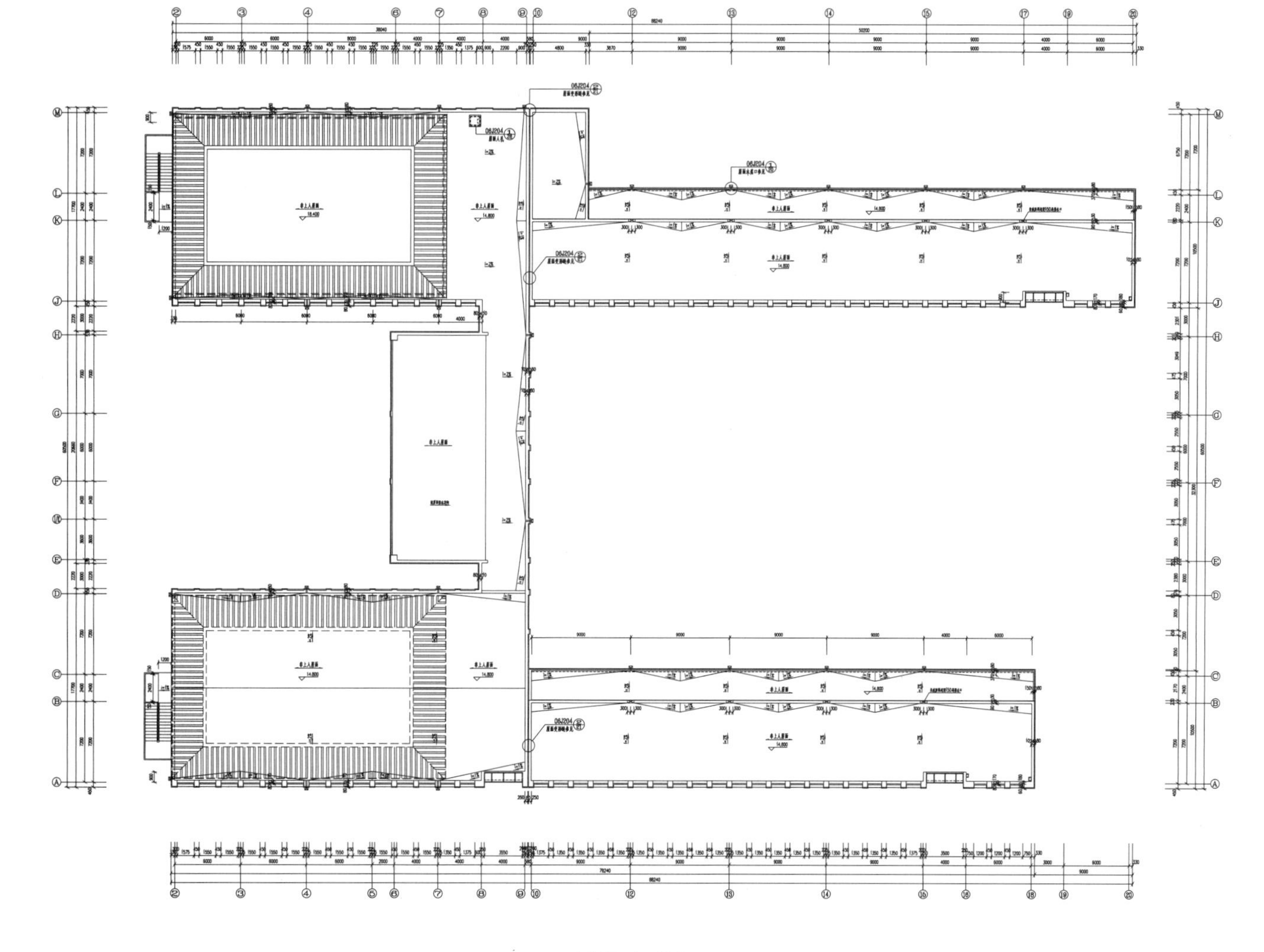

屋顶平面图

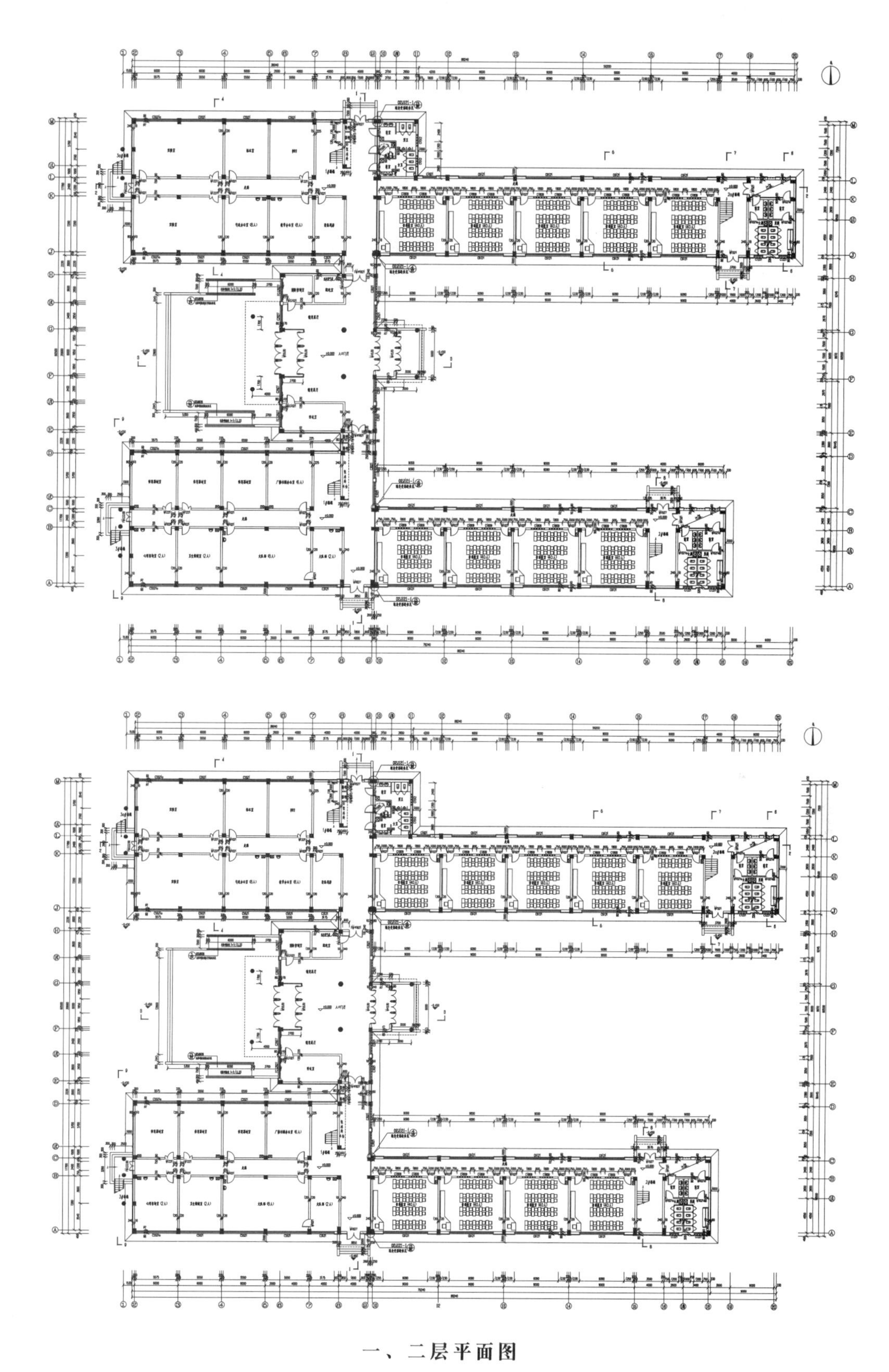

一、二层平面图

> 上海6层教学楼建筑施工图

设计说明

框架图纸深度 ：方案（初设图）
结构形式：钢筋混凝土结构
高度类别：多层建筑

设计风格：现代风格设计
建筑高度：23.4m

内容简介

本套图纸包括：总平面图，各层平面图，立面图，剖面图，节点详图，节点大样，门窗表及门窗详图等等。

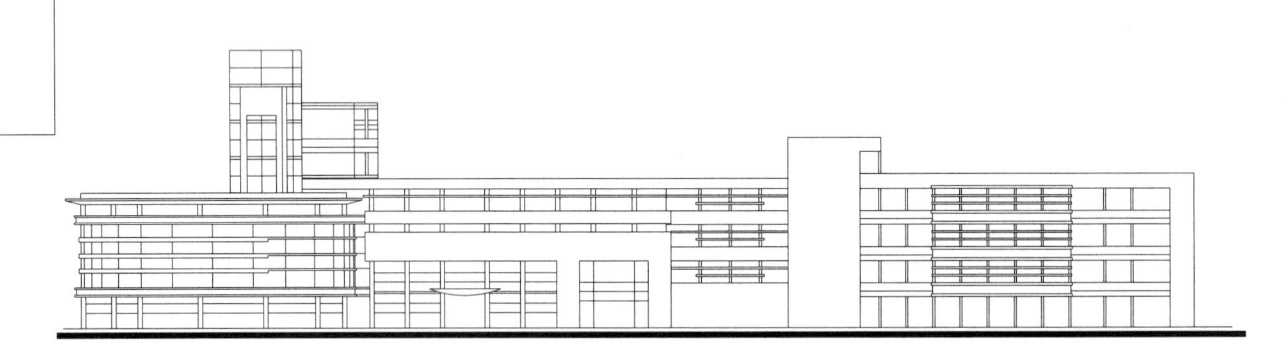

立面图

立面图

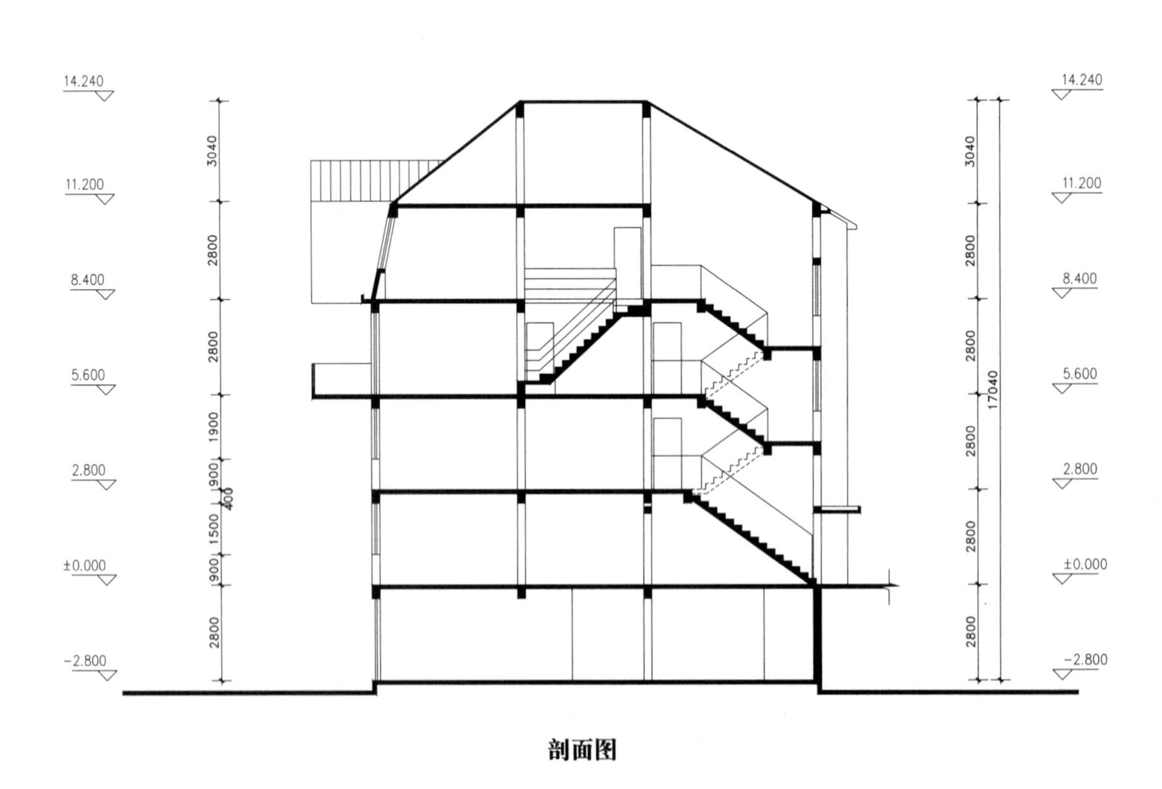

剖面图

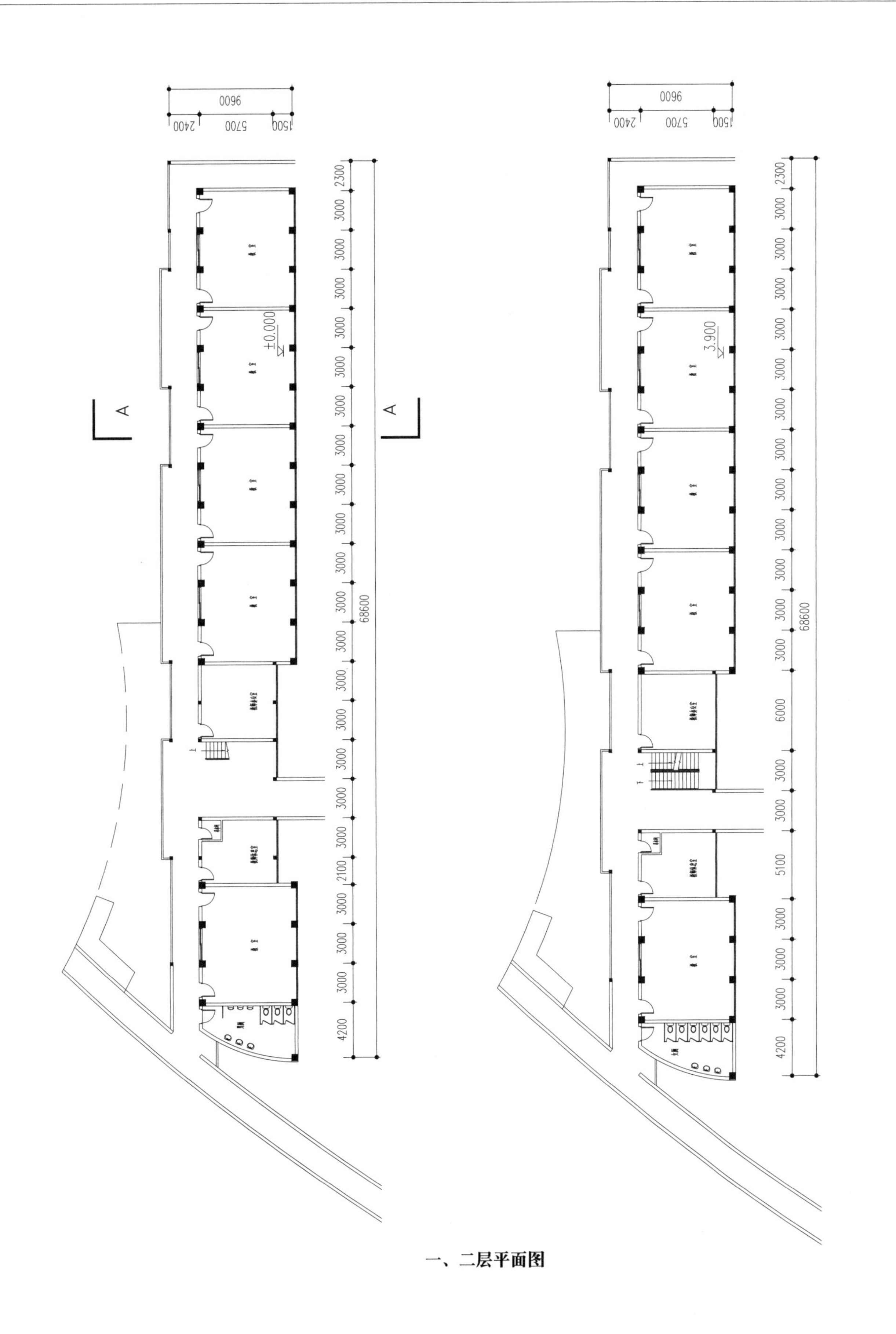

一、二层平面图

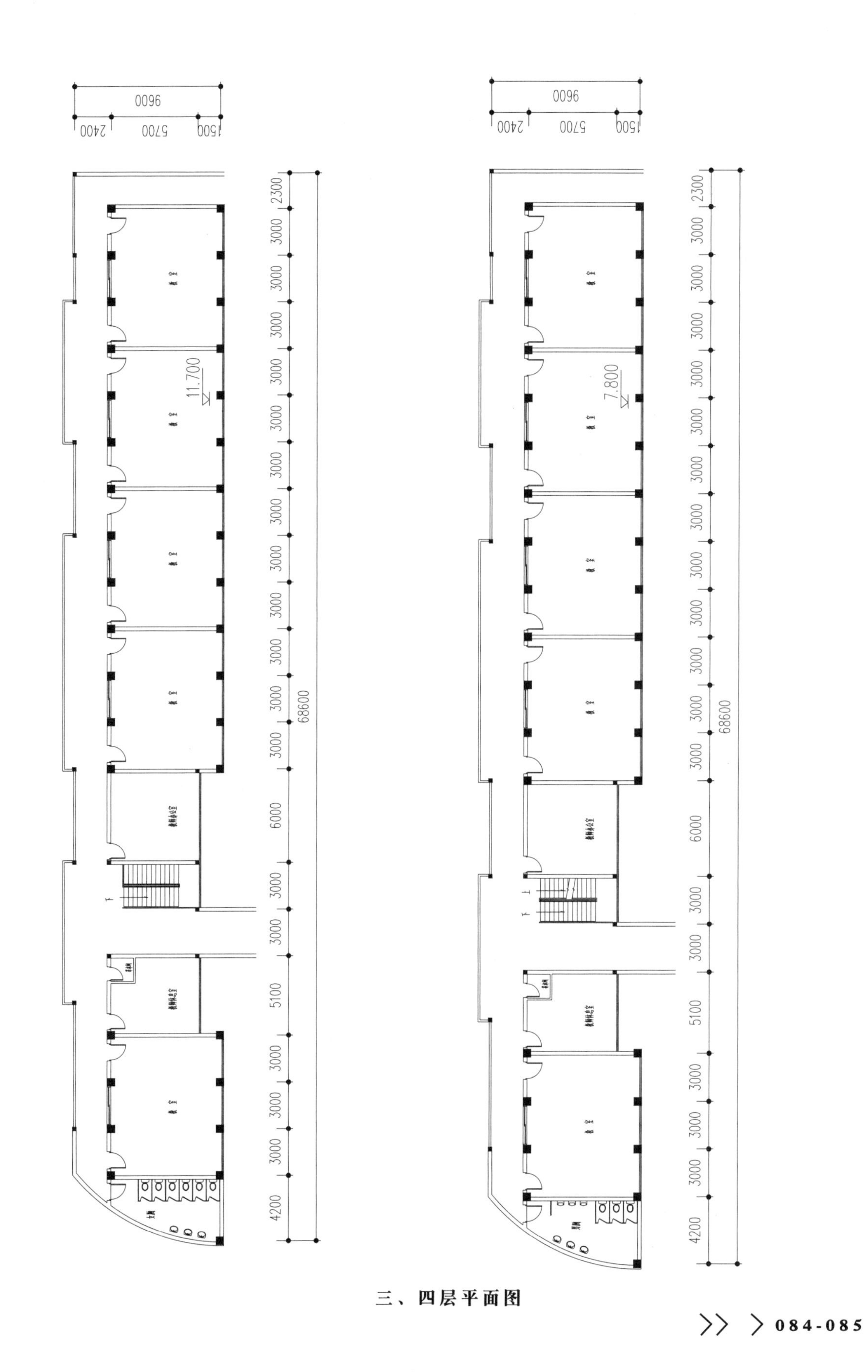

三、四层平面图

> 武昌花园社区中心小学校建筑施工图

设计说明

框架图纸深度 ：方案（初设图）
结构形式：钢筋混凝土结构
高度类别：多层建筑

设计风格：现代风格设计流派
形式：单廊式
建筑高度：12.15m

内容简介

本套图纸包括：各层平面图、立面图、剖面图
建筑物为防火等级为二级。 建筑物防水等级为Ⅱ级，防水年限15年。

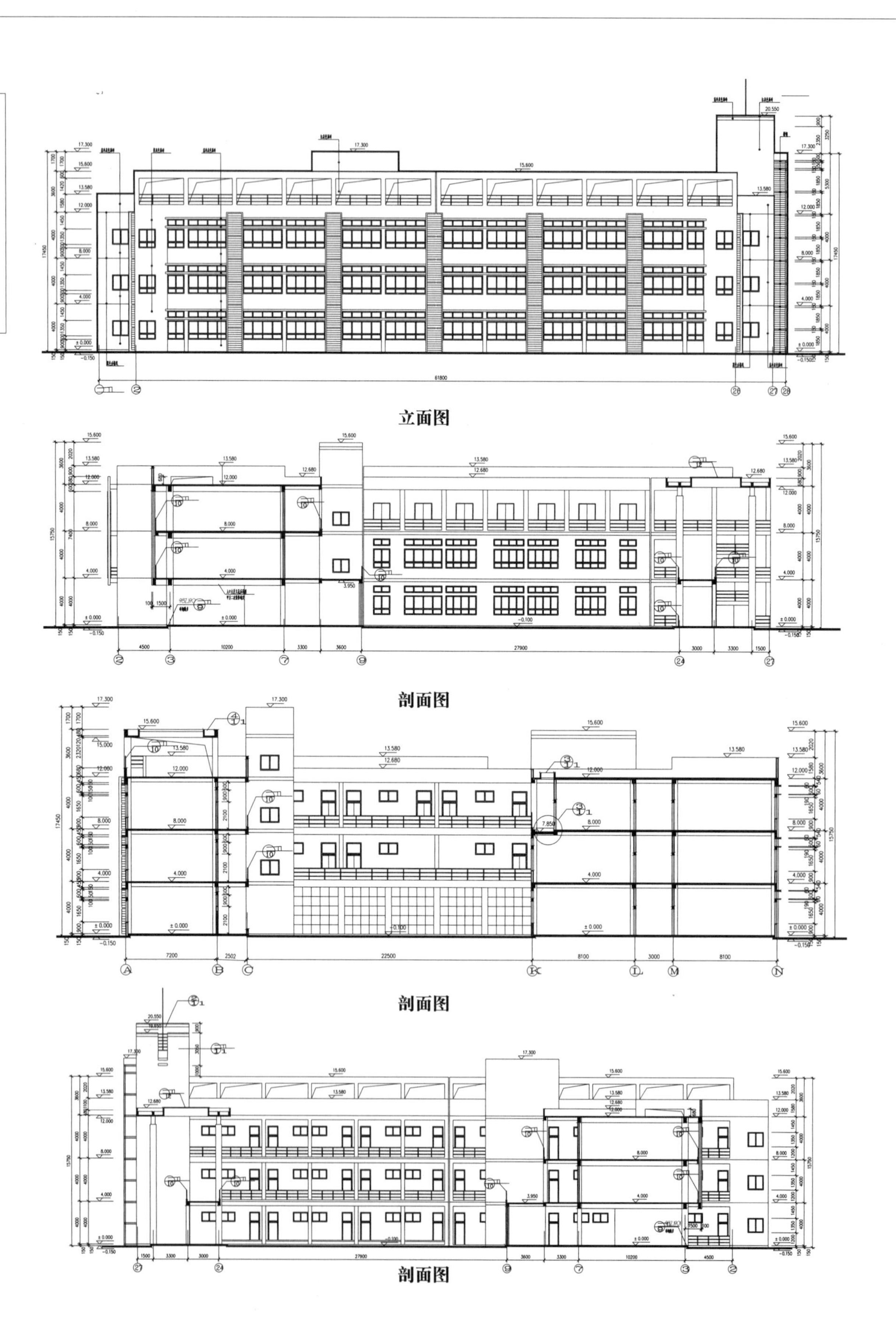

立面图

剖面图

剖面图

剖面图

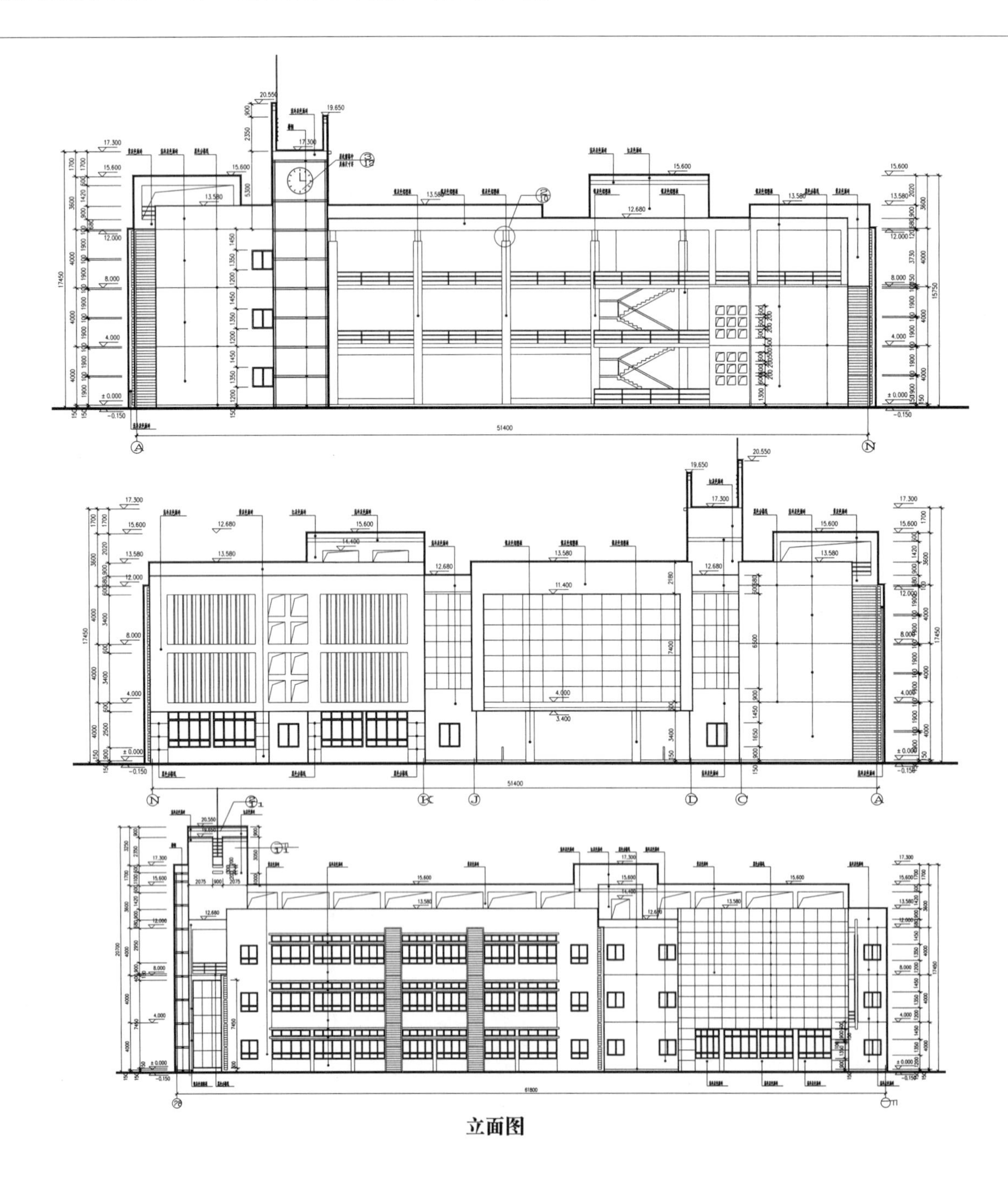

立面图

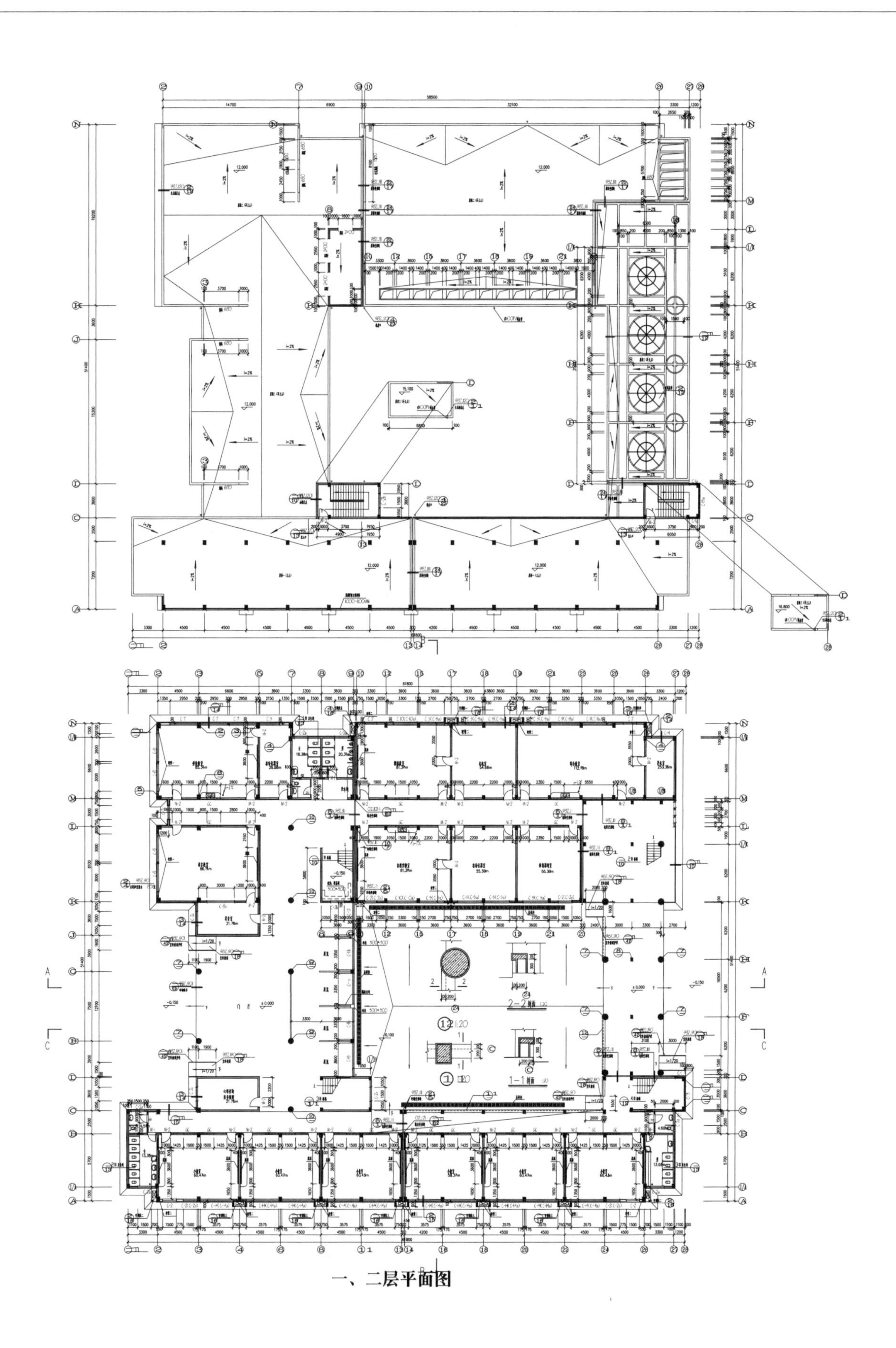

一、二层平面图

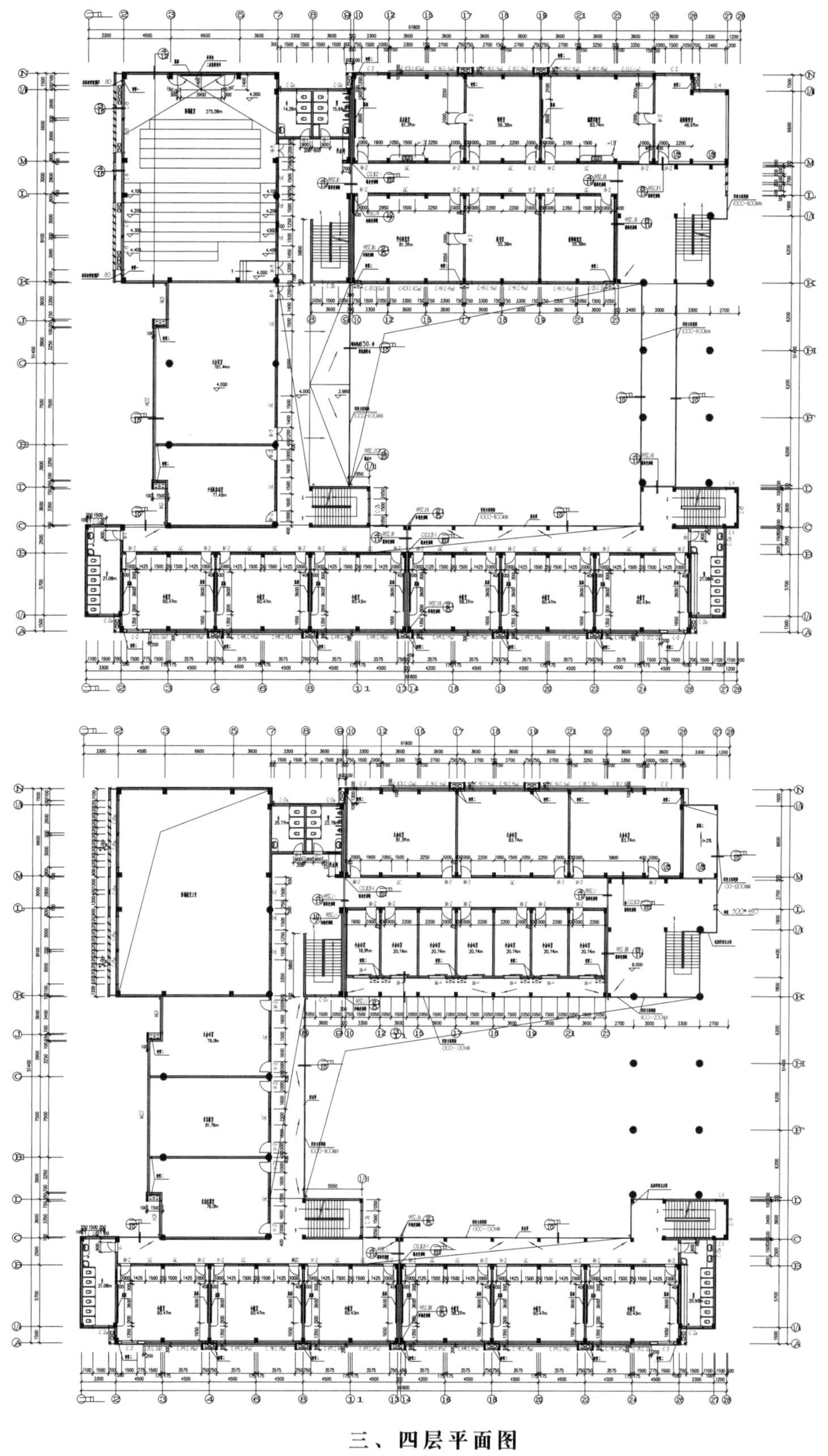

三、四层平面图

> 营口朝鲜族小学三层教学综合楼建筑施工图

设计说明

框架图纸深度 ：方案（初设图）
结构形式：钢筋混凝土结构
高度类别：多层建筑
设计风格：现代风格设计流派
建筑高度：11.1m

内容简介

本套图纸包括：图纸目录、设计说明、地下平面图、总平面定线图、1-3层平面图屋顶平面图、立面图、剖面图、楼梯详图、卫生间详图、节点详图、门窗表

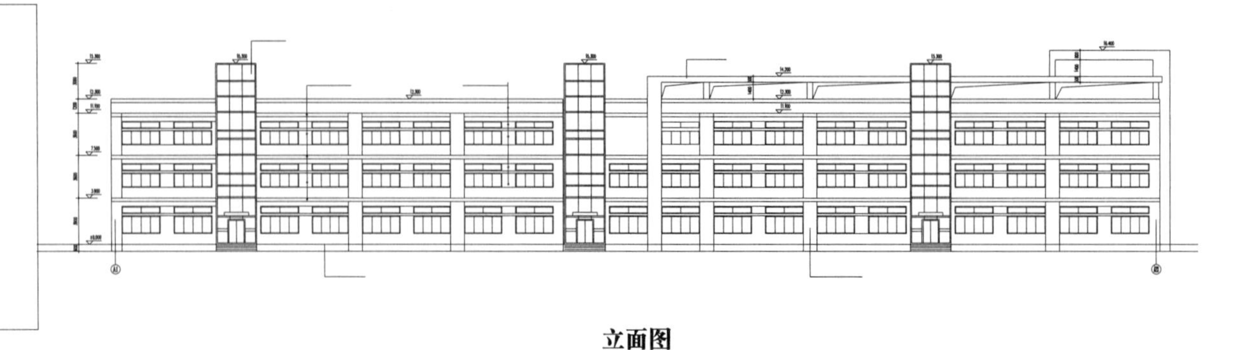

立面图

立面图

立面图

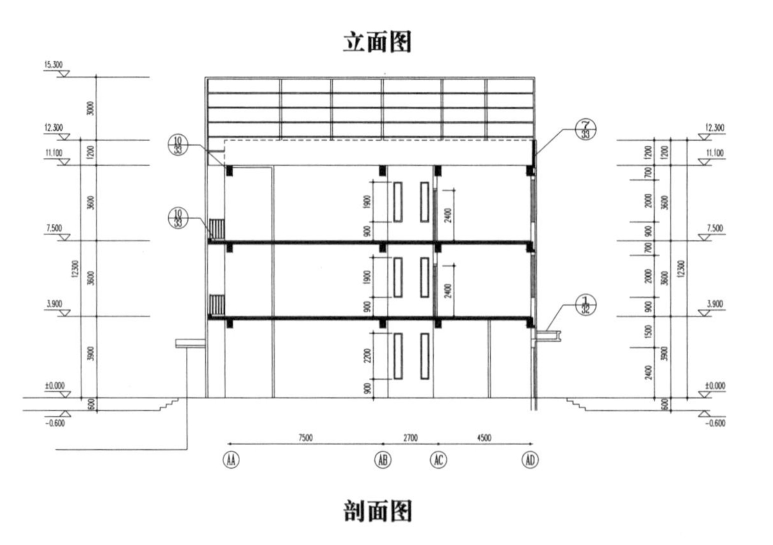

剖面图

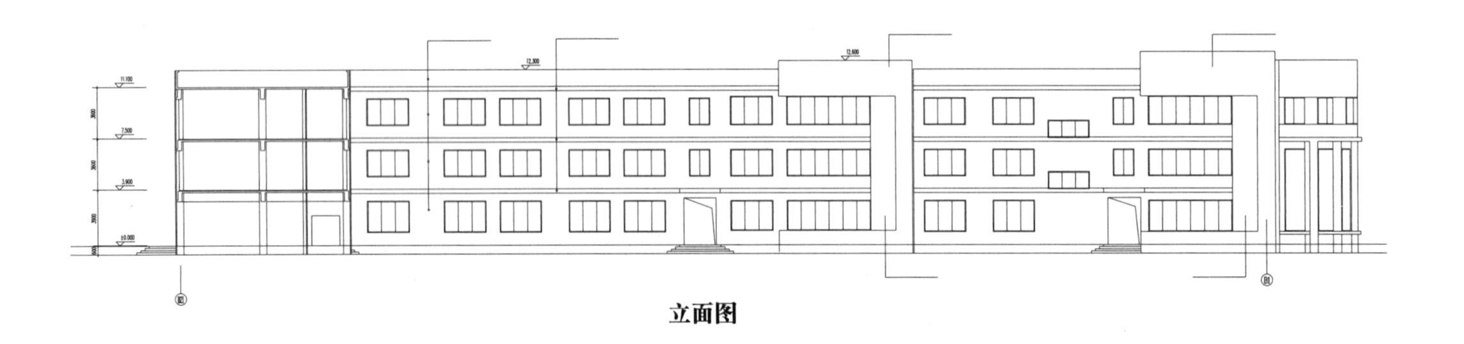

立面图

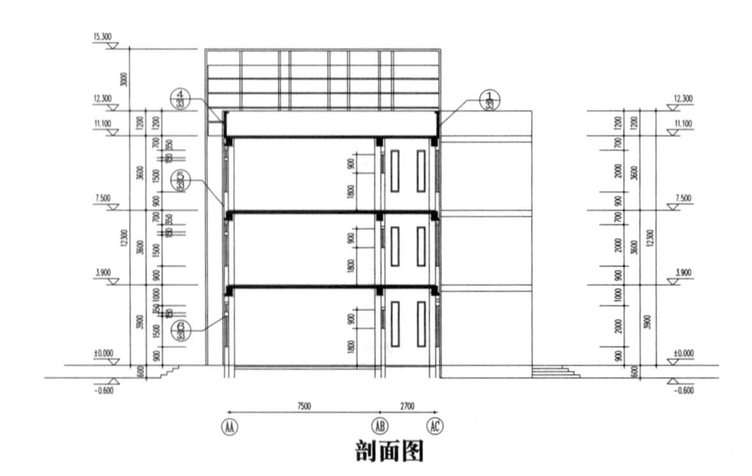

剖面图

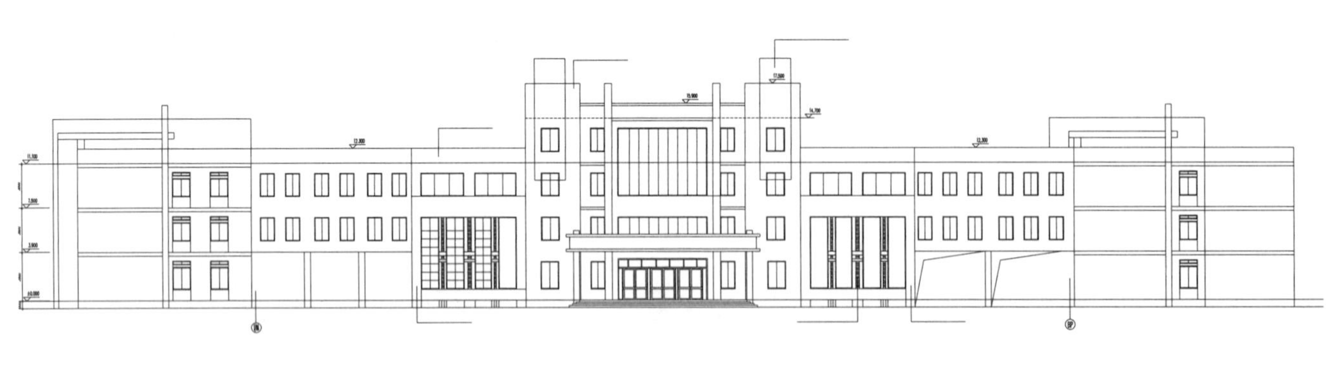

立面图

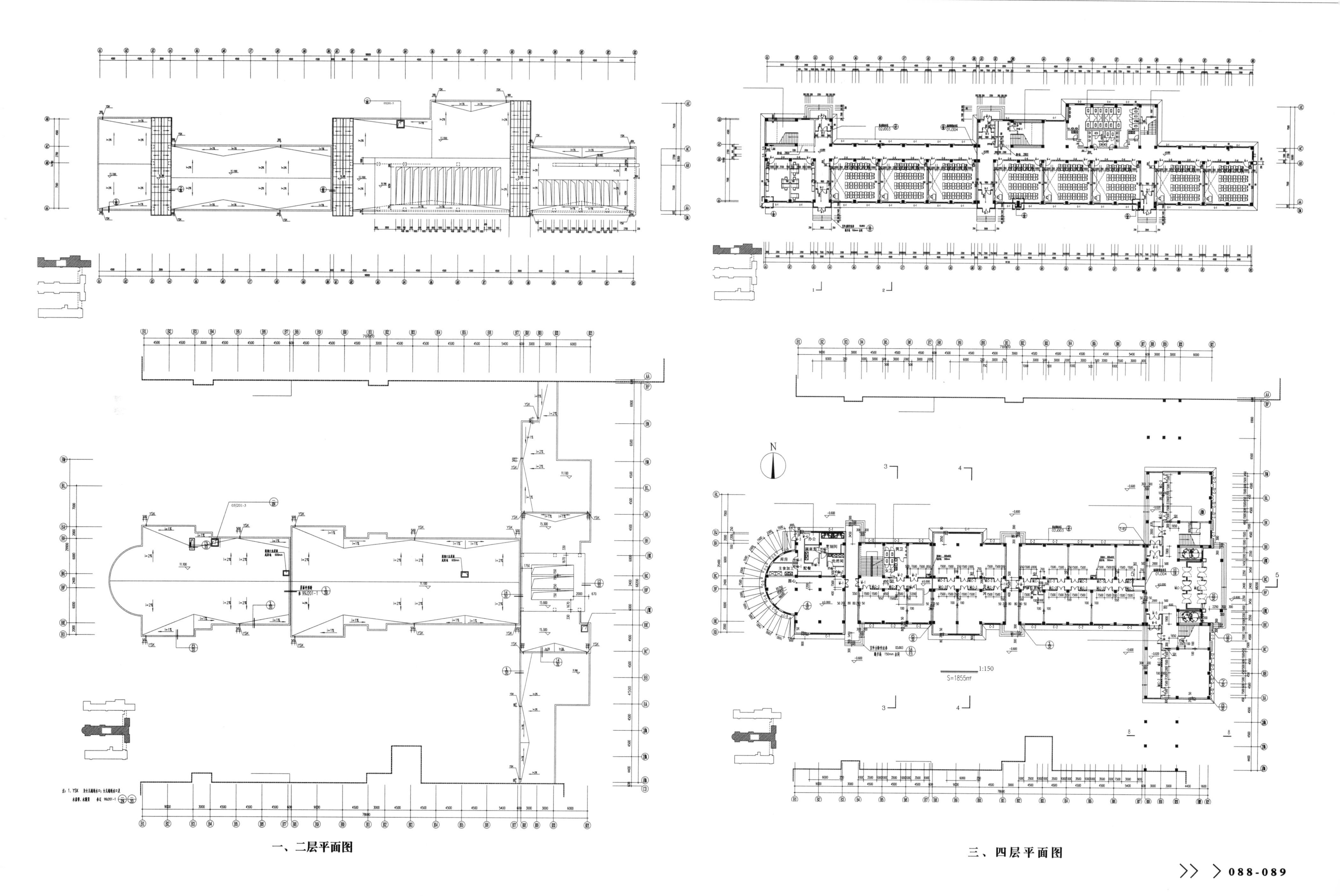

一、二层平面图

三、四层平面图

> 永嘉县某小学四层教学楼建筑施工图

设计说明

框架图纸深度 ：方案（初设图）
结构形式：钢筋混凝土结构
高度类别：多层建筑

设计风格：现代风格设计流派
建筑高度：17.55m

内容简介

本套图纸包括：图纸目录、设计说明、总平面图、1-4层平面图、屋面层平面图、立面图、剖面图、楼梯详图、门窗详图、节点大样

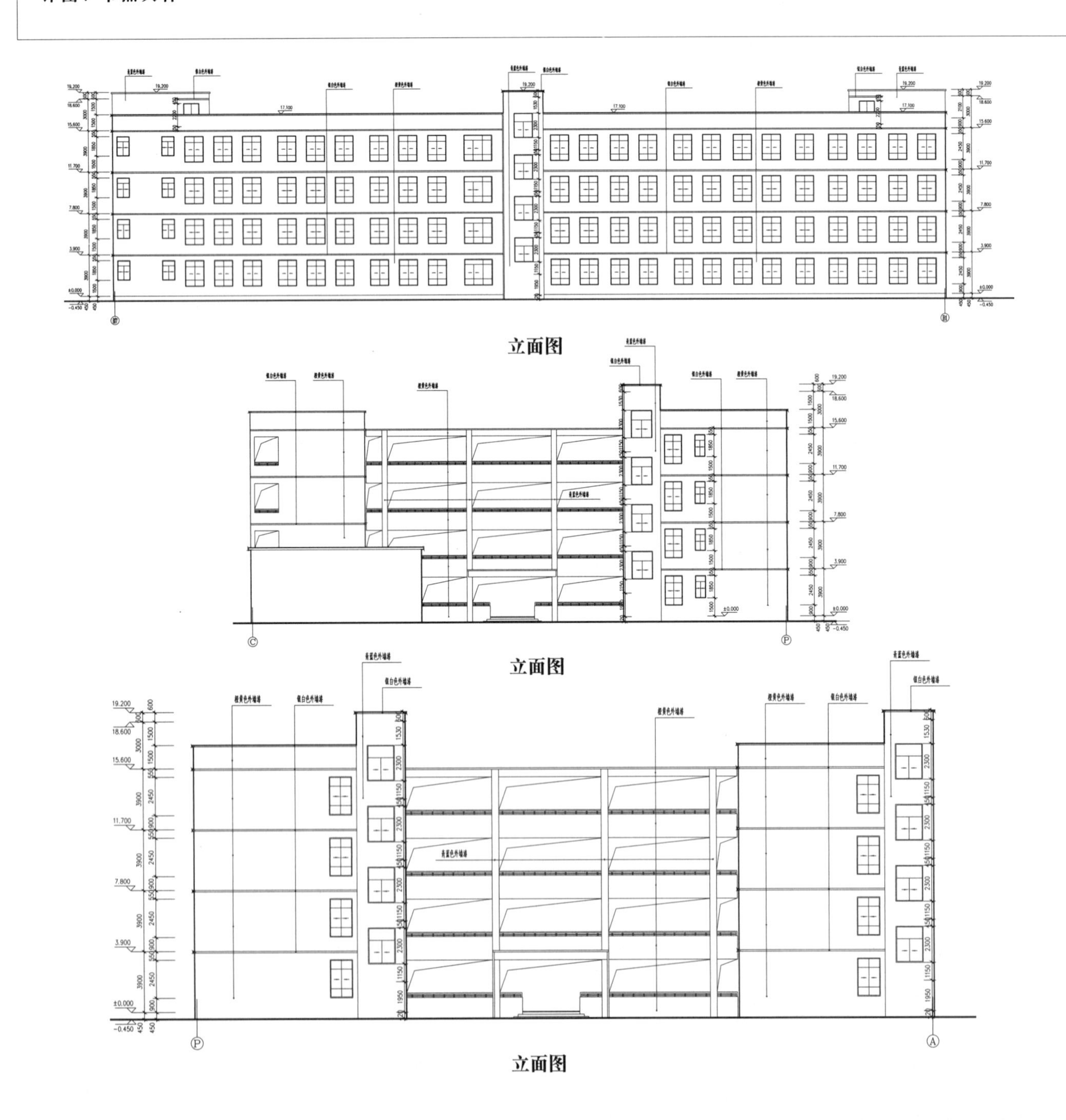

立面图

立面图

立面图

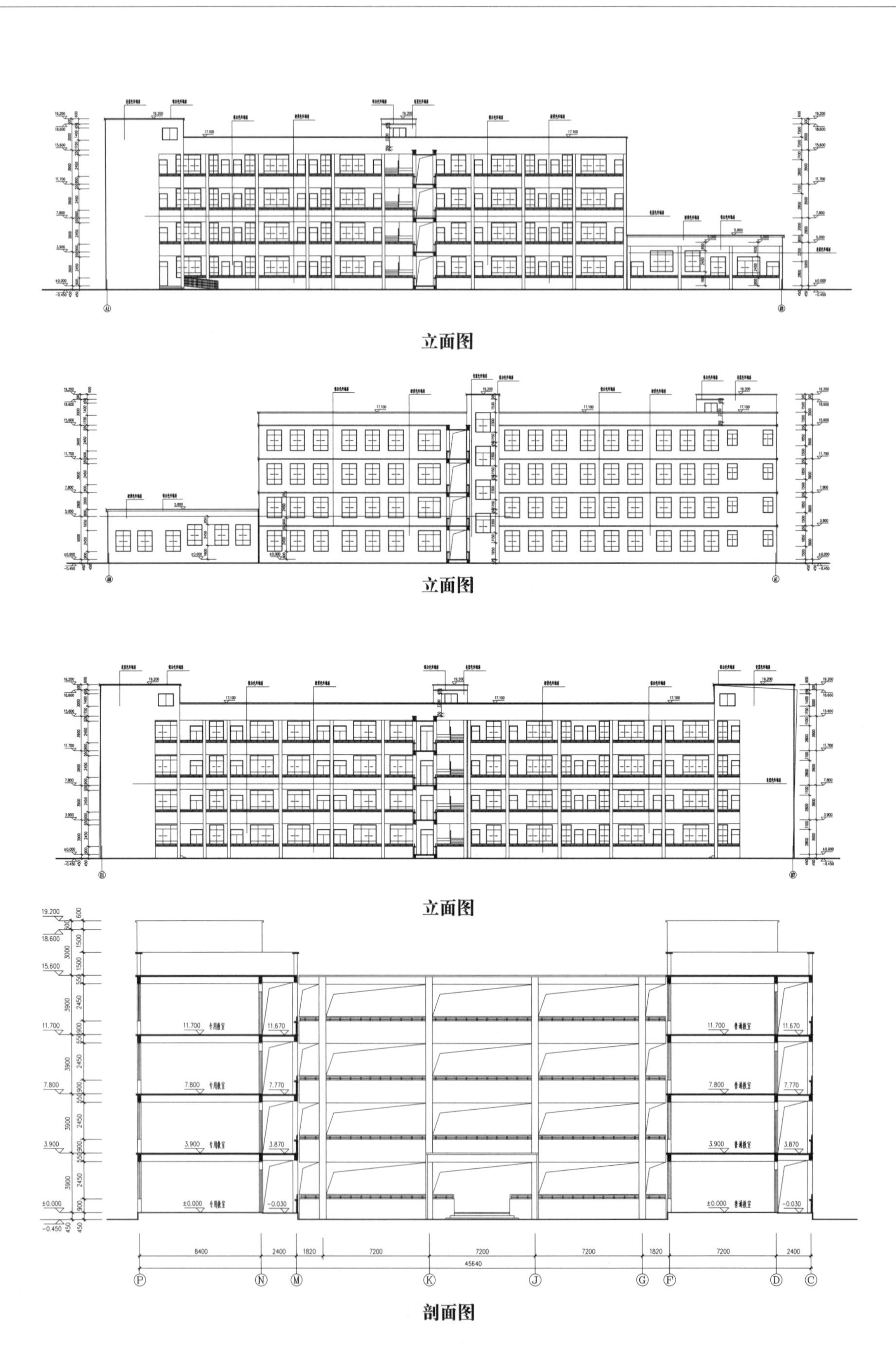

立面图

立面图

立面图

剖面图

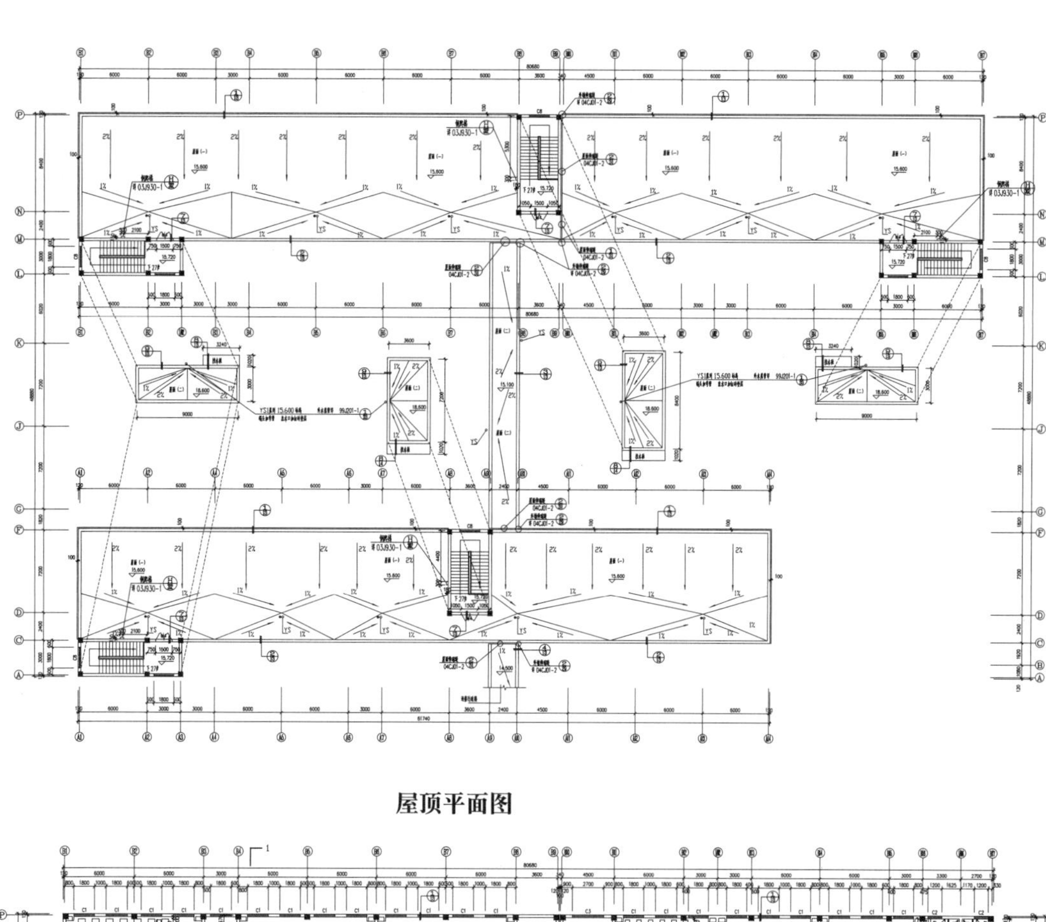

屋顶平面图

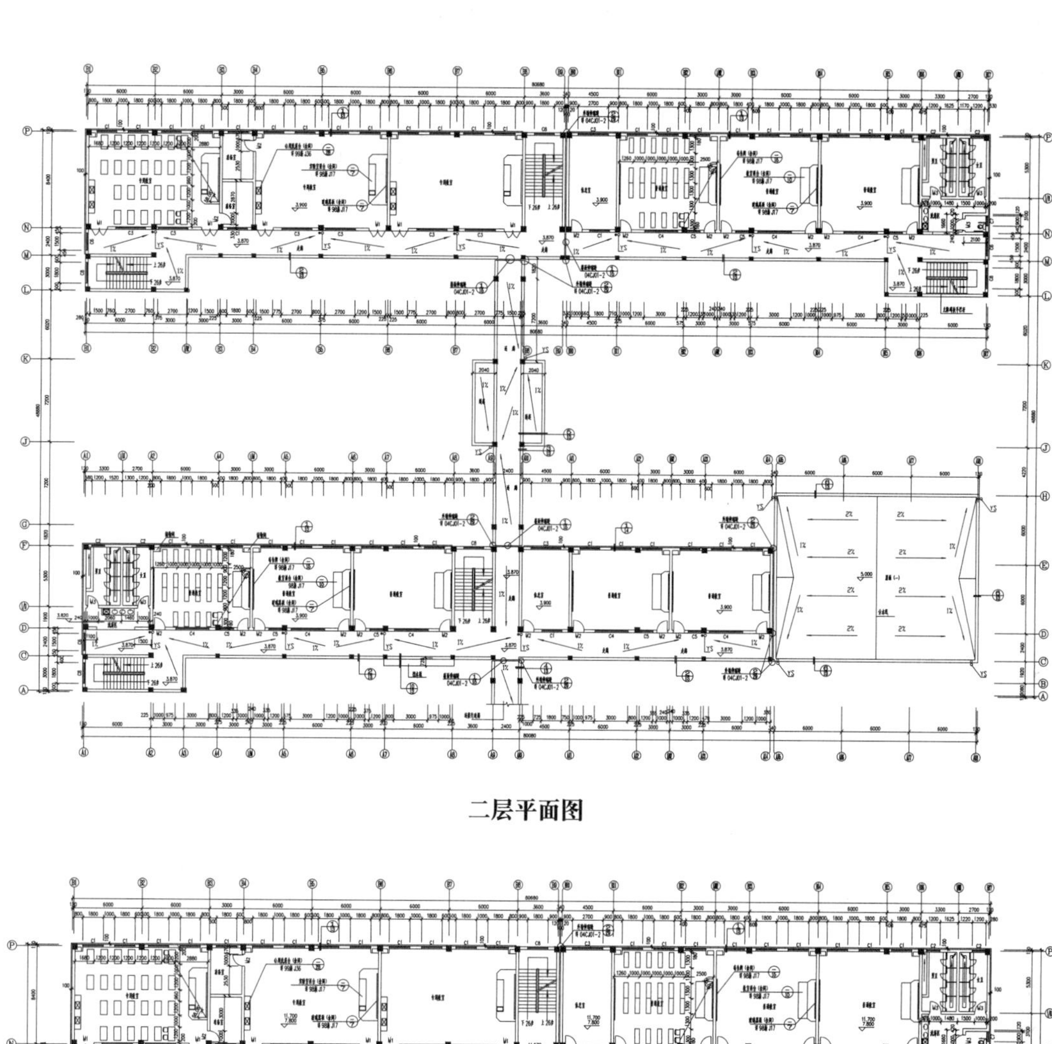

二层平面图

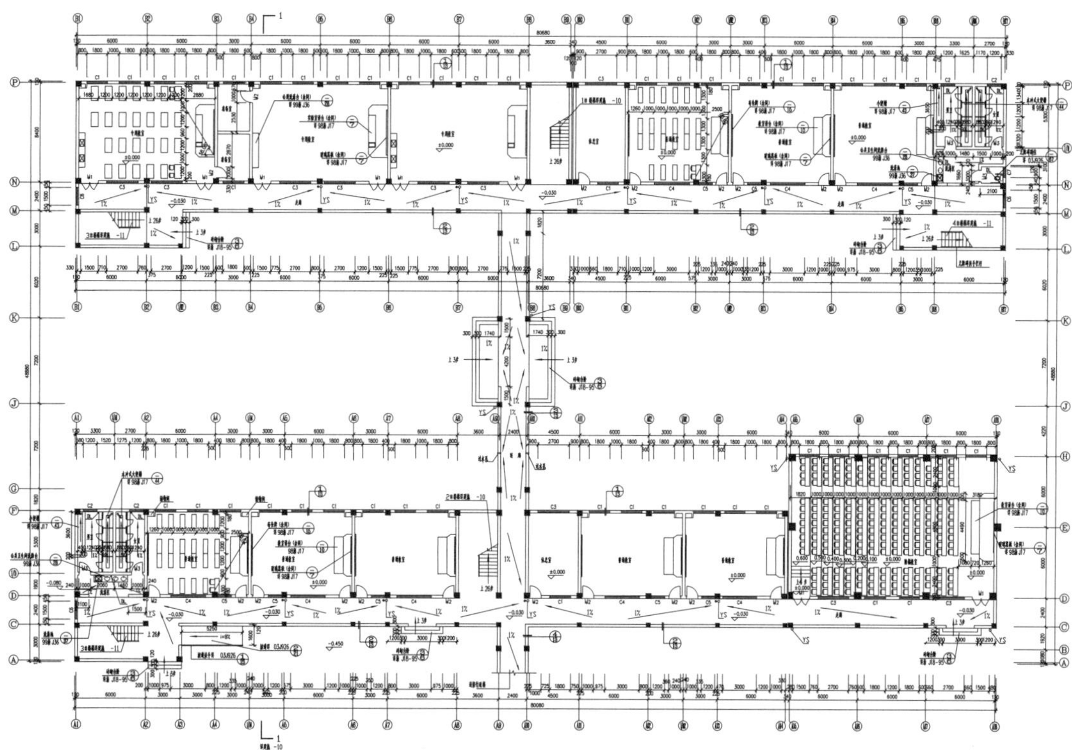

一层平面图

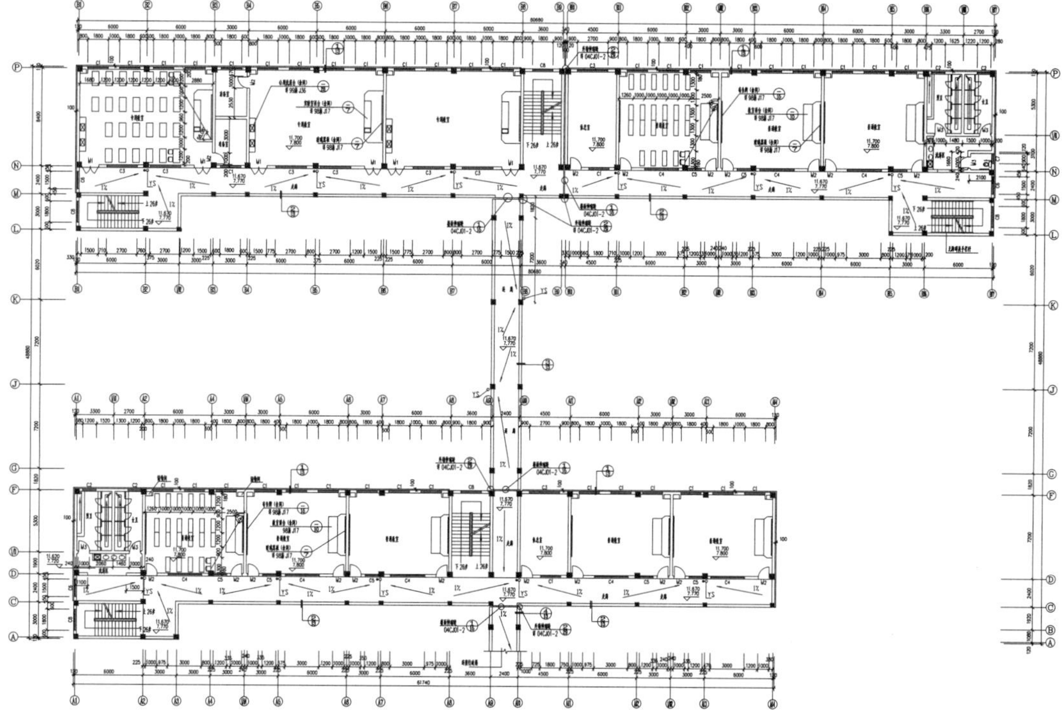

三层平面图

> 重庆四层教学楼建筑初步图

设计说明

框架图纸深度 ：方案（初设图）
结构形式：钢筋混凝土结构
高度类别：多层建筑

设计风格：现代风格设计流派
建筑高度：17.1m

内容简介

本套图纸包括：图纸目录、总平面图、1-4层平面图、屋顶平面图、屋顶构架平面图、立面图、剖面图、卫生间放大图、楼梯间房大图、门窗大样图、空调大洋、装饰百叶大样、室内储物柜大样

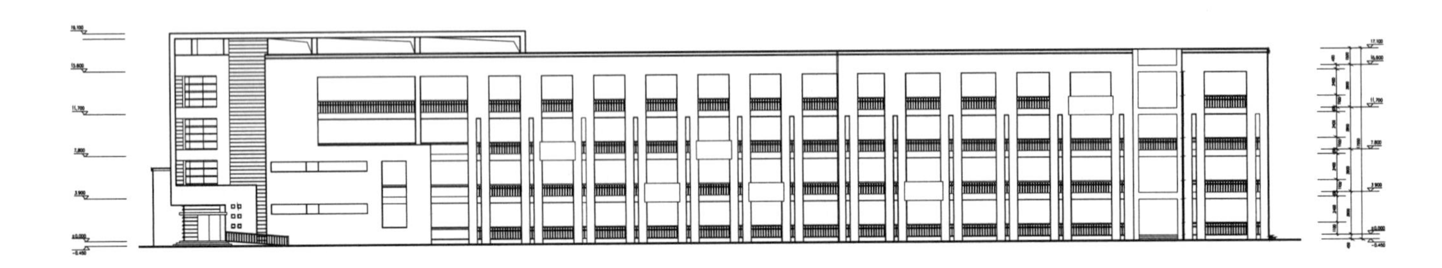

立面图

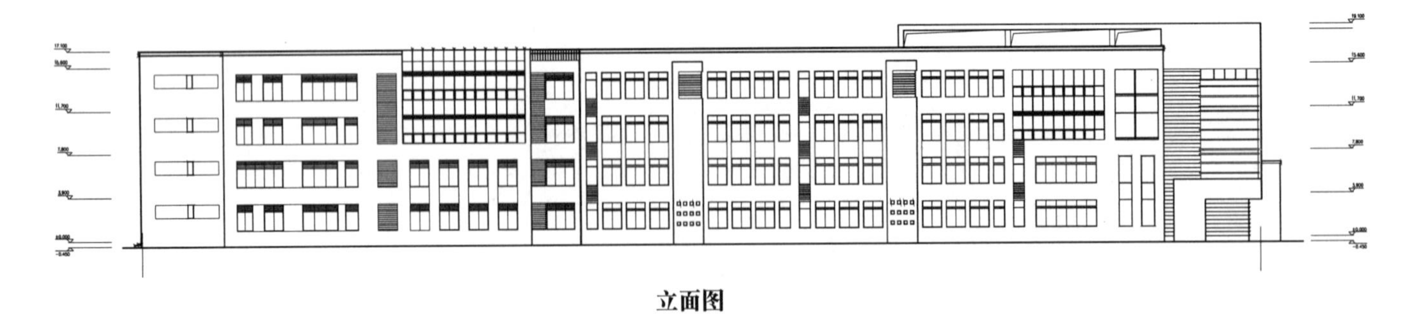

立面图

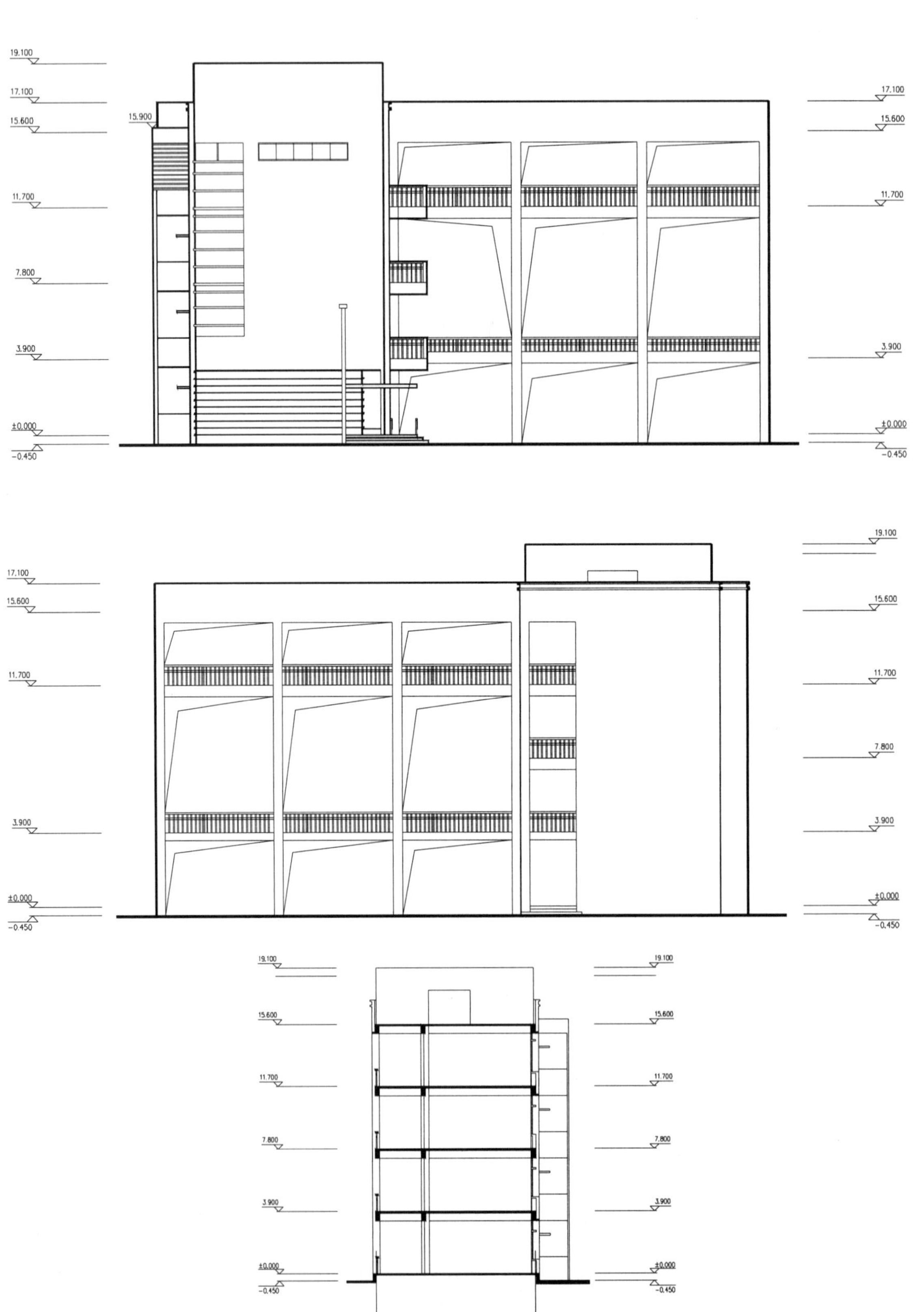

剖面图

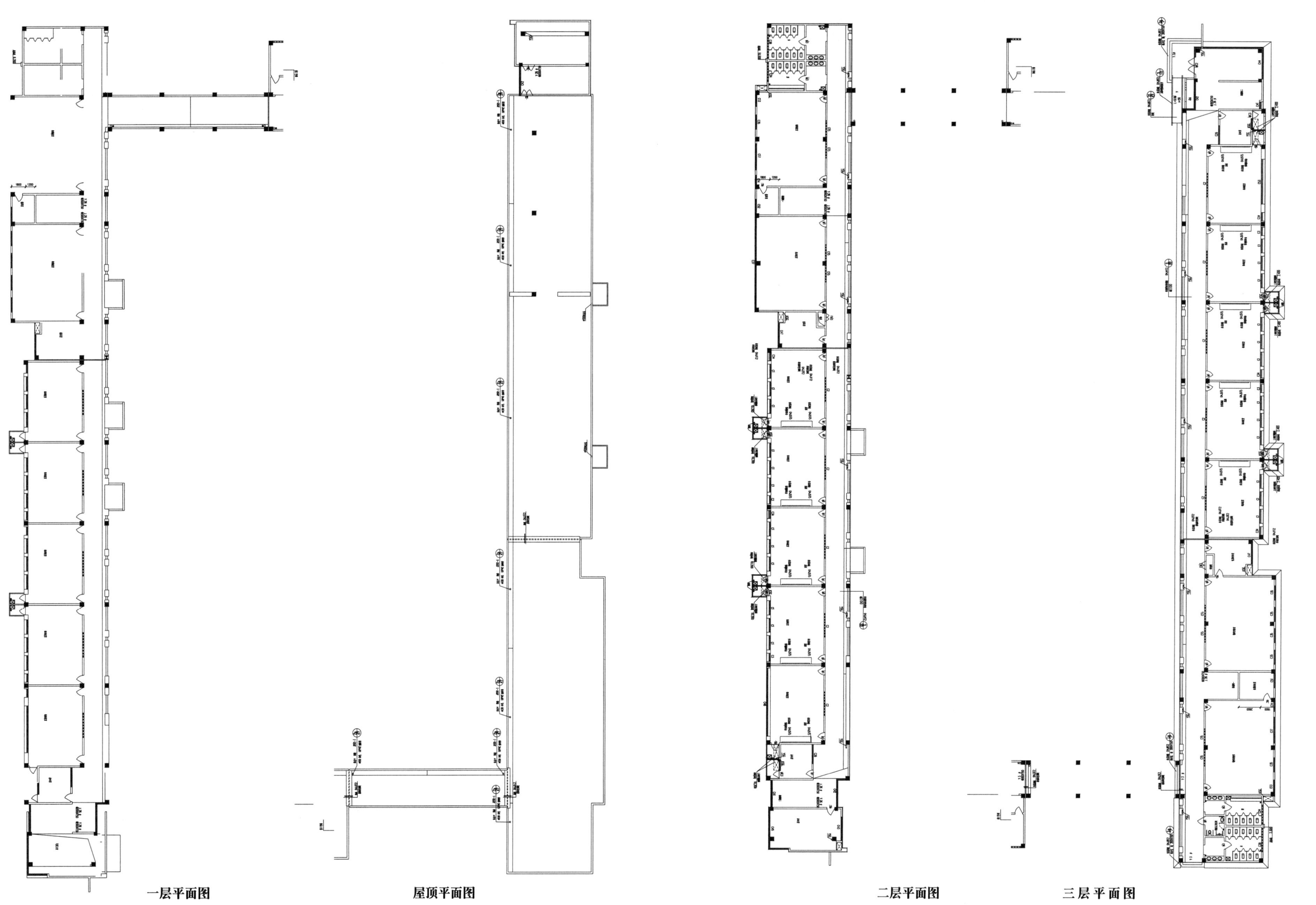
一层平面图
屋顶平面图
二层平面图
三层平面图

>重庆中西式小学四层教学楼建筑方案图

设计说明

框架图纸深度 ：方案（初设图）
结构形式：钢筋混凝土结构
高度类别：多层建筑
设计风格：中西式
建筑高度：18.45m

内容简介

本套图纸包括：各层建筑平面、立面、剖面图等，共10张图纸

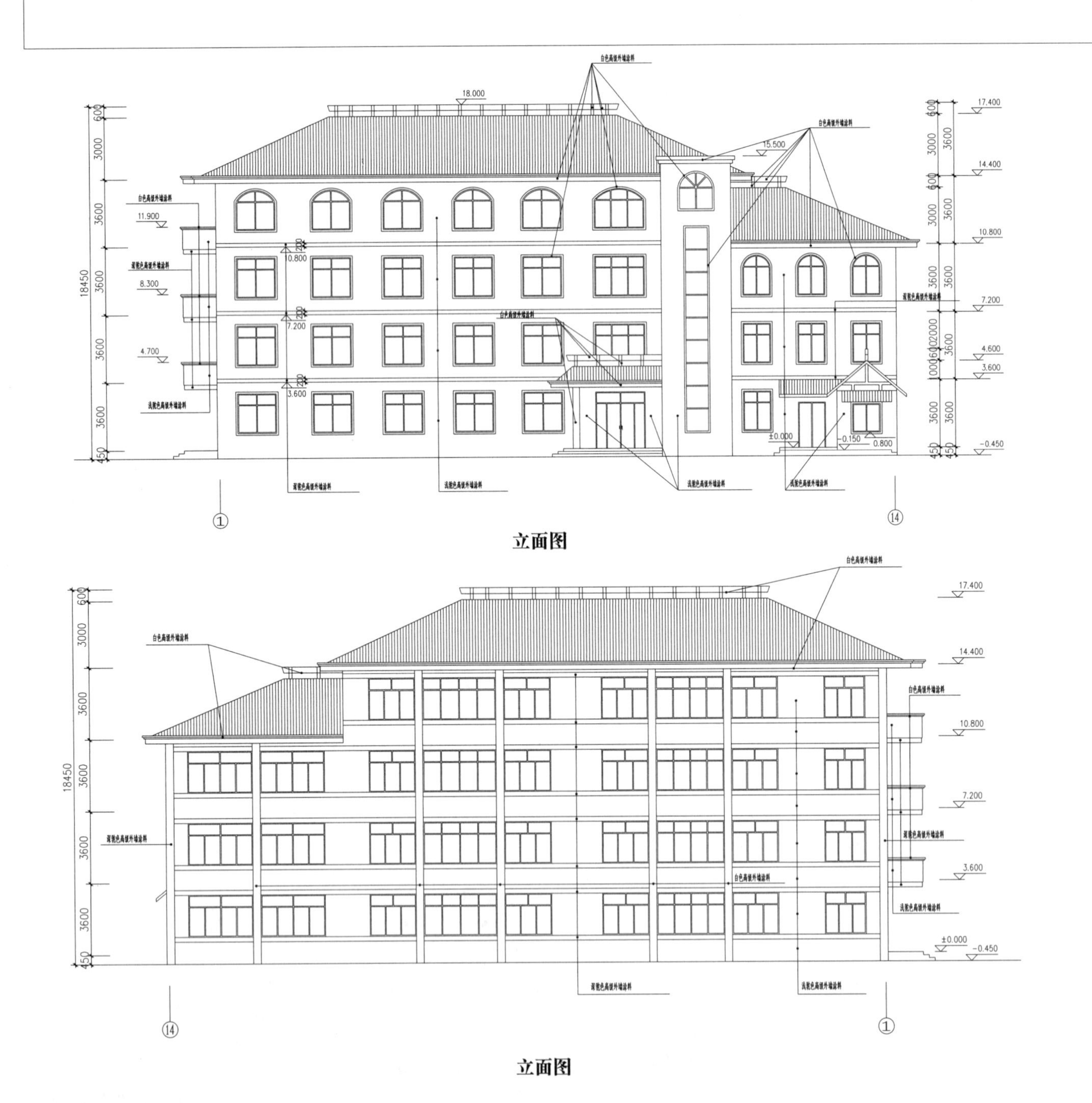

立面图

立面图

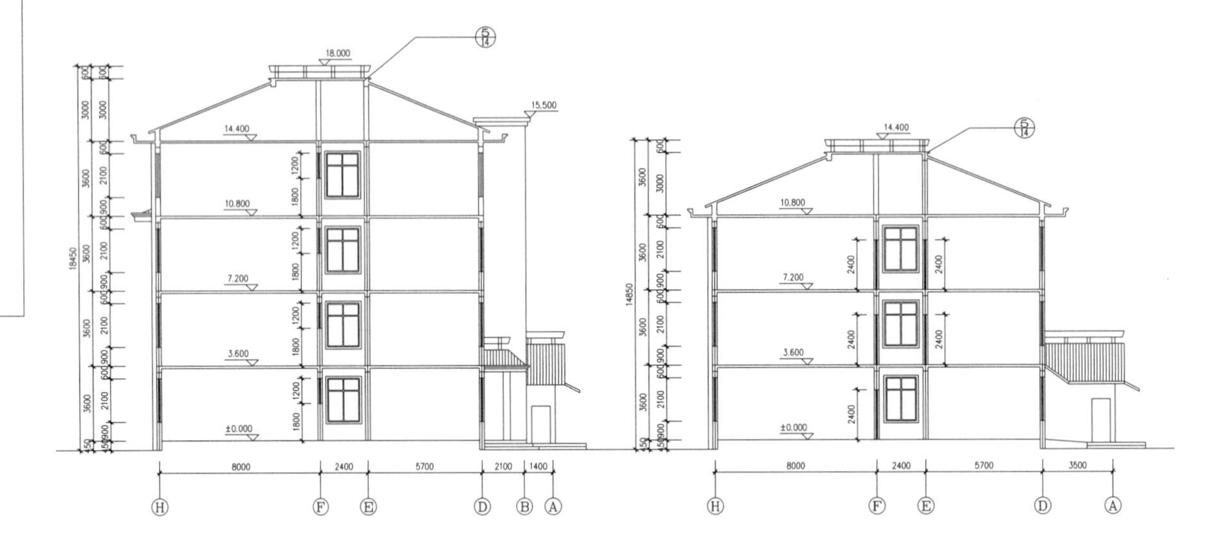

剖面图

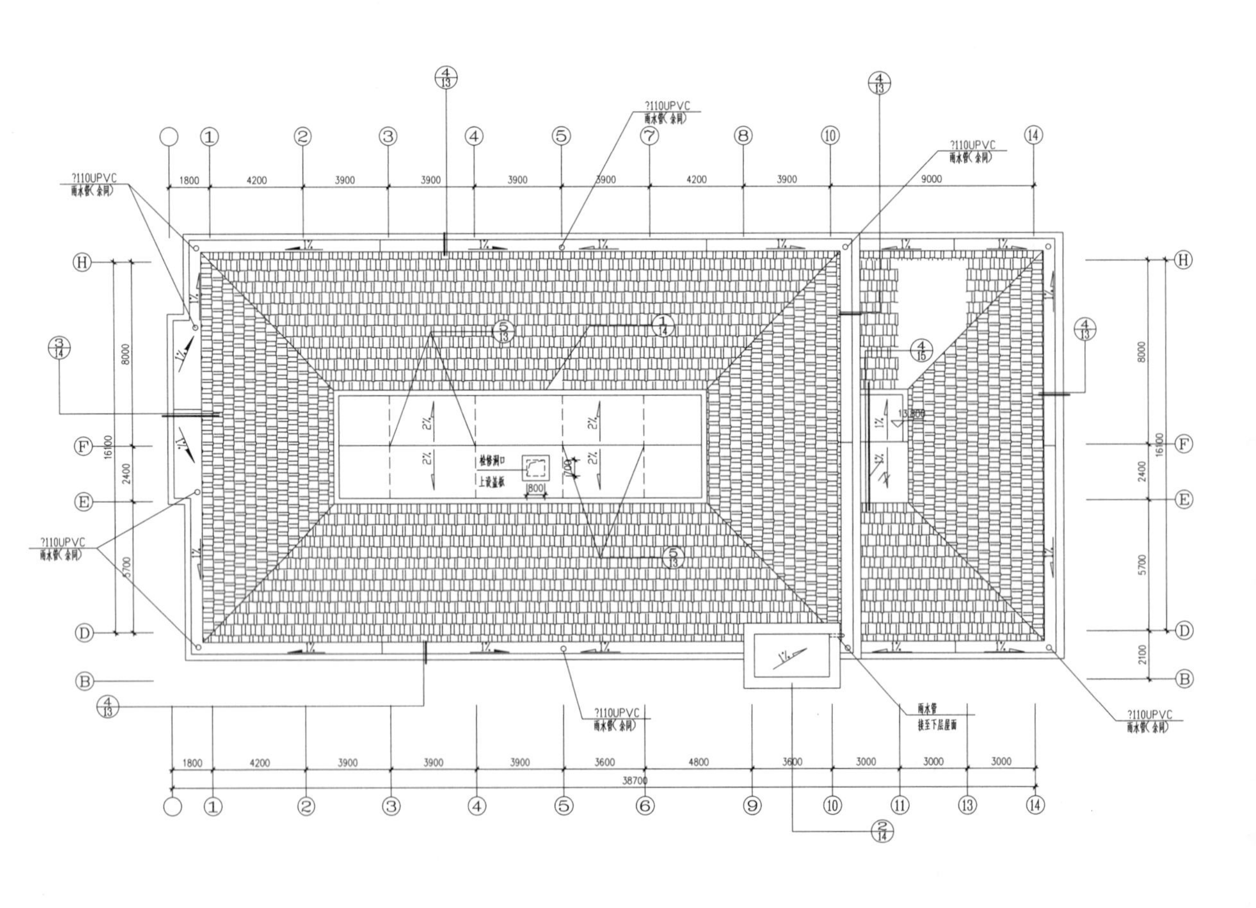

屋顶平面图

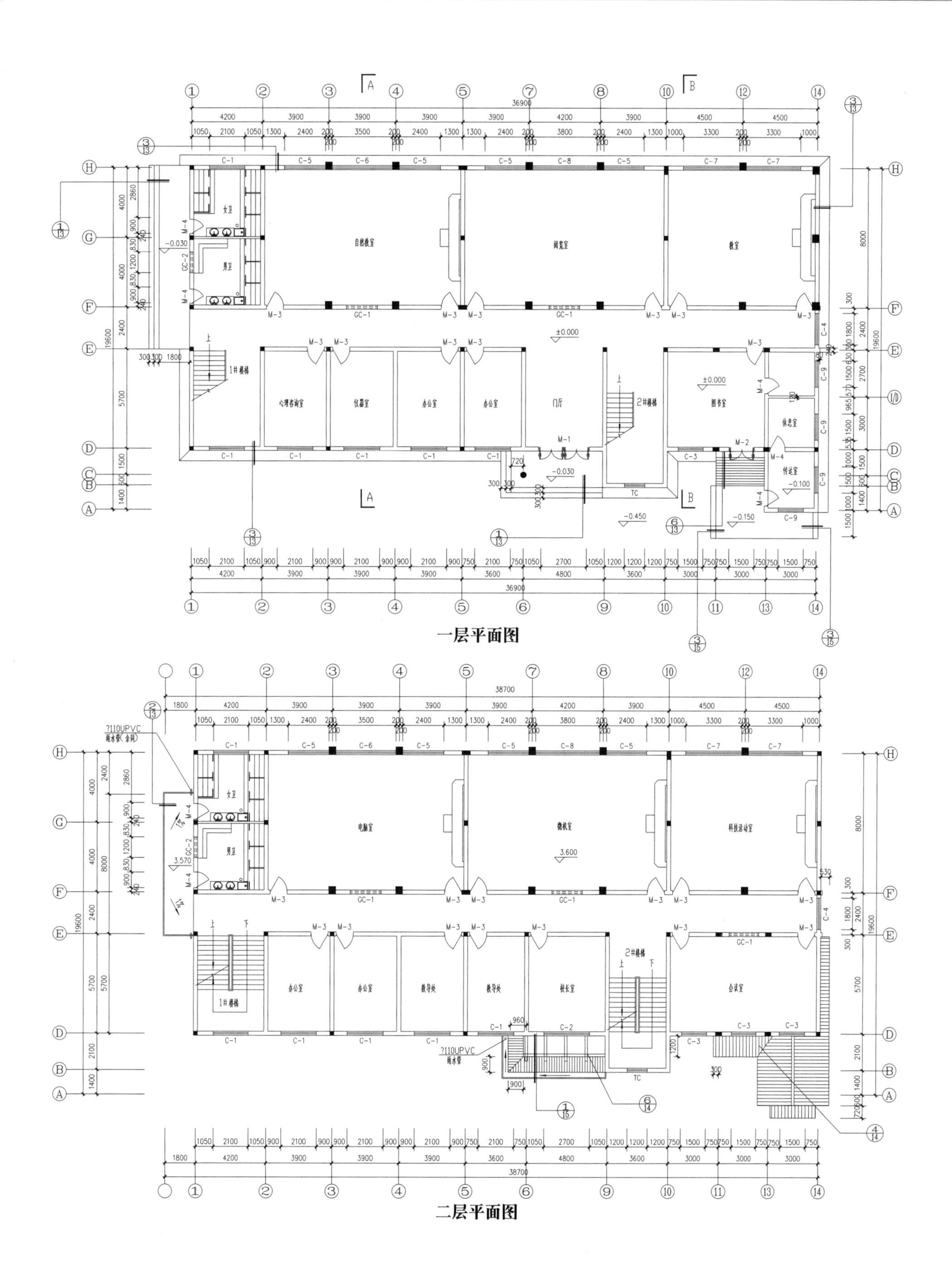

一层平面图

二层平面图

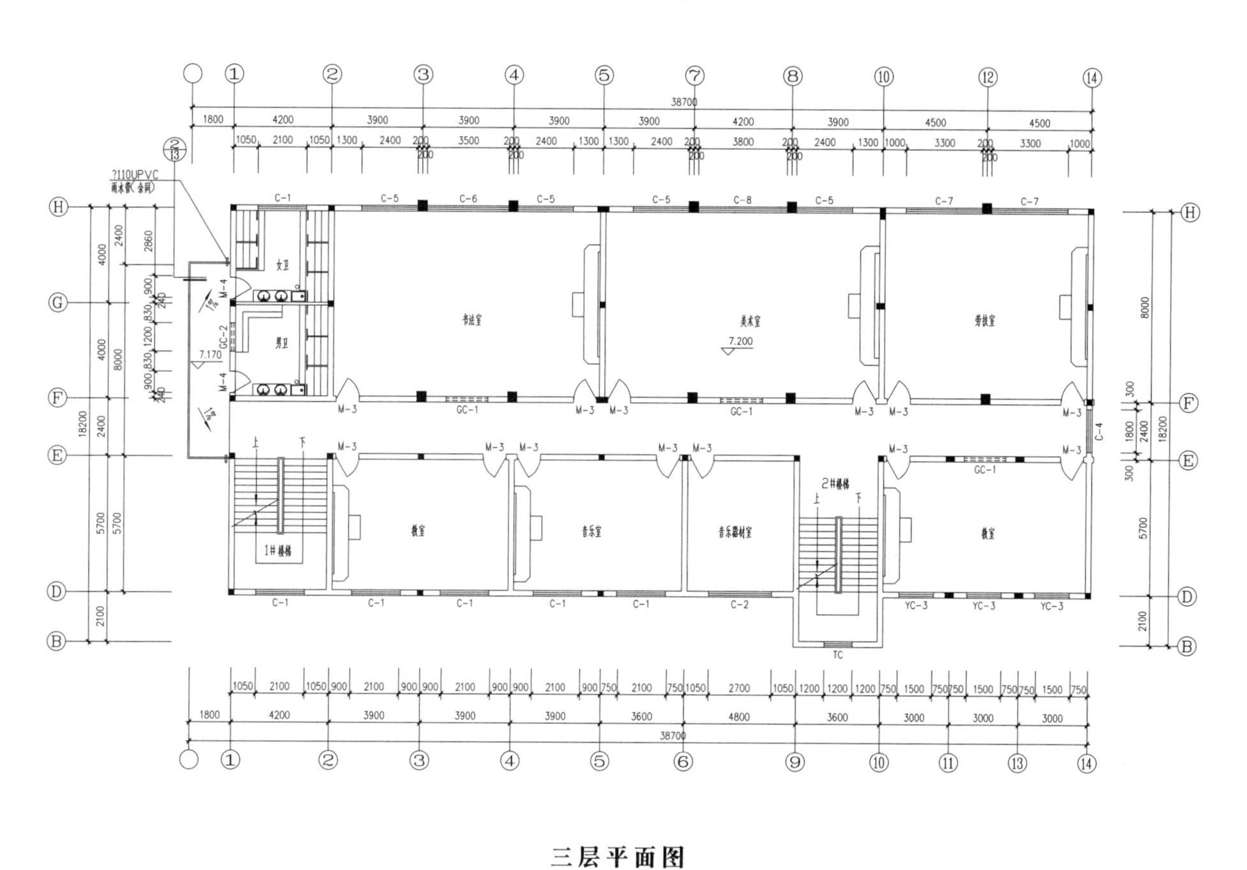

三层平面图

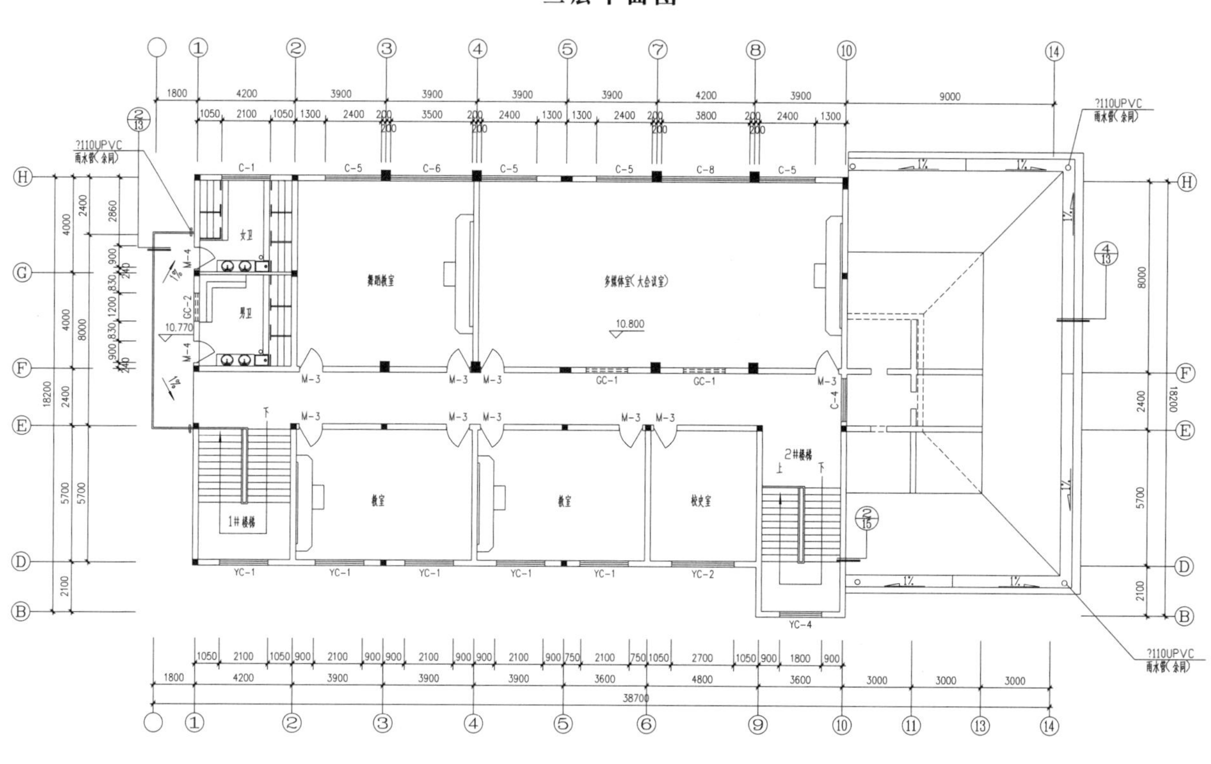

四层平面图

> 遵义某小学四层教学楼建筑施工图

设计说明

框架图纸深度 ：方案（初设图）
结构形式：钢筋混凝土结构
高度类别：多层建筑

设计风格：现代风格设计流派
建筑高度：16.6m

内容简介

本套图纸包括：设计说明、做法表、总平面图、各层平面图、立面图、剖面图、门窗表、门窗大样、楼梯大样、节点详图

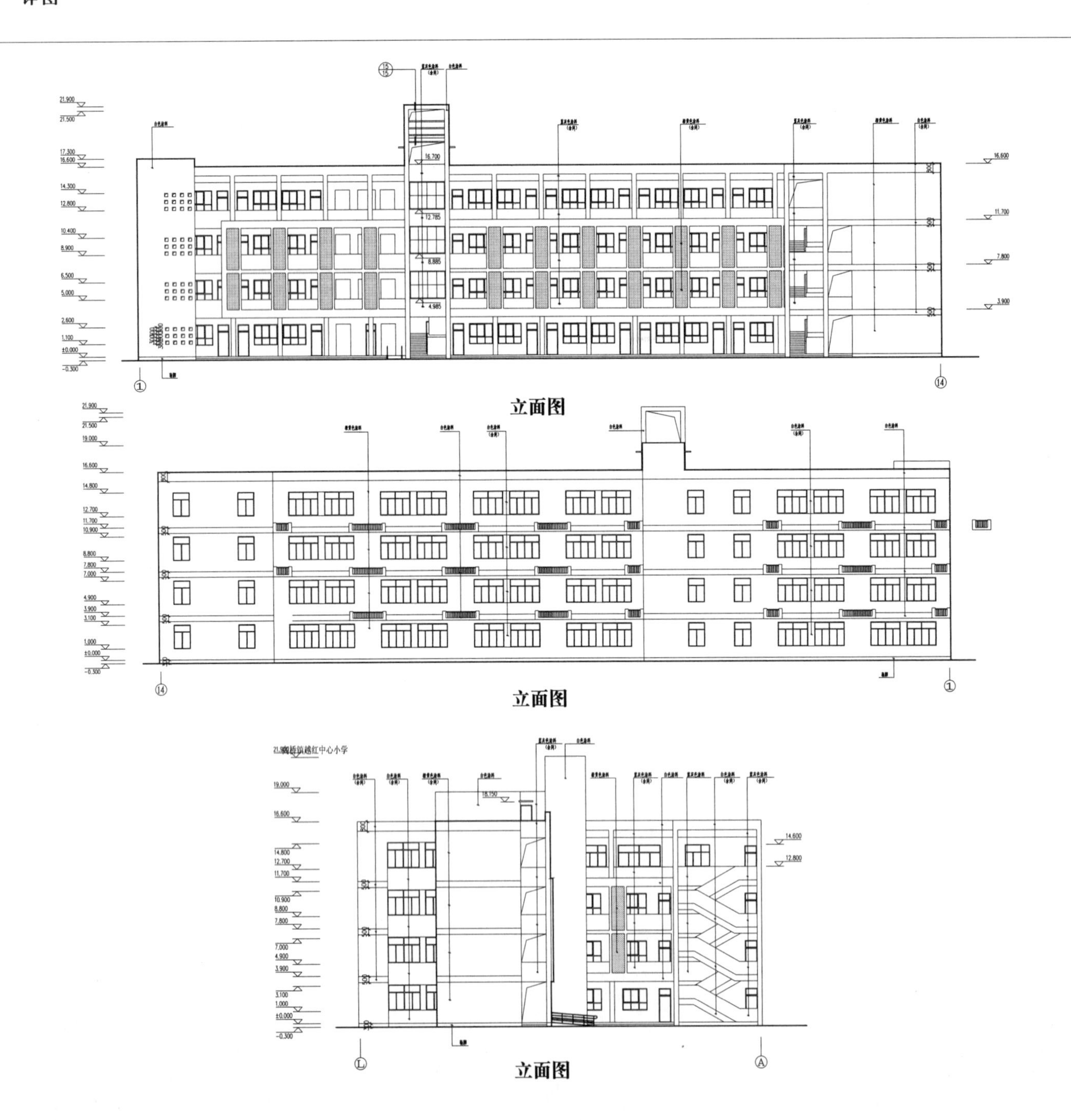

立面图

立面图

立面图

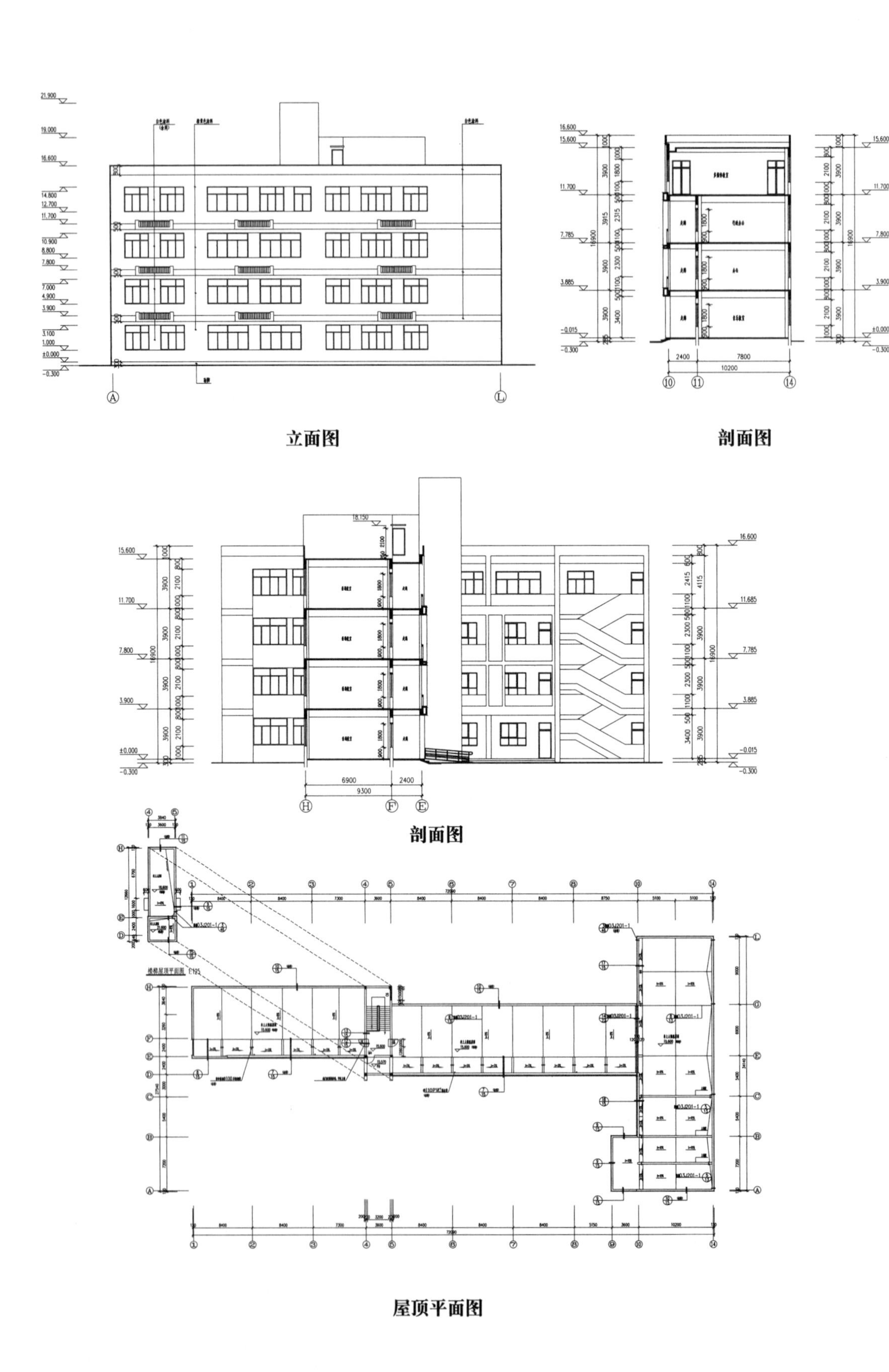

立面图

剖面图

剖面图

屋顶平面图

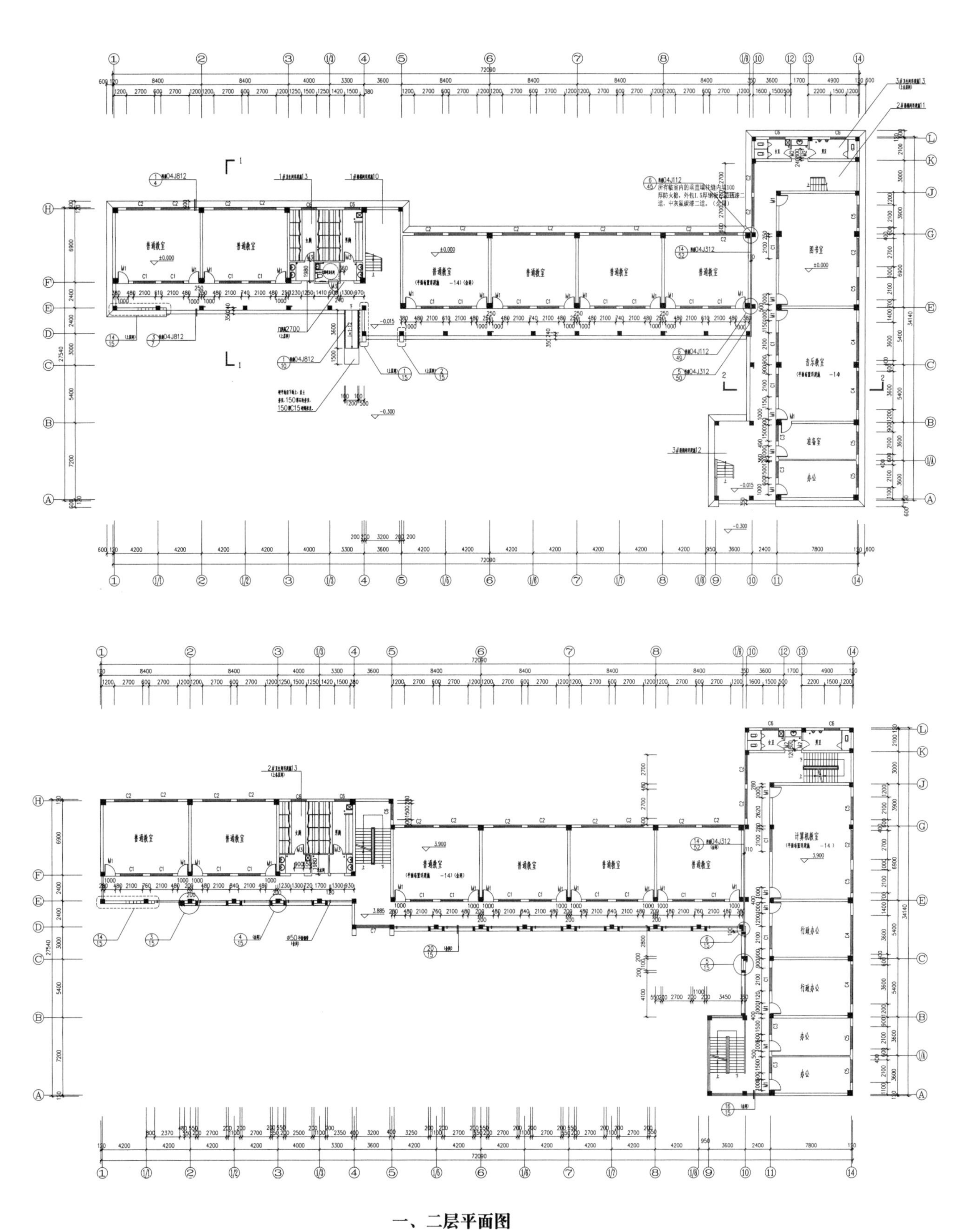

一、二层平面图

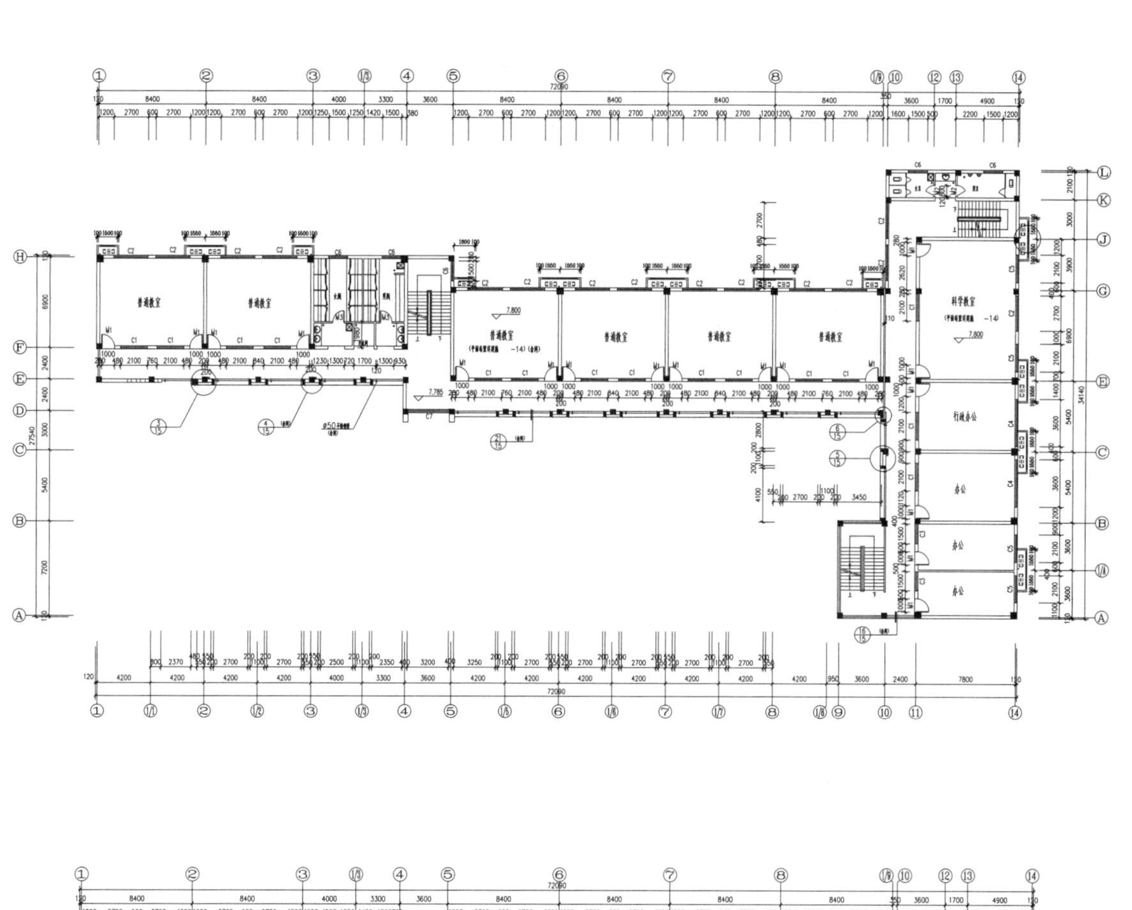

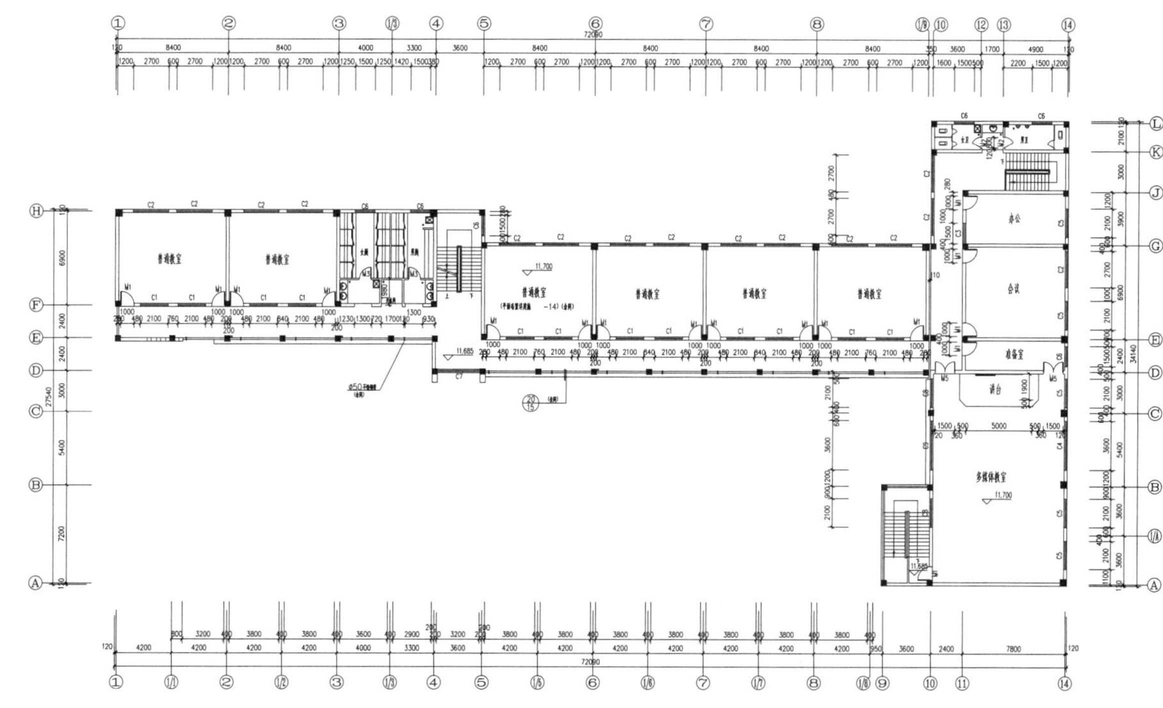

三、四层平面图

> 五层外廊式教学楼建筑施工图

设计说明

框架图纸深度 ：方案（初设图）
结构形式：钢筋混凝土结构
高度类别：多层建筑

设计风格：现代风格设计流派
建筑高度：18m

内容简介

本套图纸包括：设计说明、做法表、各层平面图、立面图、剖面图、门窗表、门窗大样、节点详图

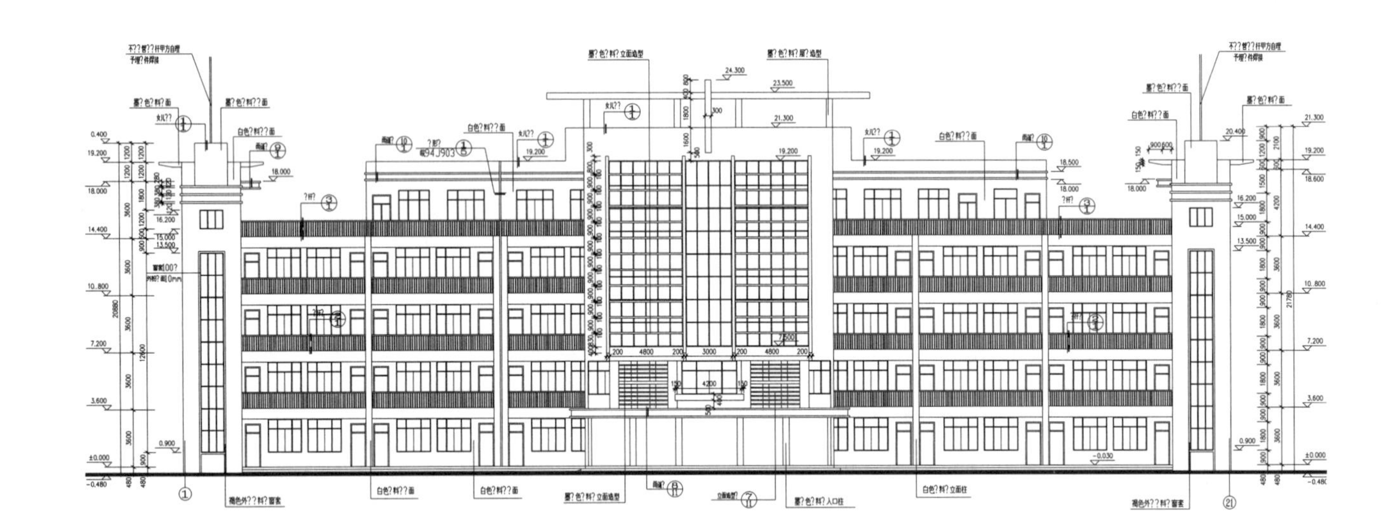

立面图

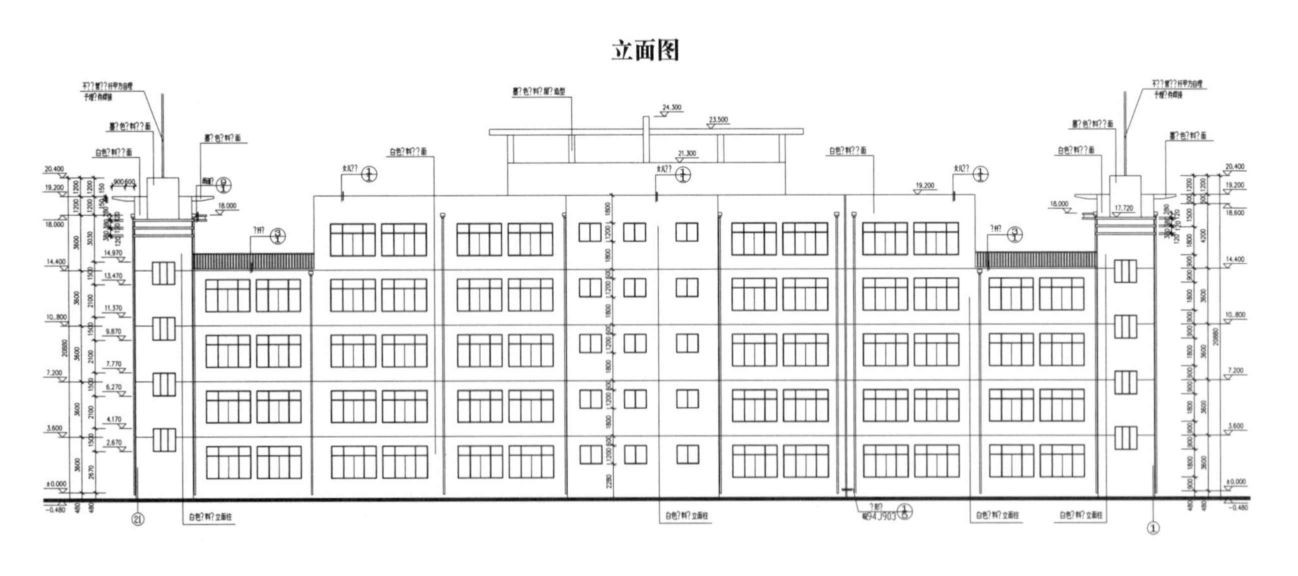

立面图

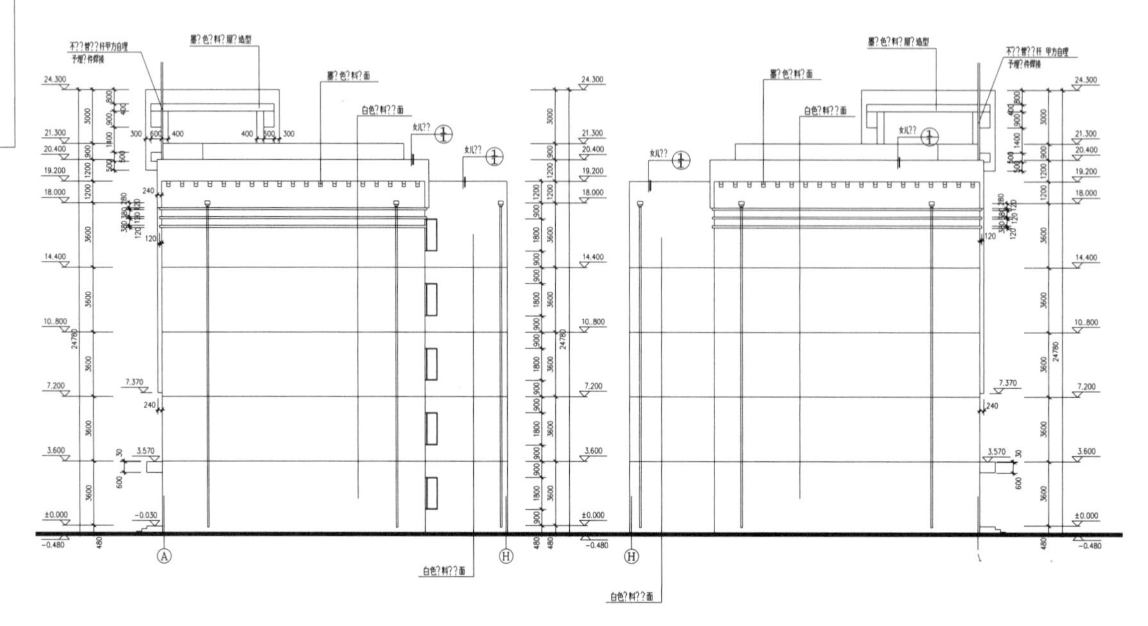

剖面图

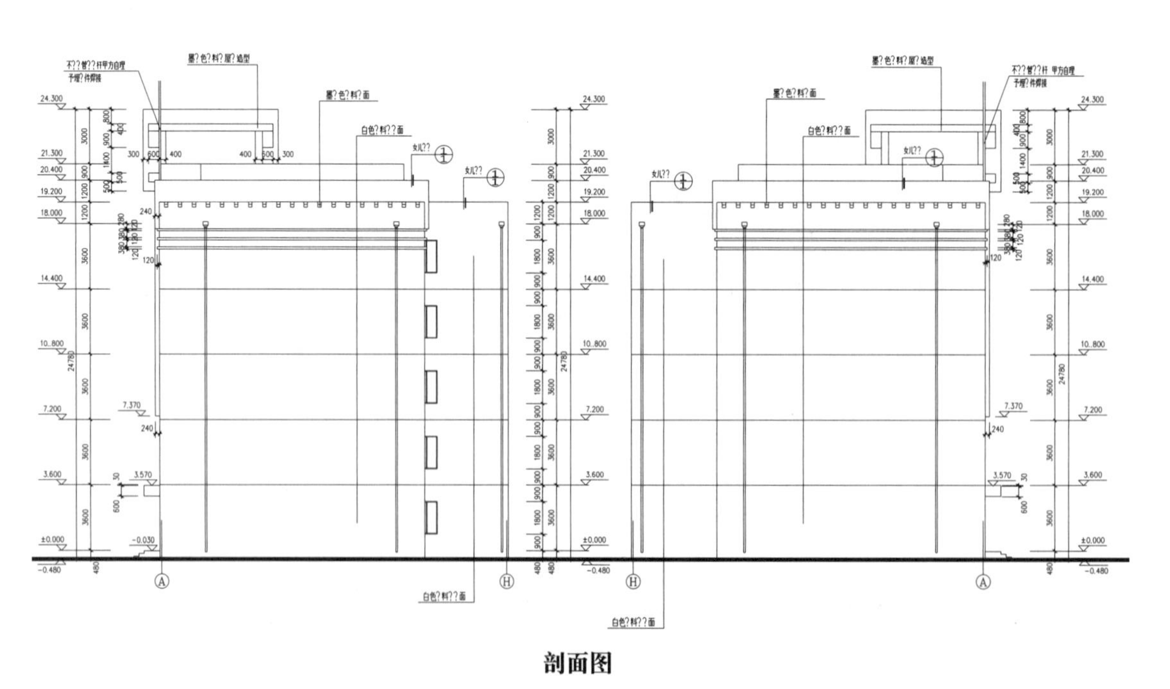

剖面图

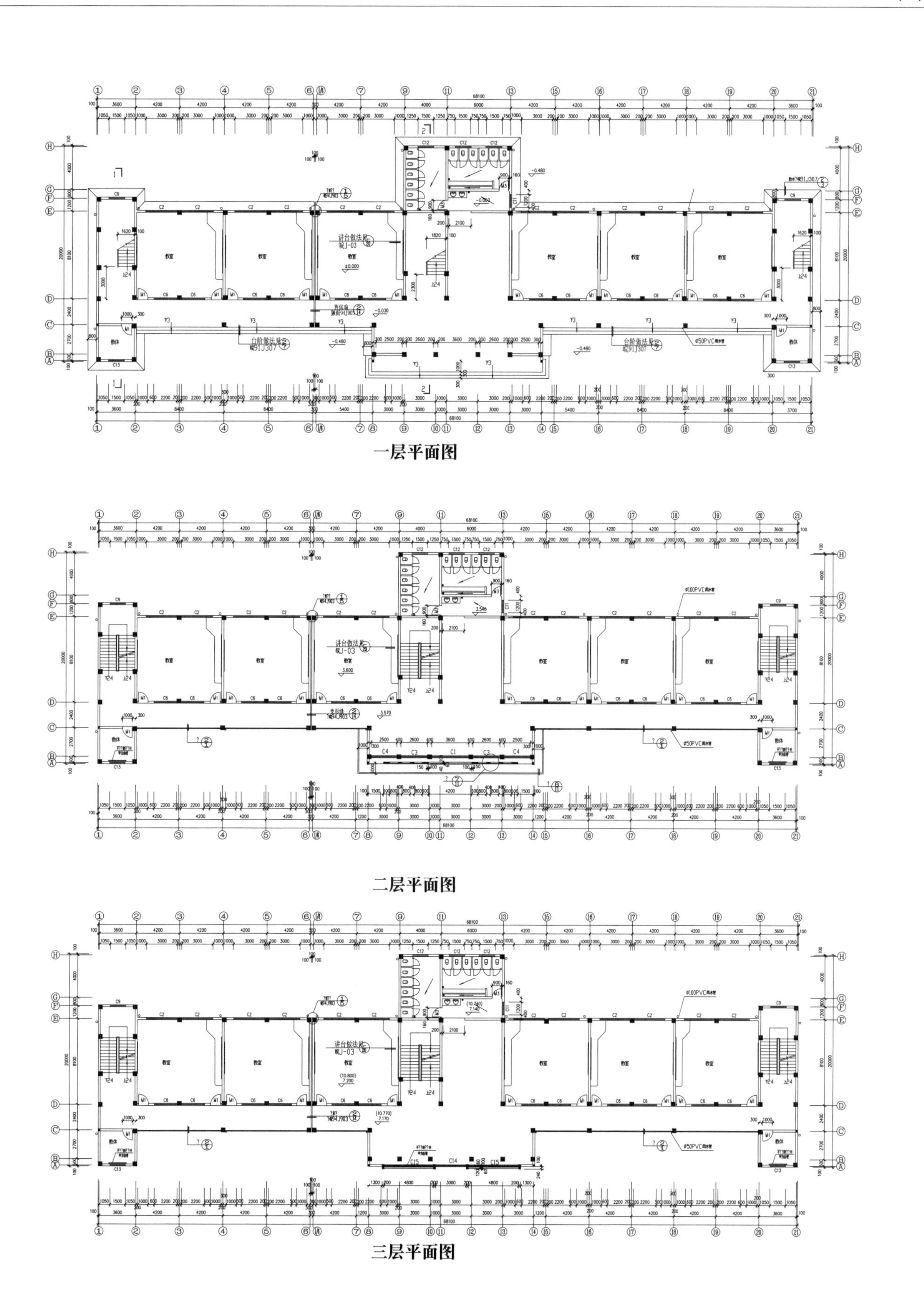

一层平面图

二层平面图

三层平面图

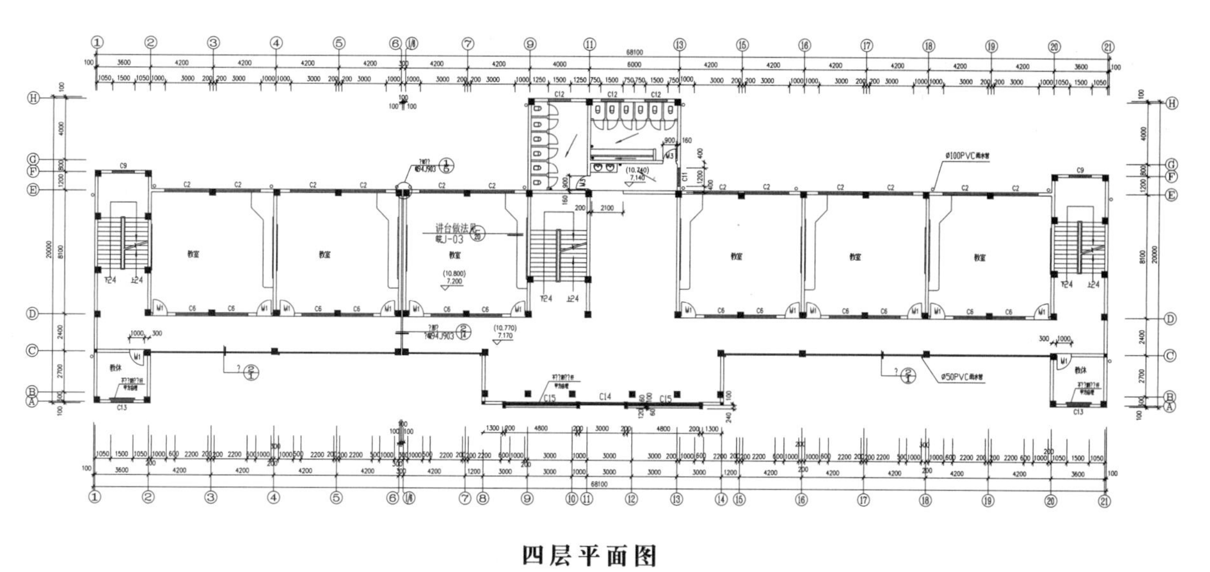

四层平面图

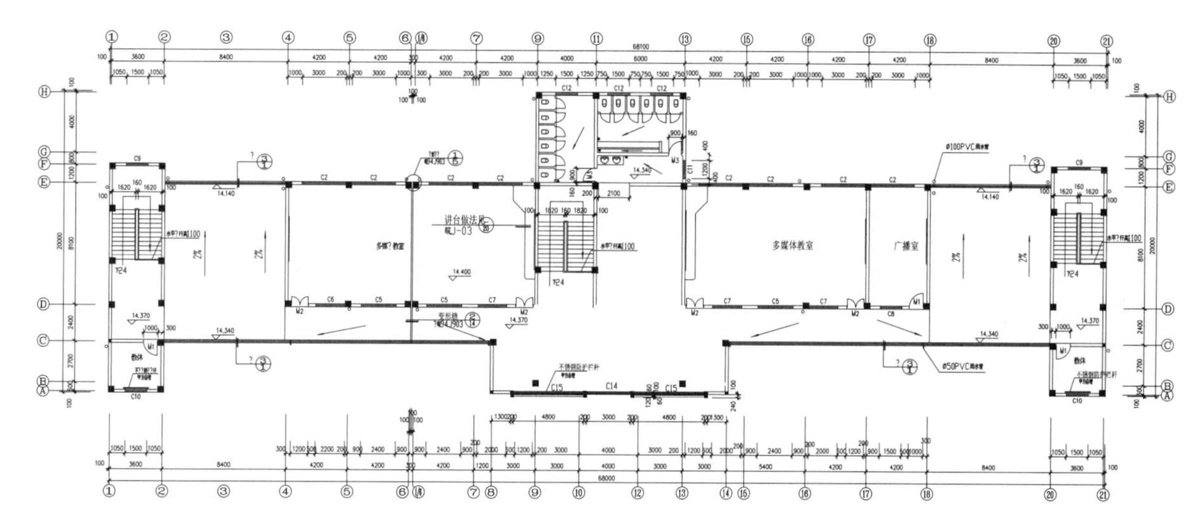

五层平面图

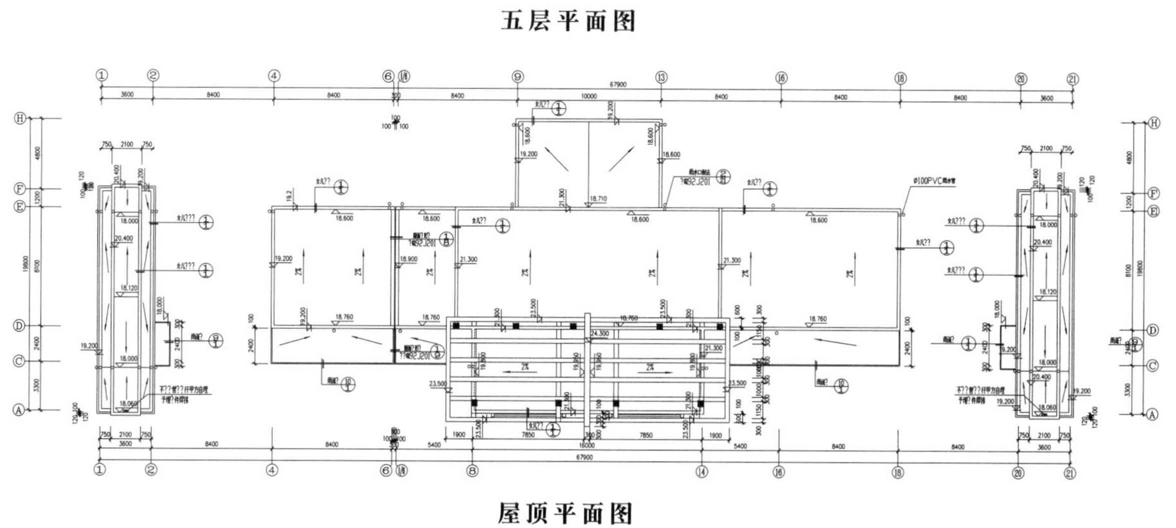

屋顶平面图

> 小学五层行政楼建筑施工图

设计说明

框架图纸深度　：方案（初设图）
结构形式：钢筋混凝土结构
高度类别：多层建筑
设计风格：现代风格设计流派
建筑高度：20.7m

内容简介

本套图纸包括：设计说明、工程做法、门窗表、各层平面图、立面图、剖面图、坡道大样、楼梯大样、门窗大样、墙身大样、卫生间详图

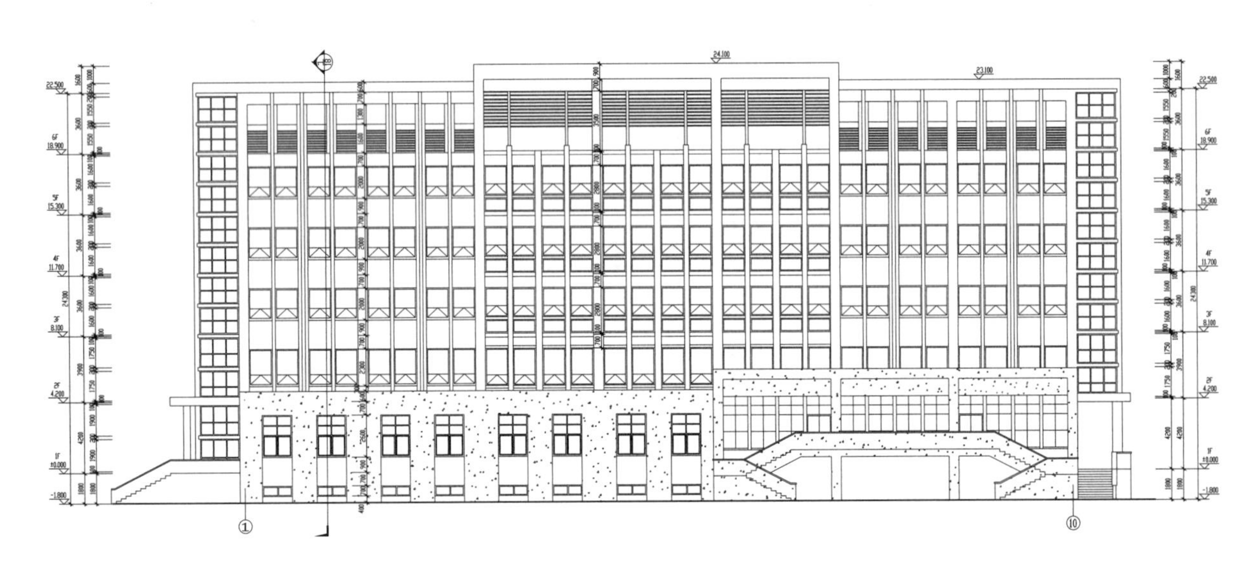

立面图

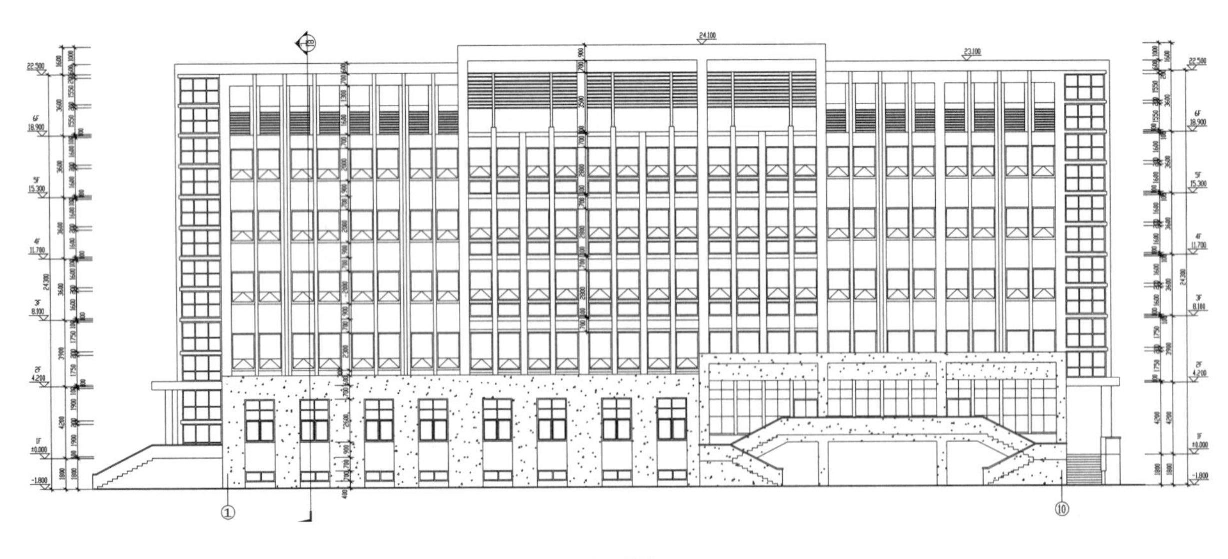

立面图

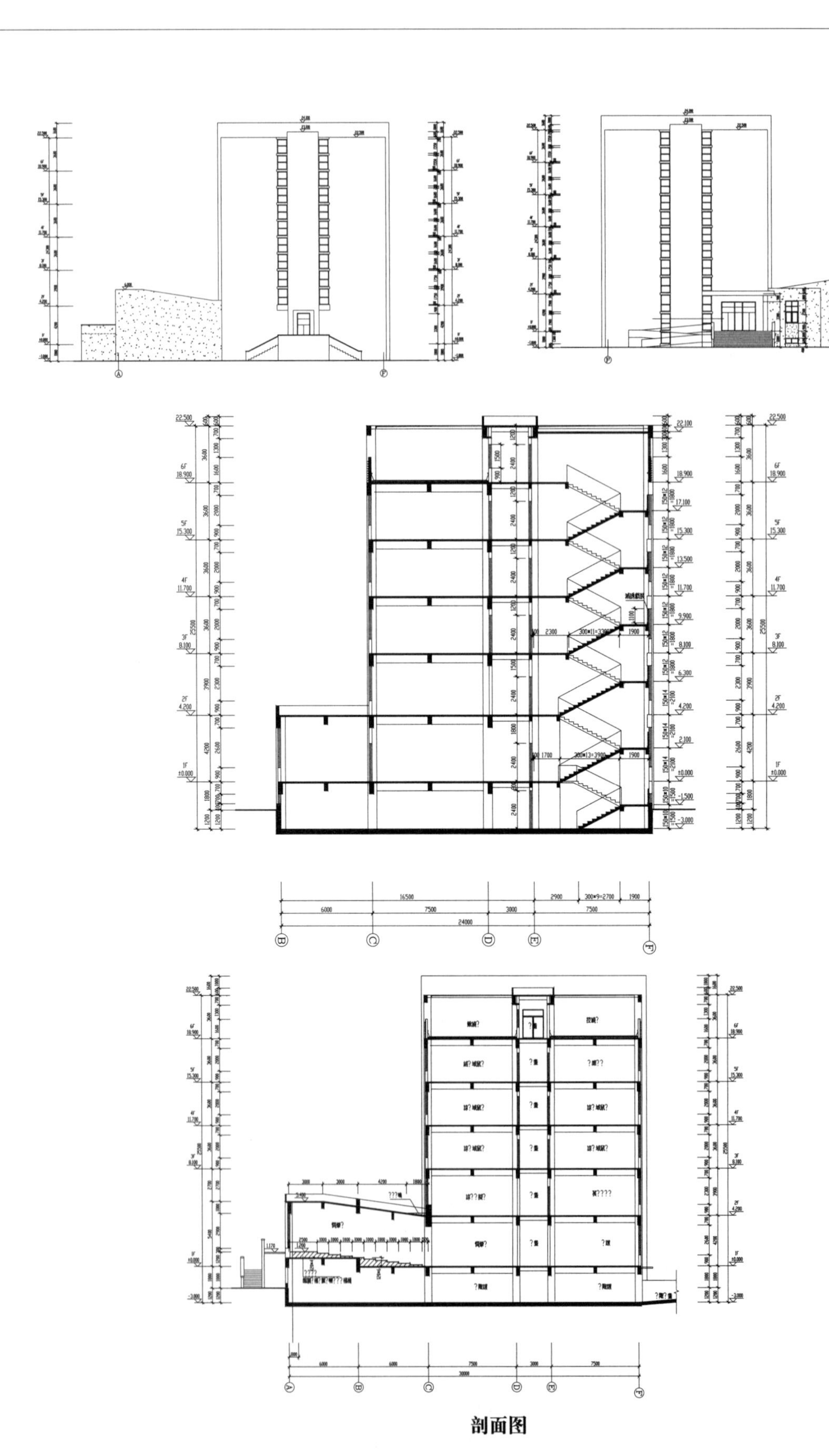

剖面图

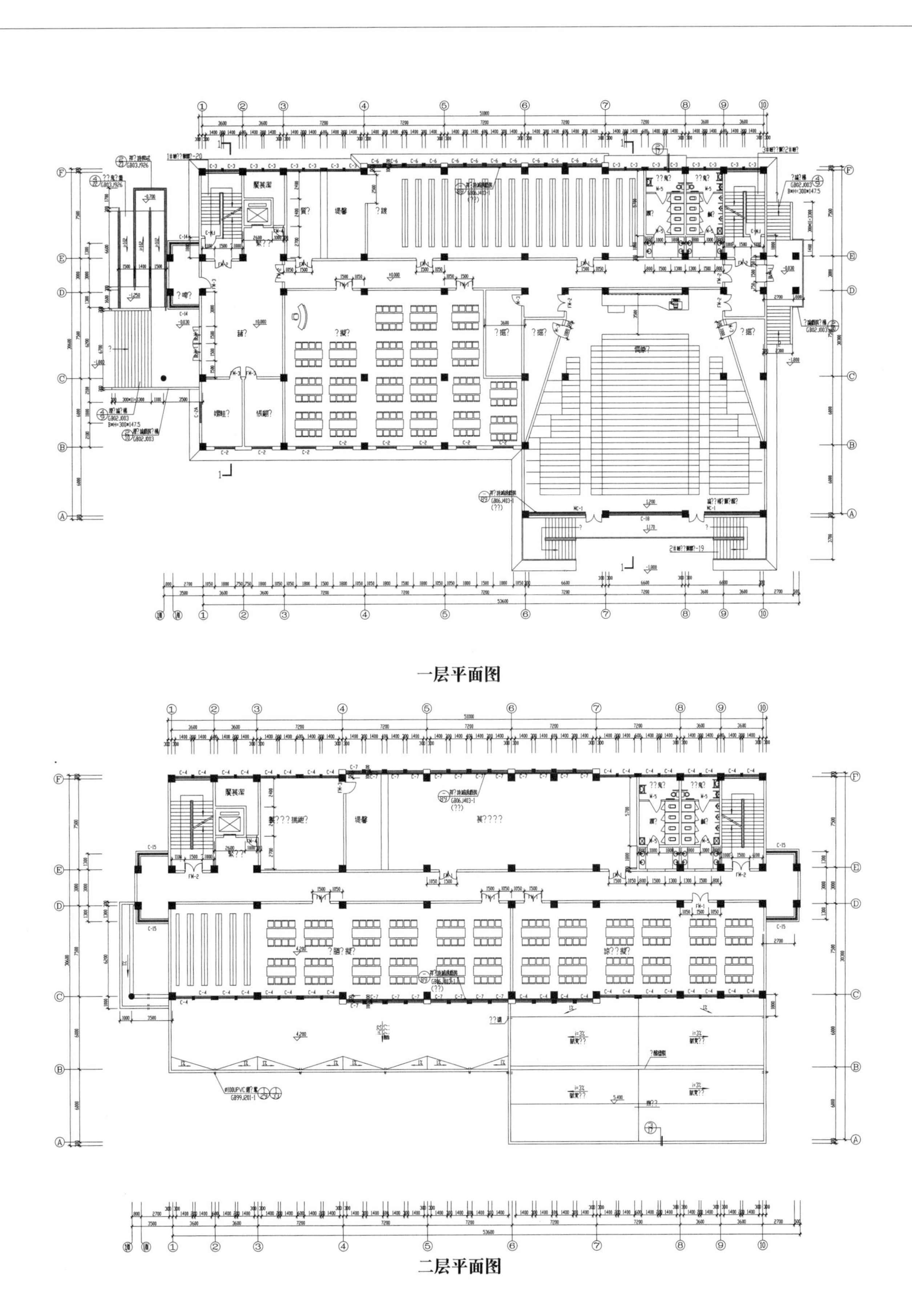

一层平面图

二层平面图

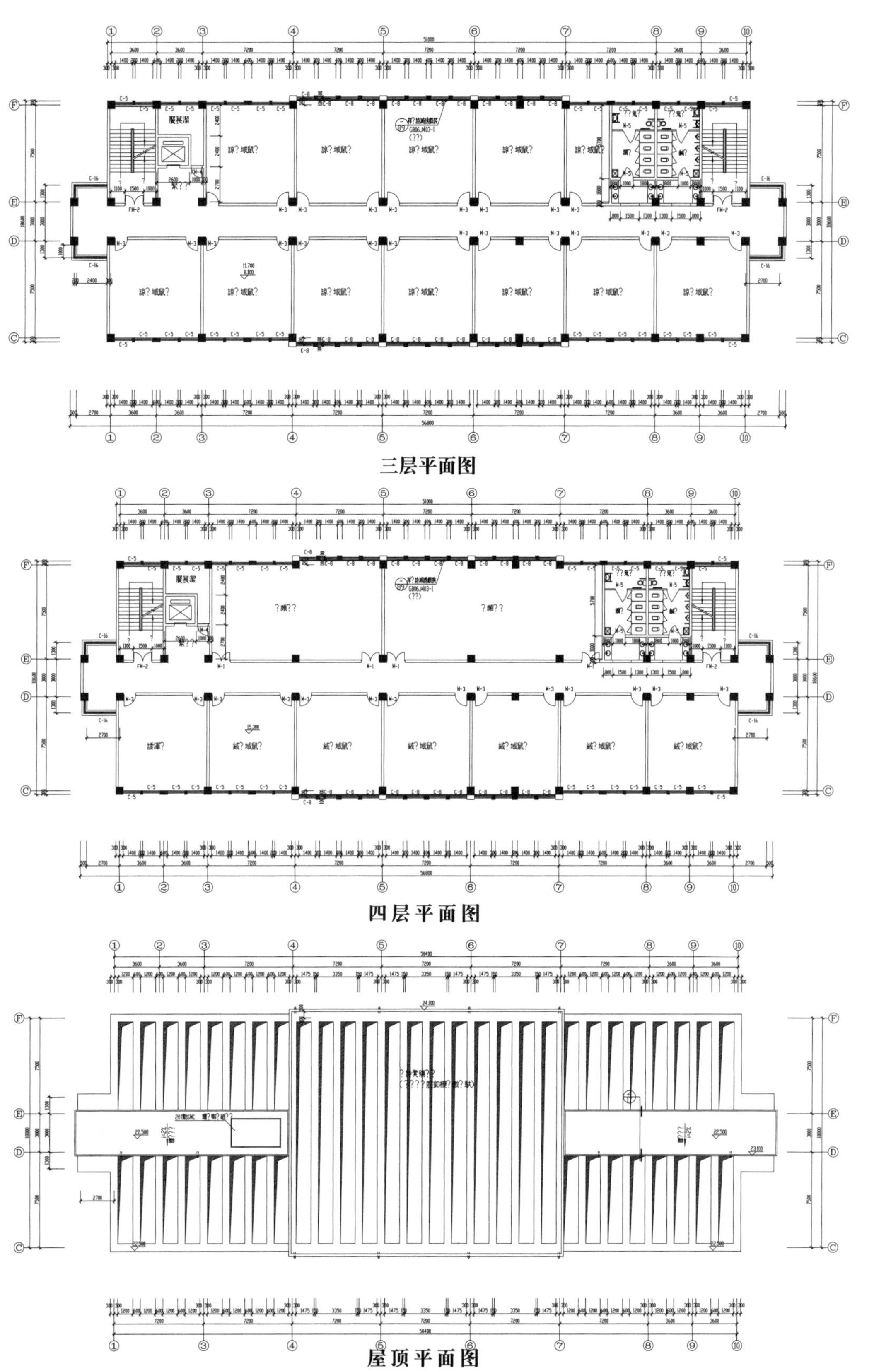

三层平面图

四层平面图

屋顶平面图

> 小学六层宿舍建筑施工图

设计说明

框架图纸深度　：方案（初设图）
结构形式：钢筋混凝土结构
高度类别：多层建筑

设计风格：现代风格设计流派
建筑高度：22.8m

内容简介

本套图纸包括：设计说明、工程做法、门窗表、各层平面图、立面图、剖面图、楼梯大样、门窗大样、墙身大样、卫生间详图

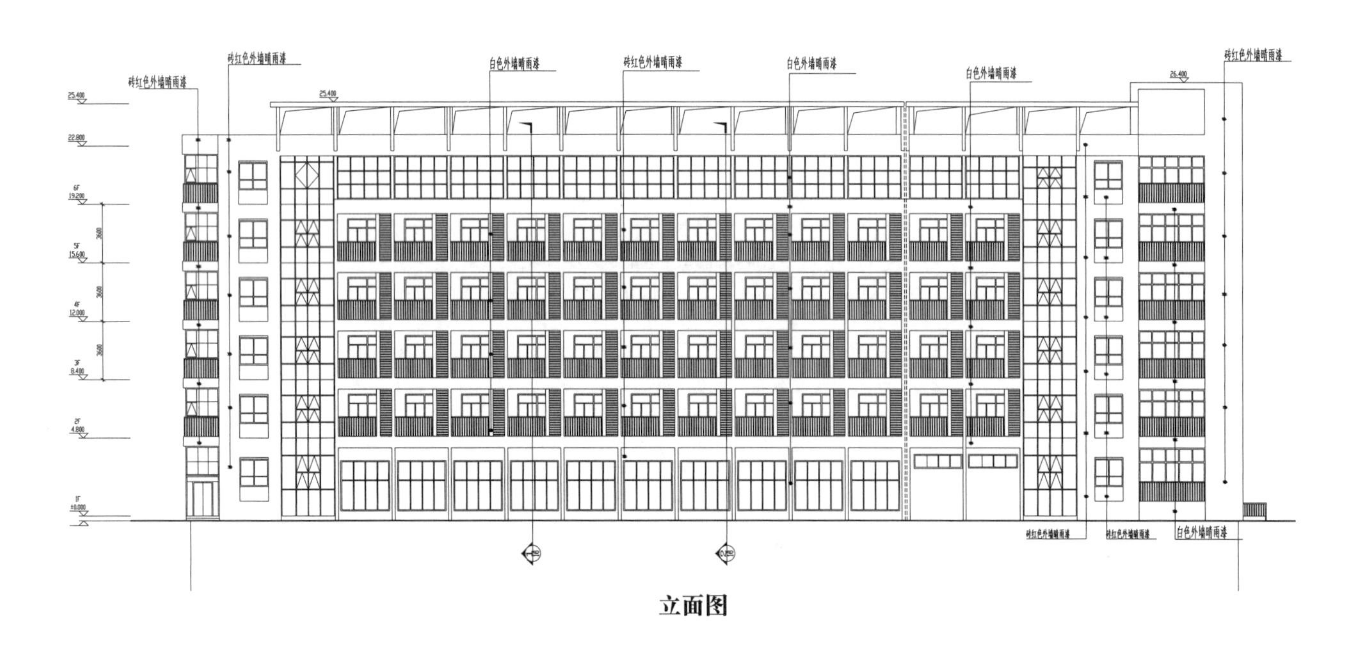

立面图

立面图

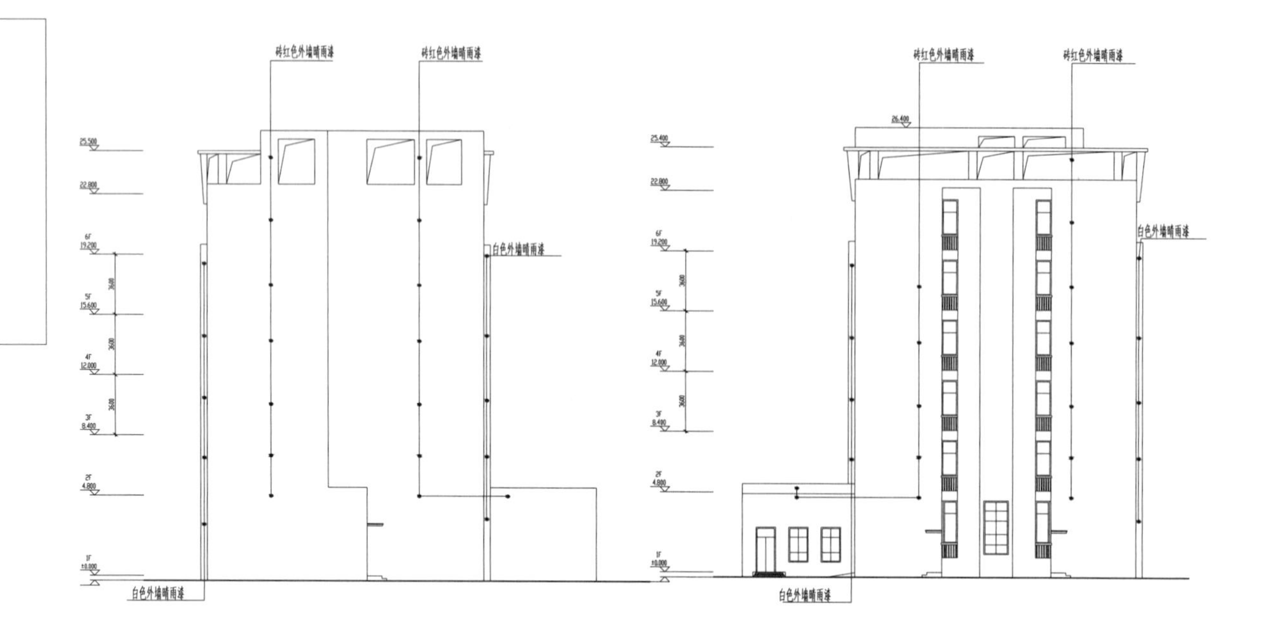

剖面图

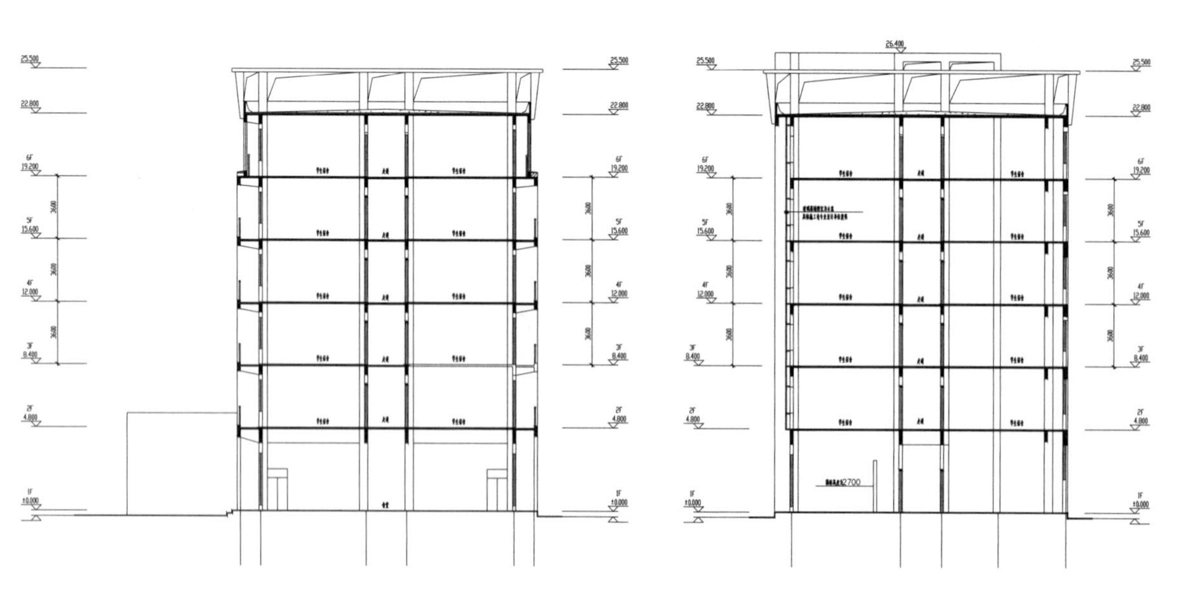

剖面图

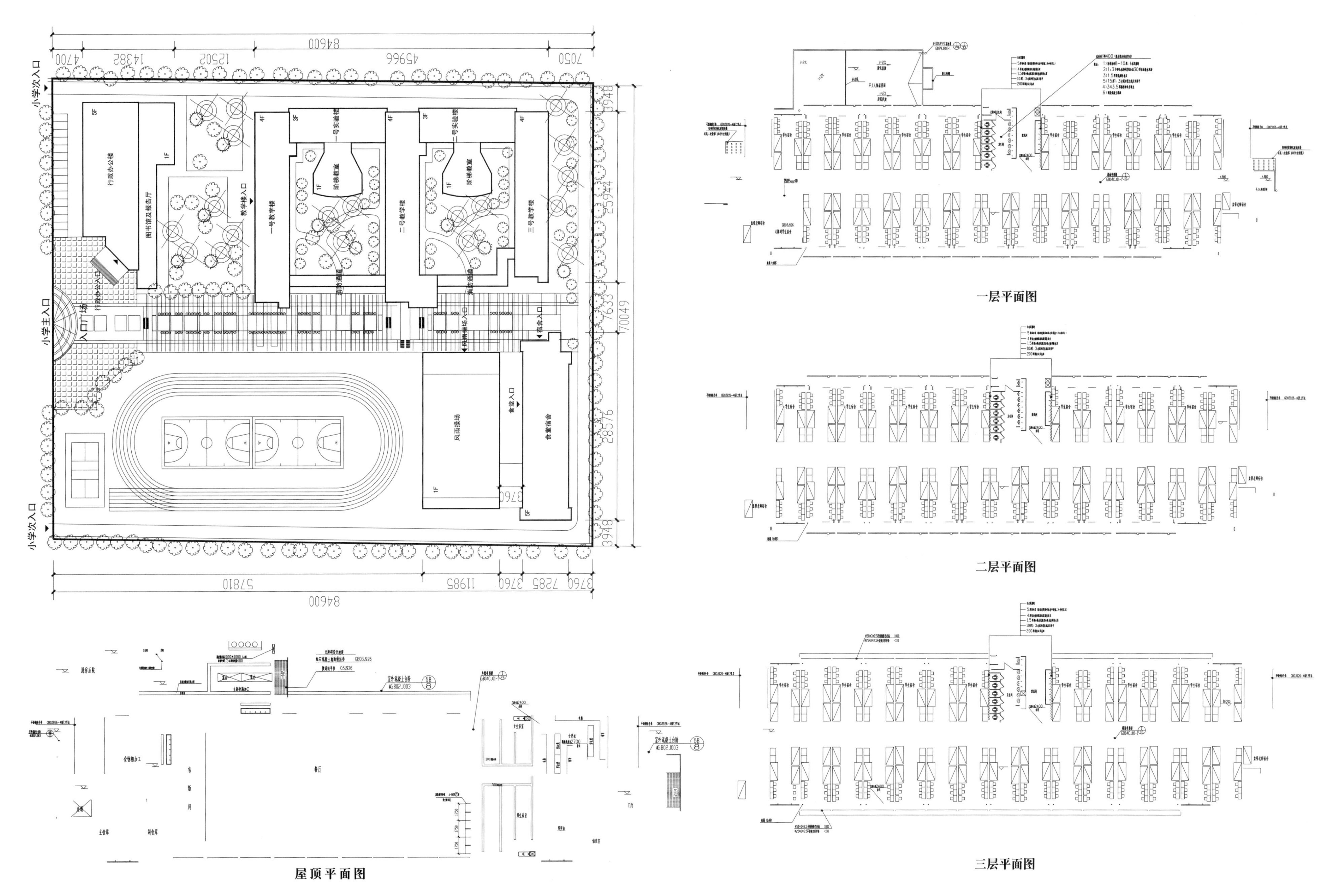

一层平面图

二层平面图

三层平面图

屋顶平面图

> 小学四层教学综合楼建筑施工图

设计说明

框架图纸深度 ：方案（初设图）
结构形式：钢筋混凝土结构
高度类别：多层建筑
设计风格：现代风格设计流派
建筑高度：16.05m

内容简介

本套图纸包括：设计说明、工程做法、节能设计一览表、门窗表、总平面布置图、各层平面图、立面图、剖面图、坡道大样、楼梯大样、门窗大样、墙身大样、卫生间详图、阶梯教室详图、连廊断面图

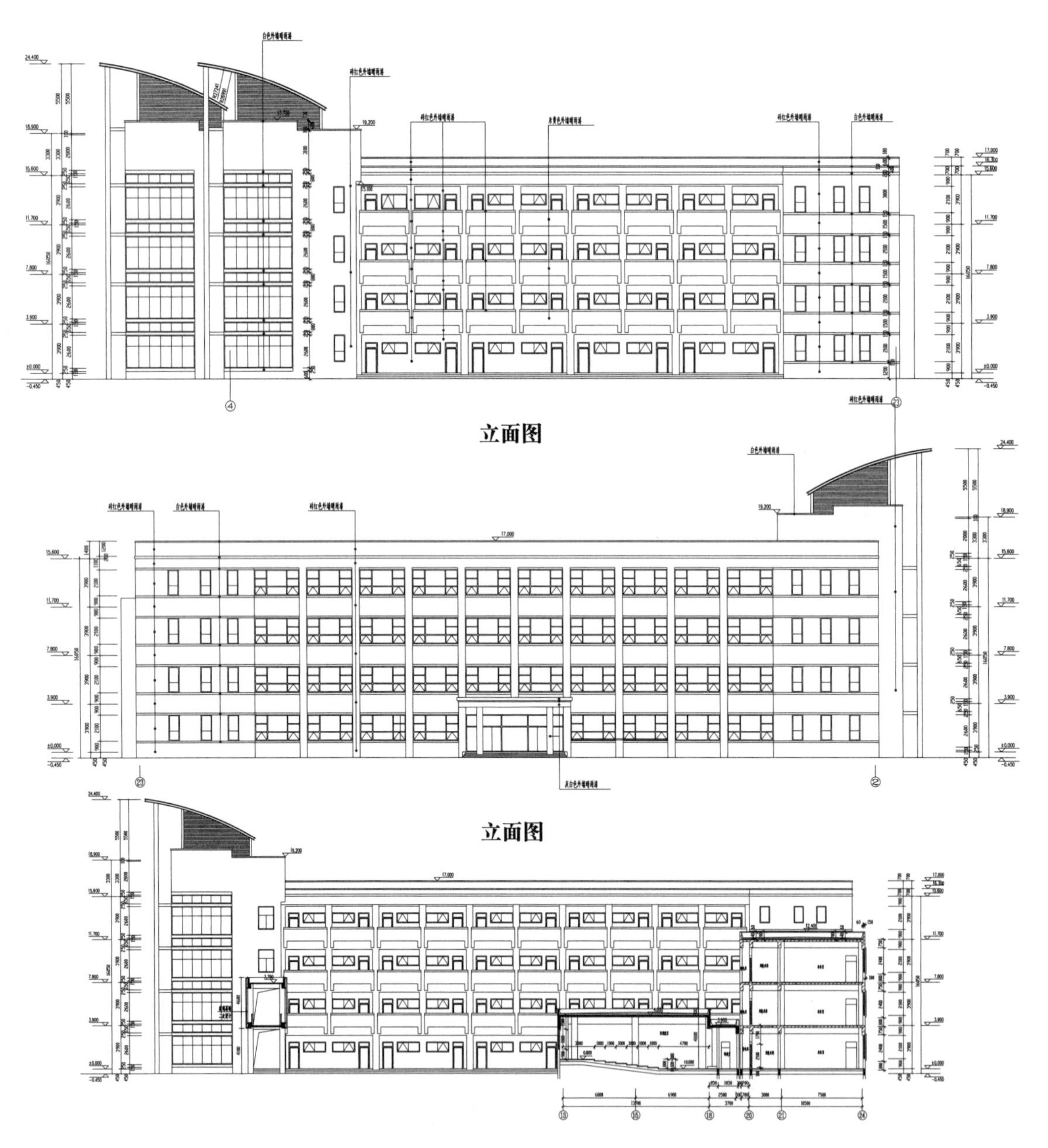

立面图

立面图

立面图

立面图

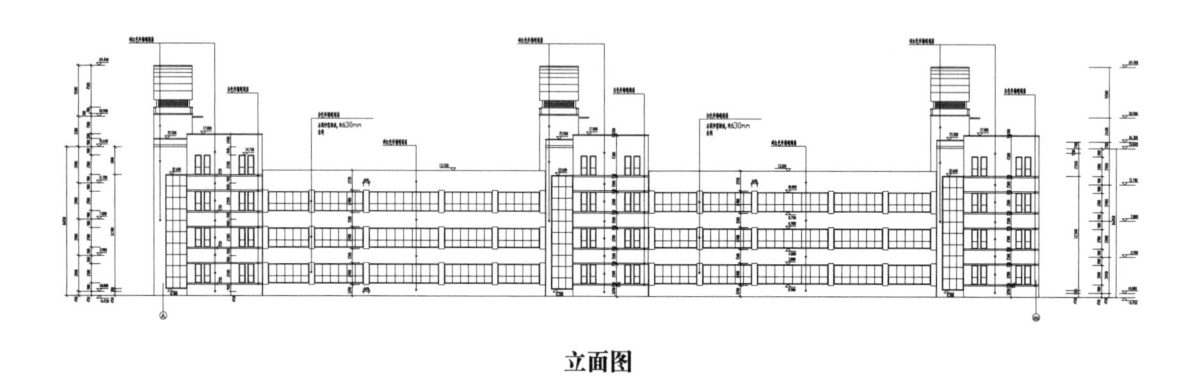

立面图

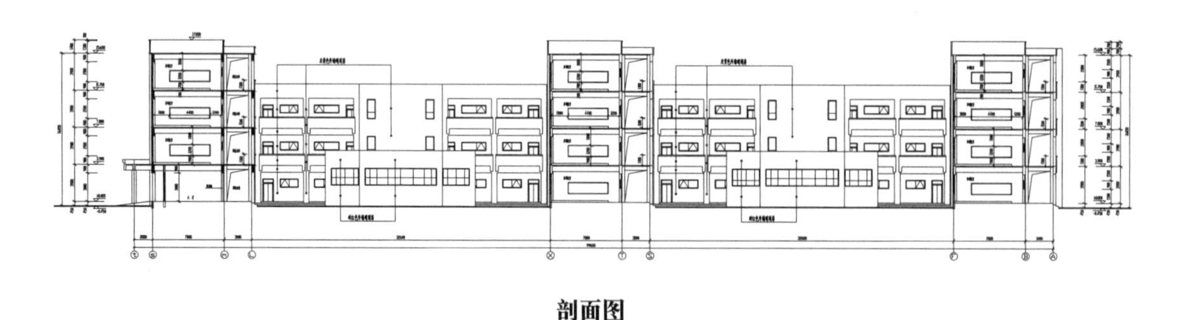

剖面图

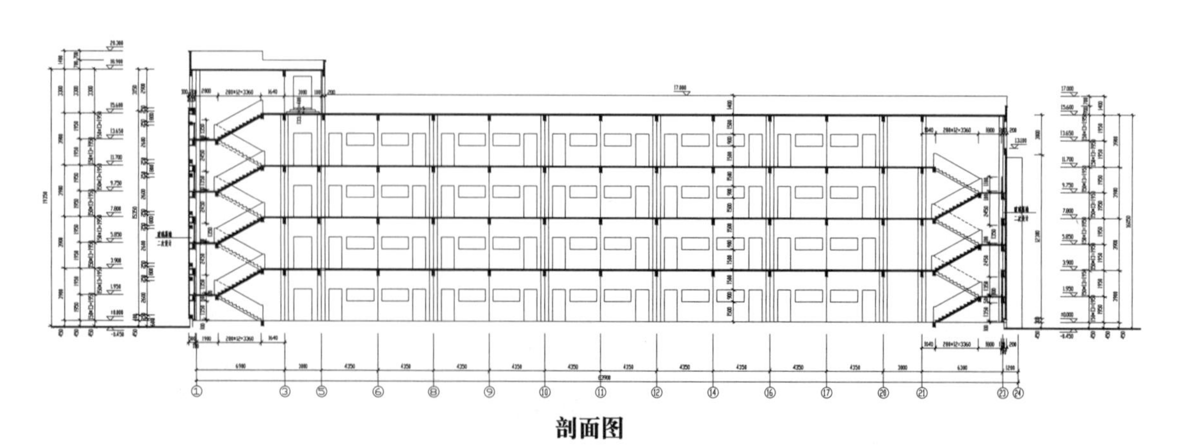

剖面图

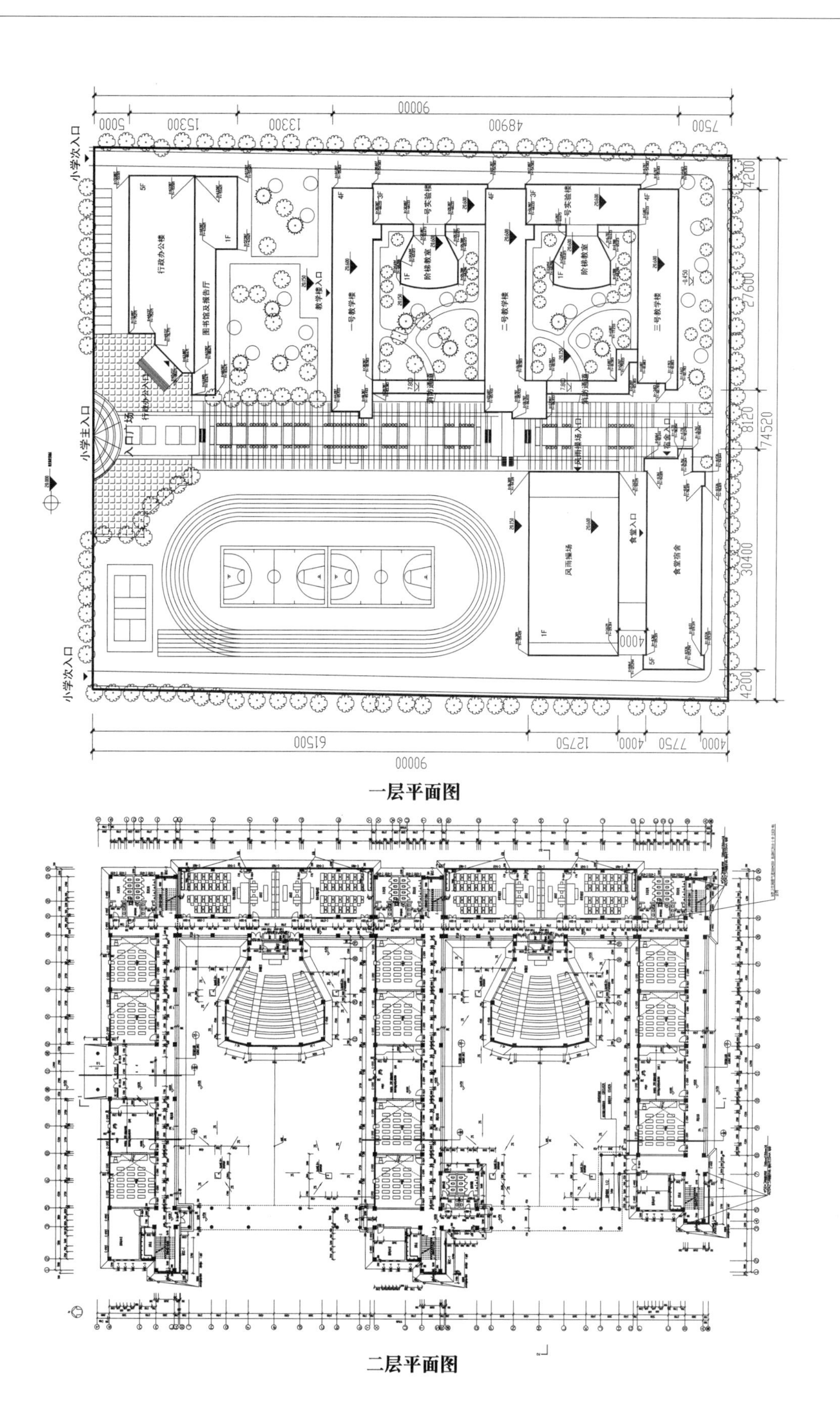

一层平面图

二层平面图

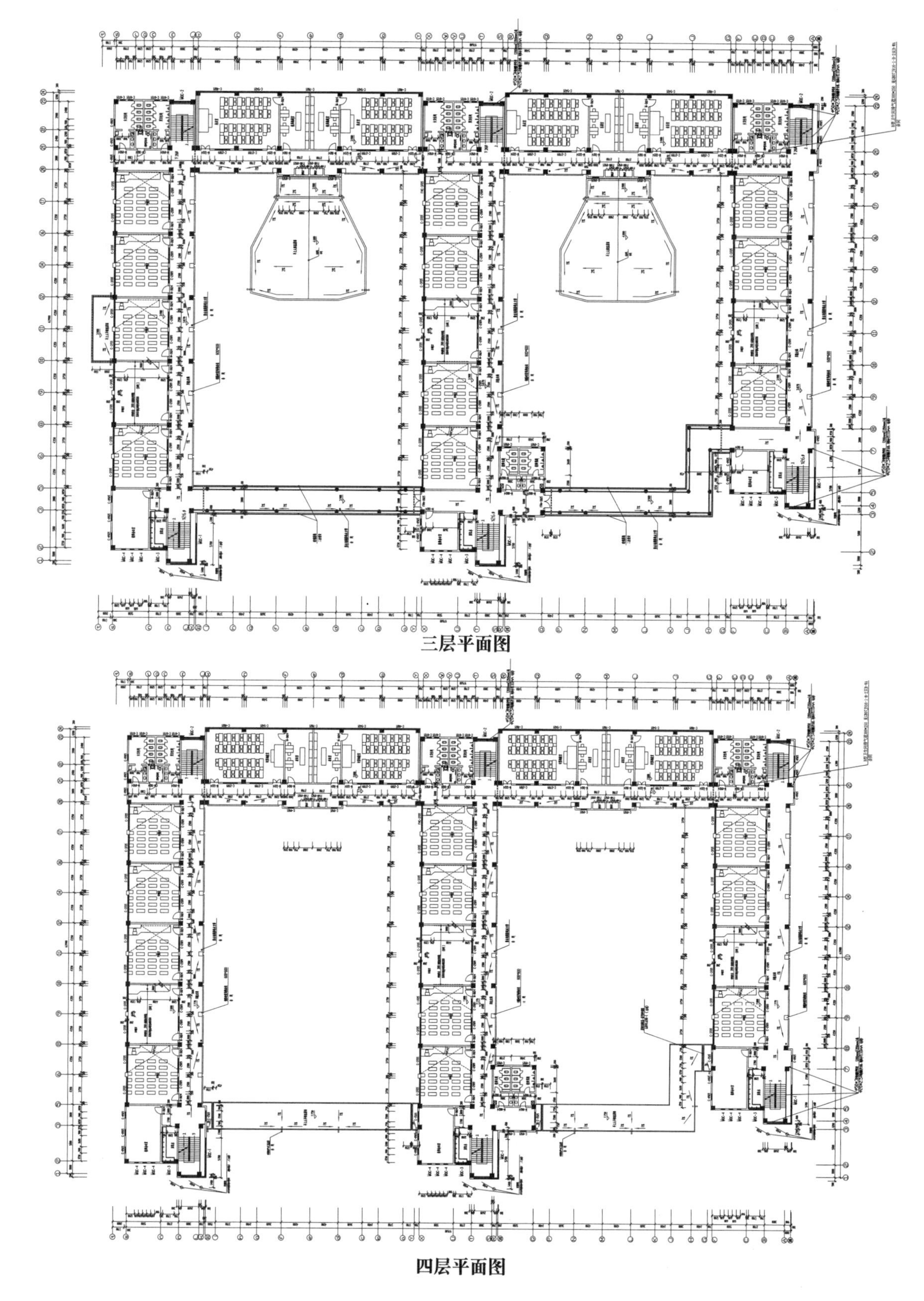

三层平面图

四层平面图

> 小学四层教学楼建筑图

设计说明

框架图纸深度　：方案（初设图）
结构形式：钢筋混凝土结构
高度类别：多层建筑

设计风格：哈佛红
建筑高度：15.6m

内容简介

本套图纸包括：各层平面图、立面图、剖面图
功能：教室、办公室、风雨操场

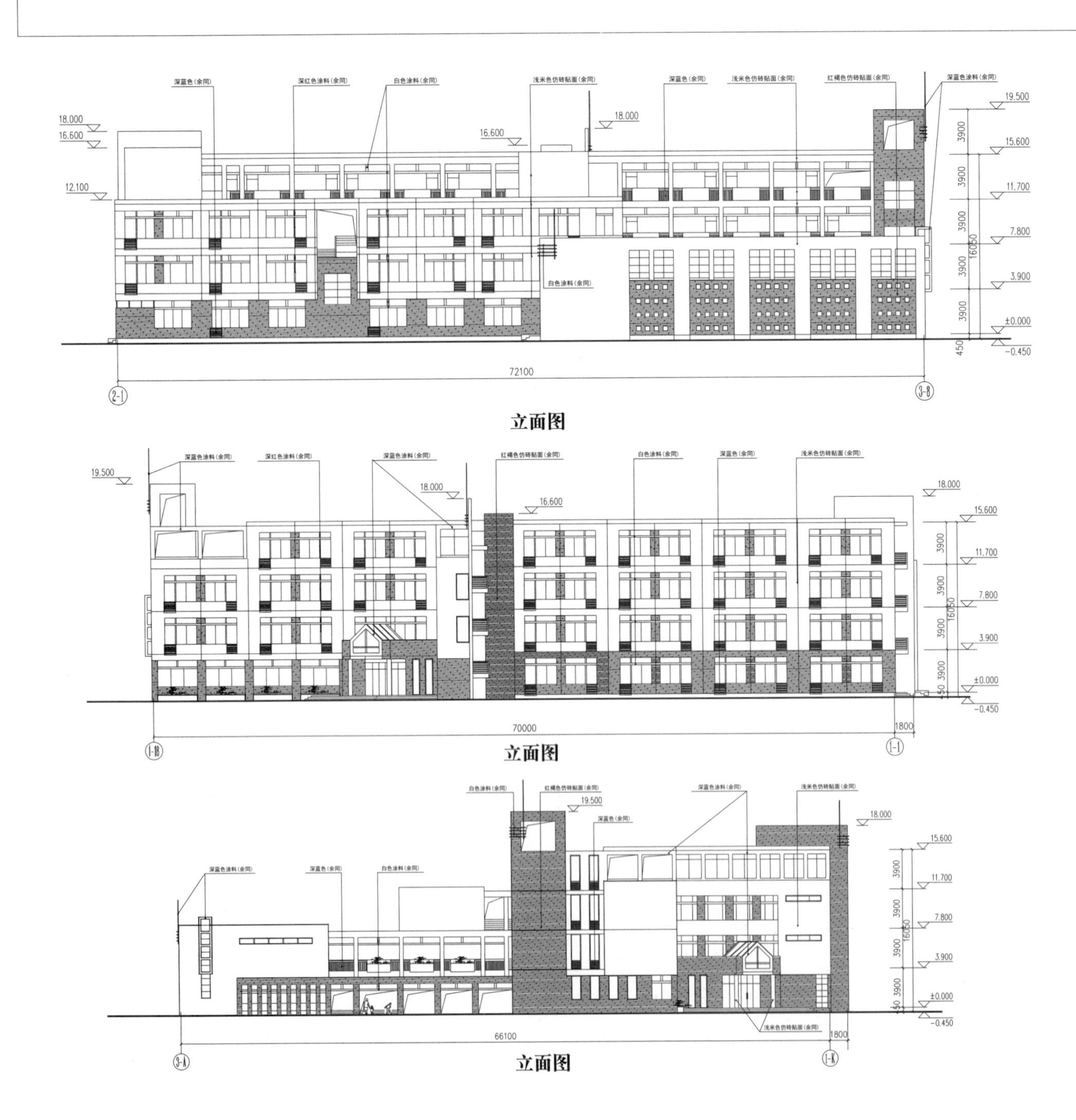

立面图

立面图

立面图

立面图

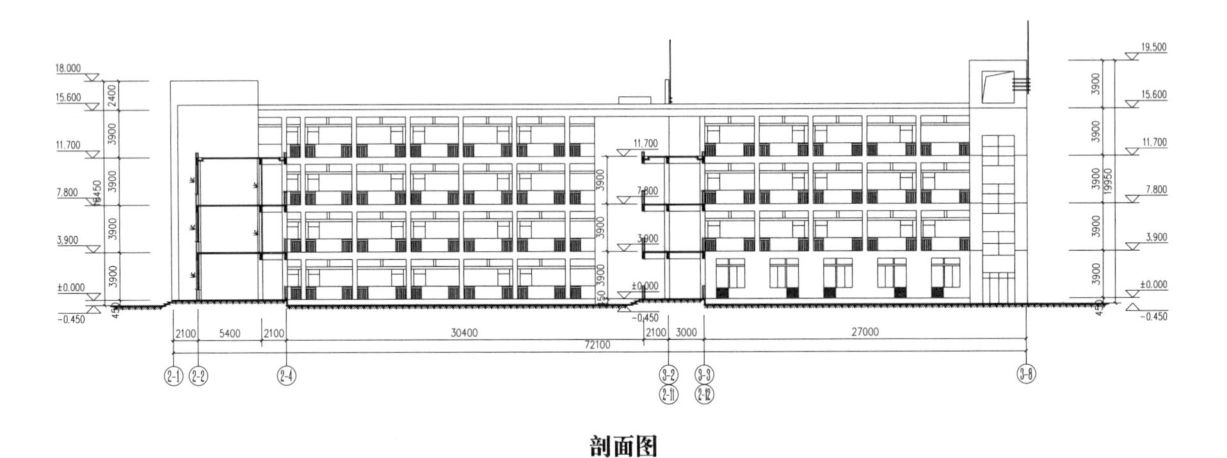

剖面图

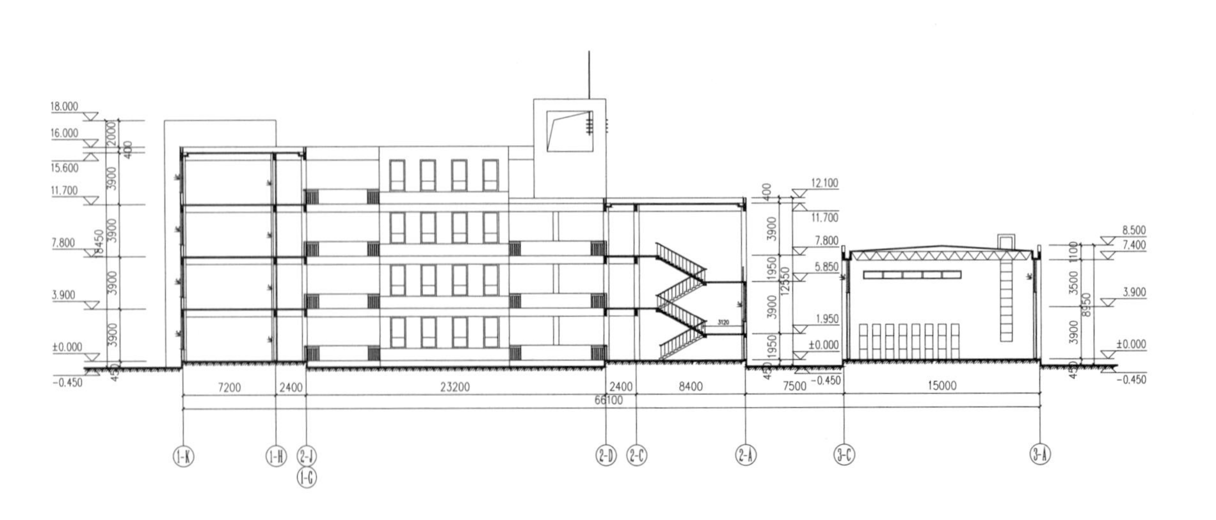

剖面图

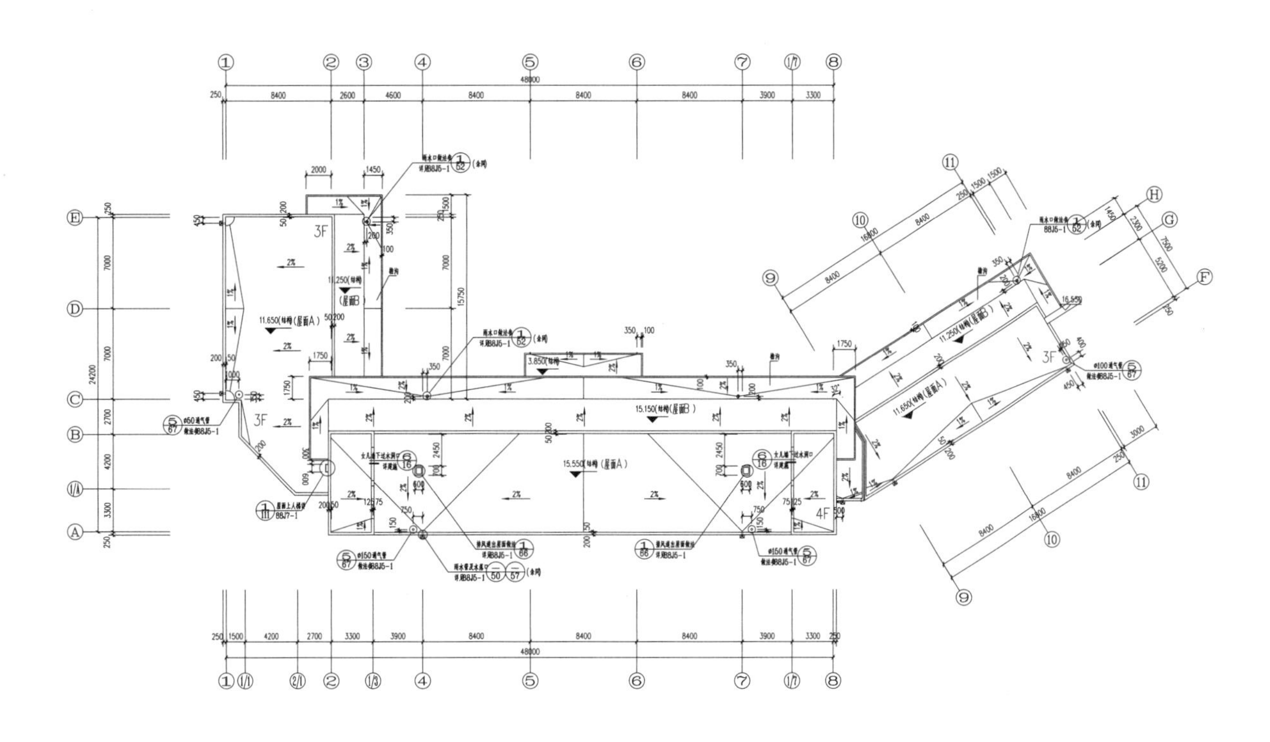

一层平面图

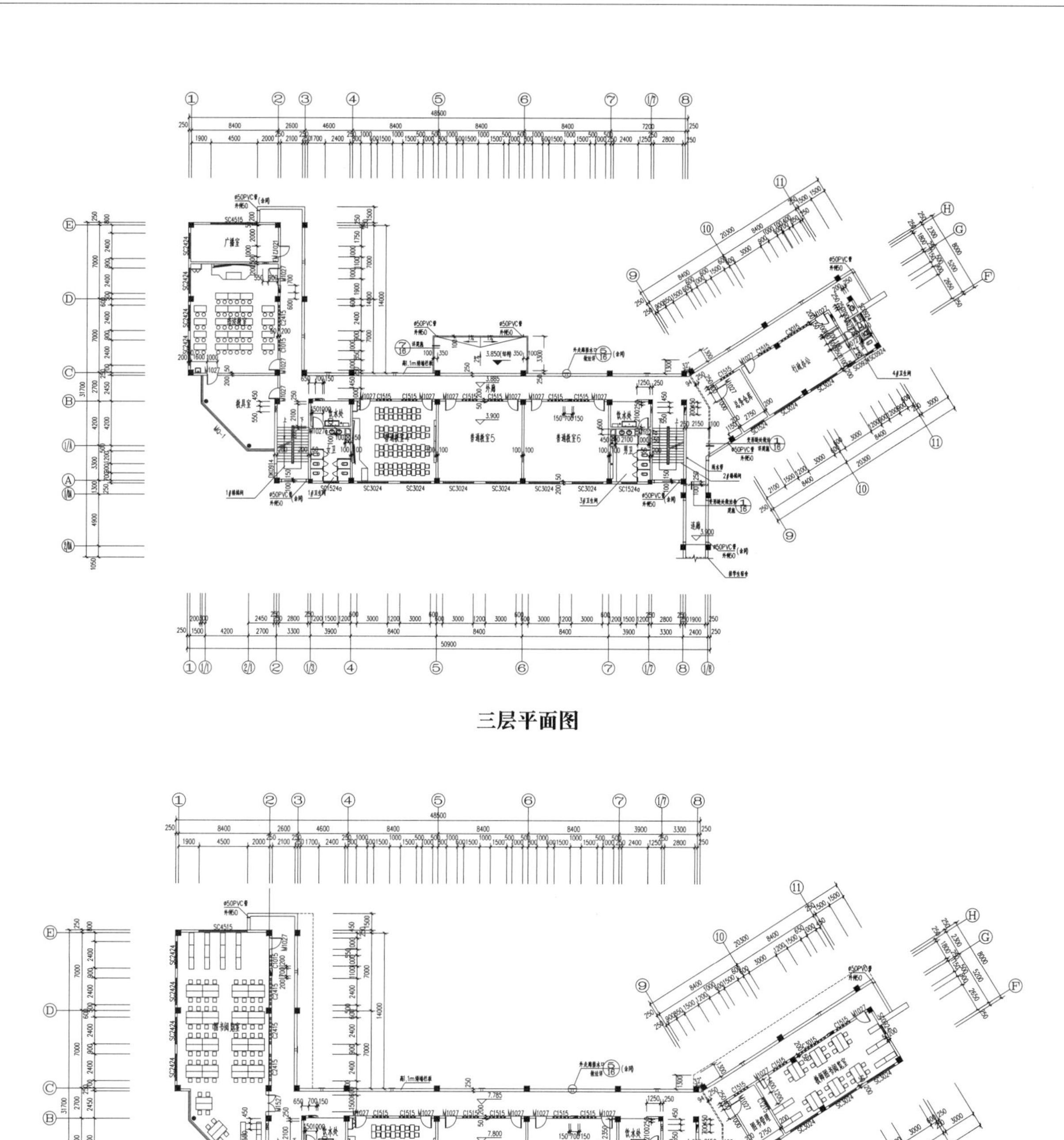

三层平面图

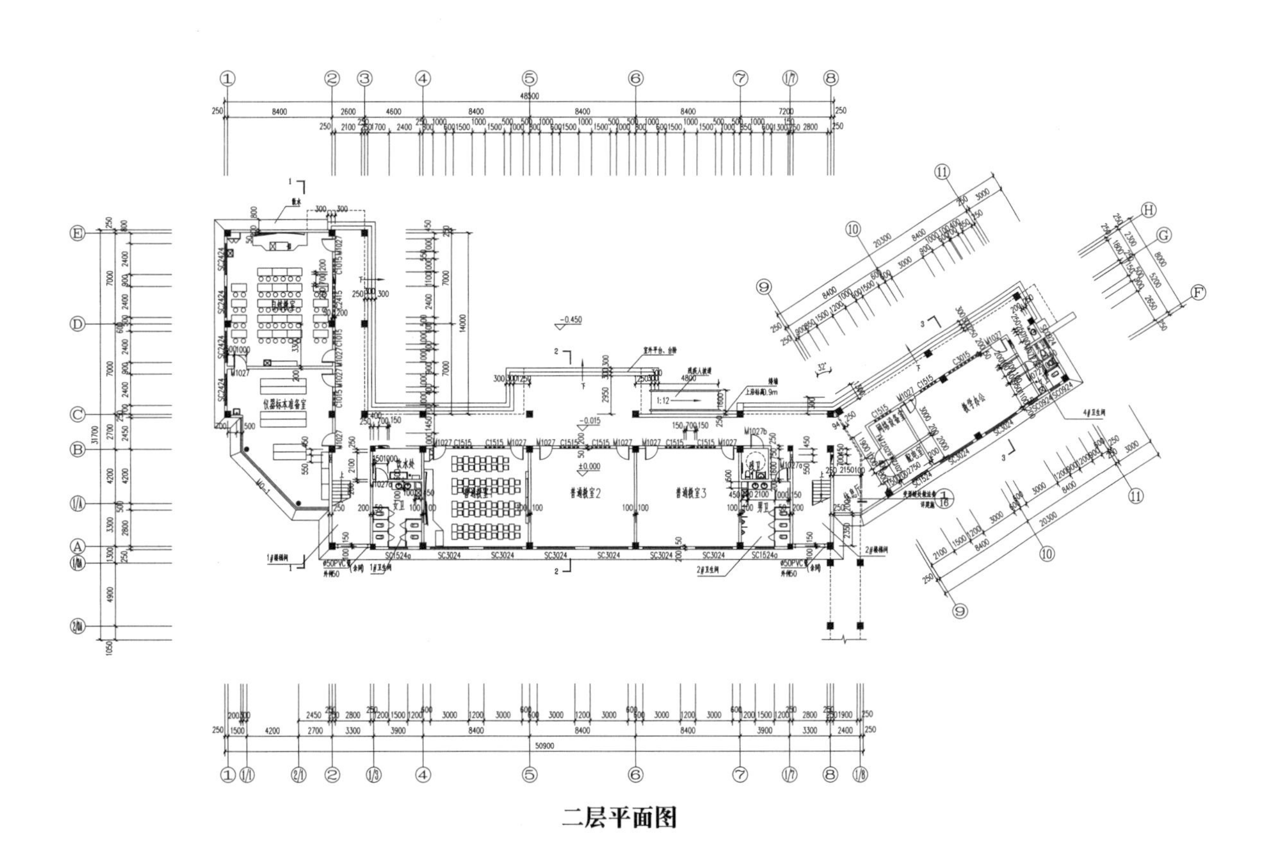

二层平面图

四层平面图

> 小学科技综合楼建筑扩初图

设计说明

框架图纸深度 ：方案（初设图）
结构形式：钢筋混凝土结构
高度类别：多层建筑

设计风格：现代风格设计流派
建筑高度：20.850m

内容简介

本套图纸包括：设计说明、做法表、门窗表、平面图、立面图、剖面图、节点详图

剖面图

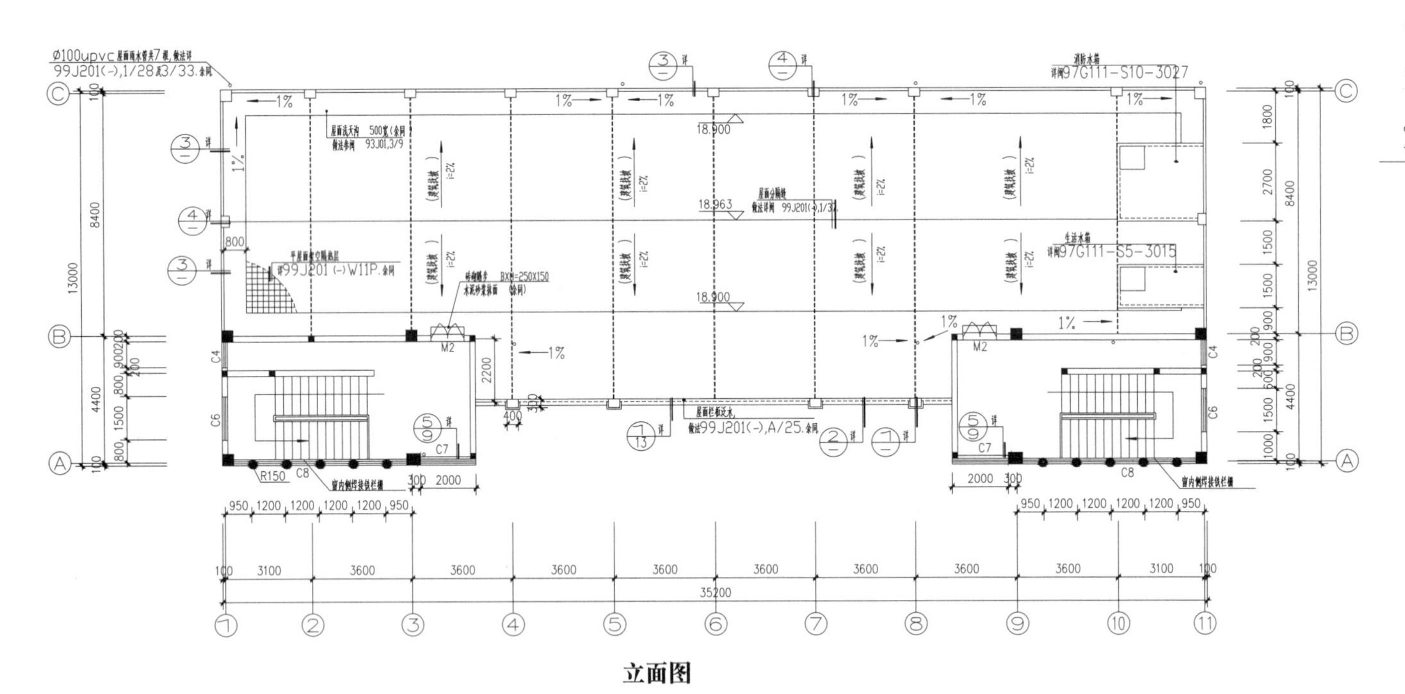

立面图

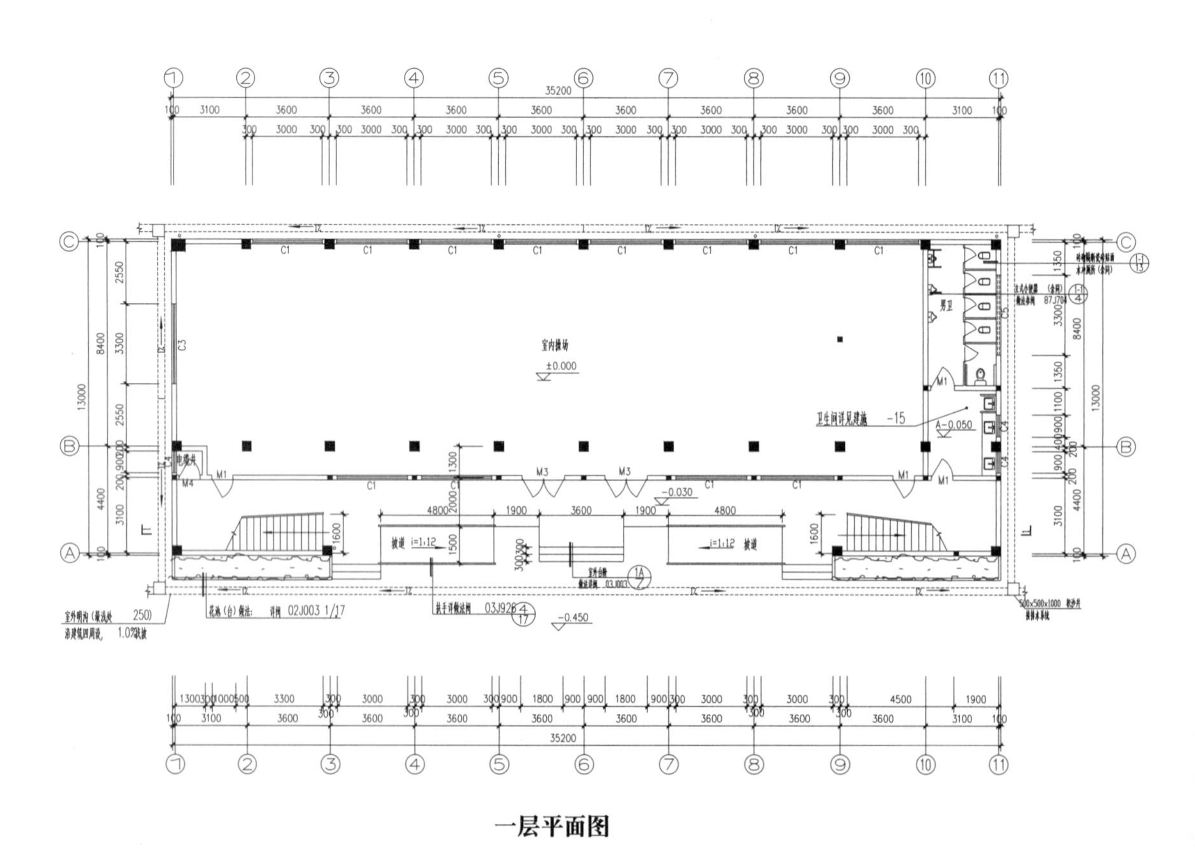

一层平面图

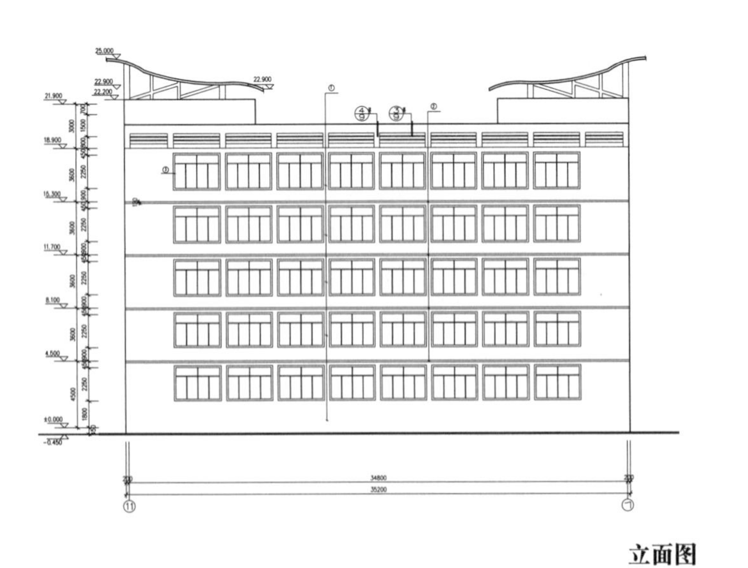

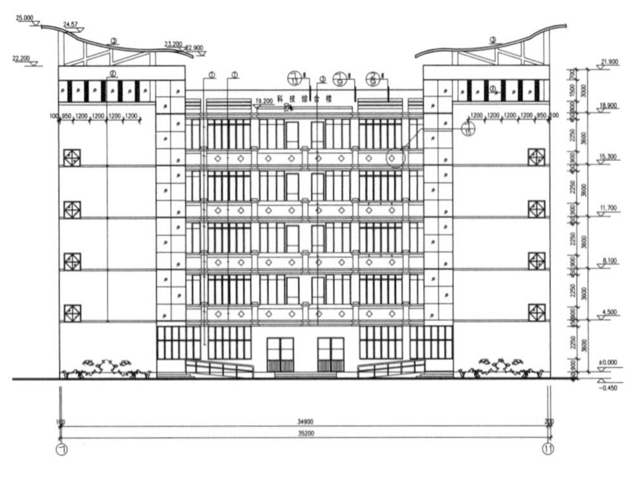

立面图

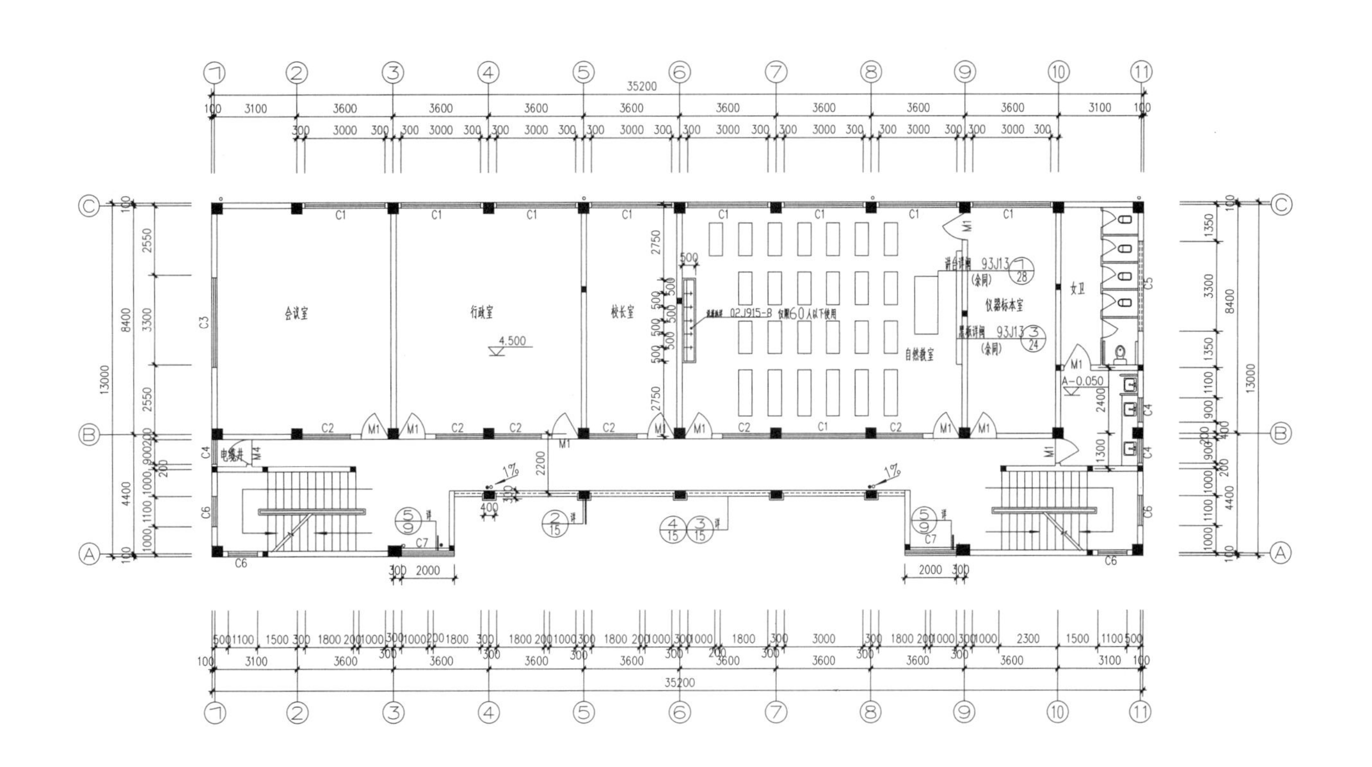

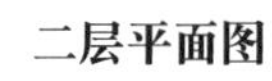

二层平面图

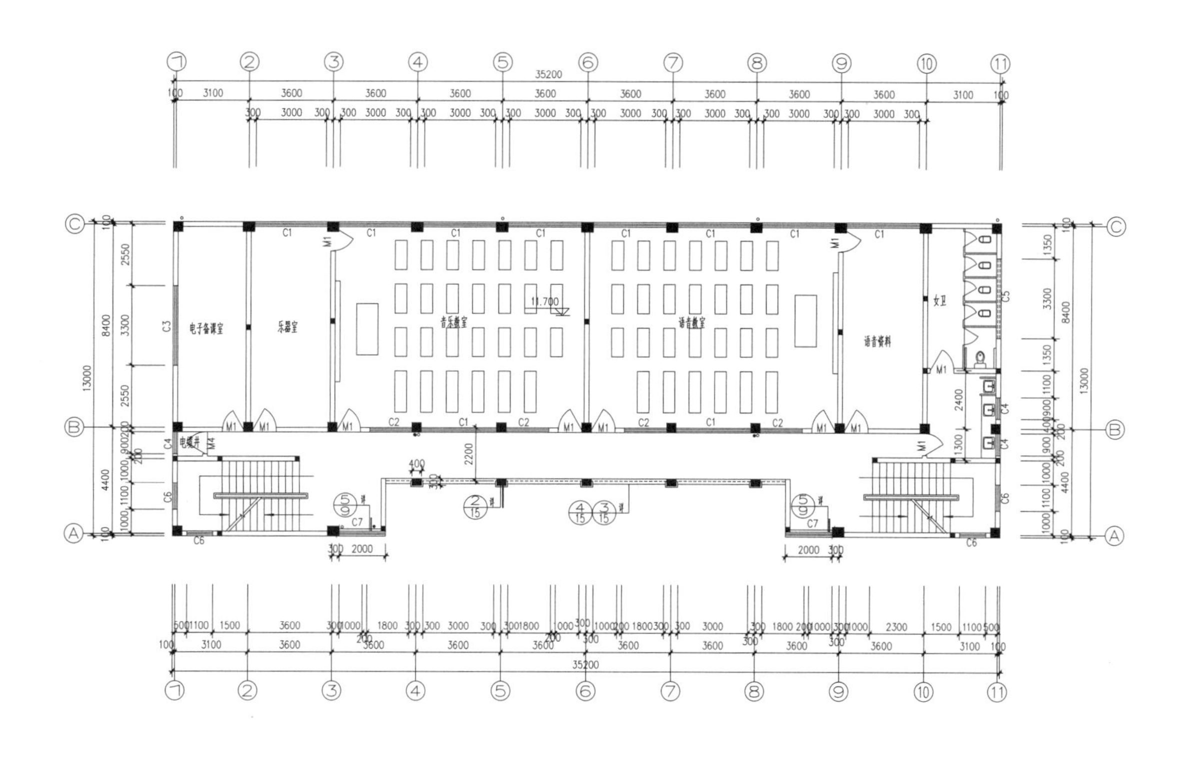

四层平面图

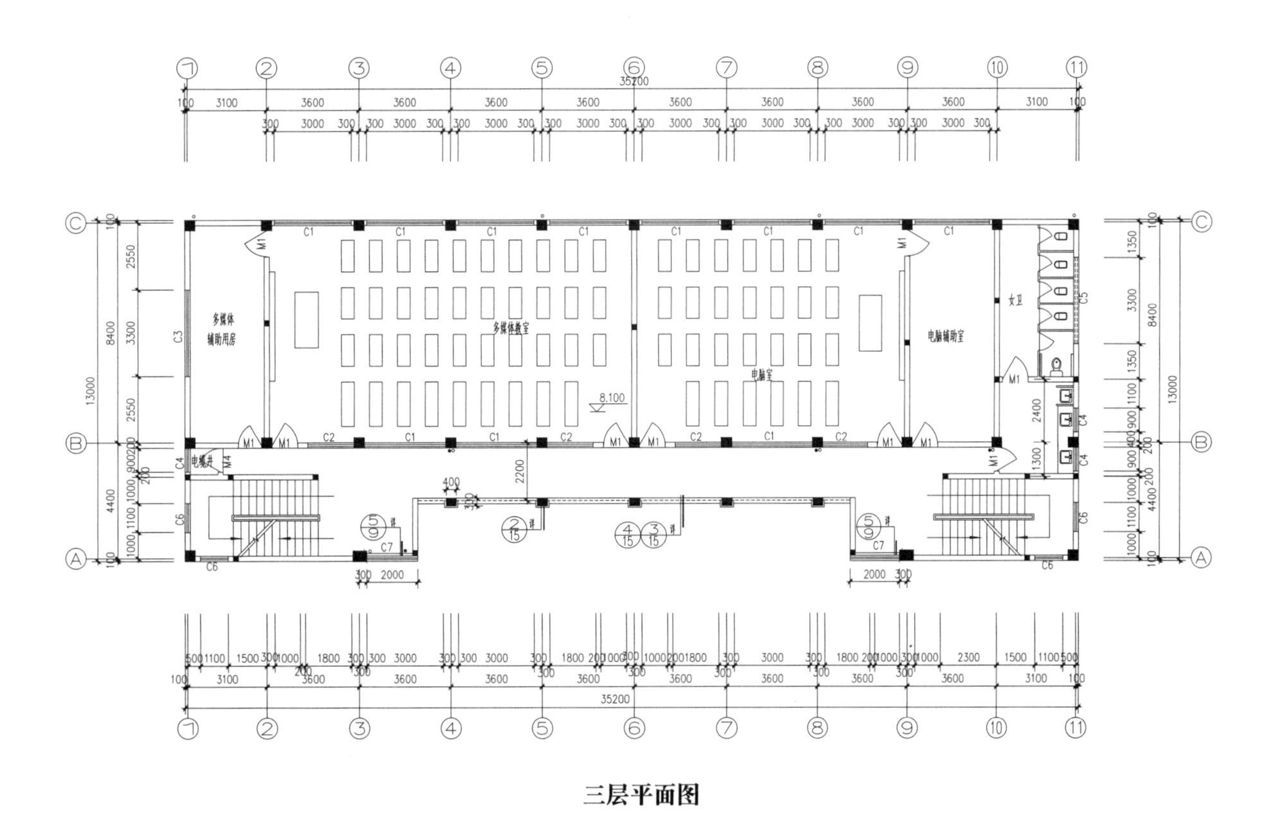

三层平面图

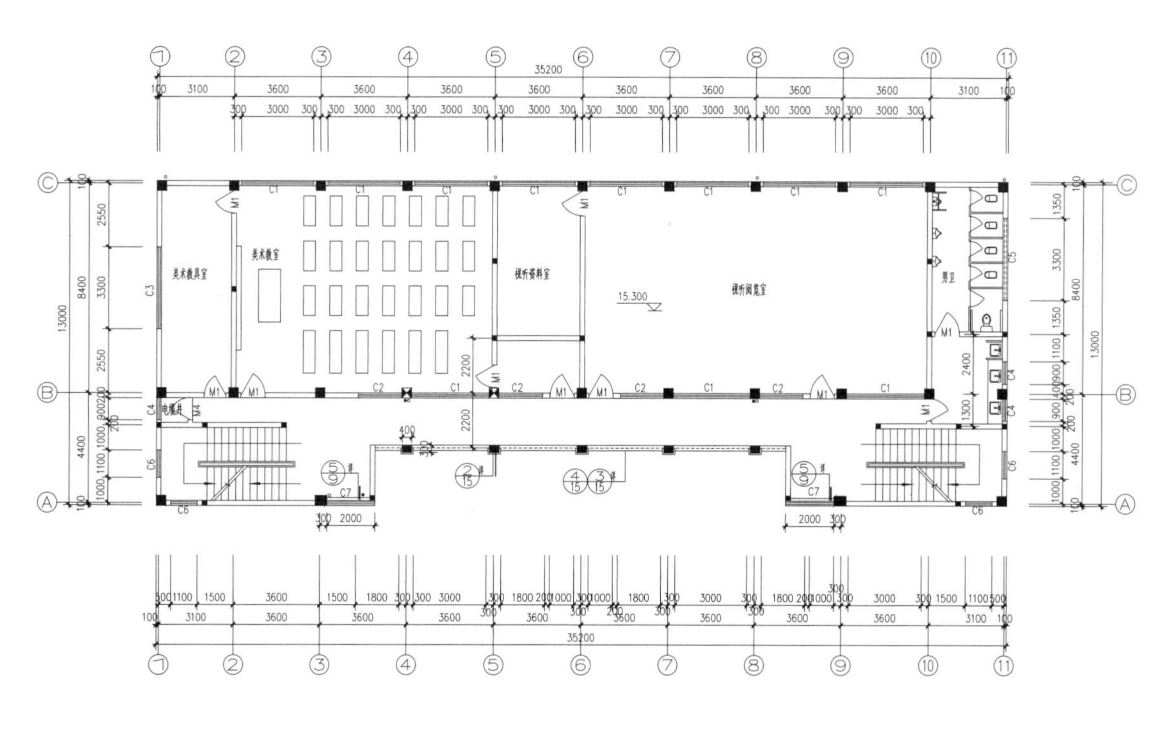

五层平面图

> 学校五层综合楼建筑扩初图

设计说明

框架图纸深度 ：方案（初设图）
结构形式：钢筋混凝土结构
高度类别：多层建筑
设计风格：欧陆风格设计流派
建筑高度：24m

内容简介

本套图纸包括：设计说明、做法表、各层平面图、立面图、剖面图、节点详图

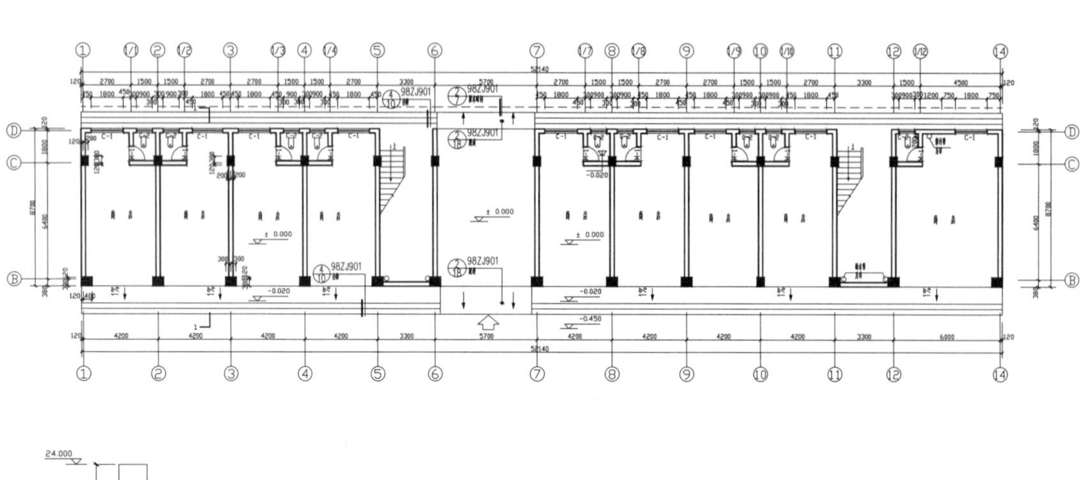

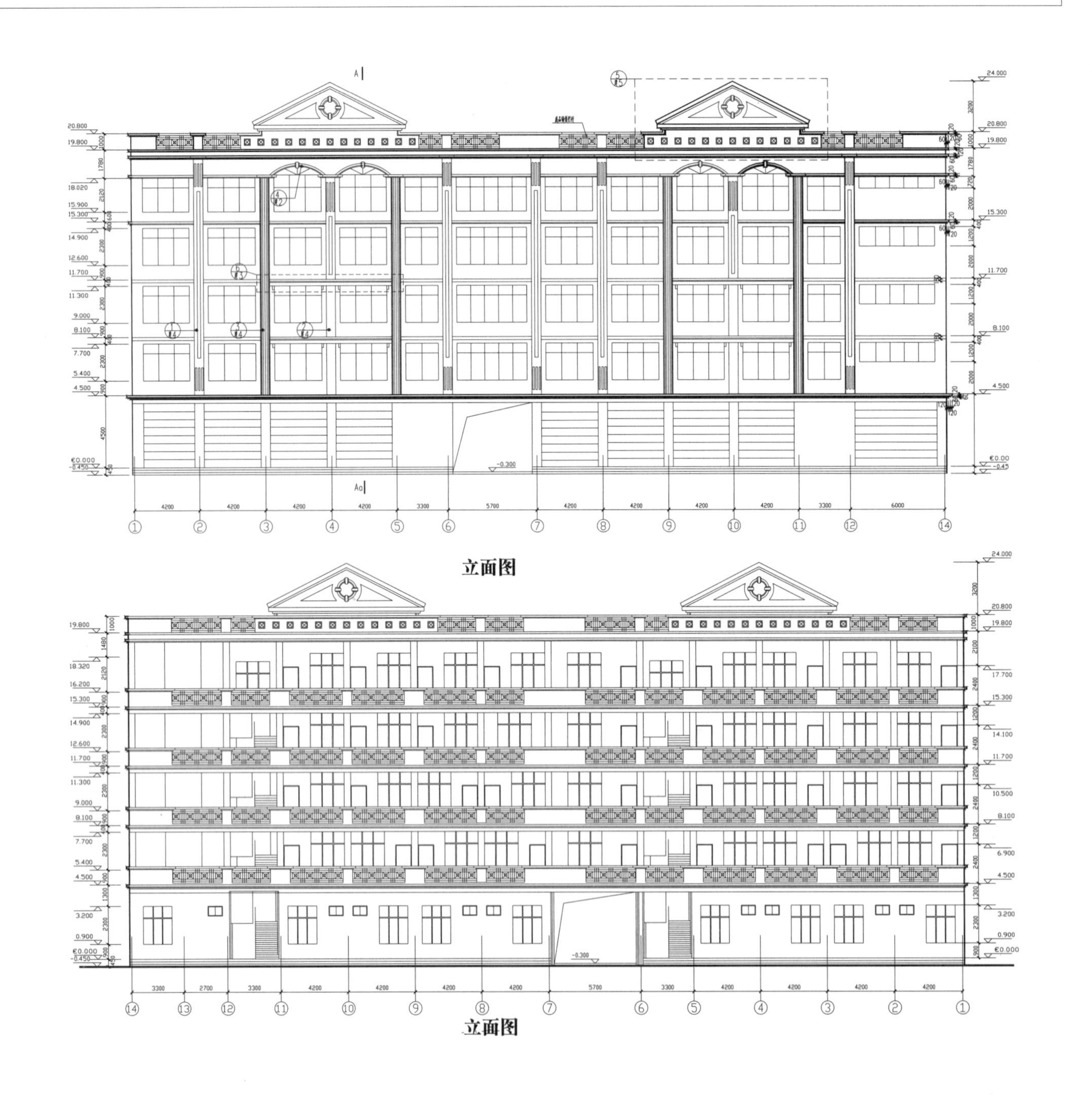

立面图

立面图

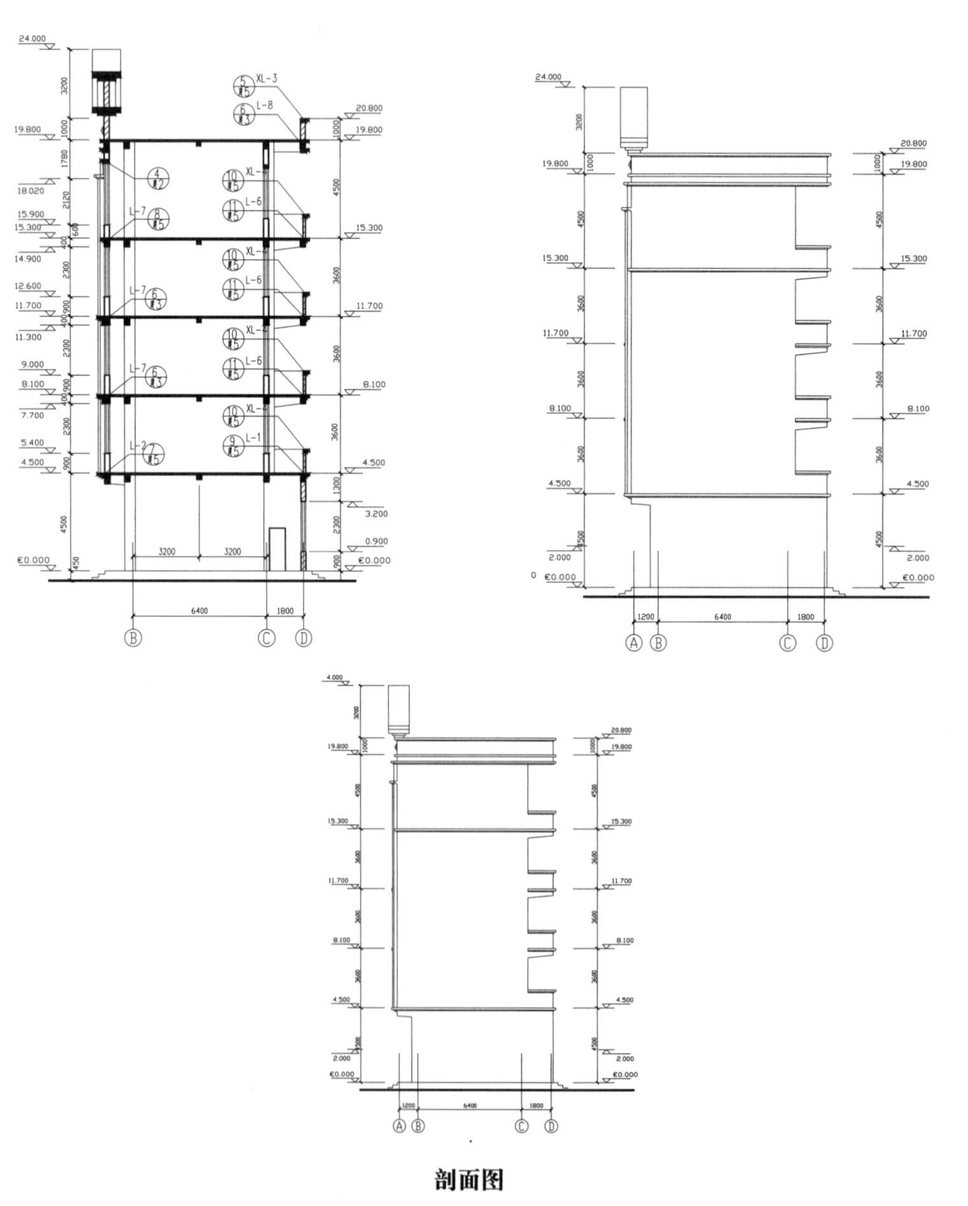

剖面图

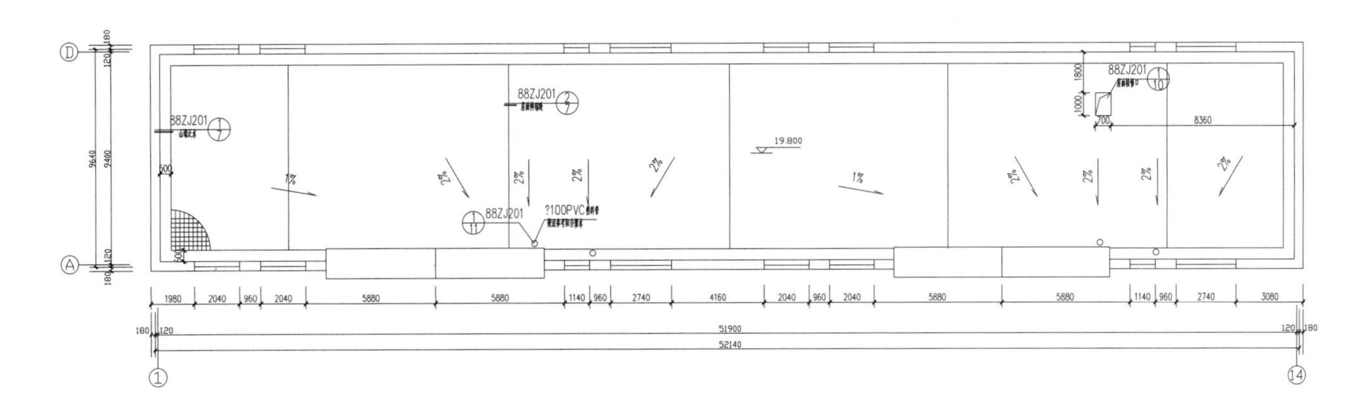

屋顶平面图

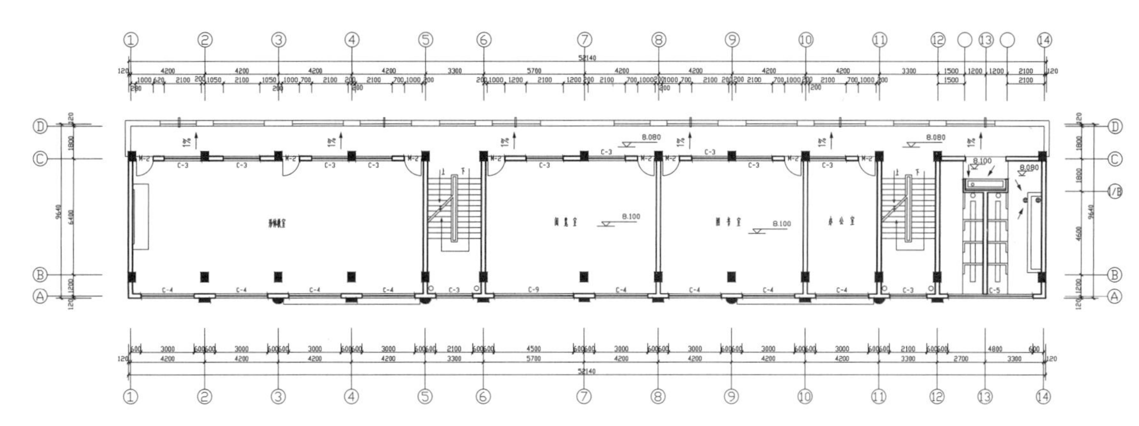

三层平面图

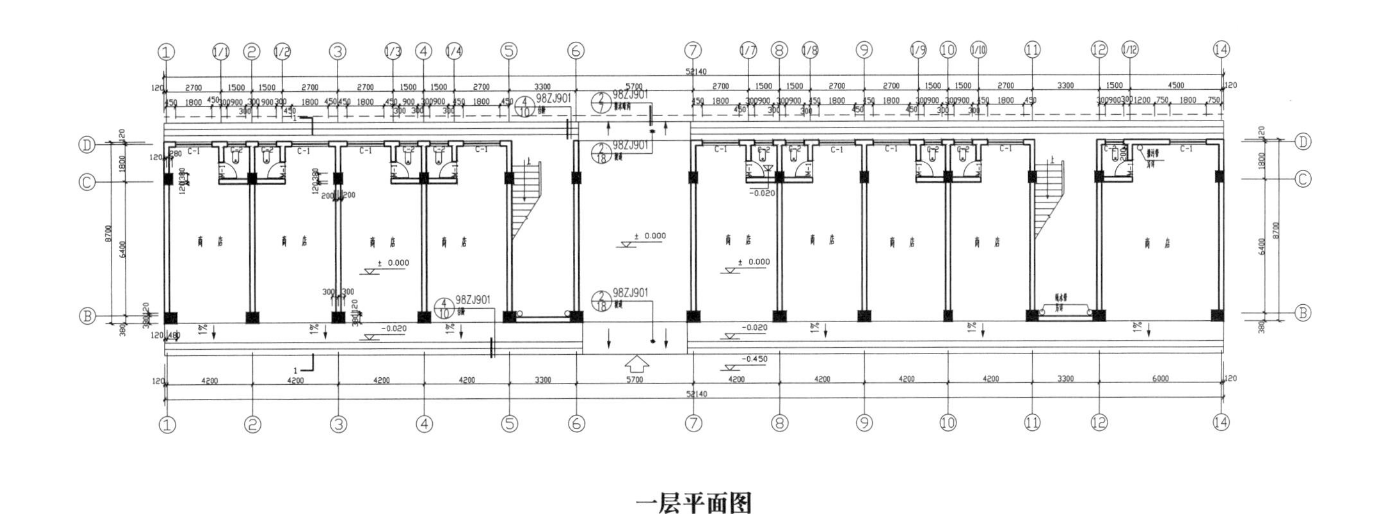

一层平面图

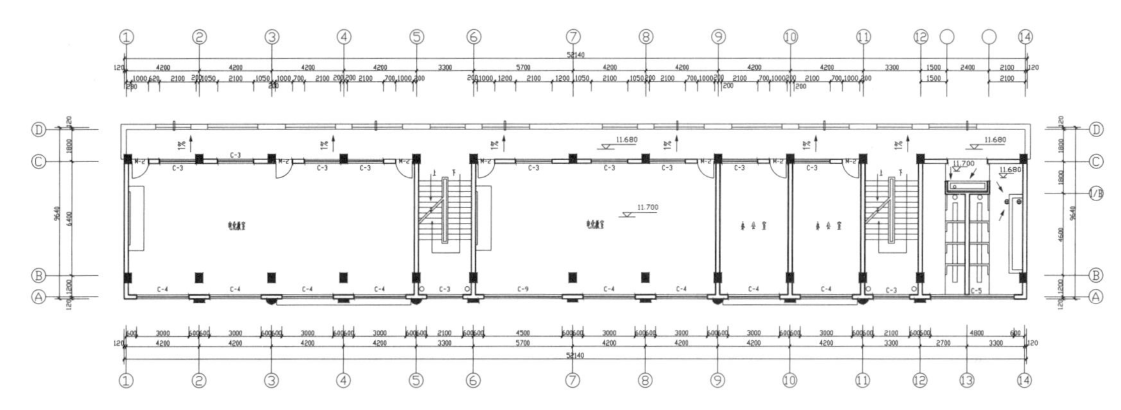

四层平面图

98ZJ501
98ZJ501
98ZJ512
4.480
4.480
4.500
4.500
52140

二层平面图

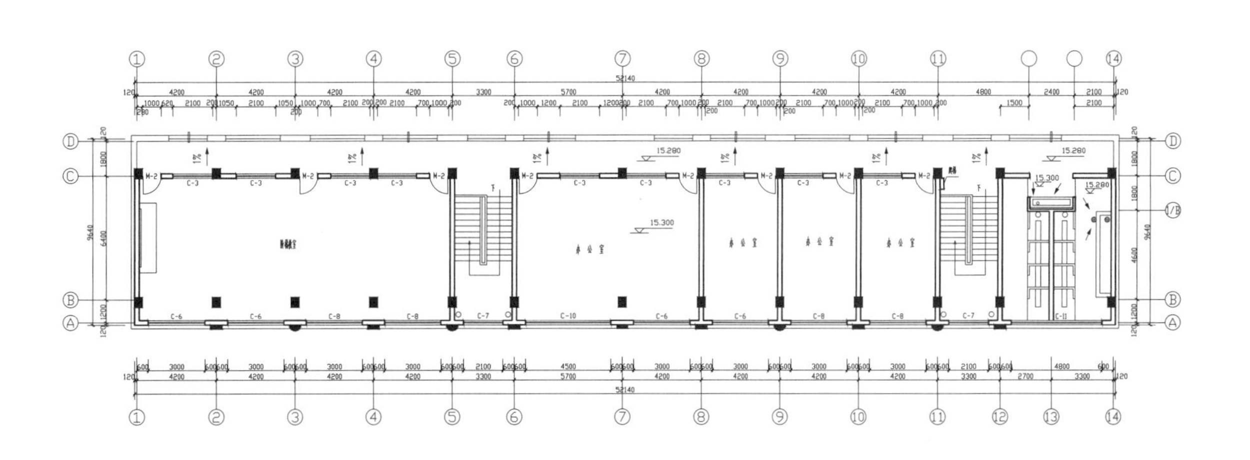

五层平面图

> 四层小学教学楼建筑扩初图

设计说明

框架图纸深度 ：方案（初设图）
结构形式：钢筋混凝土结构
高度类别：多层建筑

设计风格：哈佛红
建筑高度：16.5m

内容简介

本套图纸包括：平面、立面、剖面和大样图

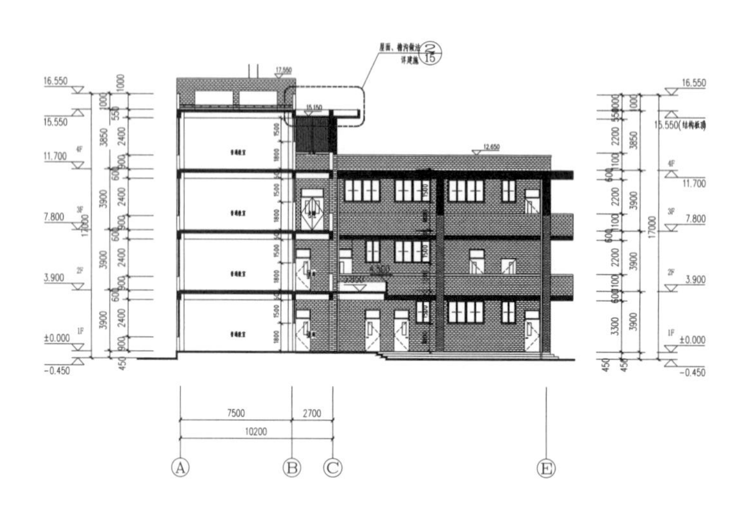

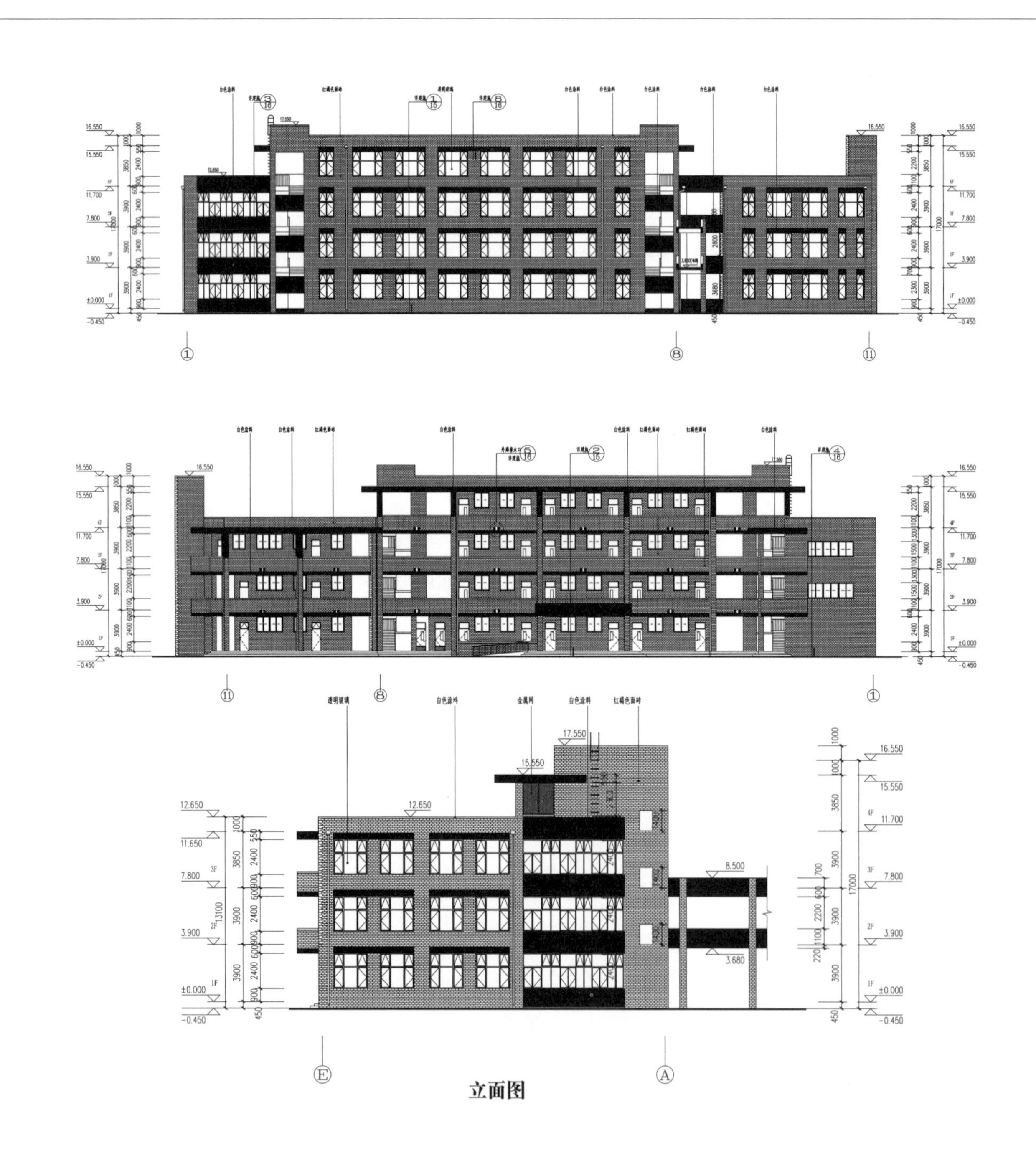

立面图

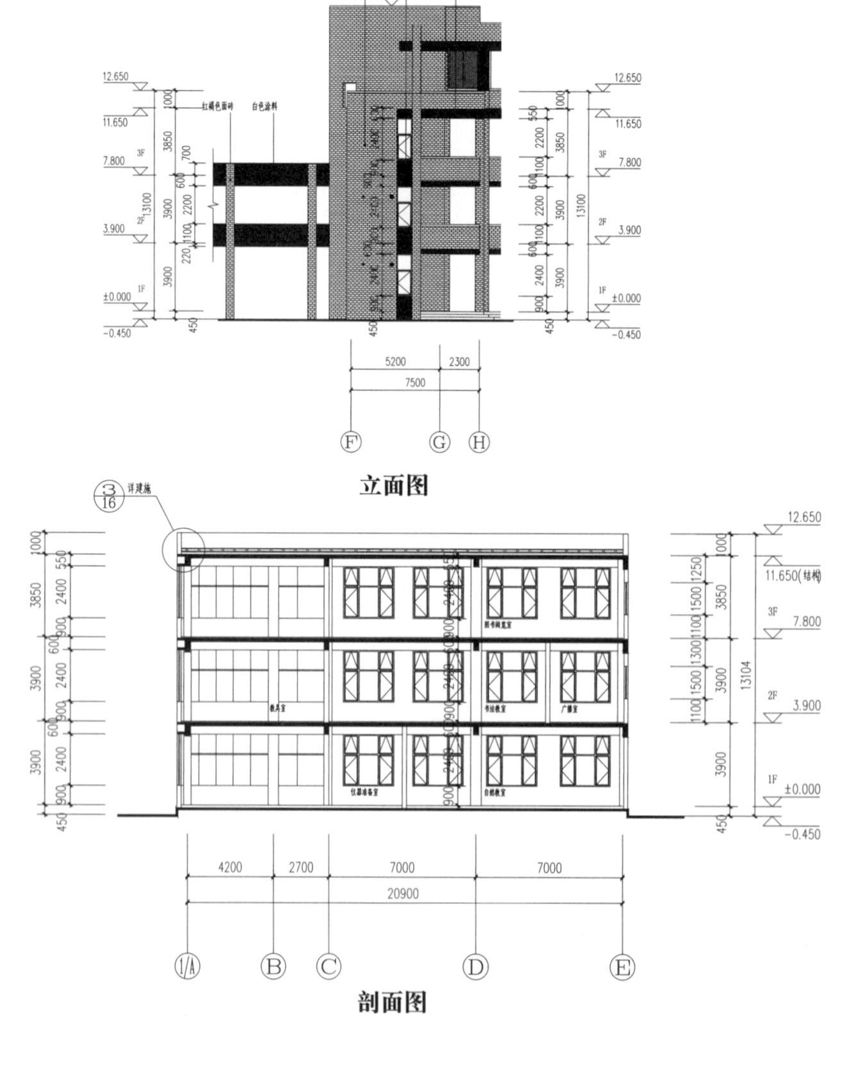

立面图

剖面图

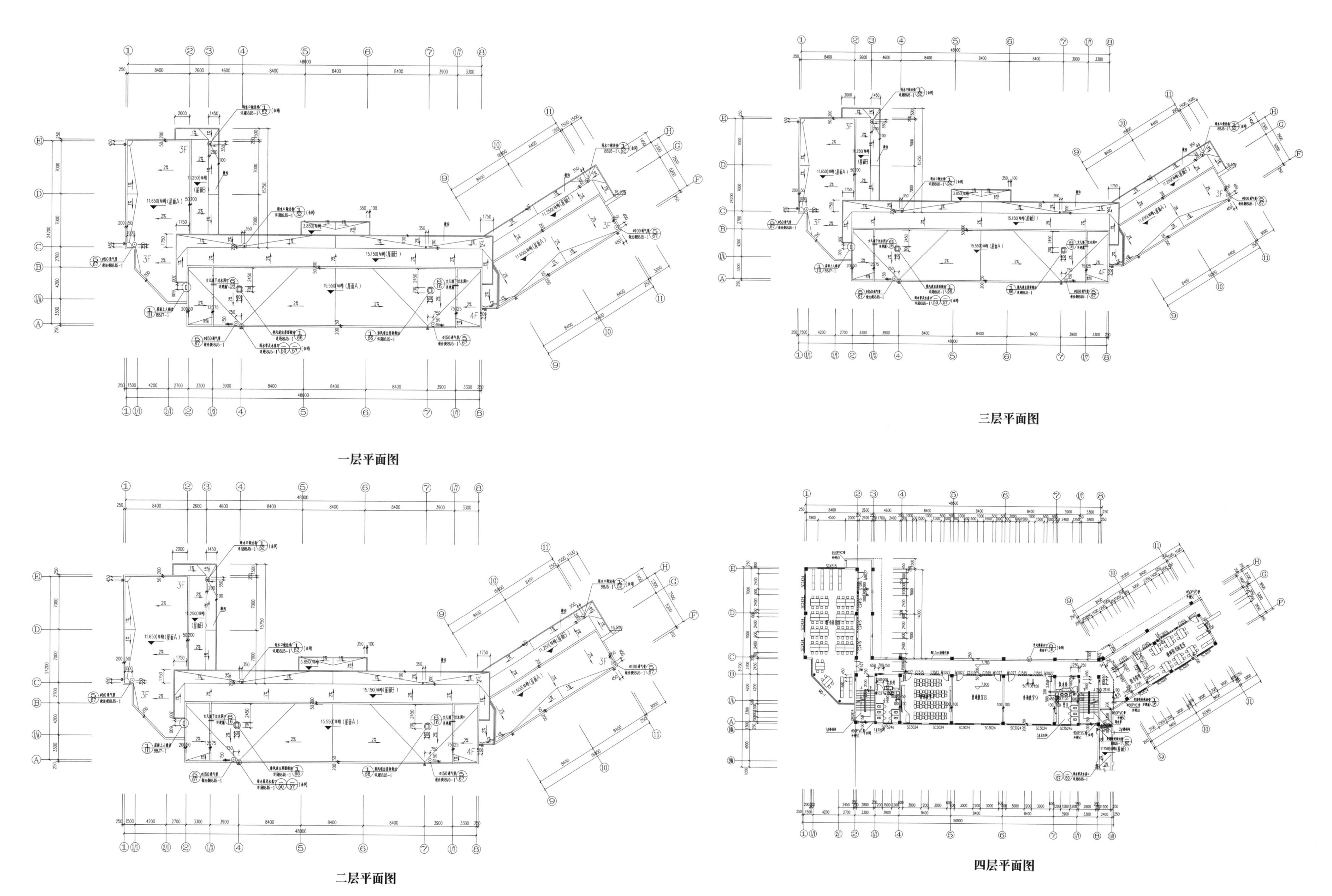

一层平面图

三层平面图

二层平面图

四层平面图

>小学三层教学楼建筑扩初图

设计说明

框架图纸深度 ：方案（初设图）
结构形式：钢筋混凝土结构
高度类别：多层建筑

内容简介

本套图纸包括：建筑设计总说明、1-3层平面图、屋顶排水平面、立面图、剖面图、圈梁、构造柱、窗过梁大样、墙身大样、基础大样图

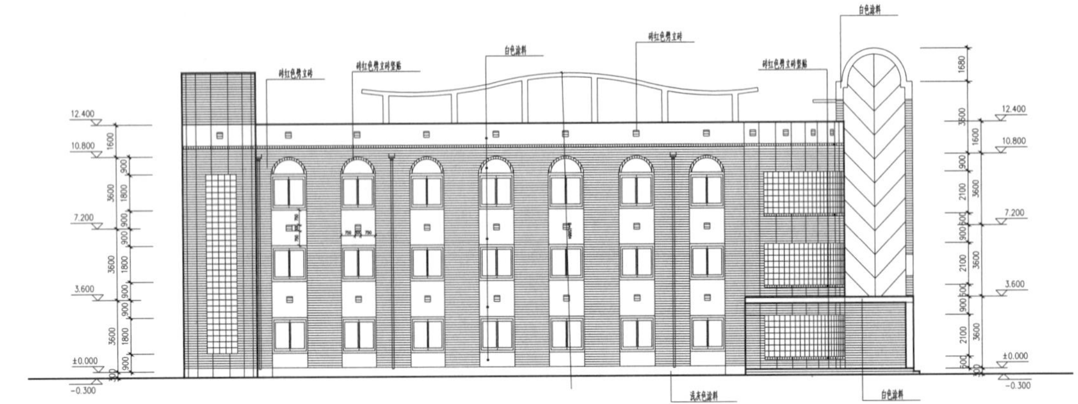

立面图

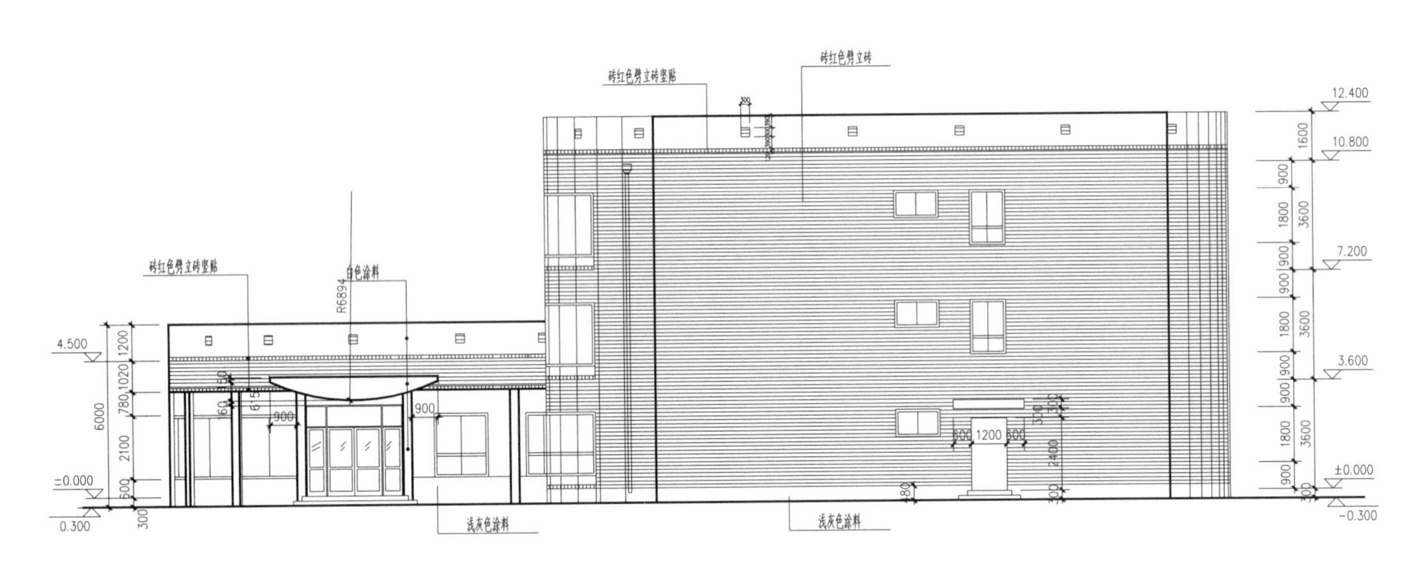

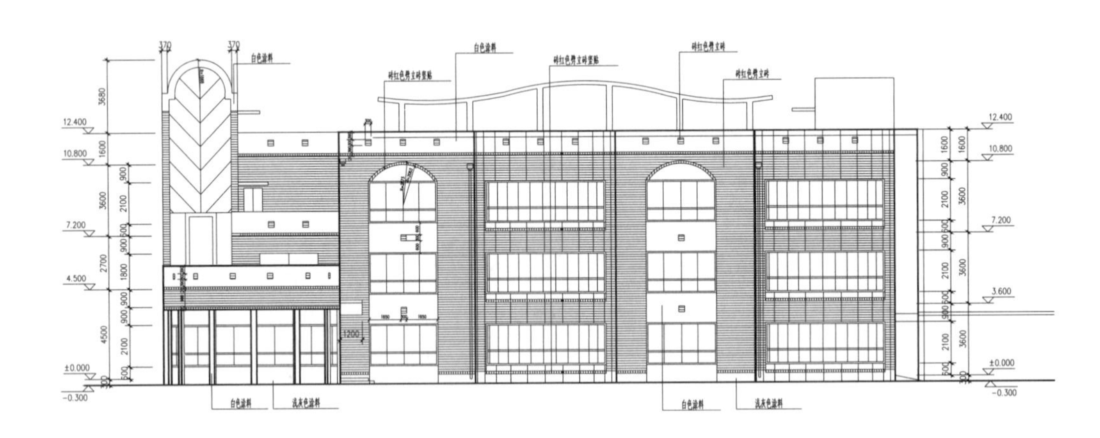

立面图

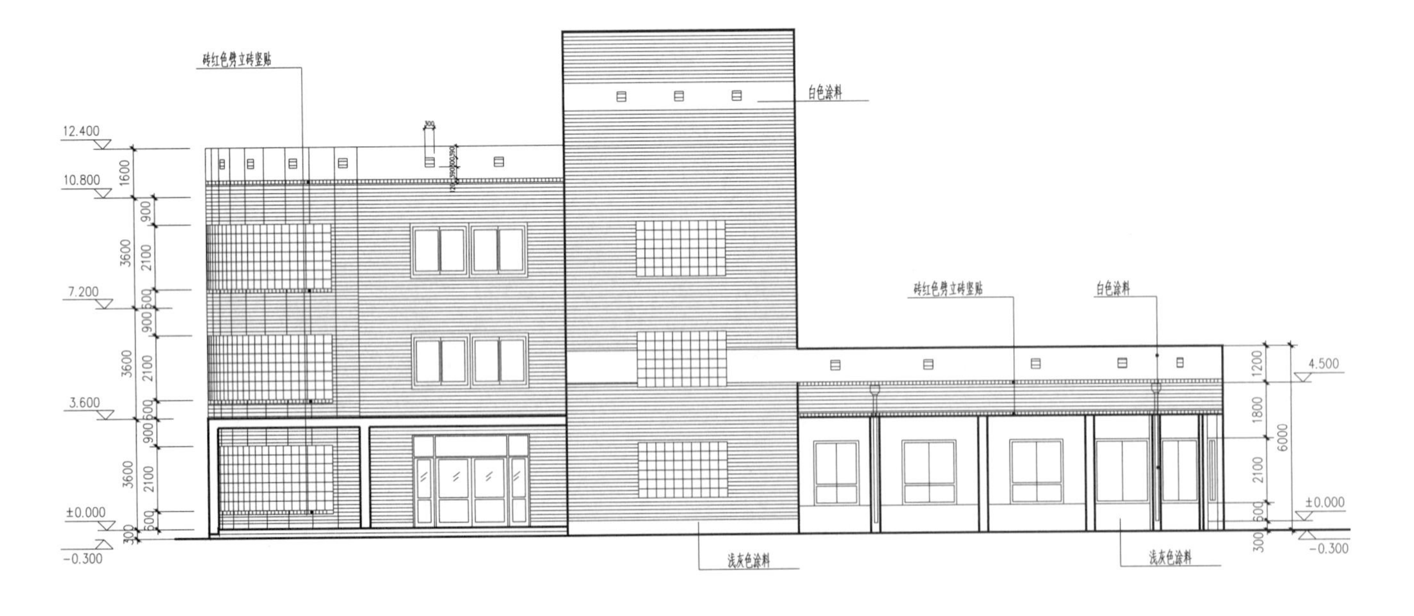

立面图

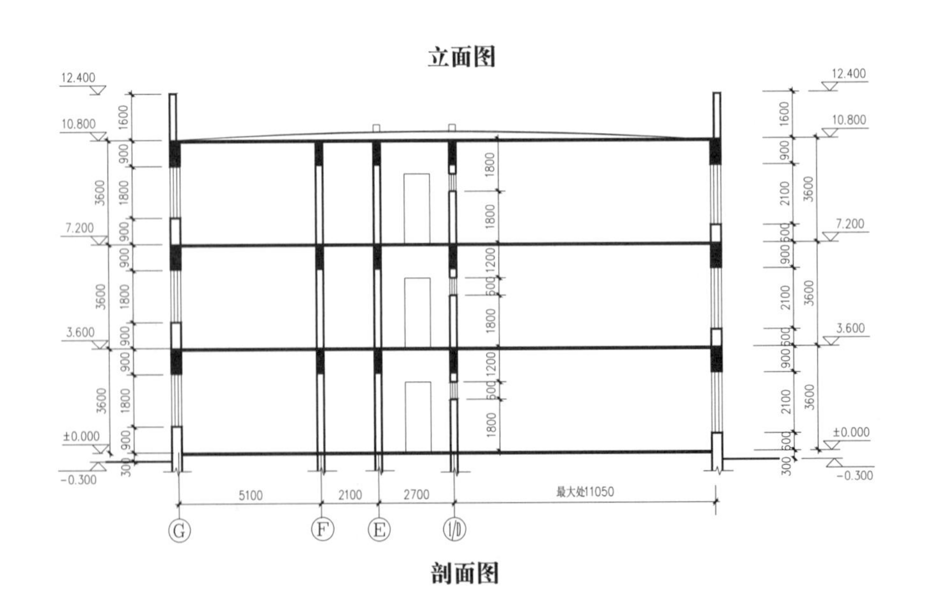

剖面图

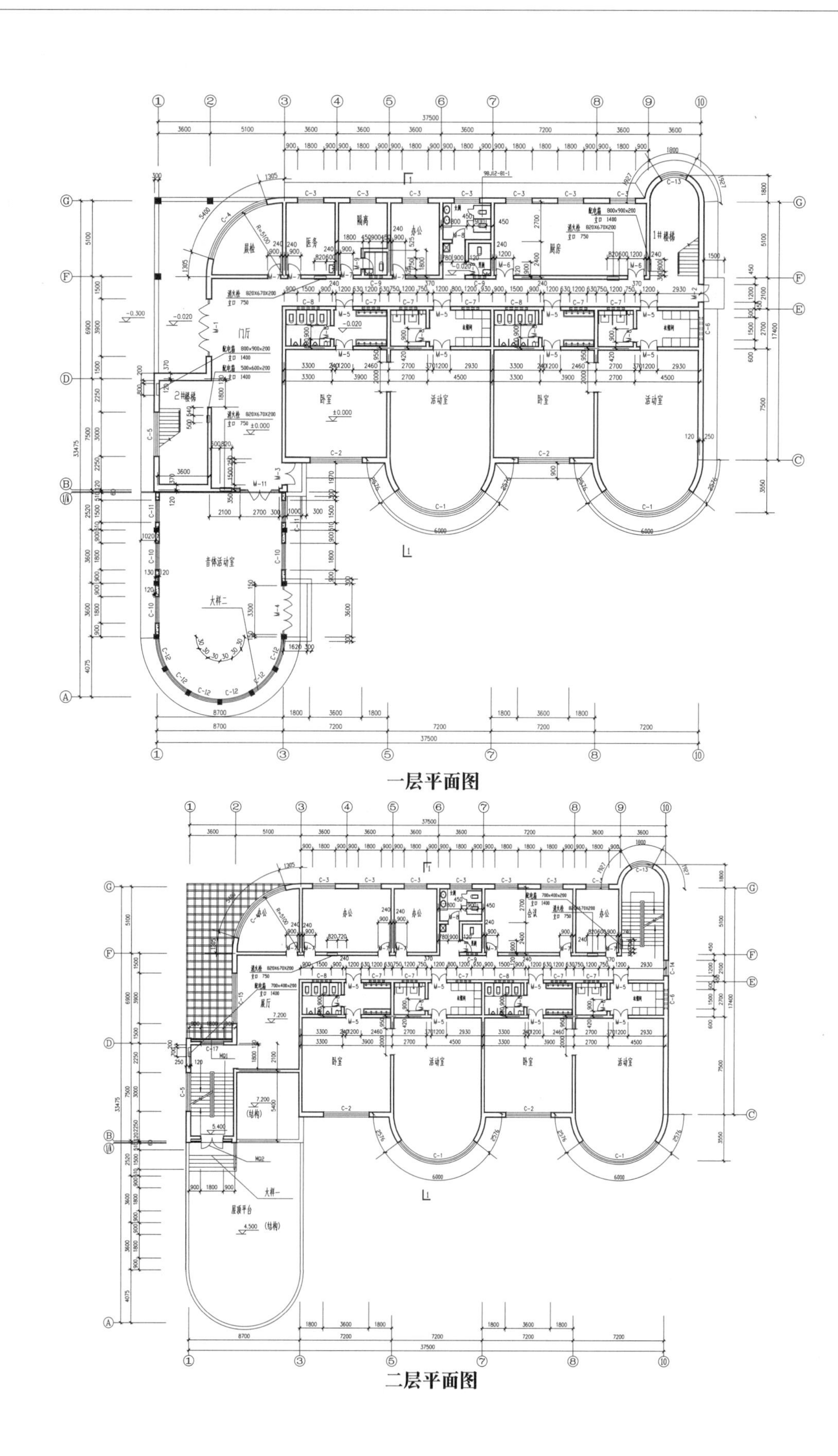
一层平面图

二层平面图

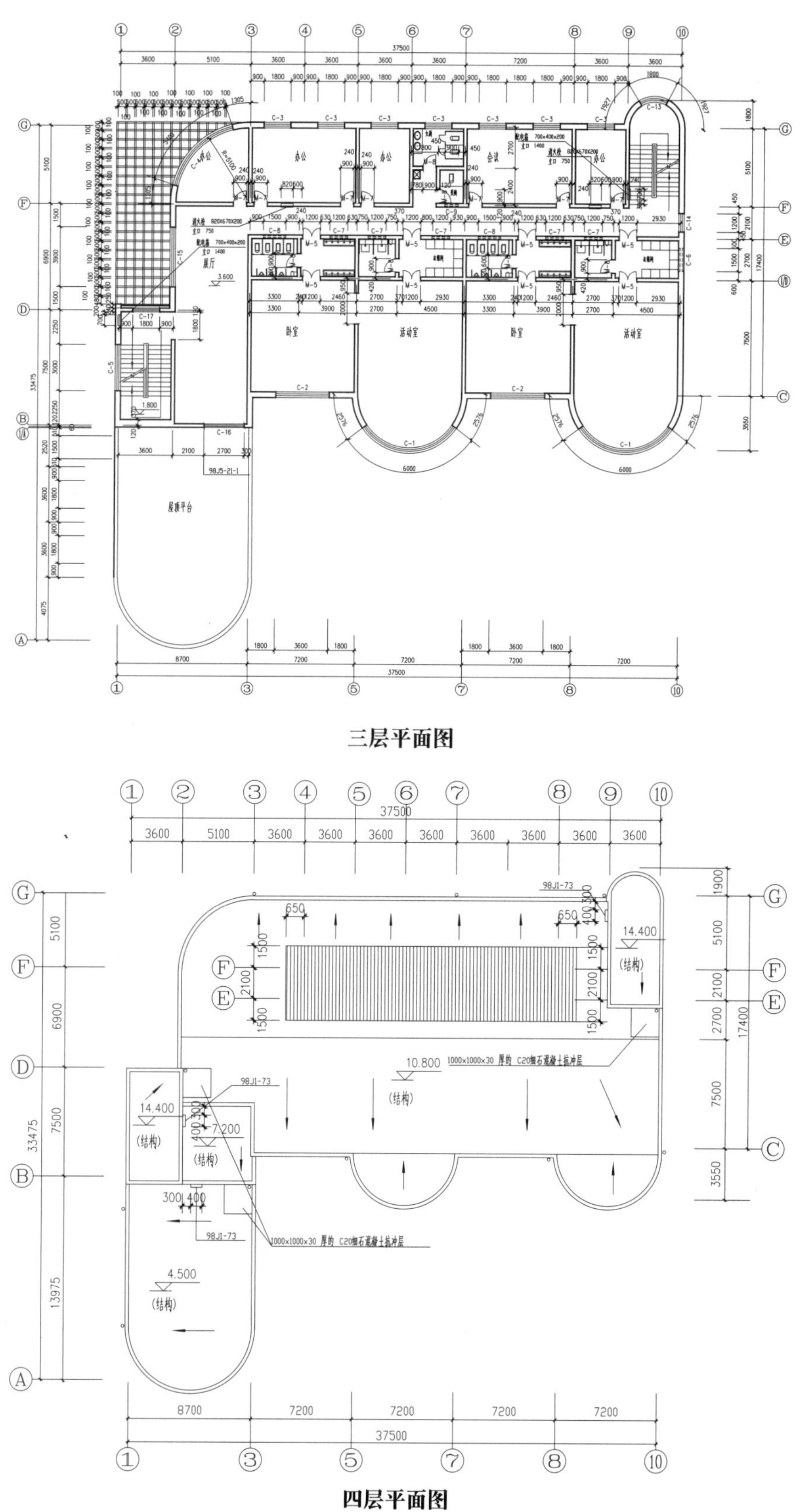
三层平面图

四层平面图

>欧式小学建筑设计方案

设计说明

框架图纸深度　：方案（初设图）
结构形式：钢筋混凝土结构
高度类别：多层建筑

设计风格：欧陆风格设计
设计流派：新古典
高度类别：多层建筑

内容简介

本套图纸包括：各层建筑平面、立面、剖面图等，共八张图纸
设计功能包括：普通教室、美术教室、教师办公、行政办公等

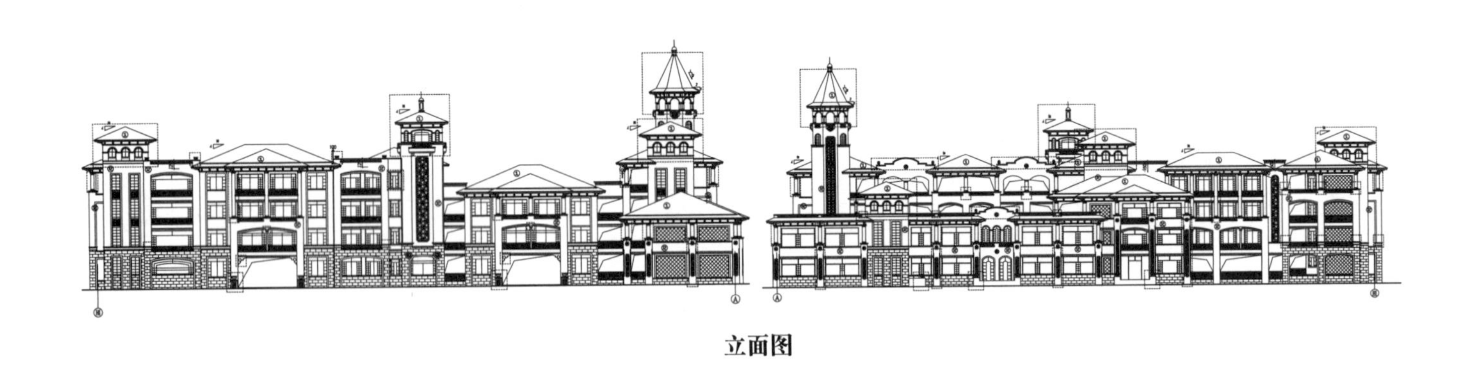

立面图

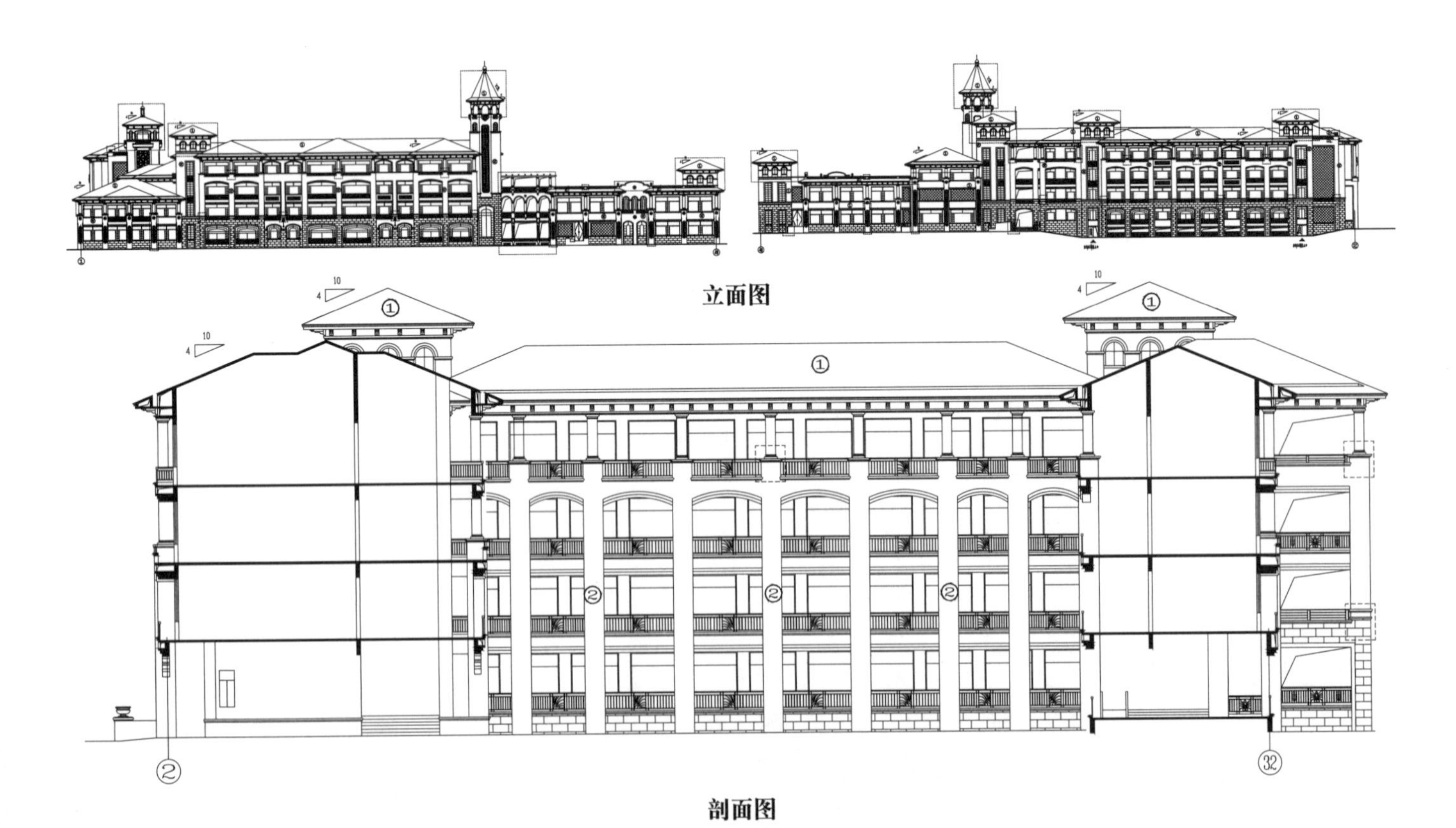

立面图

剖面图

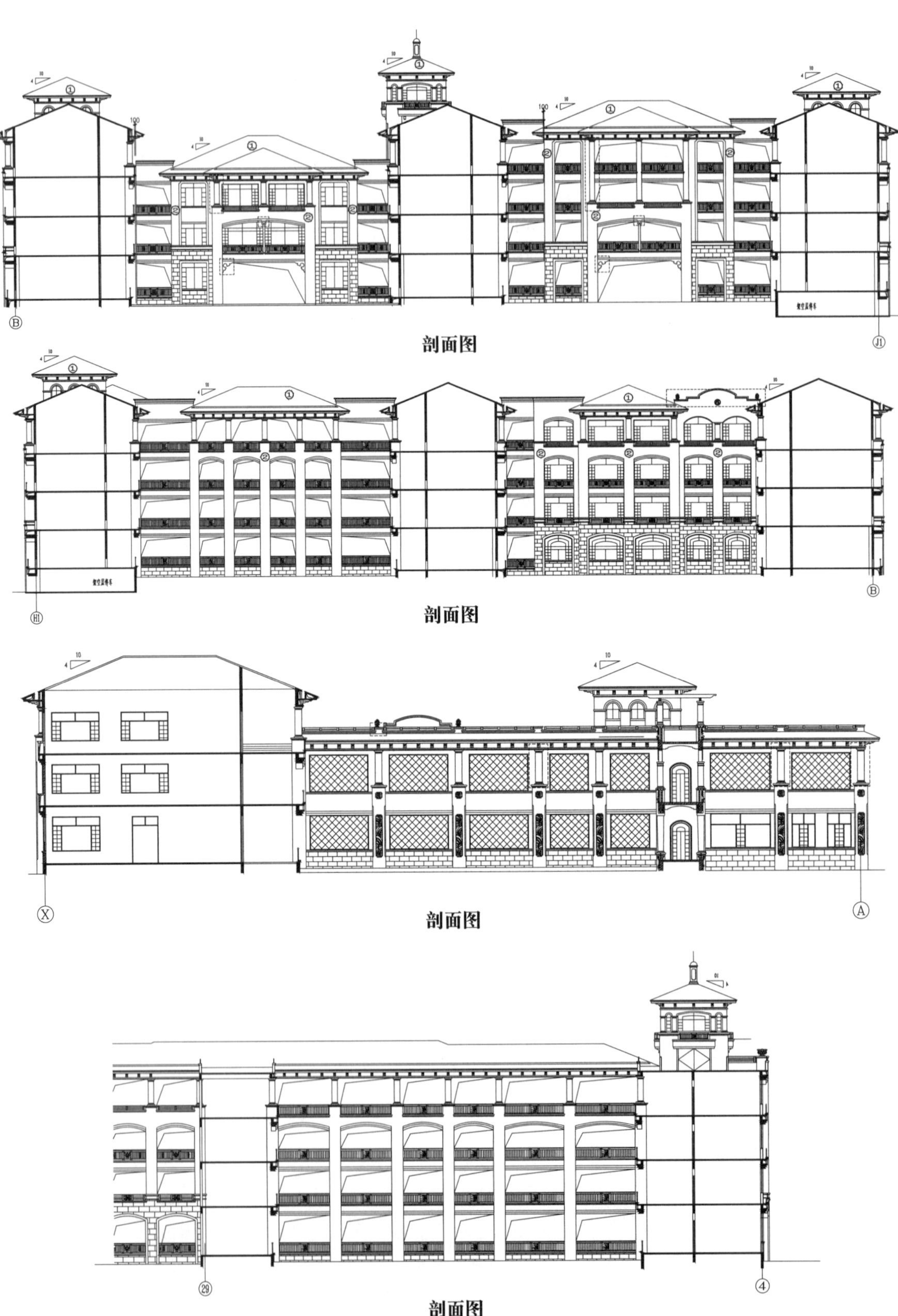

剖面图

剖面图

剖面图

剖面图

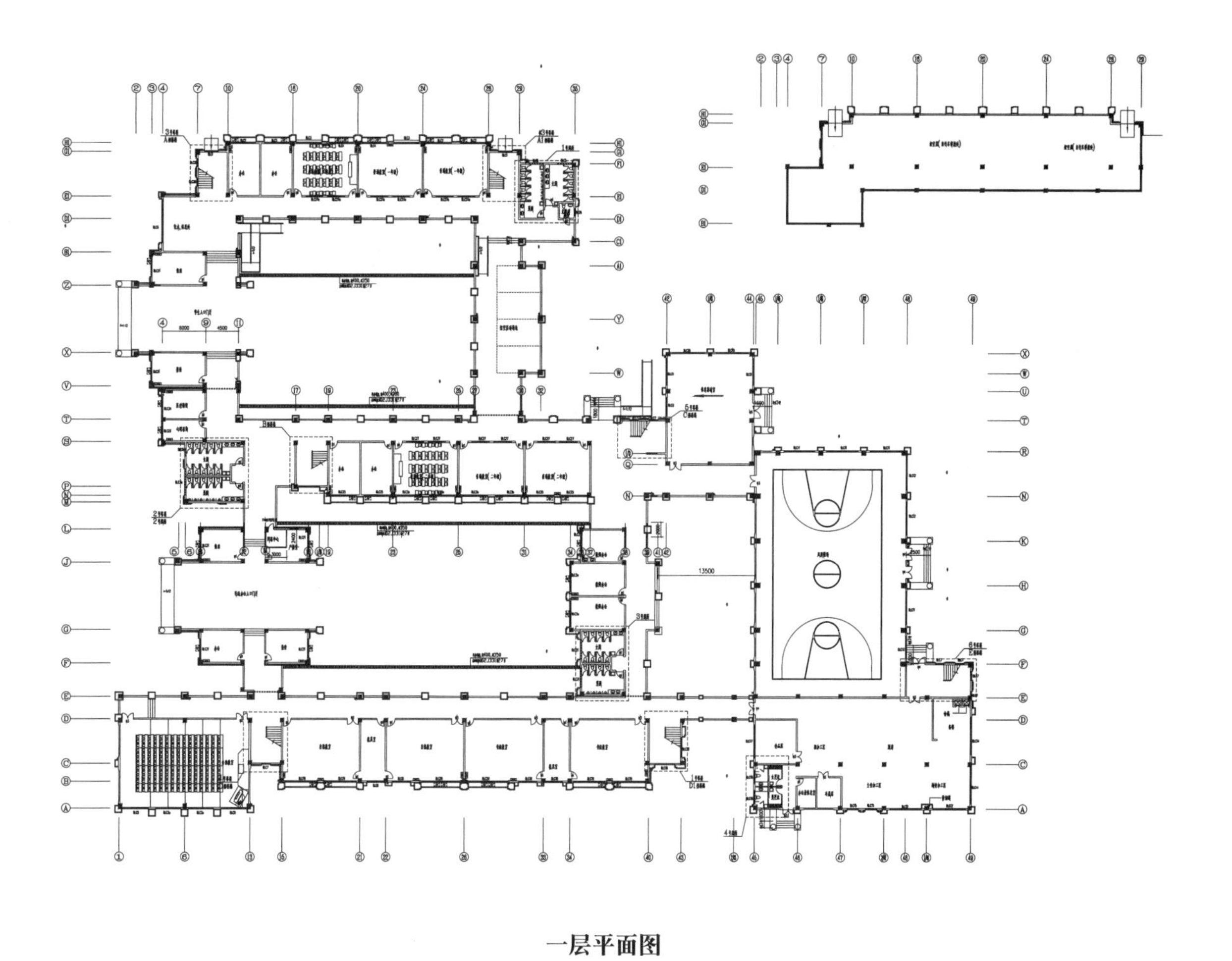

一层平面图

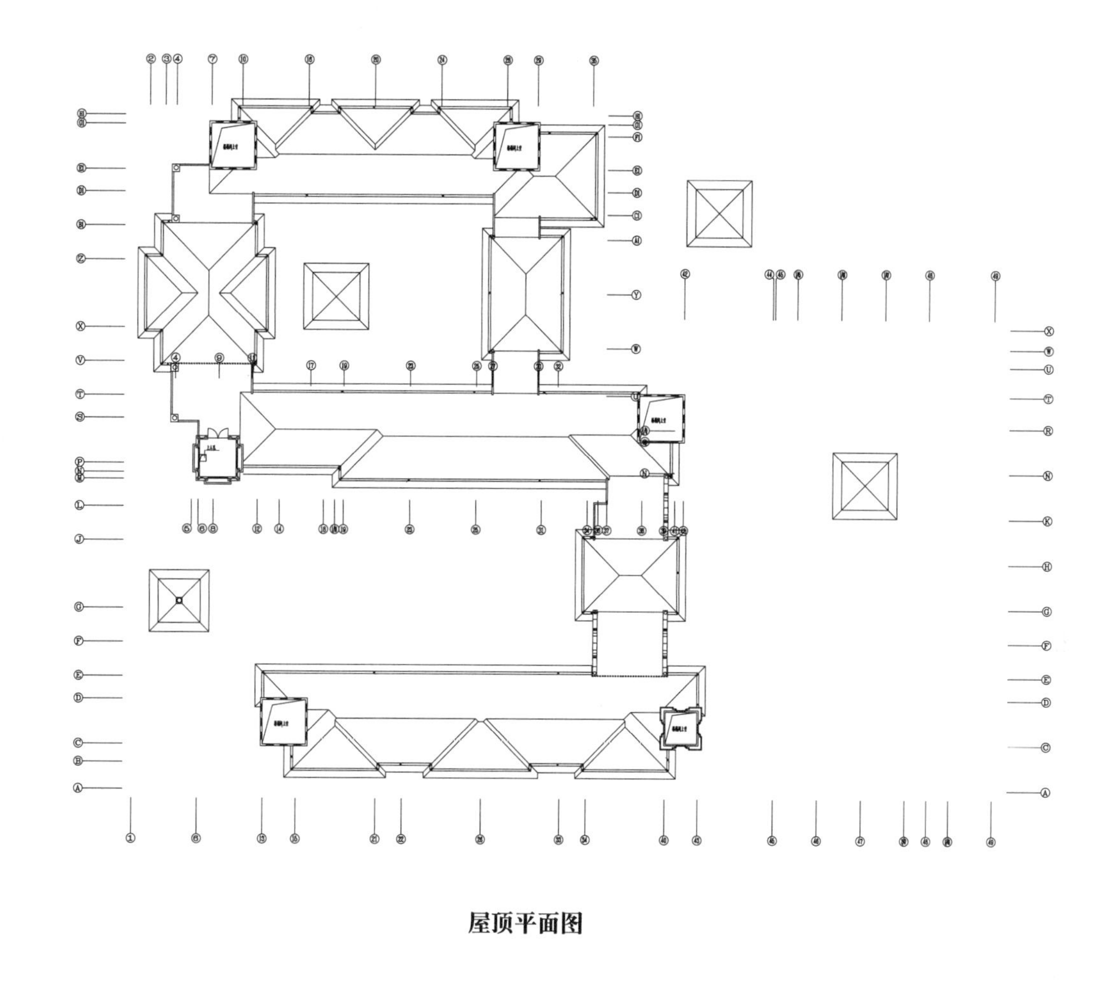

屋顶平面图

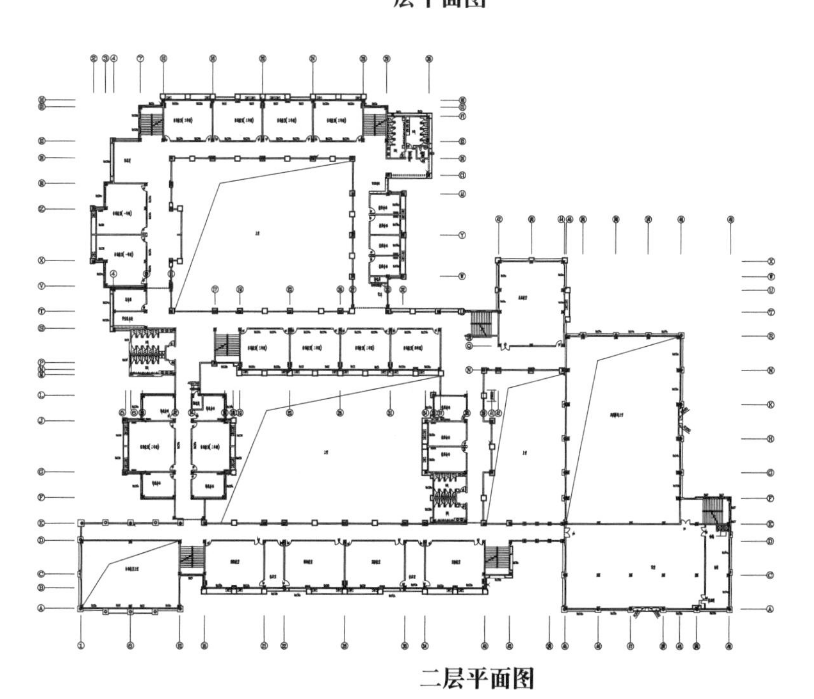

二层平面图

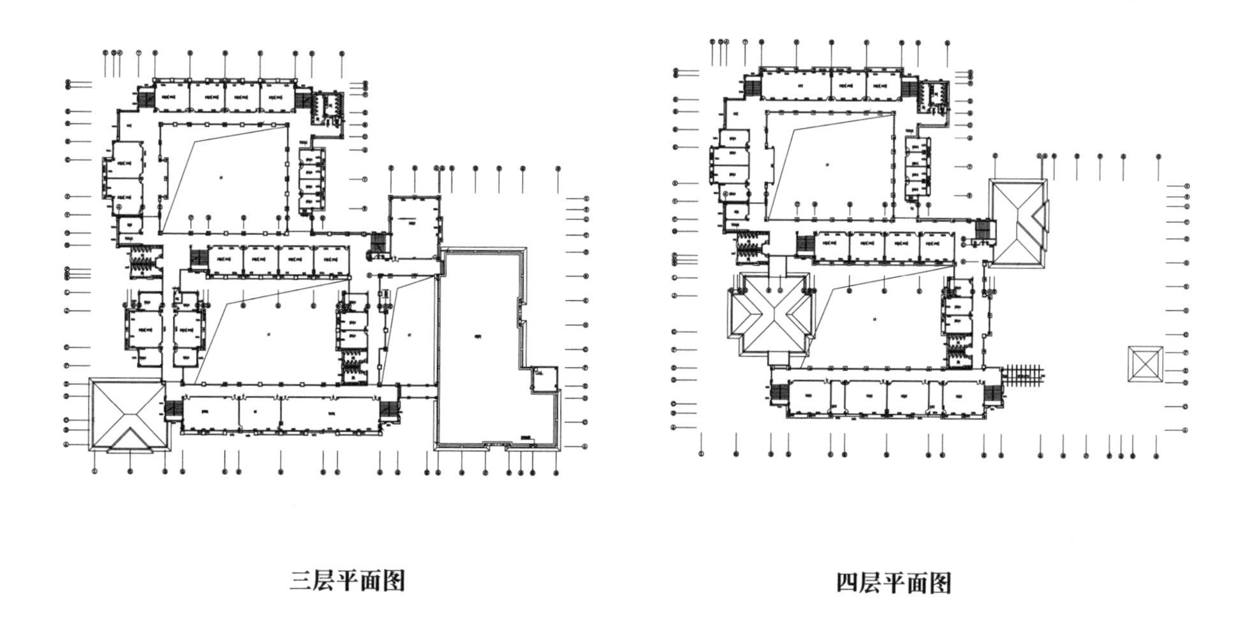

三层平面图

四层平面图

> 九层学校综合楼建筑施工图

设计说明

框架图纸深度 ：方案（初设图）

结构形式：钢筋混凝土结构

高度类别：多层建筑

设计风格：现代风格设计

建筑高度：36.85m

内容简介

本套图纸包括：图纸目录、图纸说明、工程作法、门窗表、各层建筑平面、立面、剖面图、卫生间详图、楼梯间详图、墙身大样、檐口作法等，共16张图纸

设计功能包括：实验室、管理室内、主席台、中学阅览室、小学阅览室、教师阅览室、教室等。

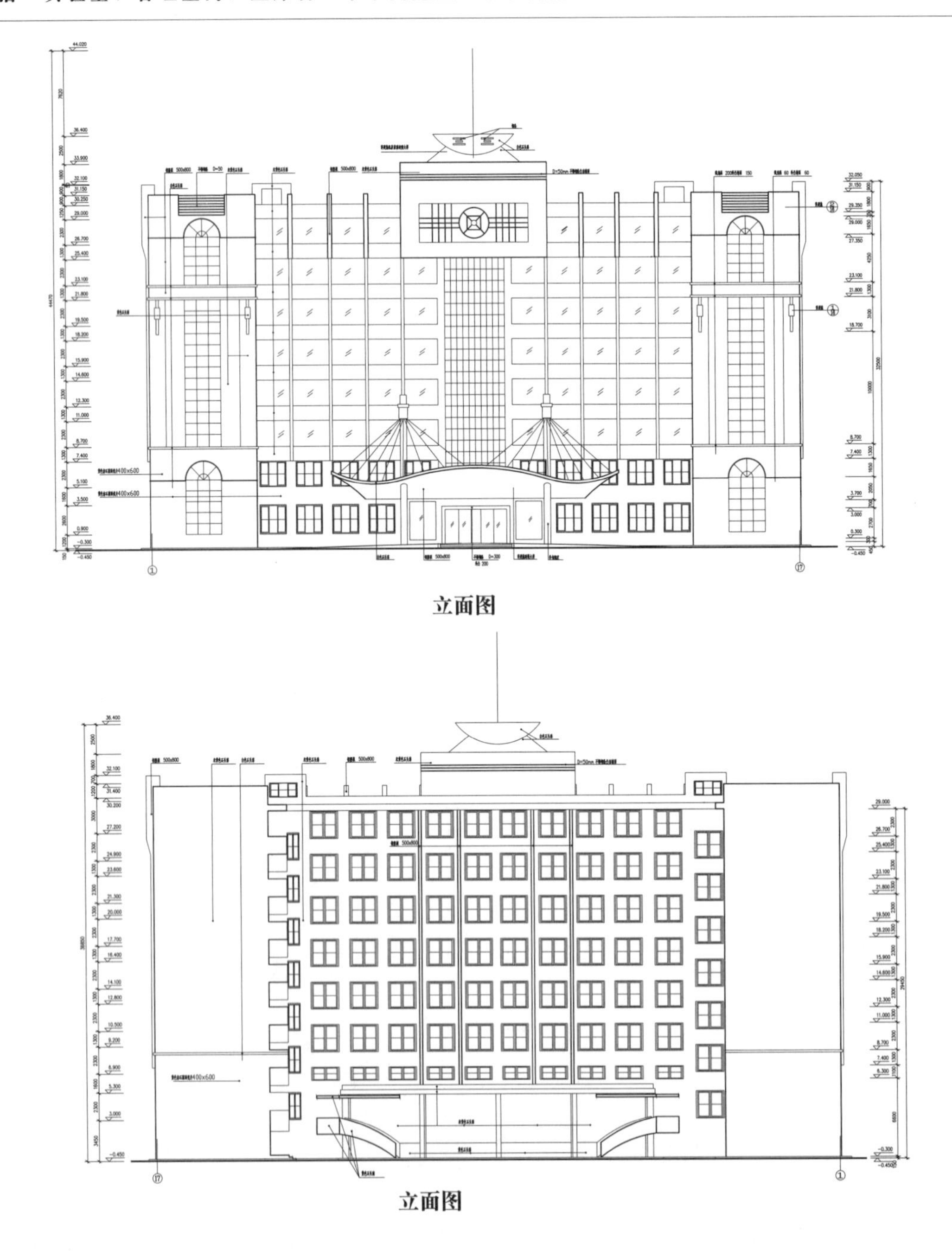

立面图

立面图

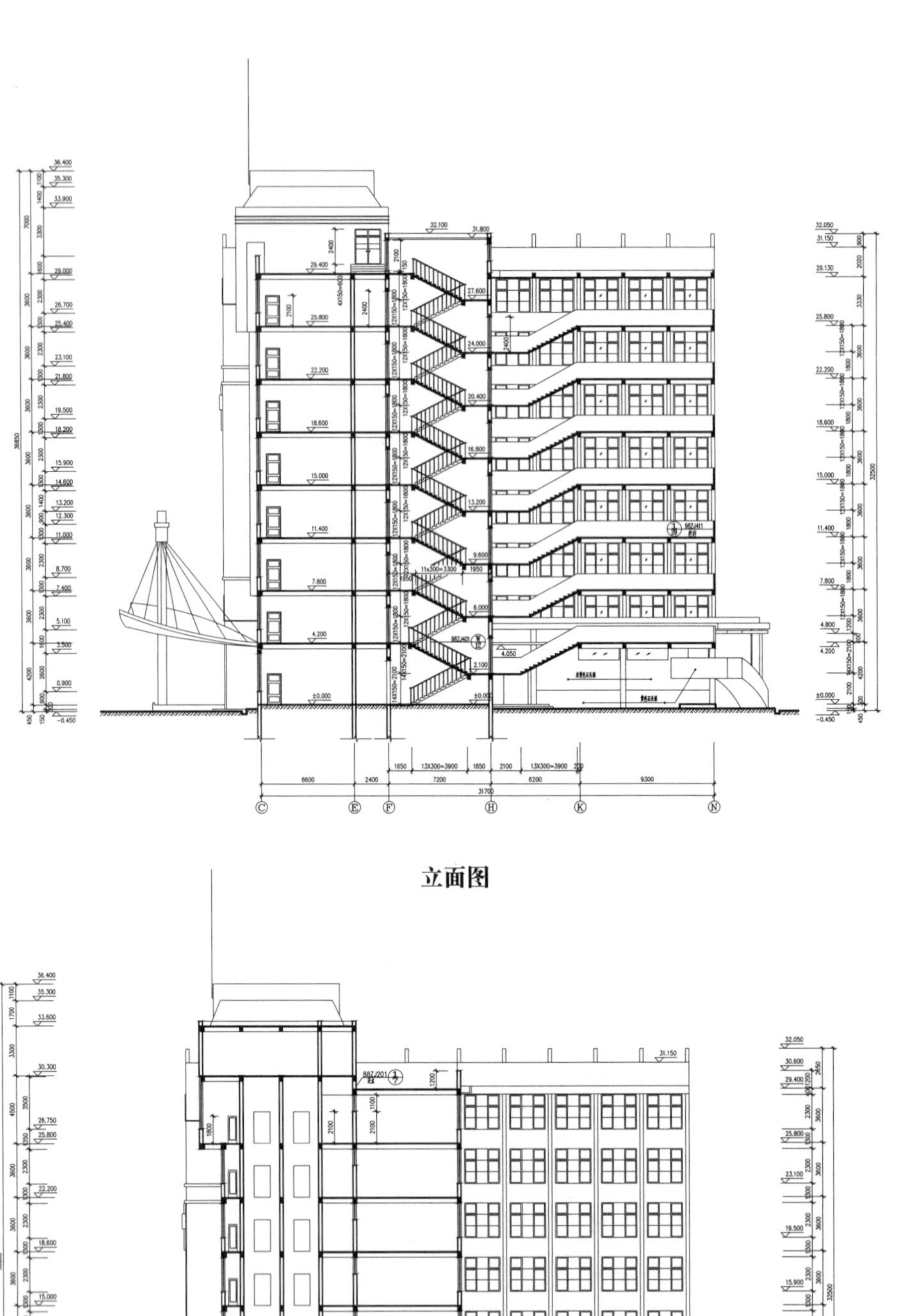

立面图

剖面图

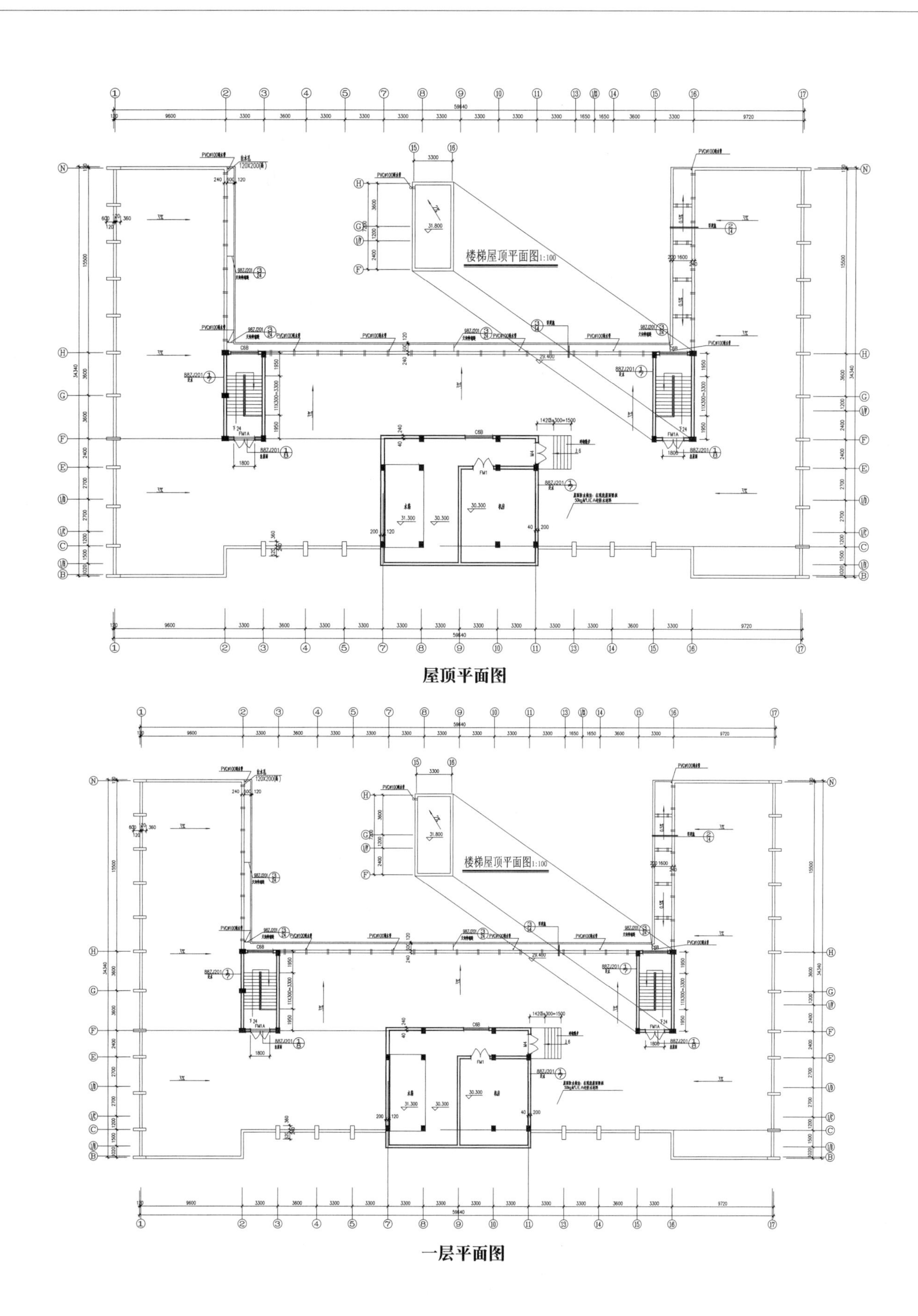

屋顶平面图

一层平面图

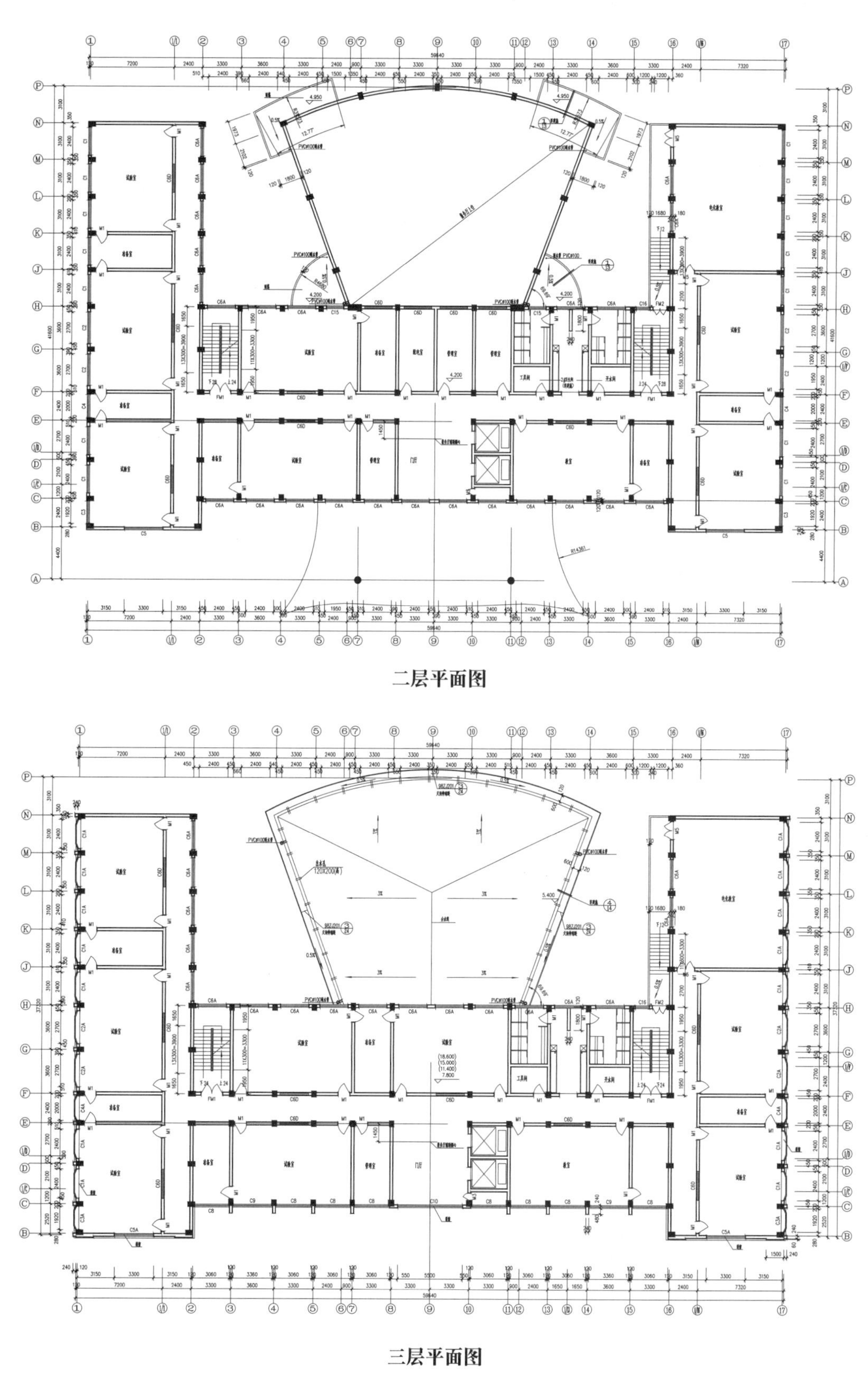

二层平面图

三层平面图

>四层学校综合楼建筑施工图

设计说明

框架图纸深度 ：方案（初设图）
结构形式：钢筋混凝土结构
高度类别：多层建筑
设计风格：现代风格设计
建筑高度：22.4m

内容简介

本套图纸包括：图纸目录、各层建筑平面、立面、剖面图、卫生间详图、楼梯间详图、墙身大样、檐口作法等，共6张图纸

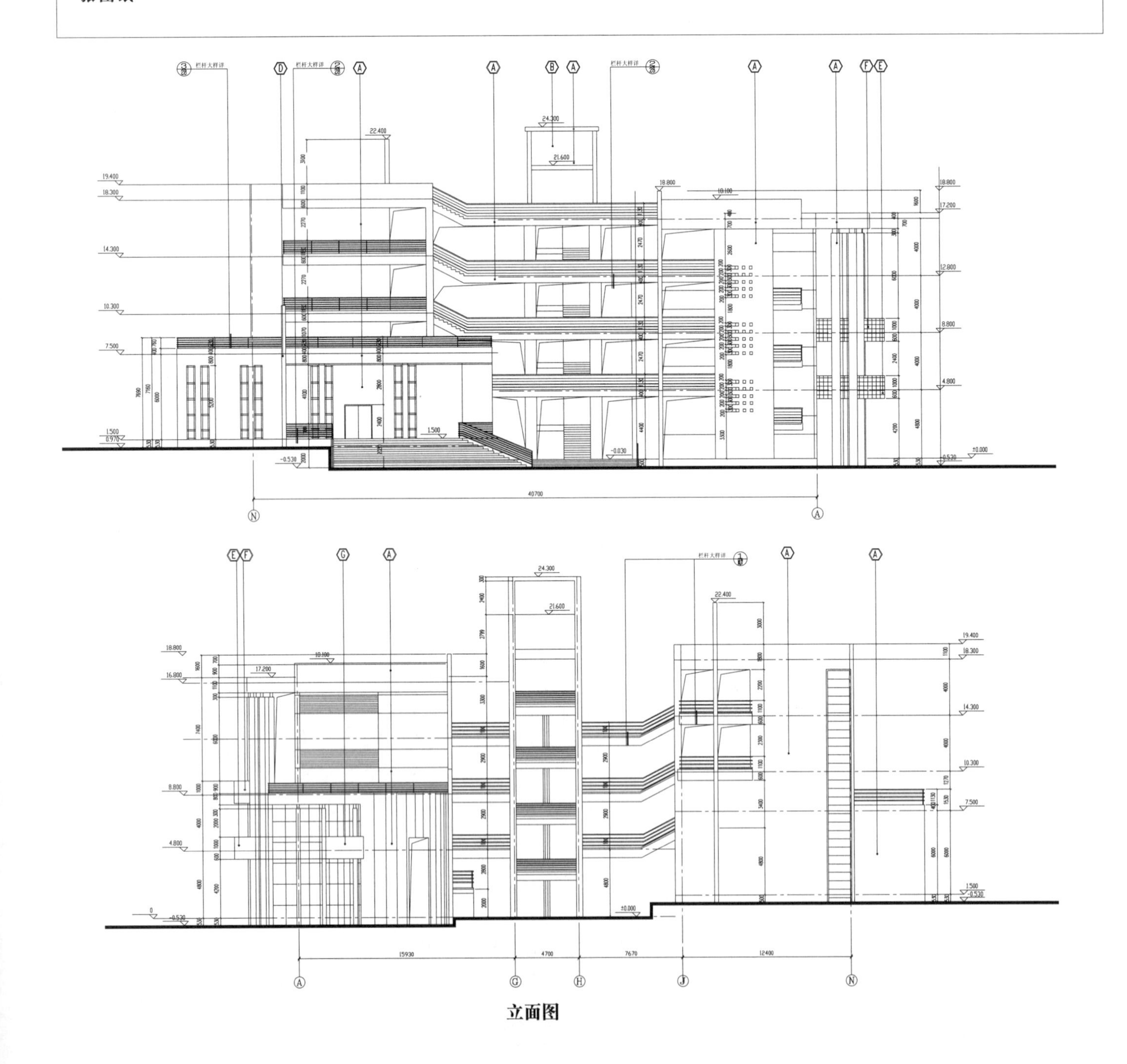

立面图

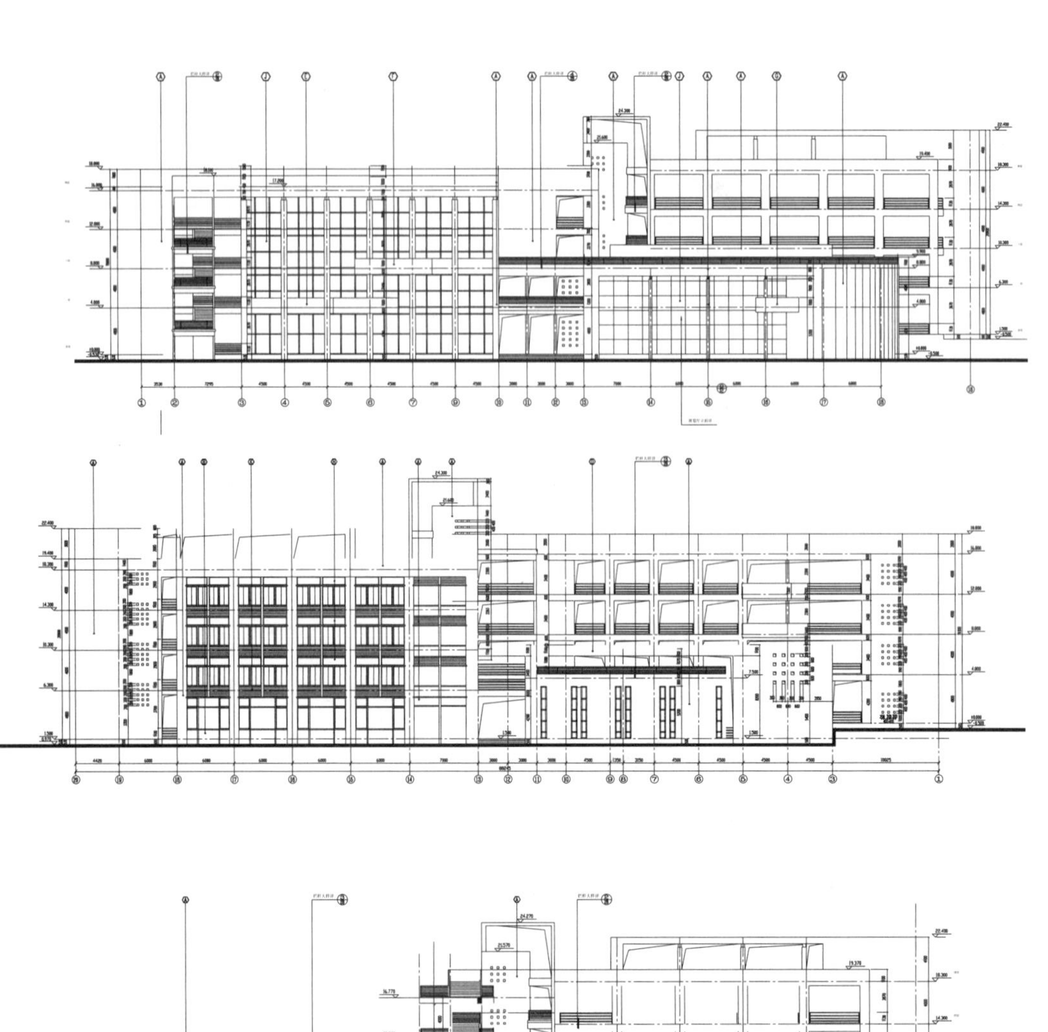

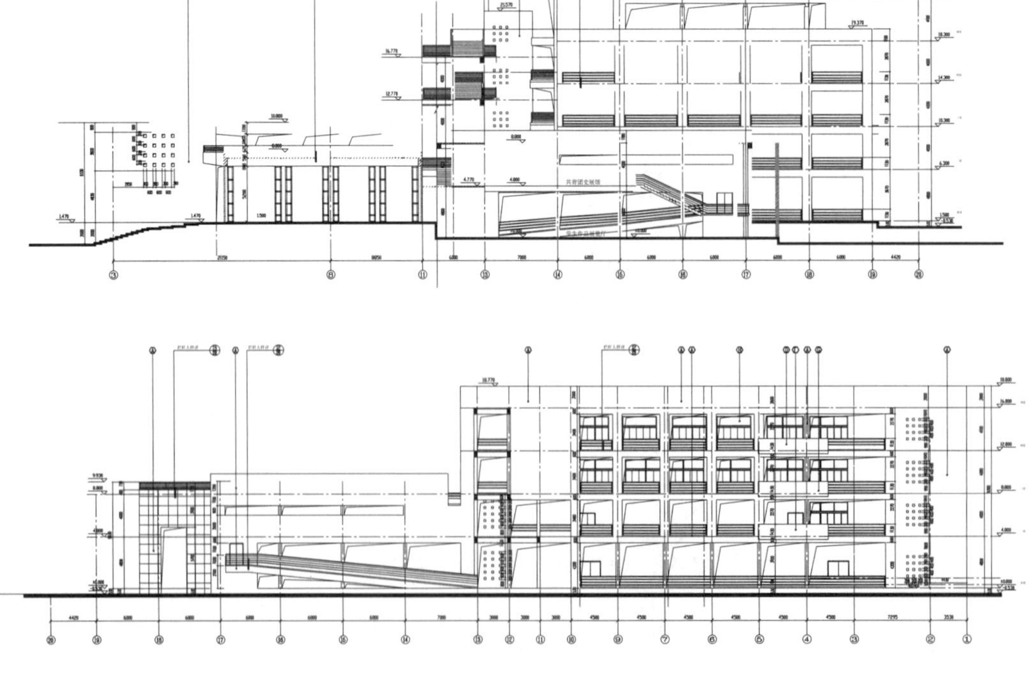

剖面图

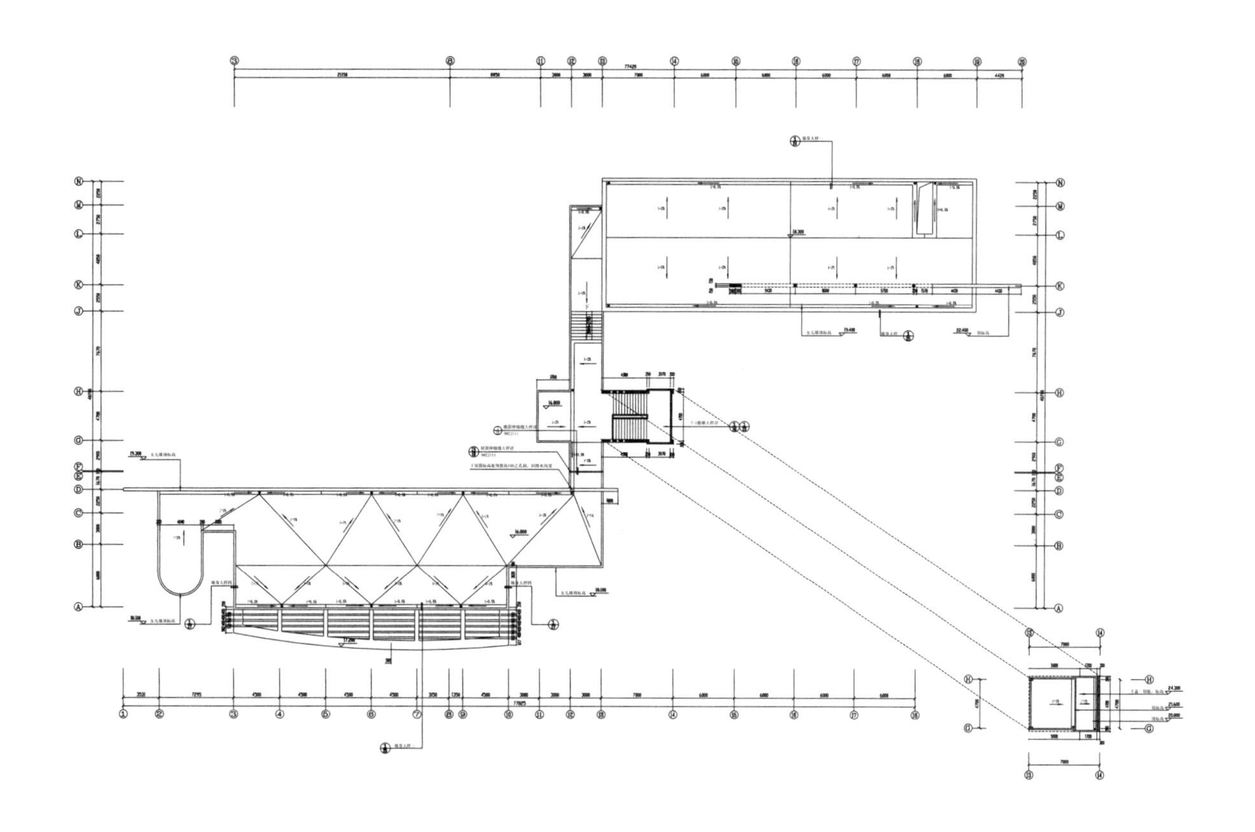

屋顶平面图

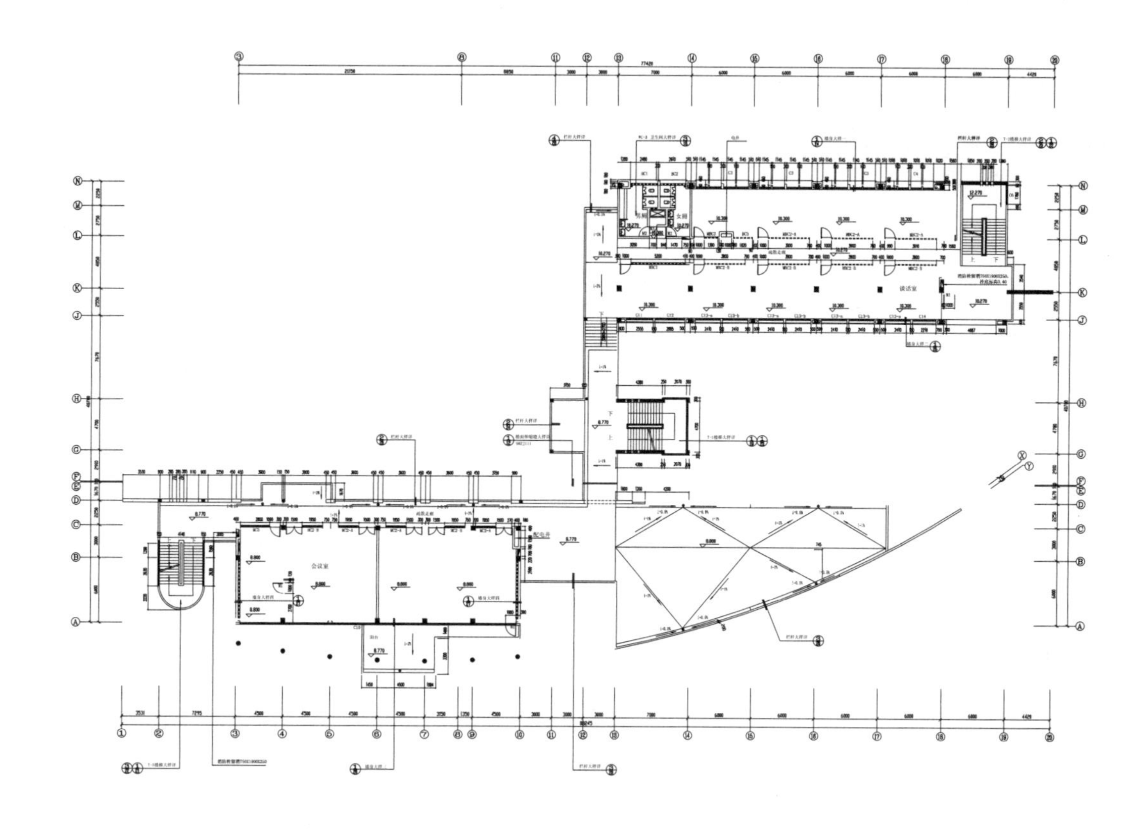

二层平面图

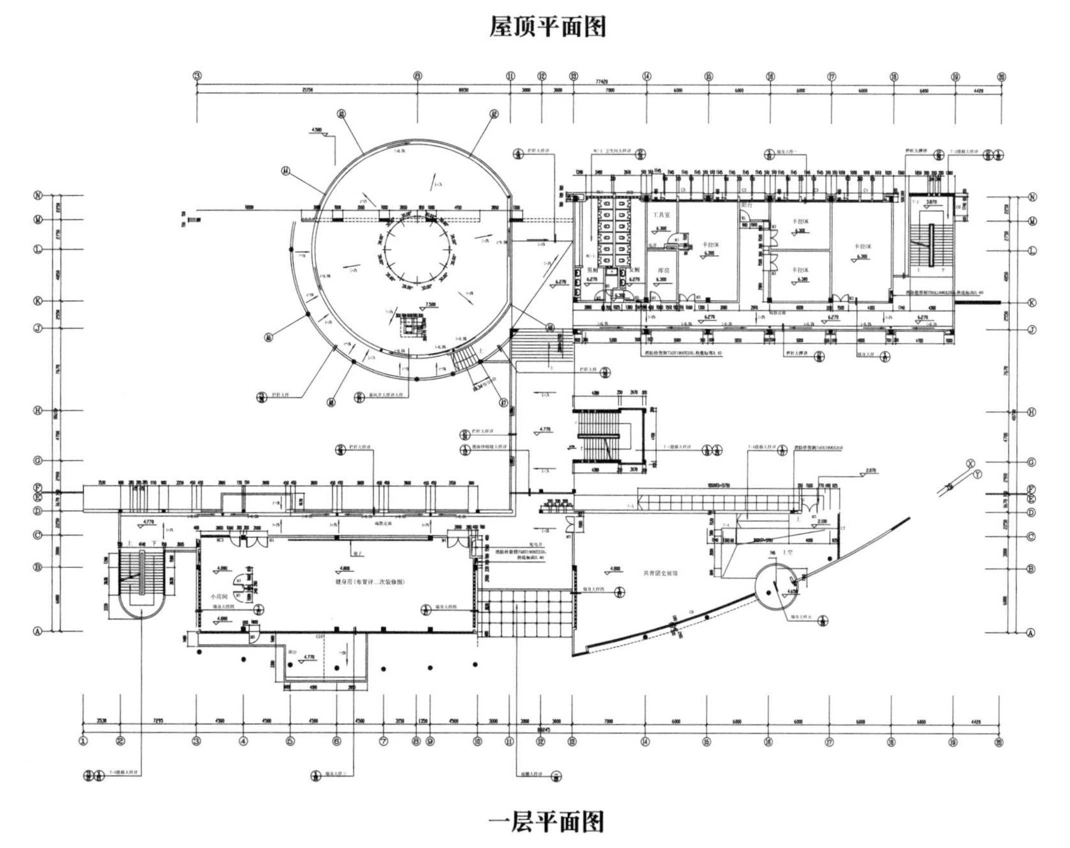

一层平面图

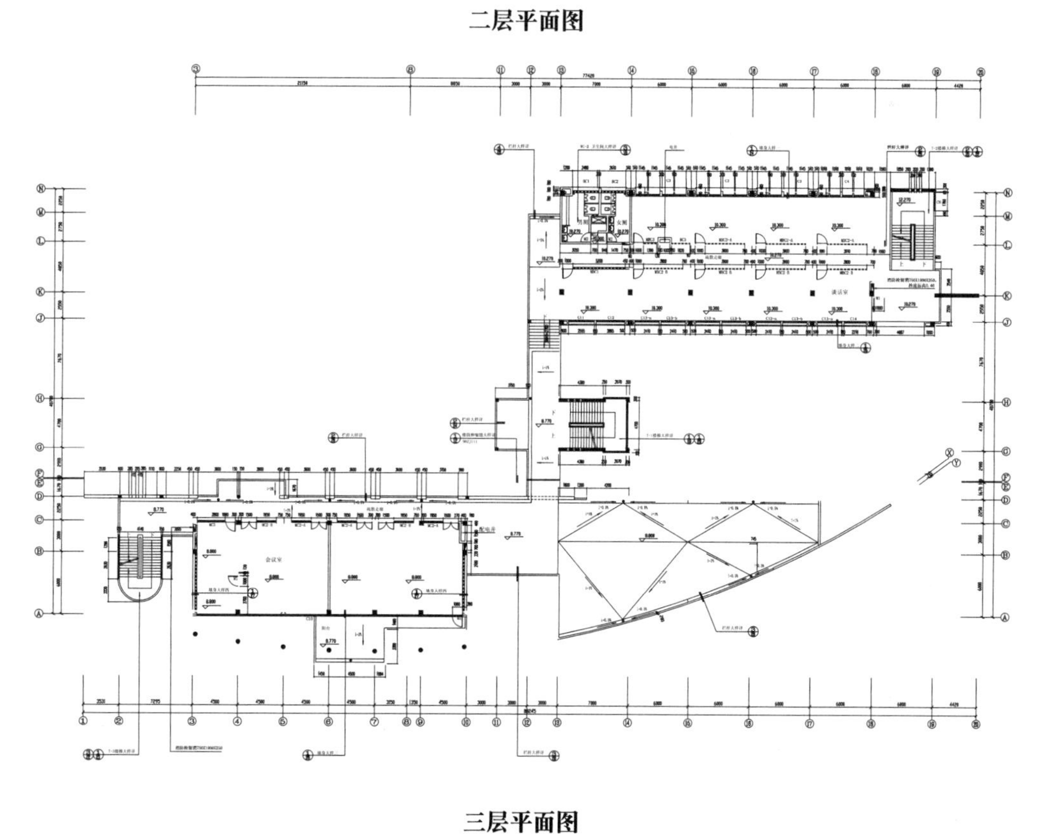

三层平面图

> 三层小学教学楼建筑施工图

设计说明

框架图纸深度 ：方案（初设图）
结构形式：钢筋混凝土结构
高度类别：多层建筑

内容简介

本套图纸包括：图纸目录、图纸说明、工程作法、门窗表、各层建筑平面、立面、剖面图、卫生间详图、楼梯间详图等，共8张图纸
设计功能包括：教室等

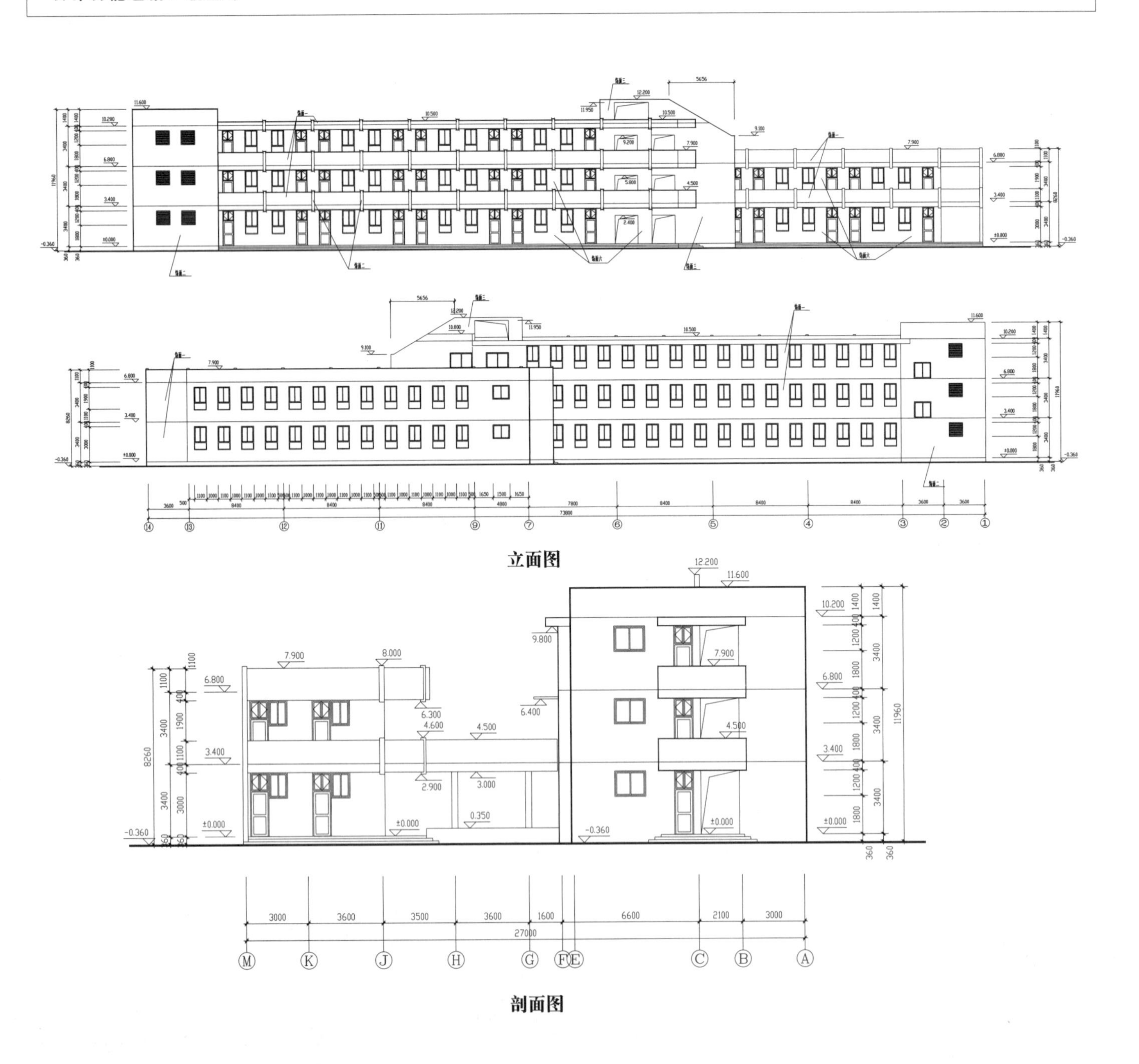

立面图

剖面图

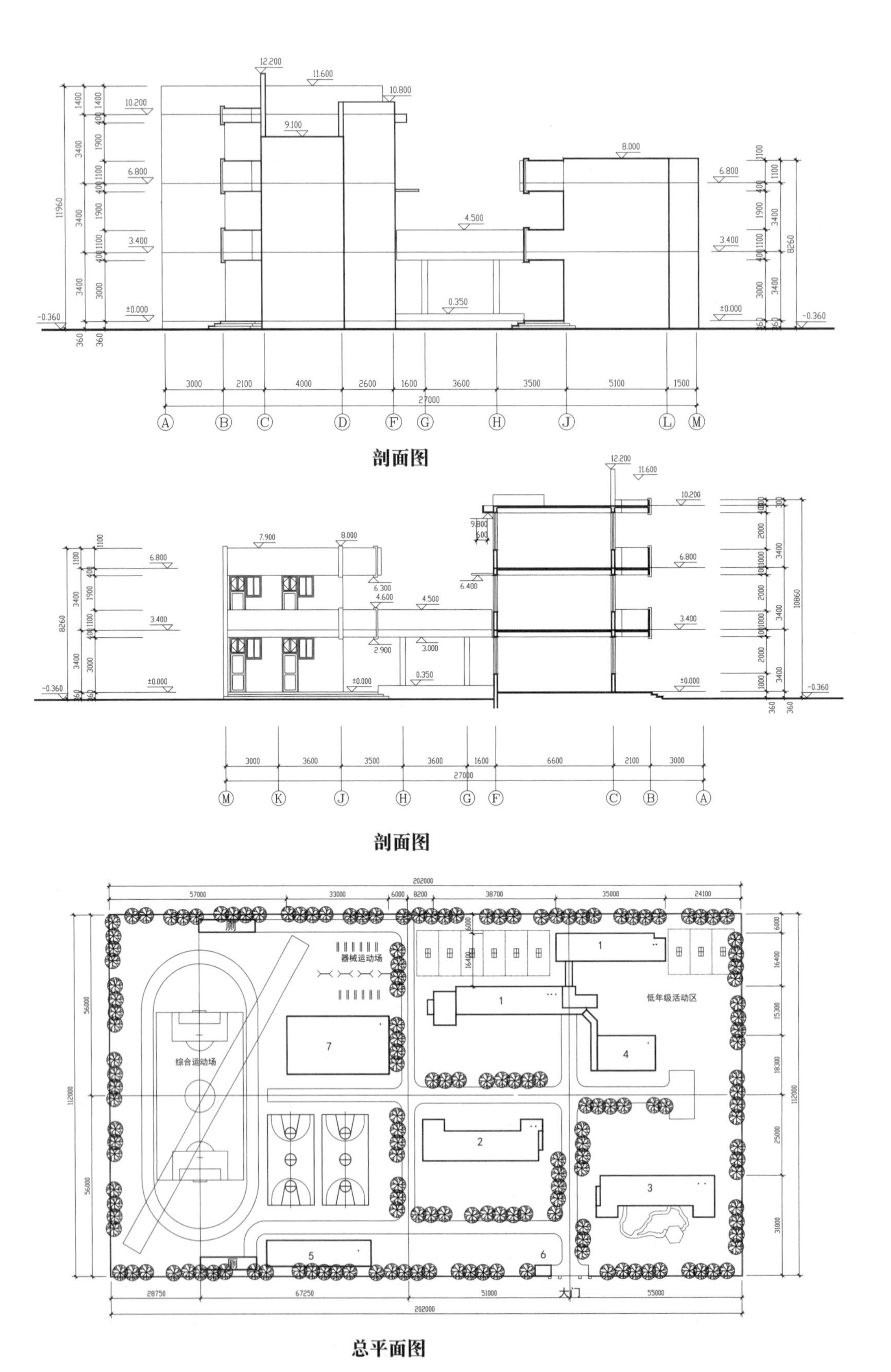

剖面图

剖面图

总平面图

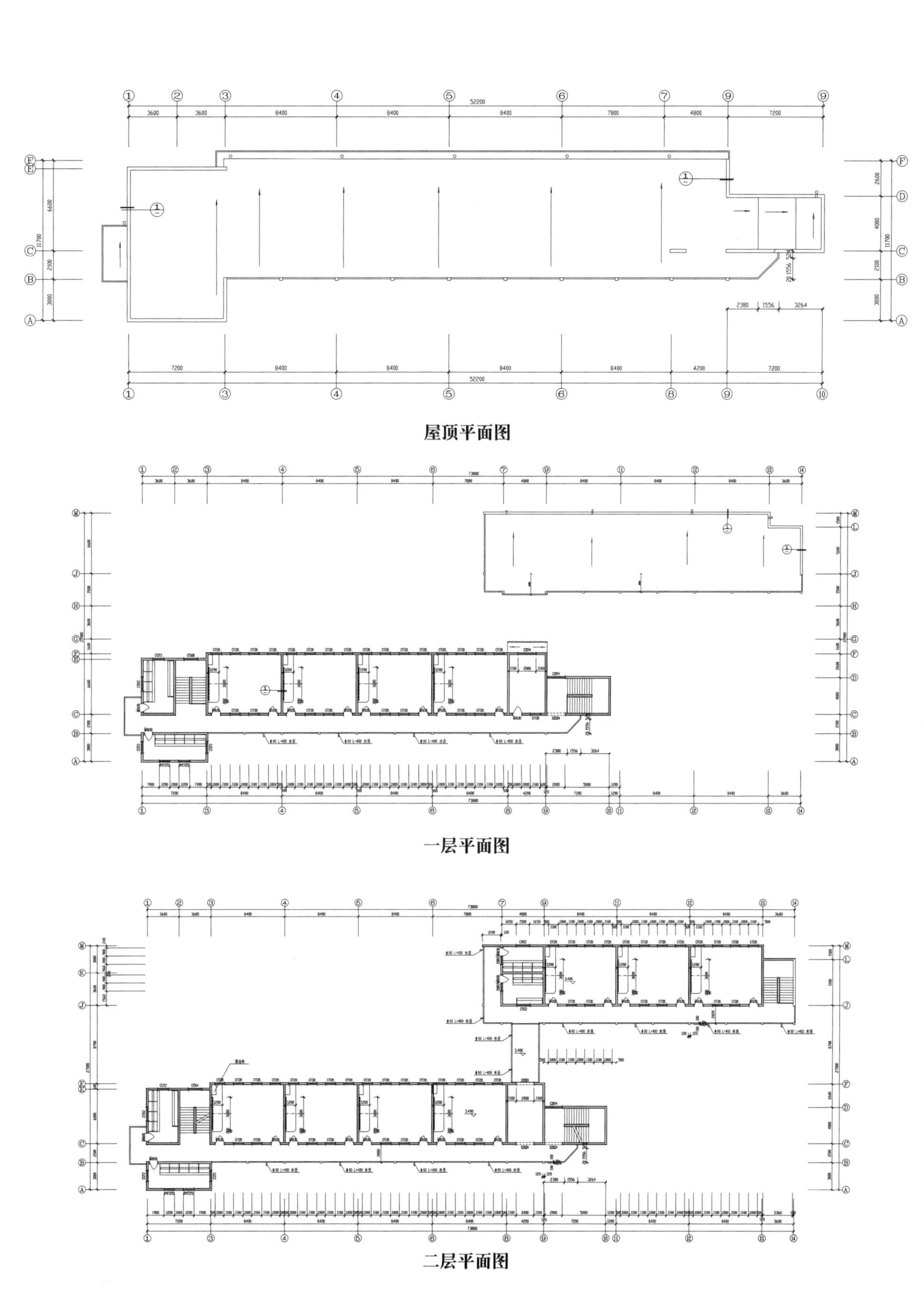

屋顶平面图

一层平面图

二层平面图

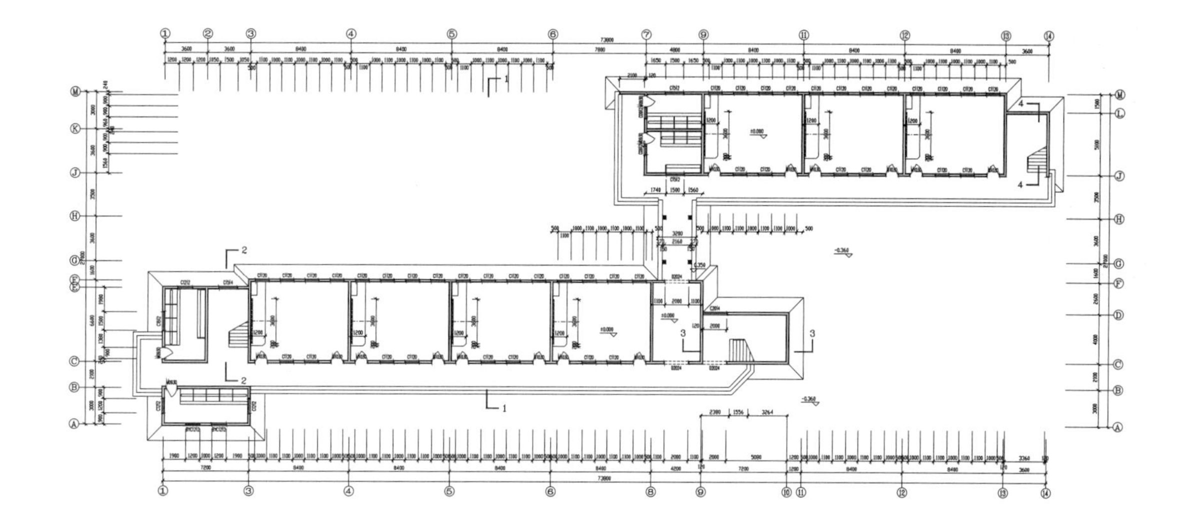

三层平面图

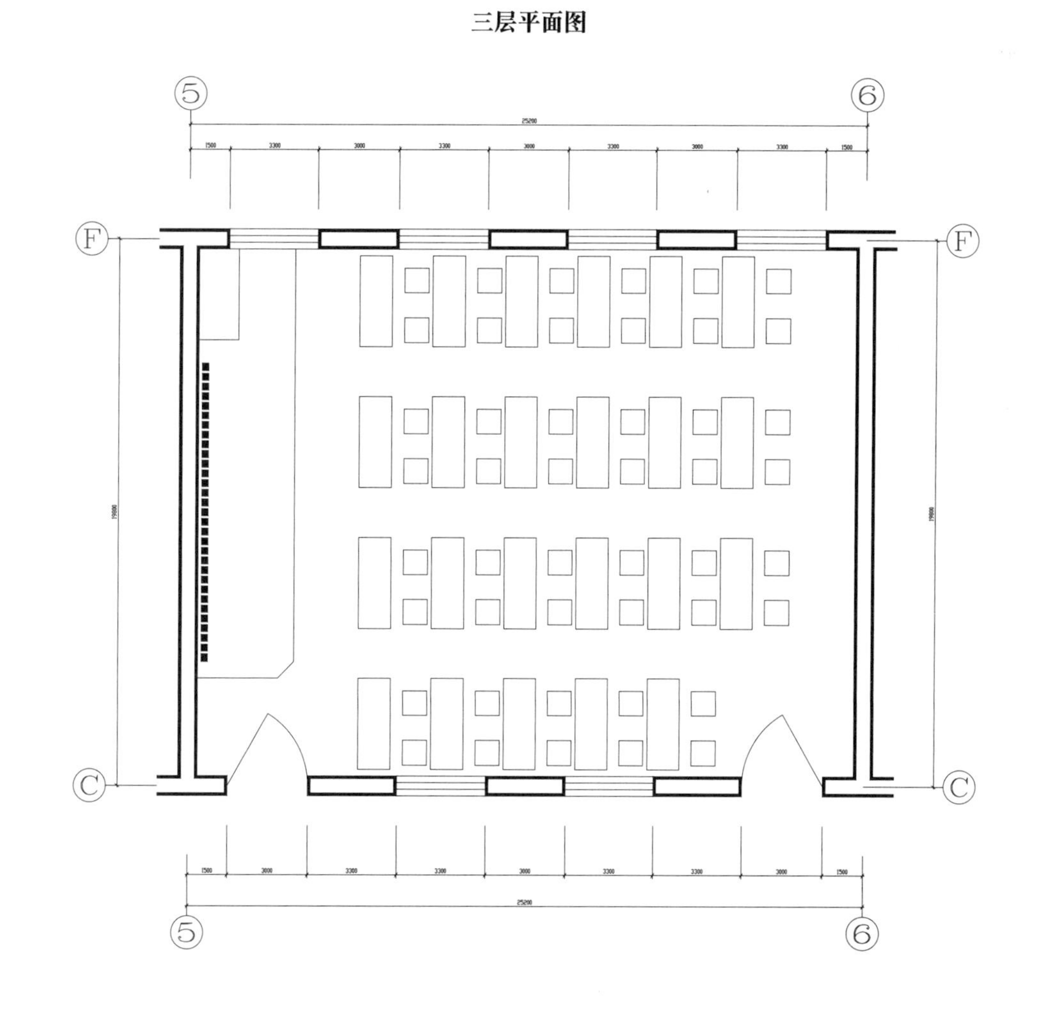

教室平面图

> 三层小学教学楼建筑方案图

设计说明

框架图纸深度 ：方案（初设图）
结构形式：钢筋混凝土结构
高度类别：多层建筑

内容简介

本套图纸包括：本套图纸包括各层建筑平面、立面、剖面图等，共8张图纸
设计功能包括：教室、试验教室等

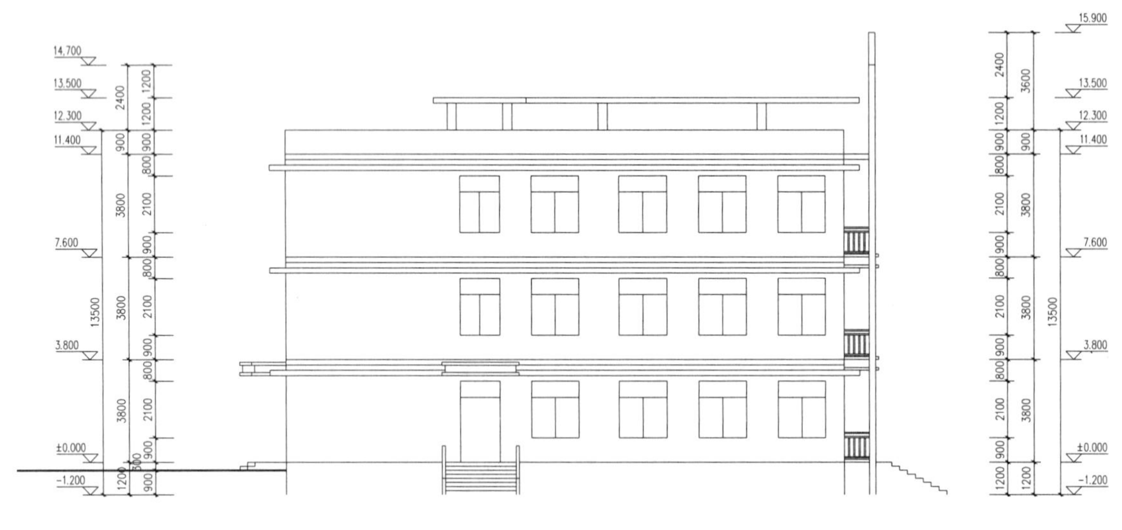

剖面图

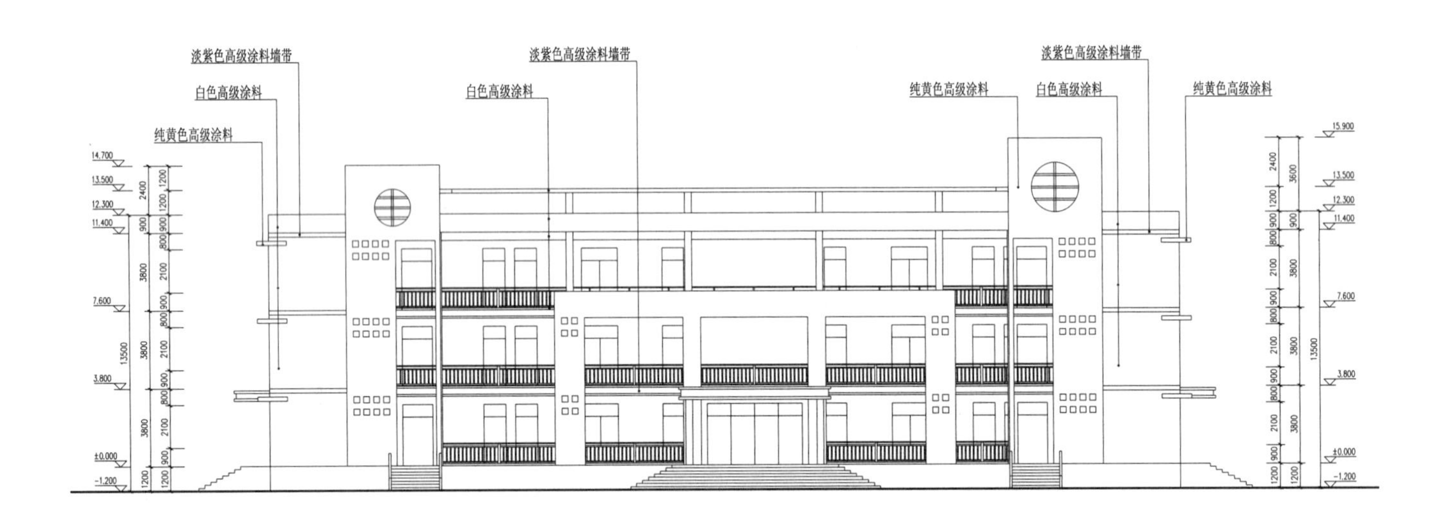

立面图

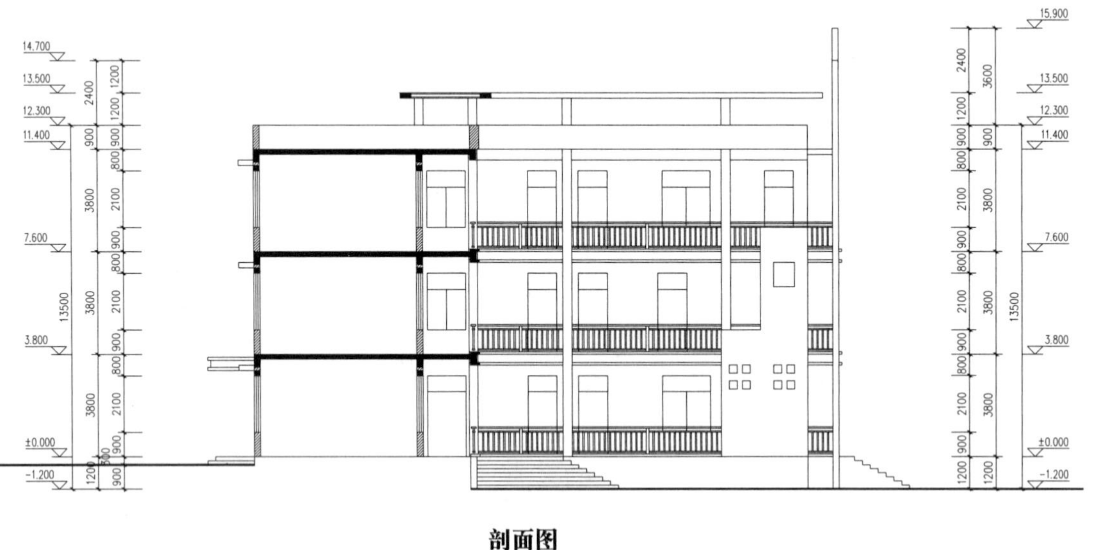

剖面图

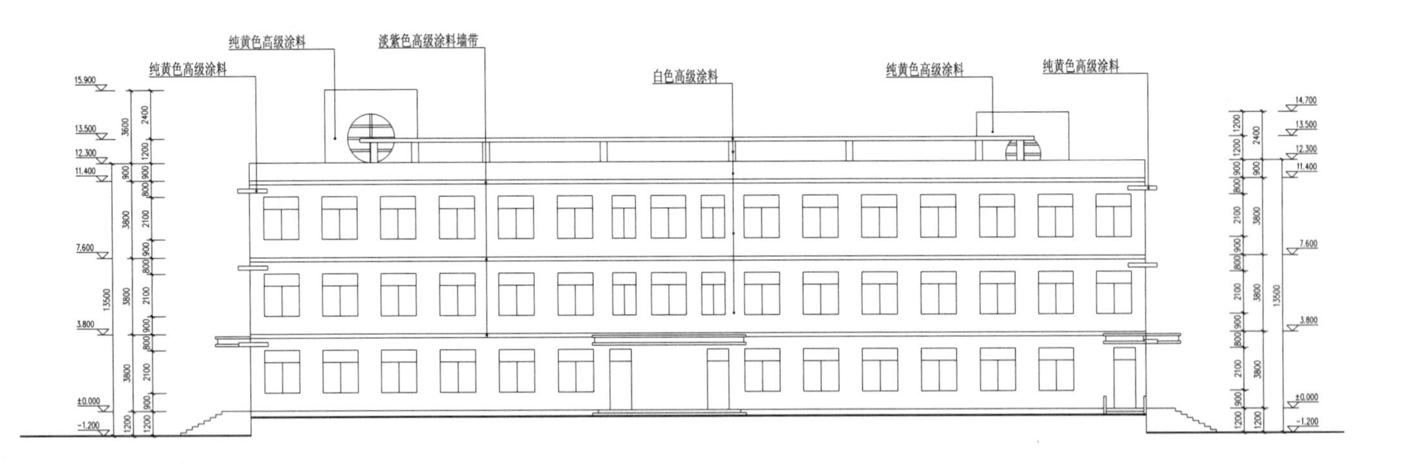

剖面图

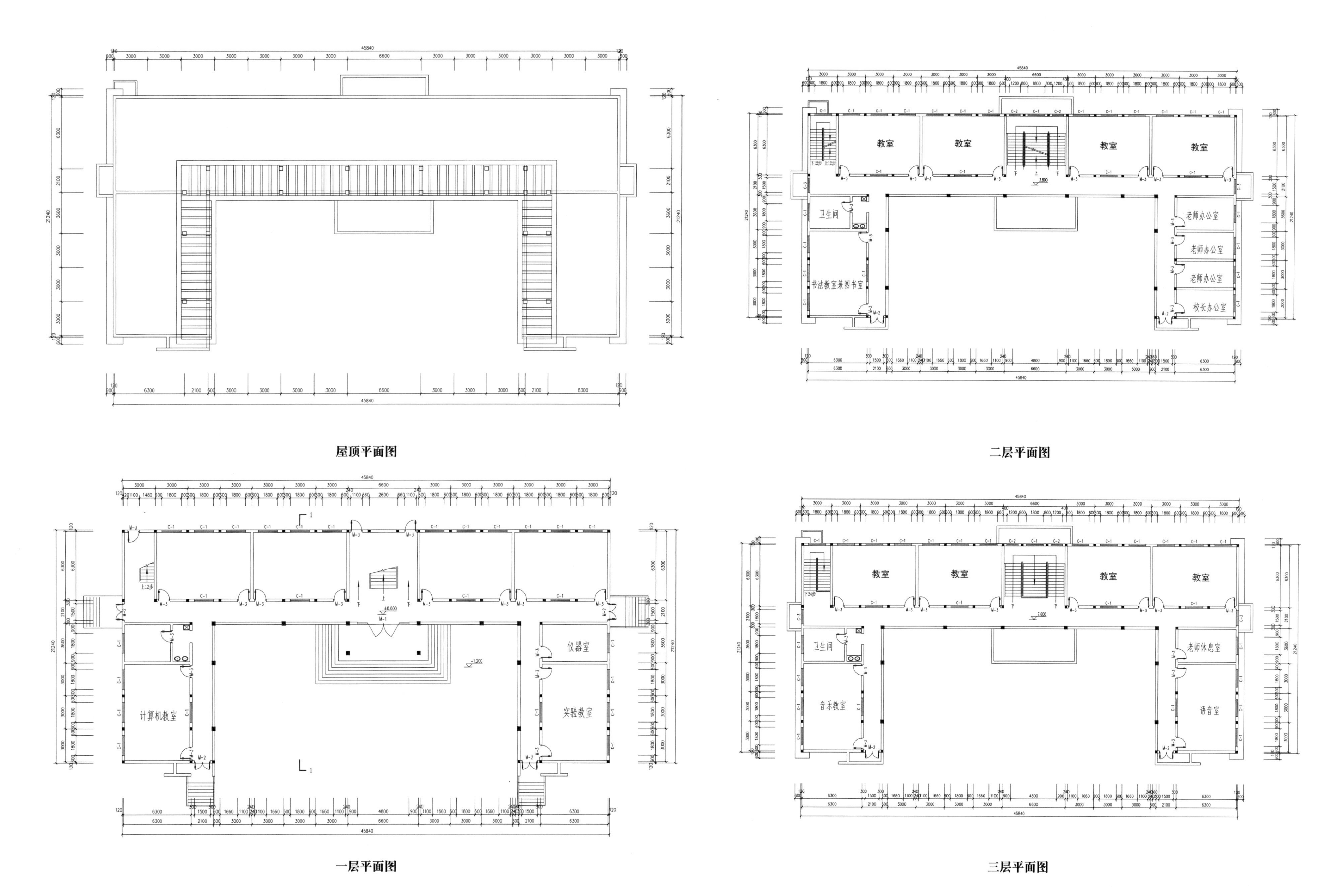

屋顶平面图

二层平面图

一层平面图

三层平面图

> 安徽中学五层教学实验楼建筑方案图

设计说明

建筑风格：现代结构类型
高度类别：多层建筑
结构形式：钢筋混凝土结构
框架图纸深度 ：方案（初设图）

设计风格：哈佛红
图纸张数：7张
形式：单廊式

内容简介

本套图纸包括：各层平面图、立面图、剖面图

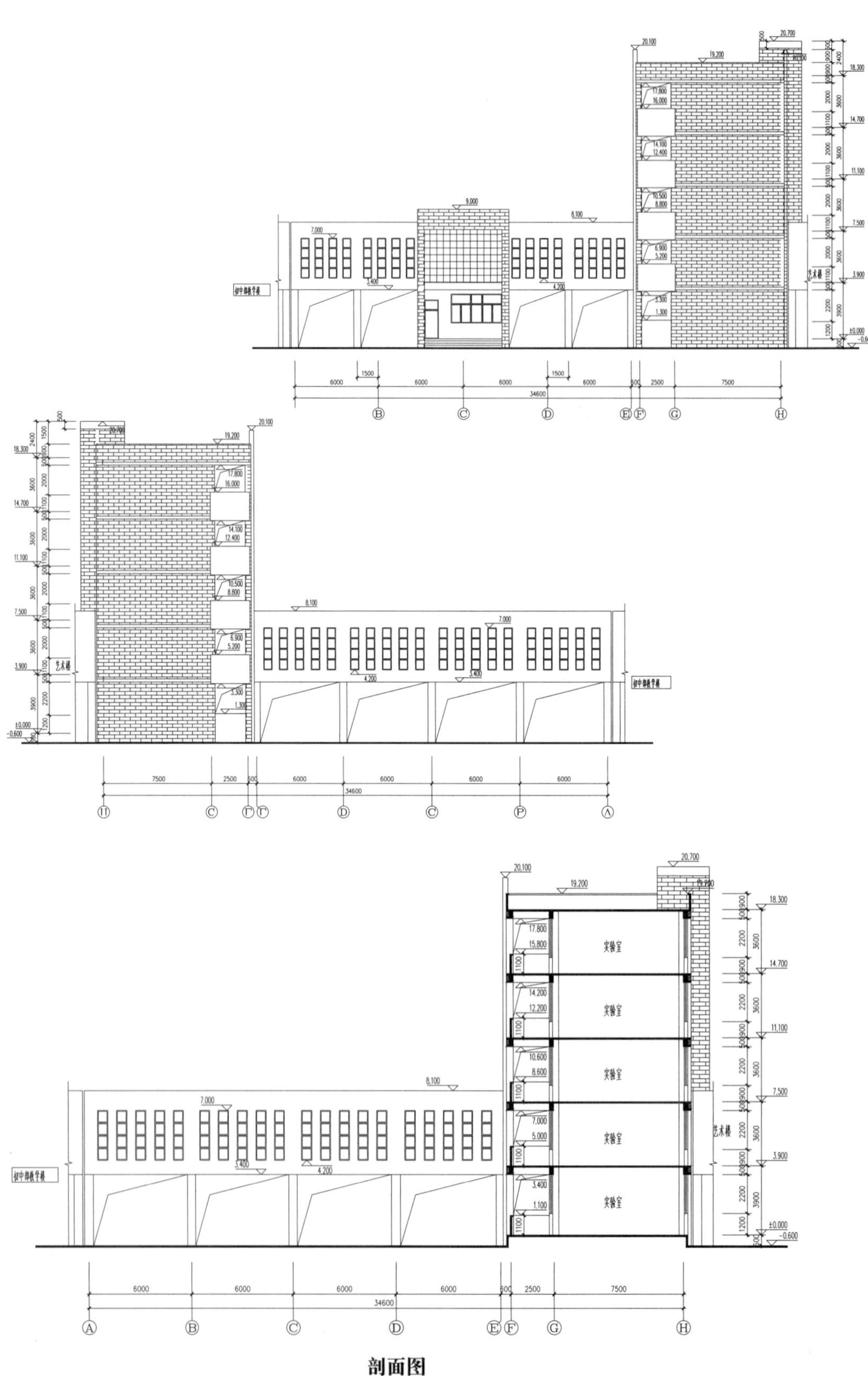

立面图

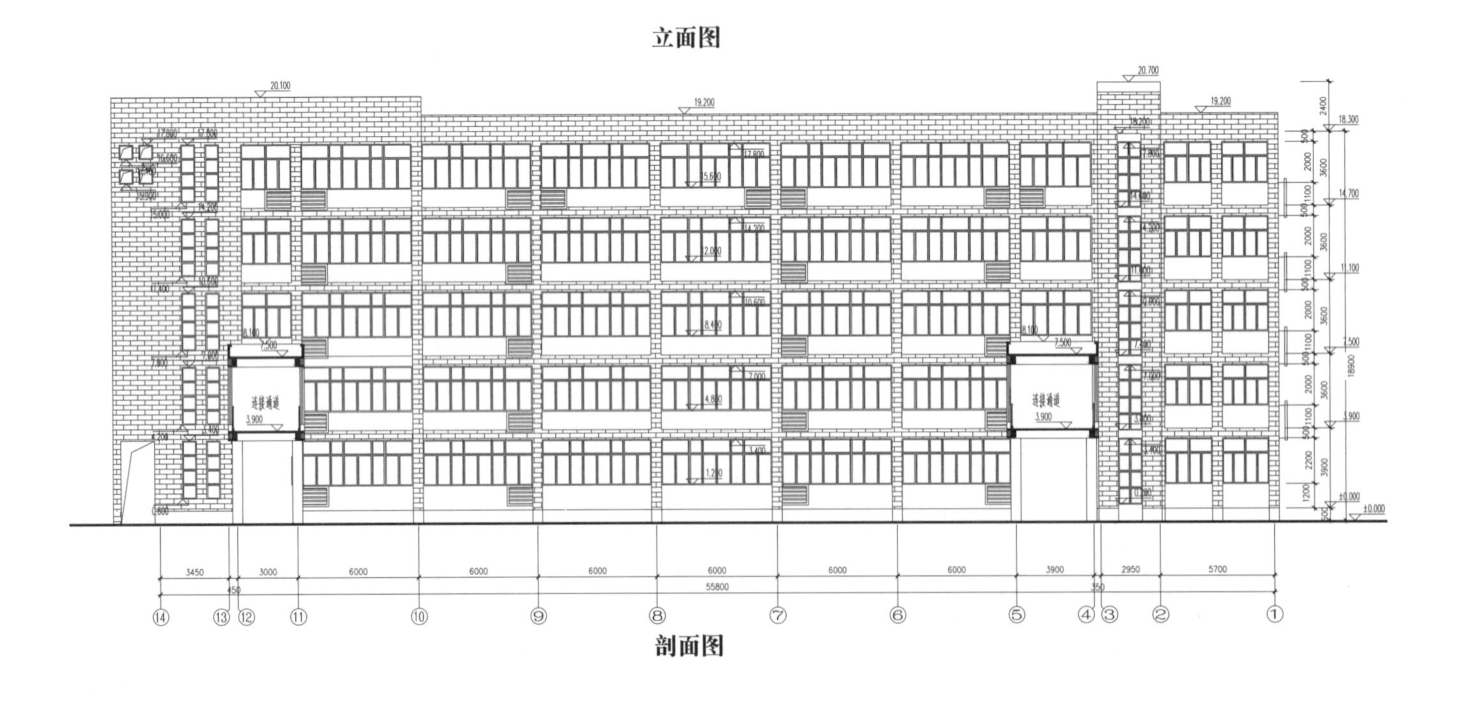

剖面图

剖面图

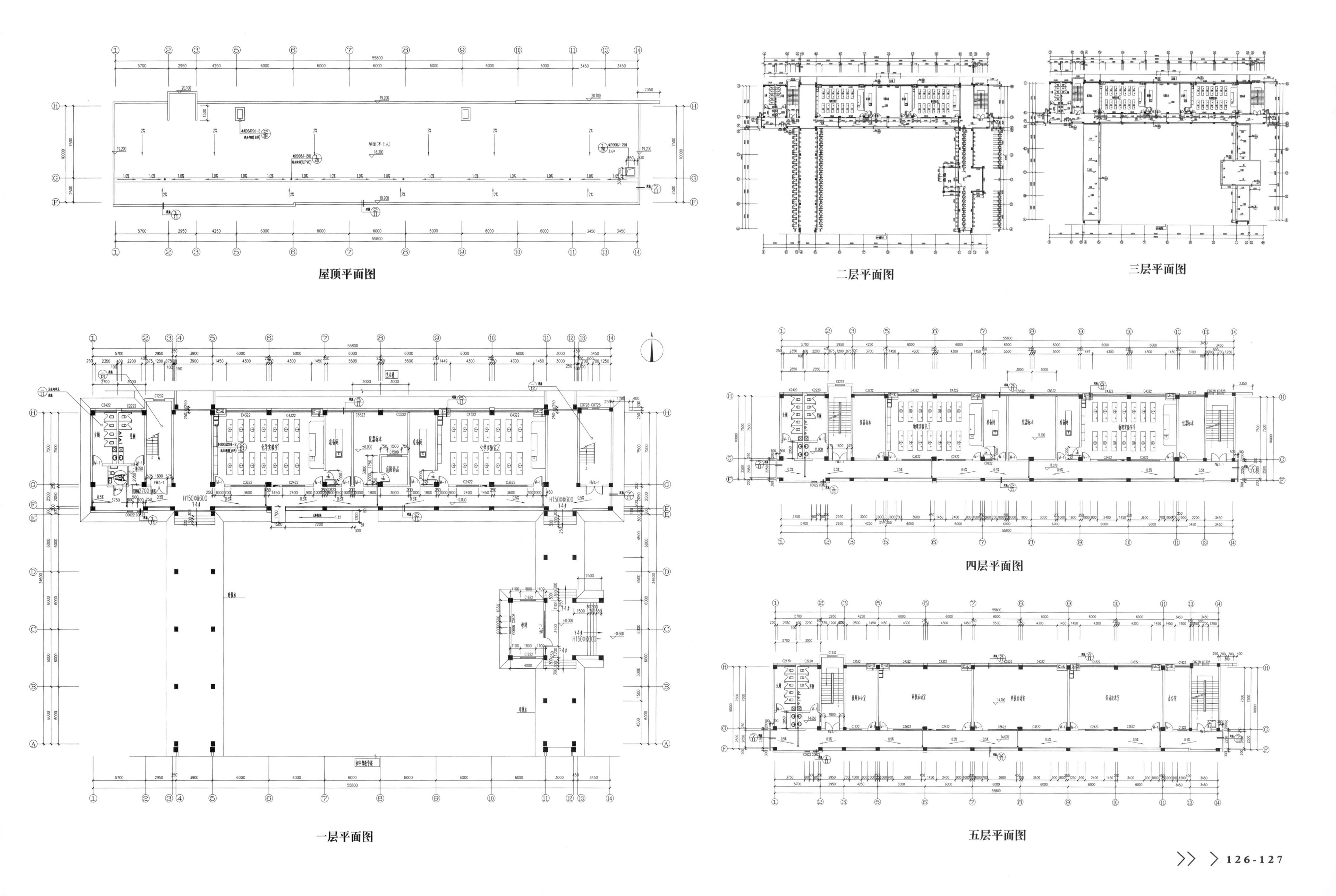

屋顶平面图

二层平面图

三层平面图

一层平面图

四层平面图

五层平面图

> 广西南宁中学六层教学楼建筑施工图

设计说明

建筑风格：现代结构类型
高度类别：多层建筑
结构形式：钢筋混凝土结构
框架图纸深度　：方案（初设图）

设计风格：现代风格设计
图纸张数：7张
建筑高度：24.6m

内容简介

本套图纸包括：包括细部工程作法、各层建筑平面、立面、剖面图、檐口作法等，共7张图纸.
设计功能包括：教室，美术教室，教师办公室等。附属设计配套非常齐全。

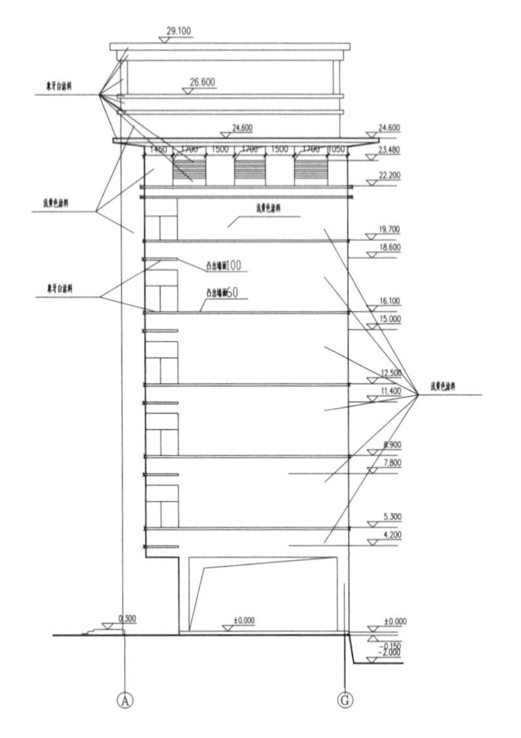

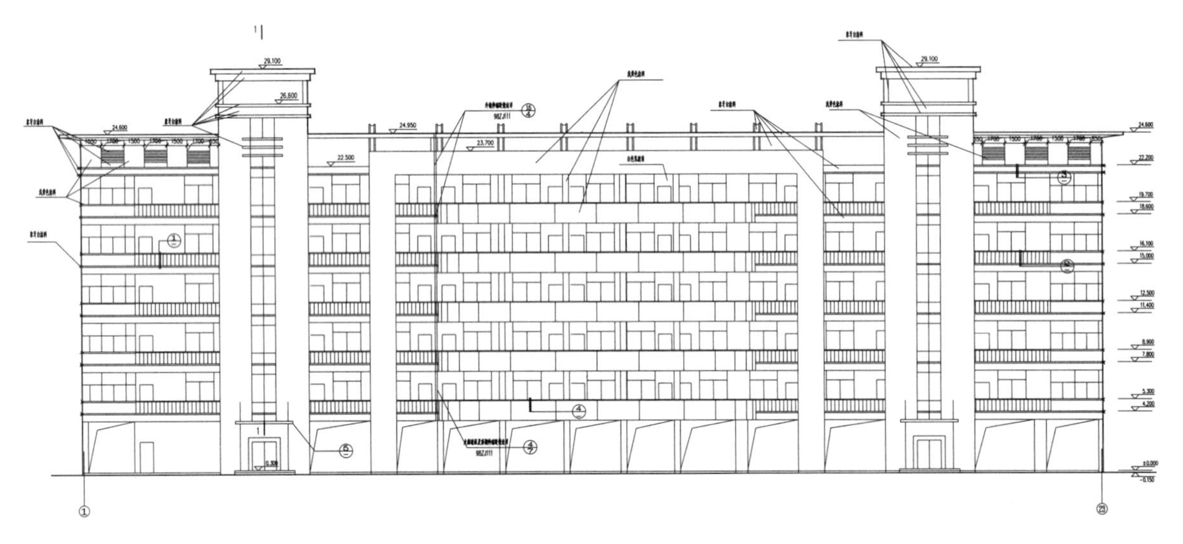

立面图

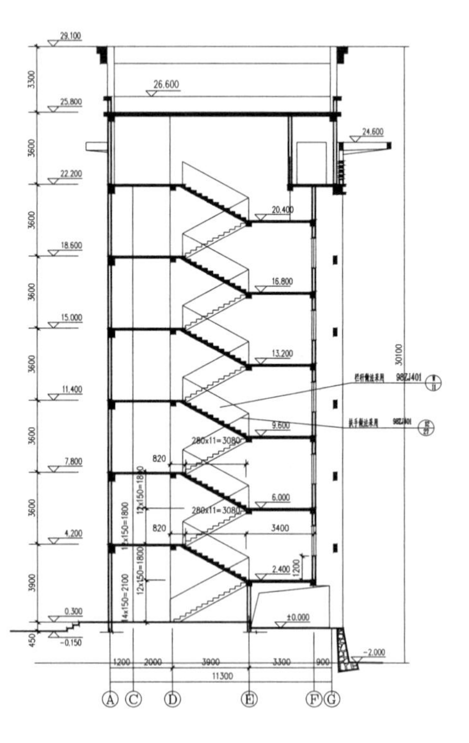

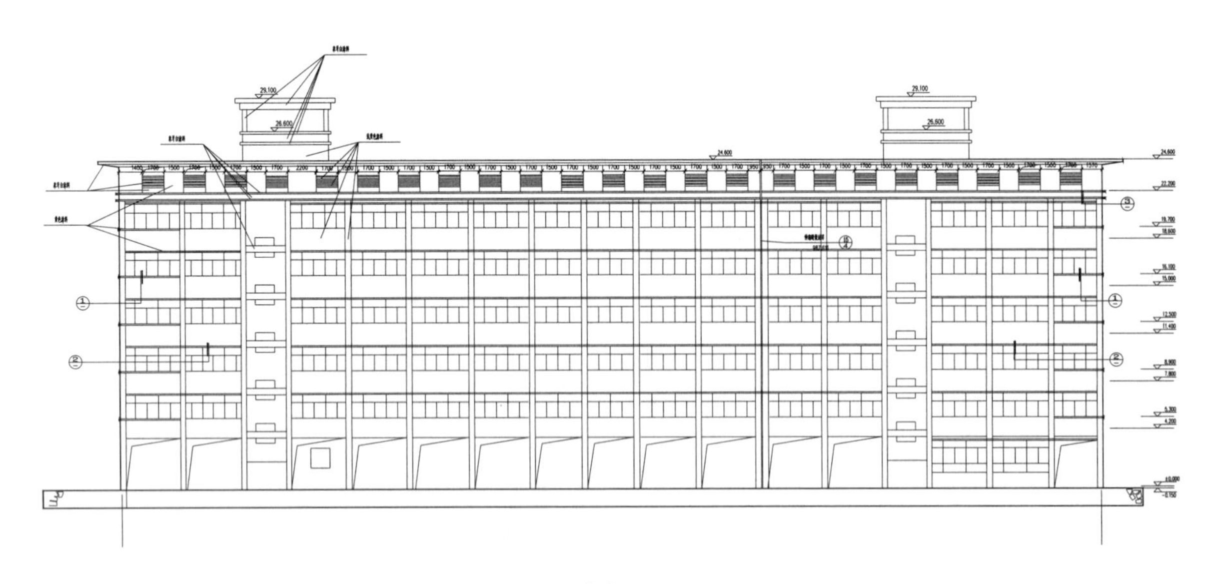

立面图

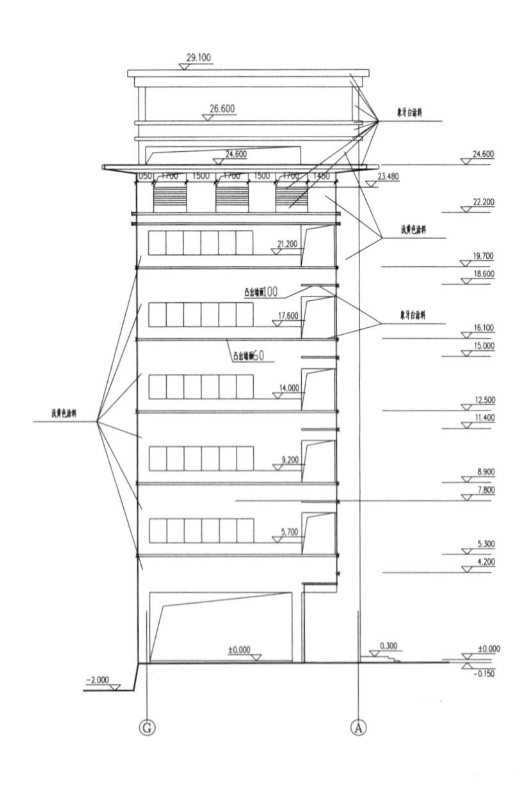

剖面图

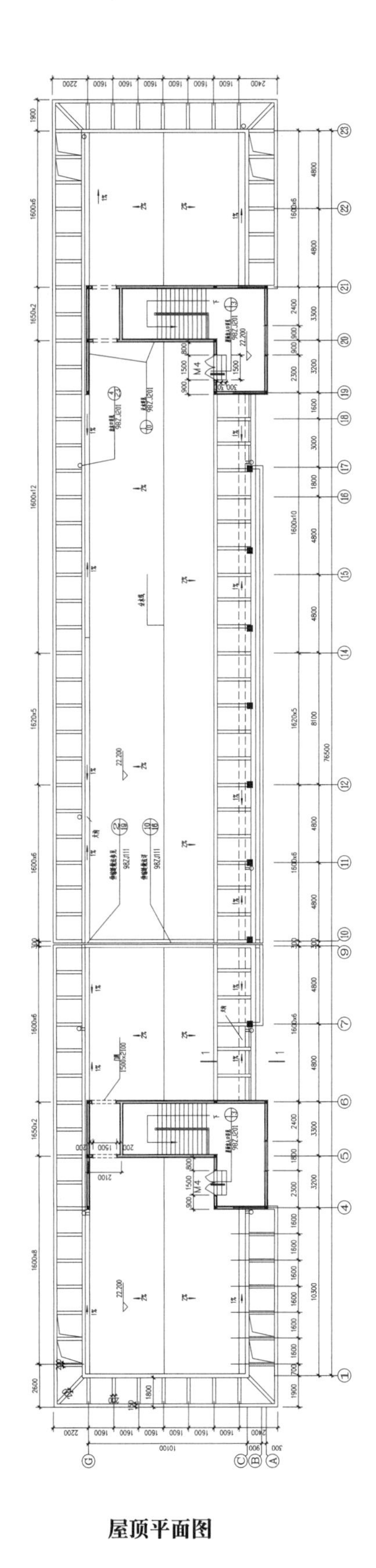

屋顶平面图

一层平面图

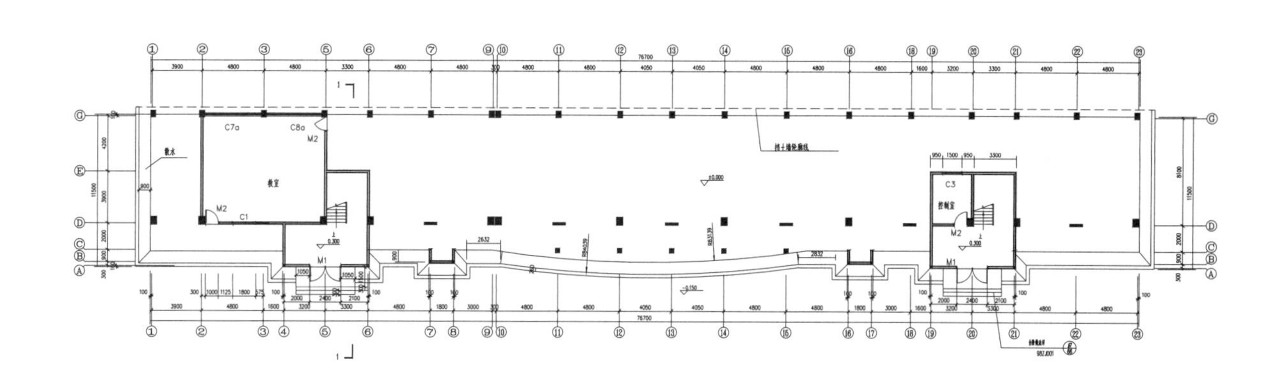

二层平面图

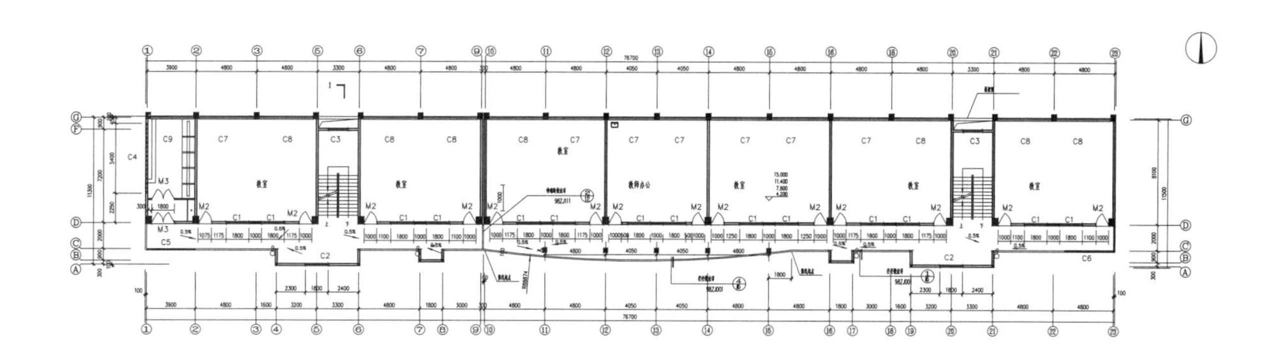

三层平面图

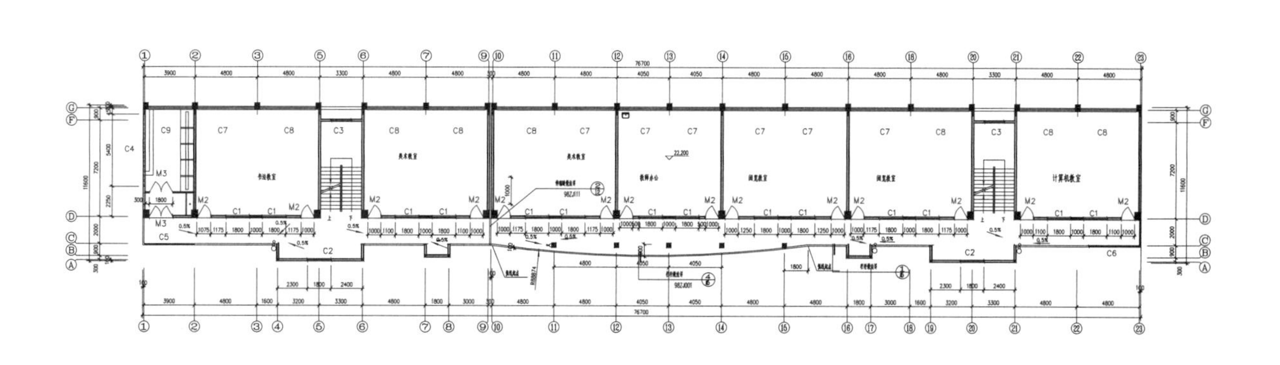

四层平面图

>杭州中学四层综合楼建筑施工图

设计说明

建筑风格：现代结构类型　　设计风格：哈佛红
高度类别：多层建筑　　图纸张数：7张
结构形式：钢筋混凝土结构　　建筑高度：15.6m
框架图纸深度 ：方案（初设图）

内容简介

本套图纸包括：总平面图、设计说明、做法表、各层平面图、立面图、剖面图、门窗表、门窗大样、楼梯大样、节点详图
功能：实验室、计算机室、行政办公室

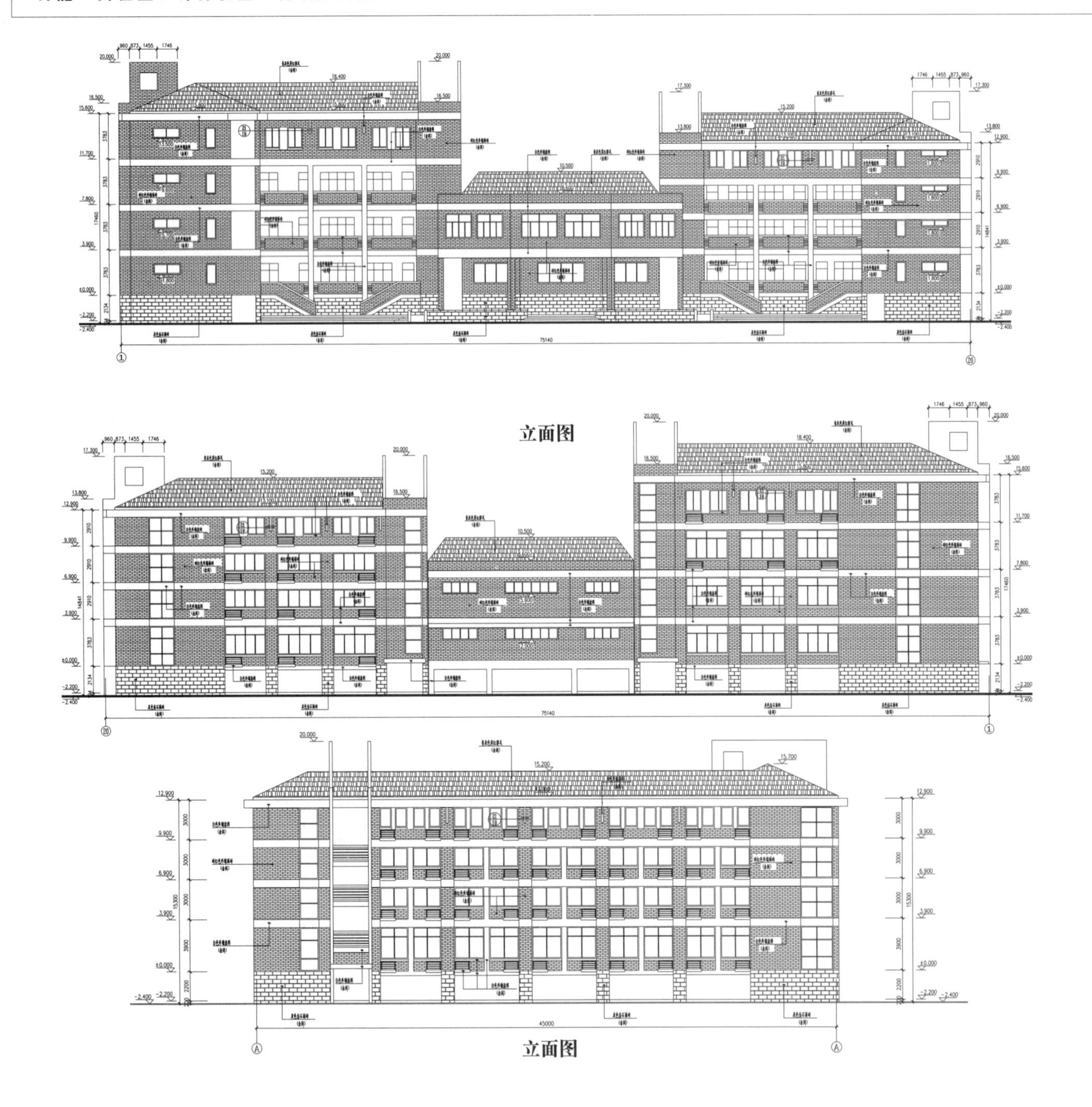

立面图

立面图

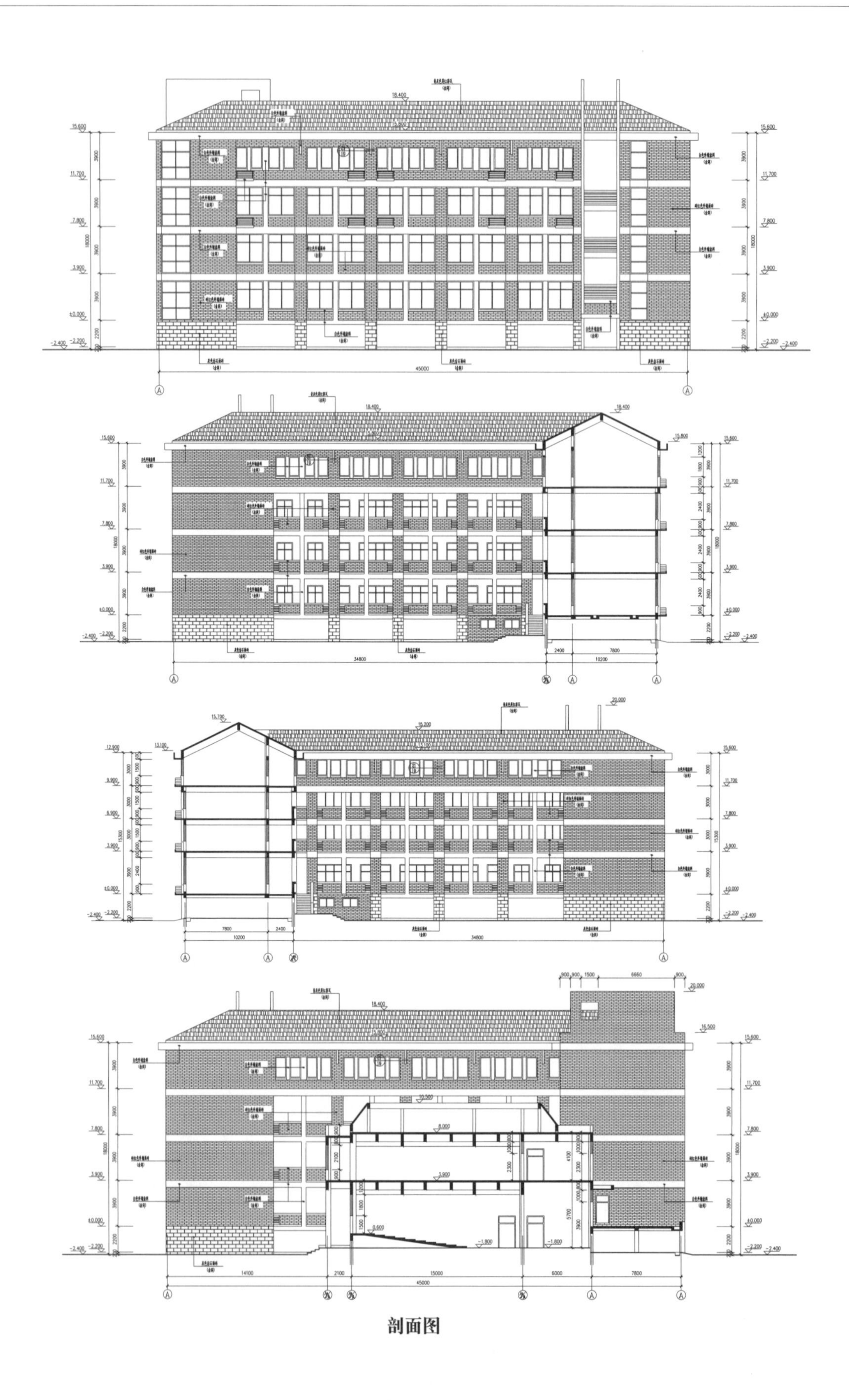

剖面图

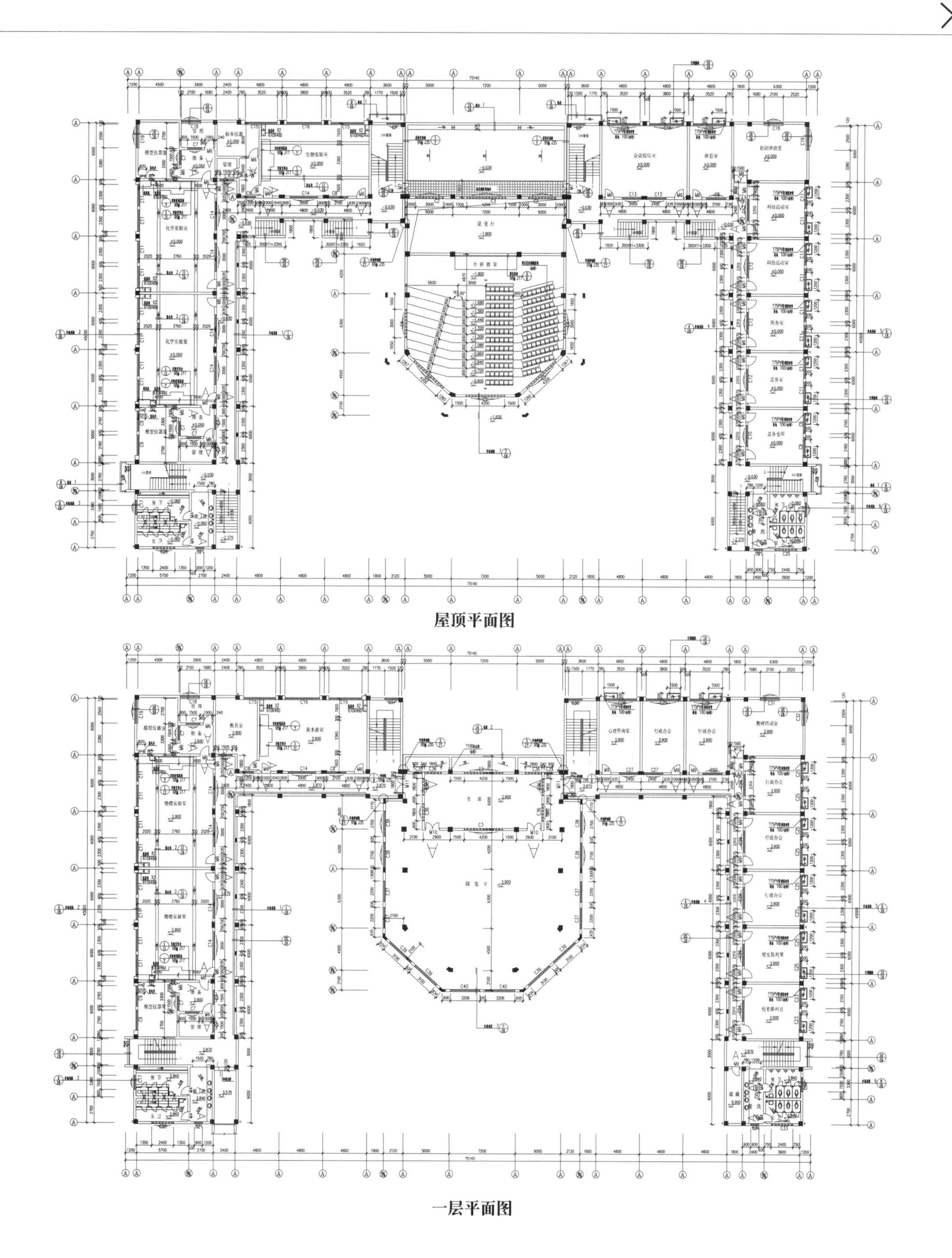

屋顶平面图

一层平面图

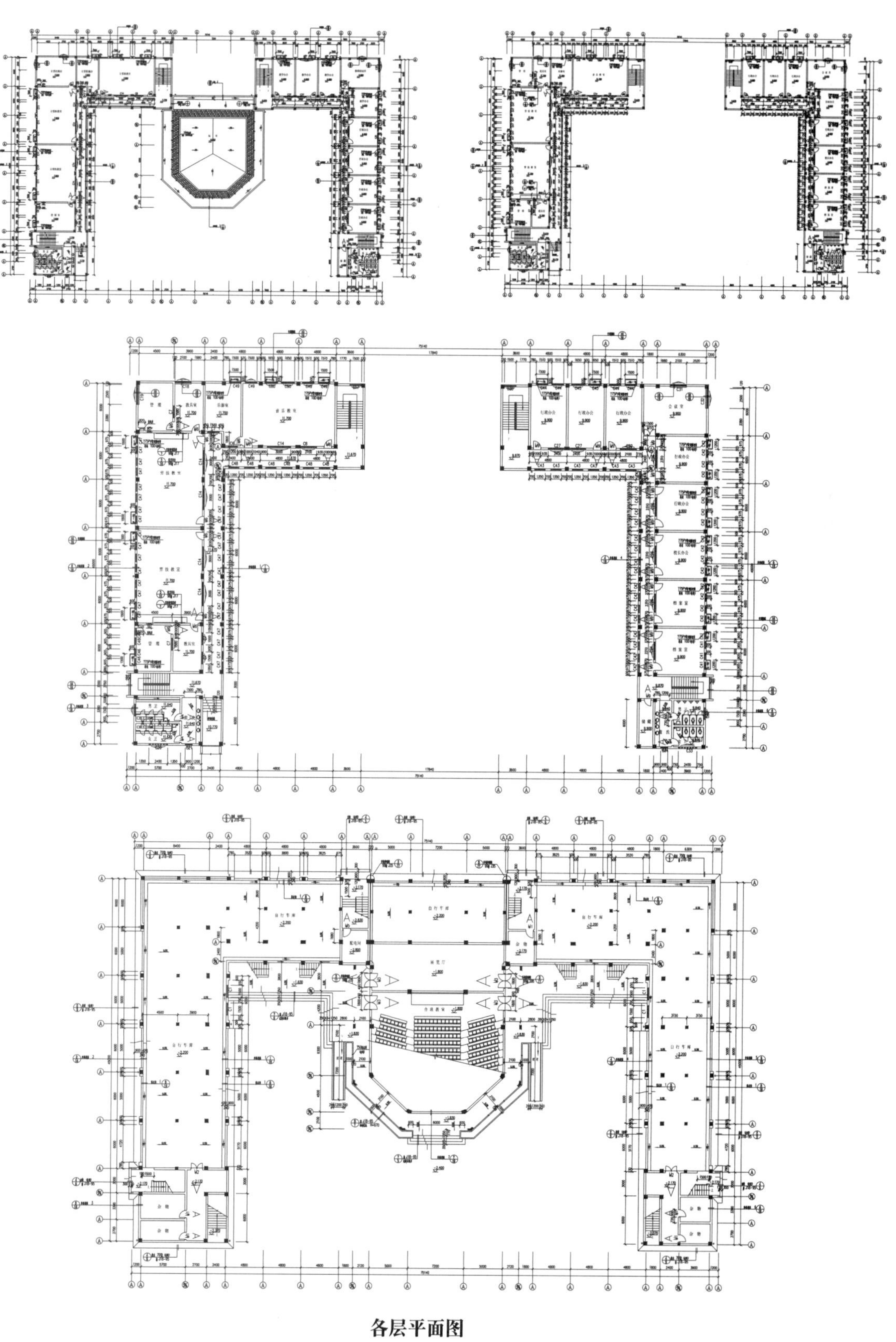

各层平面图

〉杭州中学五层教学楼建筑施工图

设计说明

建筑风格：现代结构类型　　设计风格：哈佛红
高度类别：多层建筑　　图纸张数：7张
结构形式：钢筋混凝土结构　　建筑高度：18m
框架图纸深度 ：方案（初设图）

内容简介

本套图纸包括：总平面图、设计说明、做法表、各层平面图、立面图、剖面图、门窗表、门窗大样、楼梯大样、节点详图

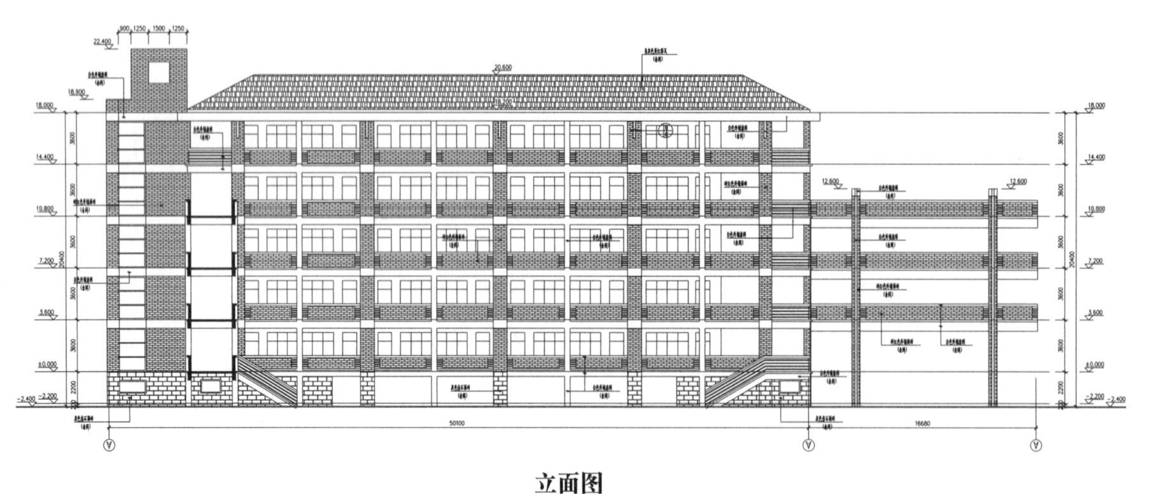

立面图

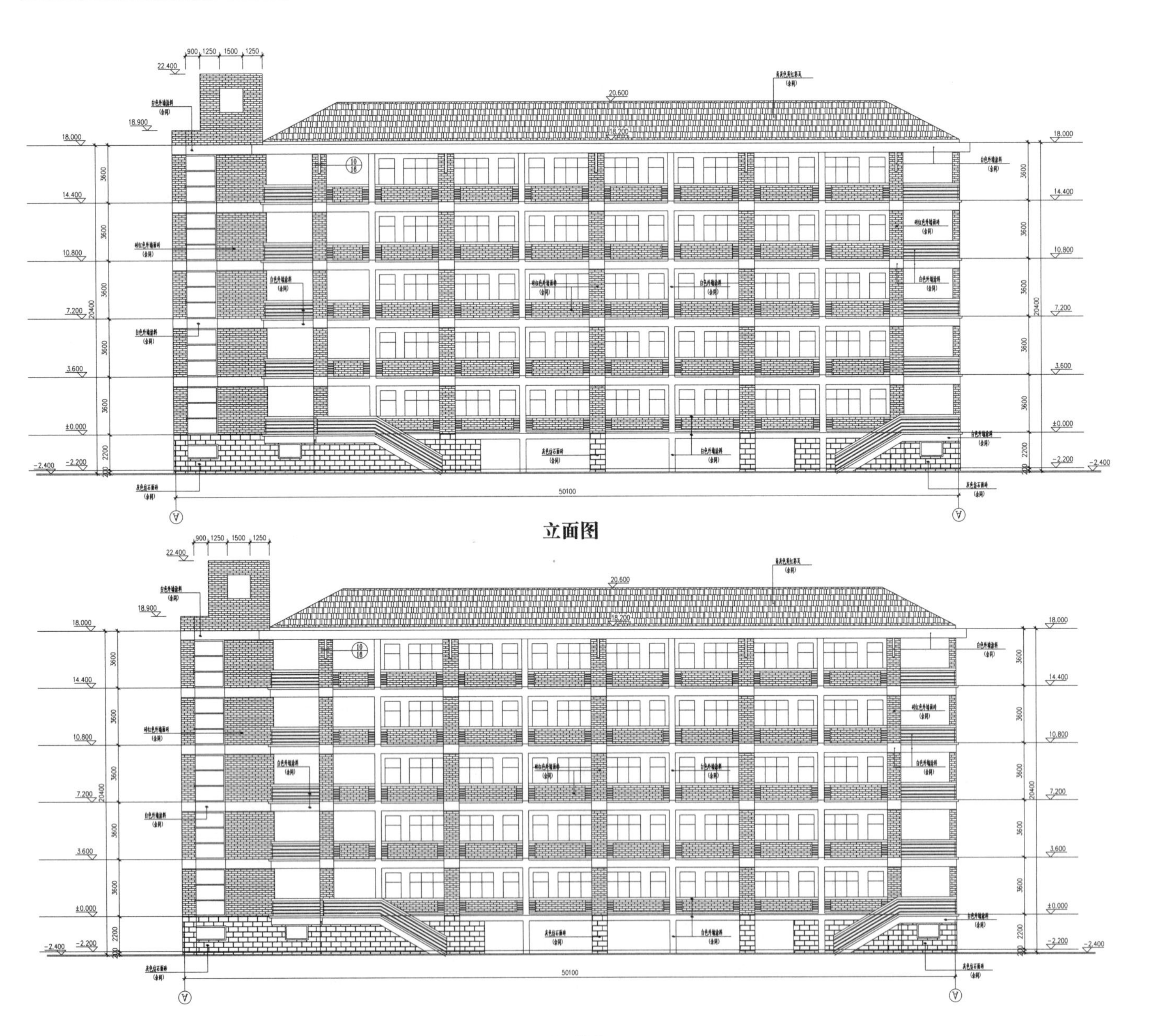

立面图

立面图

立面图

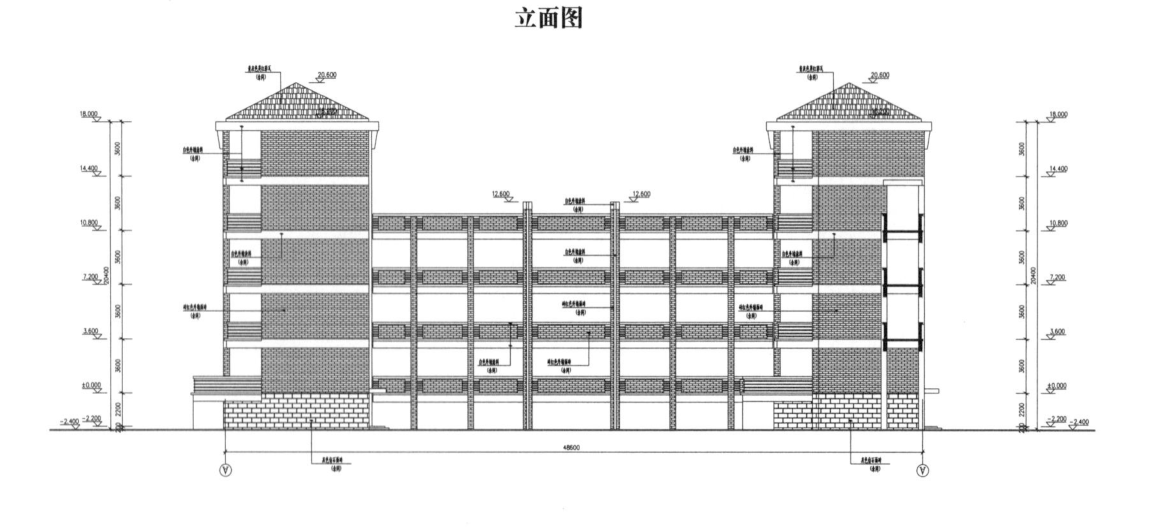

立面图

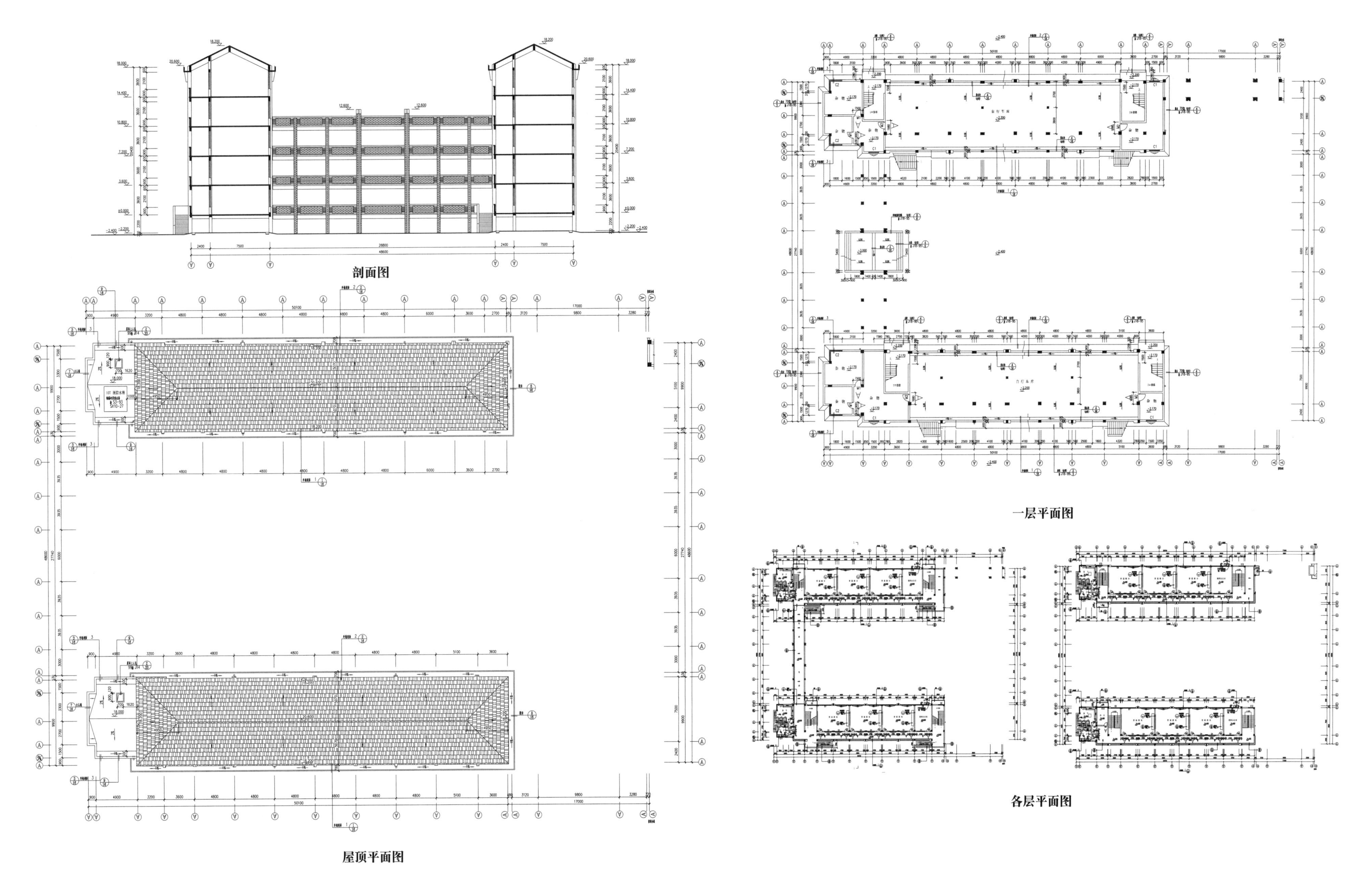

剖面图

屋顶平面图

一层平面图

各层平面图

>杭州中学五层教学楼建筑施工图

设计说明

建筑风格：现代结构类型　　设计风格：现代风格设计
高度类别：多层建筑　　图纸张数：20张
结构形式：钢筋混凝土结构　　框架图纸深度 ：方案（初设图）

内容简介

本套图纸包括：总平面图、设计说明、做法表、平面图、立面图、剖面图、门窗表、门窗大样

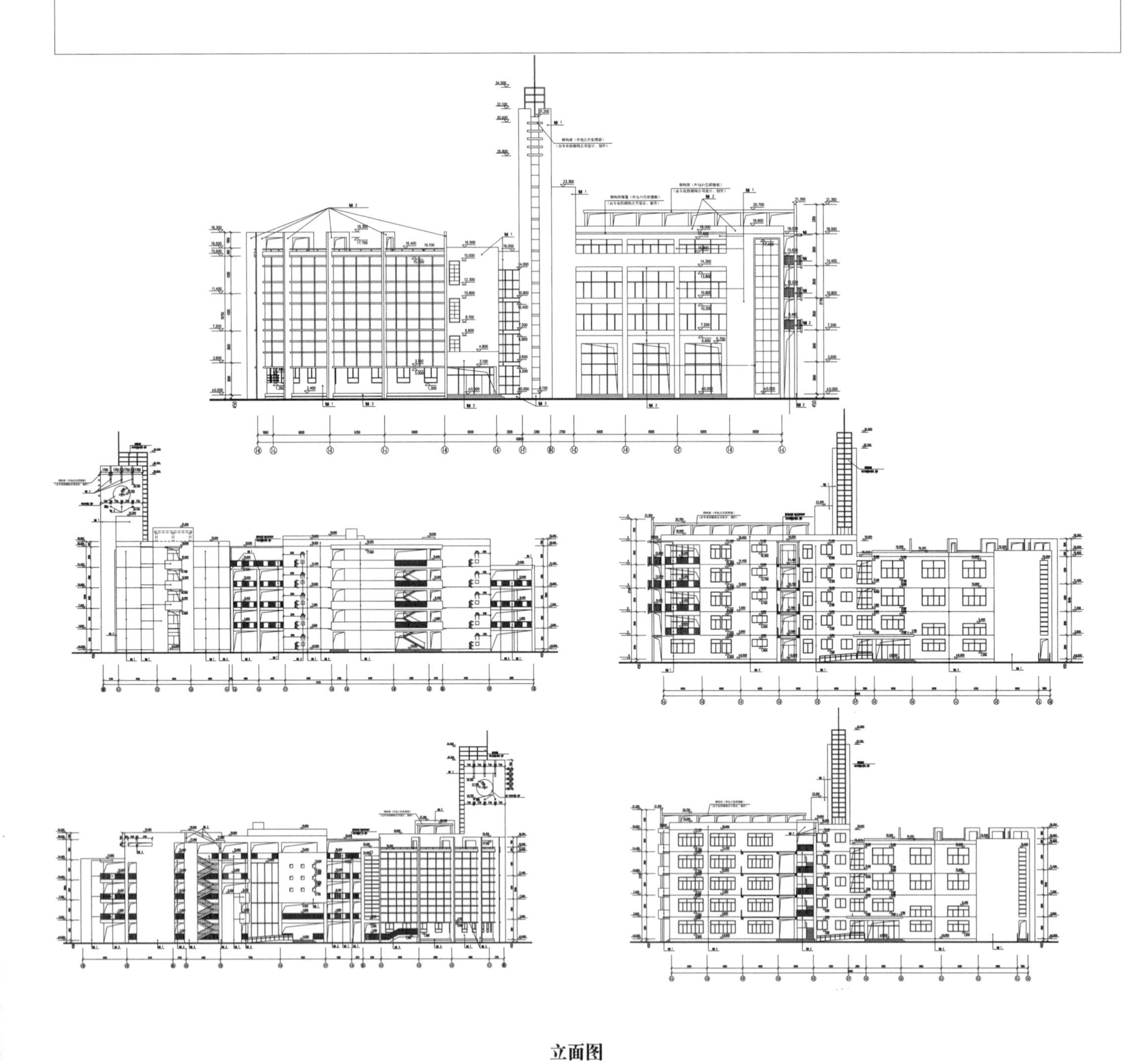

立面图

剖面图

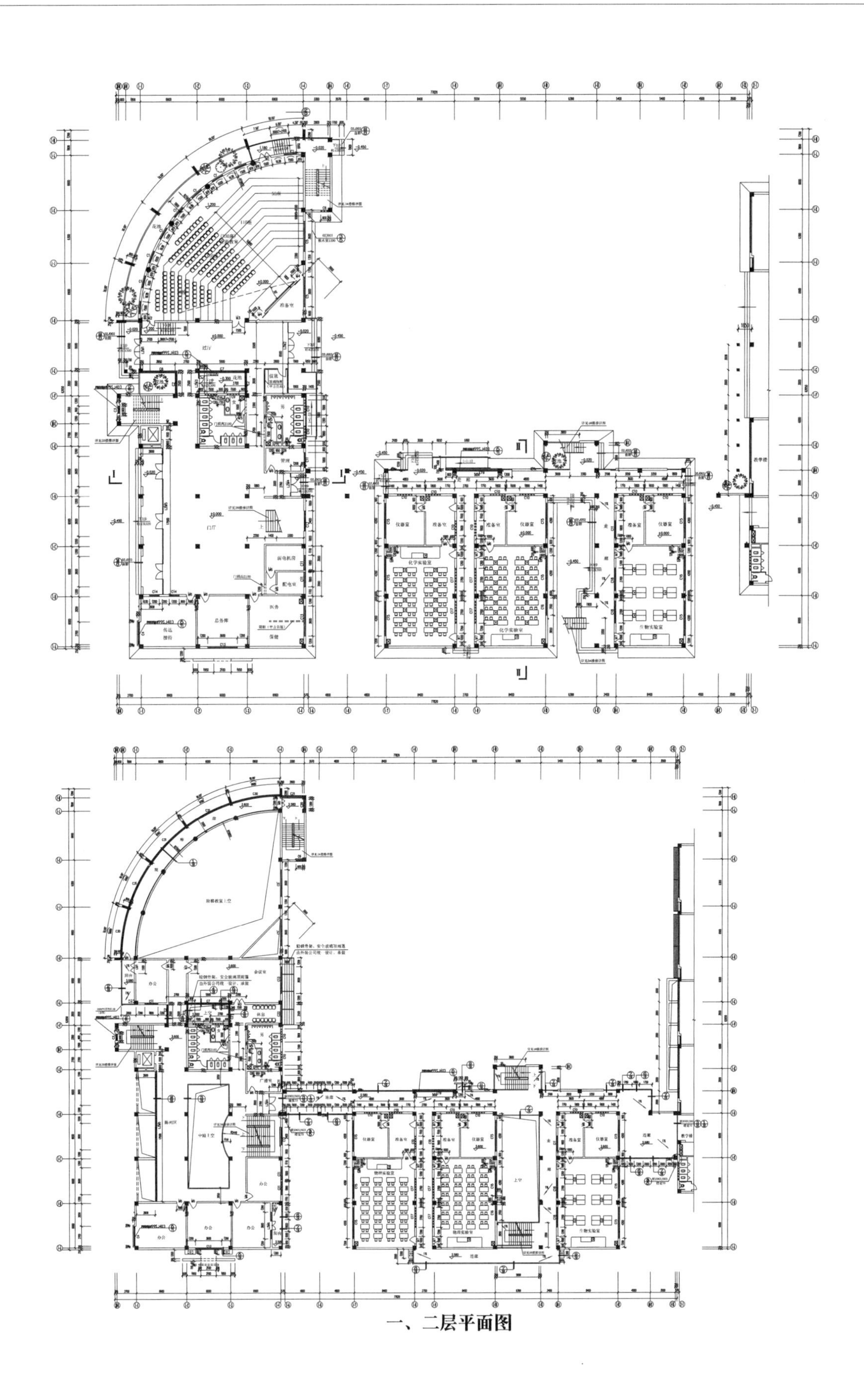

一、二层平面图

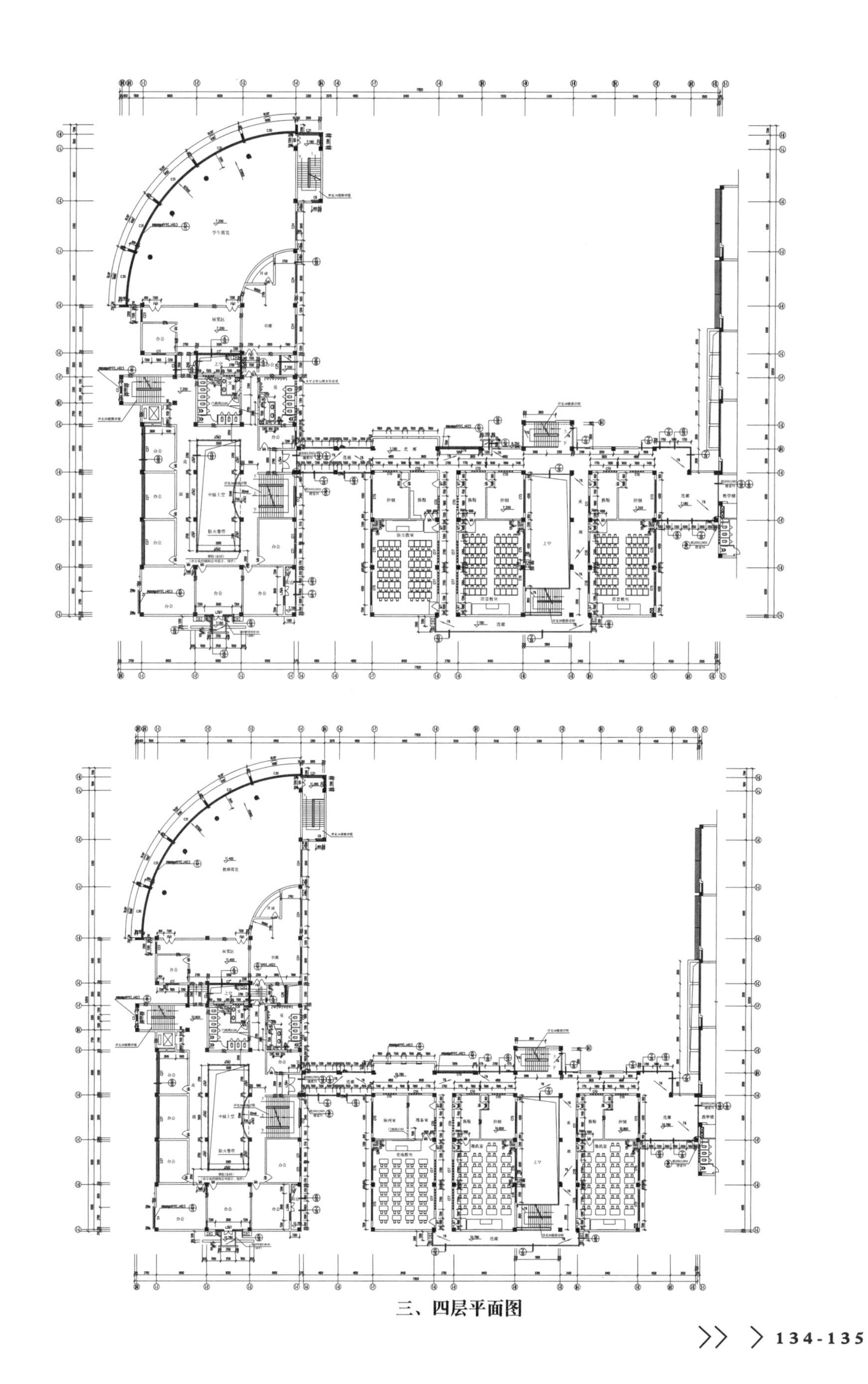

三、四层平面图

> 临汾中学三层教学楼建筑扩初图

设计说明

建筑风格：现代结构类型
高度类别：多层建筑
结构形式：钢筋混凝土结构

内容简介

本套图纸包括：图纸目录、设计说明、节能计算书、总平面示意、图地下室平面图、1-3层平面图、立面图、剖面图、楼梯大样图、墙身大样图

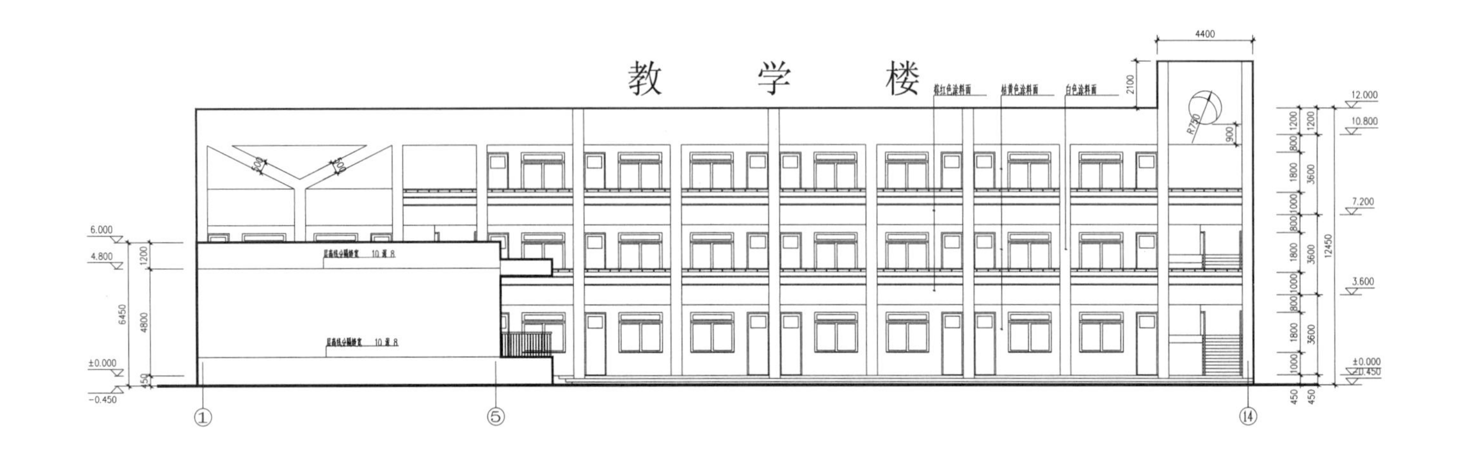

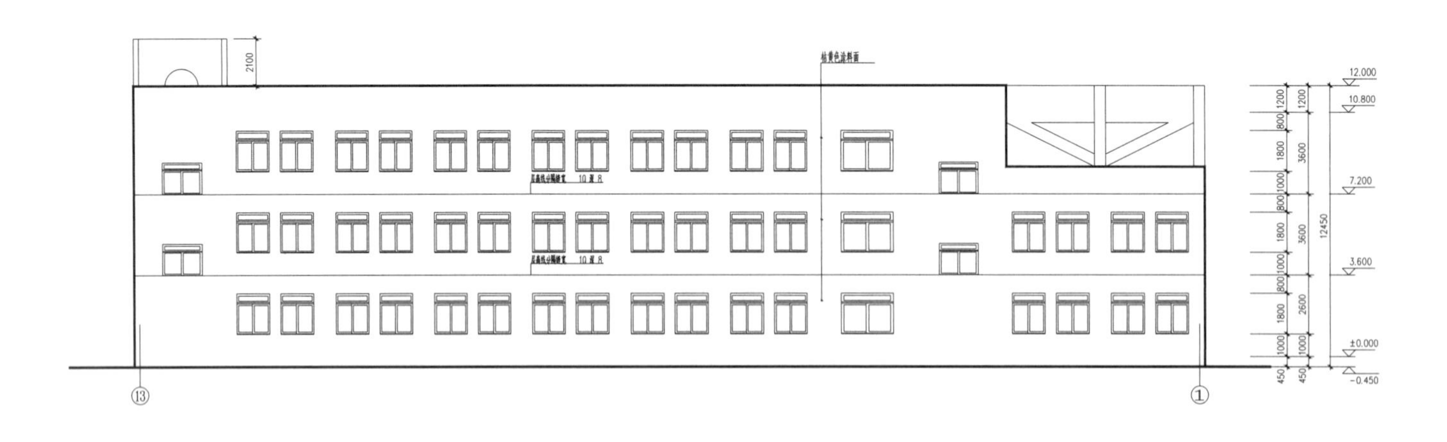

立面图

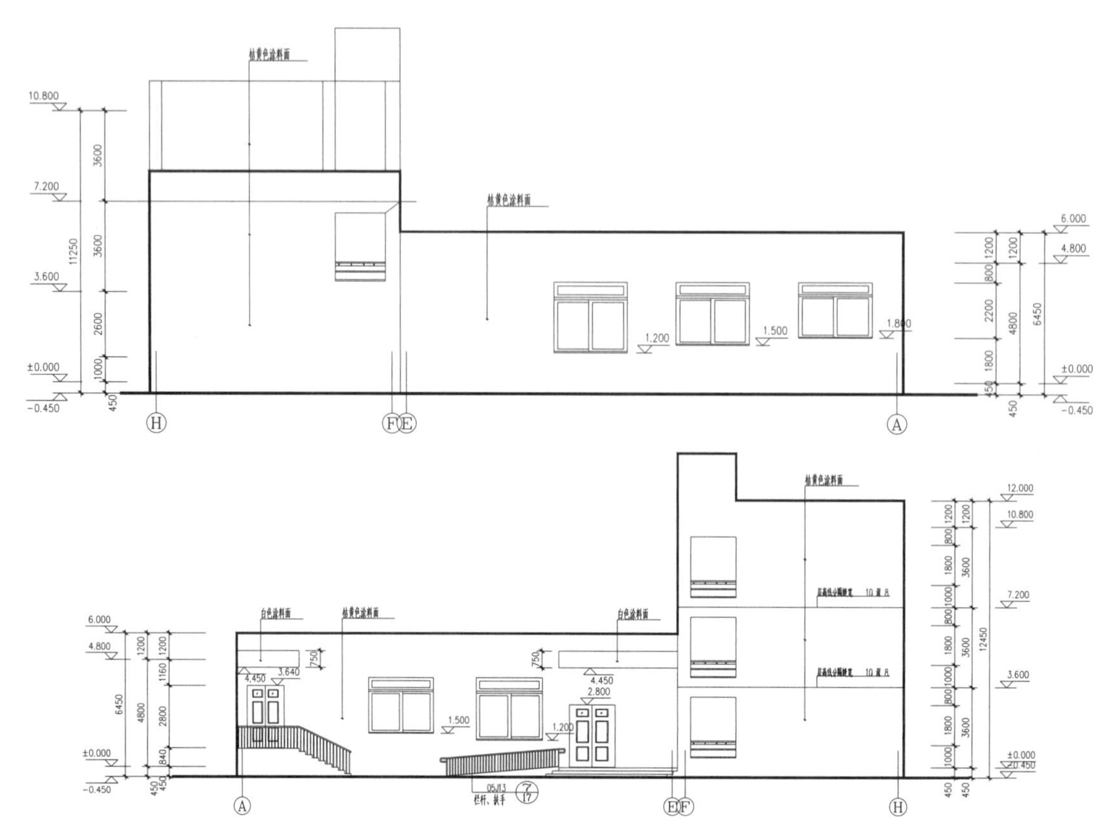

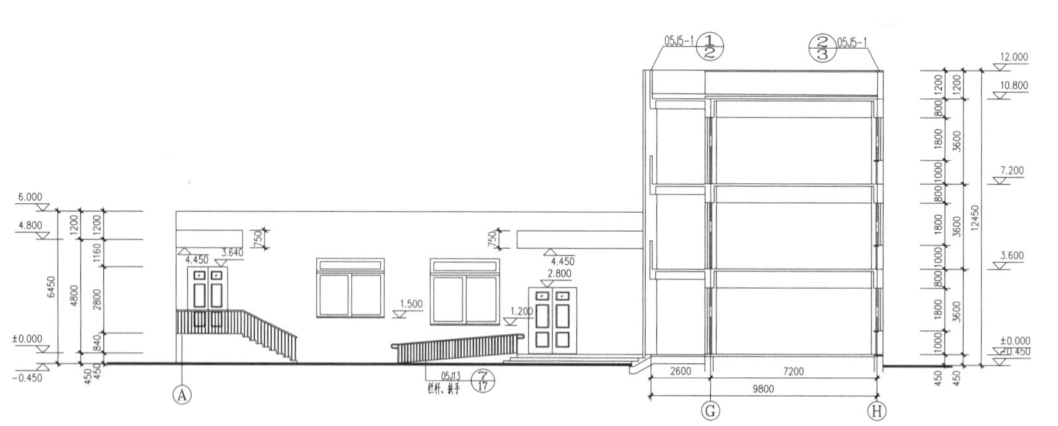

剖面图

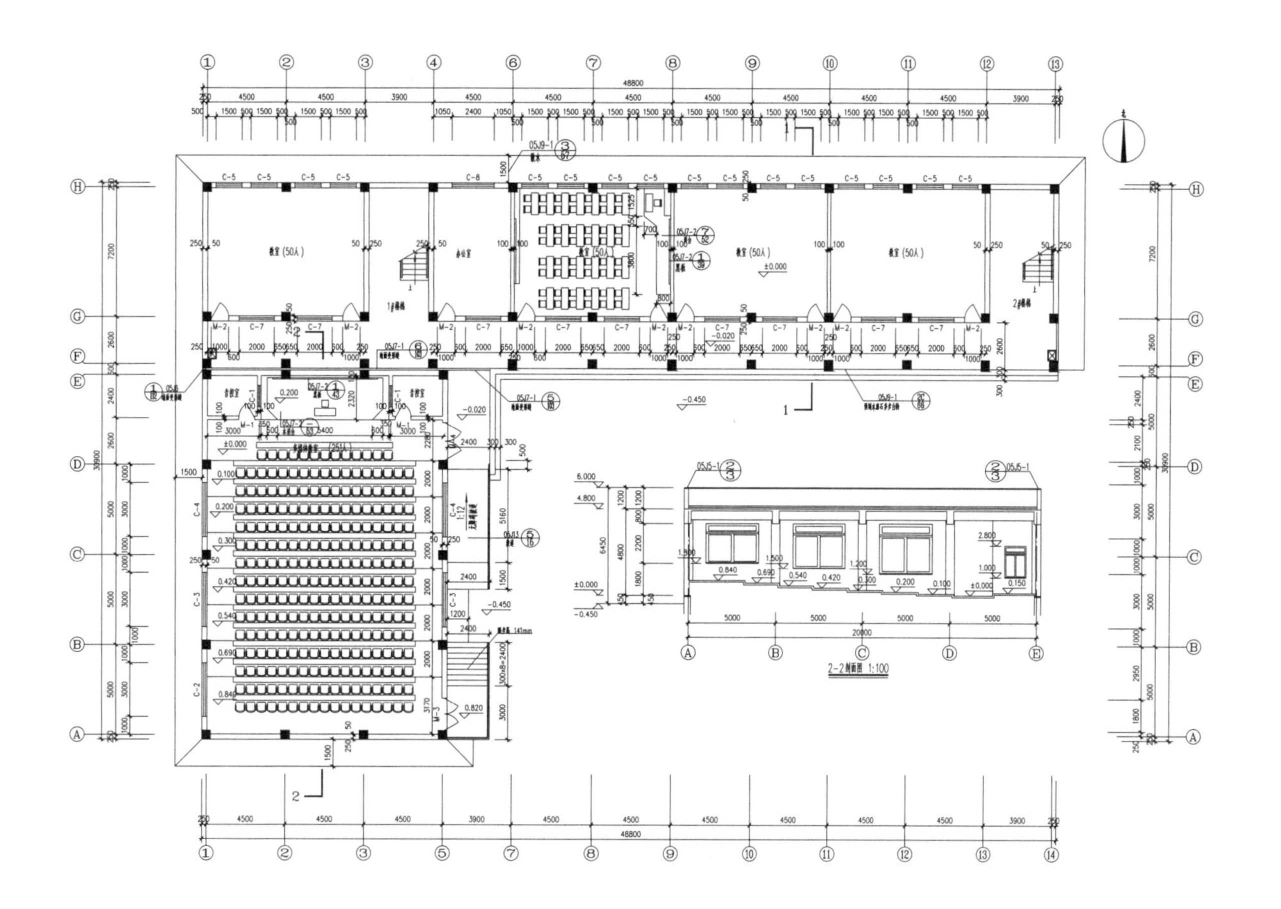

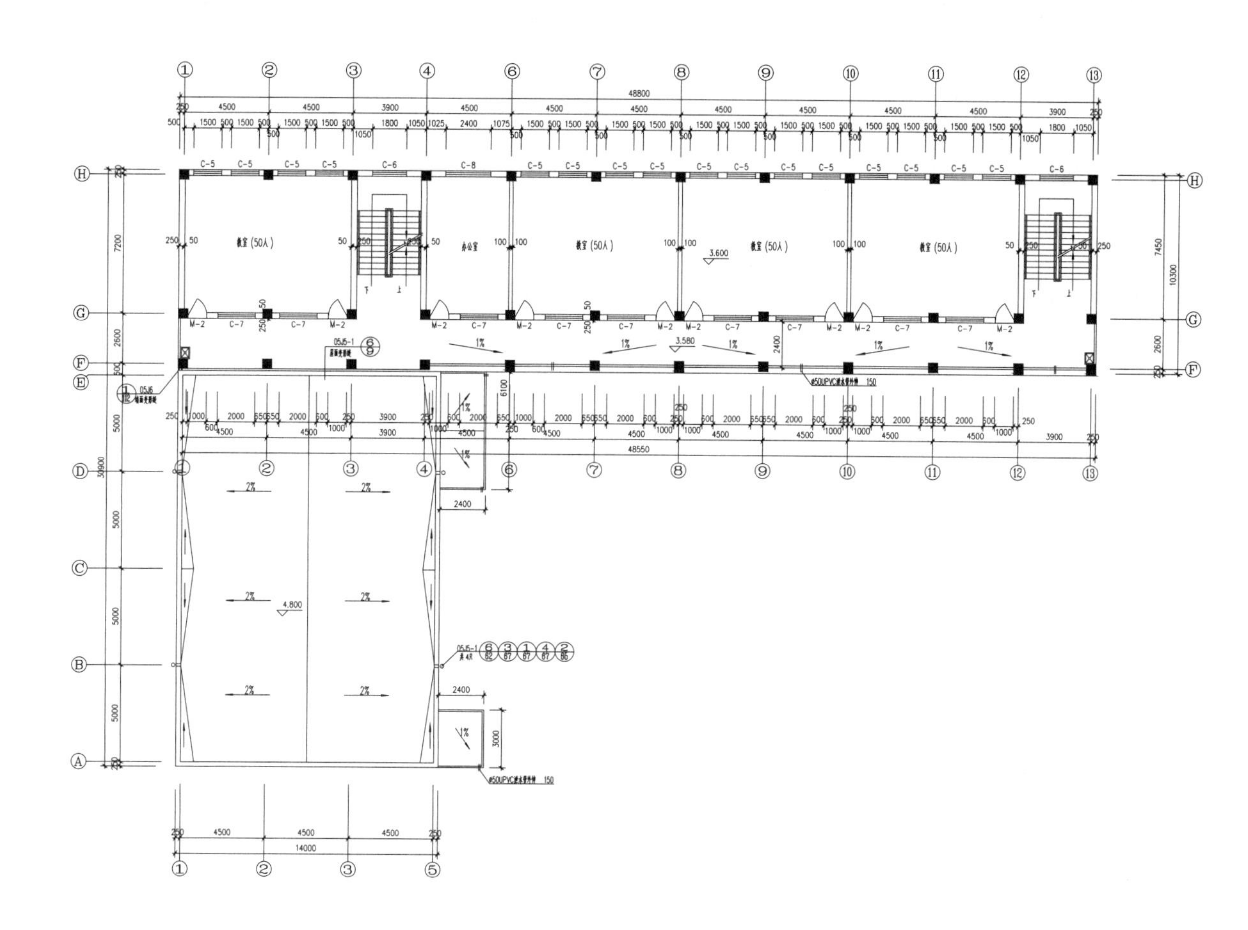

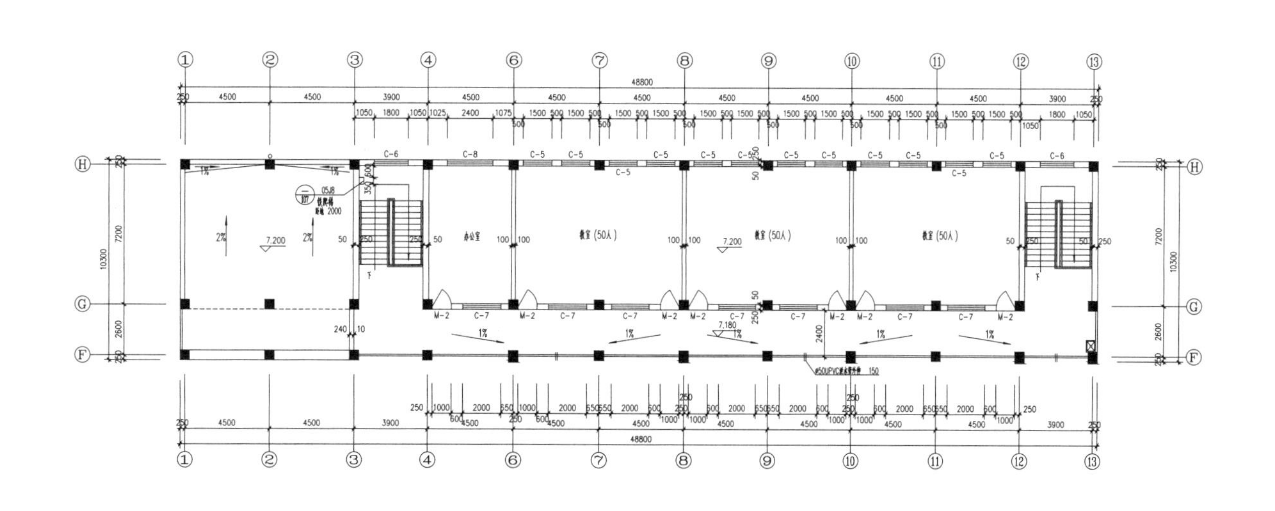

一、二层平面图

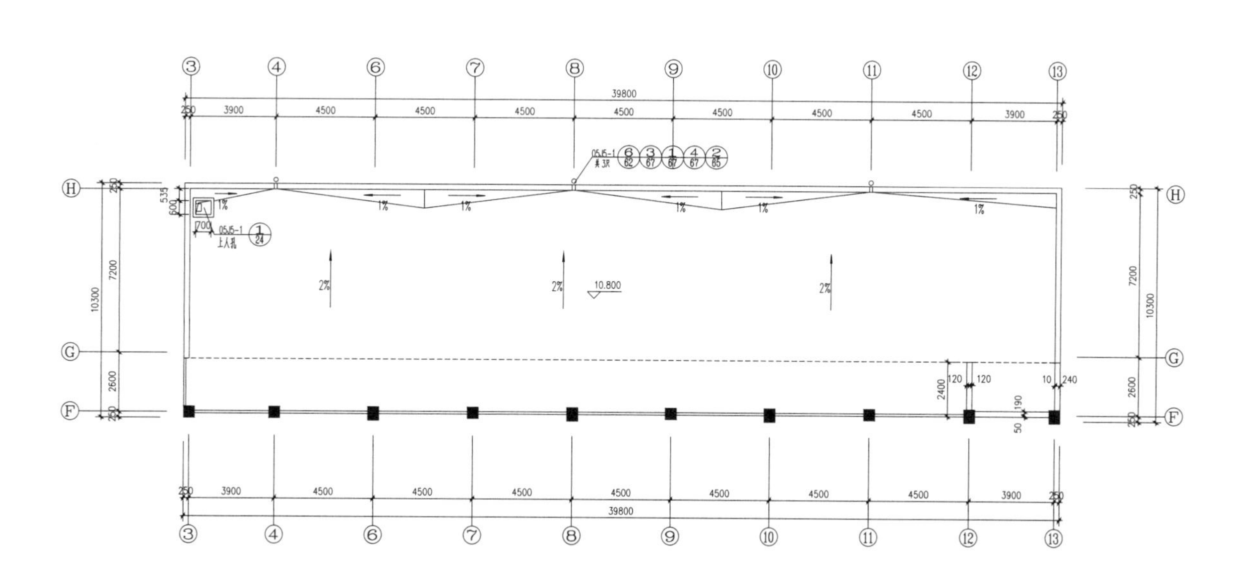

三、四层平面图

>烟台市中学六层教学楼建筑方案

设计说明

建筑风格：现代结构类型
高度类别：多层建筑
结构形式：钢筋混凝土结构

内容简介

本套图纸包括：图纸说明、工程作法、门窗表、各层建筑平面、立面、剖面图、卫生间详图、楼梯间详图

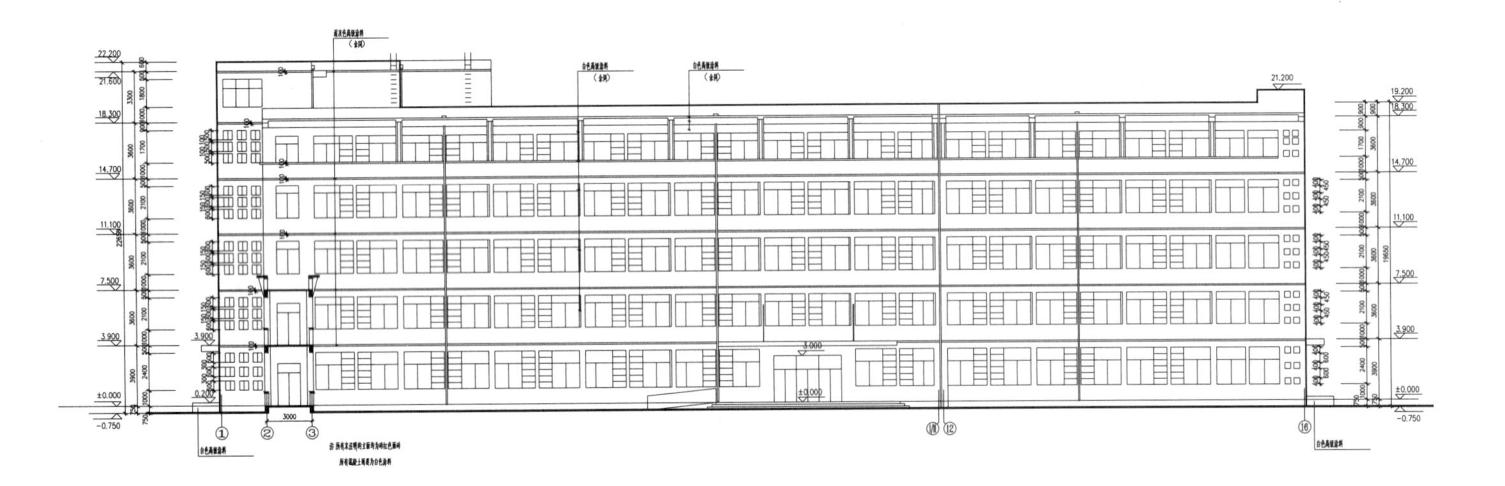

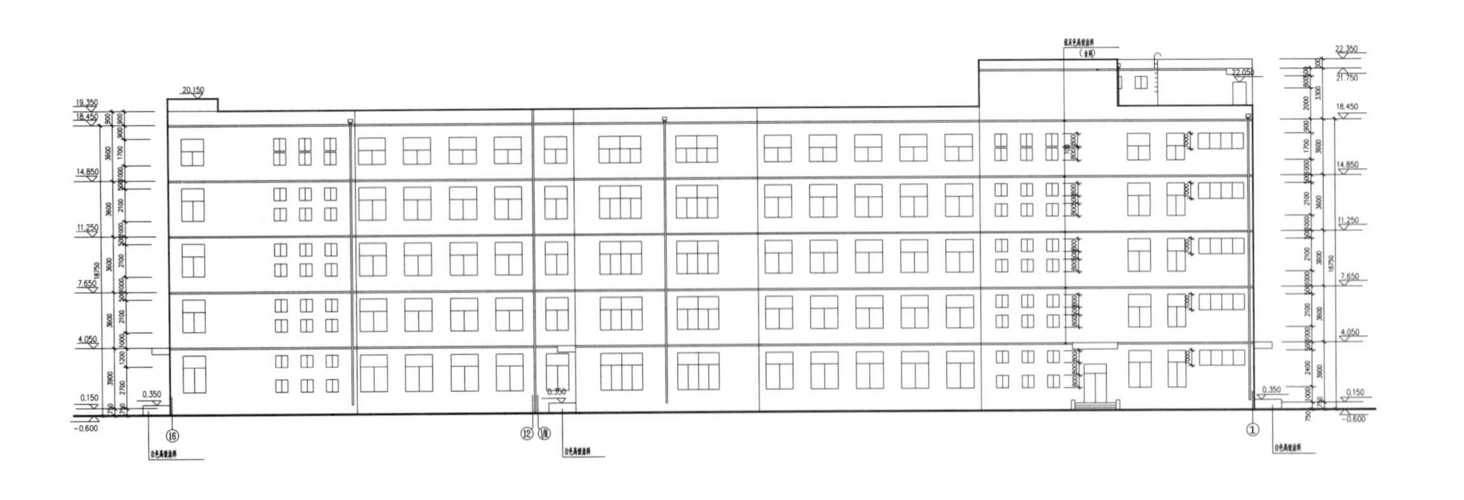

立面图

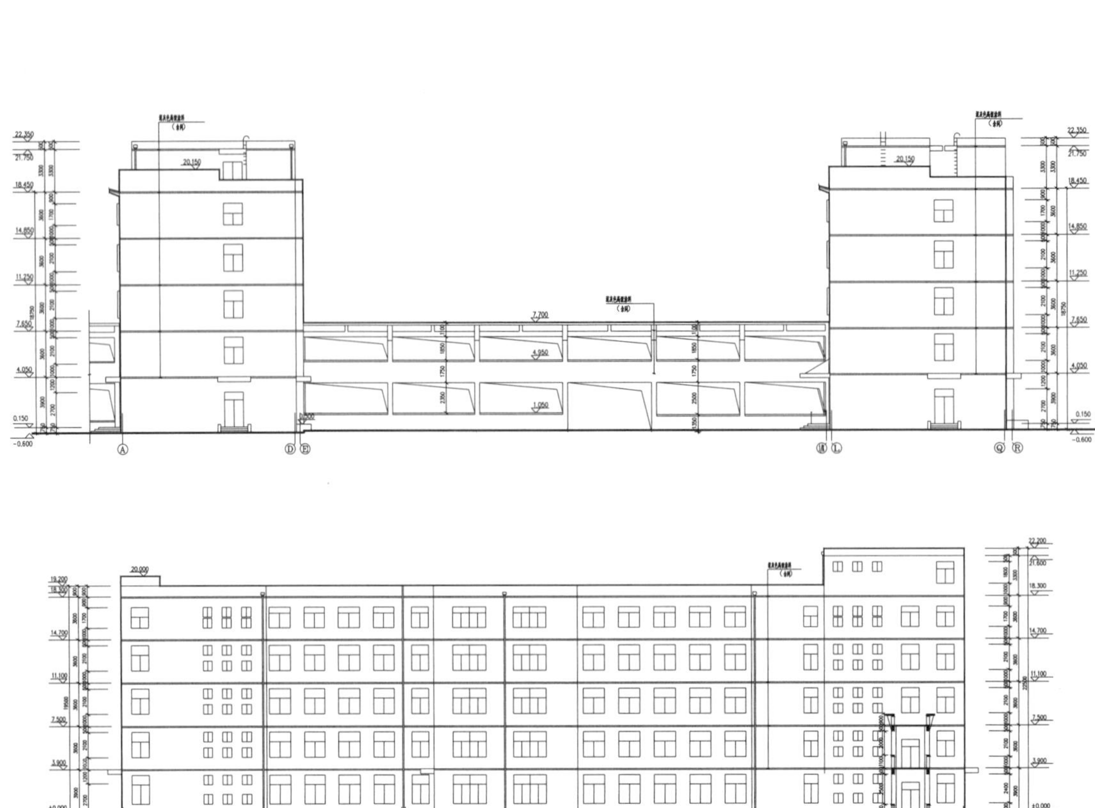

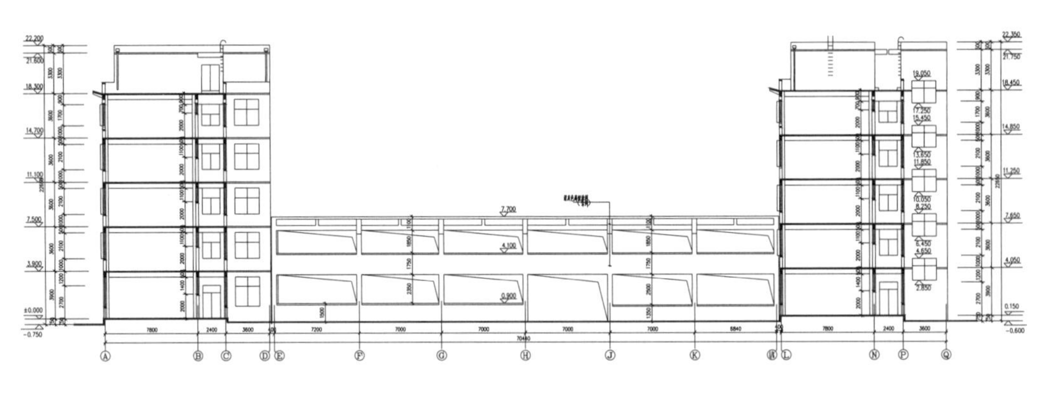

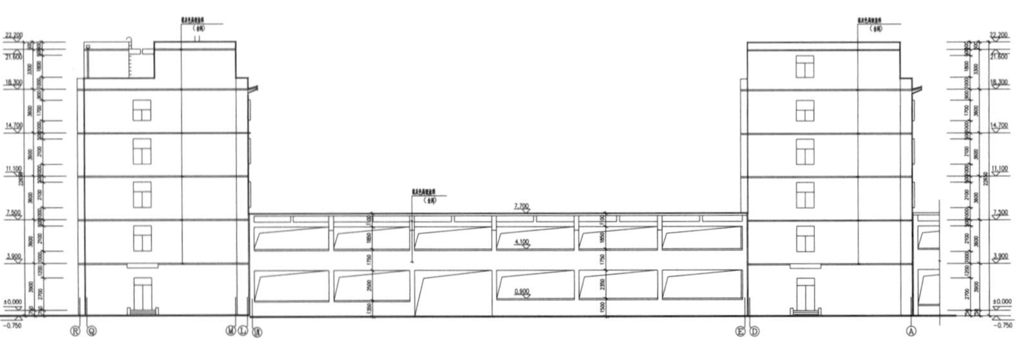

剖面图

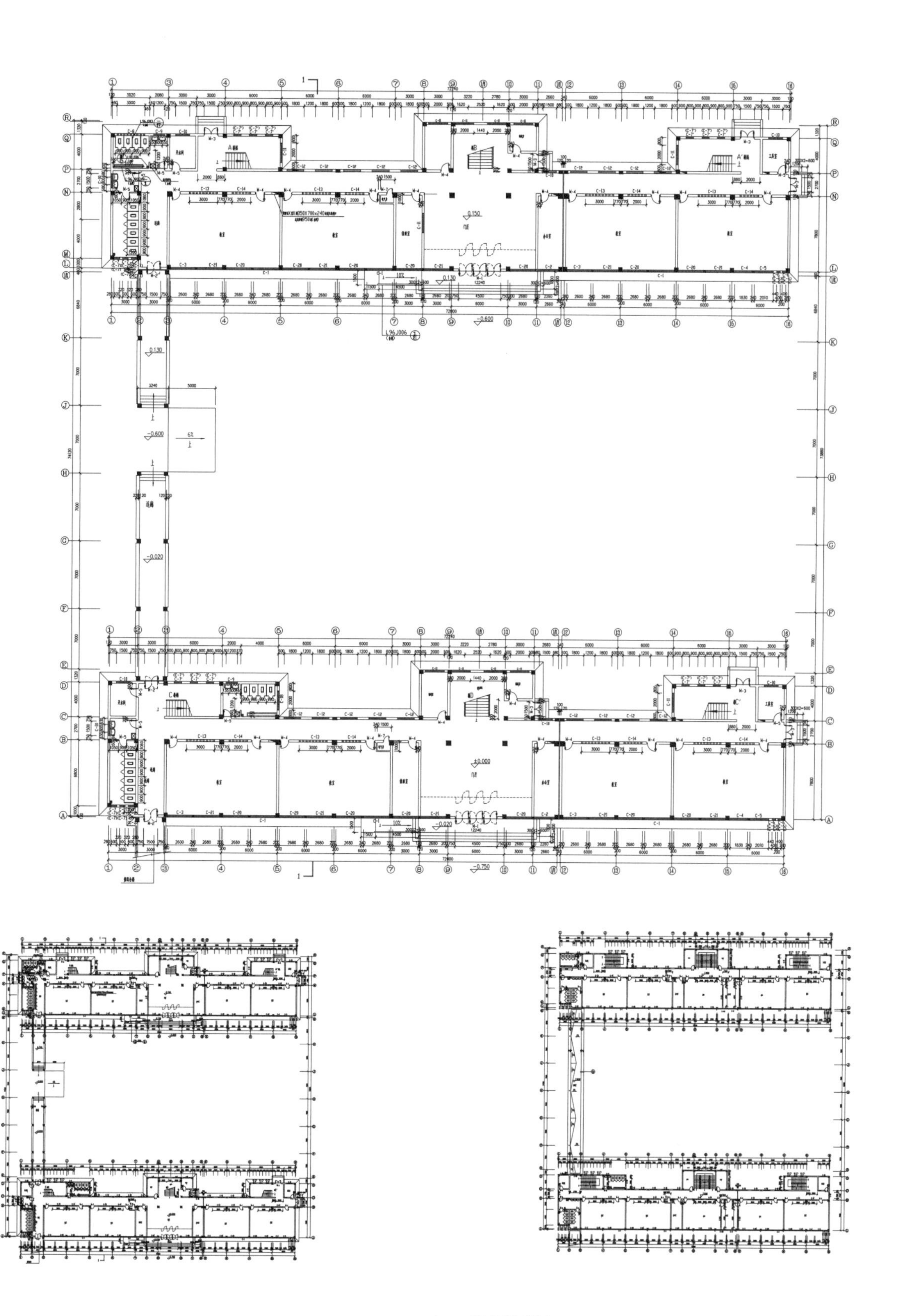

一、二、三层平面图

各层平面图

> 重庆中学五层学生宿舍建筑施工图

设计说明

建筑风格：现代结构类型
高度类别：多层建筑
结构形式：钢筋混凝土结构
框架图纸深度 ：方案（初设图）

内容简介

本套图纸包括：建筑平面图、立面图、剖面图、节点详图、设计说明，另有相关配套图纸

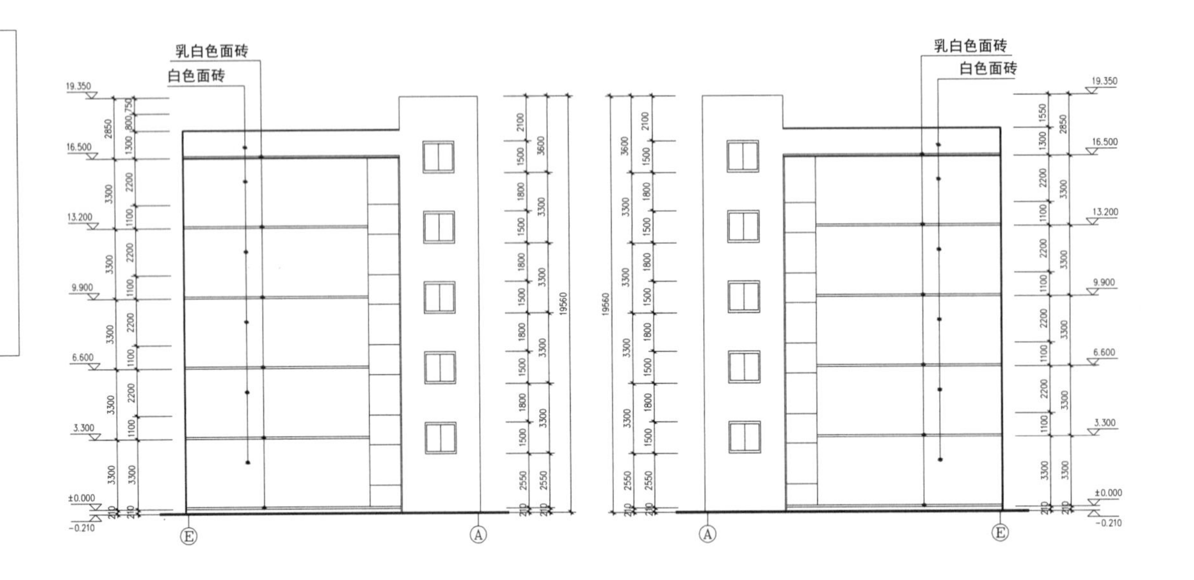

剖面图

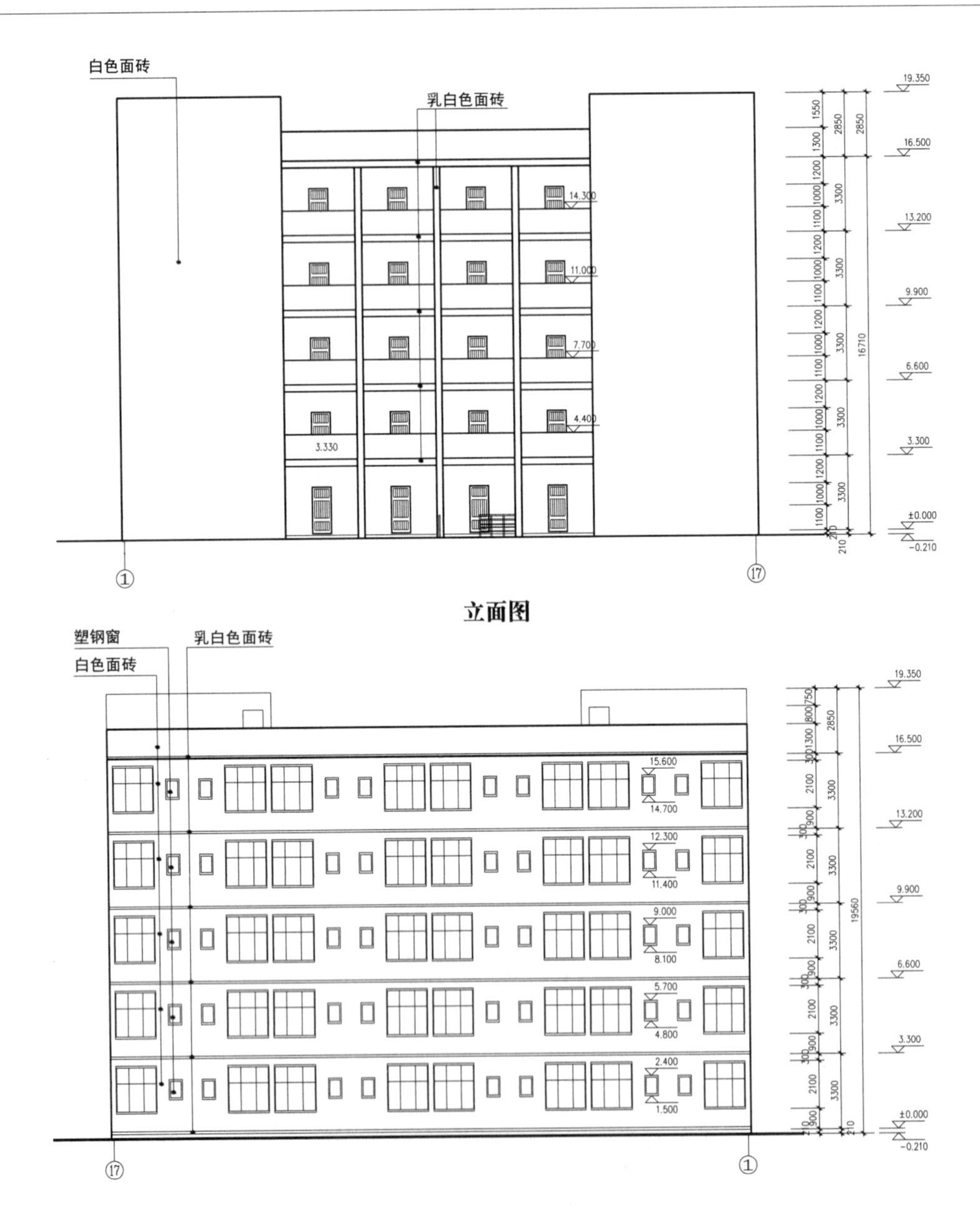

立面图

立面图

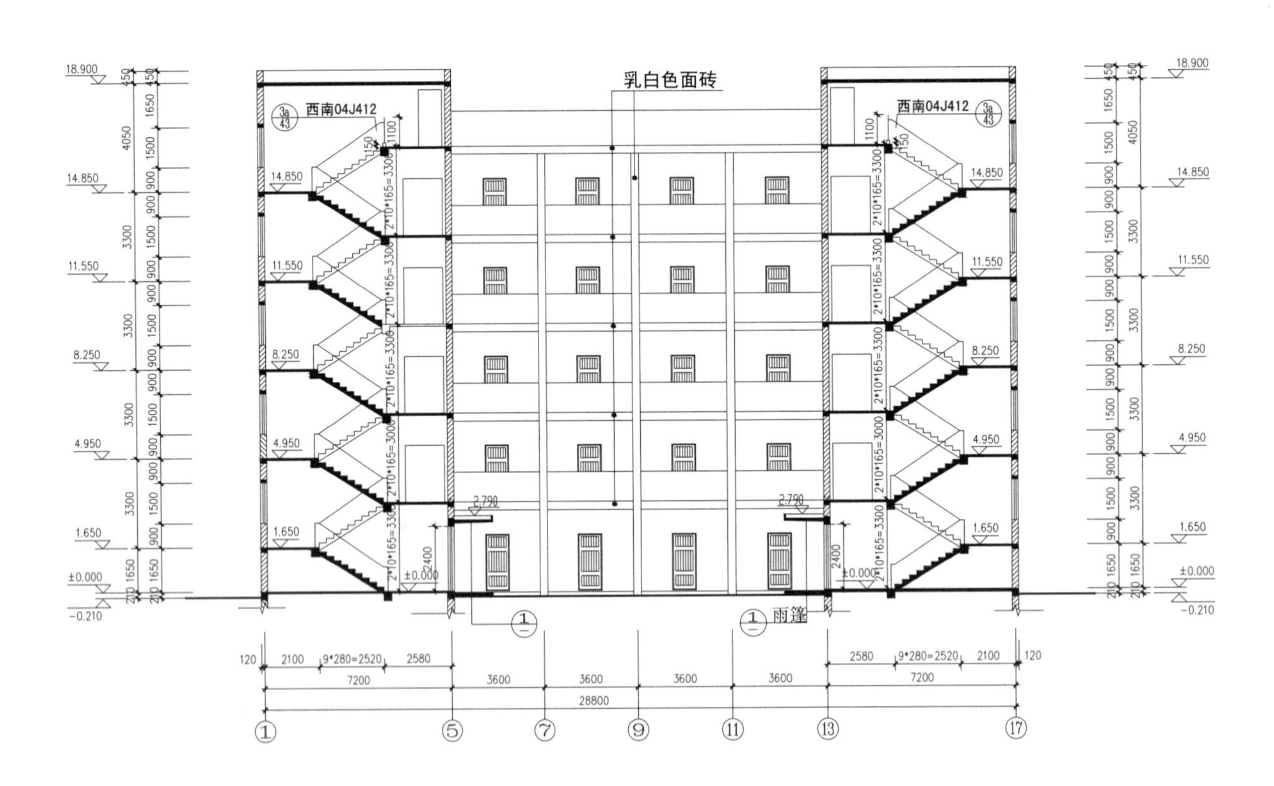

剖面图

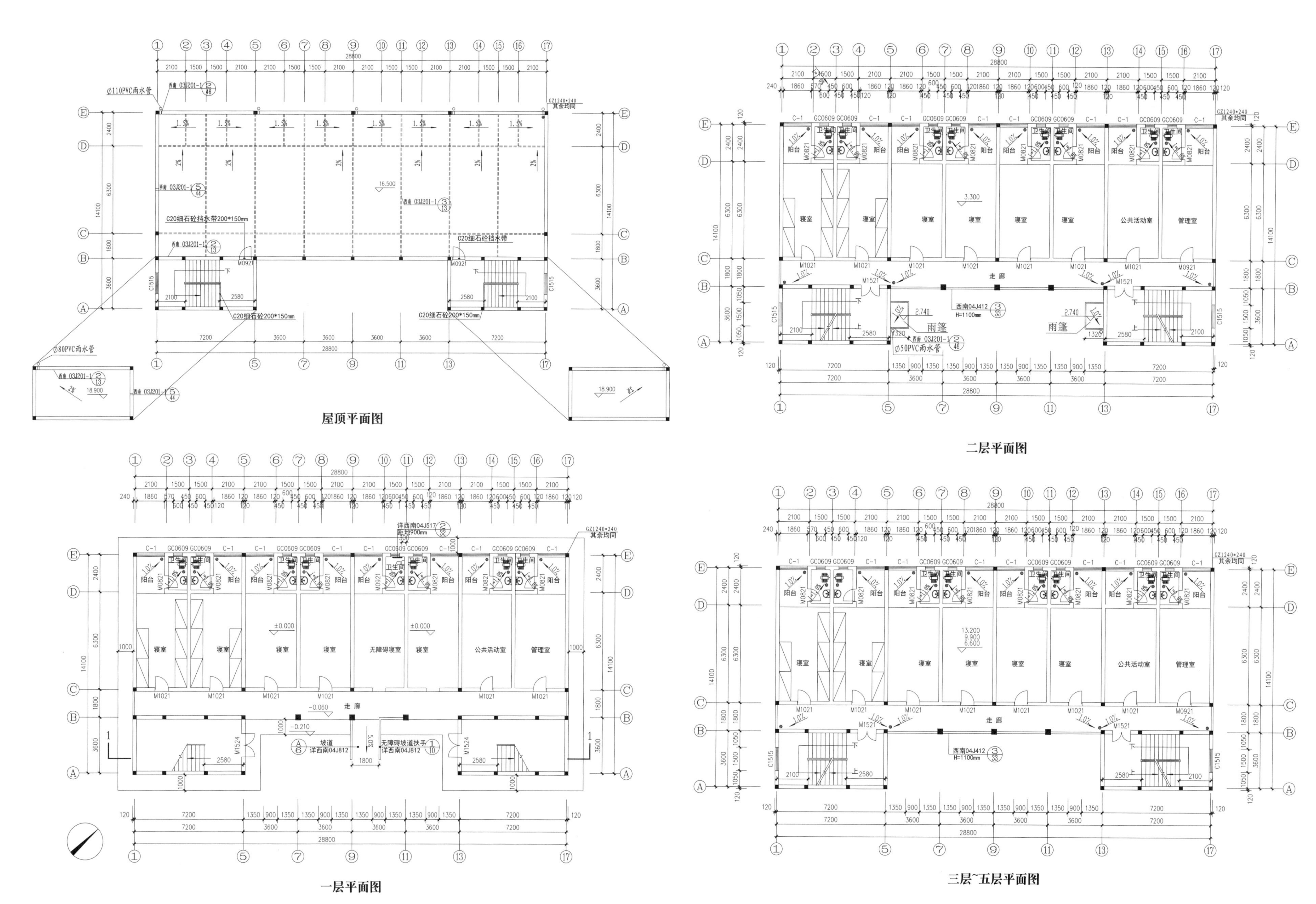
屋顶平面图
二层平面图
一层平面图
三层~五层平面图
寝室
公共活动室
管理室
无障碍寝室
阳台
卫生间
走廊
雨篷

> 舟山五层中学教学楼的建筑施工图

设计说明

建筑风格：现代结构类型　　设计风格：中式风格
高度类别：多层建筑　　设计流派：新中式
结构形式：钢筋混凝土结构　　建筑高度：18.23m
框架图纸深度 ：方案（初设图）

内容简介

本套图纸包括：建筑平面图、立面图、剖面图、节点详图、设计说明、防火说明

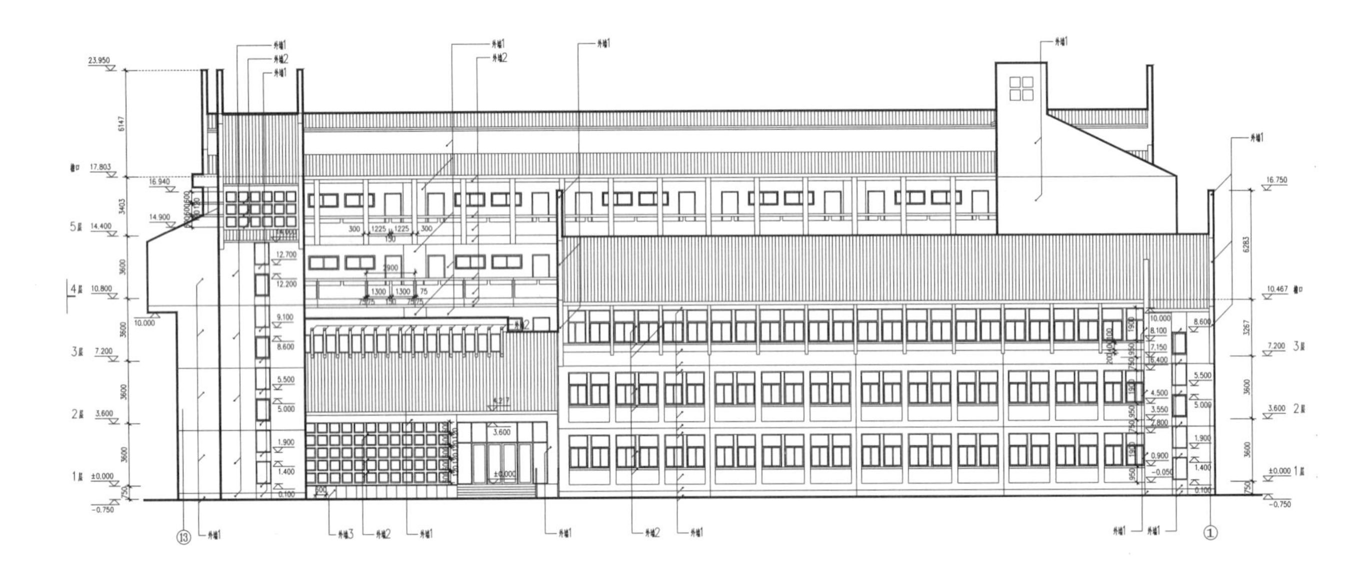

立面图

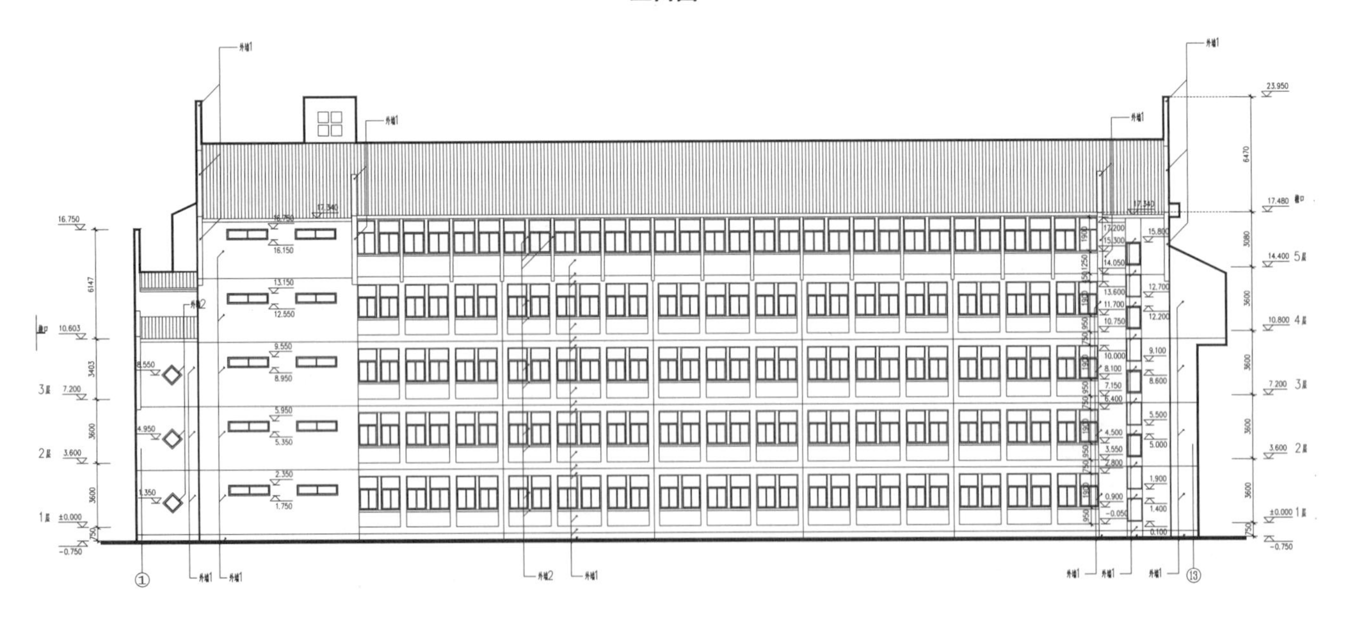

立面图

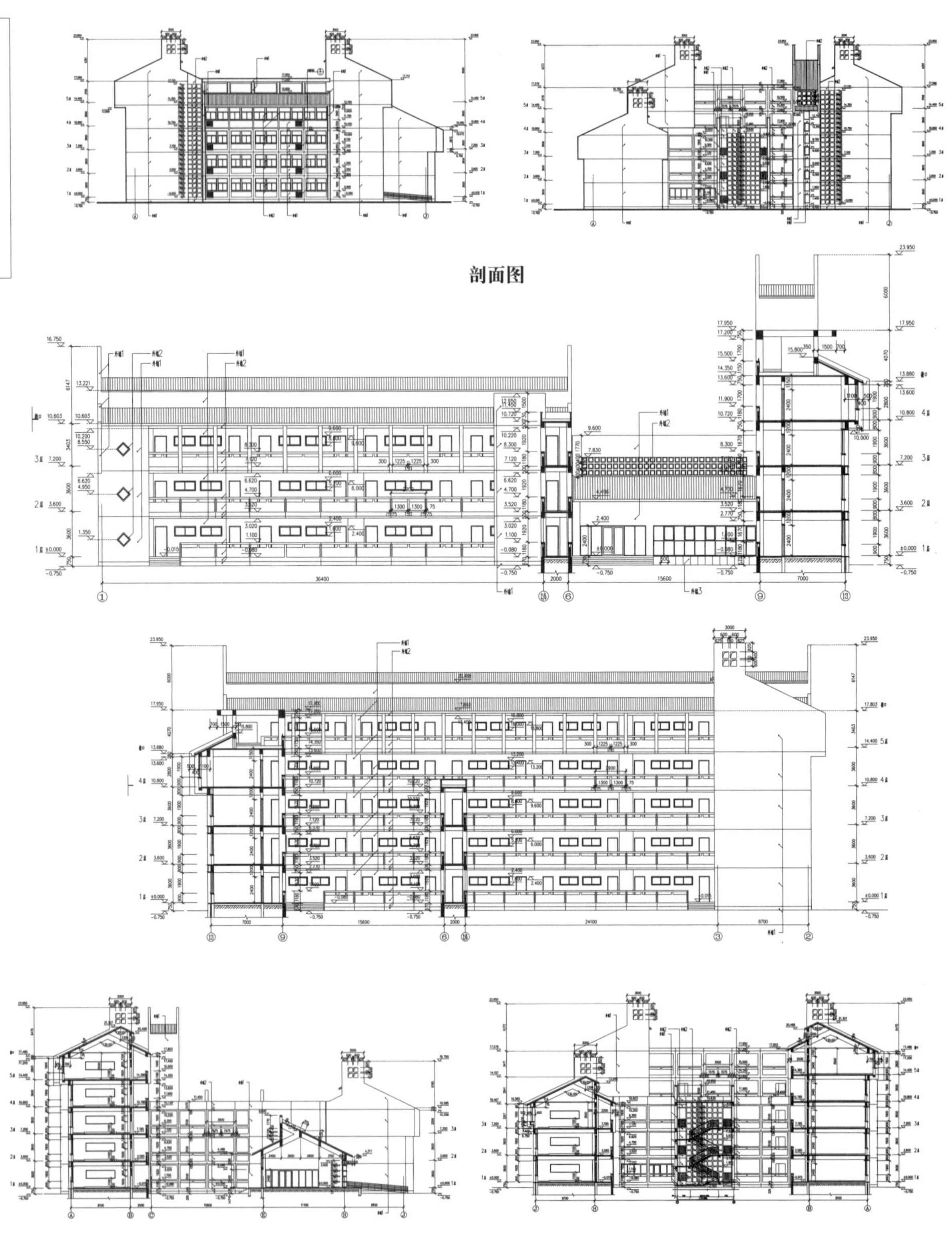

剖面图

剖面图

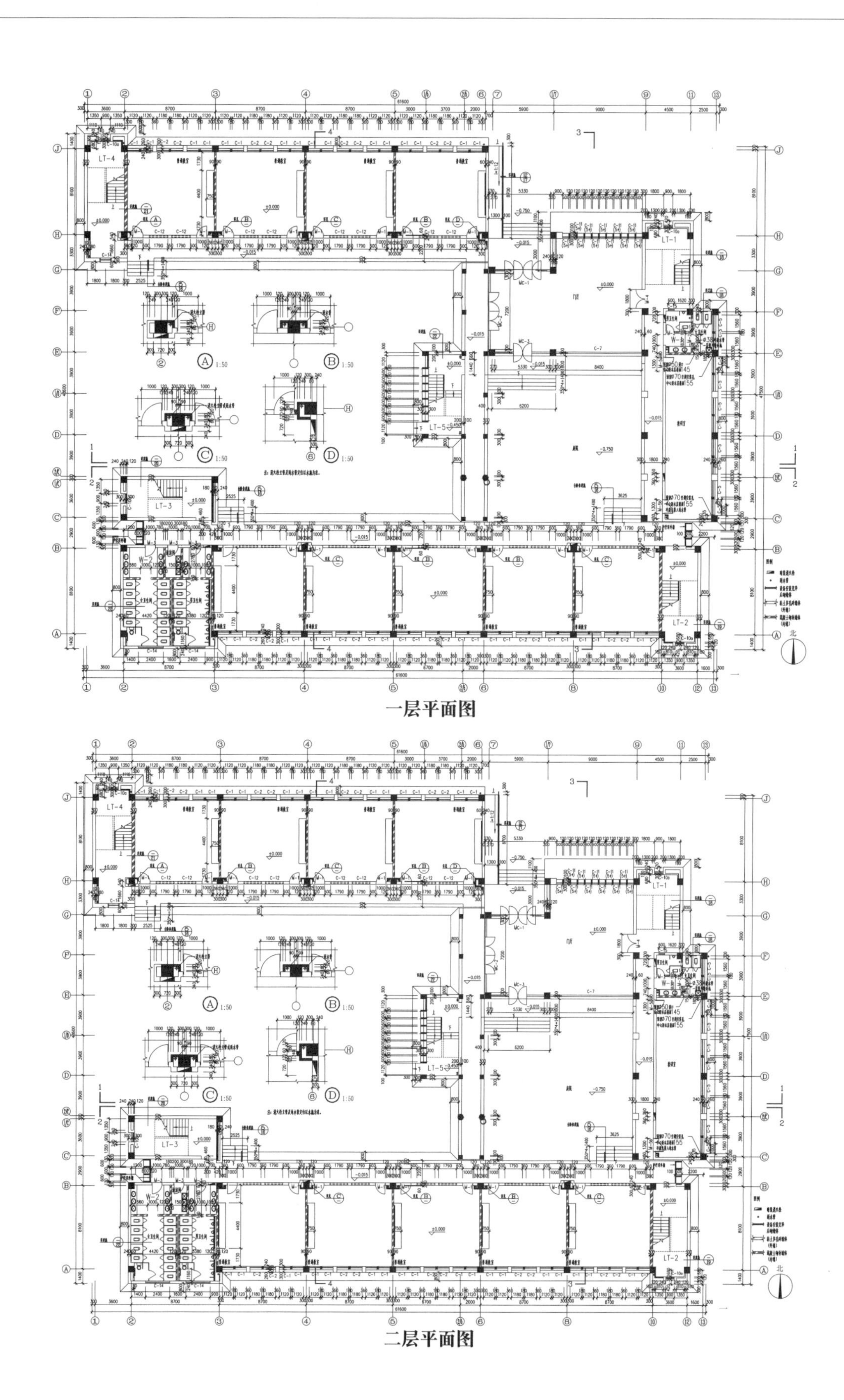

一层平面图

二层平面图

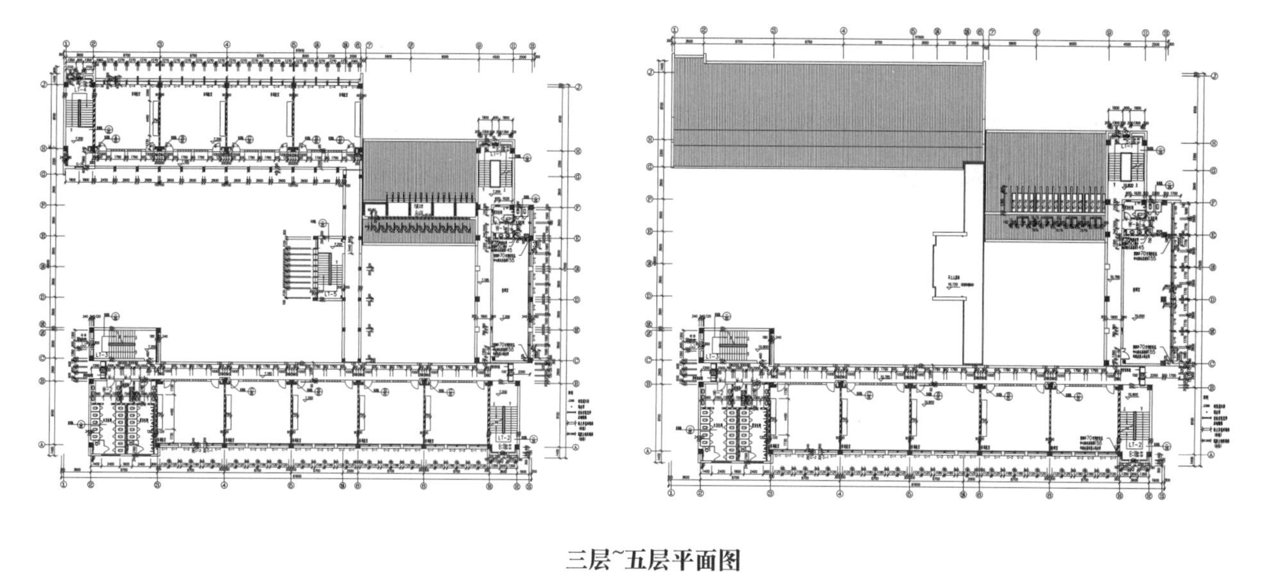

三层~五层平面图

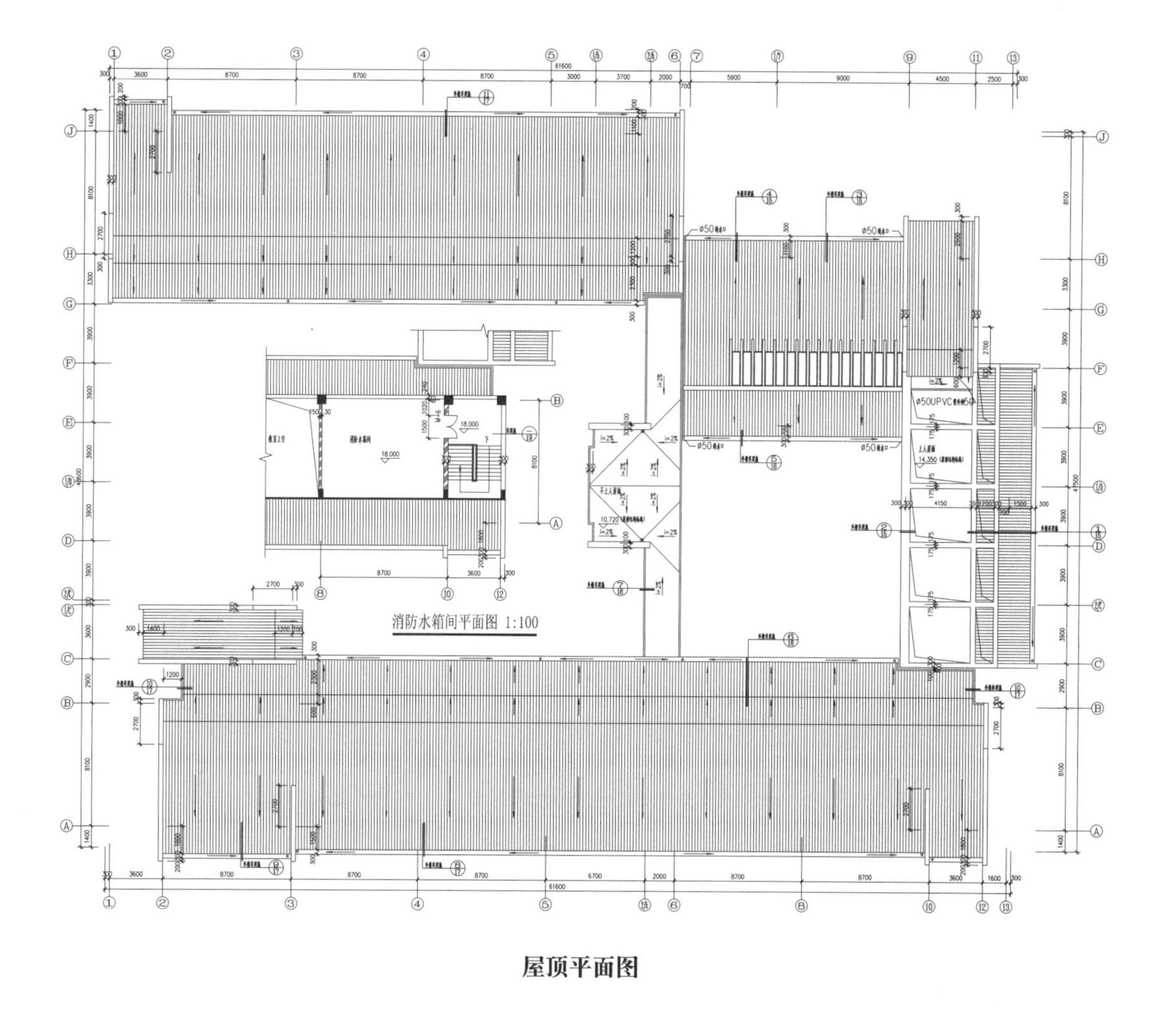

屋顶平面图

> 六层中学教学楼综合楼施工图

设计说明

建筑风格：现代结构类型
高度类别：多层建筑
结构形式：钢筋混凝土结构
框架图纸深度 ：方案（初设图）

设计风格：哈佛红
建筑高度：29.7m

内容简介

本套图纸包括：工程作法、门窗表、各层建筑平面、立面、剖面图、楼梯间详图等
设计功能包括：教室、储藏室、卫生间等

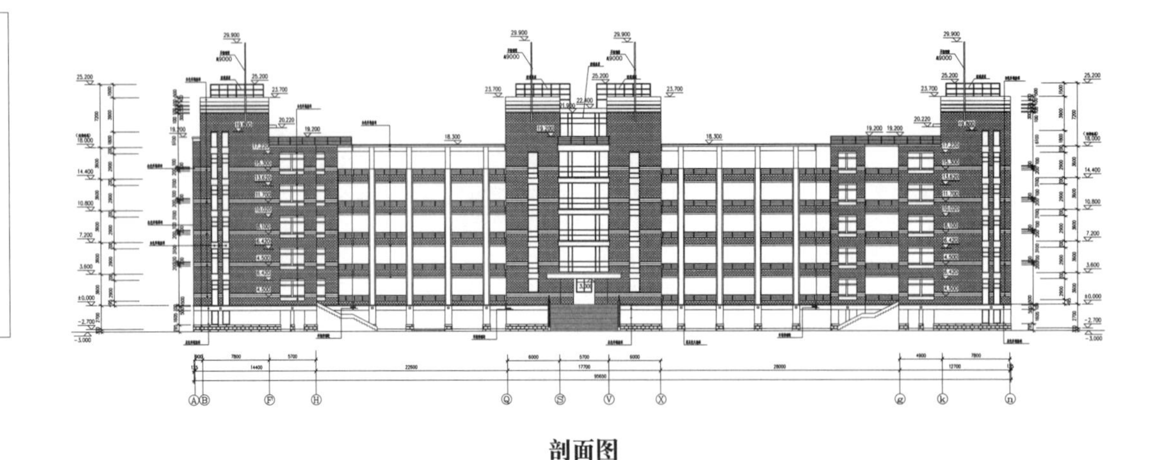

剖面图

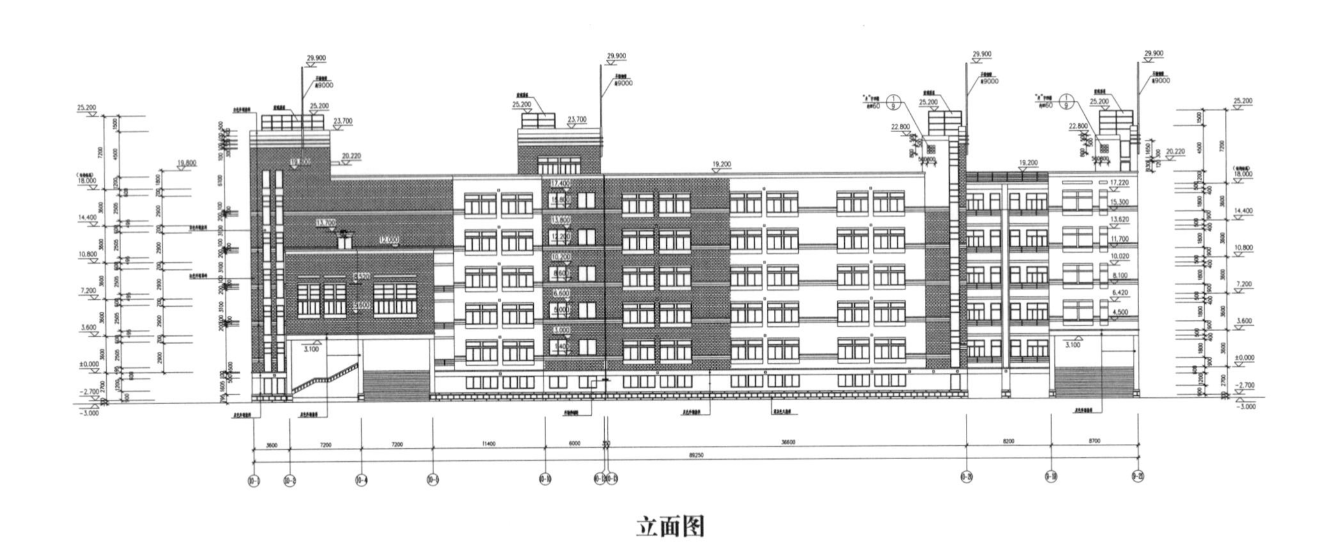

立面图

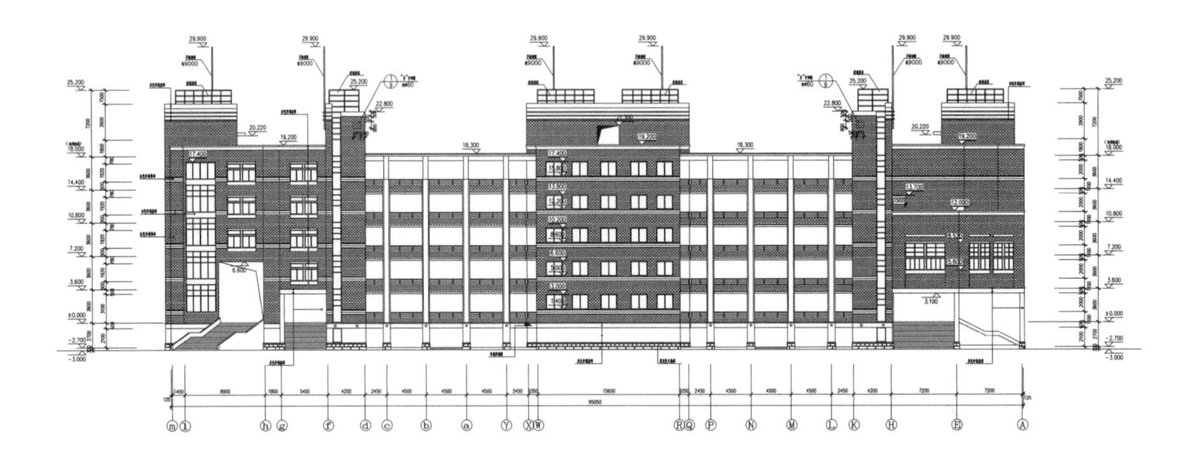

剖面图

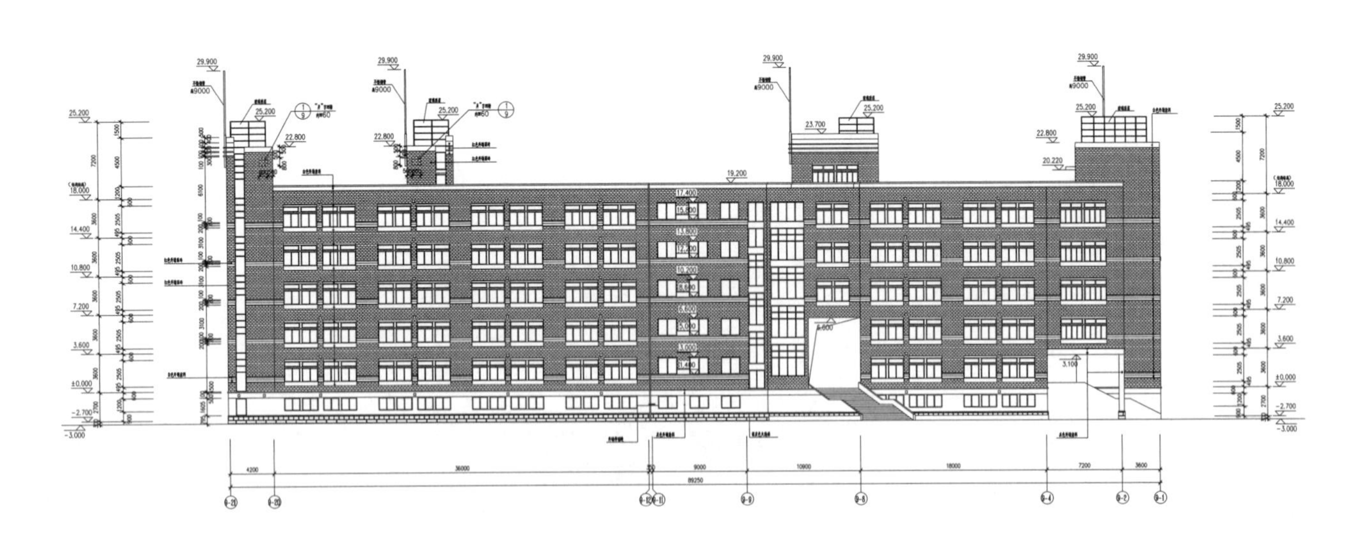

立面图

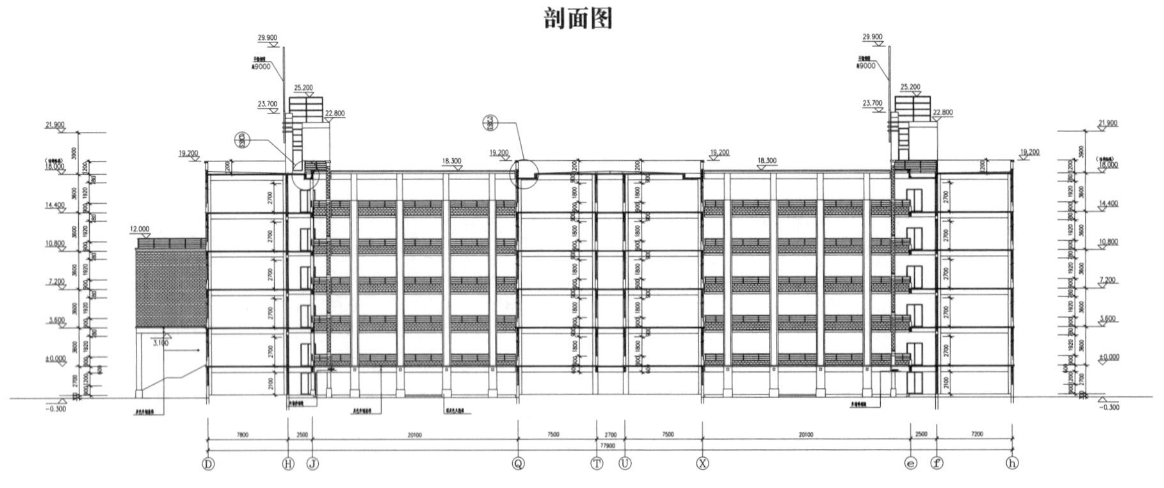

剖面图

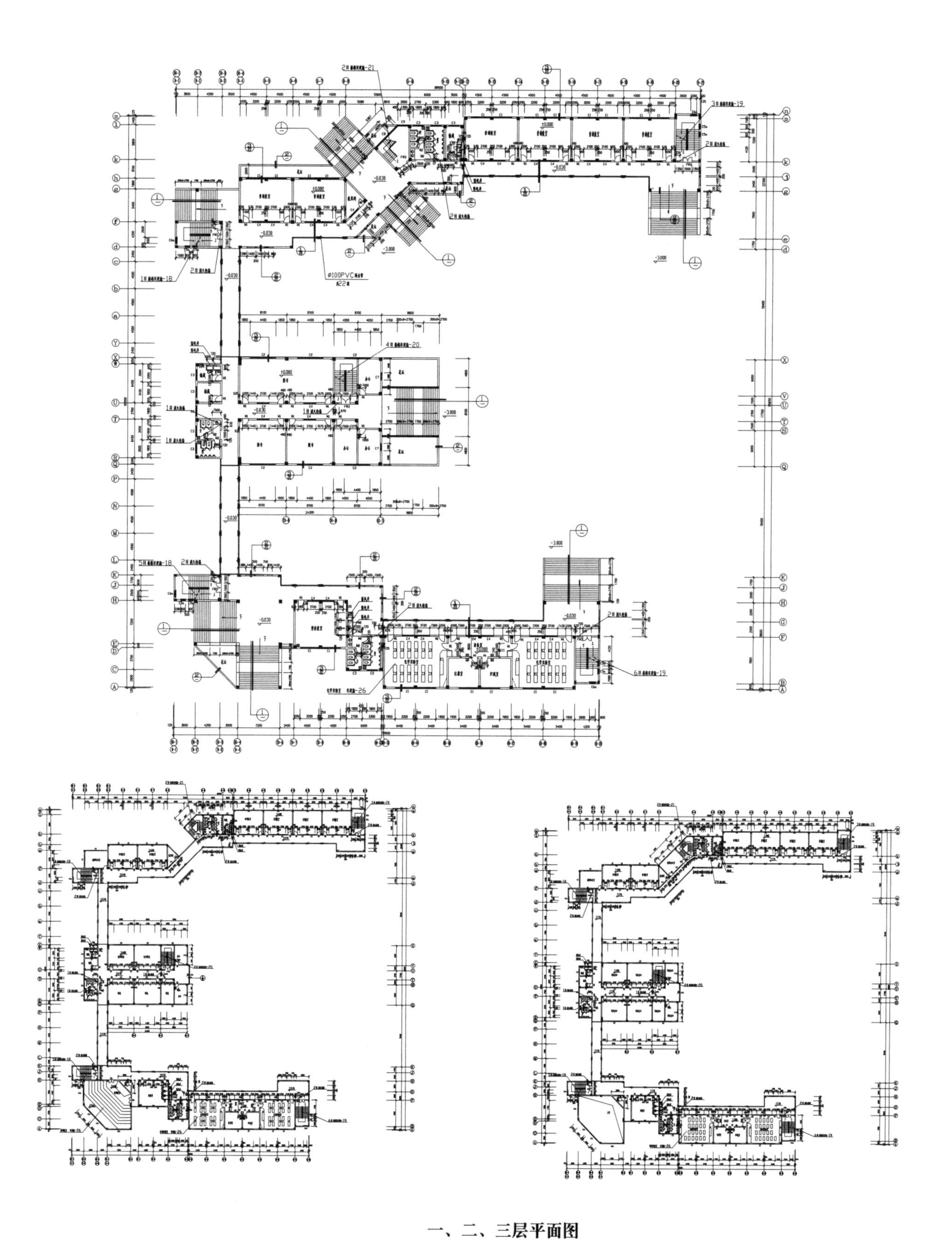

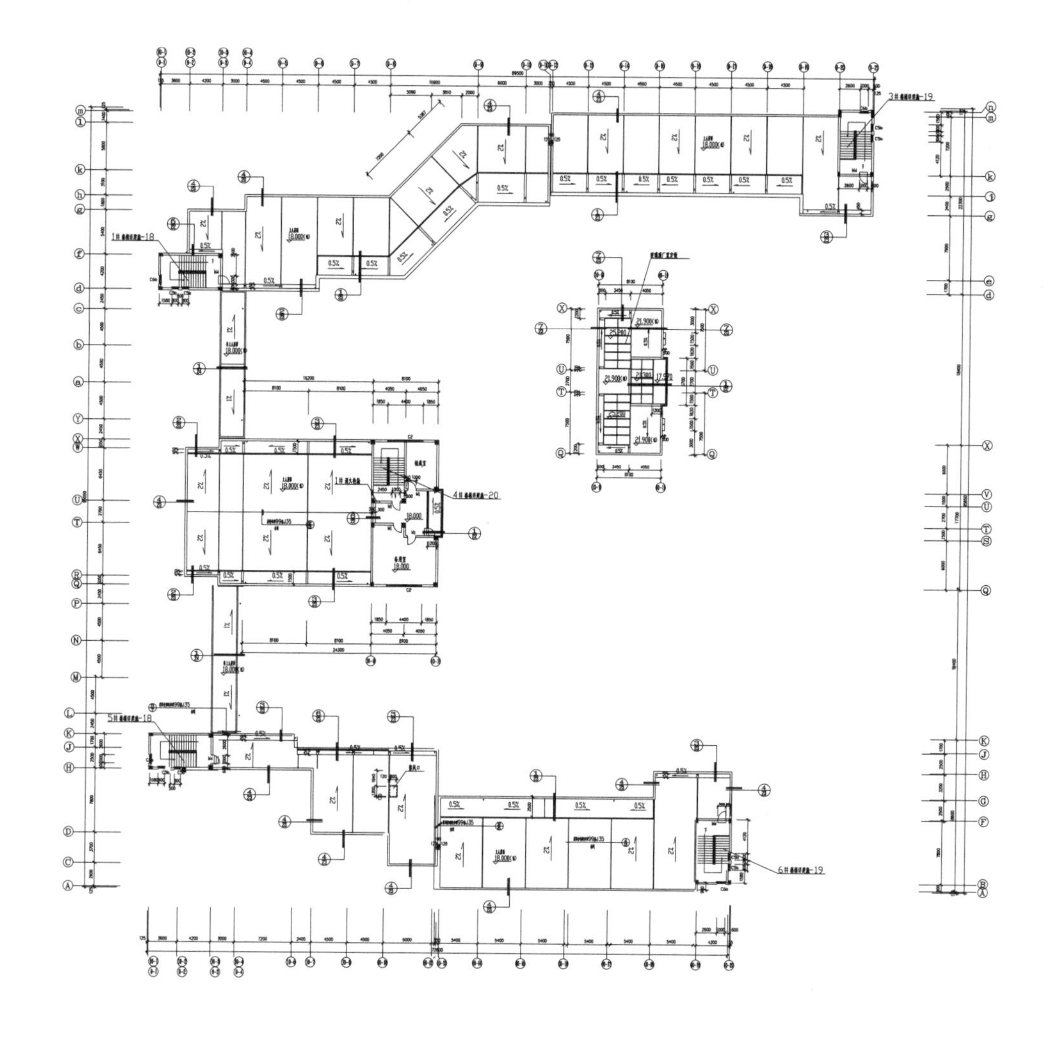

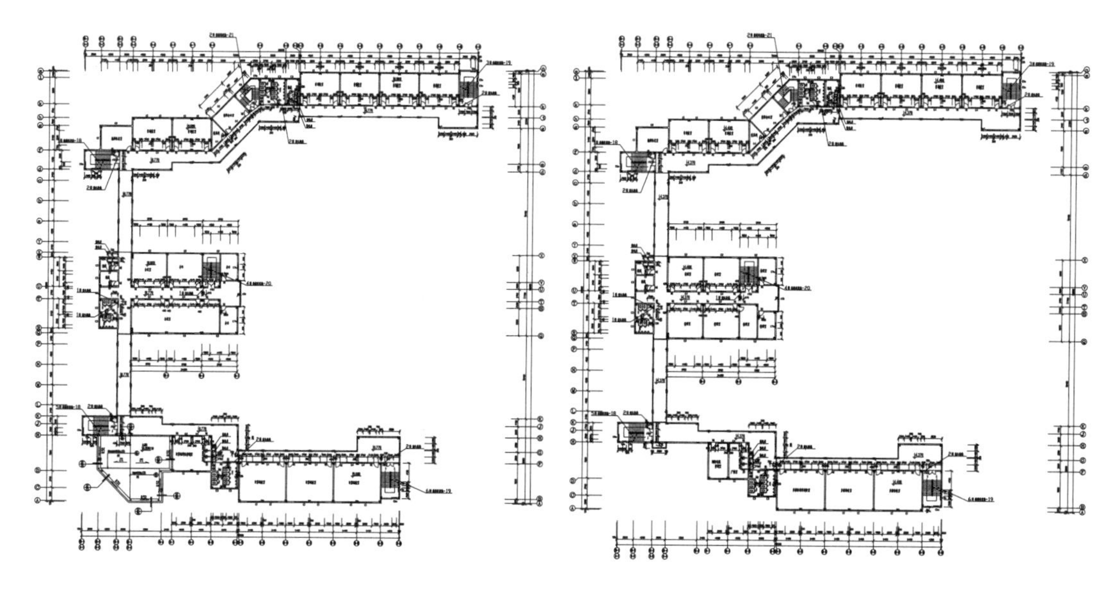

一、二、三层平面图

四、五、六层平面图

> 中学四层实验楼建筑结构施工图

设计说明

建筑风格：现代结构类型
高度类别：多层建筑
结构形式：钢筋混凝土结构
框架图纸深度 ：方案（初设图）

设计风格：现代风格设计
建筑高度：19.2m

内容简介

本套图纸包括：实验楼的建筑施工图和结构施工图

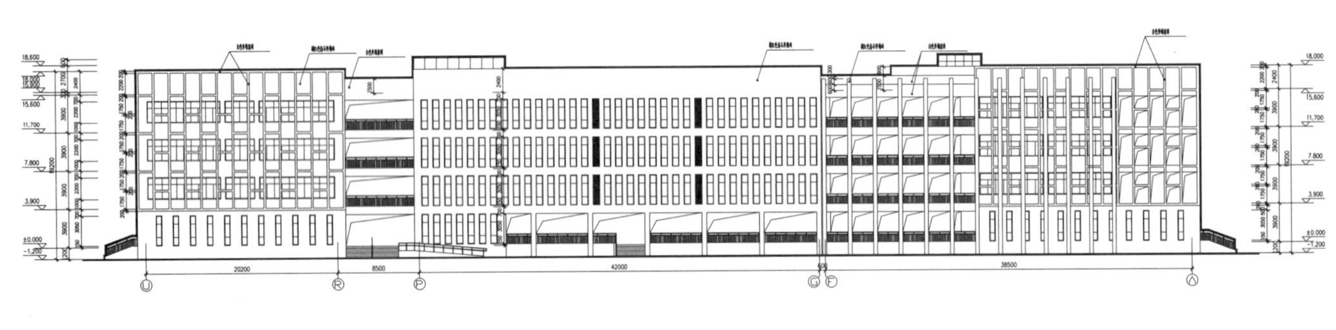

立面图

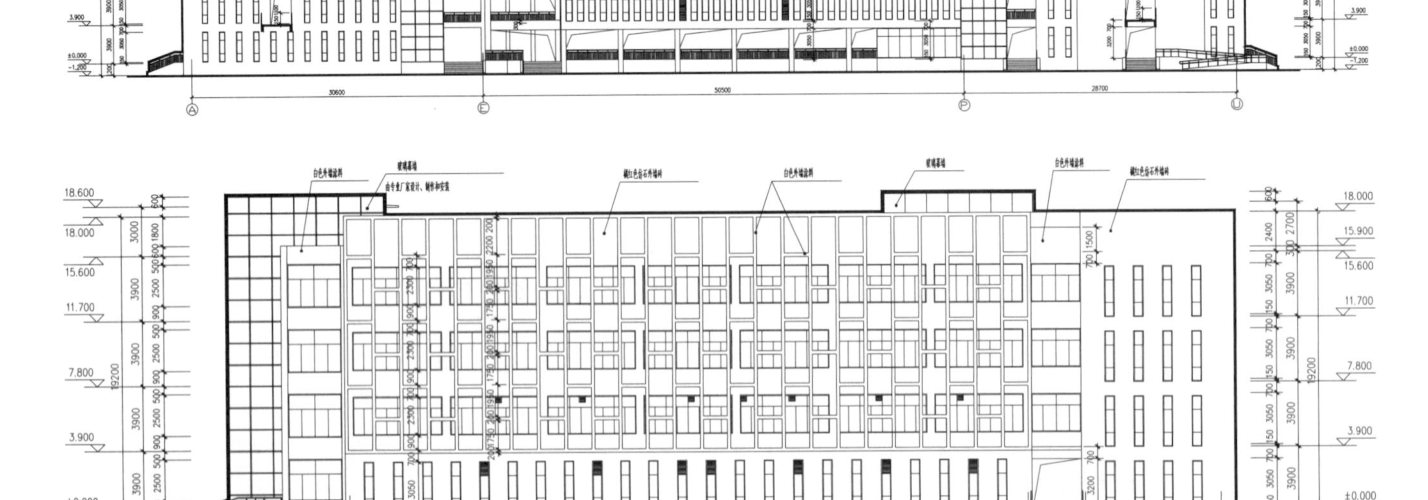

立面图

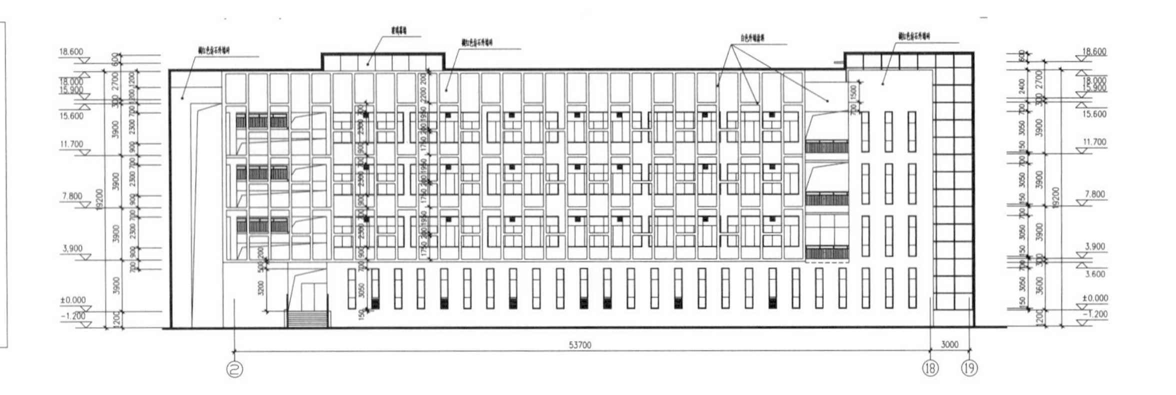

剖面图

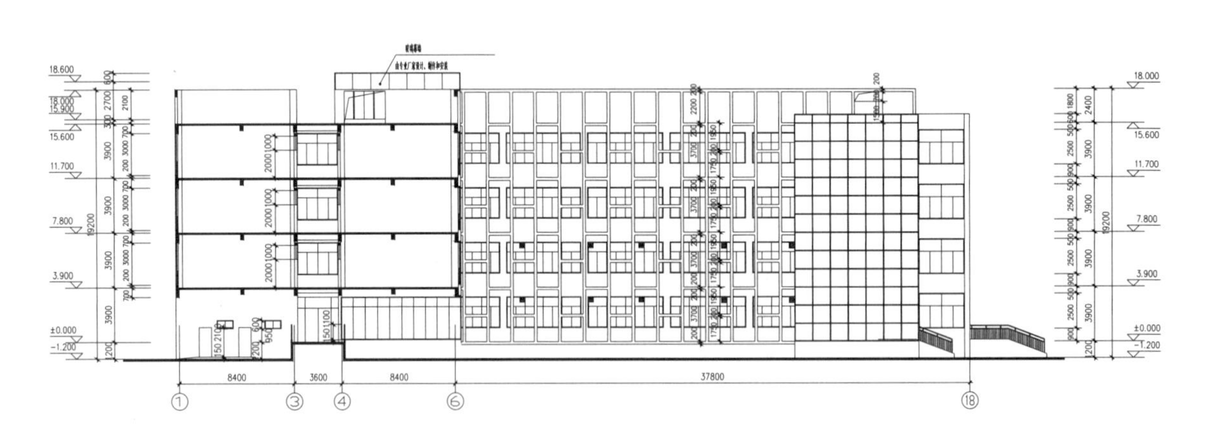

剖面图

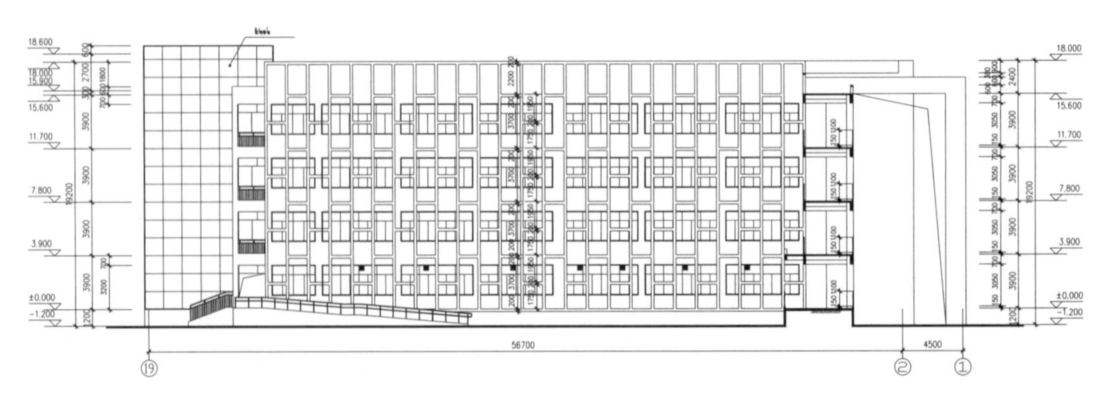

剖面图

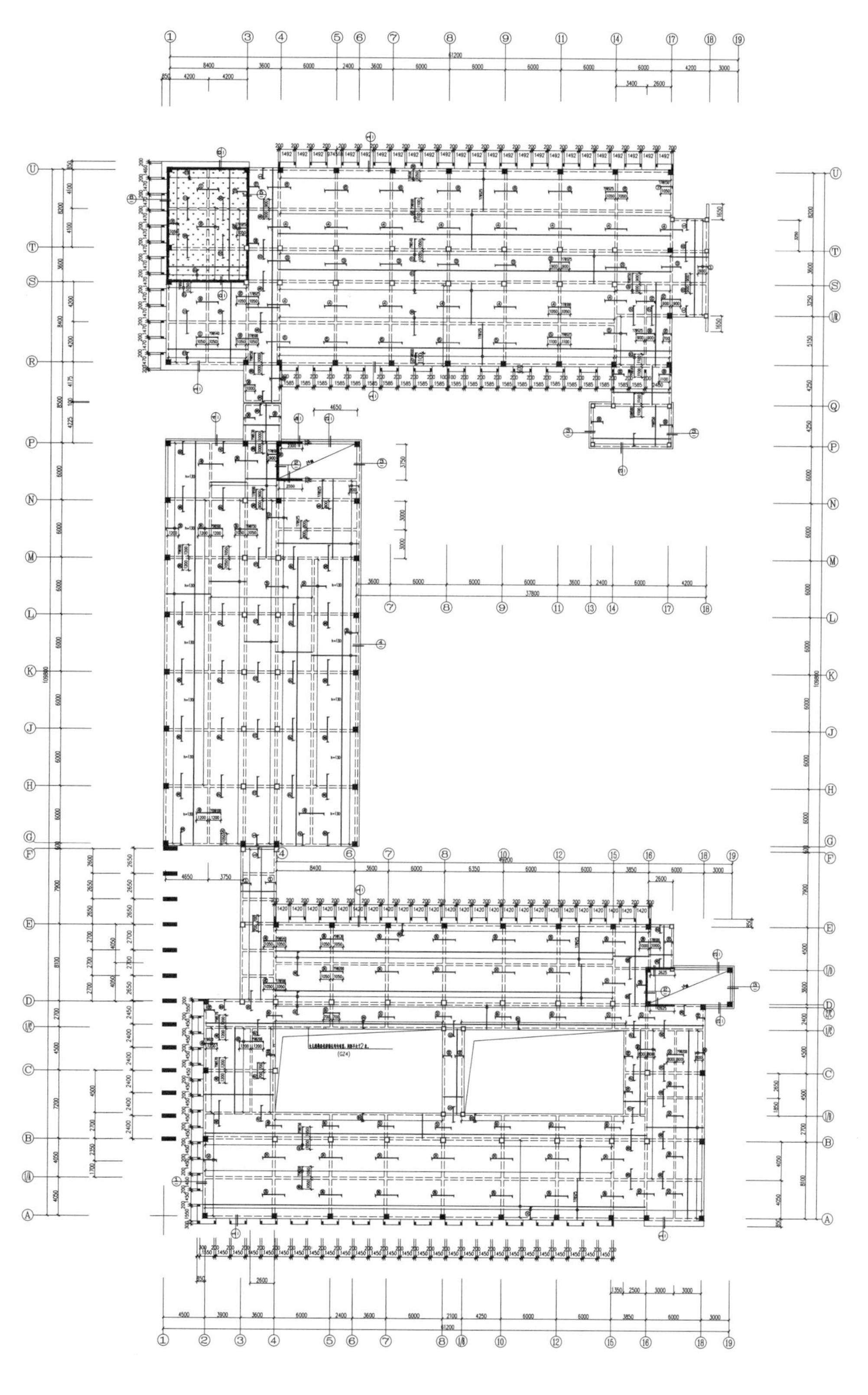

一层平面图

二、三层平面图

> 中学四层实验楼建筑结构施工图

设计说明

建筑风格：现代结构类型
高度类别：多层建筑
结构形式：钢筋混凝土结构
框架图纸深度 ：方案（初设图）

设计风格：现代风格设计
设计流派：现代

内容简介

本套图纸包括：平面图、立面图、剖面图

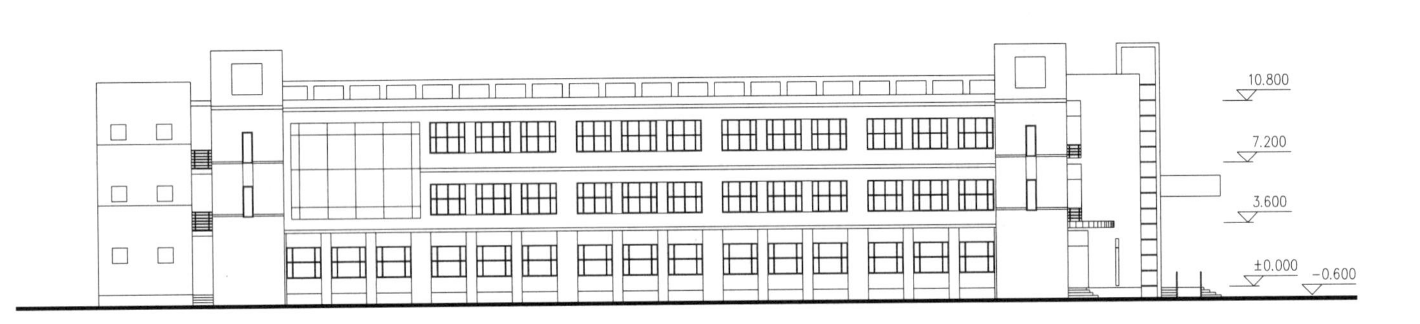

立面图

立面图

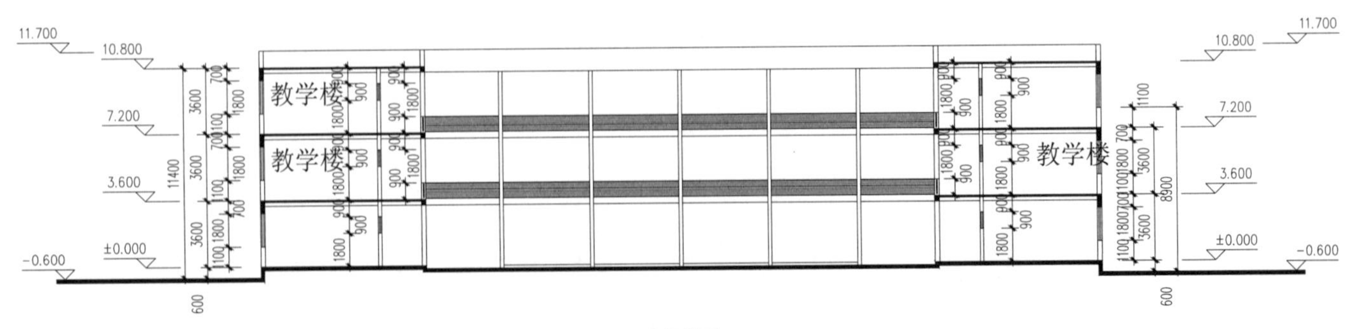

剖面图

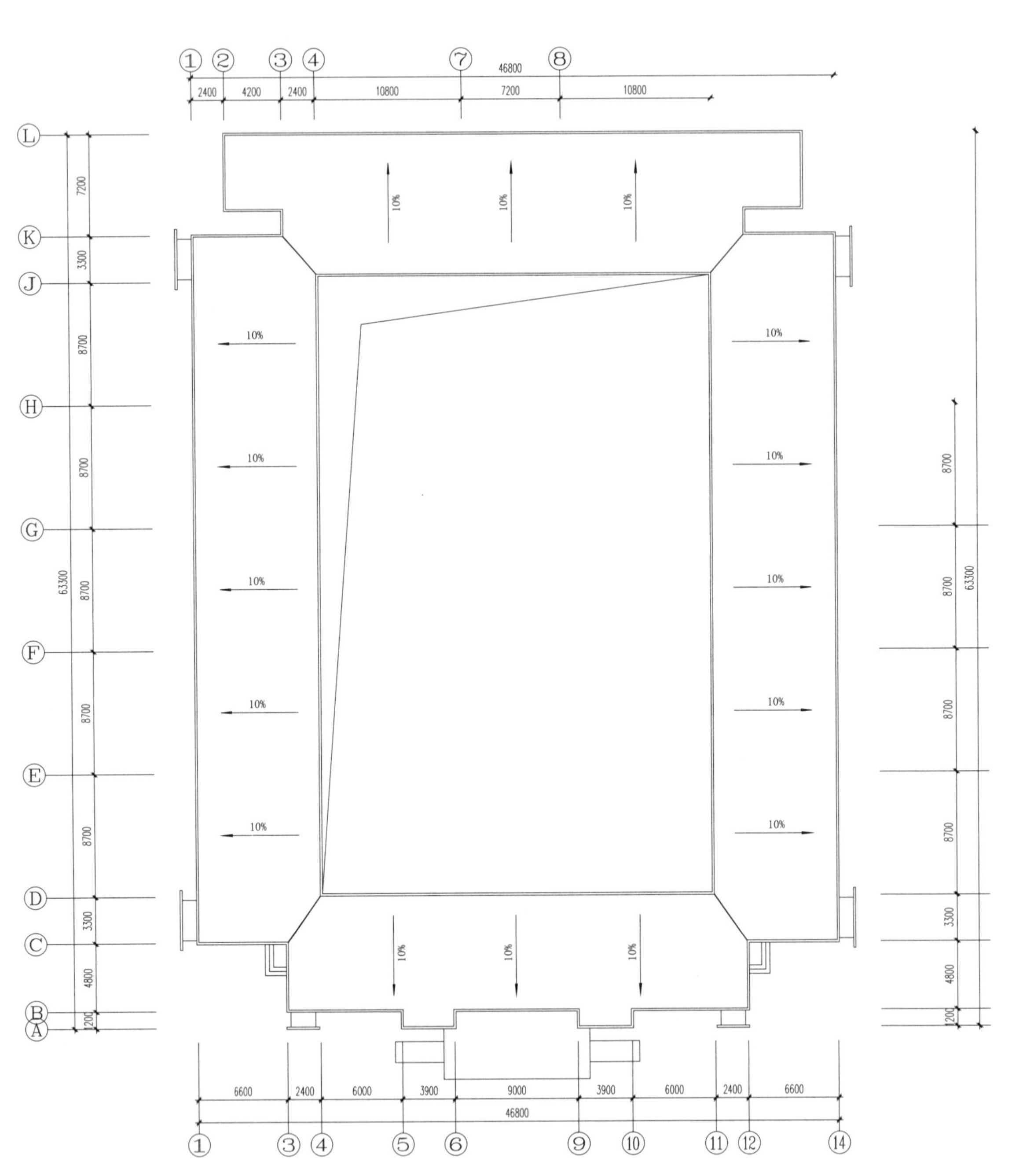

屋顶平面图

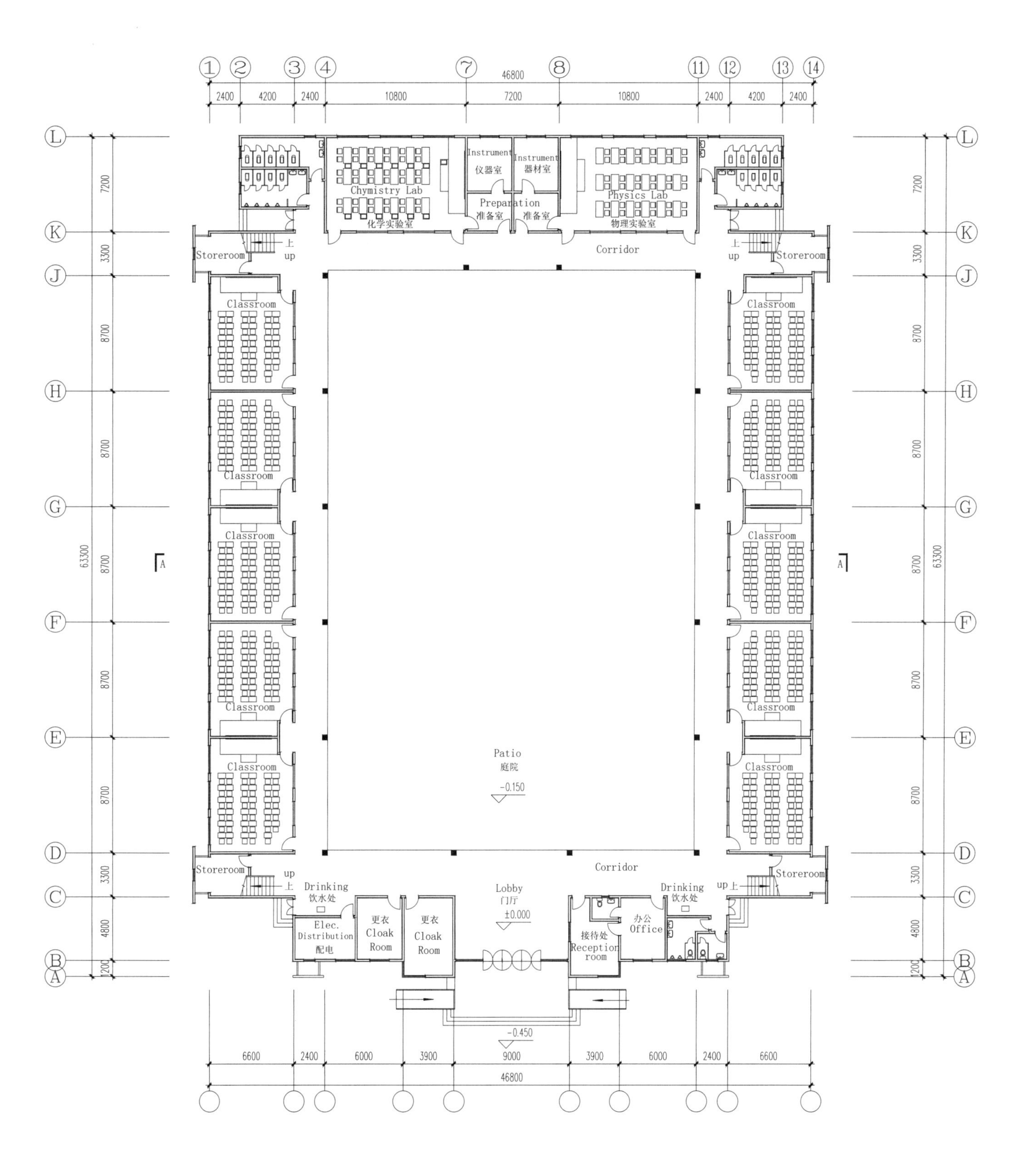

一层平面图

二、三层平面图

> 中学三层32班教学楼建筑方案图

设计说明

建筑风格：现代结构类型
高度类别：多层建筑
结构形式：钢筋混凝土结构
框架图纸深度 ：方案（初设图）

设计风格：现代风格设计
设计流派：现代
建筑高度：11.70m

内容简介

本套图纸包括：图纸目录、图纸说明、工程作法、门窗表、各层建筑平面、立面、剖面图、卫生间详图、楼梯间详图、墙身大样、檐口作法等，共12张图纸
设计功能包括：舞蹈室、更衣室、美术室等。

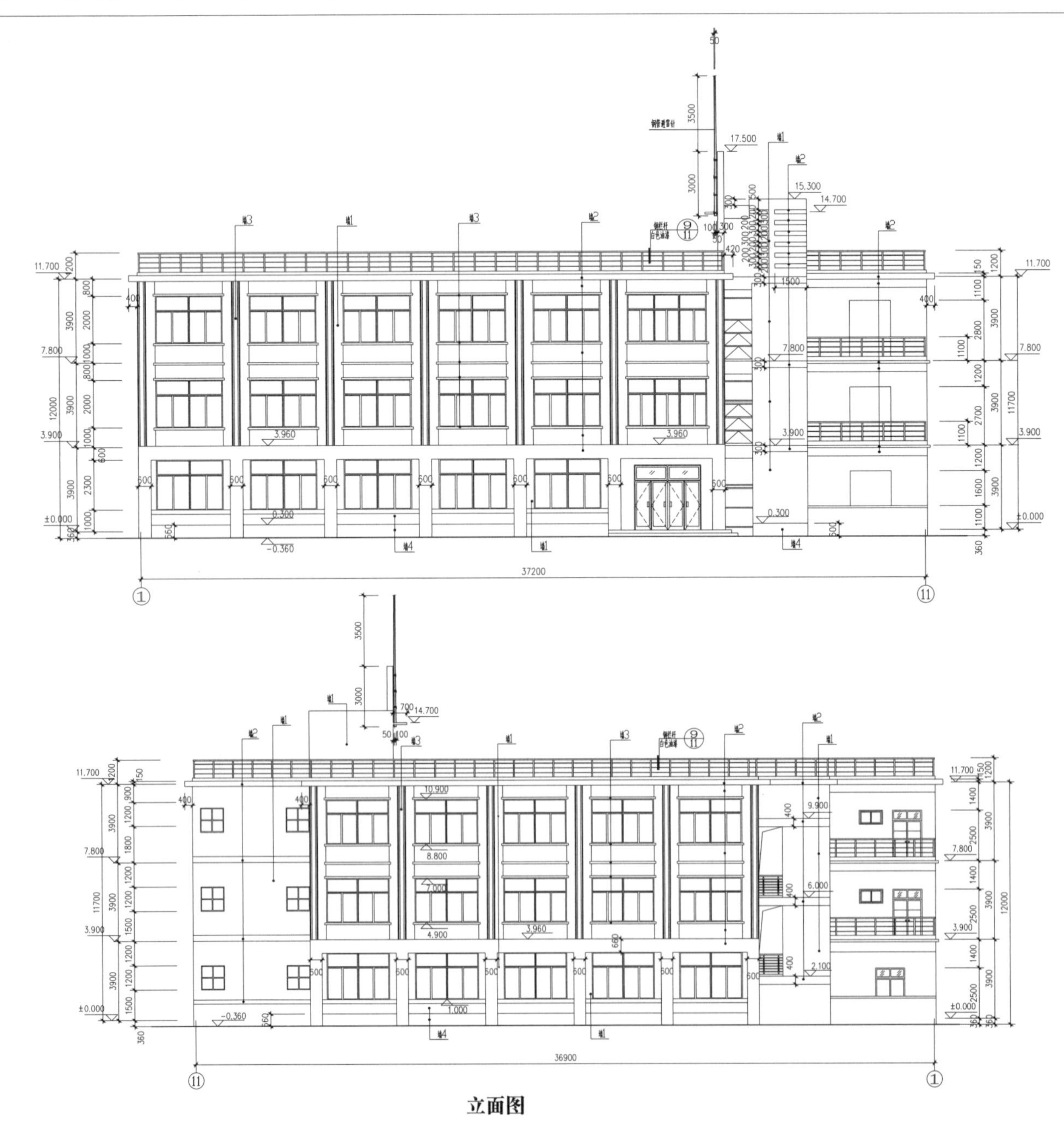

立面图

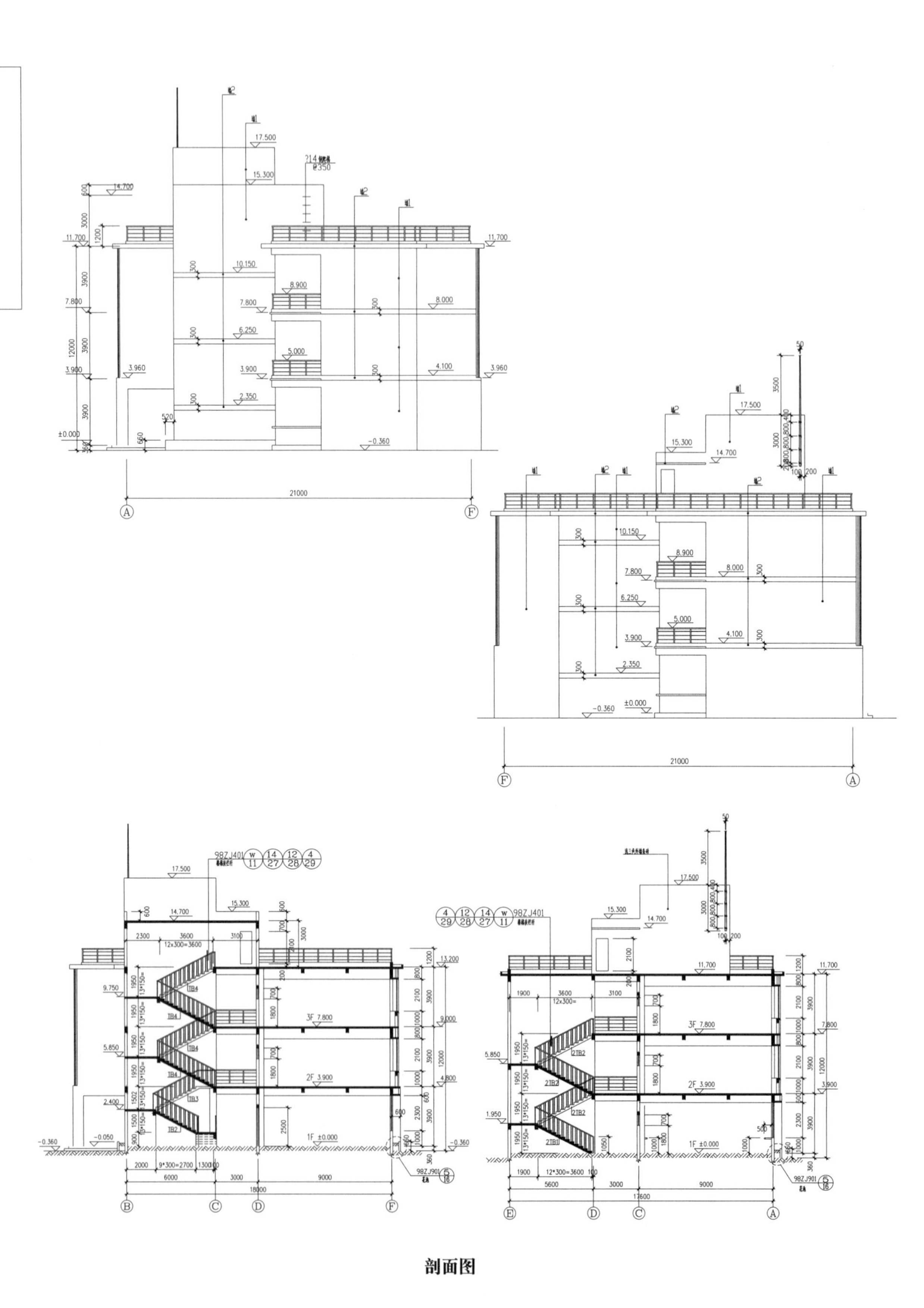

剖面图

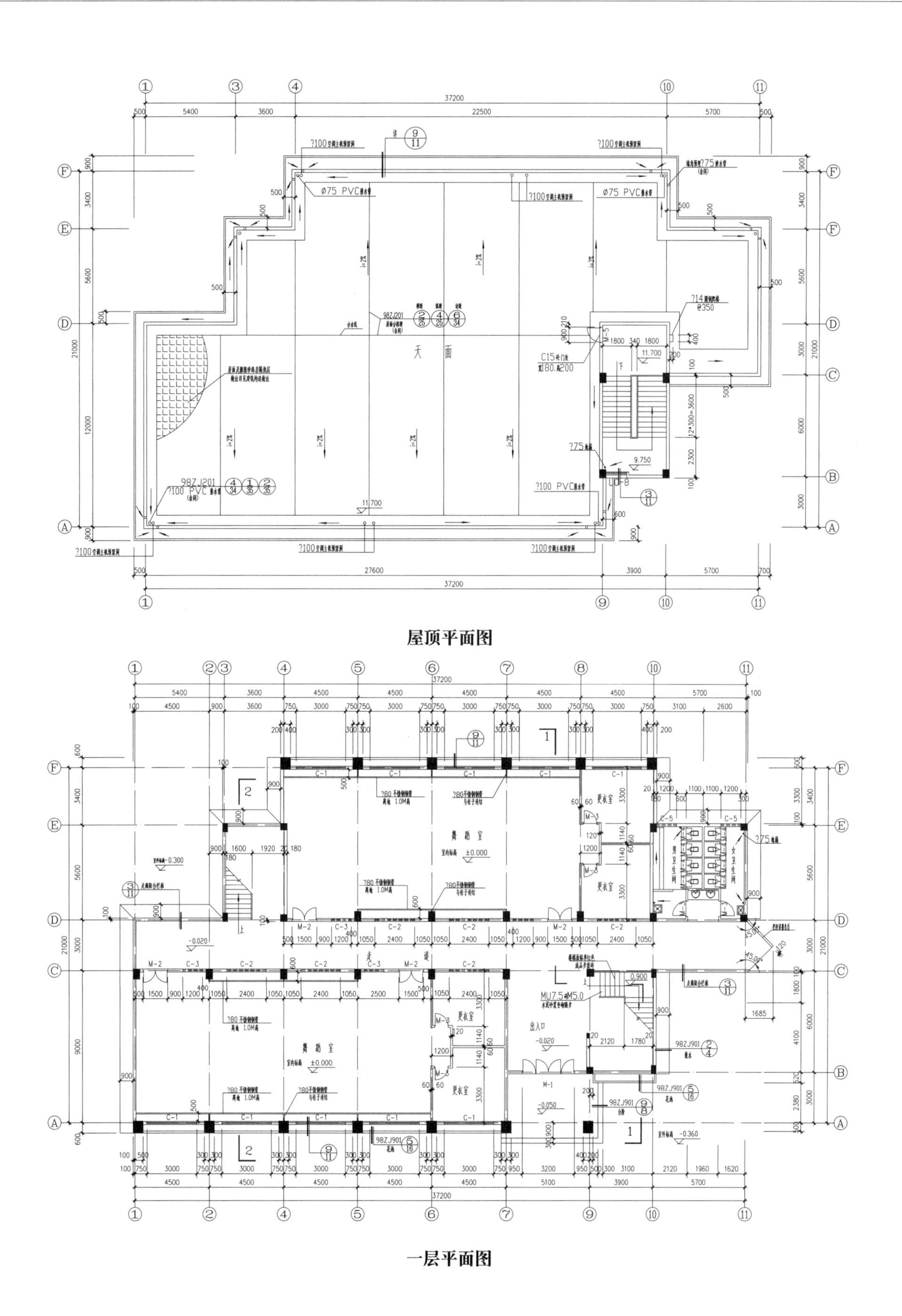

屋顶平面图

一层平面图

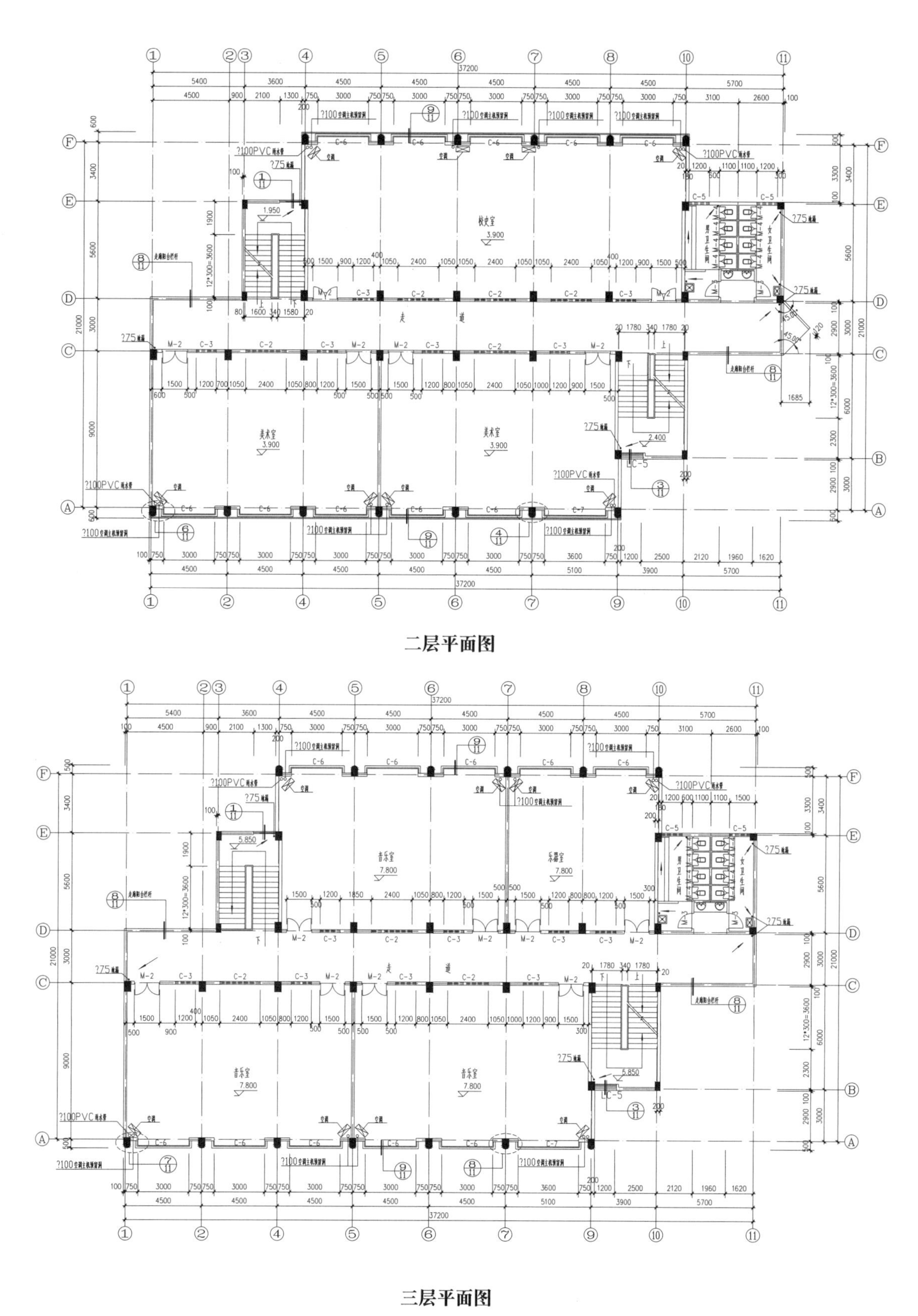

二层平面图

三层平面图

>职业中学教学楼建筑施工图

设计说明

建筑风格：现代结构类型
高度类别：多层建筑
结构形式：钢筋混凝土结构
框架图纸深度 ：方案（初设图）

设计风格：现代风格设计
设计流派：现代
建筑高度：29.7m

内容简介

本套图纸包括：工程作法、门窗表、各层建筑平面、立面、剖面图、楼梯间详图
设计功能包括：教室、储藏室、卫生间等

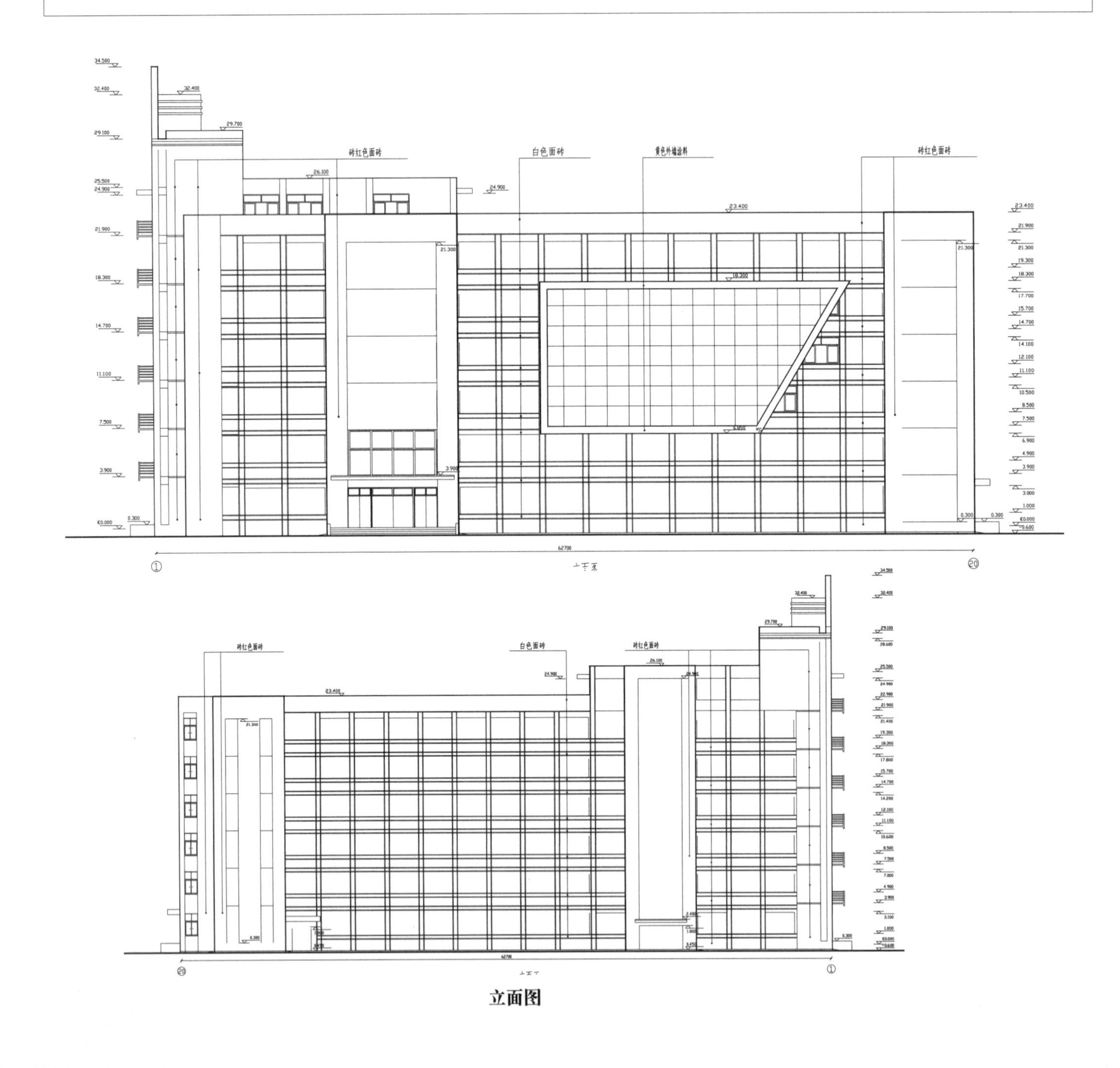

立面图

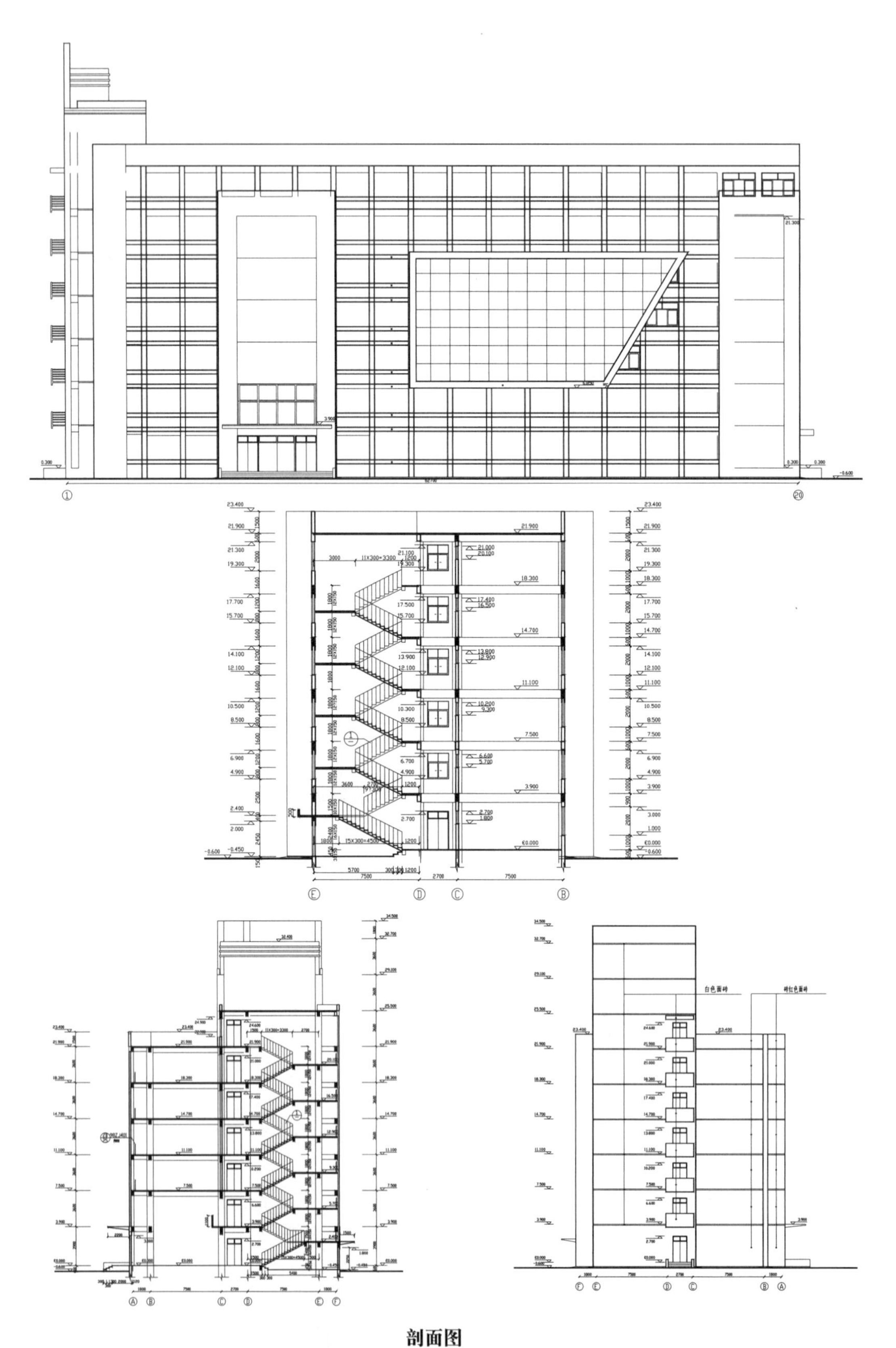

剖面图

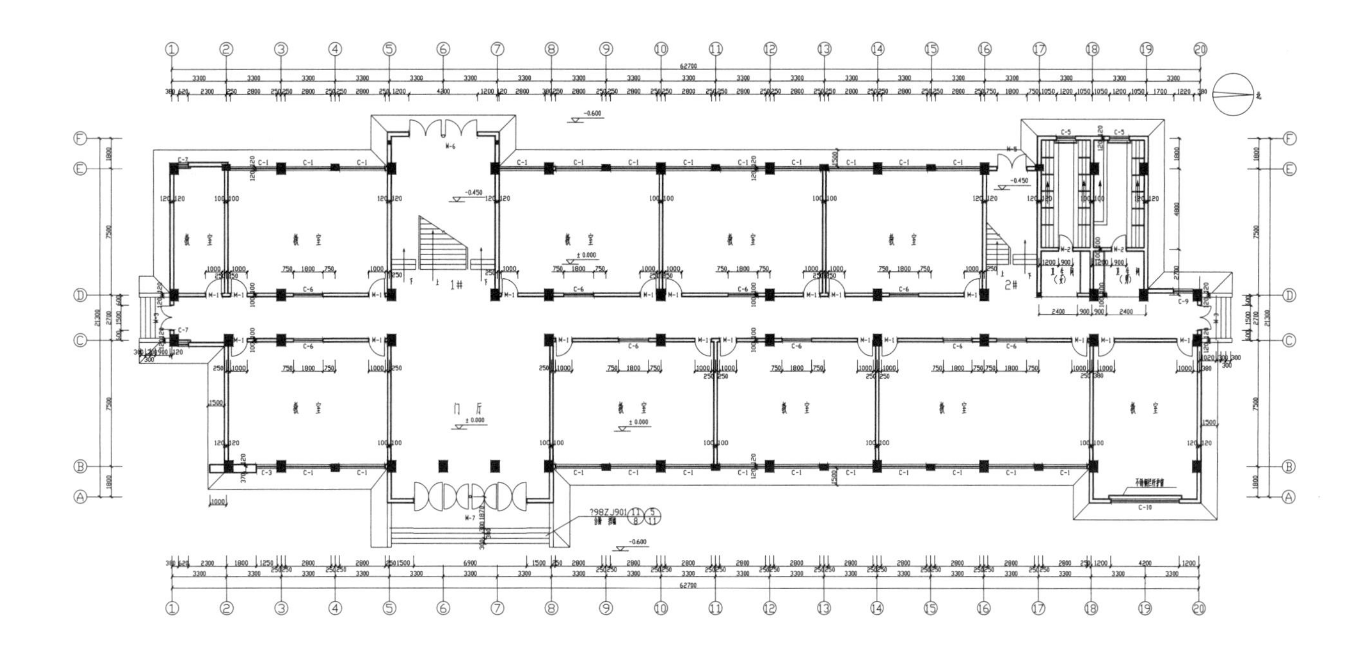

一层平面图

三层平面图

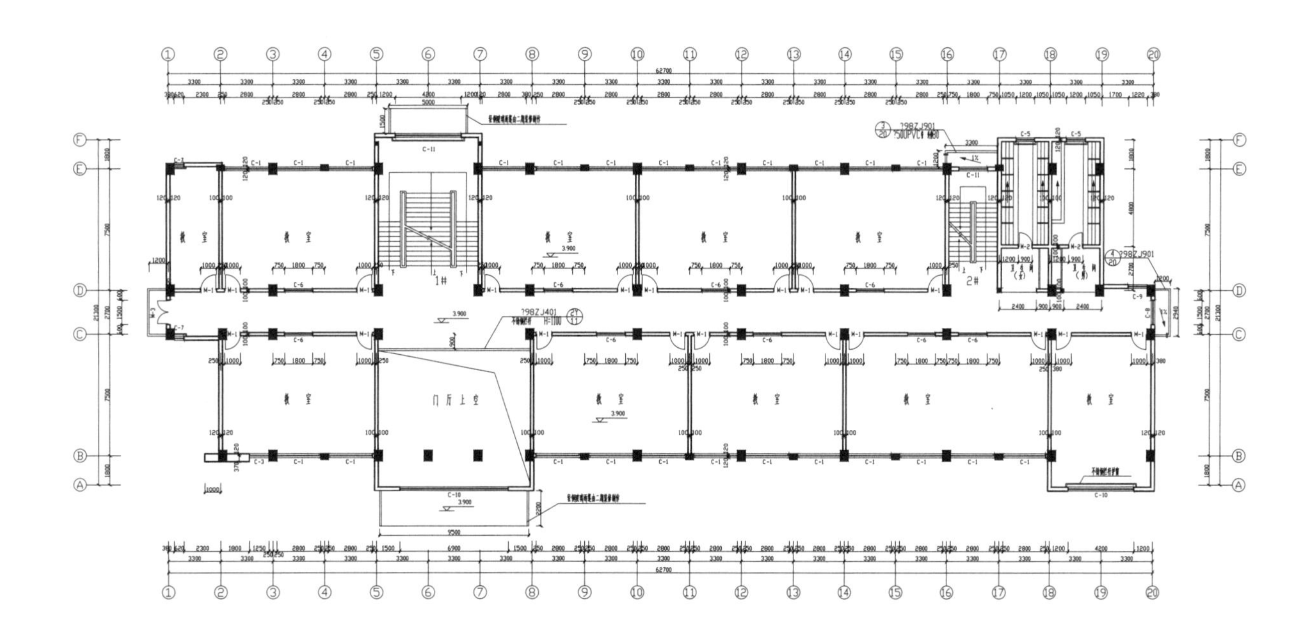

二层平面图

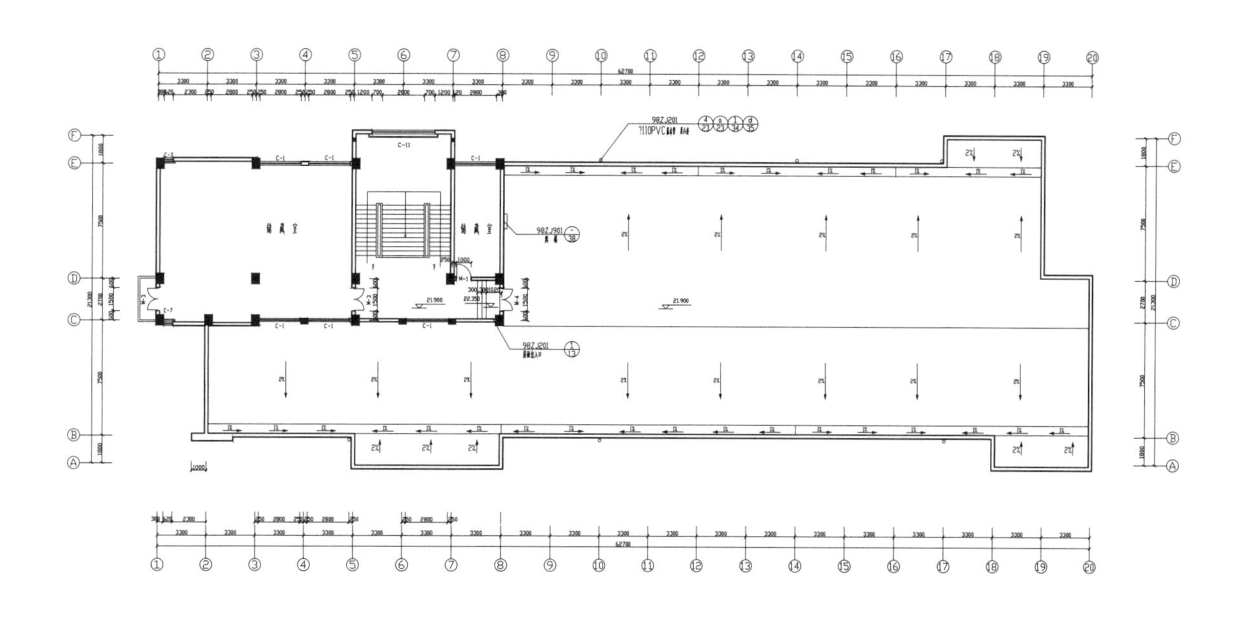

屋顶平面图

>安徽大学校设计扩初图

设计说明

建筑风格：现代结构类型
高度类别：多层建筑
结构形式：钢筋混凝土结构
框架图纸深度 ：方案（初设图）

设计风格：现代风格
建筑高度：22.95m

内容简介

本套图纸包括：效果图，鸟瞰图，立面图，剖面图，总平面图，各层平面图

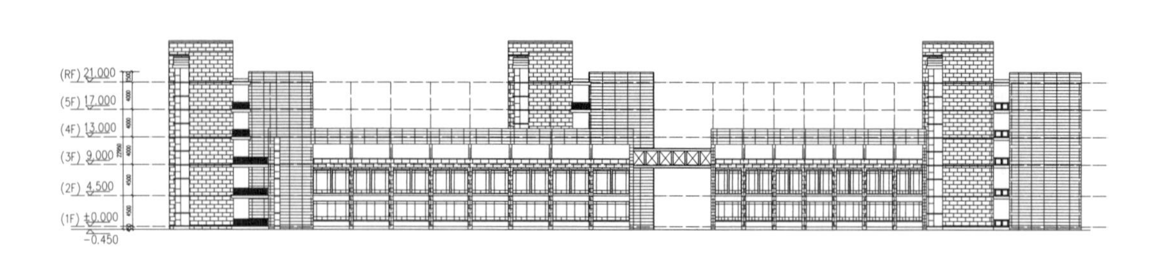

剖面图

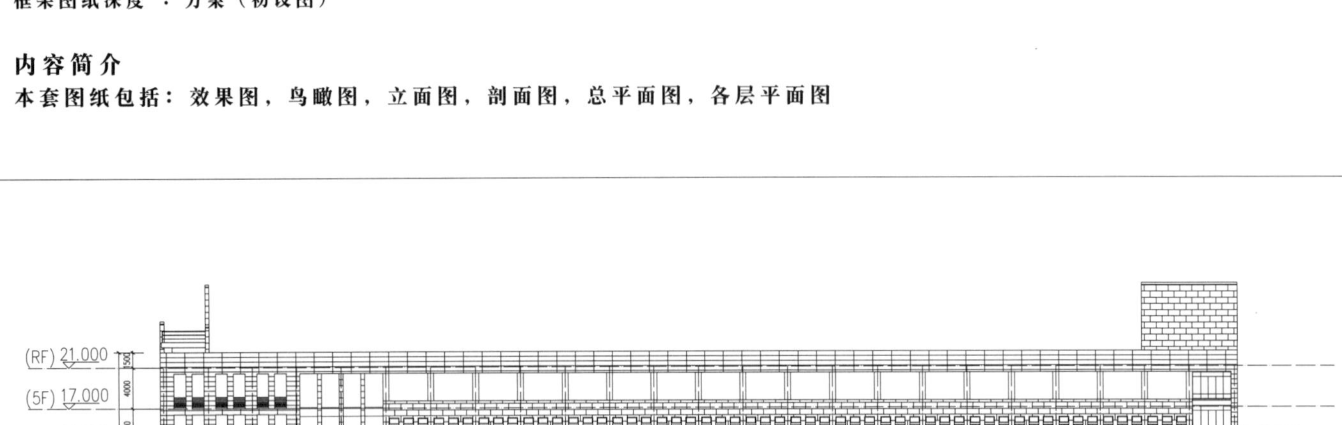

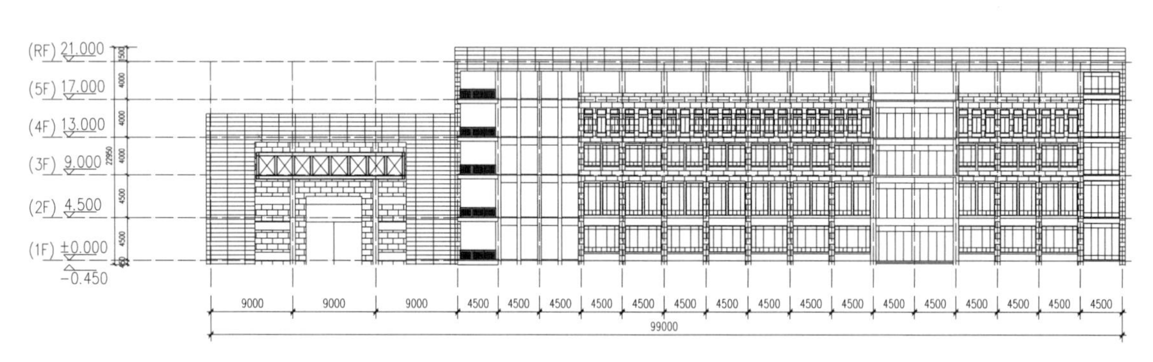

剖面图

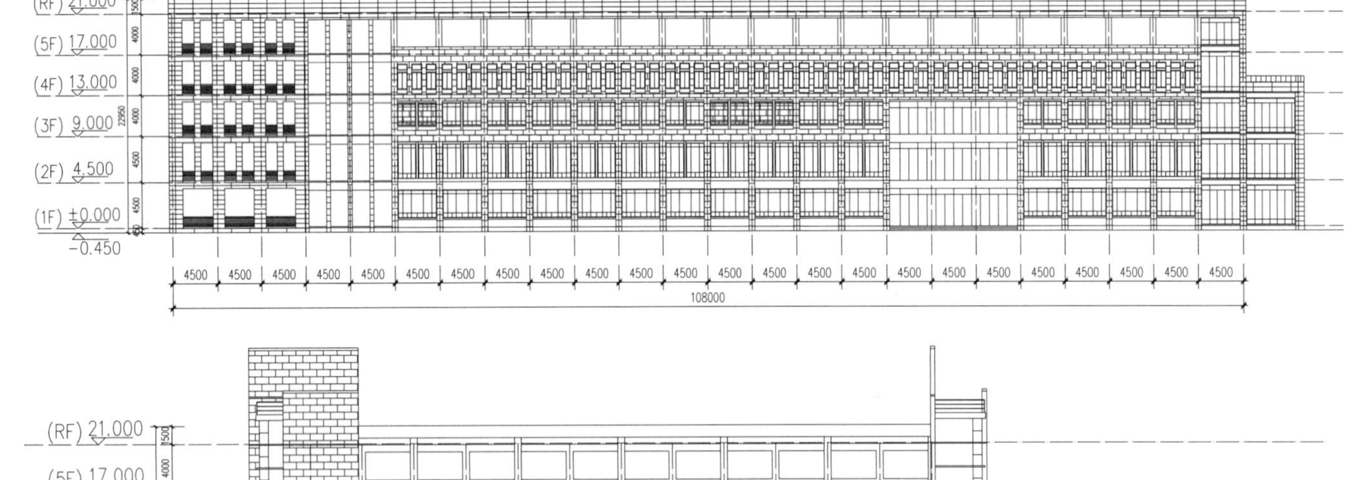

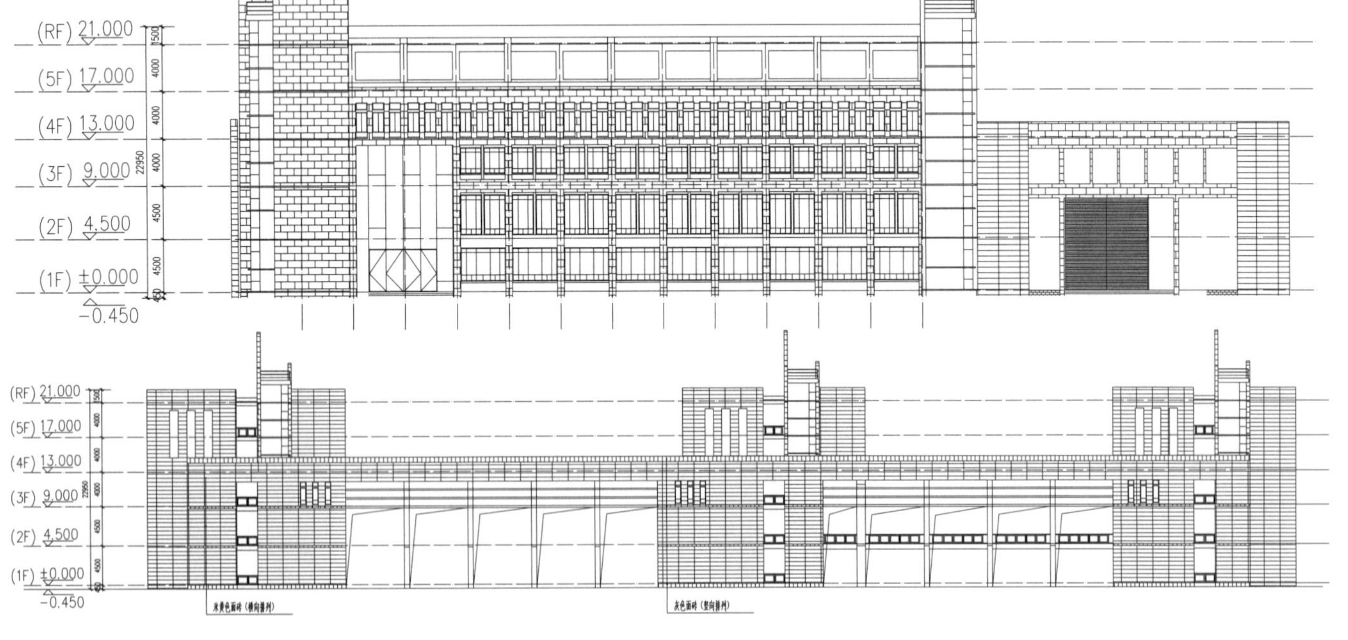

立面图

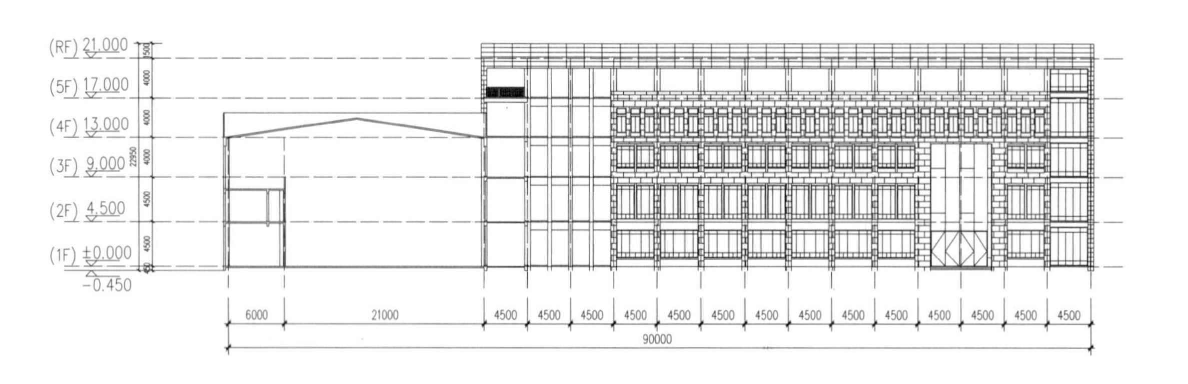

剖面图

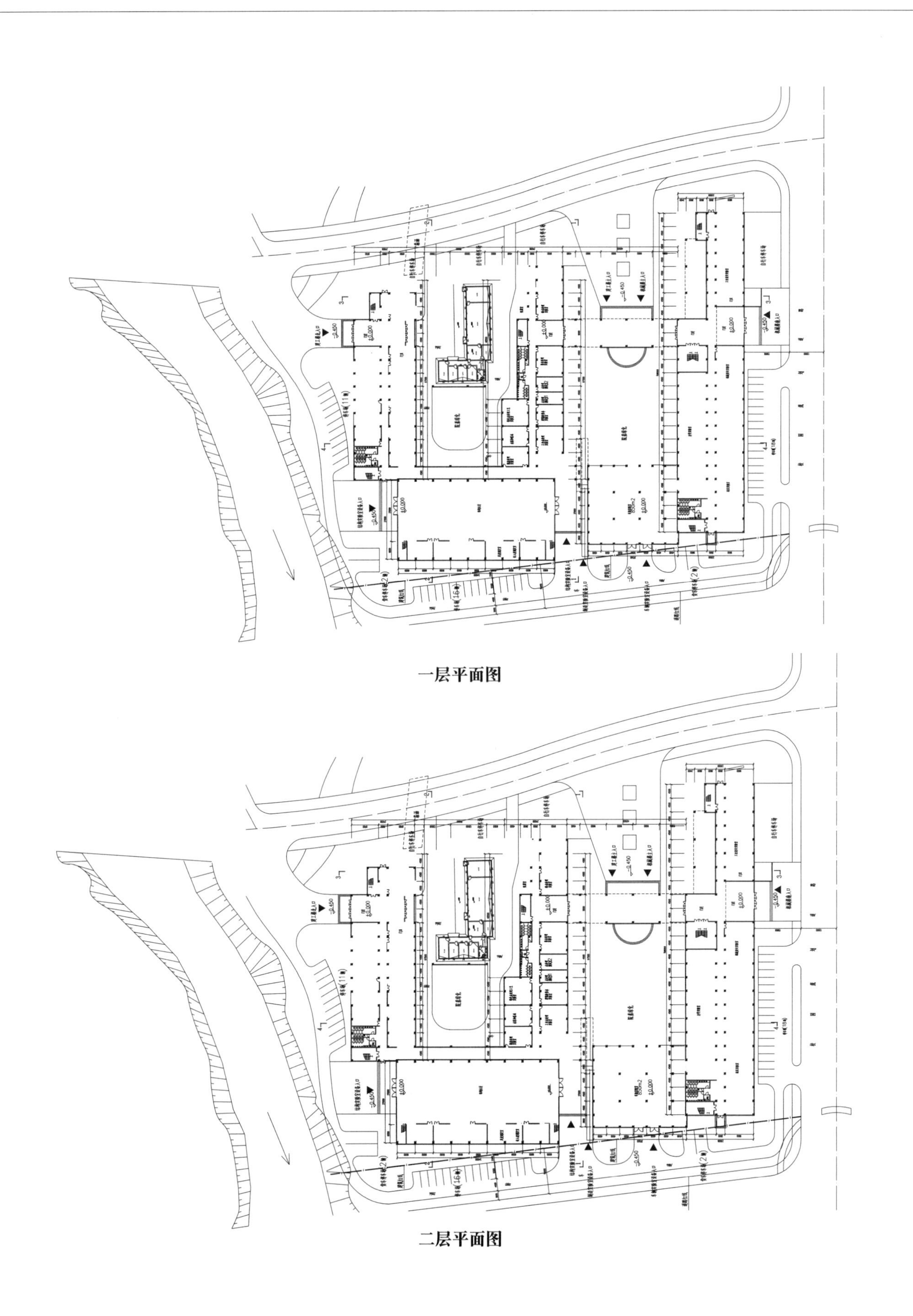

一层平面图

二层平面图

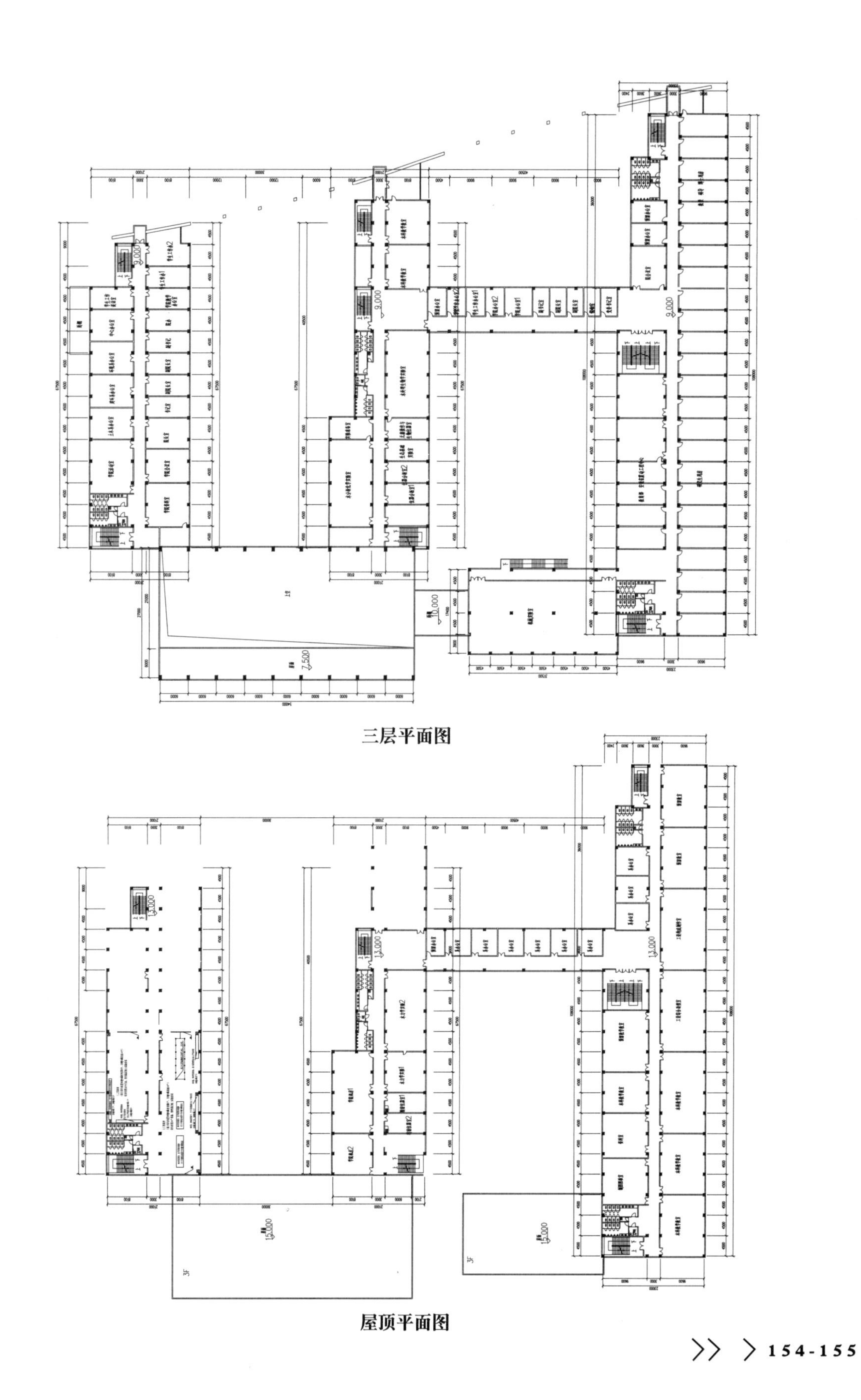

三层平面图

屋顶平面图

>安徽校区实验楼建筑施工图

设计说明

高度类别：多层建筑
结构形式：钢筋混凝土结构
框架图纸深度 ：方案（初设图）

设计风格：现代风格
建筑高度：23.4m

内容简介

本套图纸包括：图纸目录、设计说明、工程做法、门窗表、总平面图、各层平面图、立面图、剖面图、楼梯详图、卫生间详图、墙身大样以及各节点大样，共计17张图纸

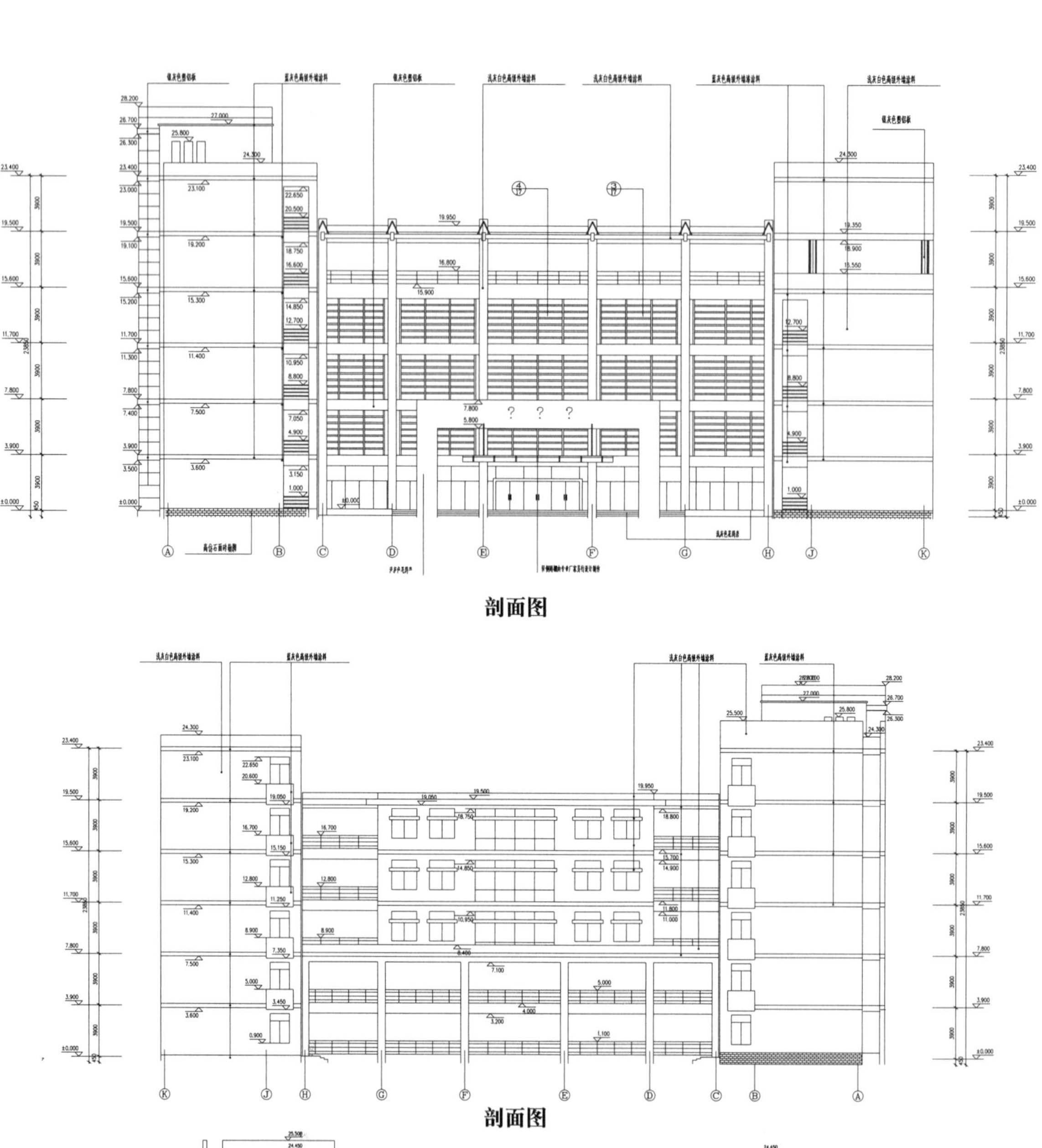

剖面图

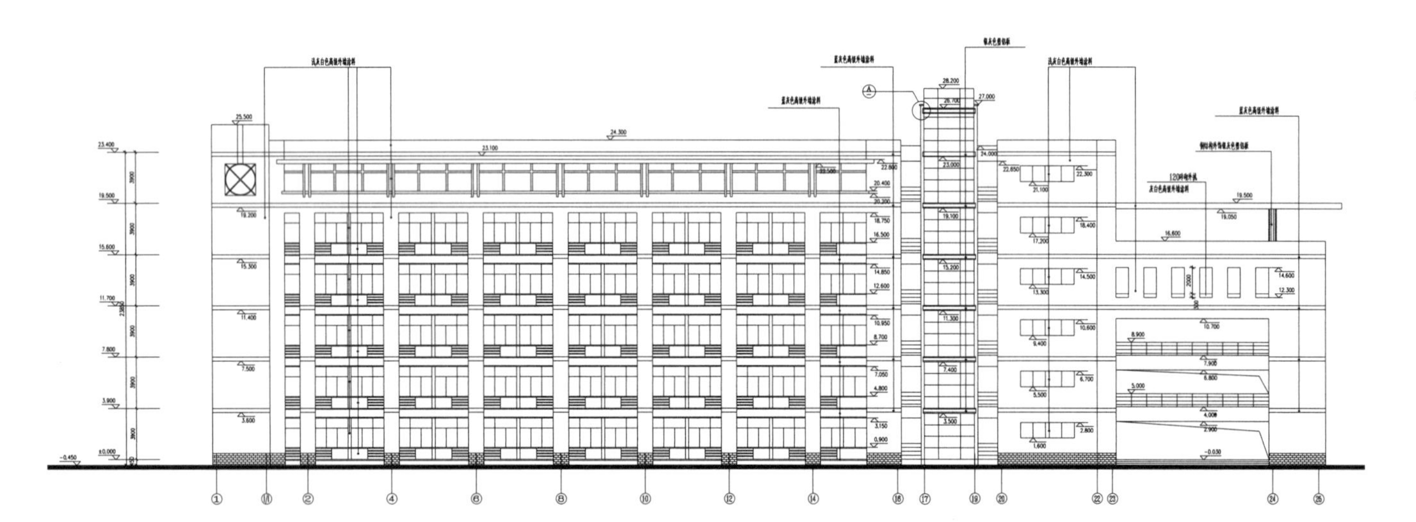

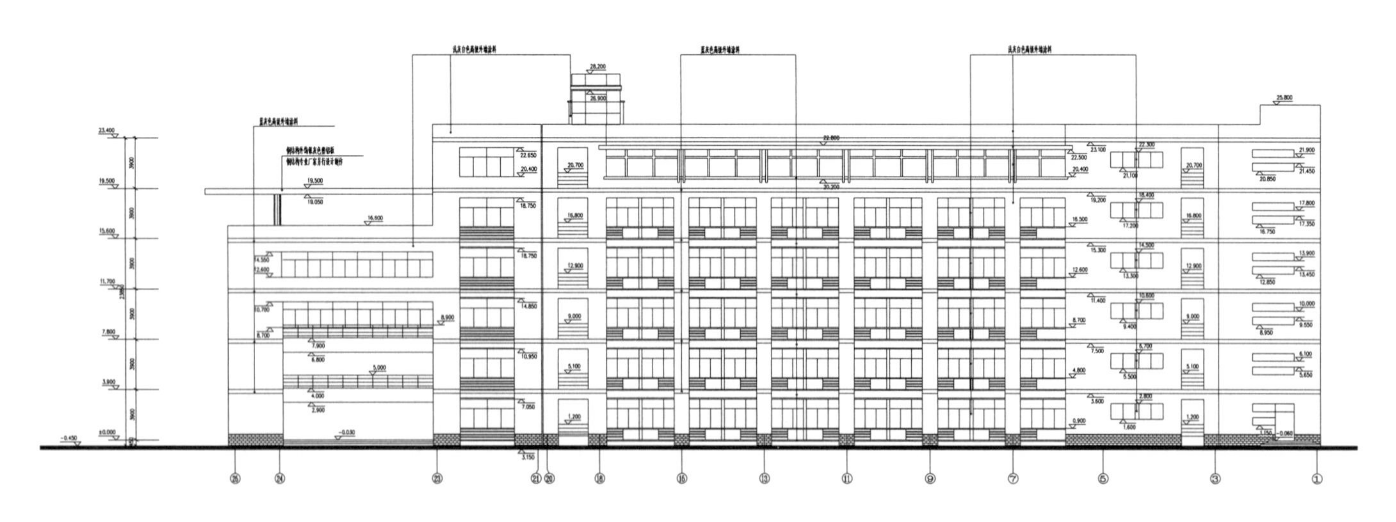

立面图

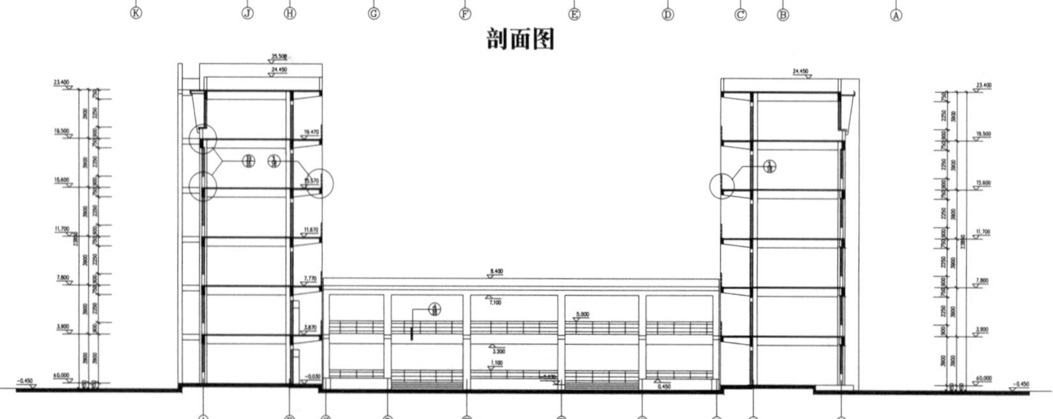

剖面图

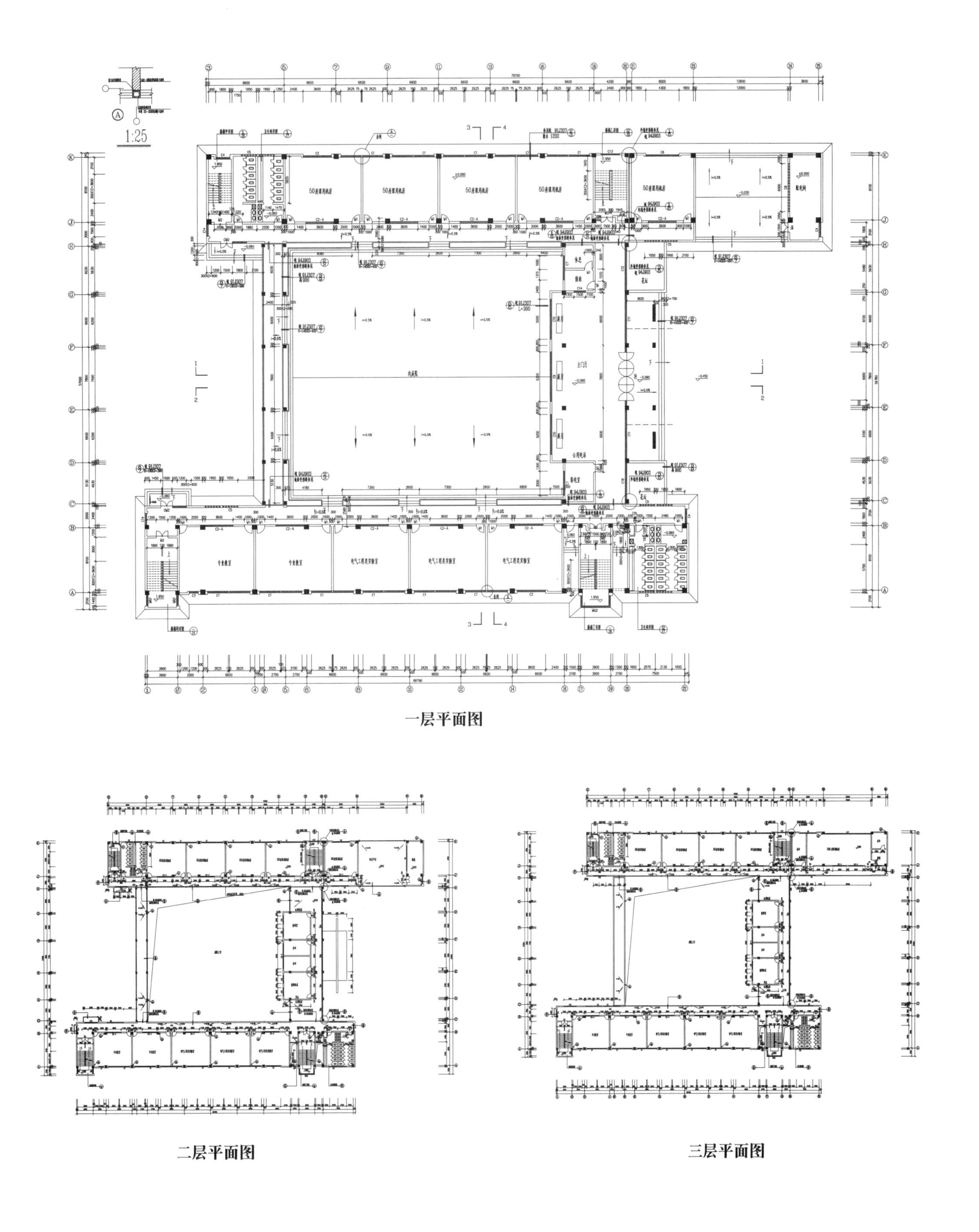

一层平面图

二层平面图

三层平面图

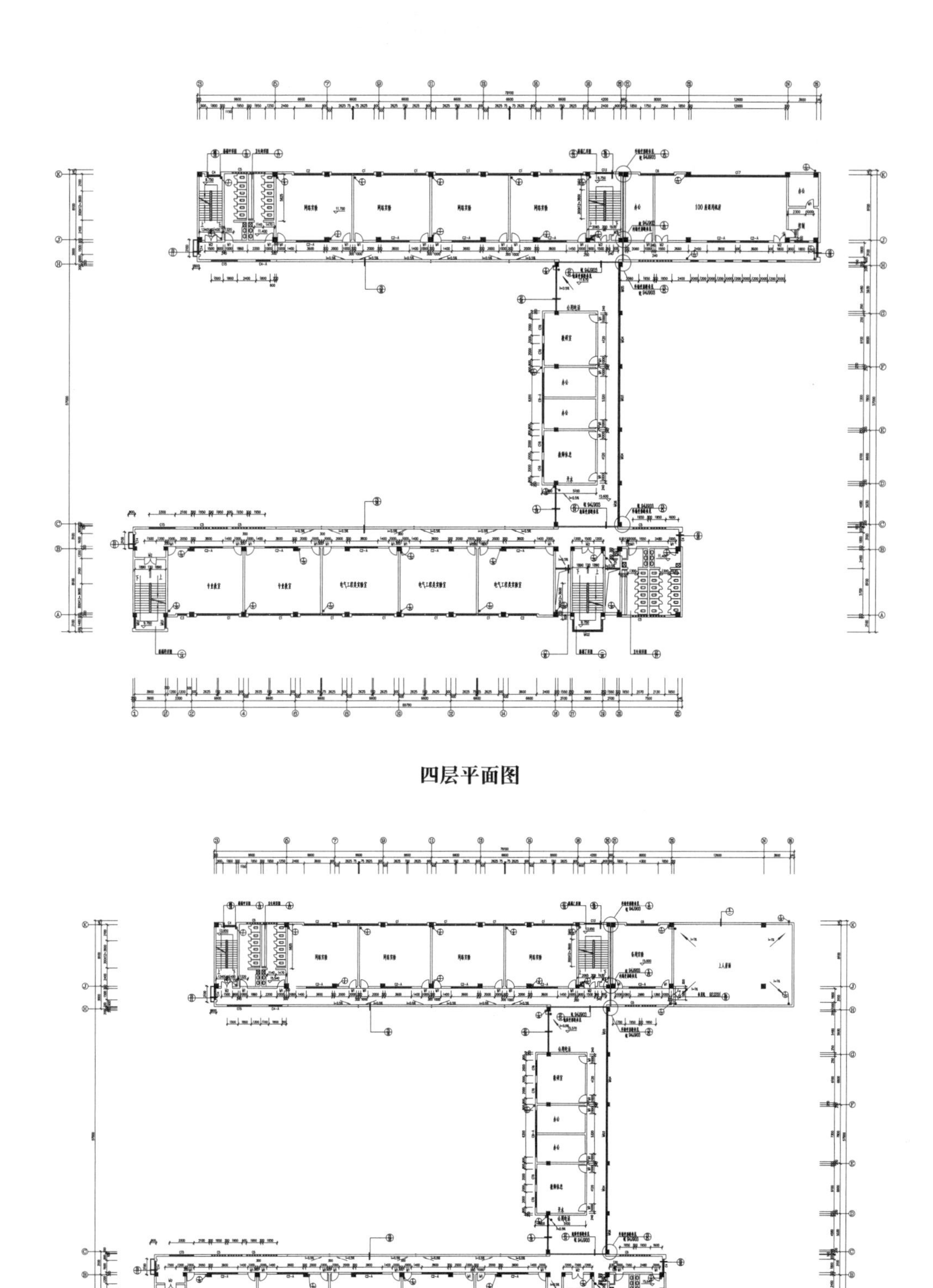

四层平面图

五层平面图

> 安徽学院七层教学实验楼建筑设计方案

设计说明

高度类别：多层建筑
结构形式：钢筋混凝土结构
框架图纸深度 ：方案（初设图）
设计风格：现代风格
设计流派：现代

内容简介

本套图纸包括：效果图3张、设计说明、和建筑cad图纸

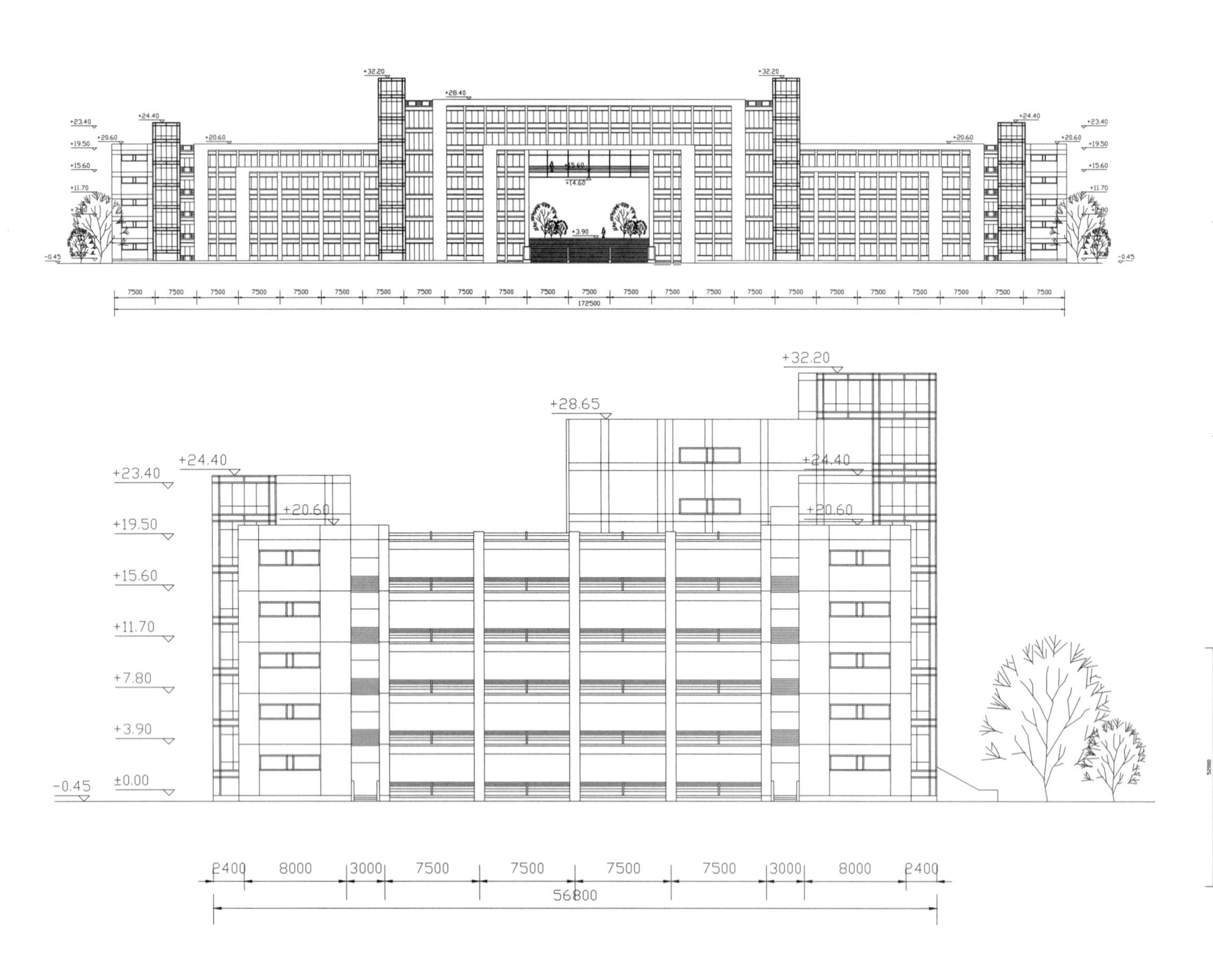

立面图

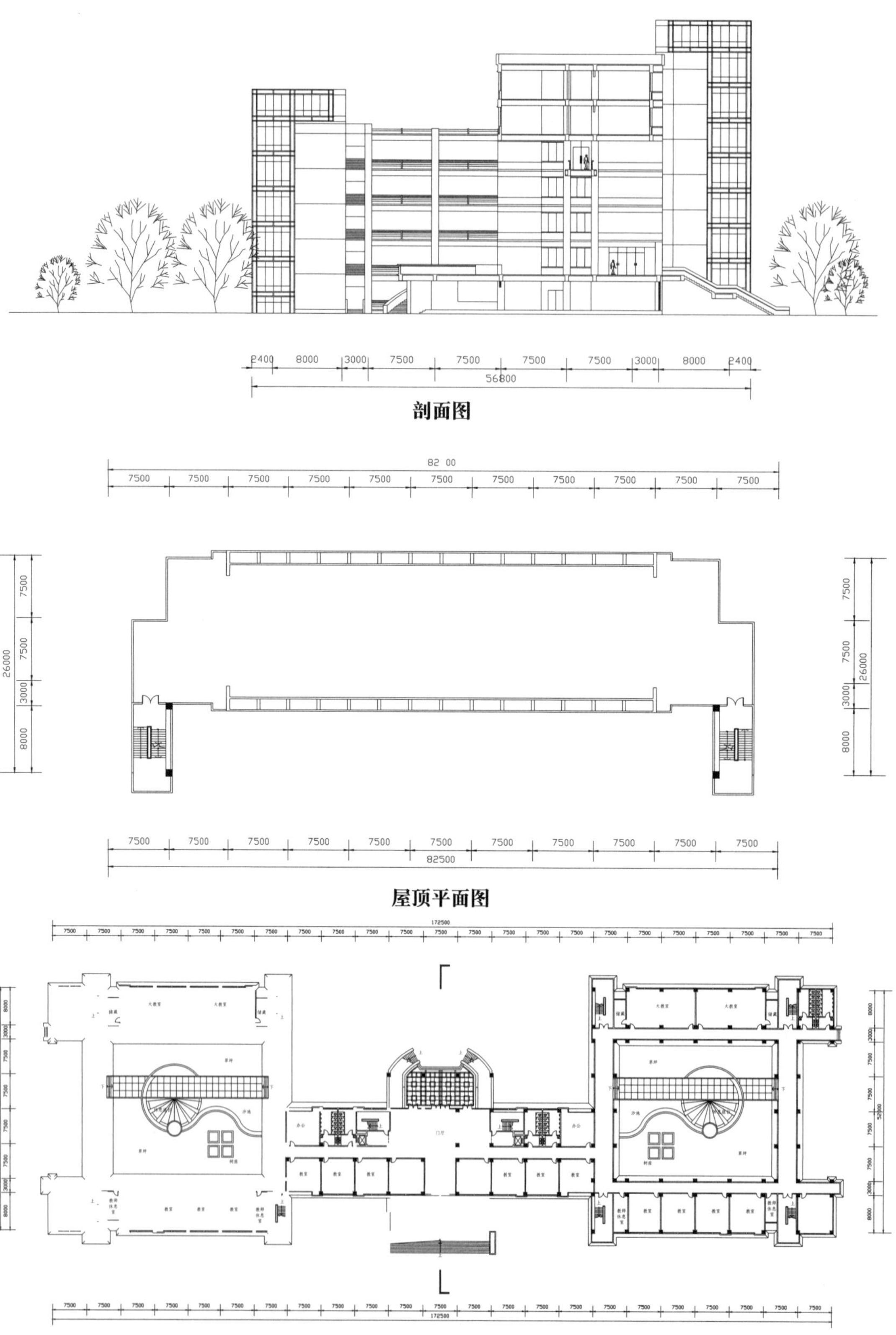

剖面图

屋顶平面图

一层平面图

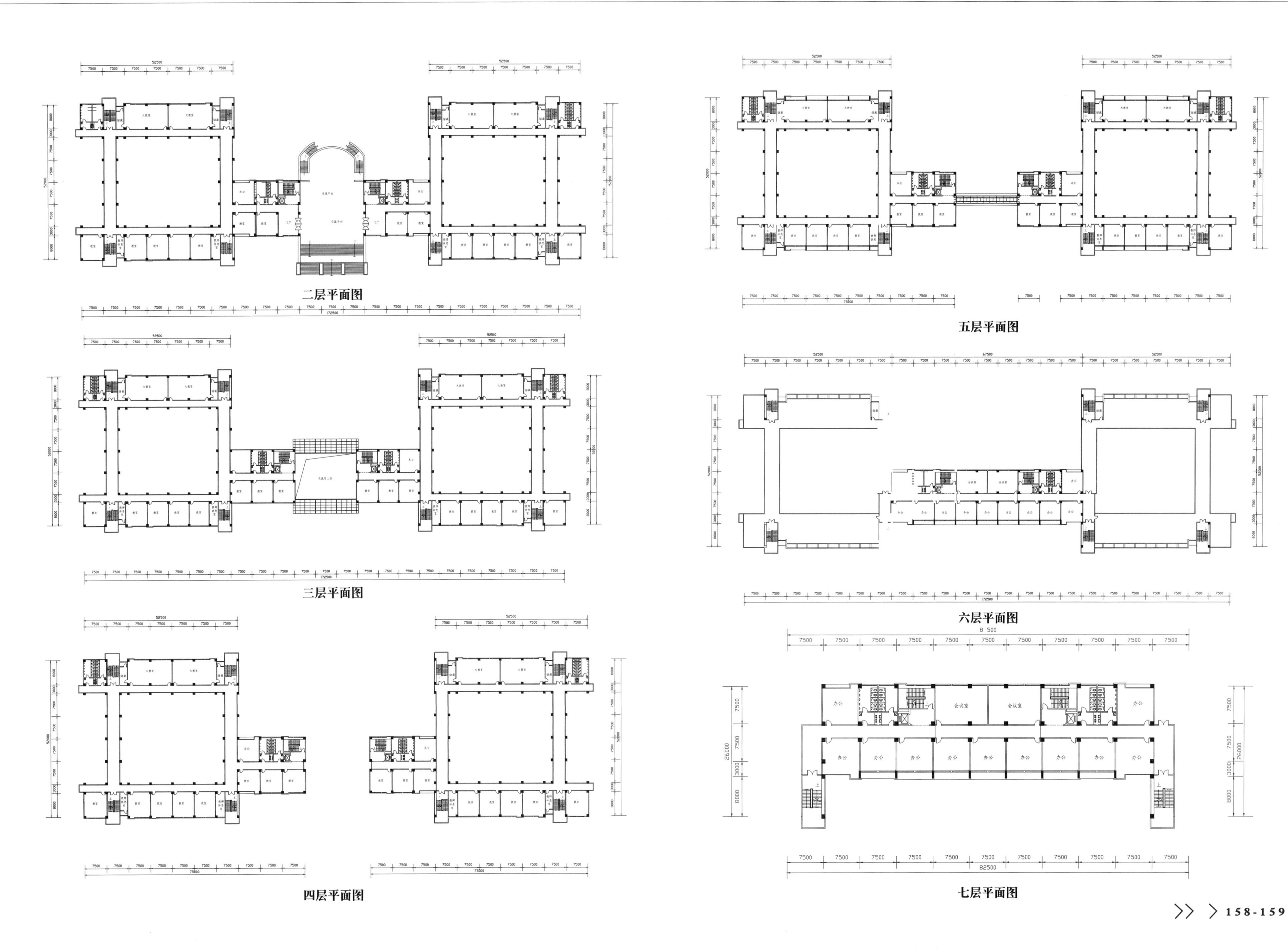
二层平面图
五层平面图
三层平面图
六层平面图
四层平面图
七层平面图

>北京八层音乐学院建筑方案图

设计说明

高度类别：多层建筑　　　　设计风格：现代风格
结构形式：钢筋混凝土结构　　设计流派：现代
框架图纸深度　：方案（初设图）　　建筑高度：34m

内容简介

本套图纸包括：总平面图，总平面图交通分析图，总平面日照分析图，防火分区图，各层平面图，剖面图，立面图

立面图

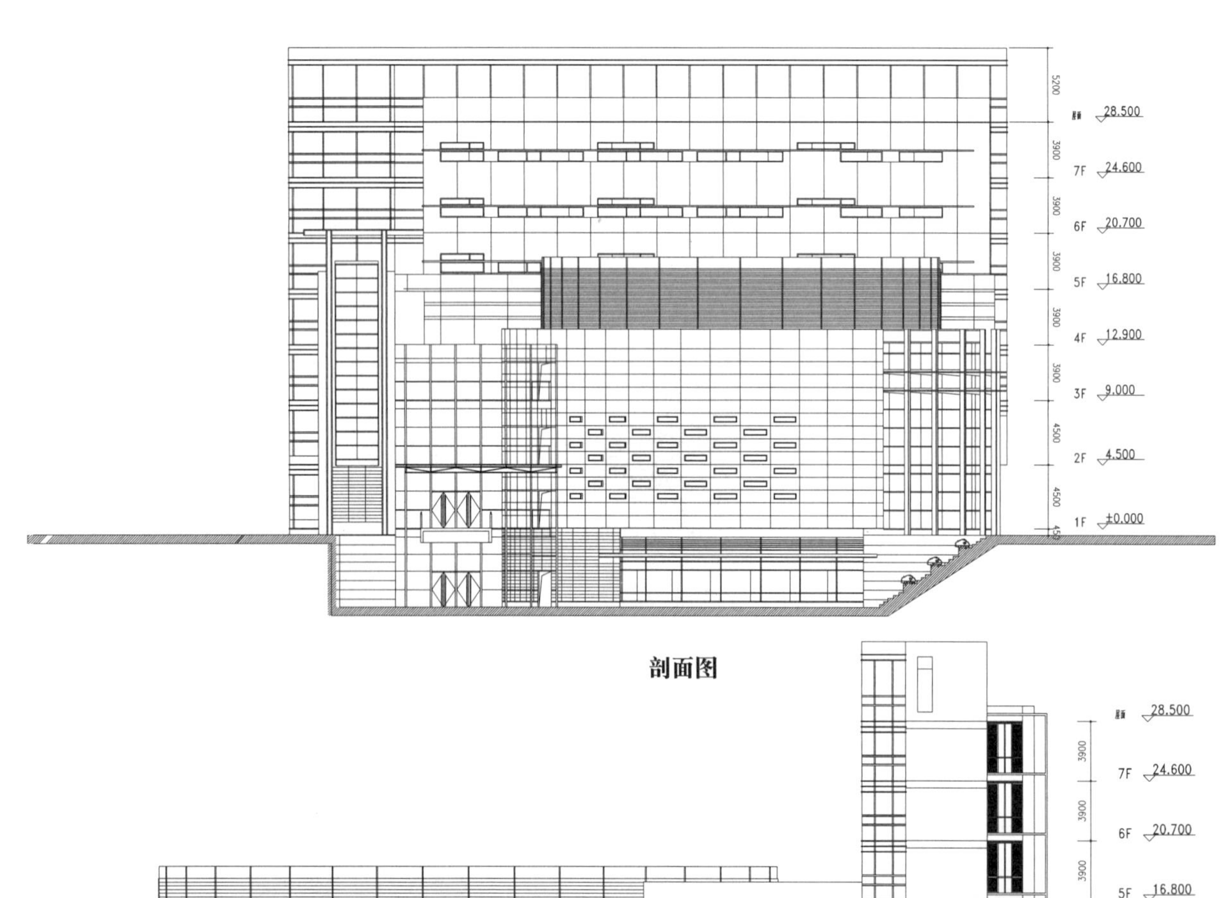

剖面图

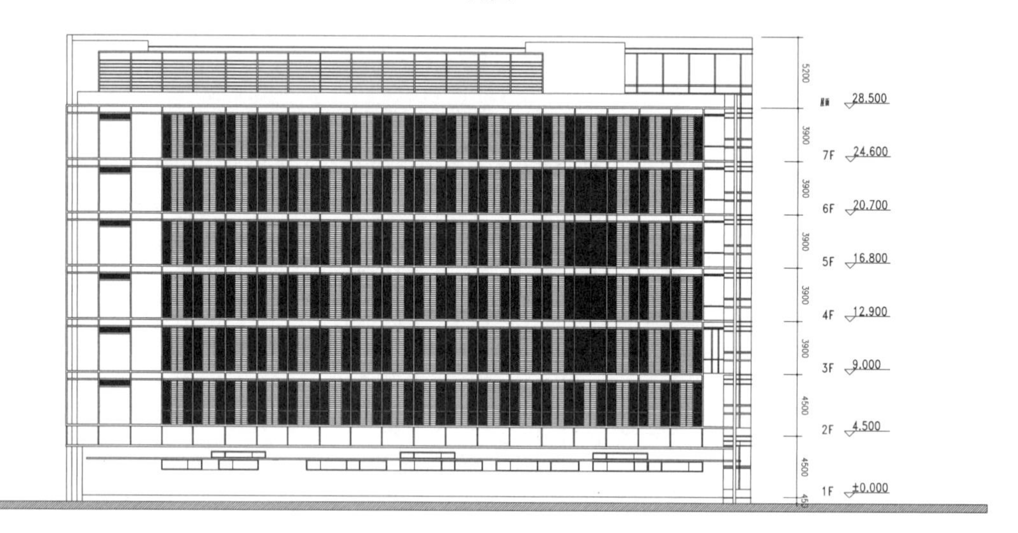

立面图

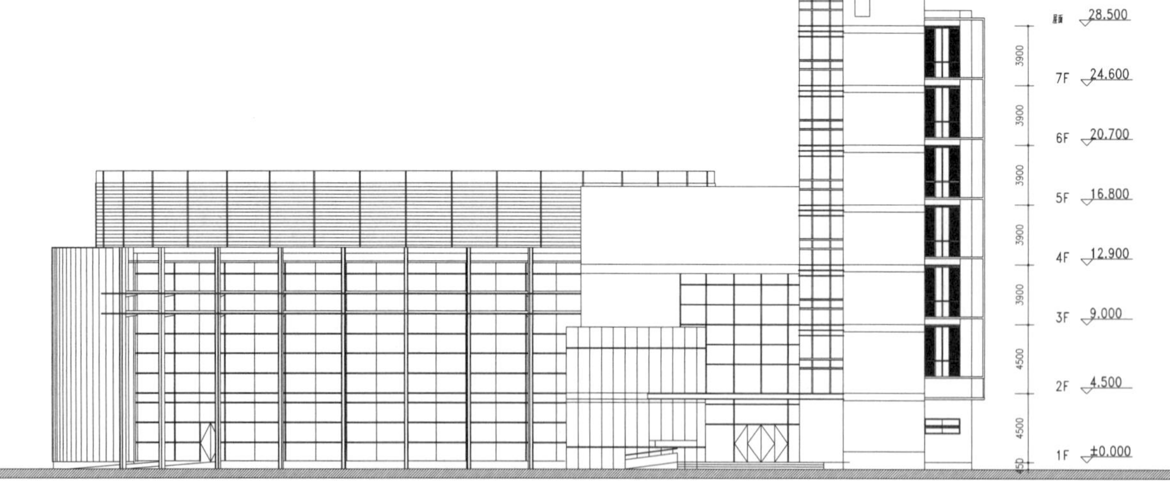

剖面图

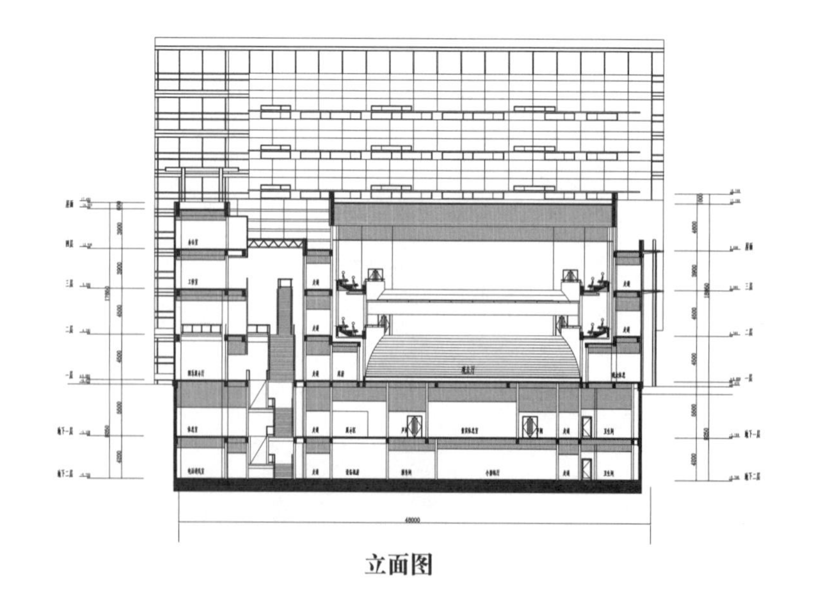

立面图

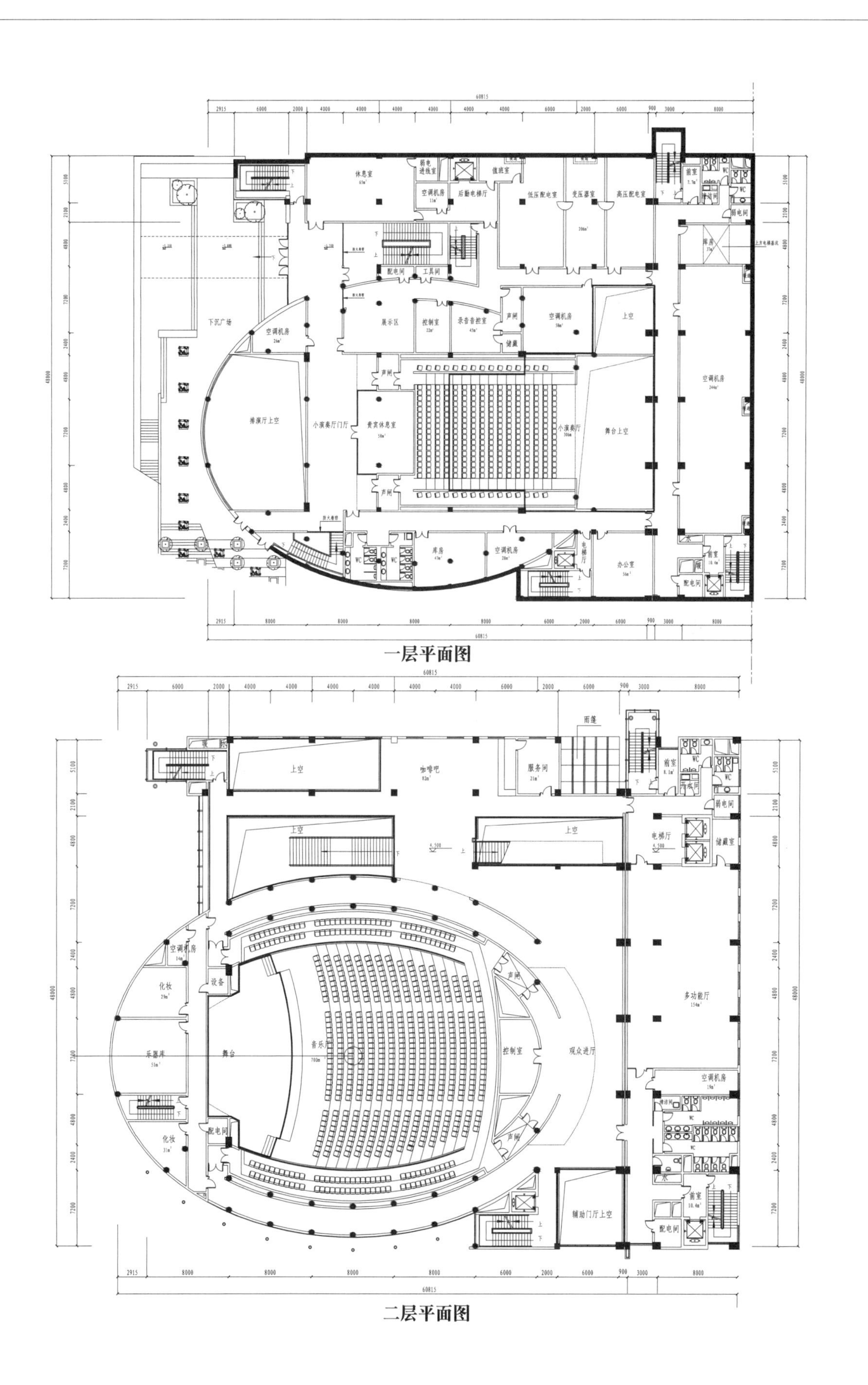

一层平面图

二层平面图

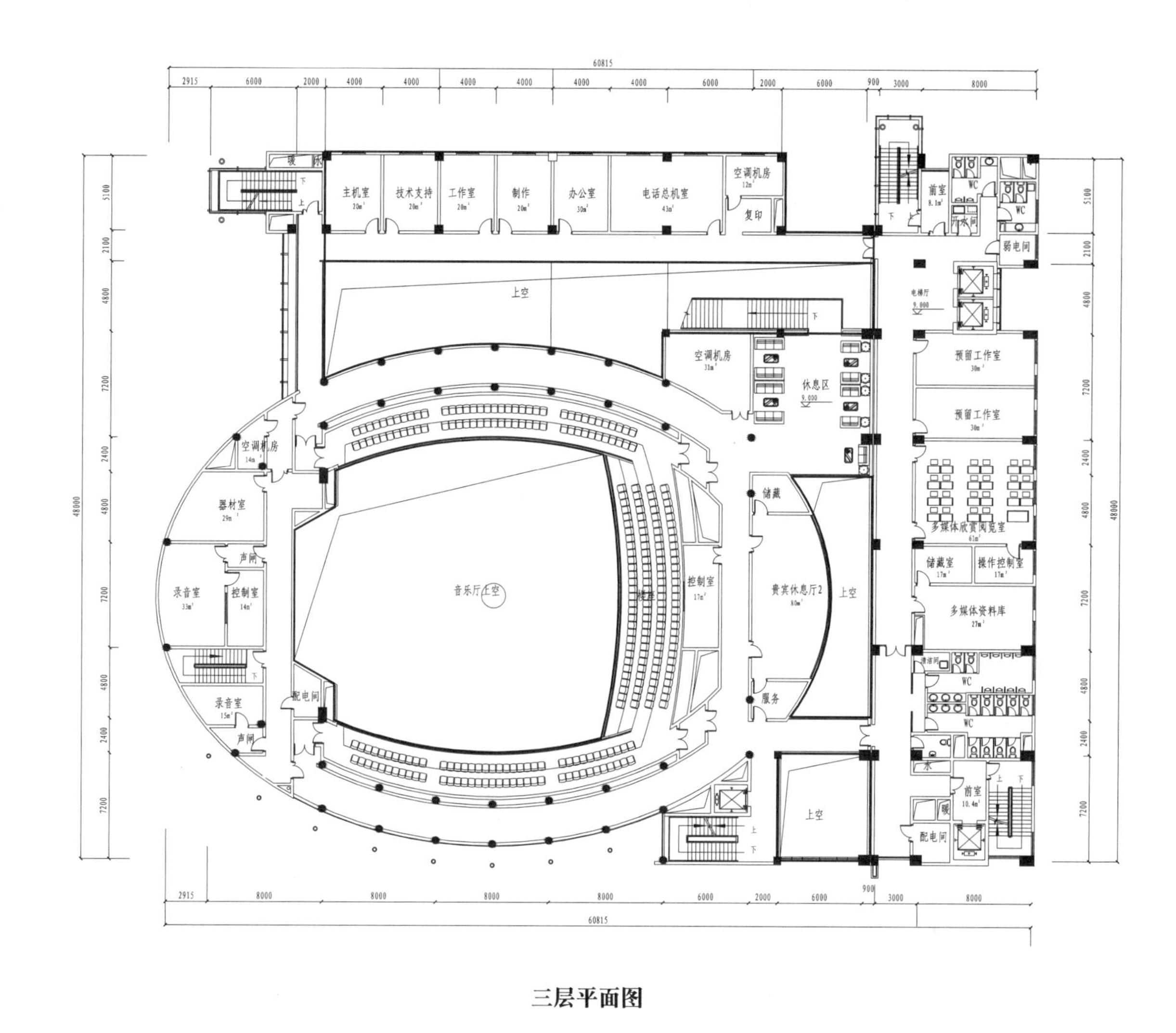

三层平面图

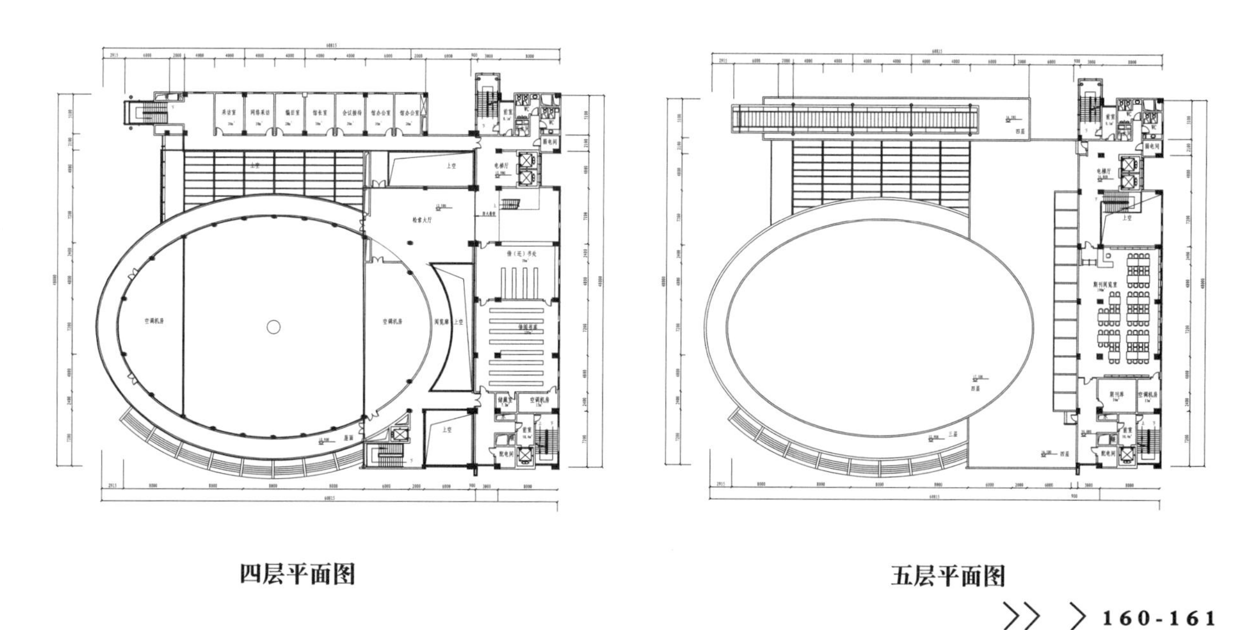

四层平面图

五层平面图

> 东北某商学院教学楼建筑施工图

设计说明

高度类别：多层建筑
结构形式：钢筋混凝土结构
框架图纸深度 ：方案（初设图）

设计风格：哈佛红设计
设计流派：新古典

内容简介

本套图纸包括：总图、设计说明、做法明细、各层平面图、立面图、剖面图、楼梯详图。
建筑功能：教室、阅览室、计算机房、语音室、办公室、多媒体室

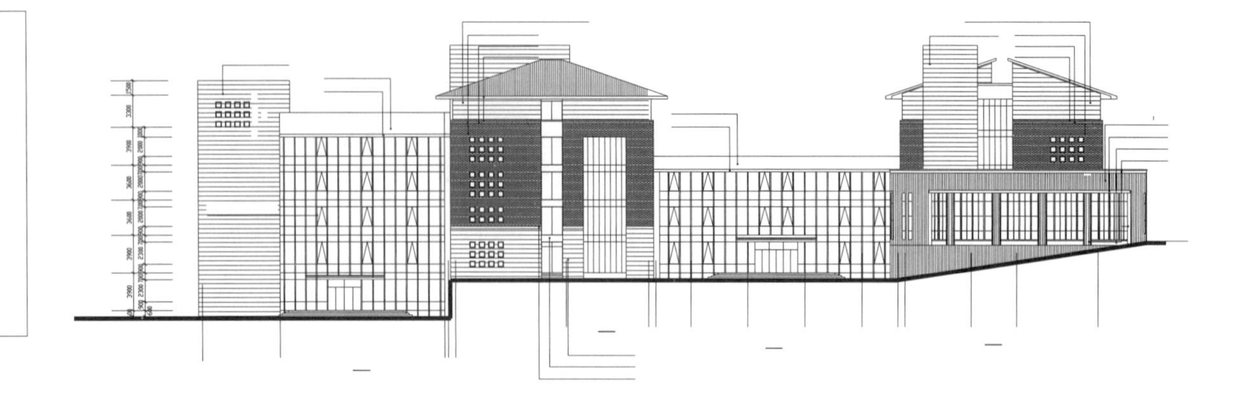

立面图

立面图

立面图

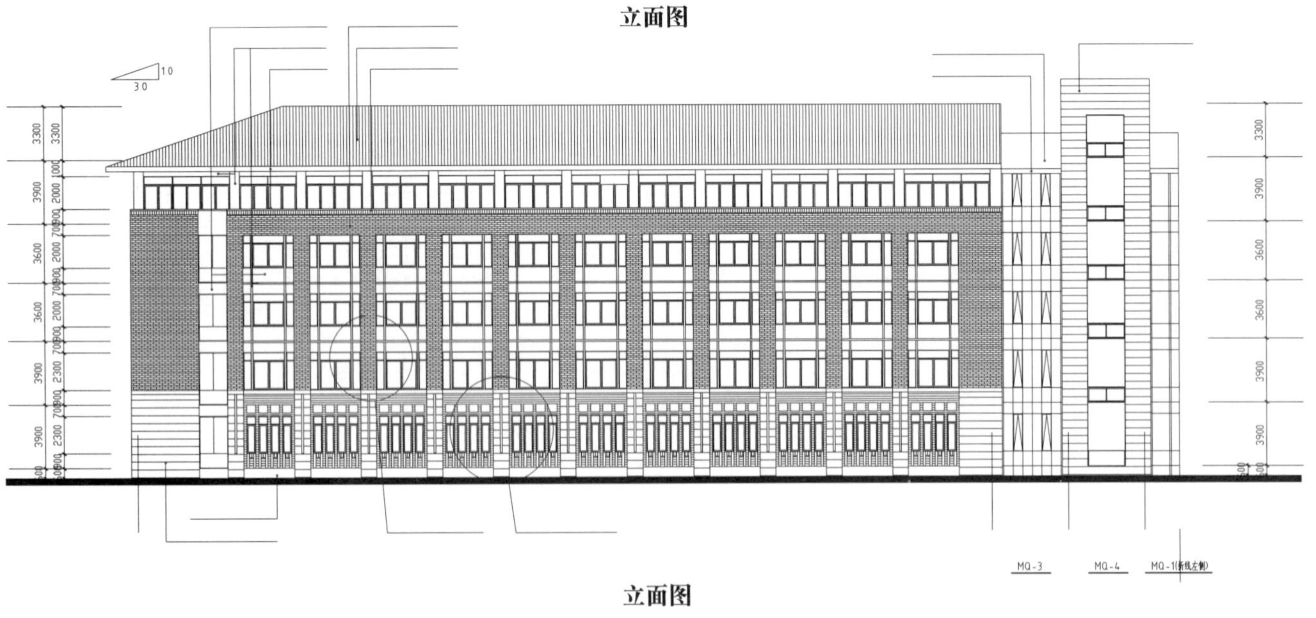

立面图

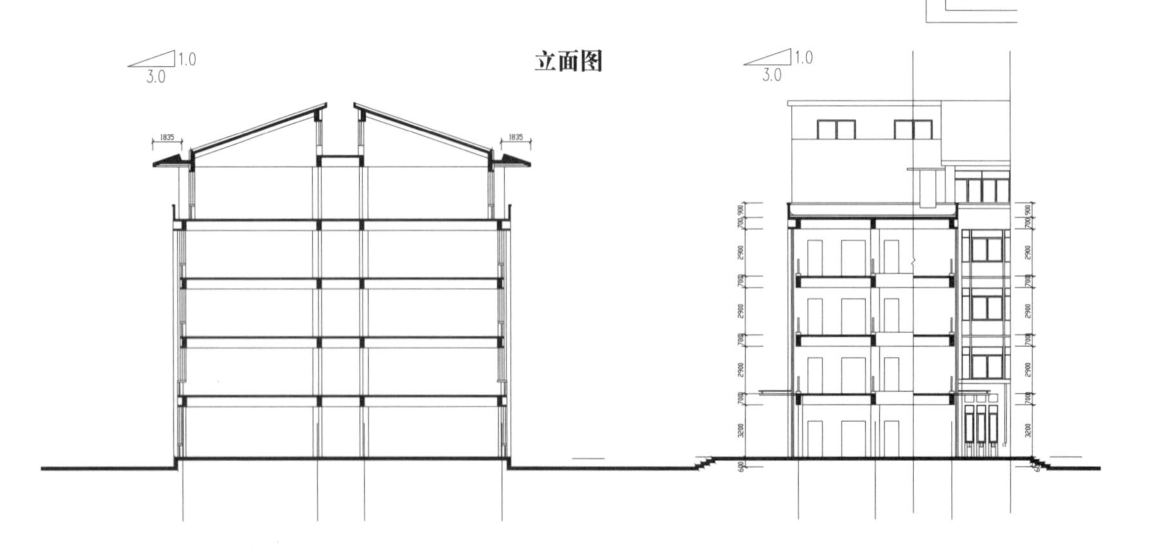

剖面图

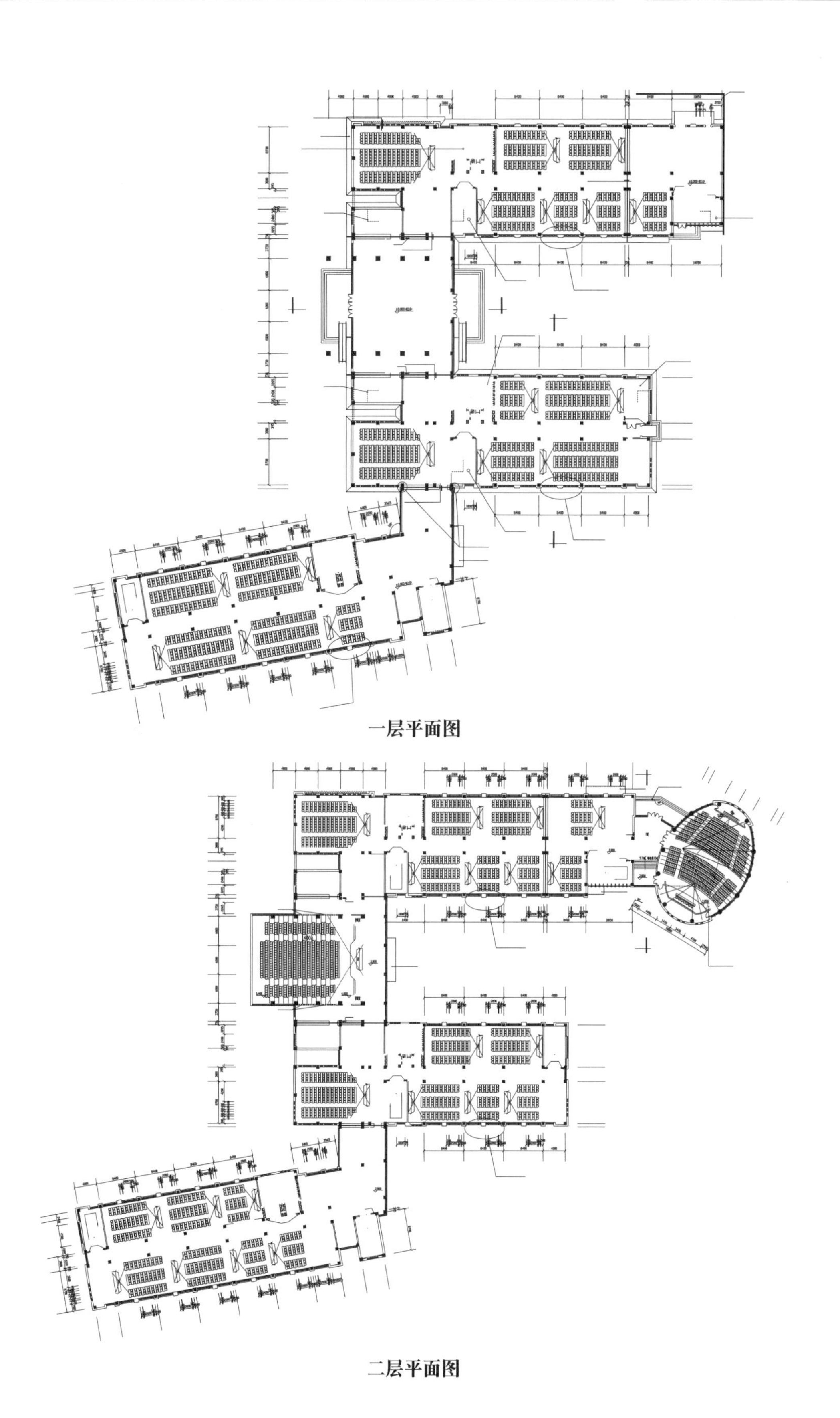

一层平面图

二层平面图

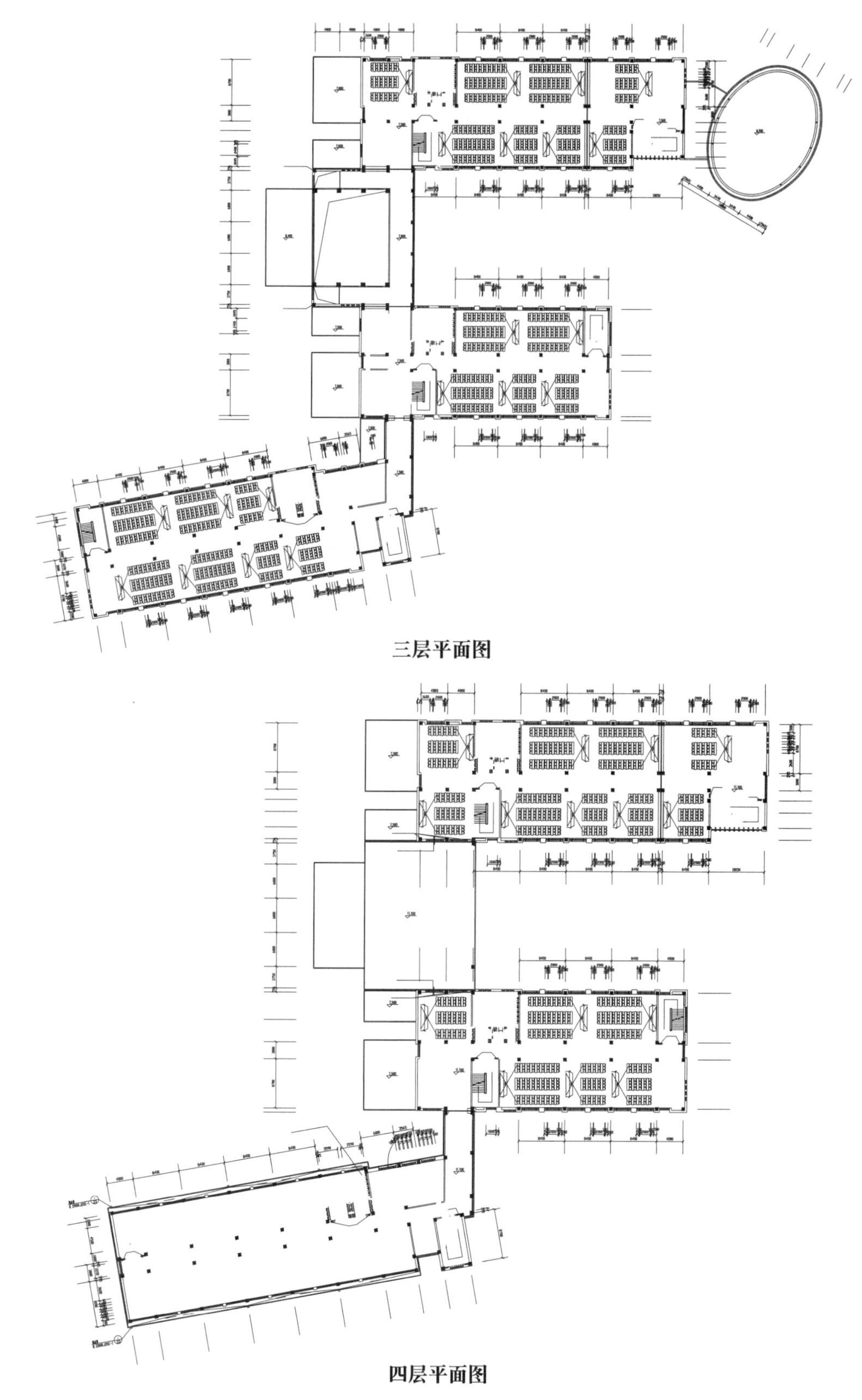

三层平面图

四层平面图

> 涪陵学校综合楼建筑扩初图

设计说明

高度类别：多层建筑
结构形式：钢筋混凝土结构
框架图纸深度 ：方案（初设图）

设计风格：现代风格
设计流派：现代

内容简介

本套图纸包括：施工设计说明、1-9层平面图、顶层平面图、屋顶平面图、立面图、剖面图、屋面大样、门窗大样、玻璃幕墙大样、门窗表

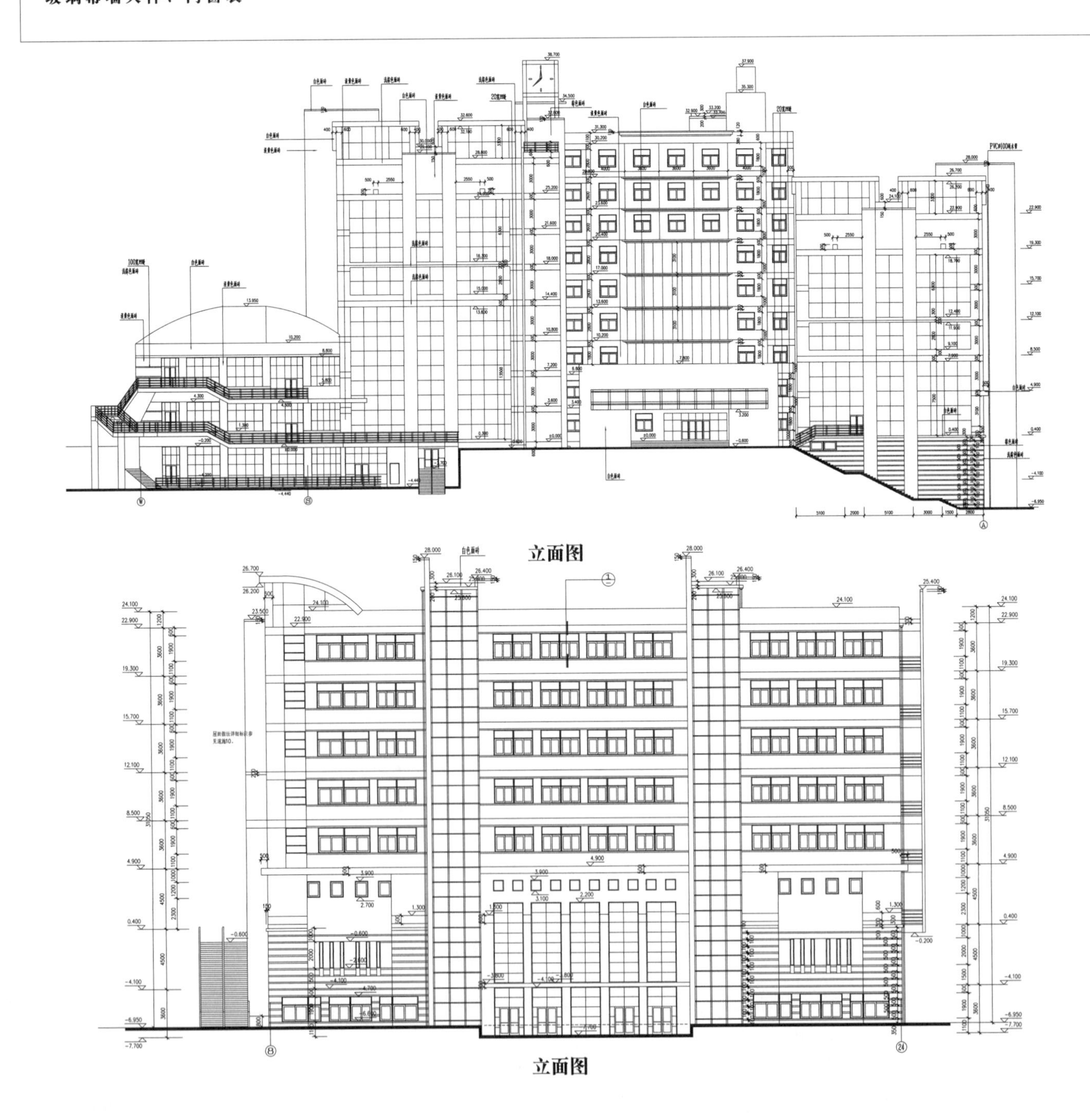

立面图

立面图

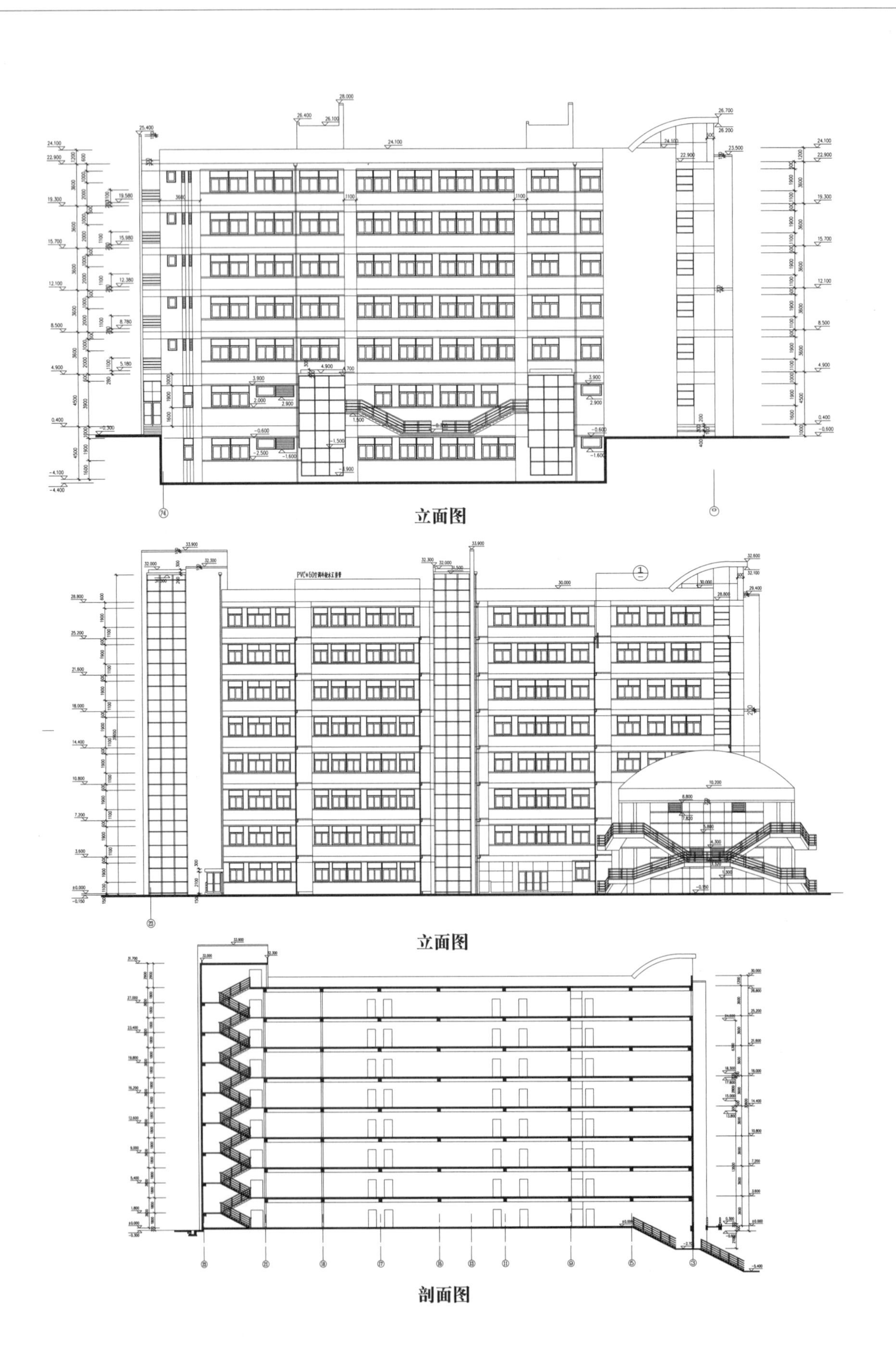

立面图

立面图

剖面图

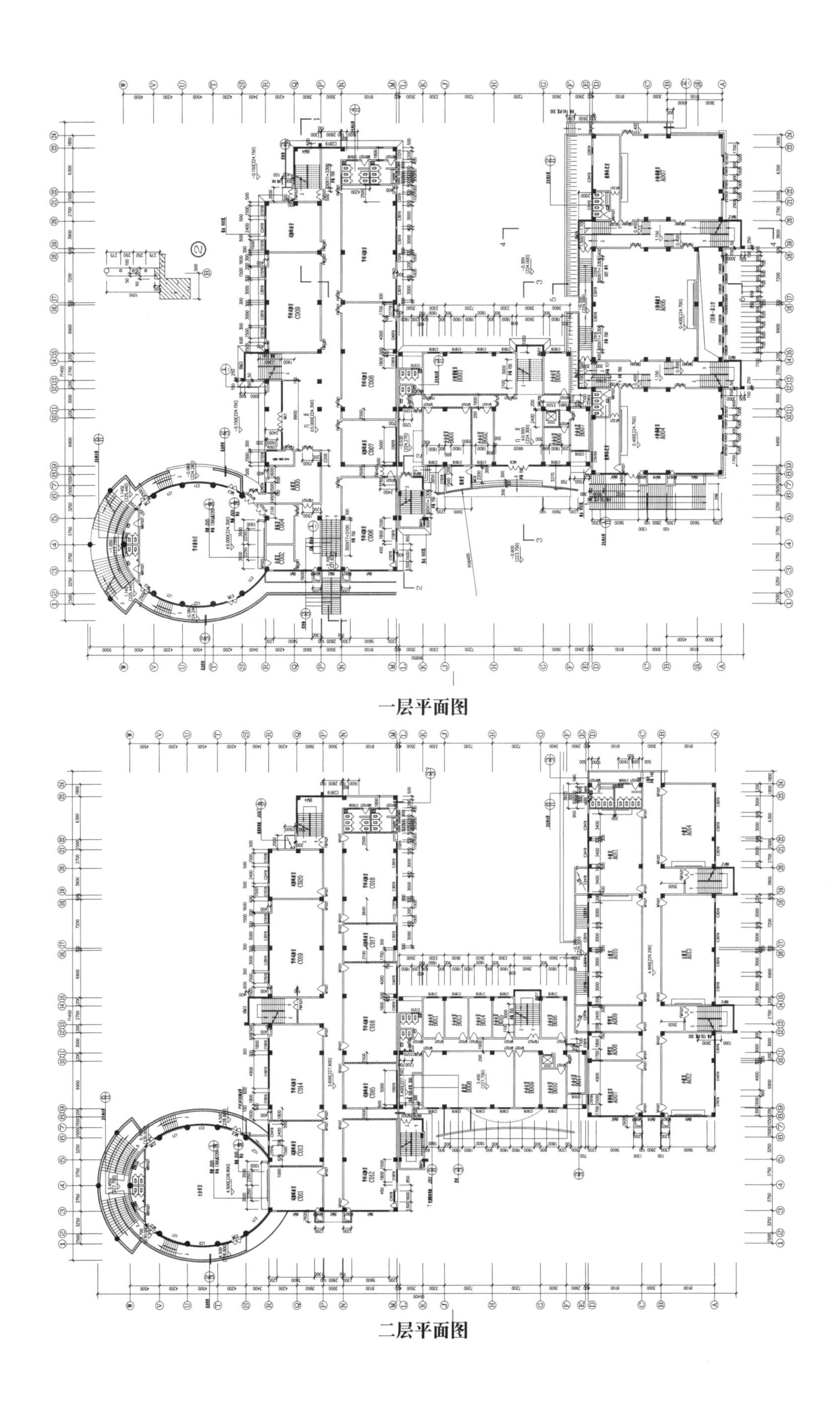

一层平面图

二层平面图

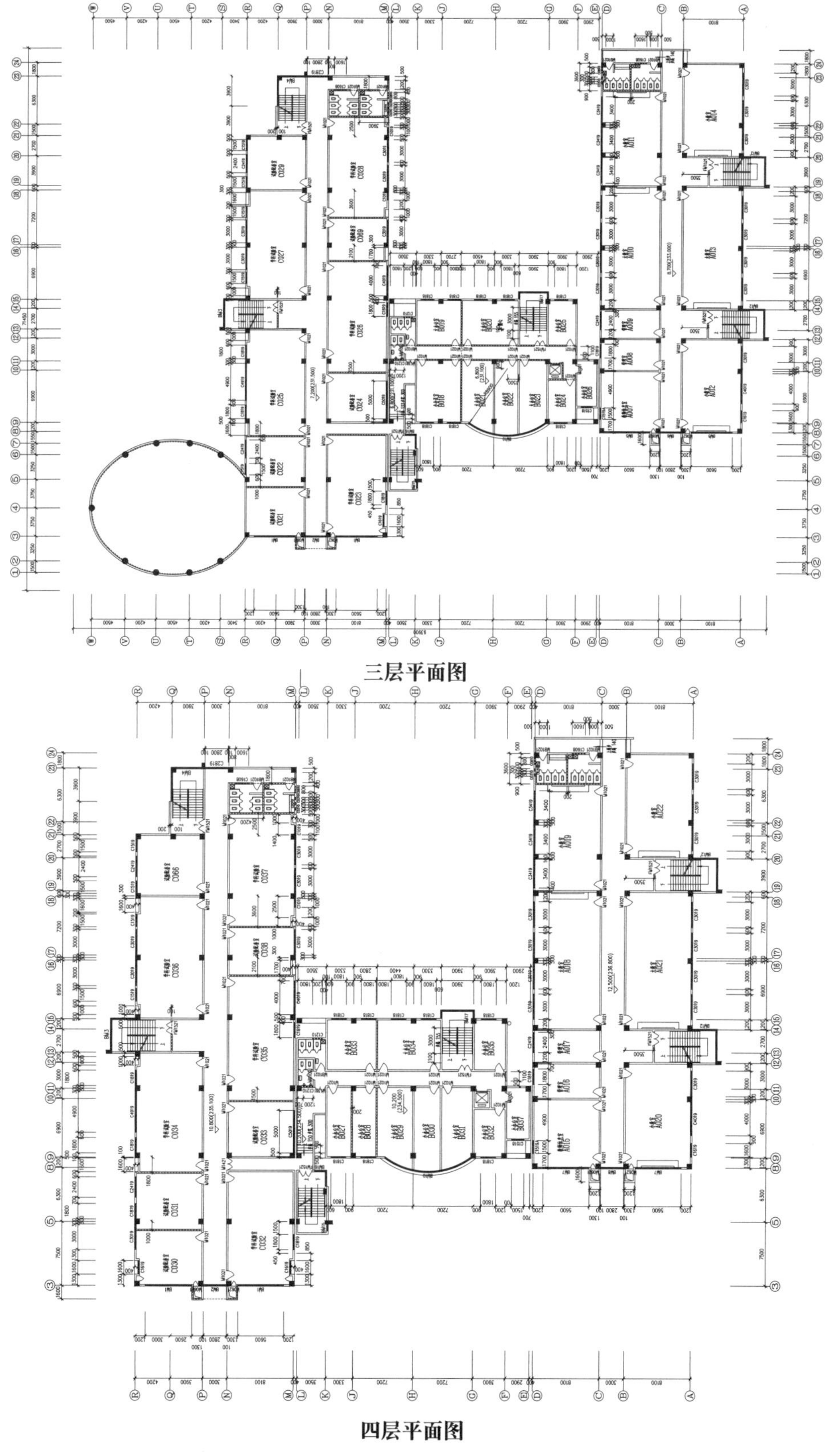

三层平面图

四层平面图

> 福州大学教学综合楼建筑施工图

设计说明

高度类别：多层建筑
结构形式：钢筋混凝土结构
框架图纸深度 ：方案（初设图）
设计风格：现代风格
设计流派：现代

内容简介

本套图纸包括：施工设计说明、1-9层平面图、顶层平面图、屋顶平面图、立面图、剖面图

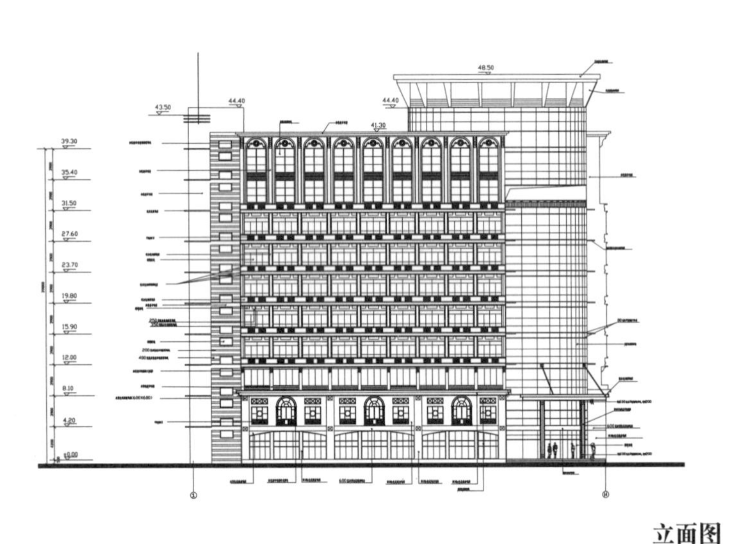

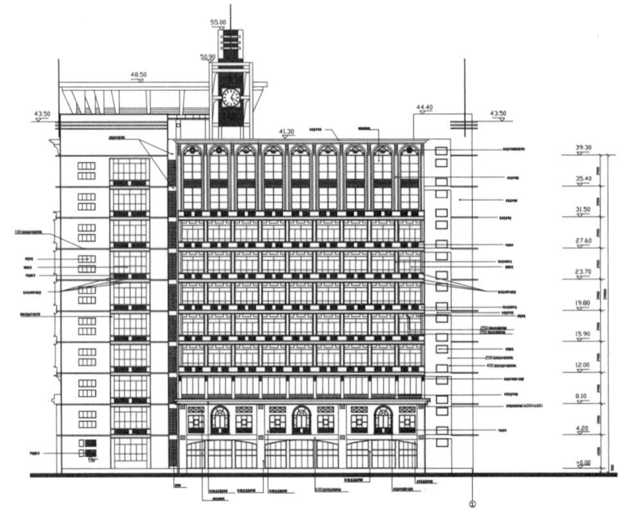

立面图

剖面图

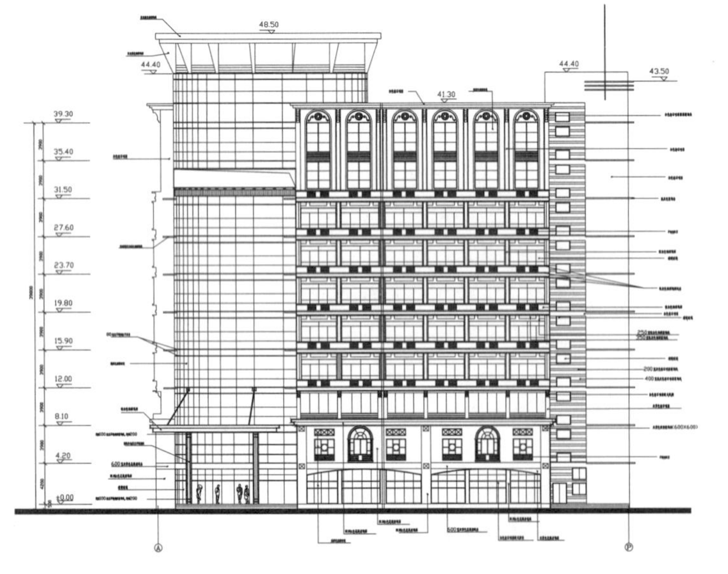

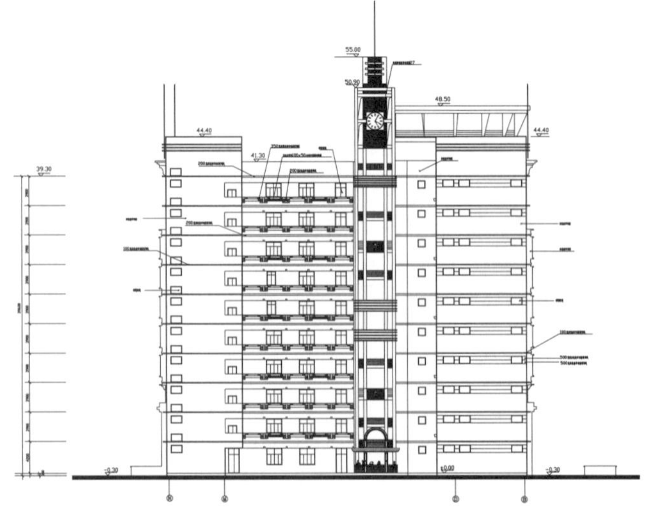

立面图

剖面图

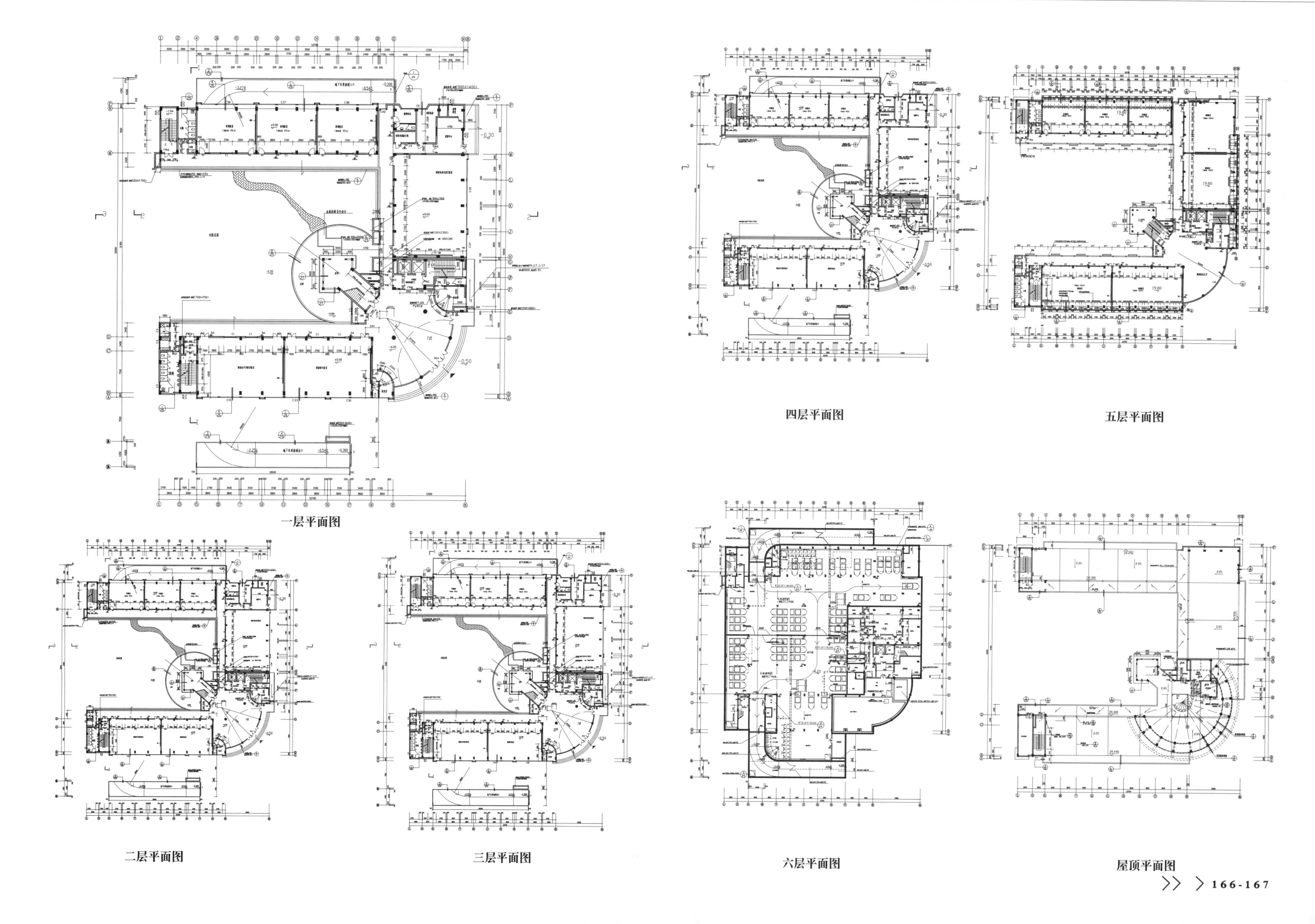
一层平面图
四层平面图
五层平面图
二层平面图
三层平面图
六层平面图
屋顶平面图

>华南实验楼建筑施工图

设计说明

高度类别：多层建筑
结构形式：钢筋混凝土结构
框架图纸深度　：方案（初设图）

设计风格：现代风格
设计流派：现代

内容简介

本套图纸包括：装修图包括吊顶平面图、天花吊顶大样、地面铺砖大样、装修目录、半地下层平面图、首层平面图、屋顶平面图、各立面图及其他层平面图、墙身大样图、楼梯大样图、门窗大样图、栏杆大样图等等。
设计功能包括：庭院、消防控制室、维修室、接待室、办公室、计算机教室等等

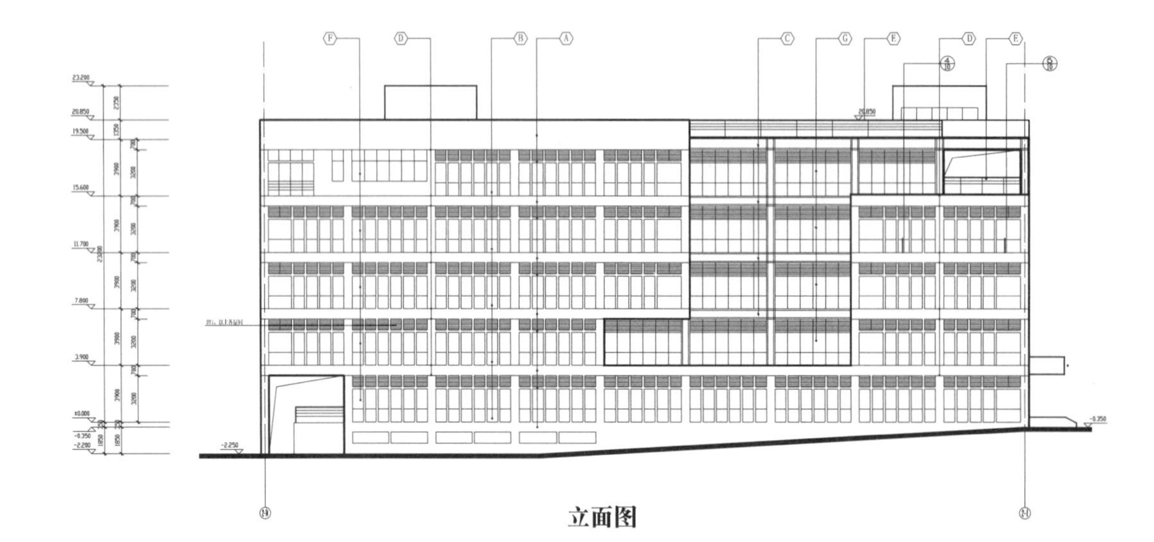

立面图

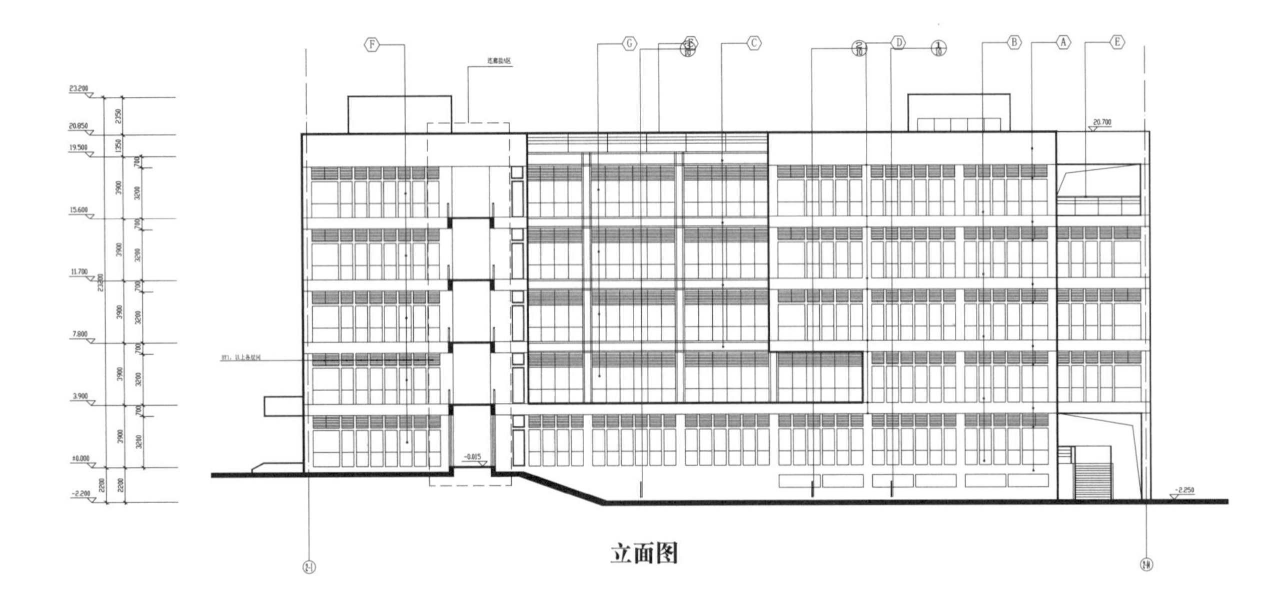

立面图

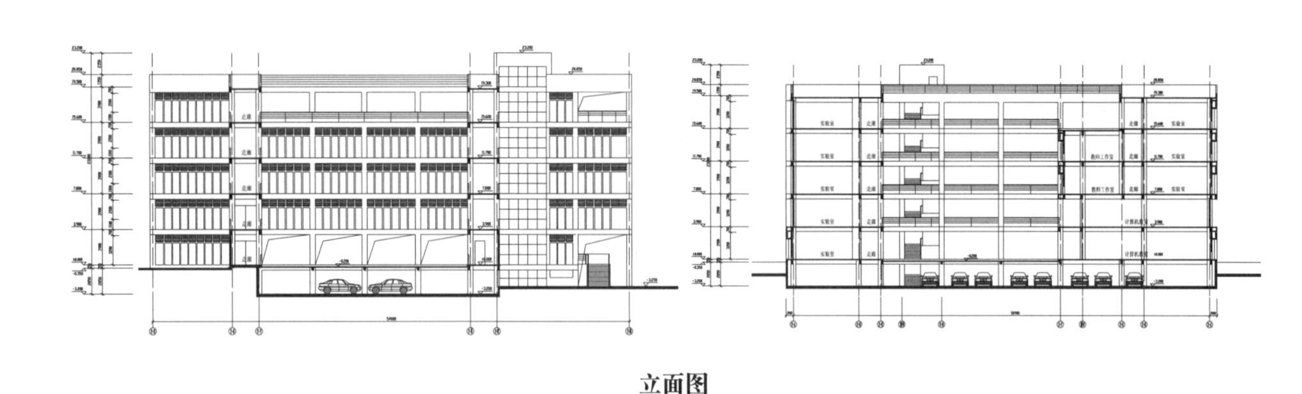

立面图

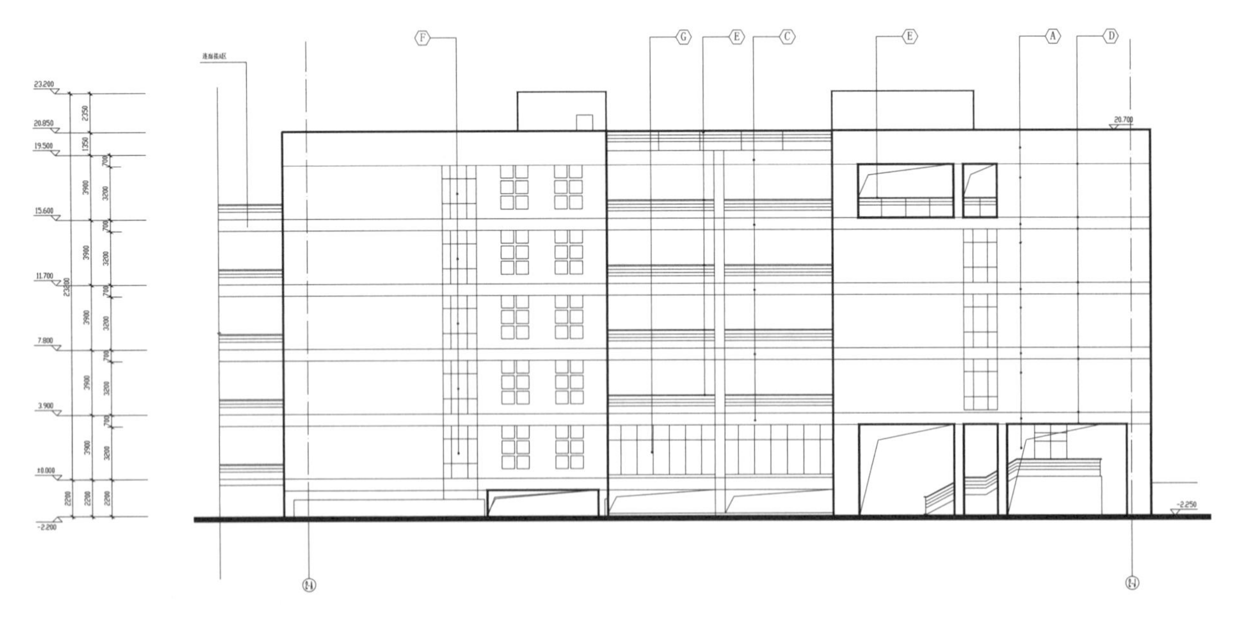

立面图

剖面图

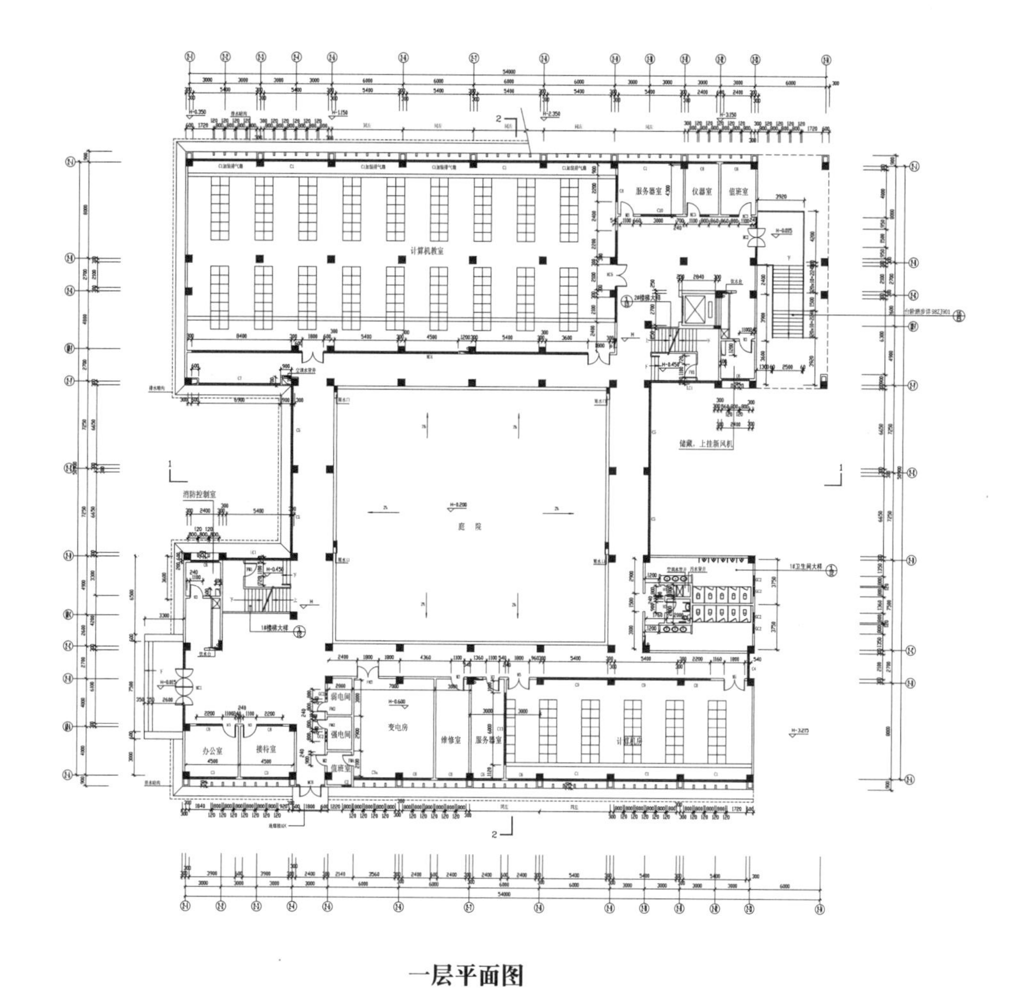

一层平面图

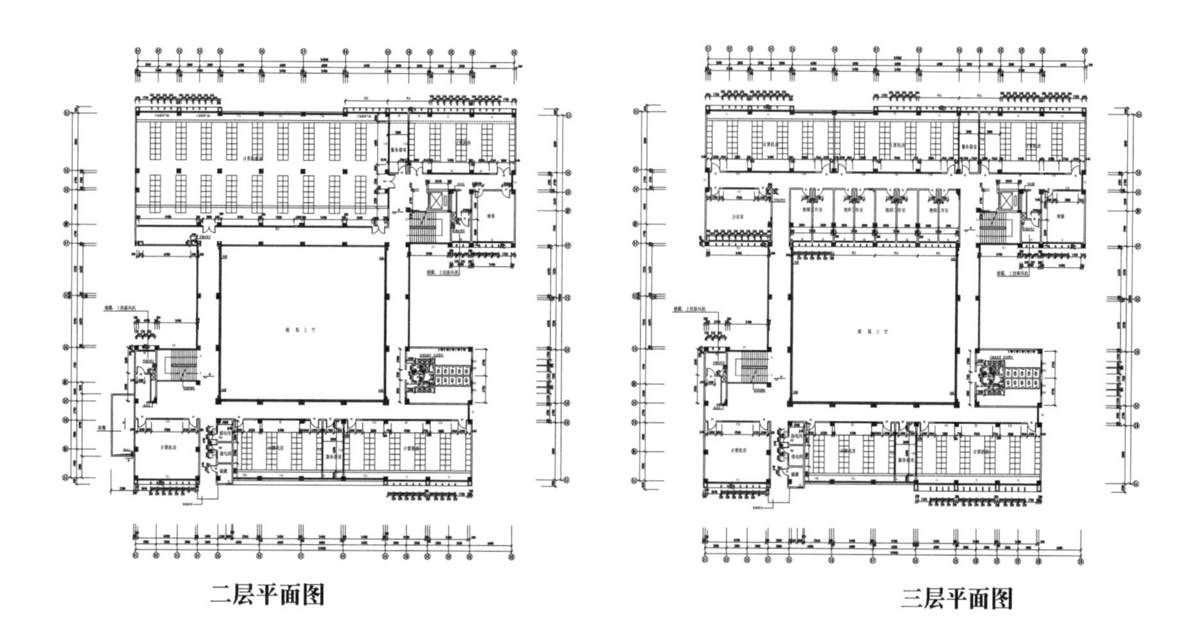

二层平面图

三层平面图

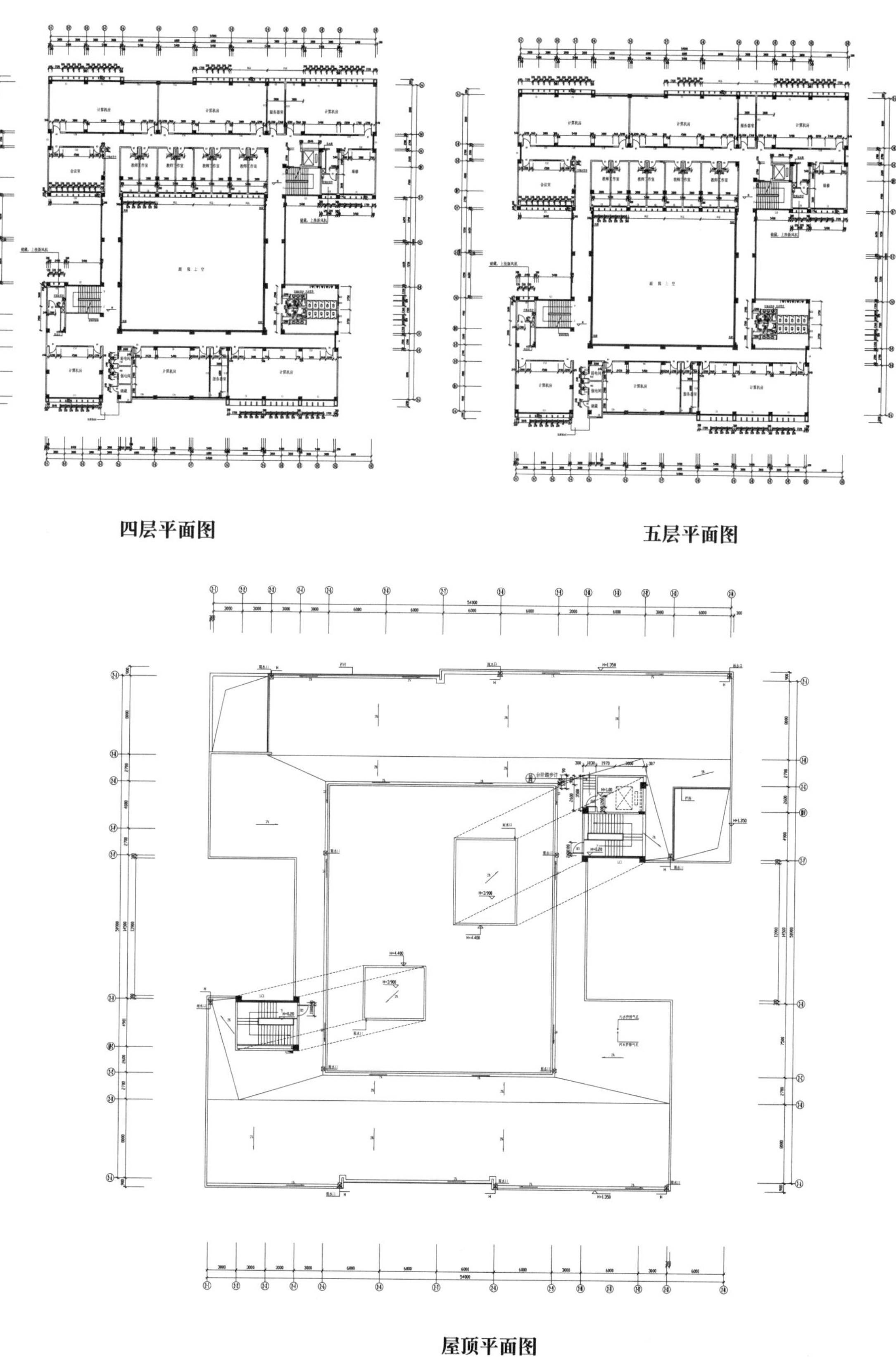

四层平面图

五层平面图

屋顶平面图

> 惠州学院六层教学综合楼建筑施工图

设计说明

高度类别：多层建筑
结构形式：钢筋混凝土结构
框架图纸深度 ：方案（初设图）

设计风格：哈佛红
设计流派：新古典

内容简介

本套图纸包括：设计说明、做法表、各层平面图、立面图、剖面图、门窗表、门窗大样、楼梯大样、节点详图

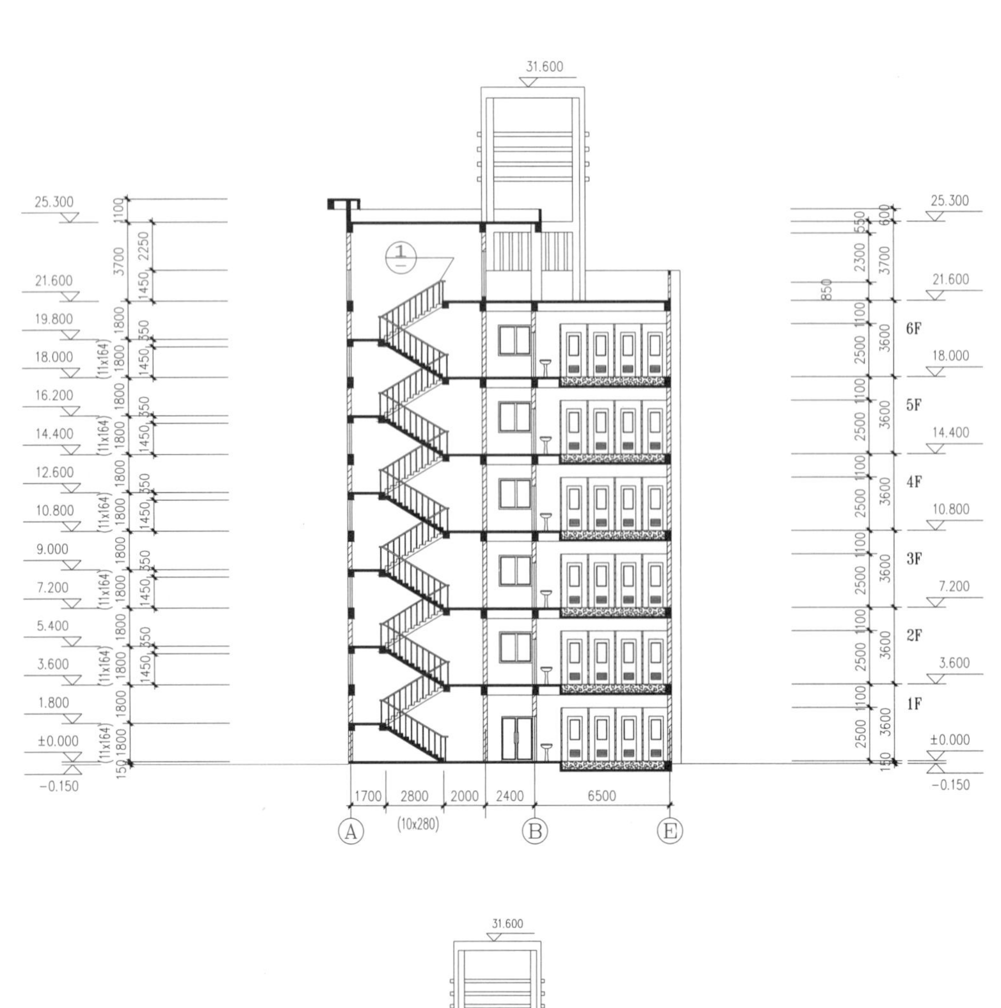

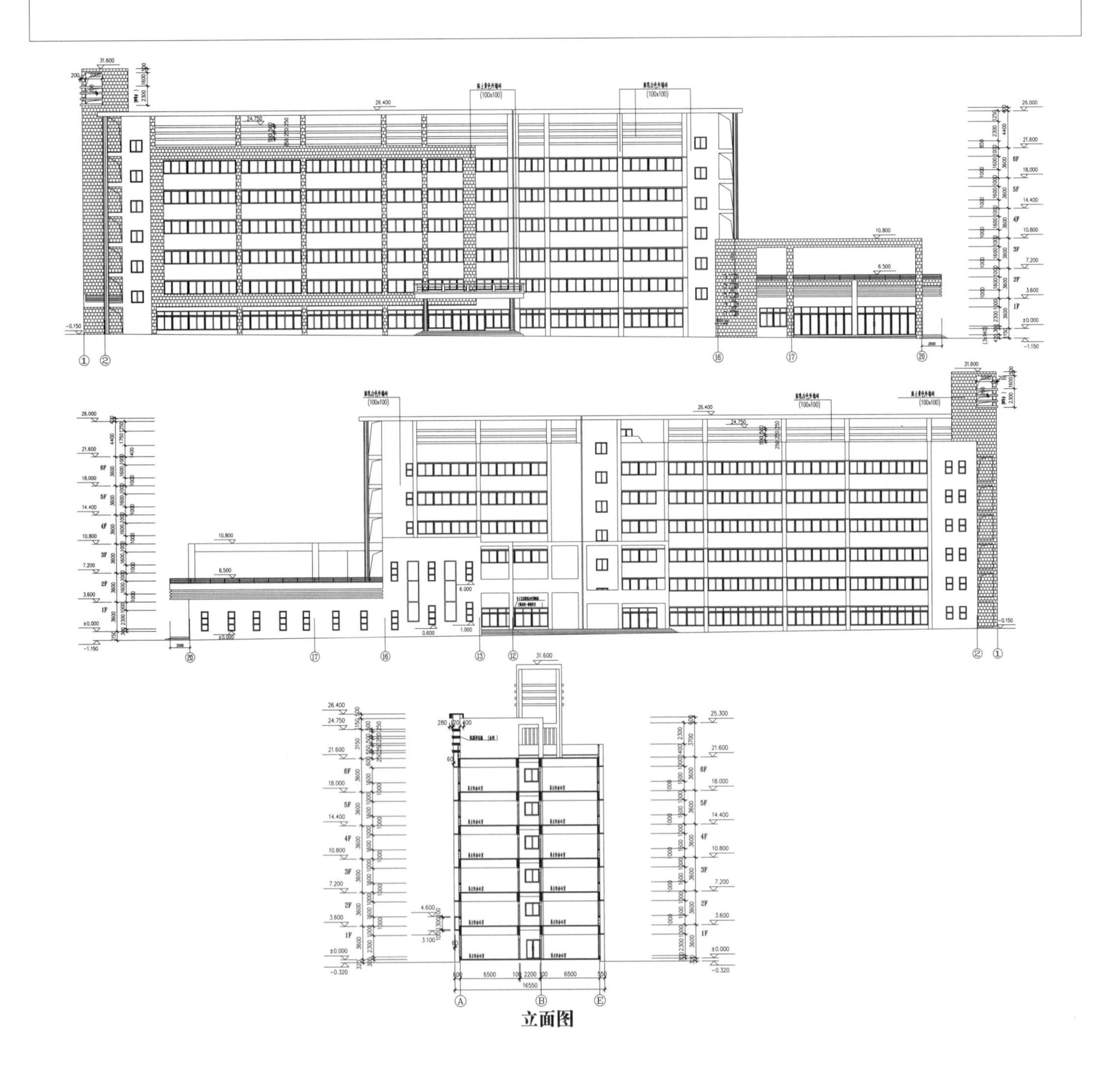

立面图

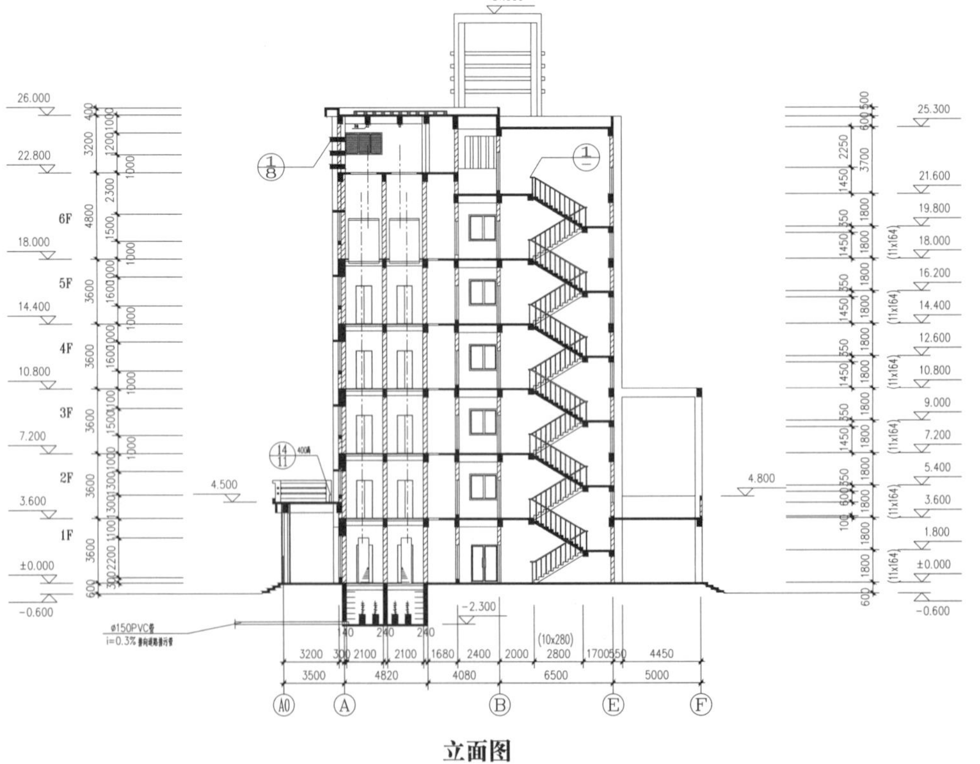

立面图

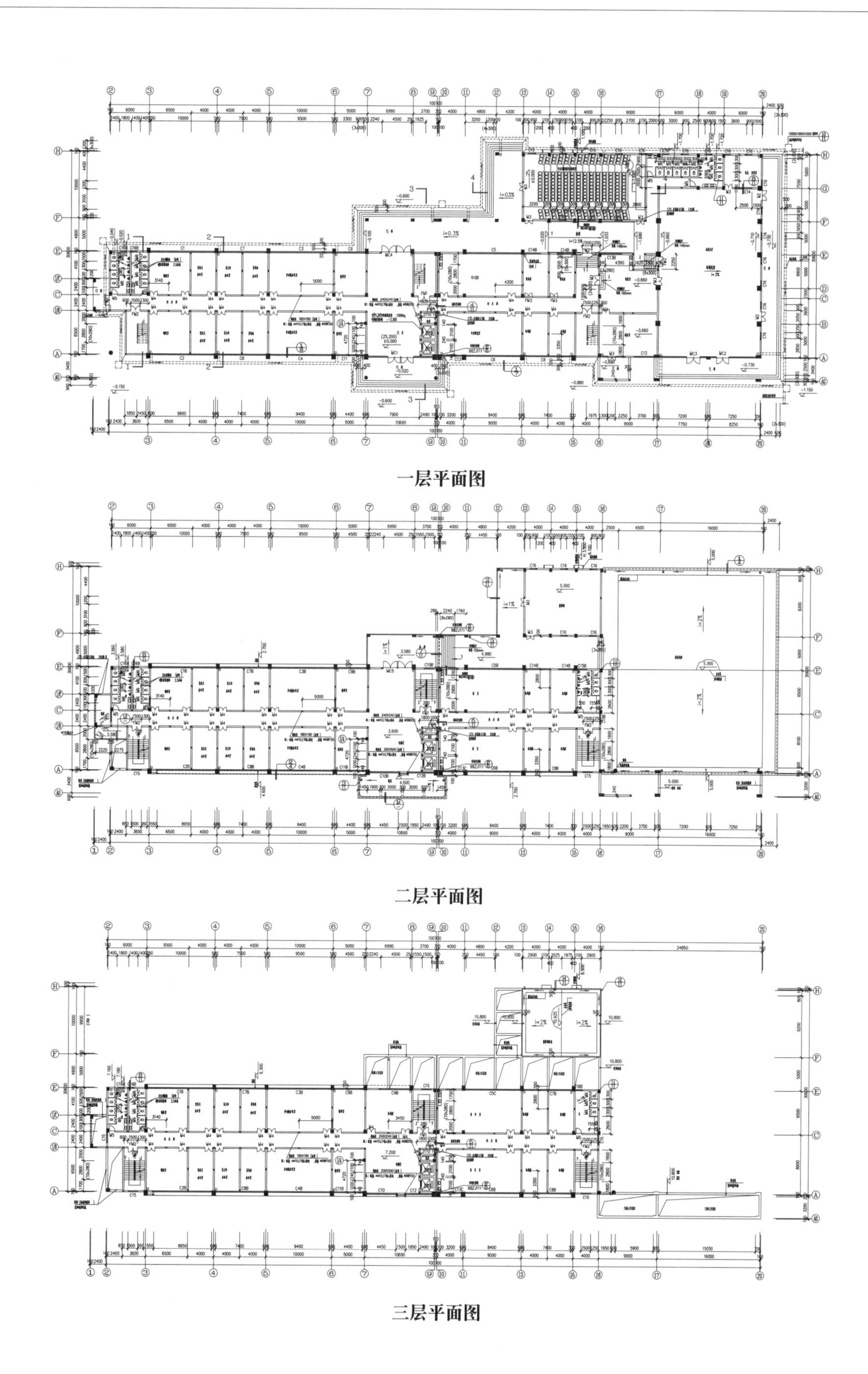

一层平面图

二层平面图

三层平面图

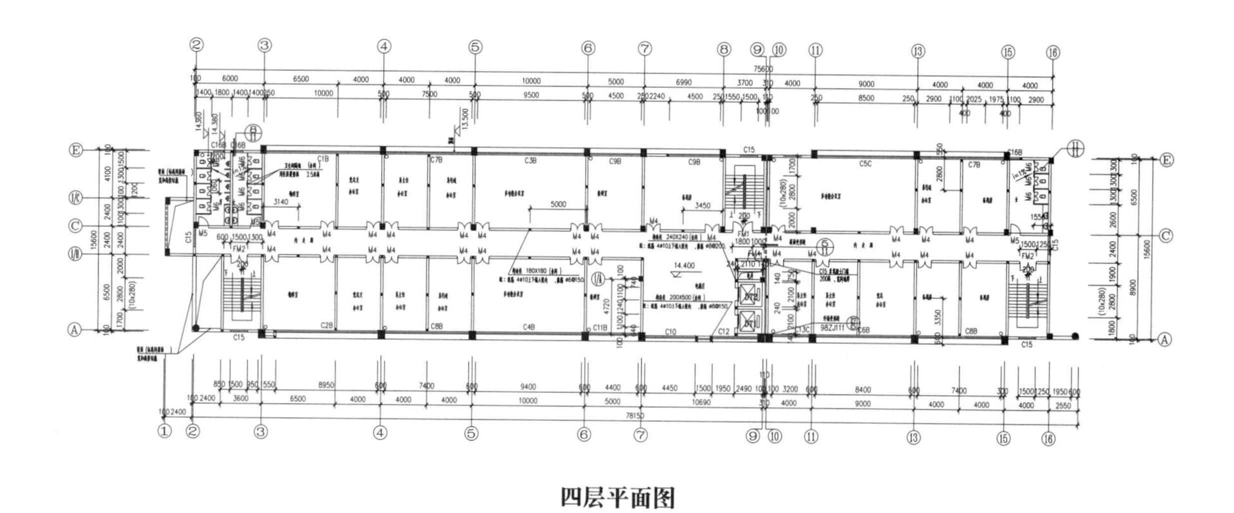

四层平面图

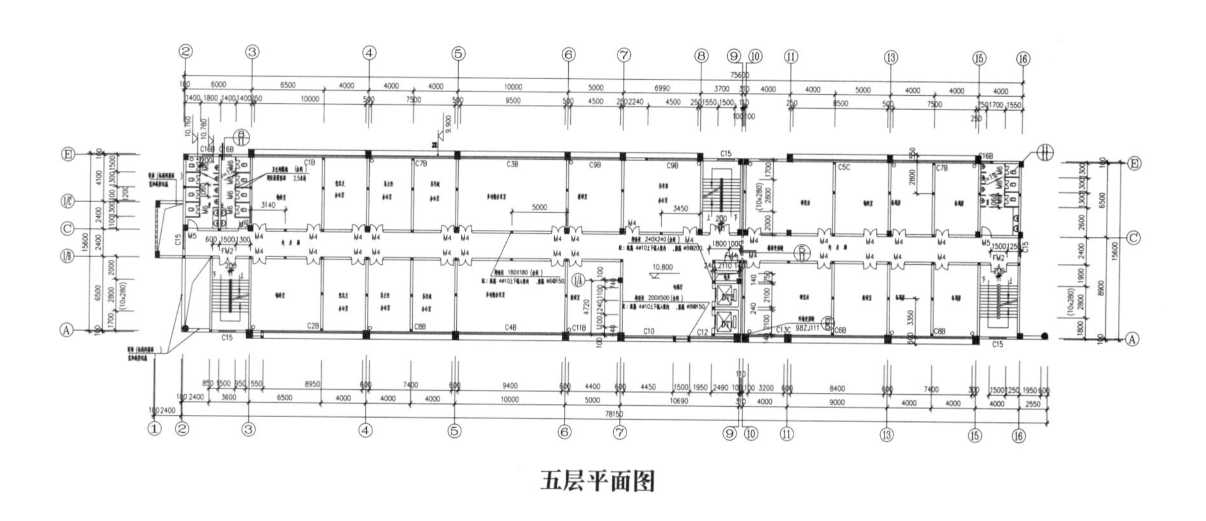

五层平面图

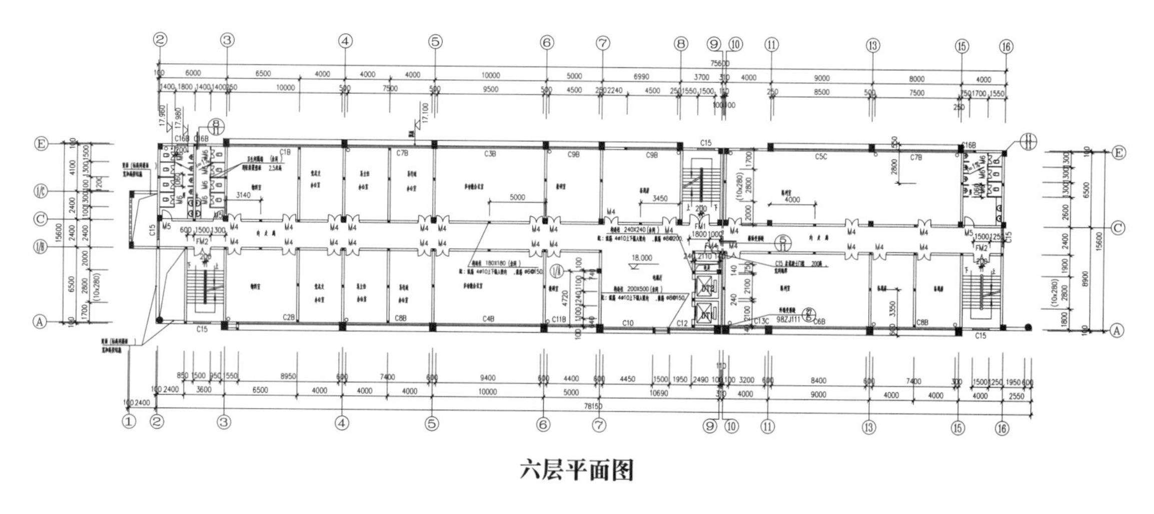

六层平面图

> 兰州某大学建筑方案图

设计说明

高度类别：多层建筑
结构形式：钢筋混凝土结构
框架图纸深度 ：方案（初设图）

设计风格：哈佛红
设计流派：新古典

内容简介

本套图纸包括：鸟瞰图，效果图，总平面图，各层平面图，立面图，剖面图，分析图，经济技术指标，设计说明

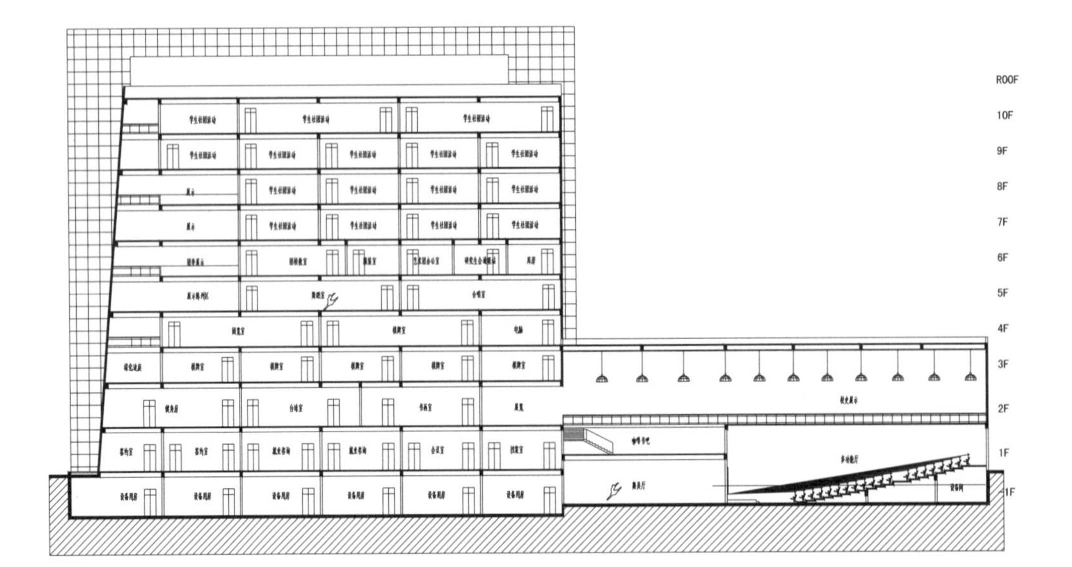

立面图

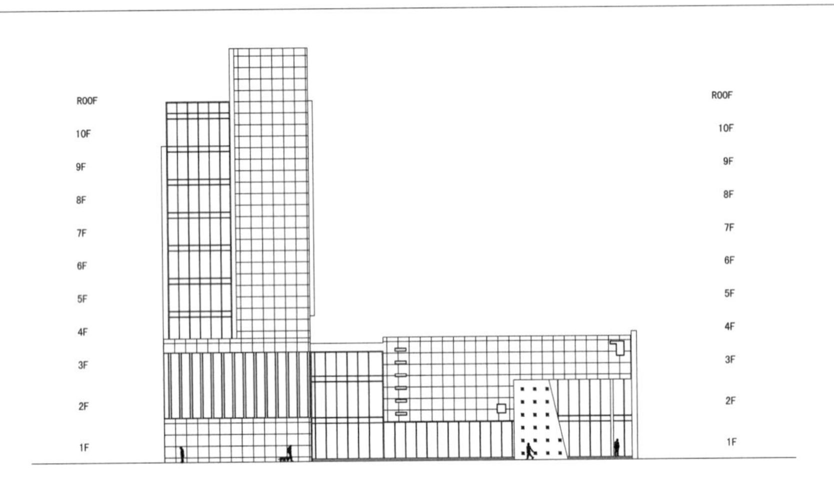

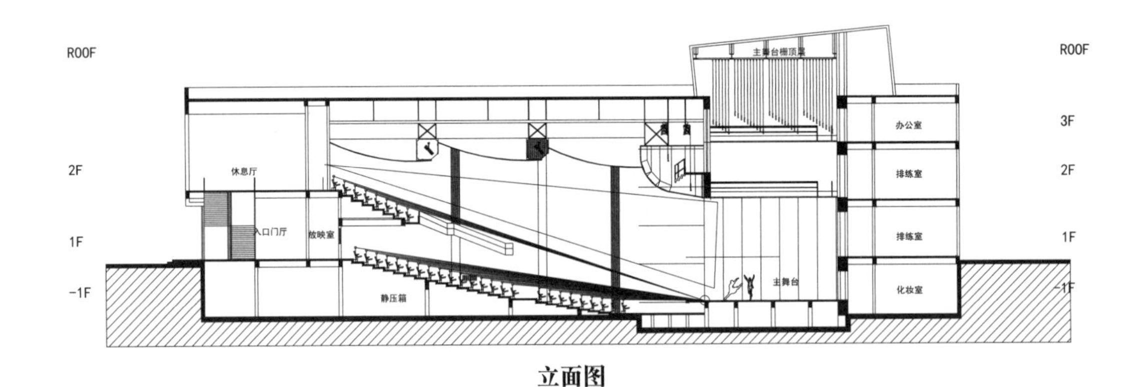

立面图

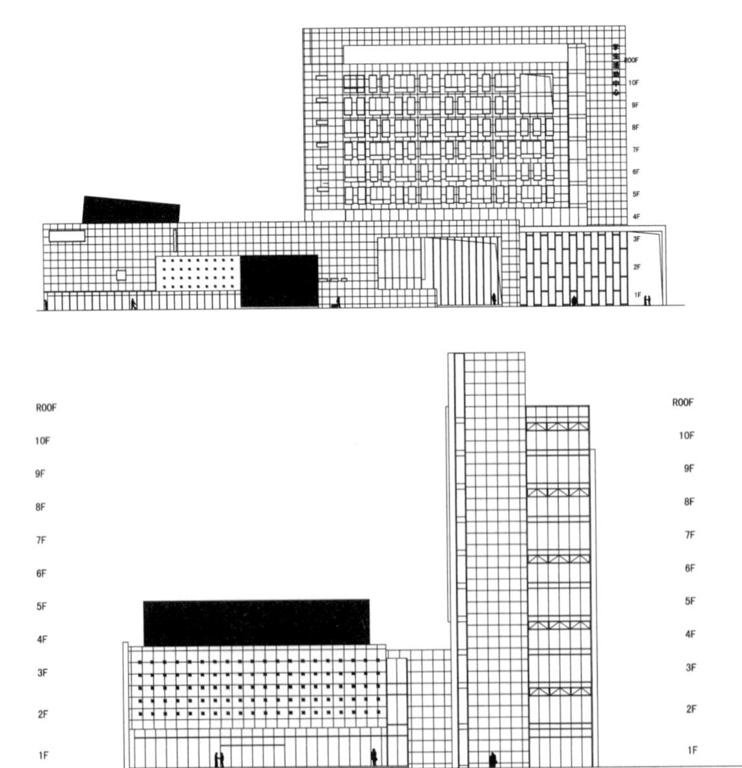

立面图

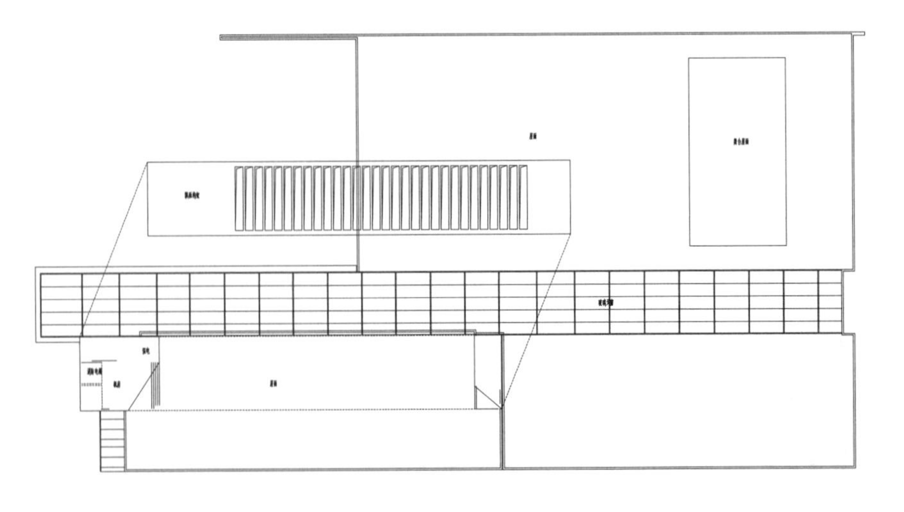

剖面图

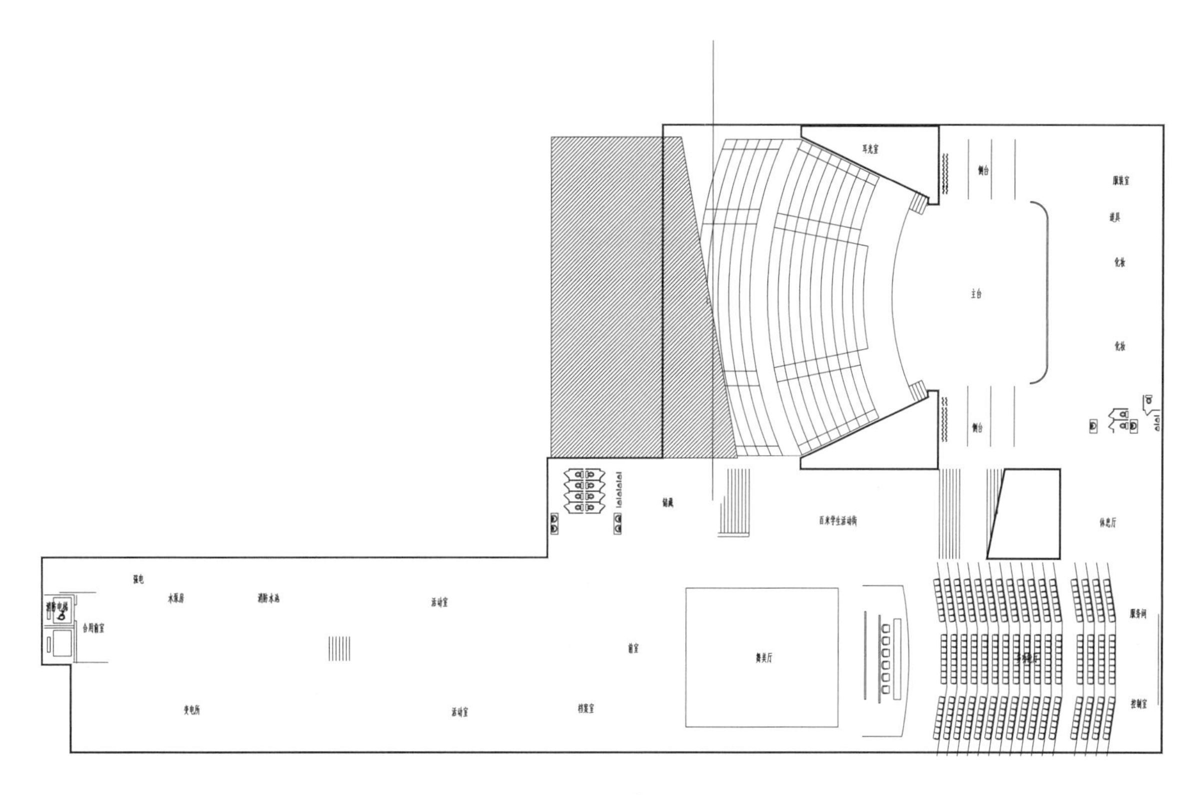

一层平面图

三层平面图

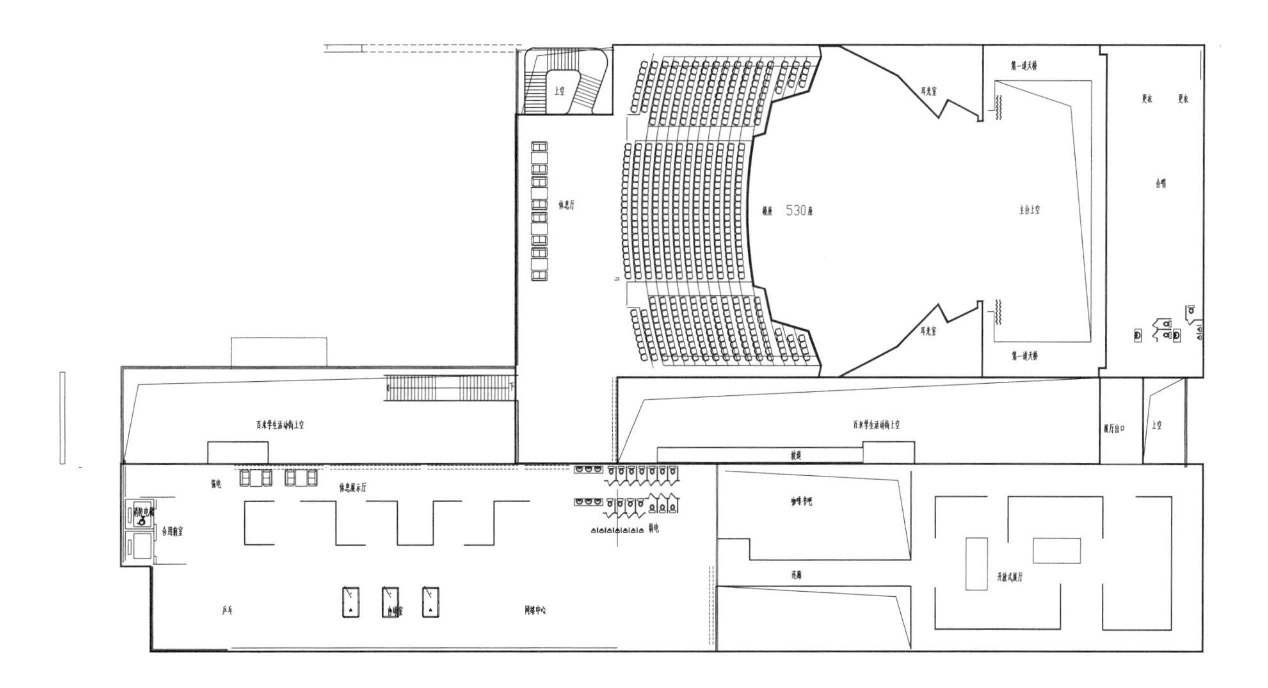

二层平面图

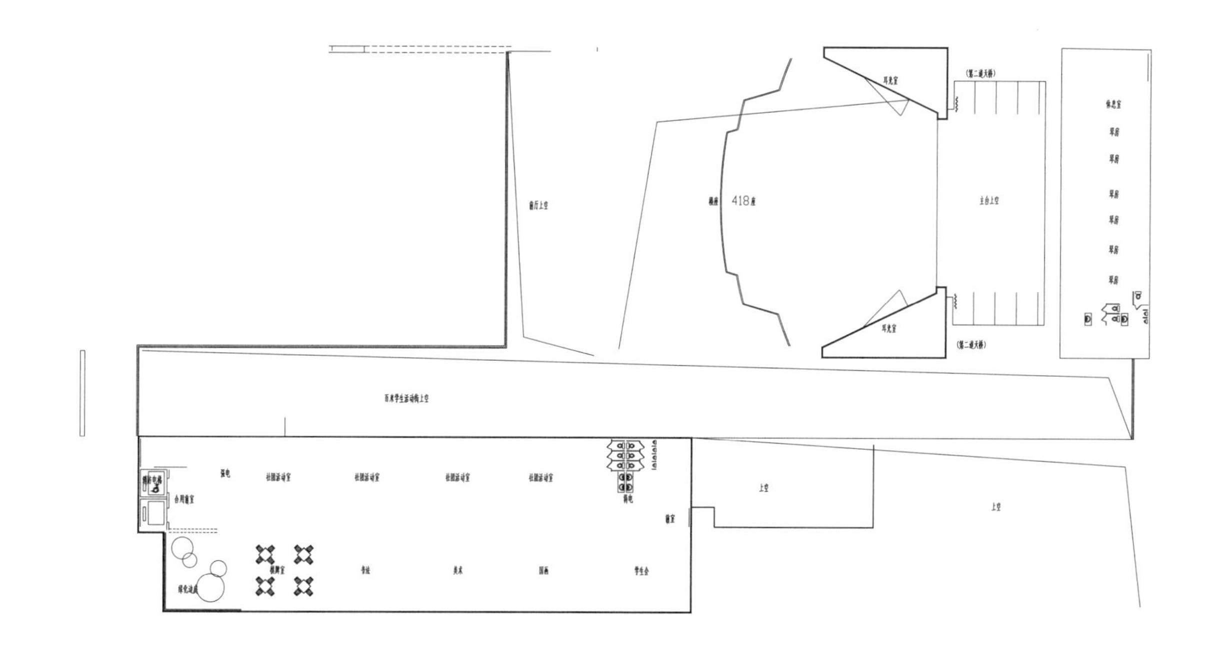

四层平面图

> 南海教学楼建筑施工图

设计说明

高度类别：多层建筑　　设计风格：哈佛红

结构形式：钢筋混凝土结构　　设计流派：新古典

框架图纸深度　：方案（初设图）

内容简介

本套图纸包括：设计说明、做法表、各层平面图、立面图、剖面图、门窗表、门窗大样、楼梯大样、节点详图

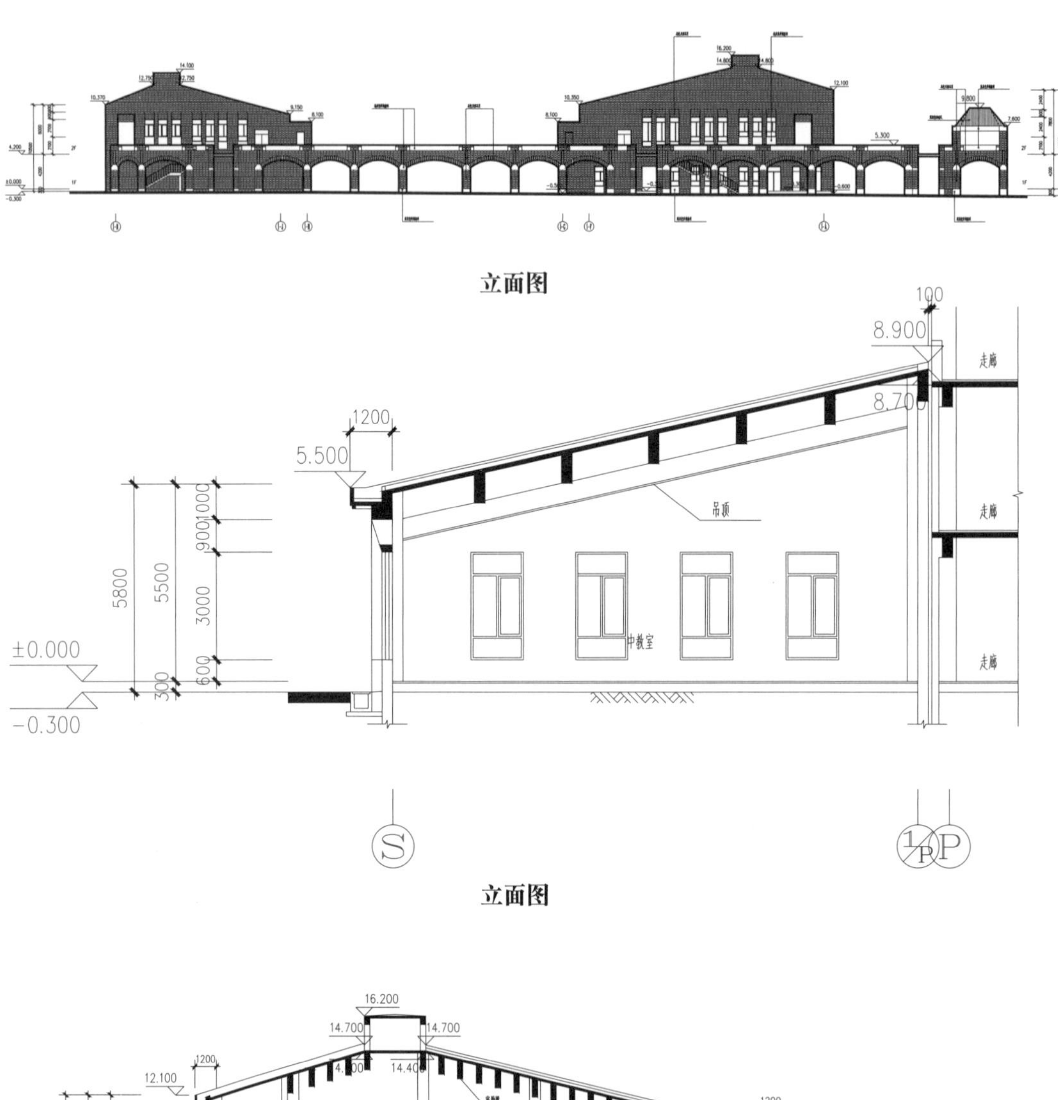

立面图

立面图

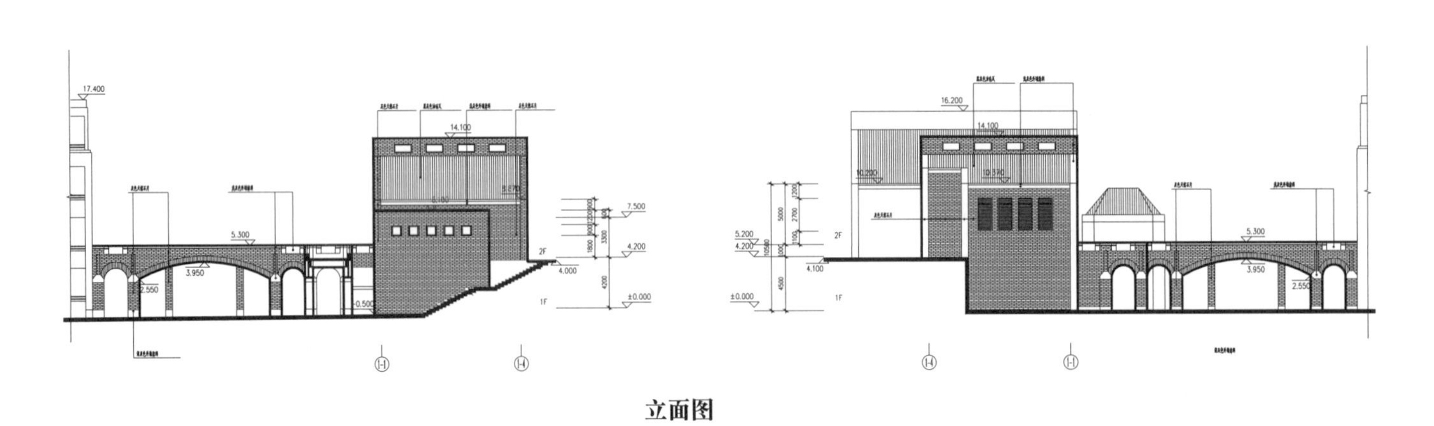

立面图

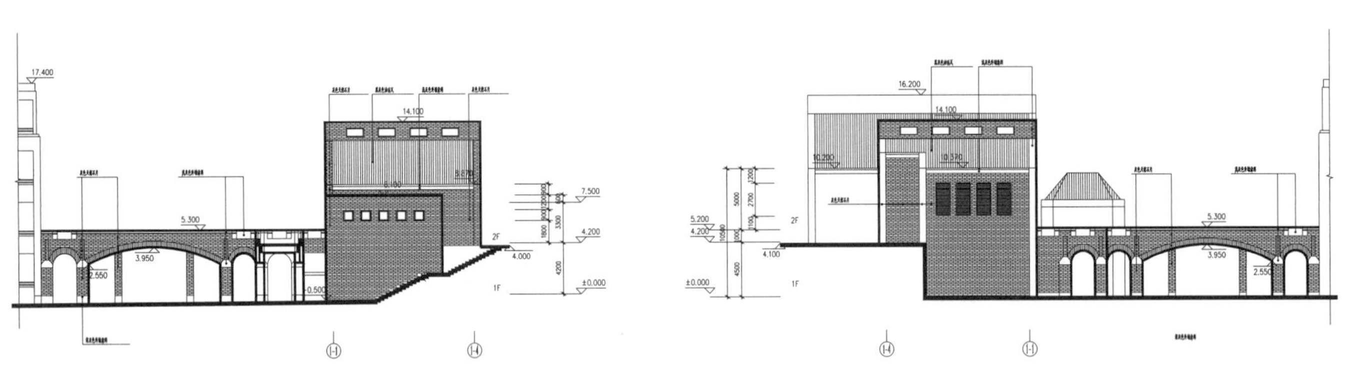

立面图

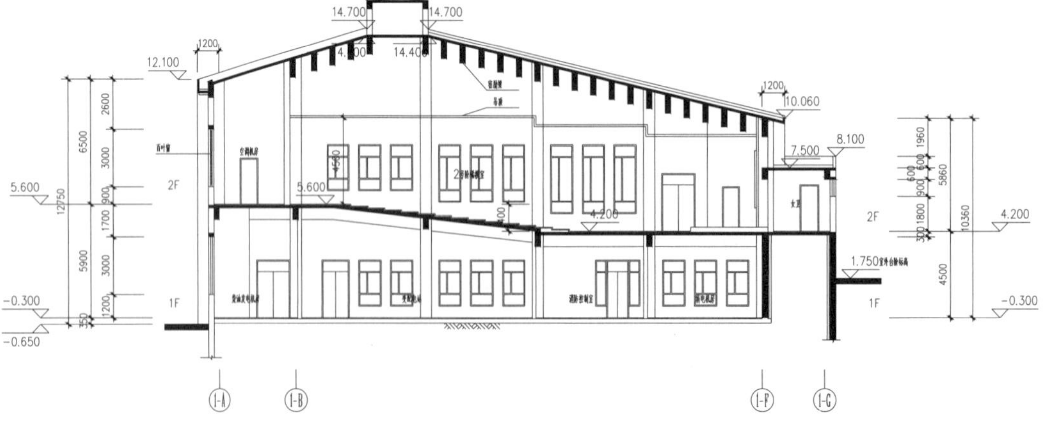

剖面图

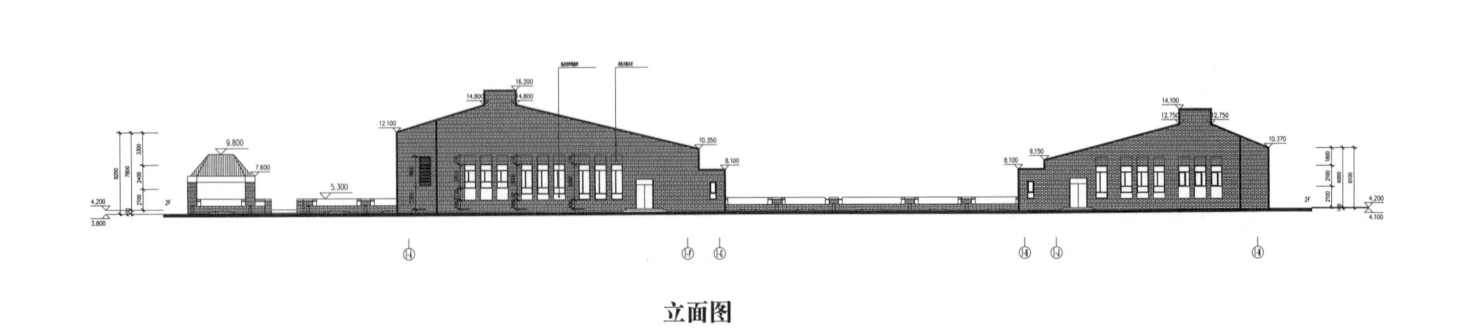

立面图

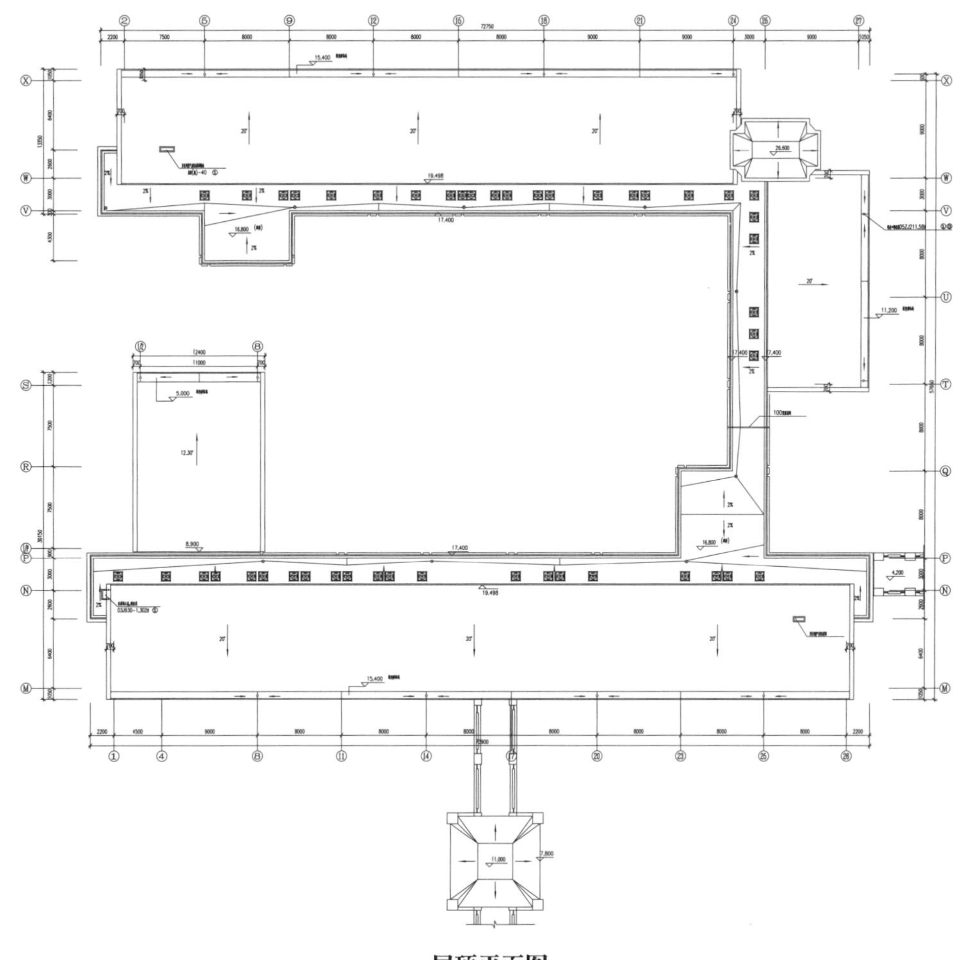

屋顶平面图

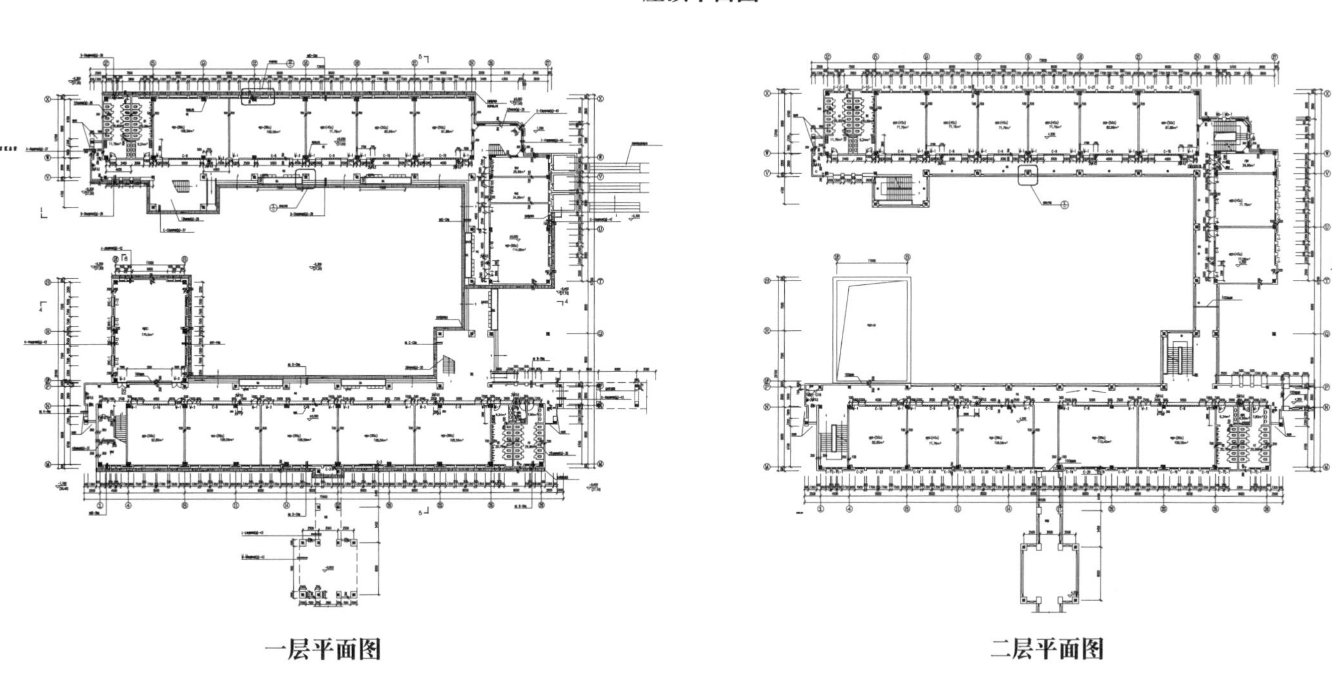

一层平面图

二层平面图

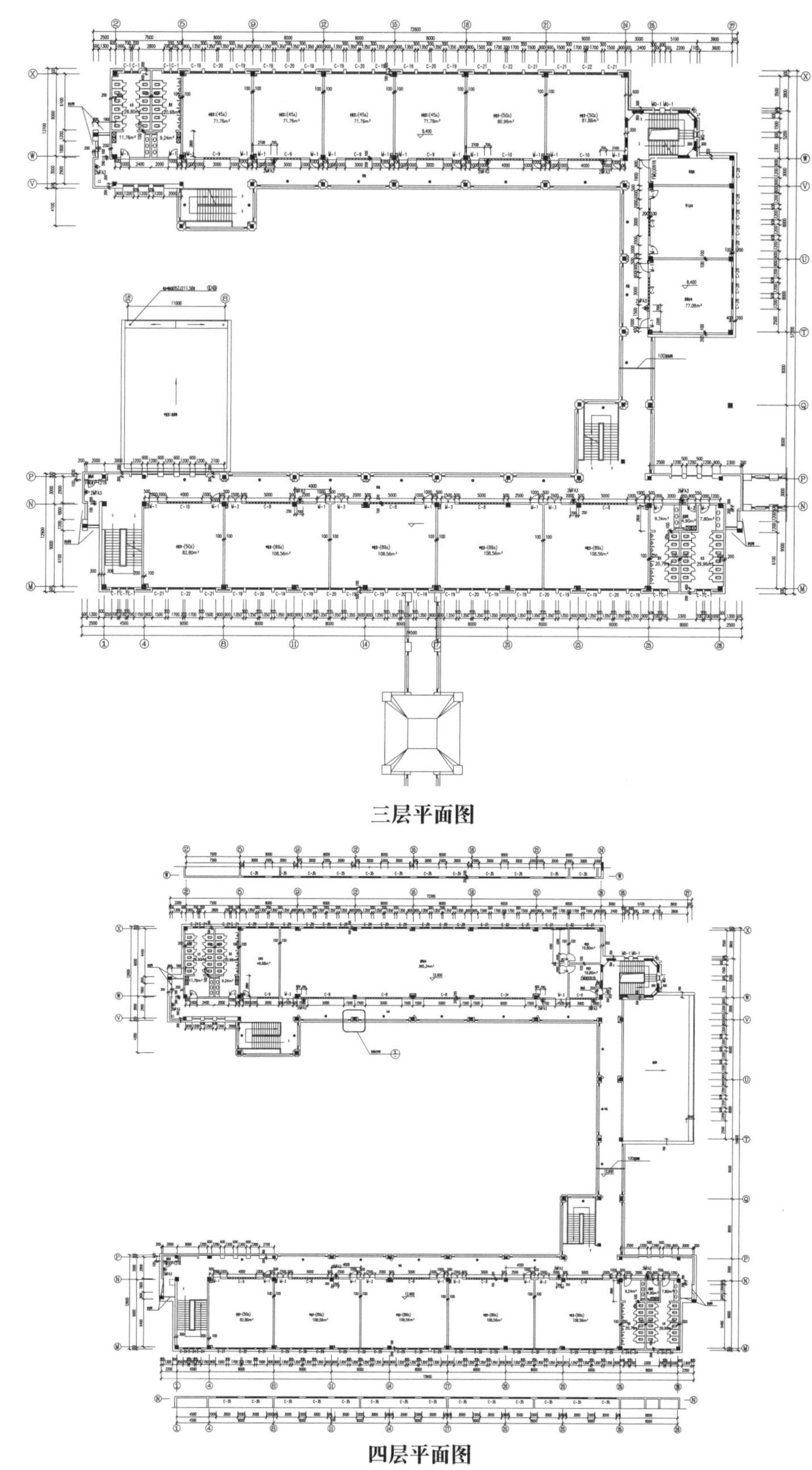

三层平面图

四层平面图

>宁夏理工建筑施工图

设计说明

高度类别：多层建筑
结构形式：钢筋混凝土结构
框架图纸深度　：方案（初设图）

设计风格：现代风格
设计流派：现代

内容简介

本套图纸包括：设计说明、各层平面图、立面图、剖面图、卫生间大样、楼梯大样、墙身大样以及节点详图

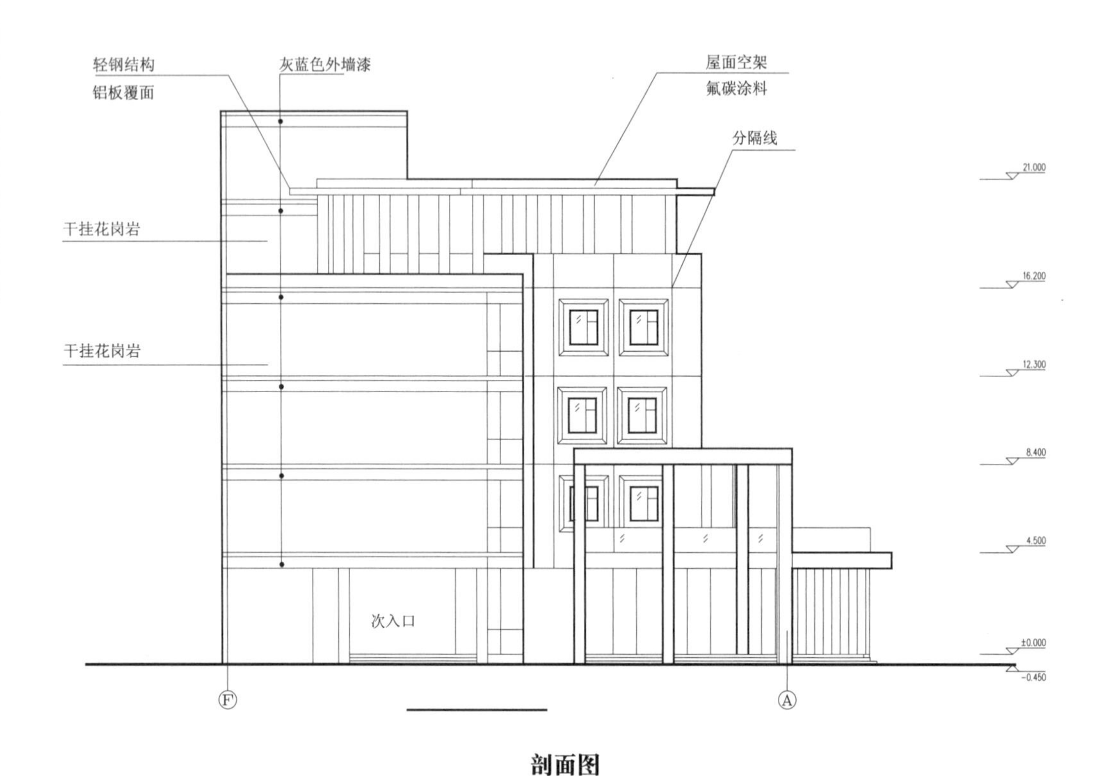

剖面图

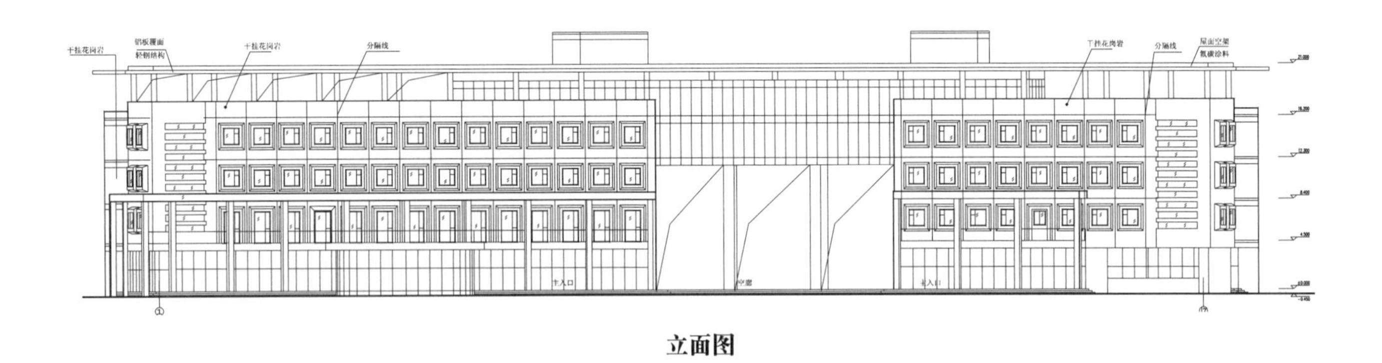

立面图

屋顶平面图

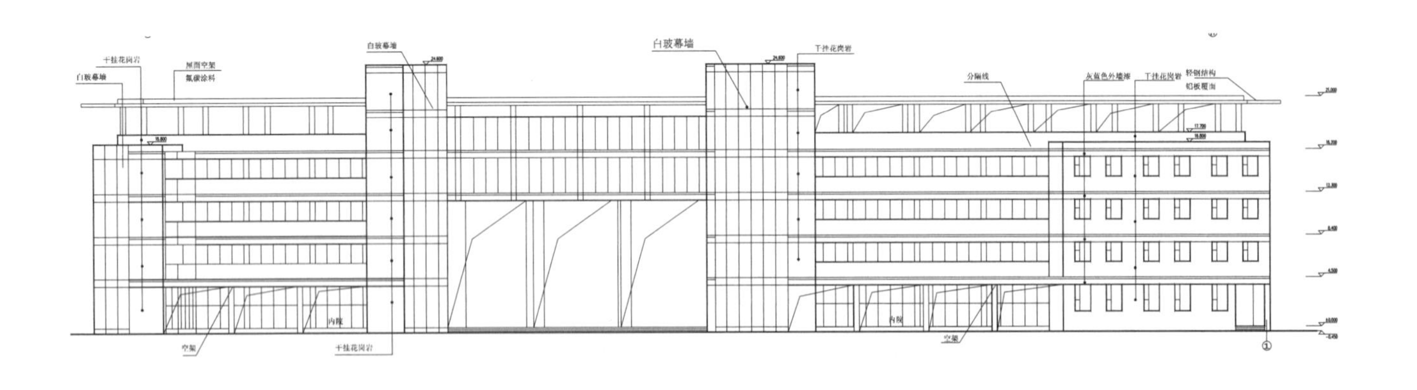

立面图

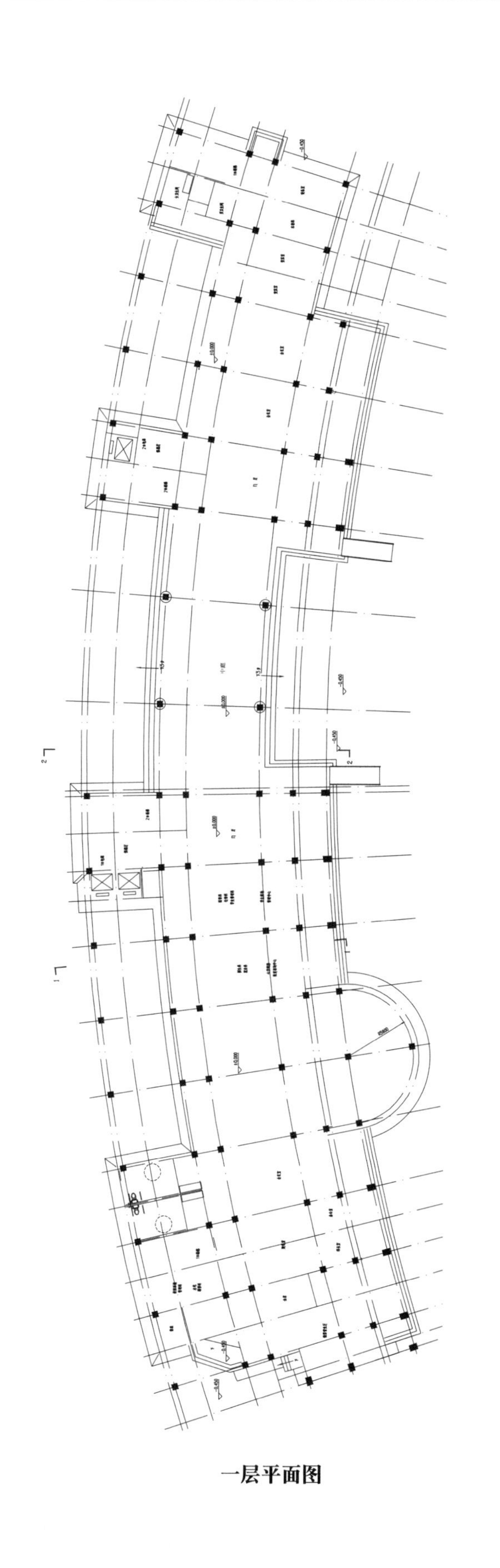

一层平面图

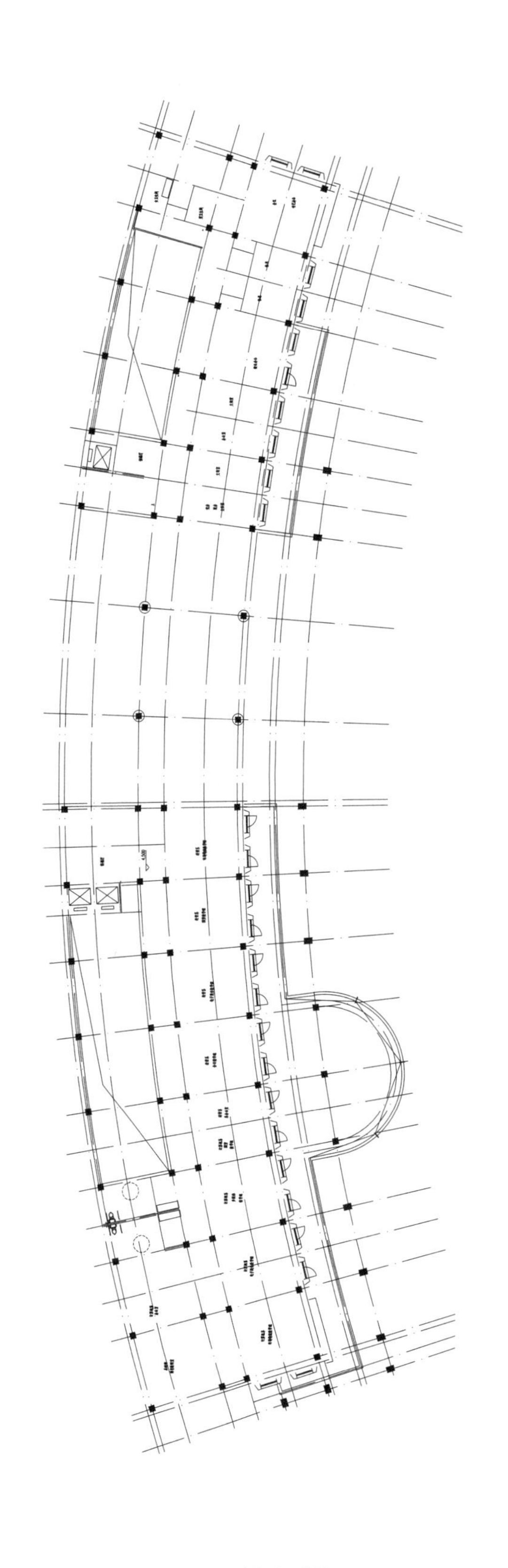

二层平面图

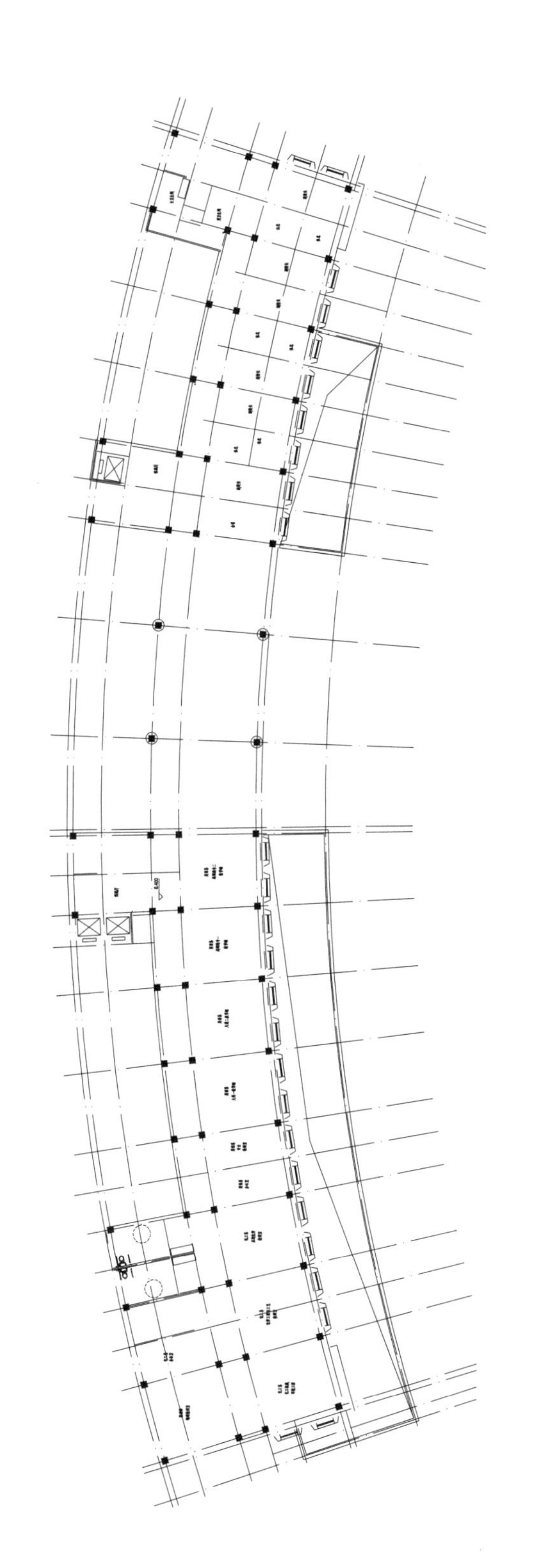

三层平面图

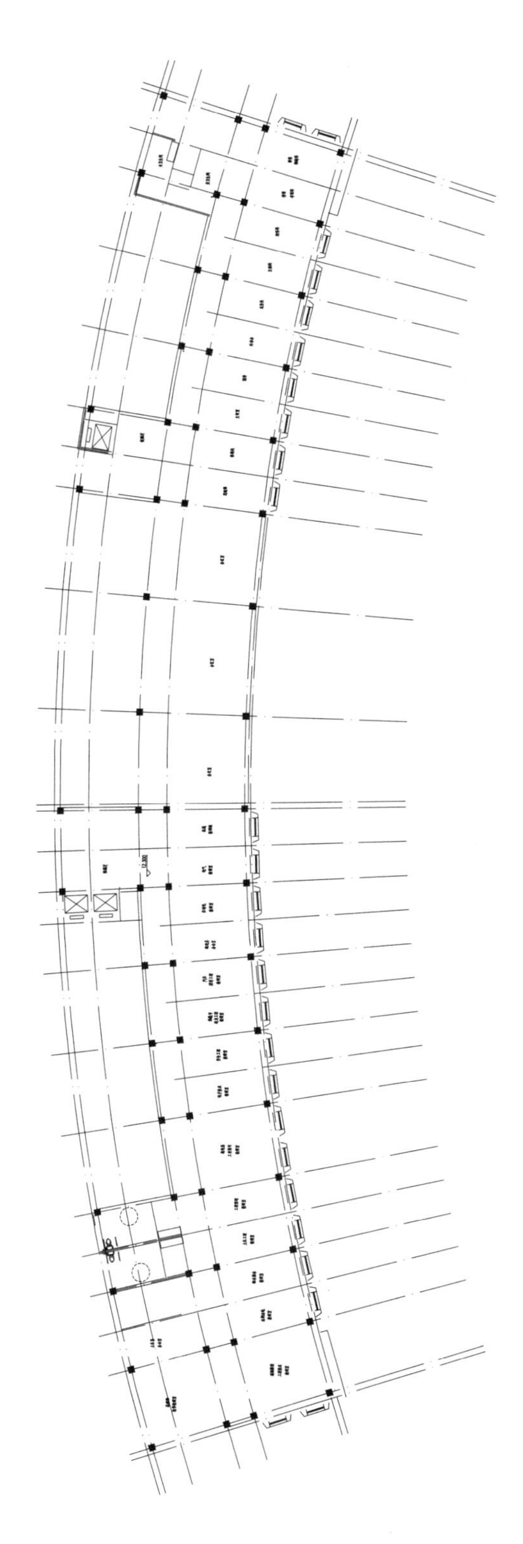

四层平面图

> 青岛理工大学施工图

设计说明

高度类别：多层建筑
结构形式：钢筋混凝土结构
框架图纸深度 ：方案（初设图）

设计风格：现代风格
设计流派：现代

内容简介

本套图纸包括：建筑总平面图、建筑设计总说明、建筑用料说明、门窗统计表、地下层平面图、一层平面图、屋顶平面图、二~六层平面图、轴立面图、楼梯大详图、门窗详图、剖面图、卫生间大详图

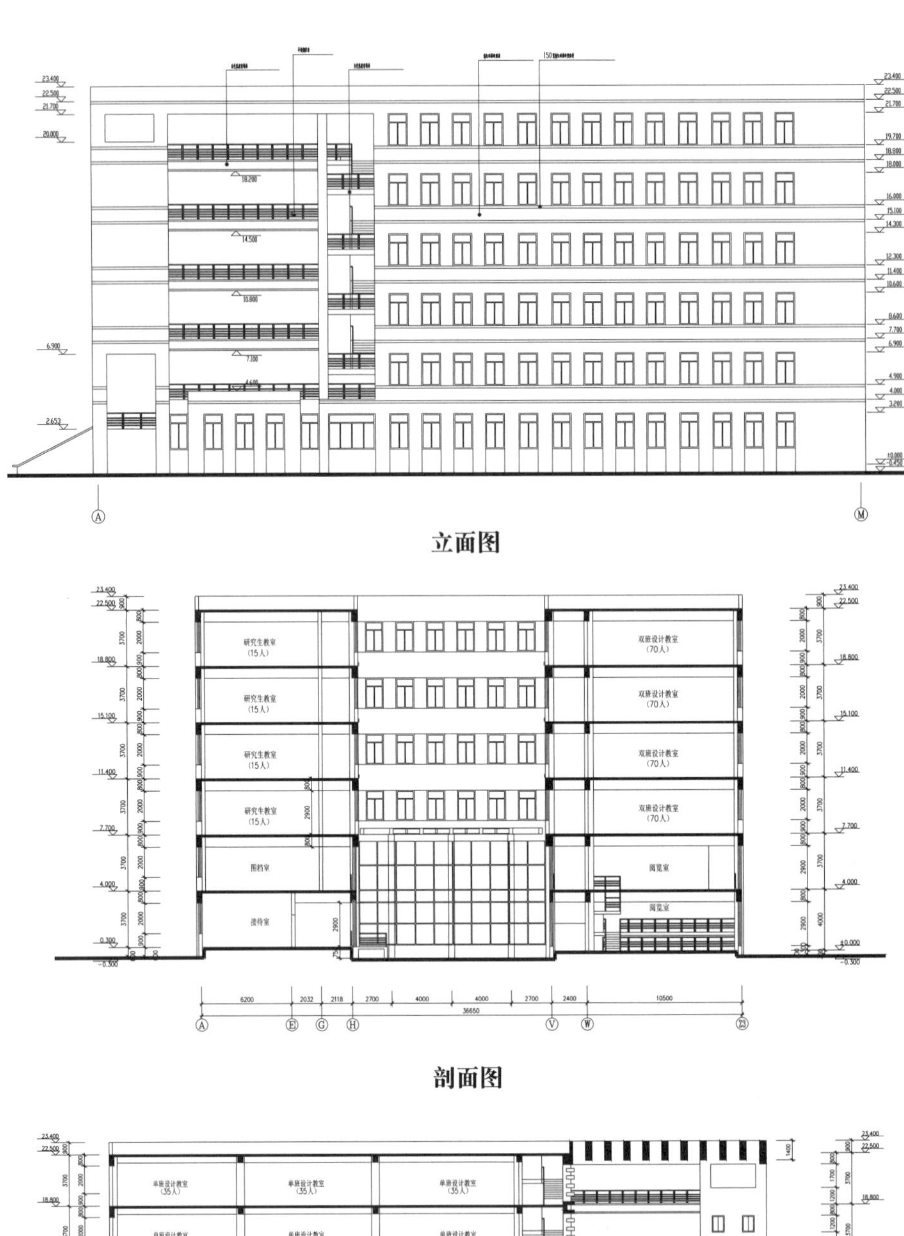

立面图

剖面图

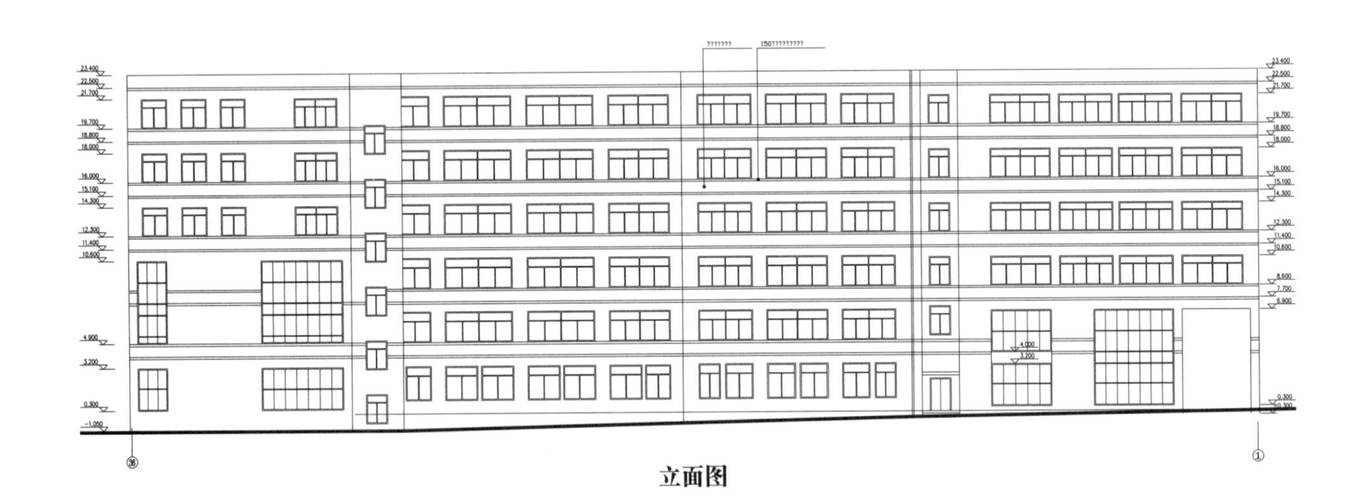

立面图

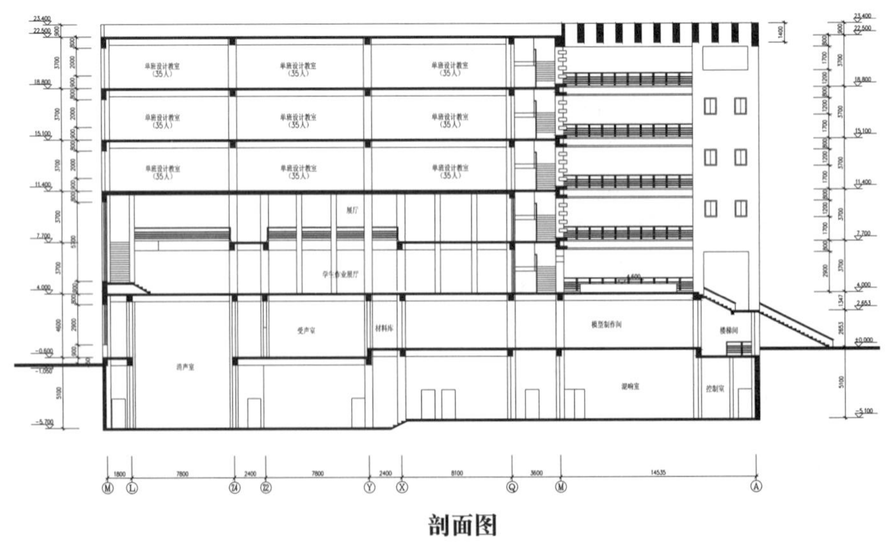

剖面图

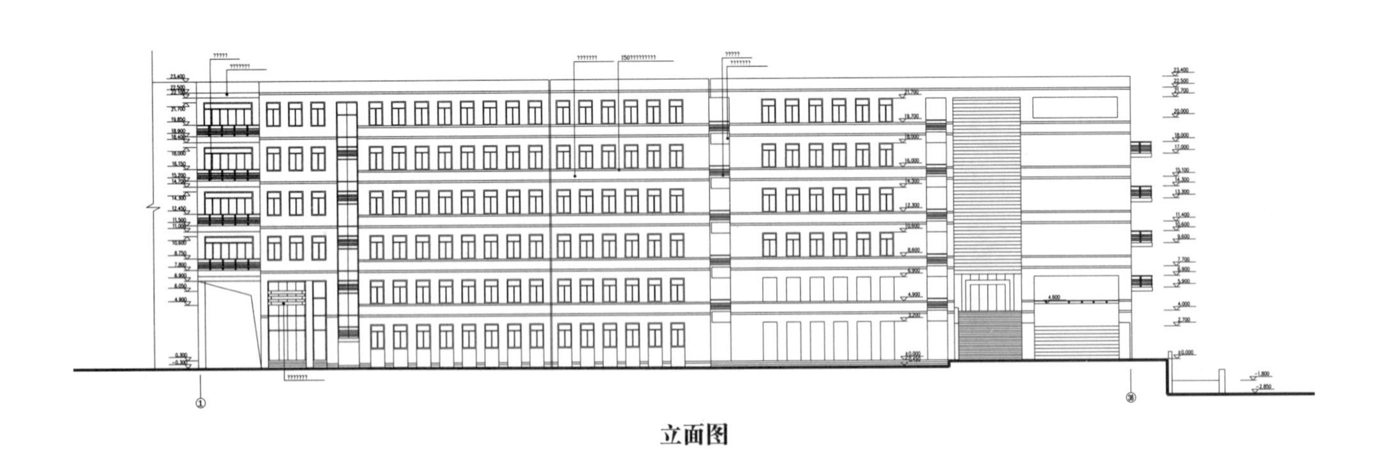

立面图

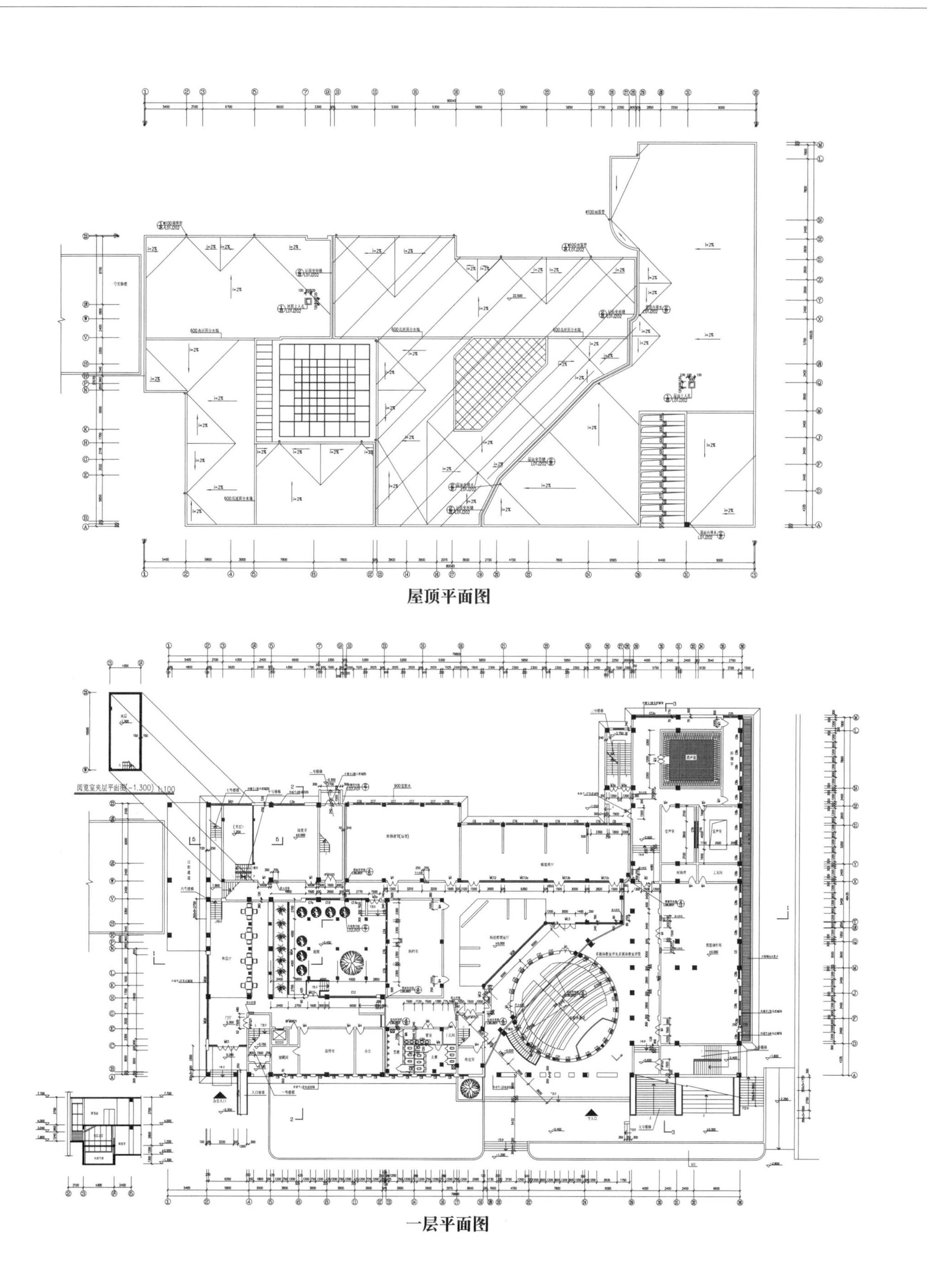

屋顶平面图

一层平面图

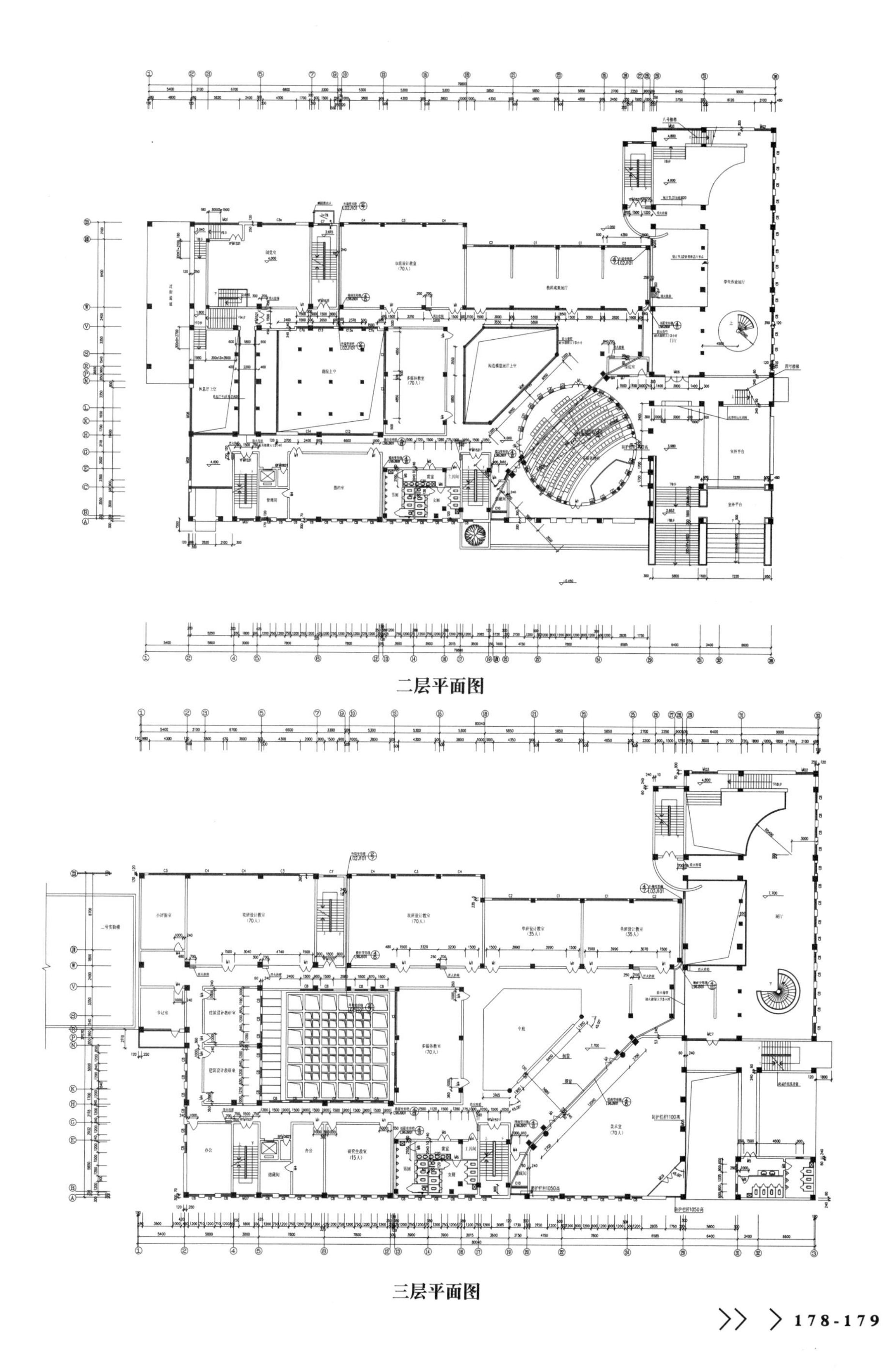

二层平面图

三层平面图

> 上海大学教学楼建筑施工图

设计说明

高度类别：多层建筑
结构形式：钢筋混凝土结构
框架图纸深度 ：方案（初设图）
设计风格：现代风格
设计流派：现代

内容简介

本套图纸包括：建筑设计施工说明，总平面图，绿化配置图，各层平面图，立面图，剖面图，门窗详图，门窗表，楼梯详图，卫生间电梯间详图，节点详图，消防设计说明，扩建工程面积表

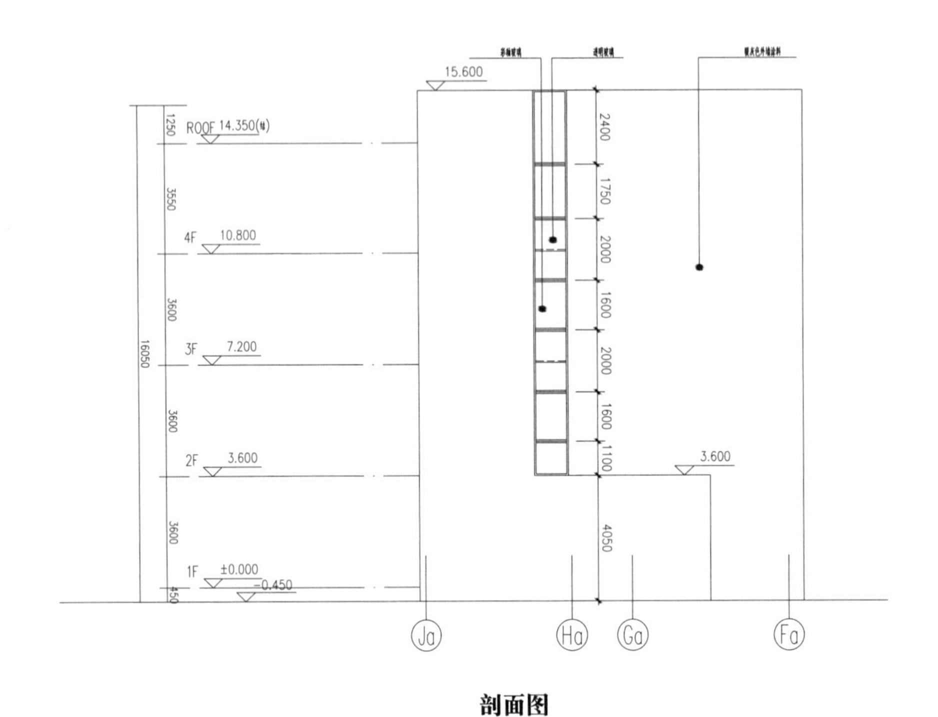

剖面图

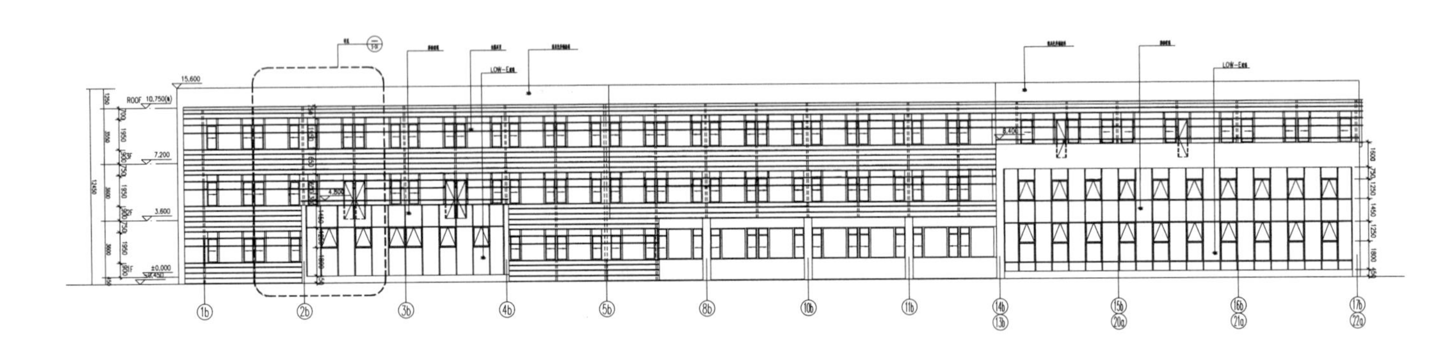

立面图

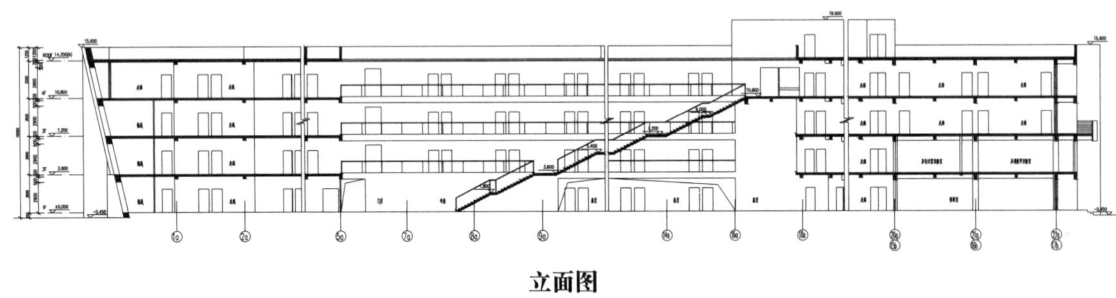

立面图

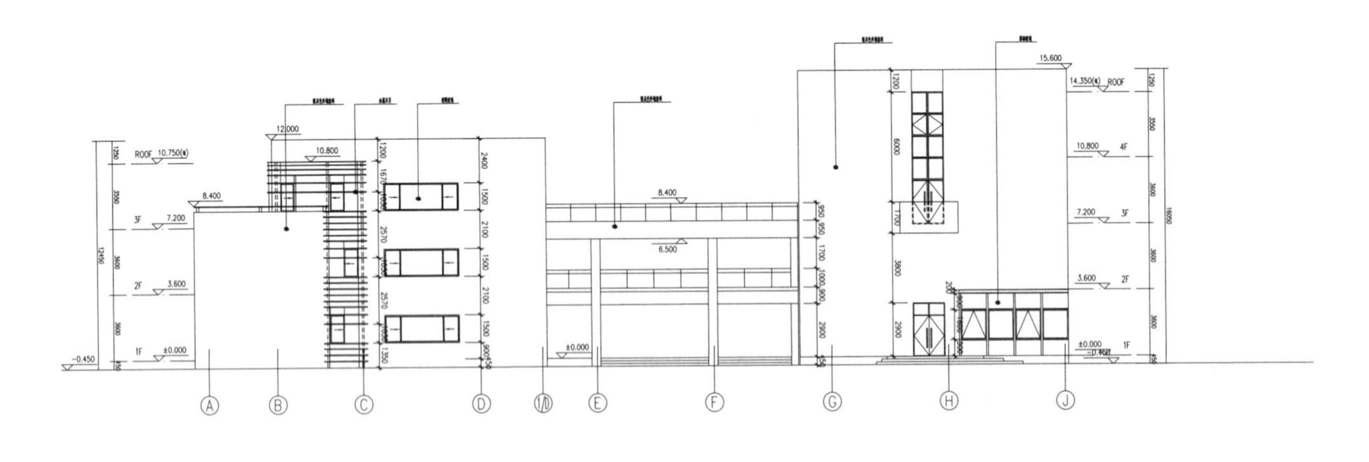

立面图

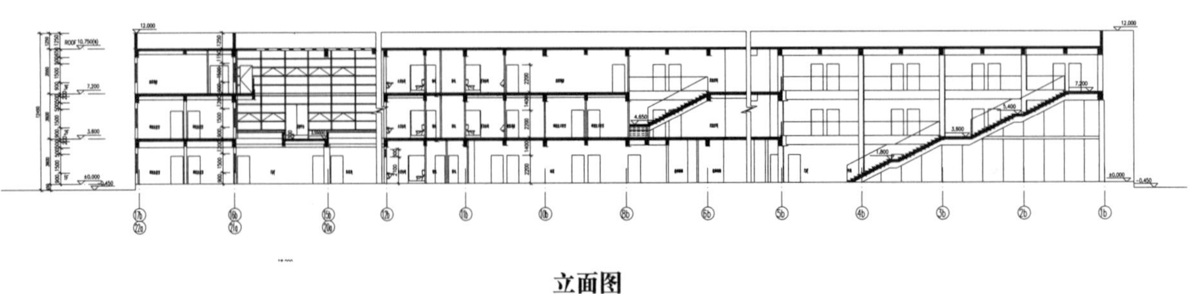

立面图

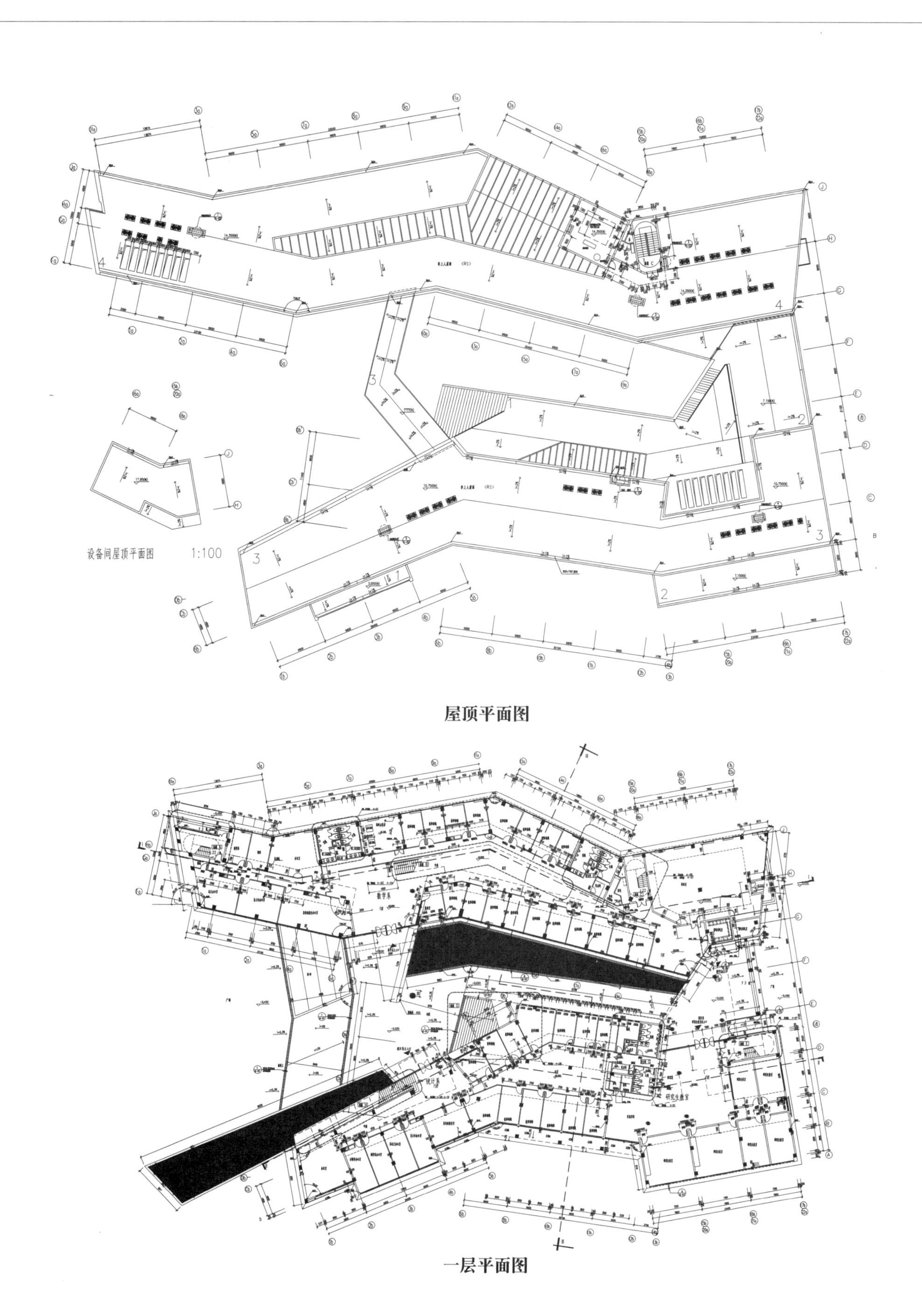

屋顶平面图

一层平面图

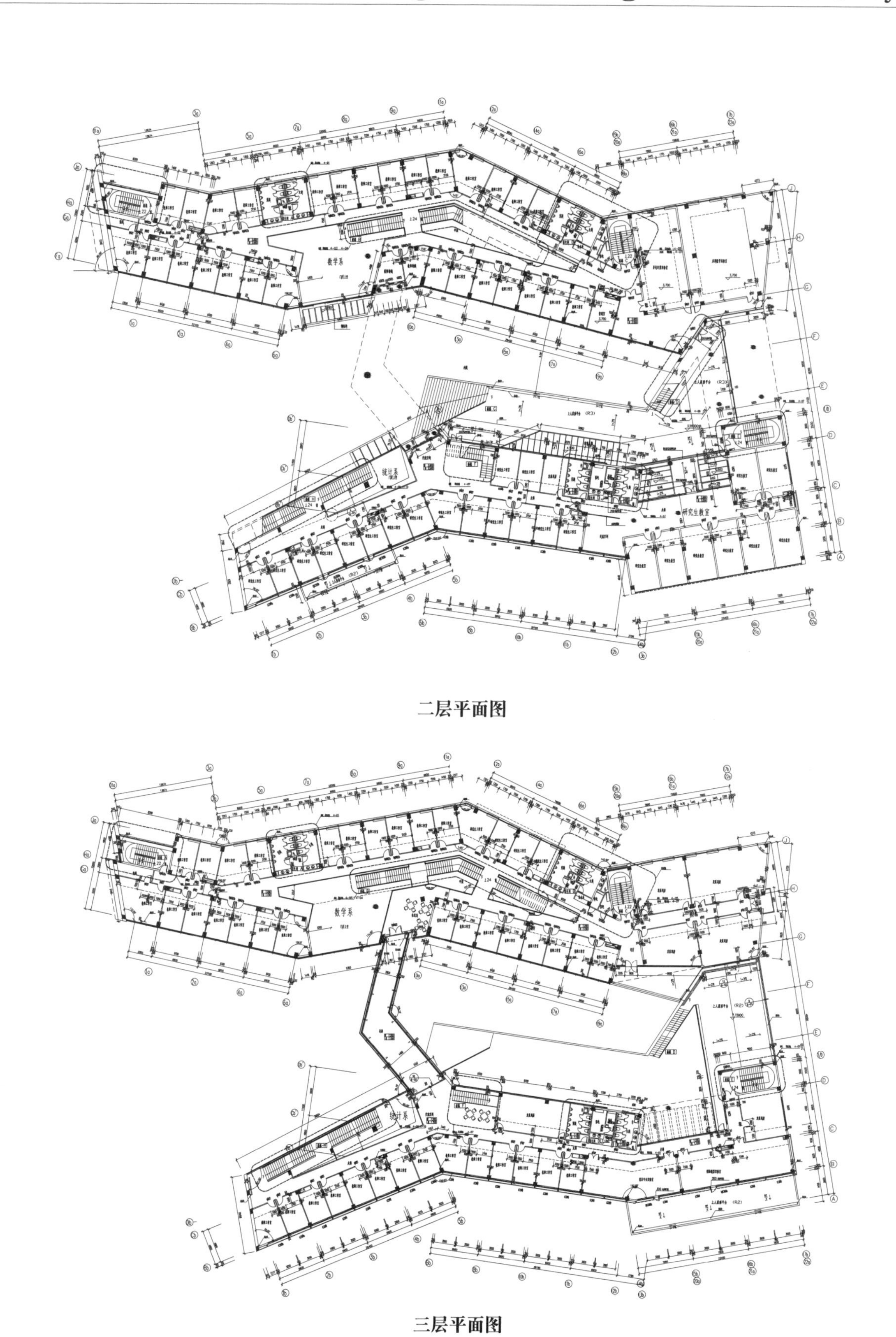

二层平面图

三层平面图

> 上海知名高校二层礼堂建筑方案图

设计说明

高度类别：多层建筑
结构形式：钢筋混凝土结构
框架图纸深度　：方案（初设图）

设计风格：现代风格
设计流派：现代

内容简介

本套图纸包括：各层平面图，剖面图。

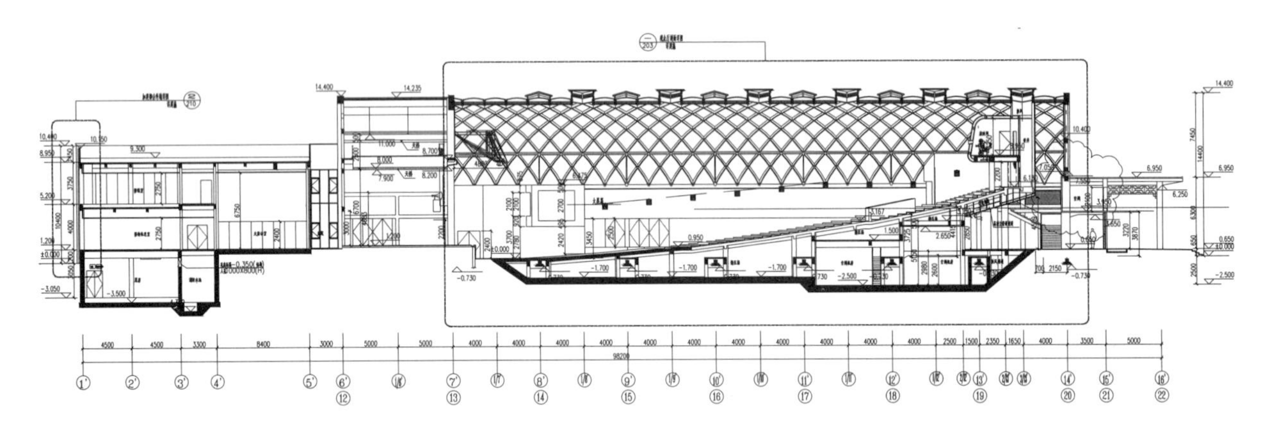

立面图

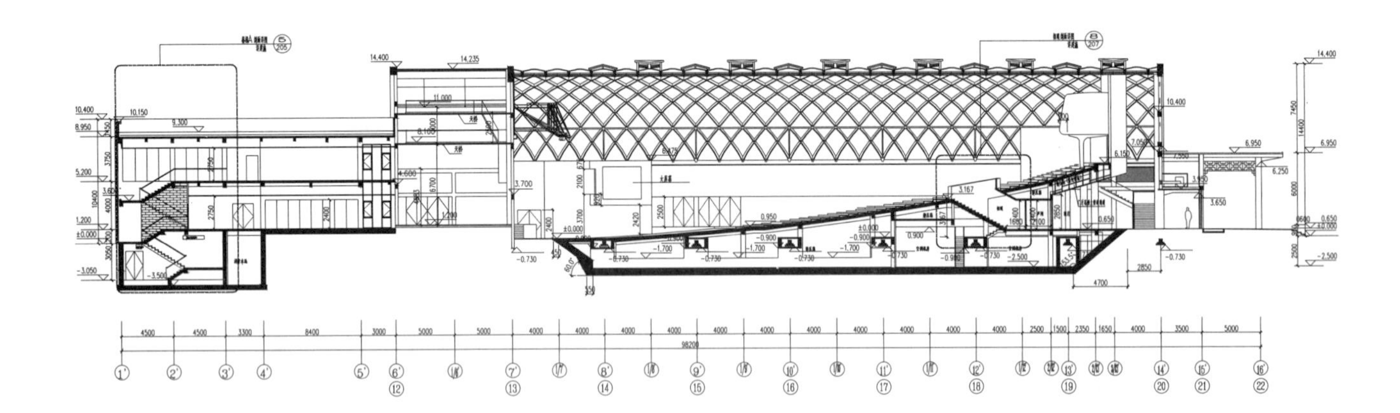

立面图

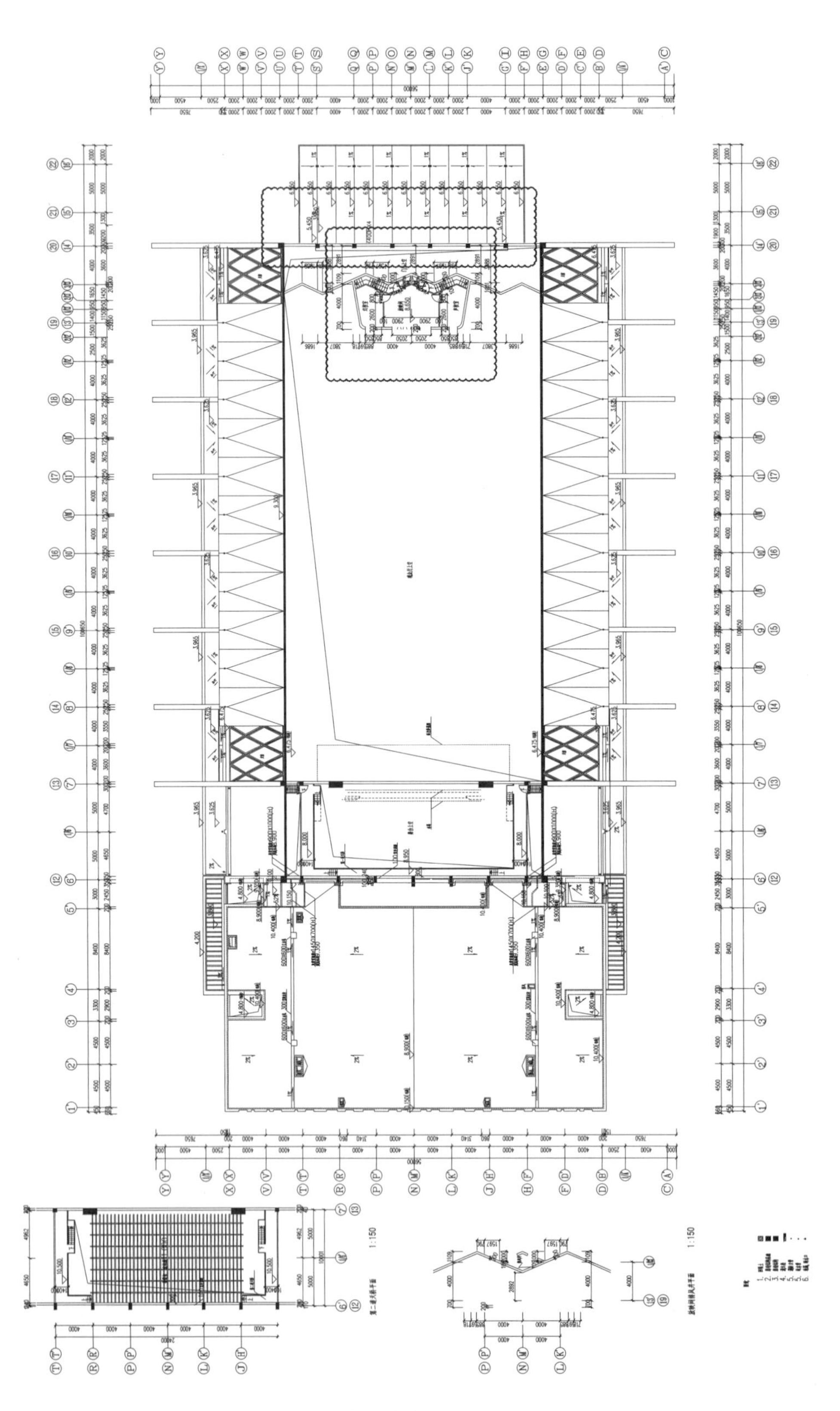

屋顶平面图

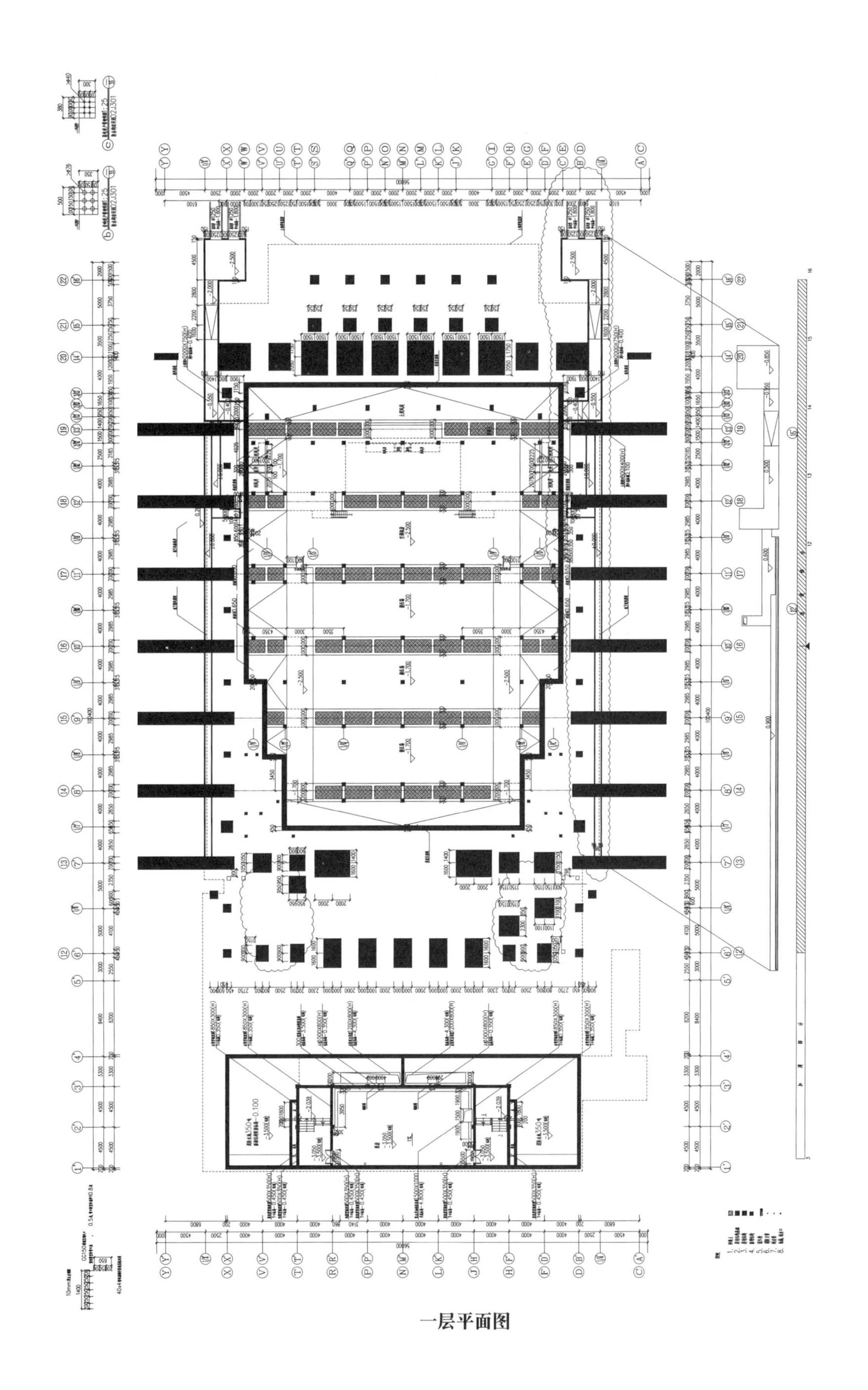

一层平面图

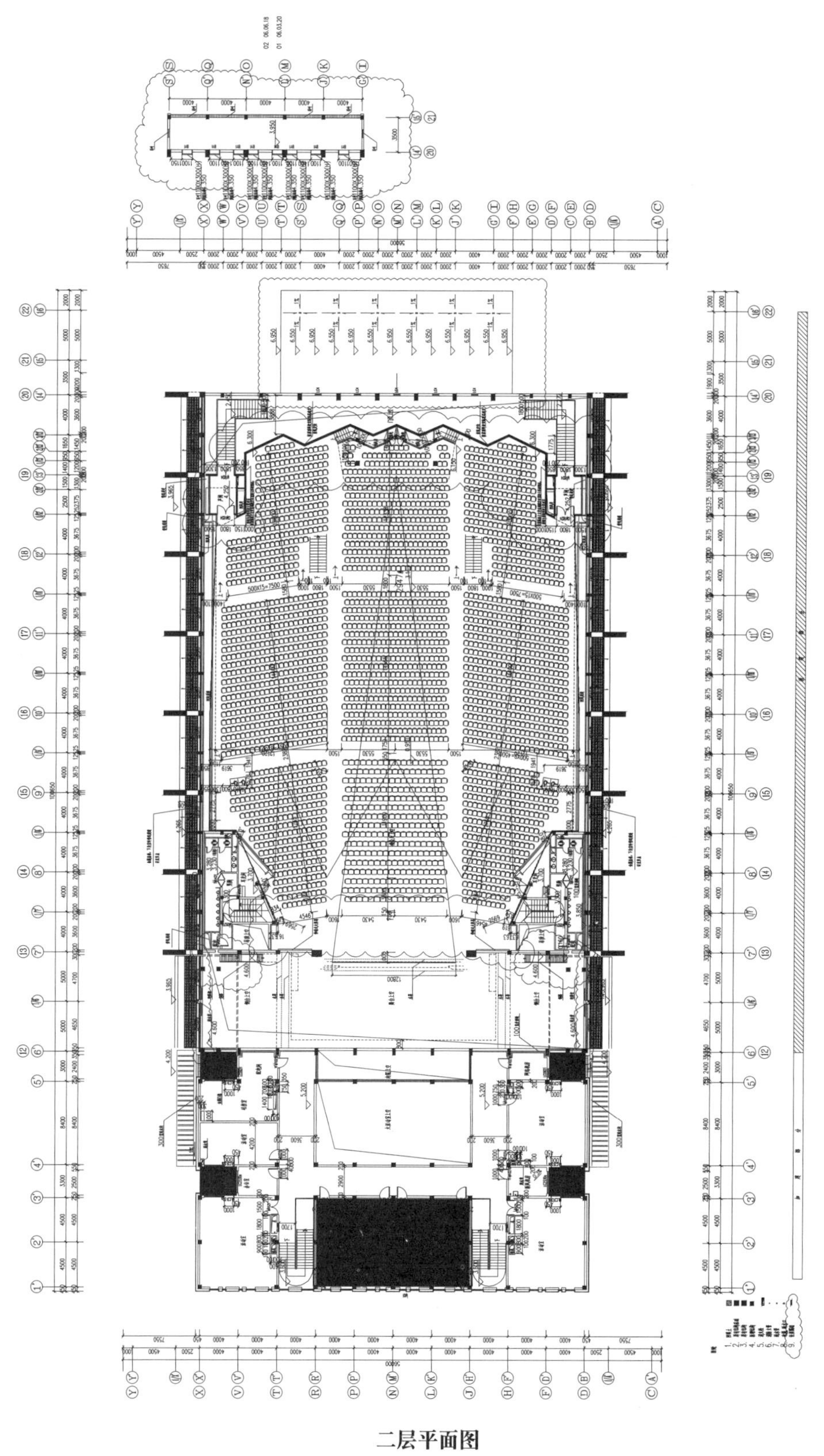

二层平面图

> 上海知名高校七层教学楼扩建施工图

设计说明

高度类别：多层建筑
结构形式：钢筋混凝土结构
框架图纸深度 ：方案（初设图）
设计风格：现代风格
设计流派：现代

内容简介

本套图纸包括：建筑总平面图、平面图、立面图、剖面图、节点详图和设计说明，共41张图纸

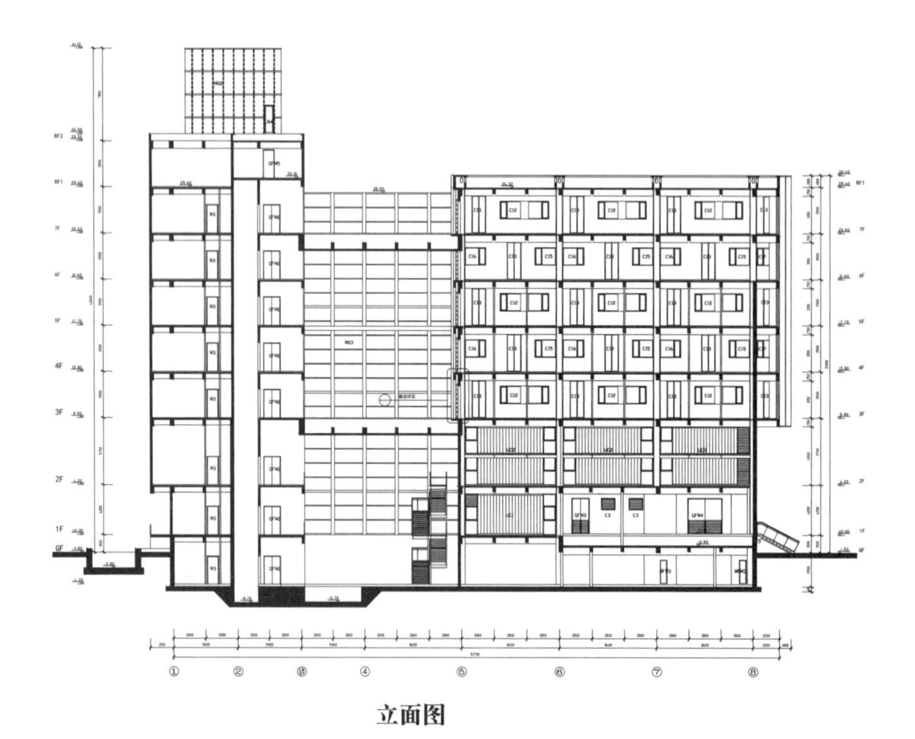

立面图

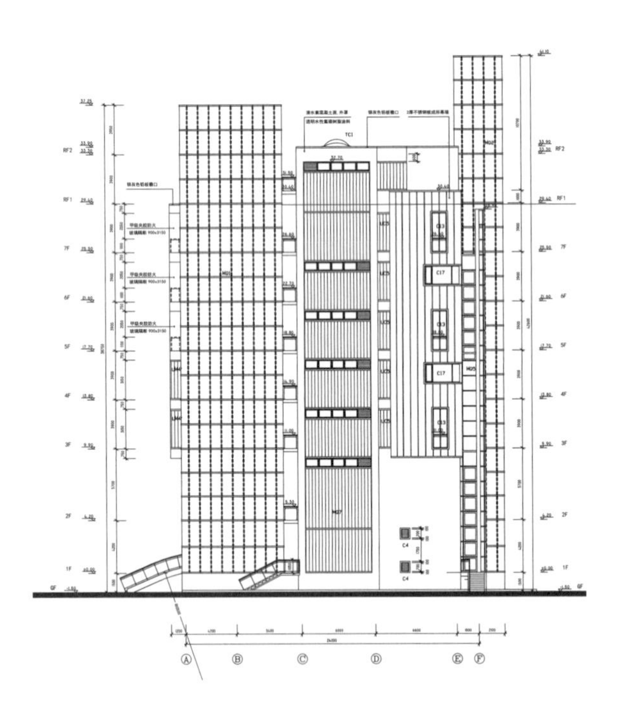

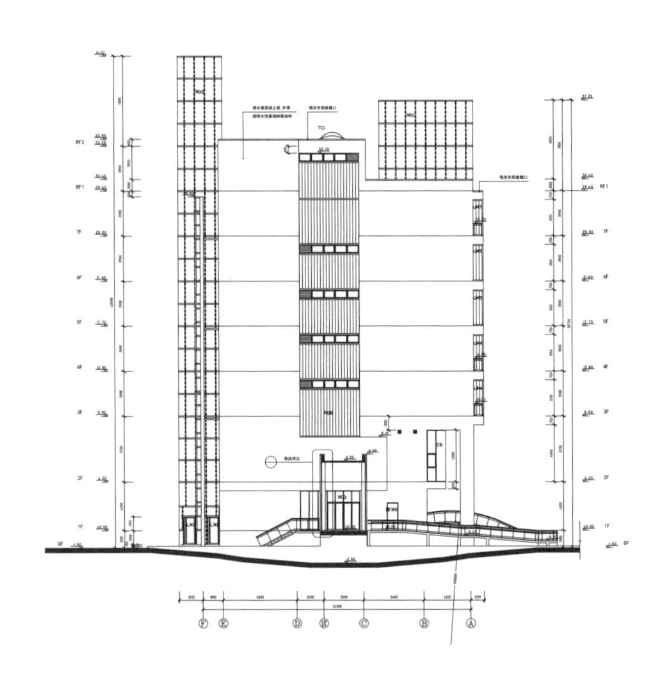

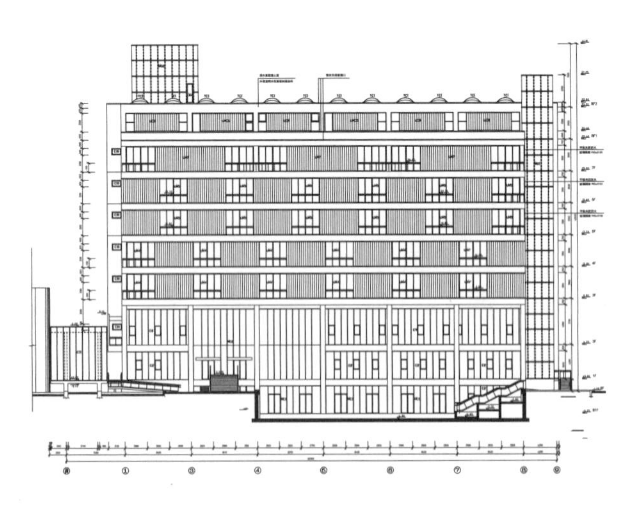

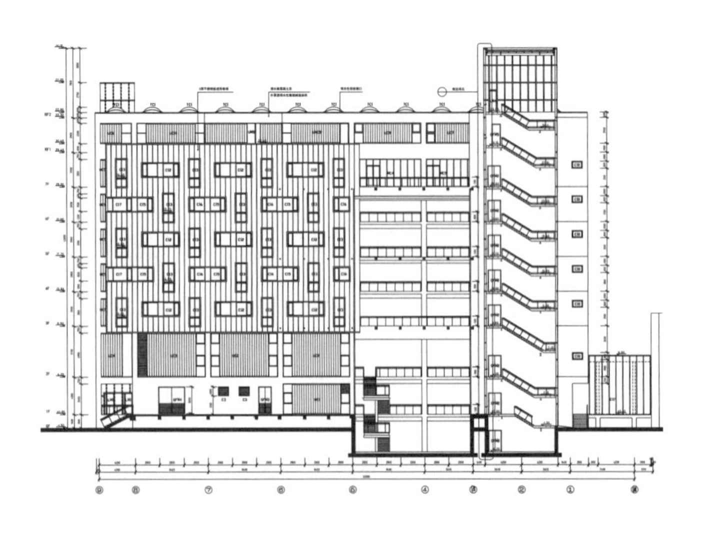

立面图

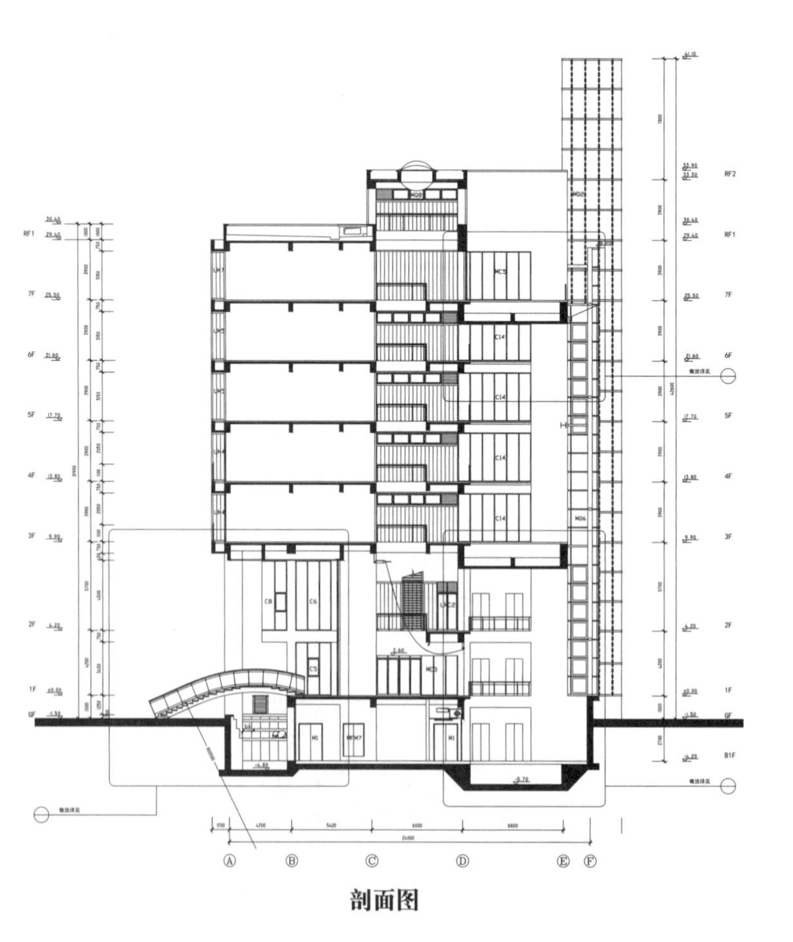

剖面图

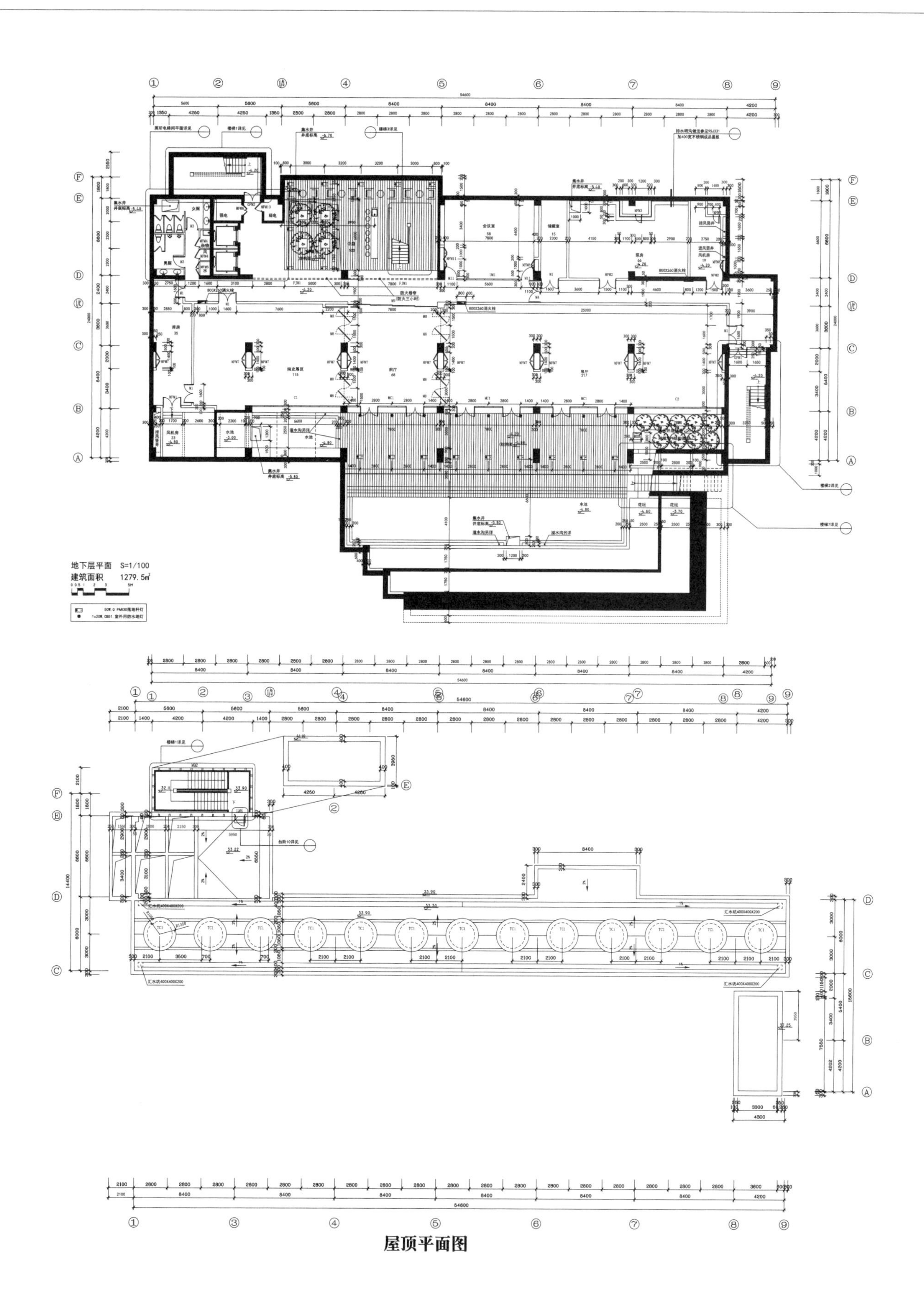

屋顶平面图

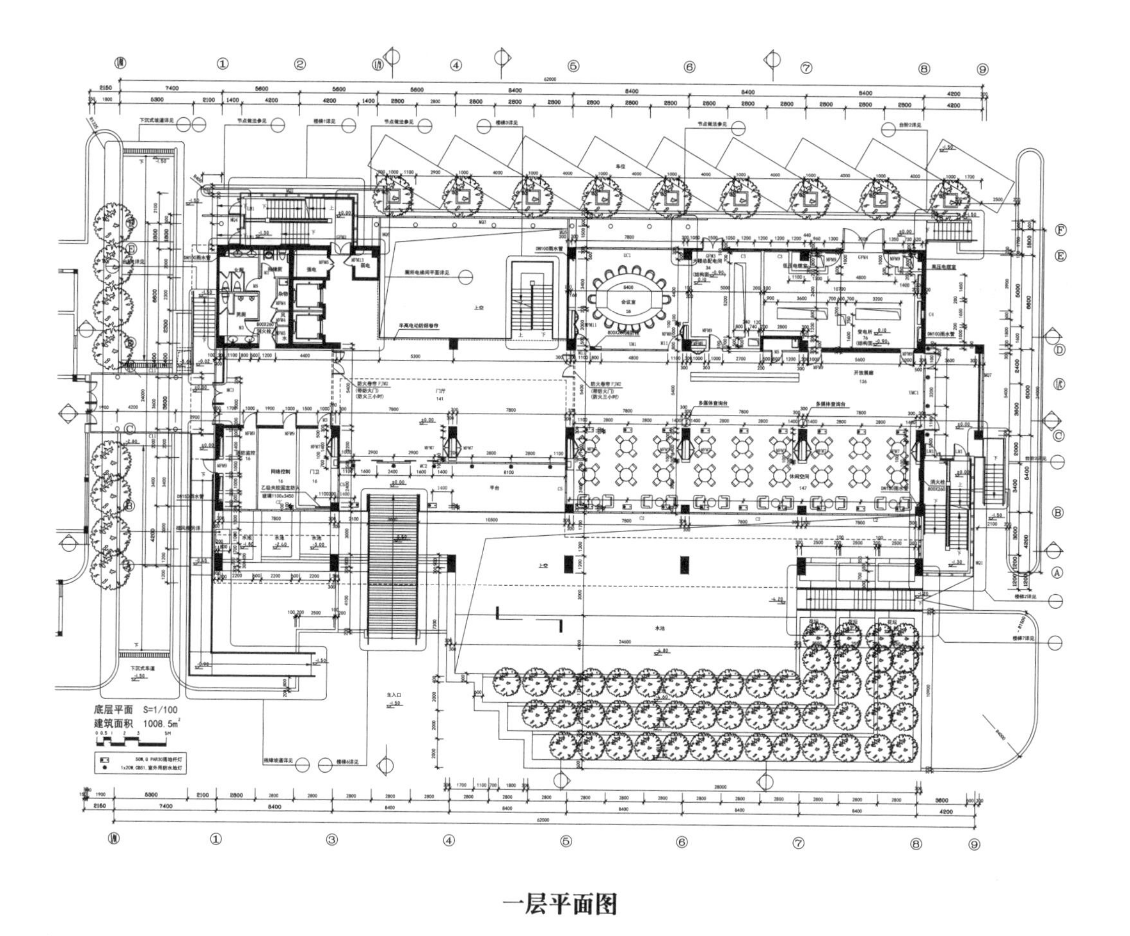

一层平面图

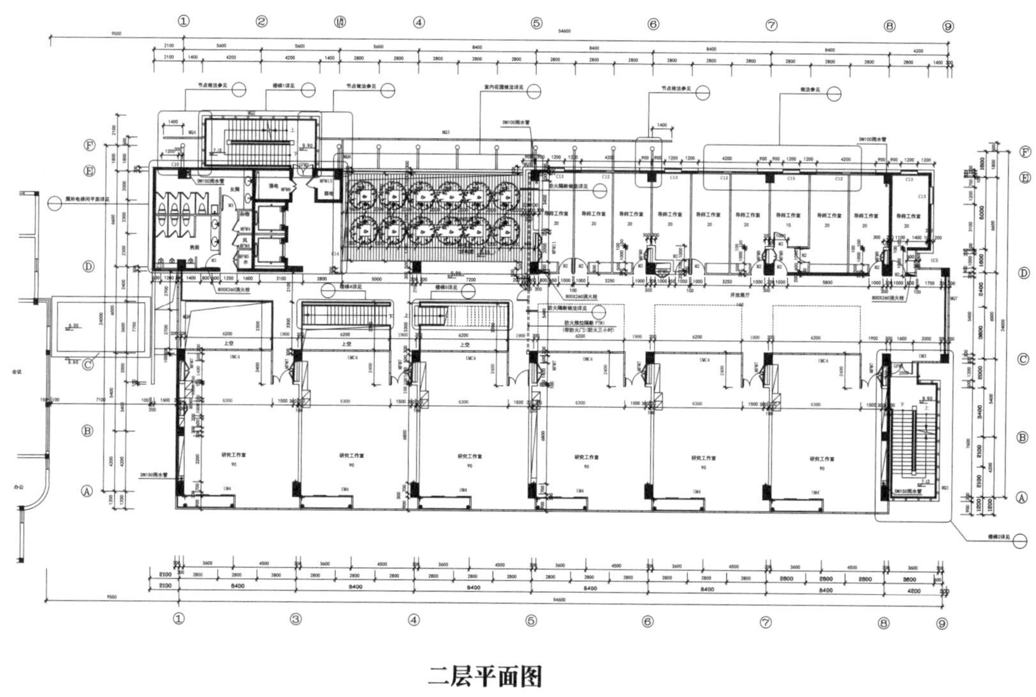

二层平面图

> 四川美术学院雕塑系六层教学楼建筑方案图

设计说明

高度类别：多层建筑
结构形式：钢筋混凝土结构
框架图纸深度 ：方案（初设图）

设计风格：现代风格
设计流派：现代

内容简介

本套图纸包括：平面图、剖面图

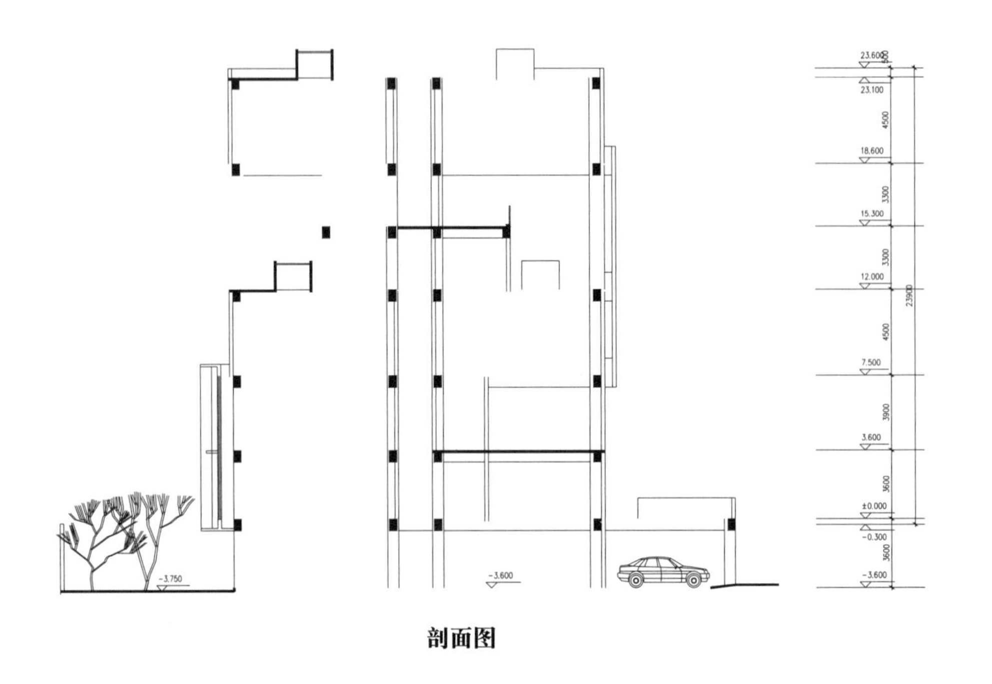

剖面图

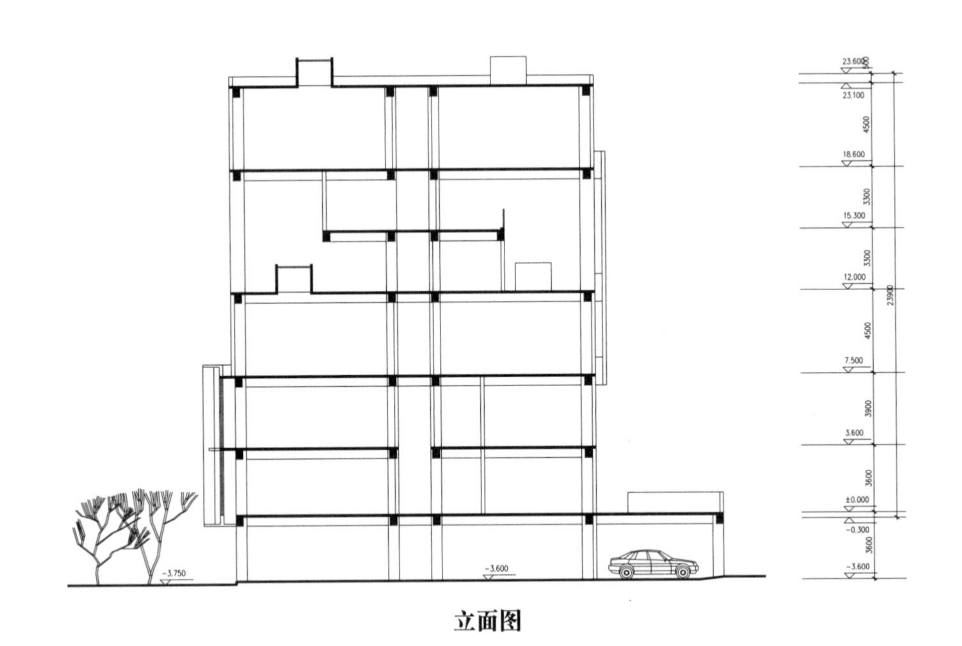

立面图

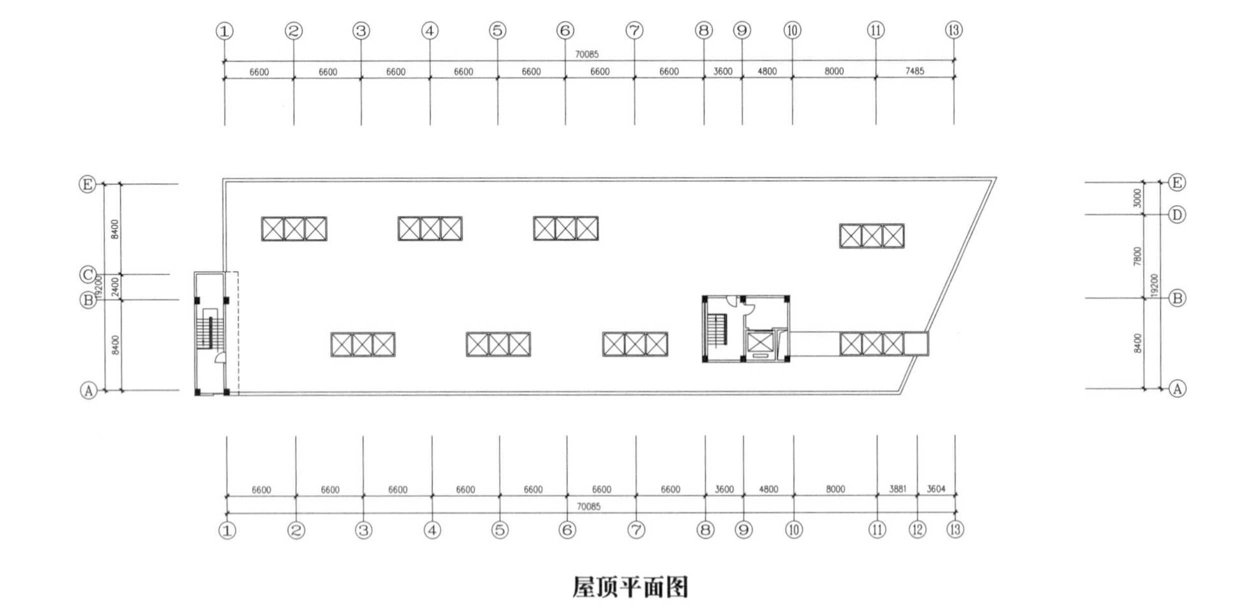

屋顶平面图

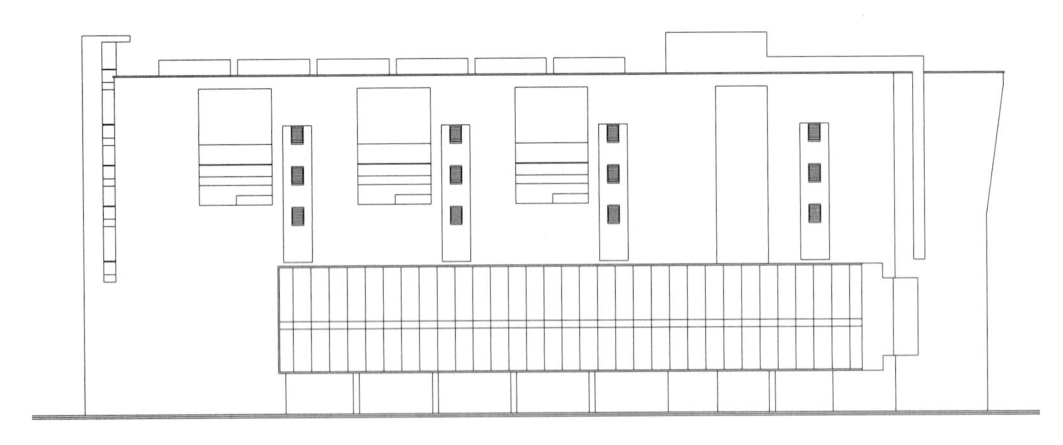

立面图

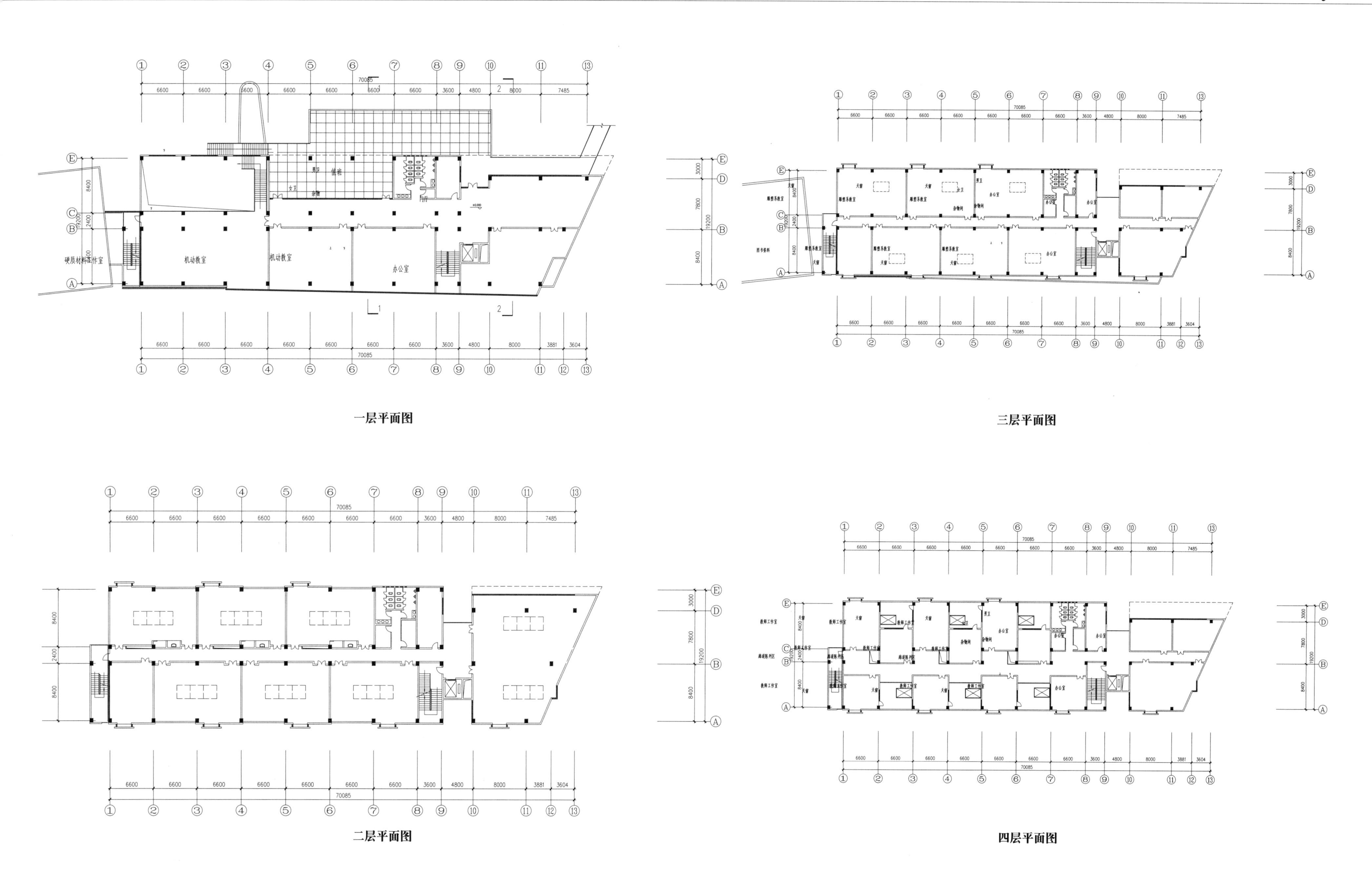
硬质材料工作室
机动教室
机动教室
办公室
一层平面图
三层平面图
二层平面图
四层平面图

>宿迁市大学实训楼建筑施工图

设计说明

高度类别：多层建筑
结构形式：钢筋混凝土结构
框架图纸深度 ：方案（初设图）

设计风格：现代风格
设计流派：现代

内容简介

本套图纸包括：平面图、剖面图

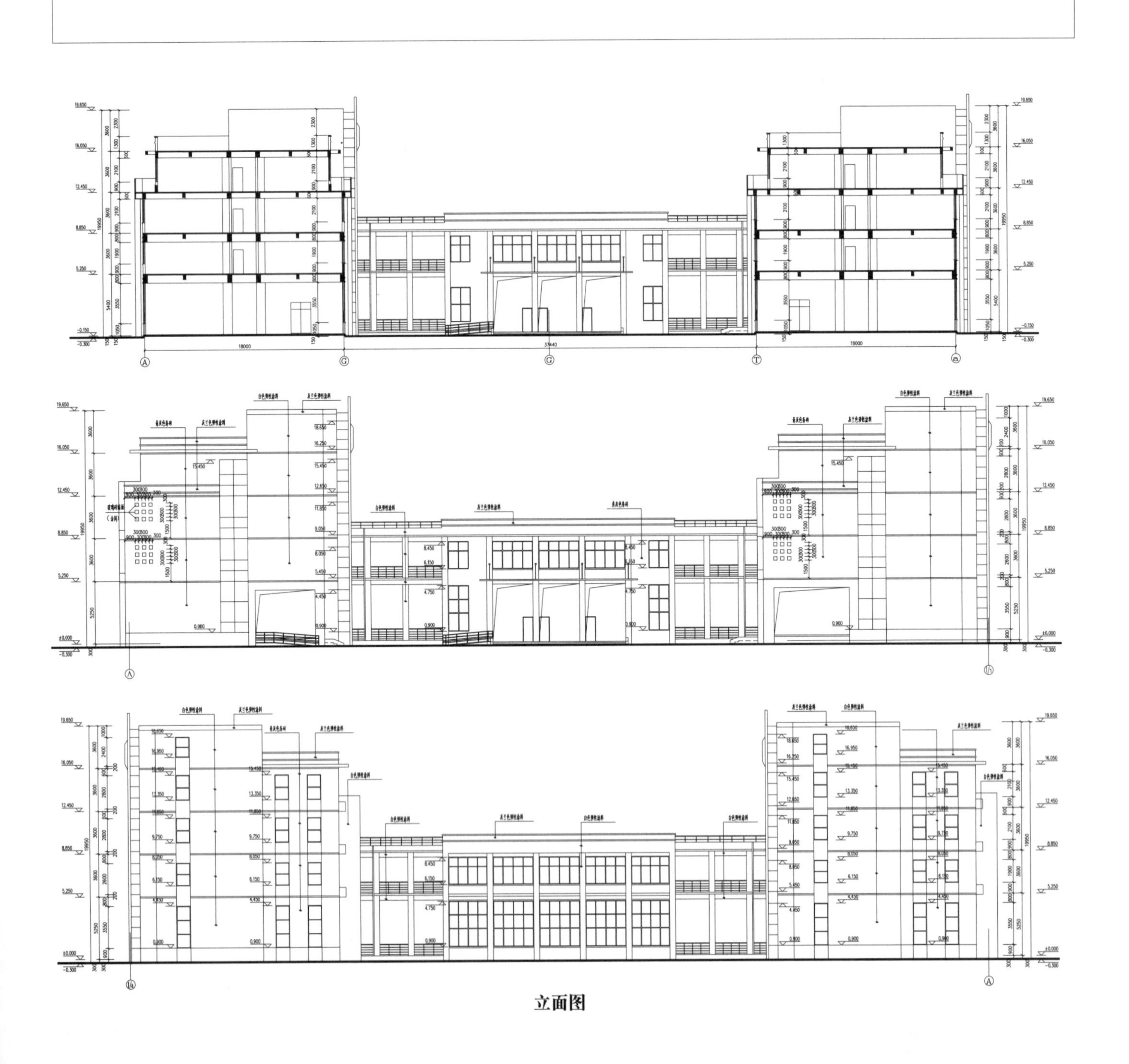

立面图

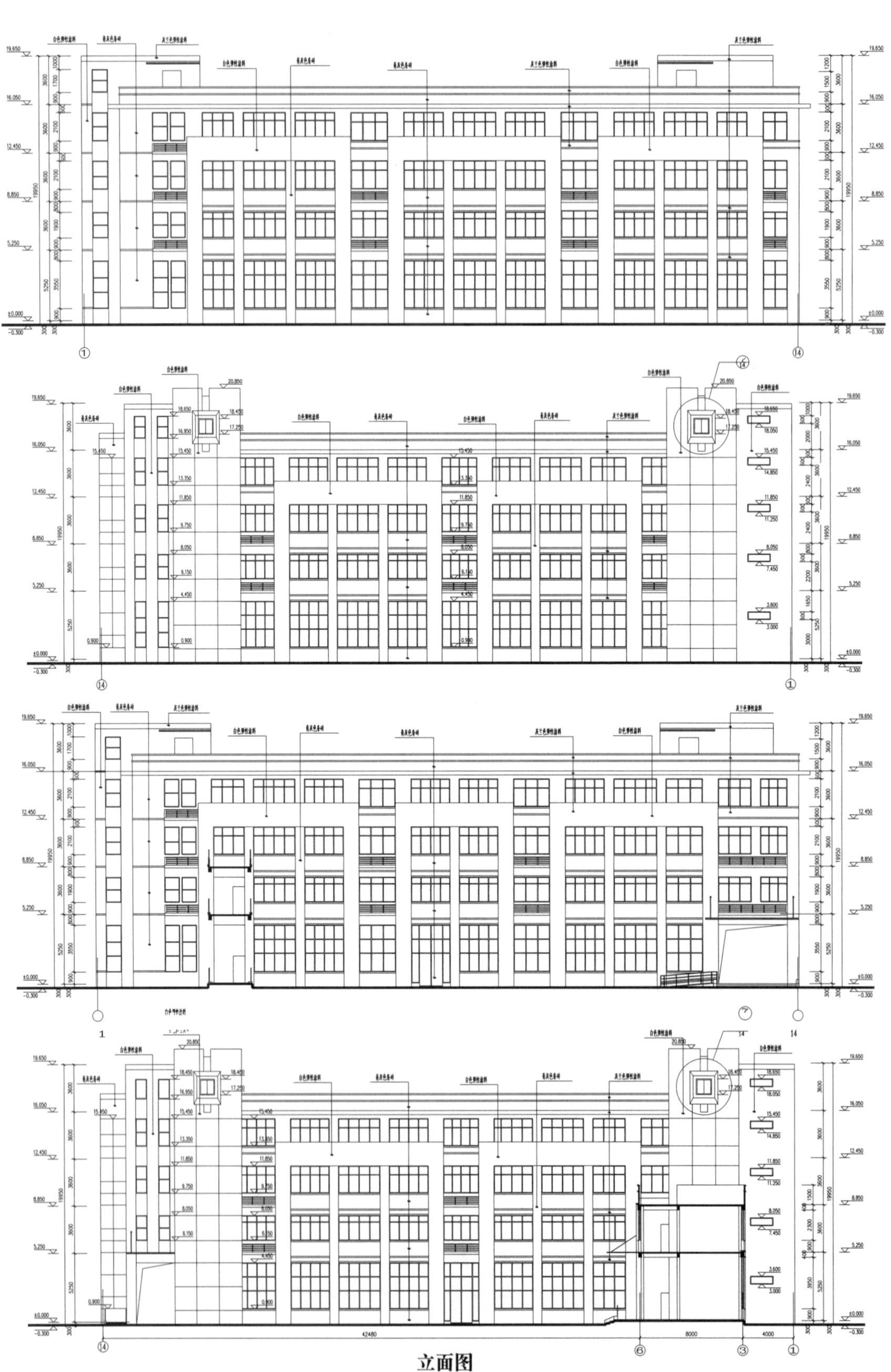

立面图

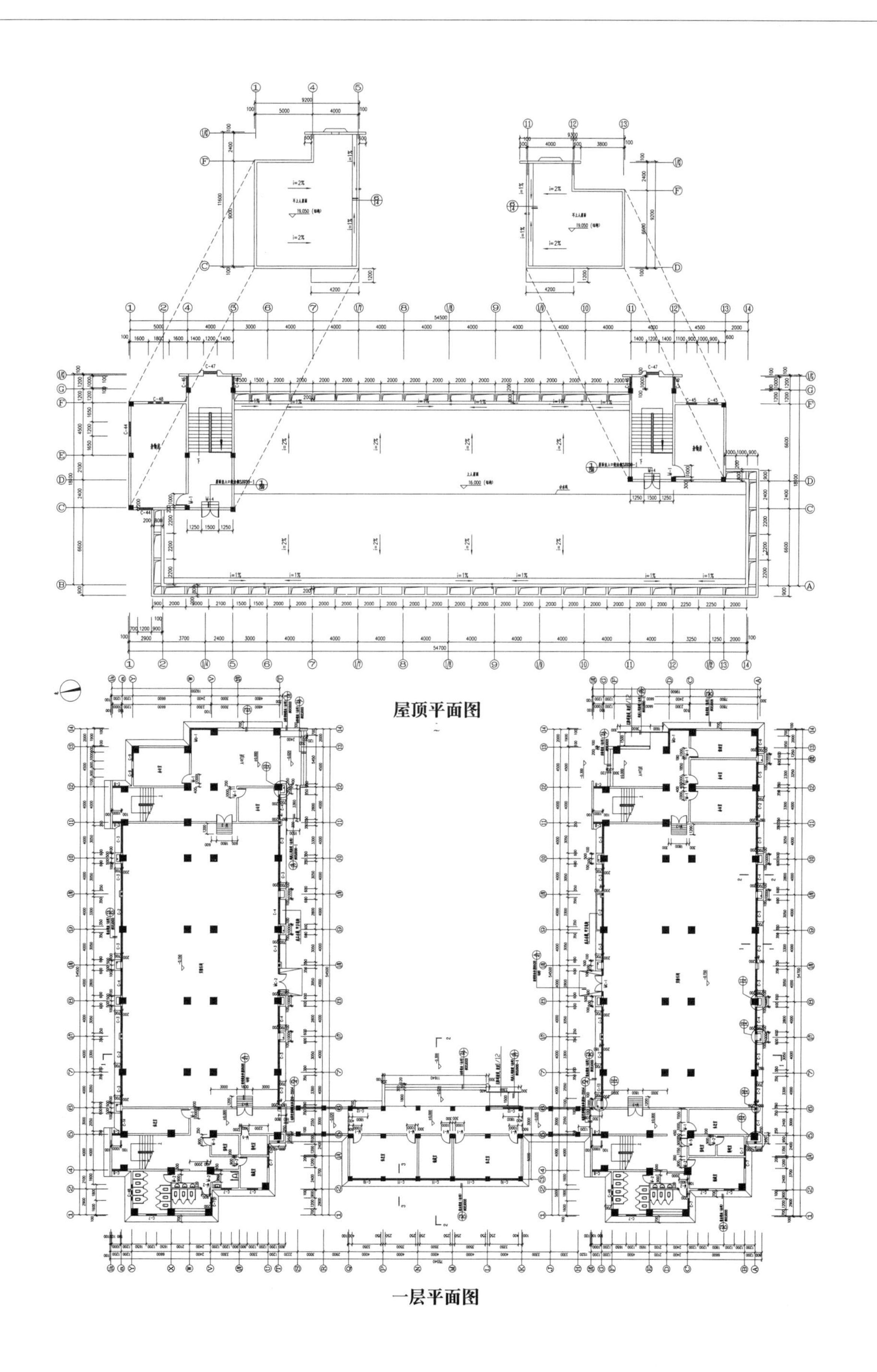
屋顶平面图
一层平面图

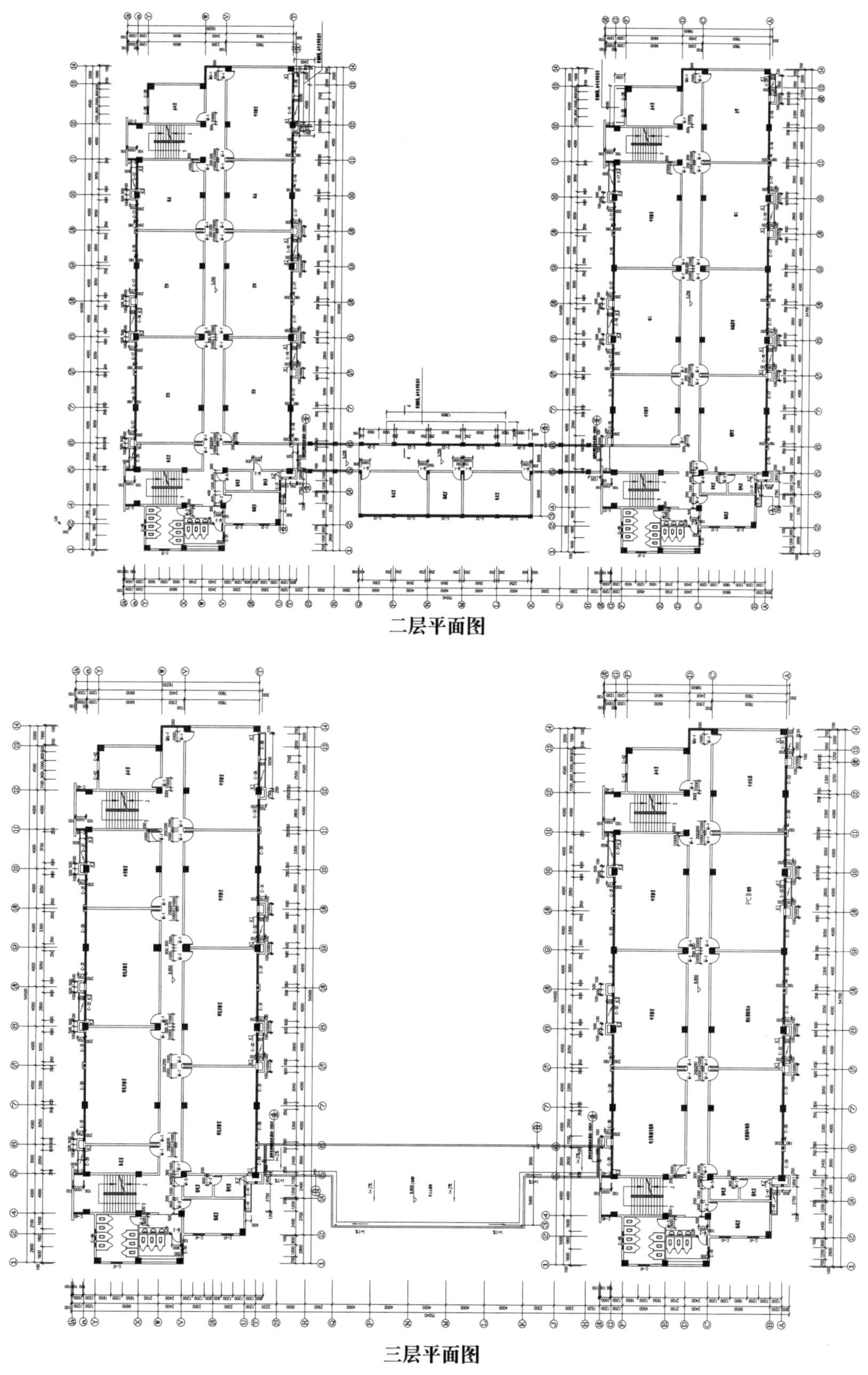
二层平面图
三层平面图

>宿迁市电视大学新区5号教学楼建筑施工图

设计说明

高度类别：多层建筑　　设计风格：现代风格

结构形式：钢筋混凝土结构　　设计流派：现代

框架图纸深度　：方案（初设图）

内容简介

本套图纸包括：平面图、剖面图

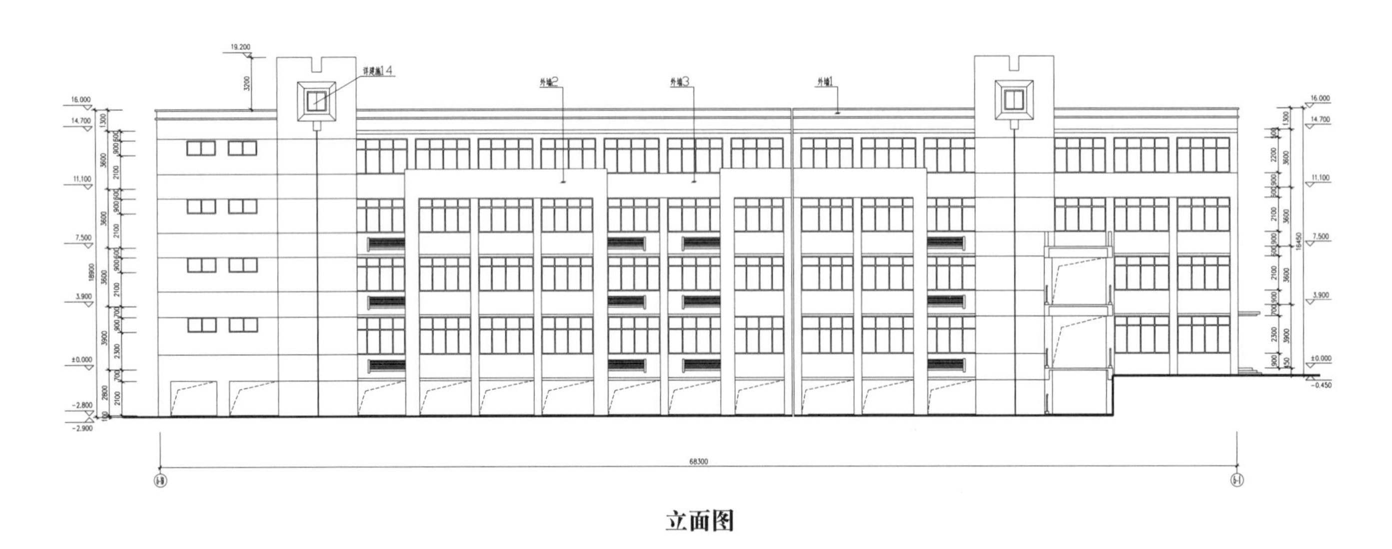

立面图

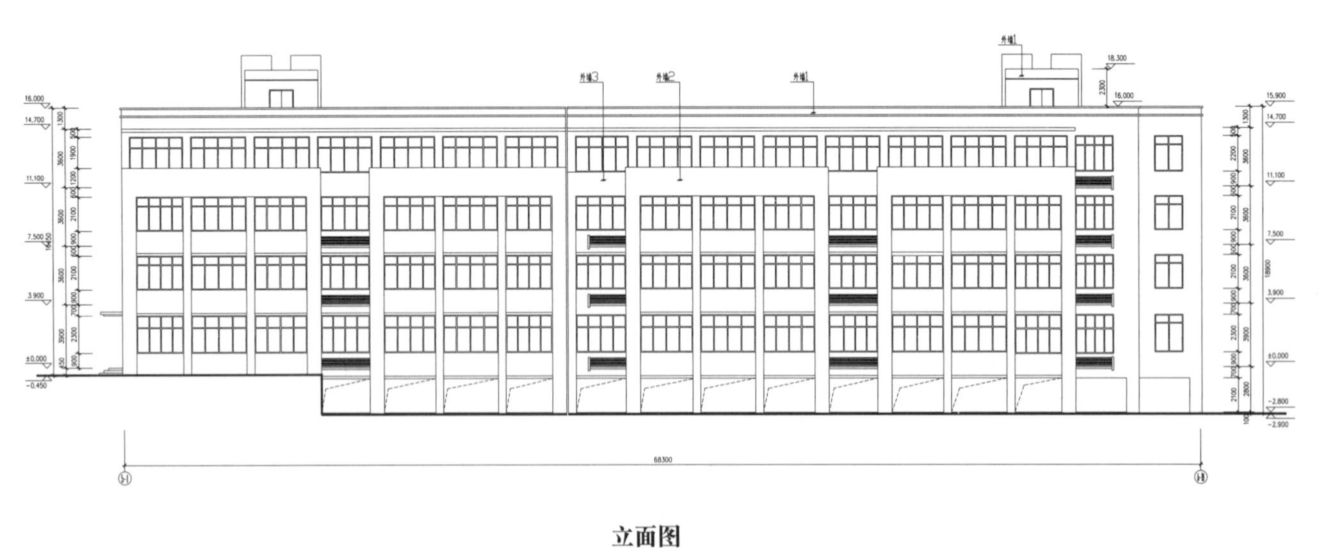

立面图

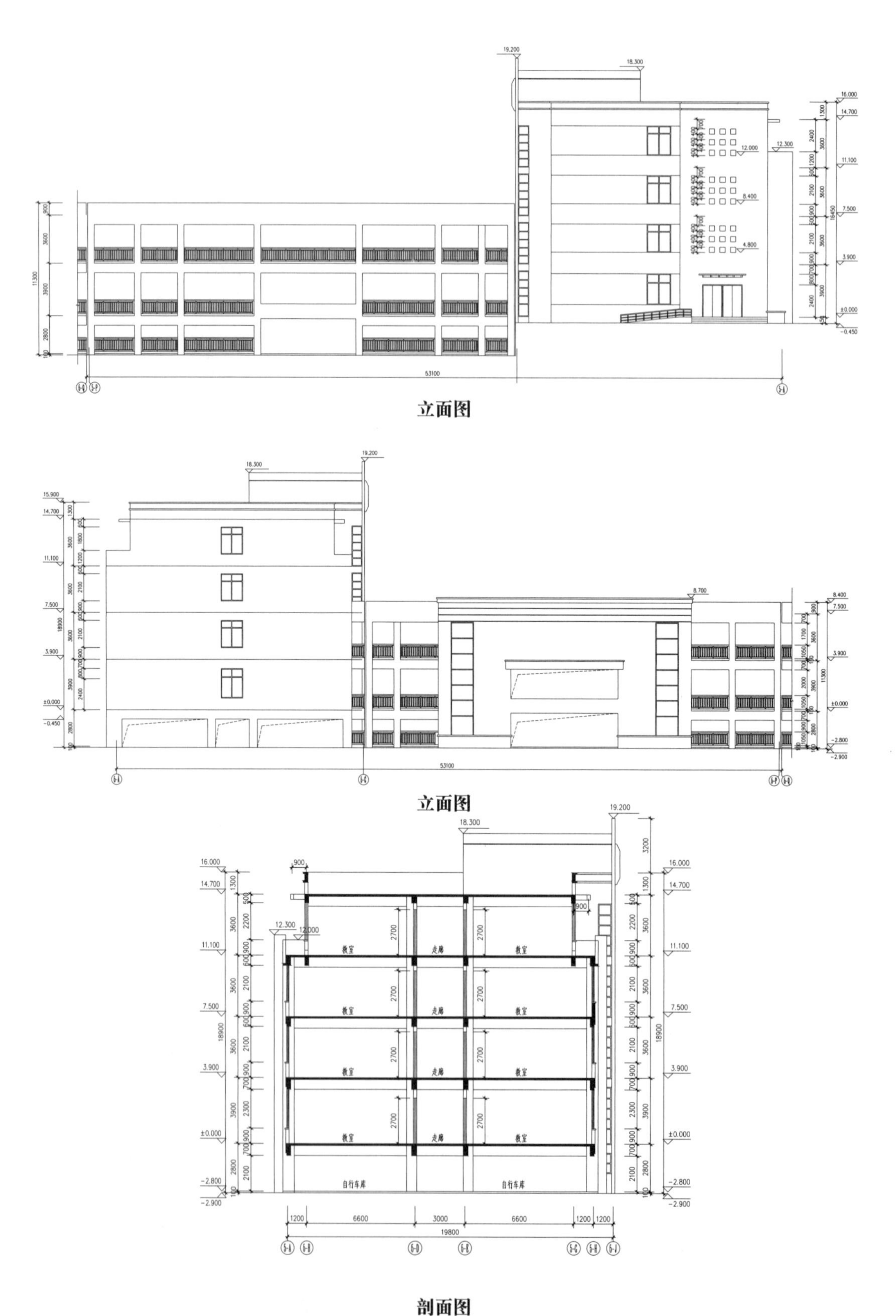

立面图

立面图

剖面图

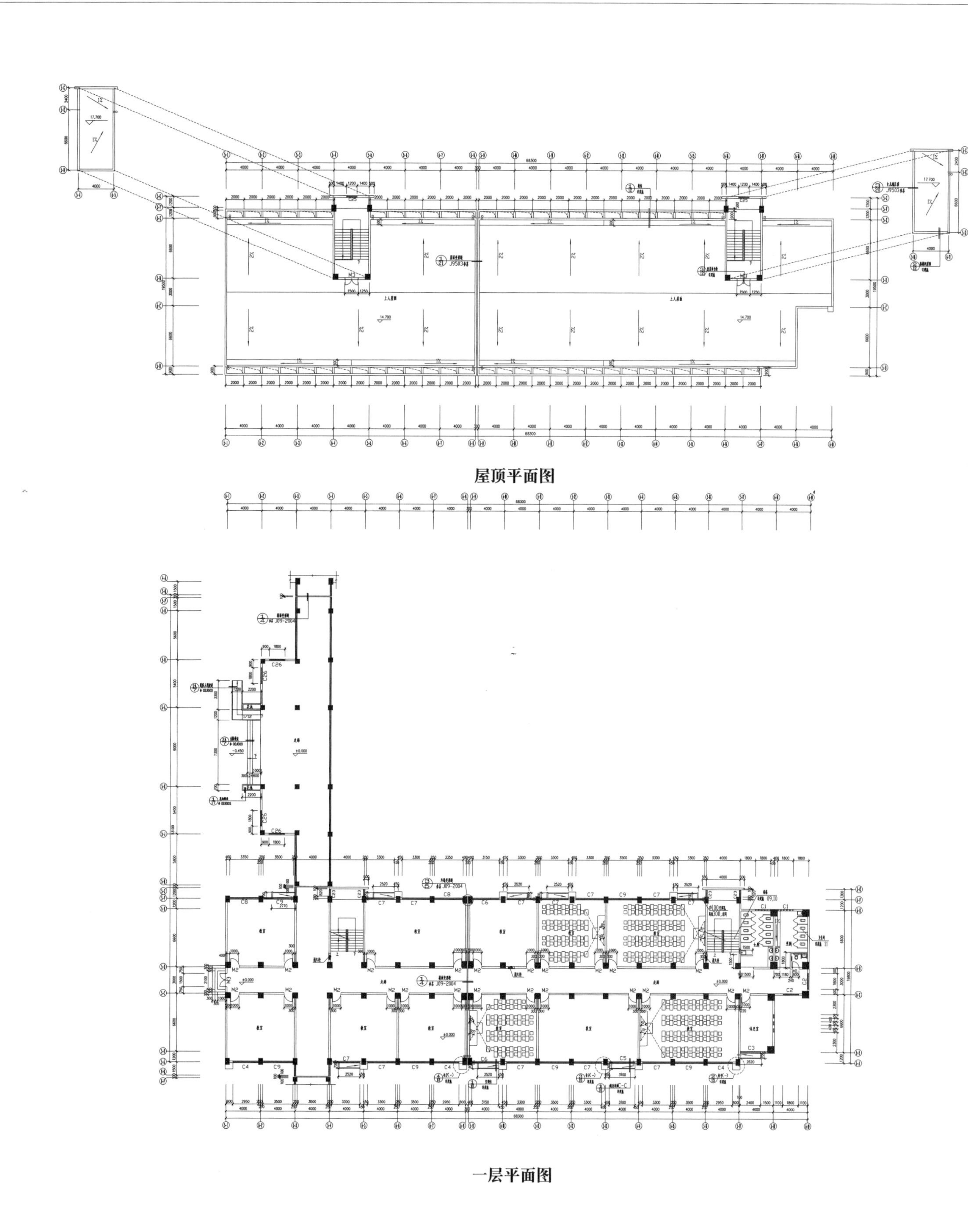

屋顶平面图

一层平面图

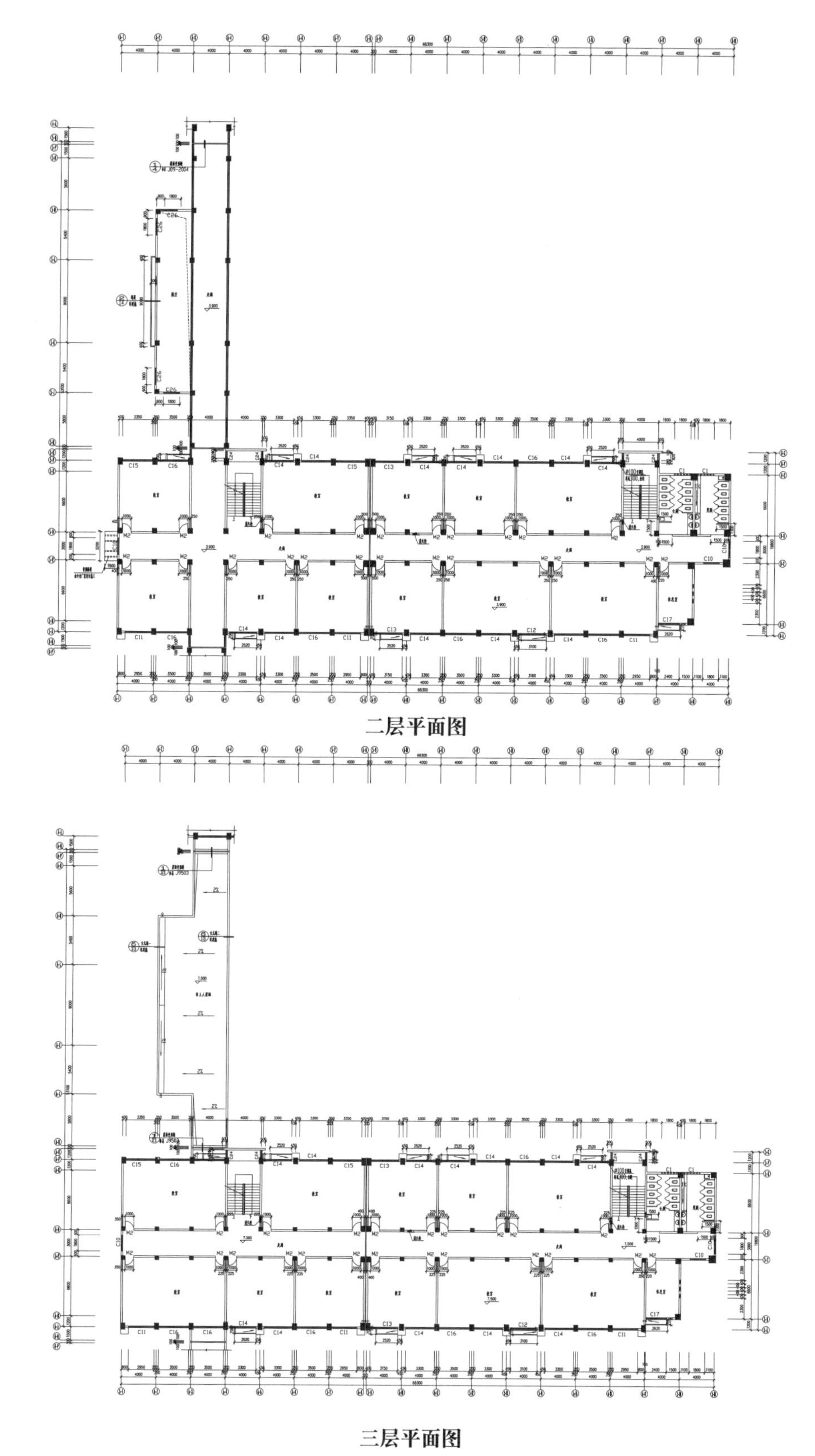

二层平面图

三层平面图

>宿迁市电视大学新区6号教学楼建筑施工图

设计说明

高度类别：多层建筑
结构形式：钢筋混凝土结构
框架图纸深度 ：方案（初设图）

设计风格：现代风格
设计流派：现代

内容简介

本套图纸包括：平面图、剖面图

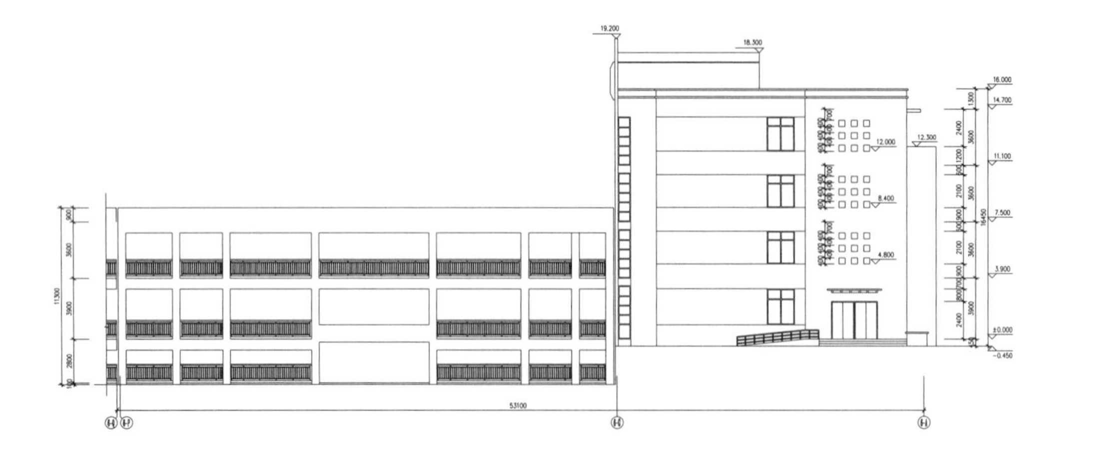

剖面图

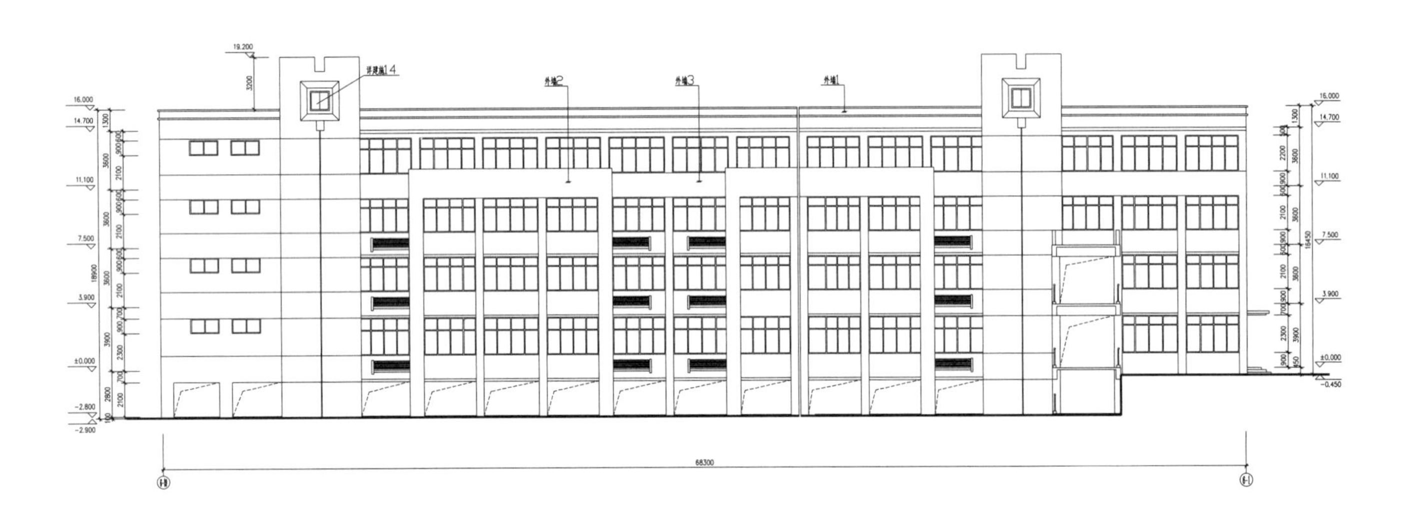

立面图

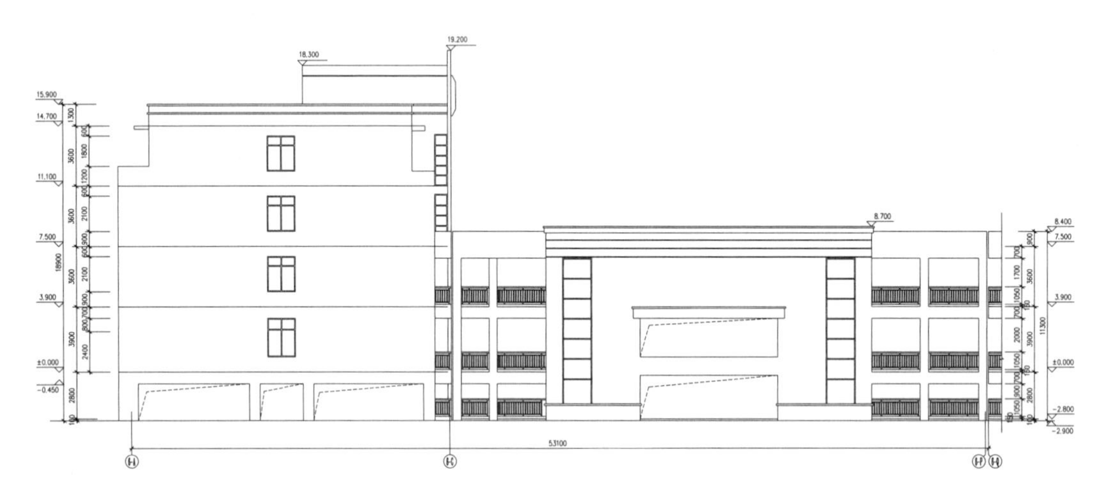

剖面图

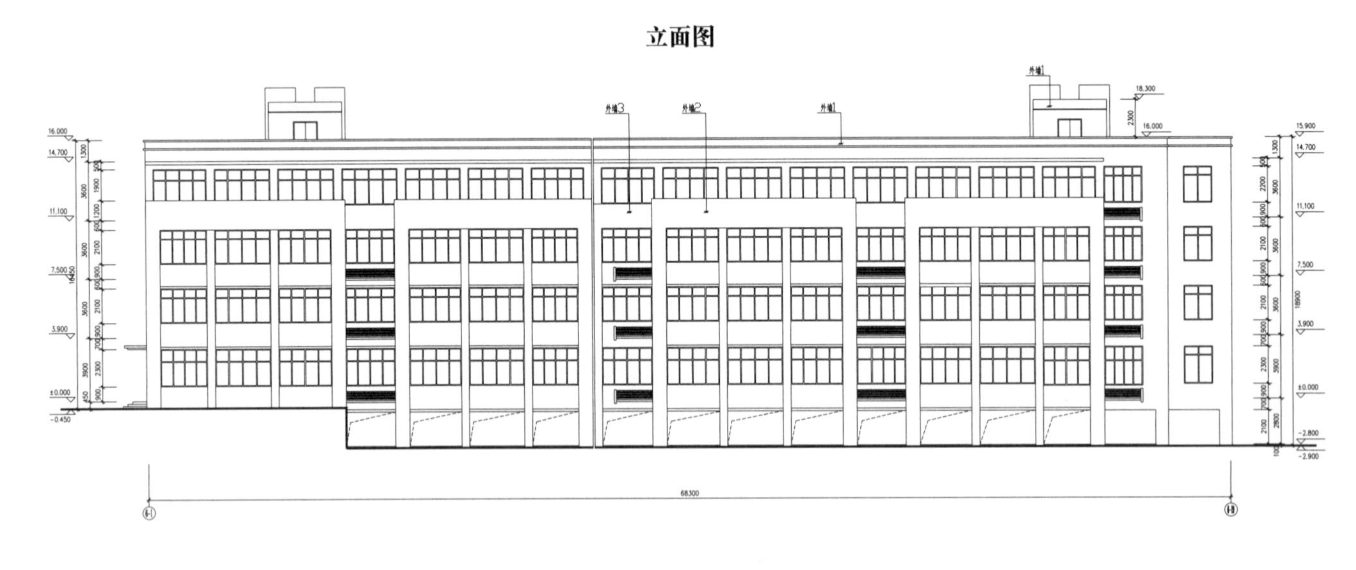

立面图

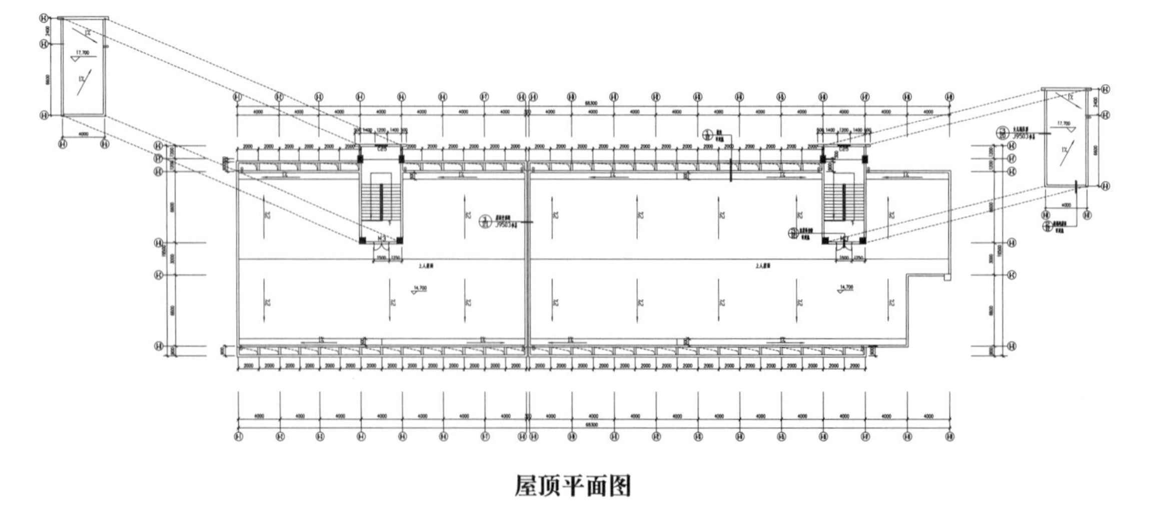

屋顶平面图

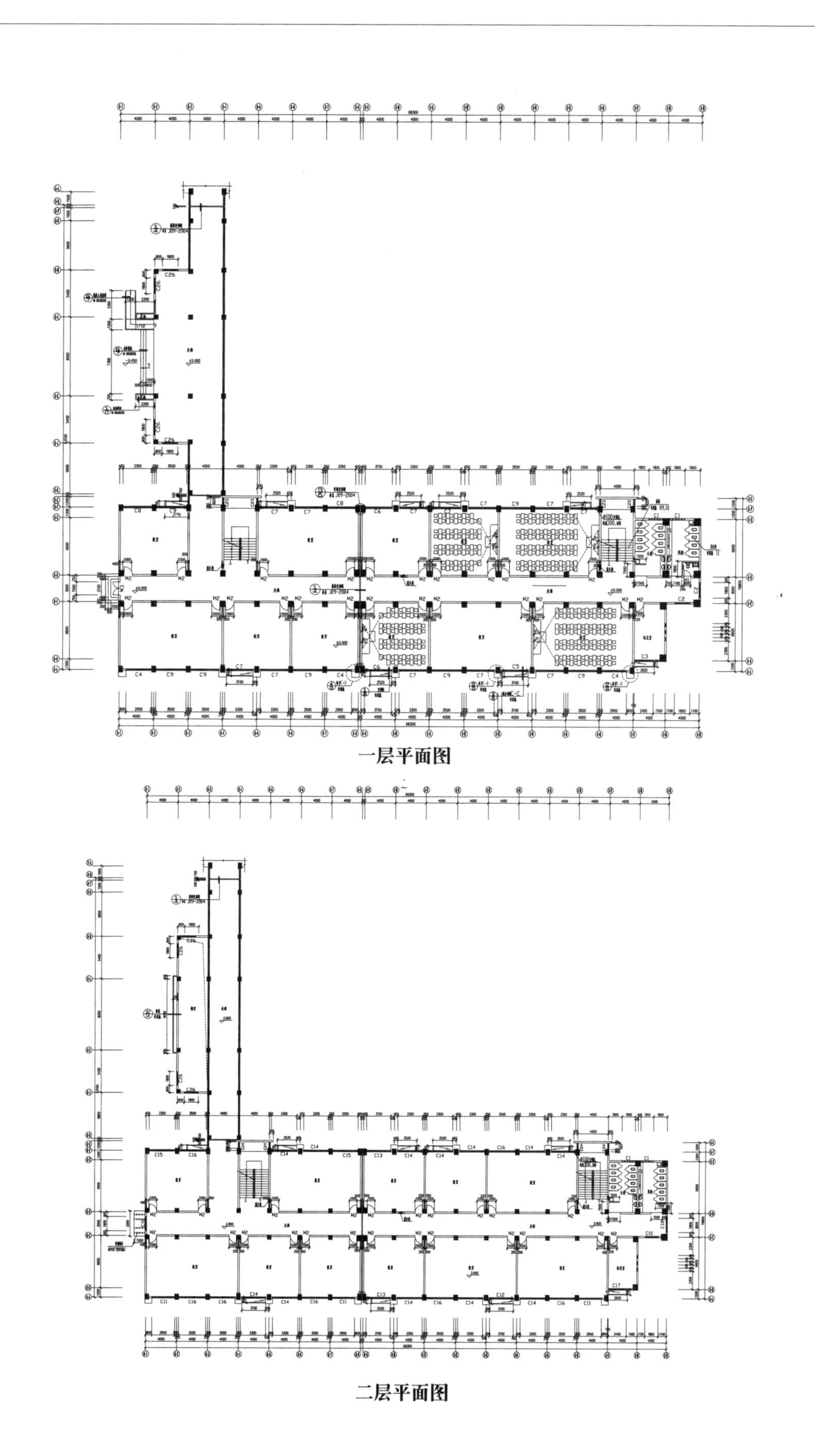

一层平面图

二层平面图

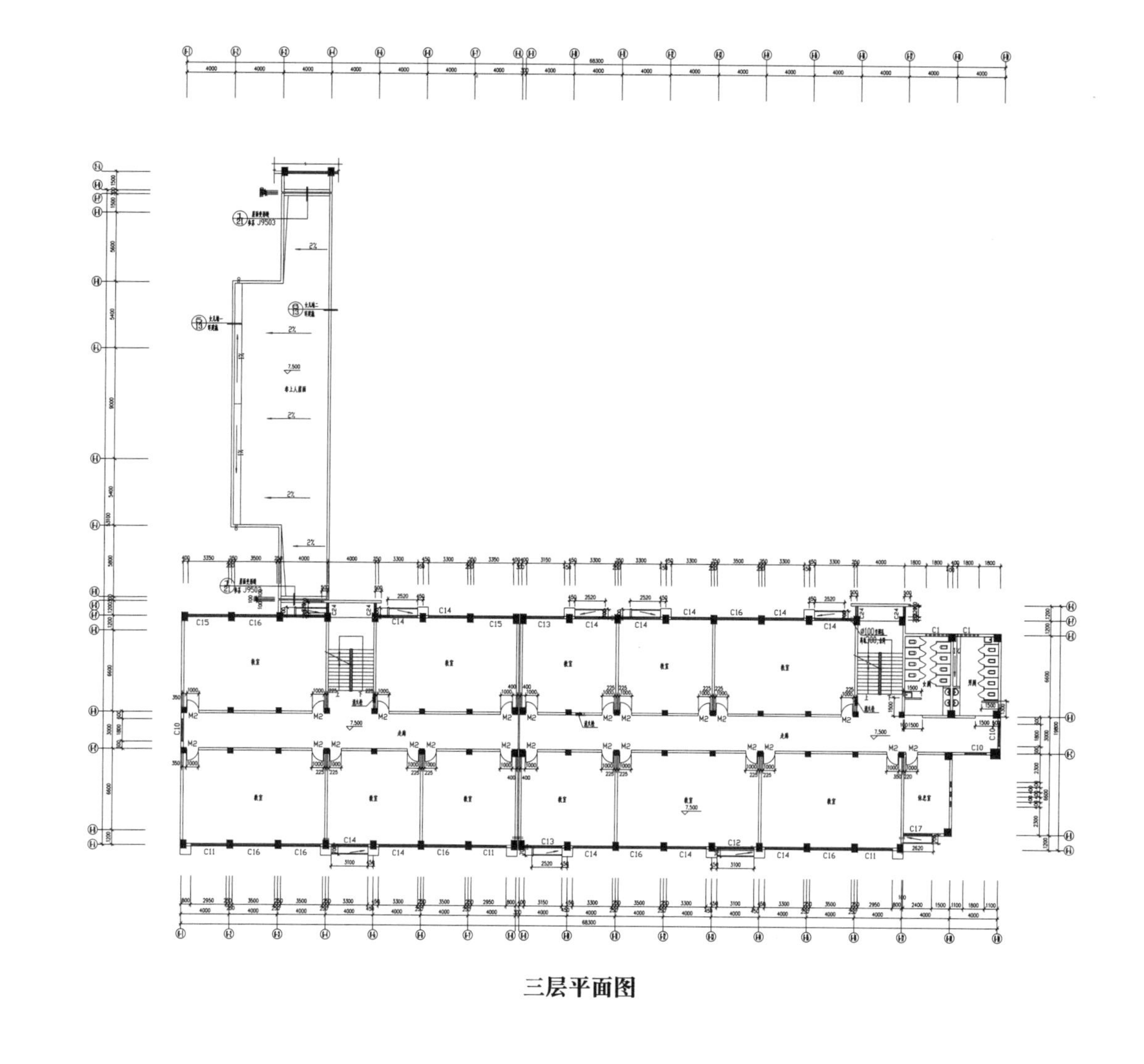

三层平面图

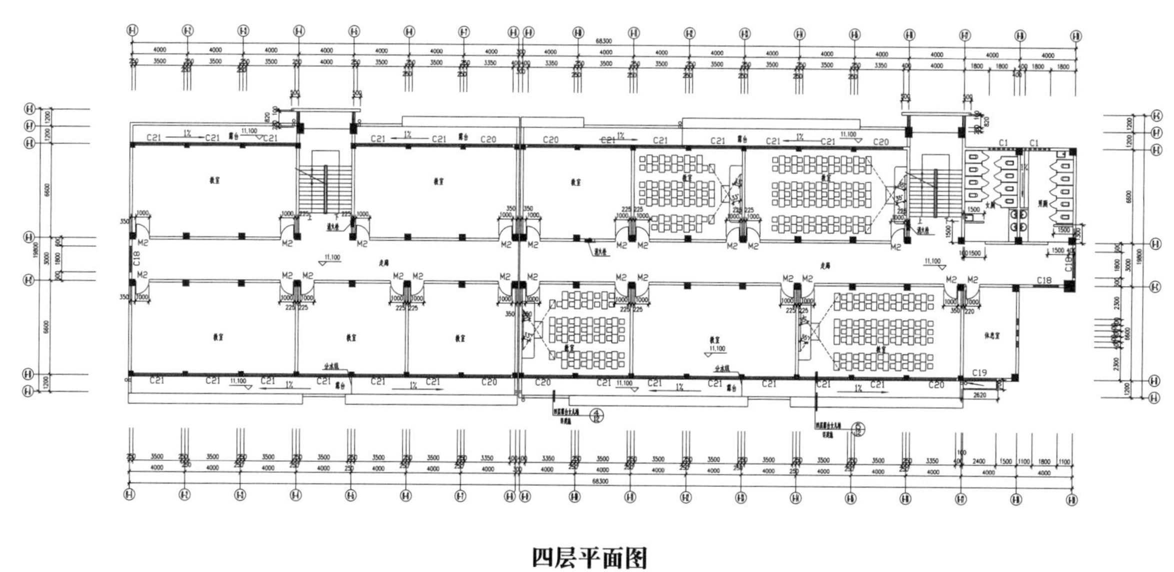

四层平面图

>宿迁市教学楼建筑施工图

设计说明

高度类别：多层建筑

结构形式：钢筋混凝土结构

框架图纸深度 ：方案（初设图）

设计风格：现代风格

设计流派：现代

内容简介

本套图纸包括：平面图、剖面图

19.200
18.300
16.000
14.700
12.300
12.000
11.100
7.500
3.900
±0.000
-2.800
-2.900
900
3200
1300
500
2200
3600
900
600
2100
3900
700
2300
2800
2100
18900
2700
教室
走廊
教室
自行车库
自行车库
1200
6600
3000
6600
1200
1200
19800

剖面图

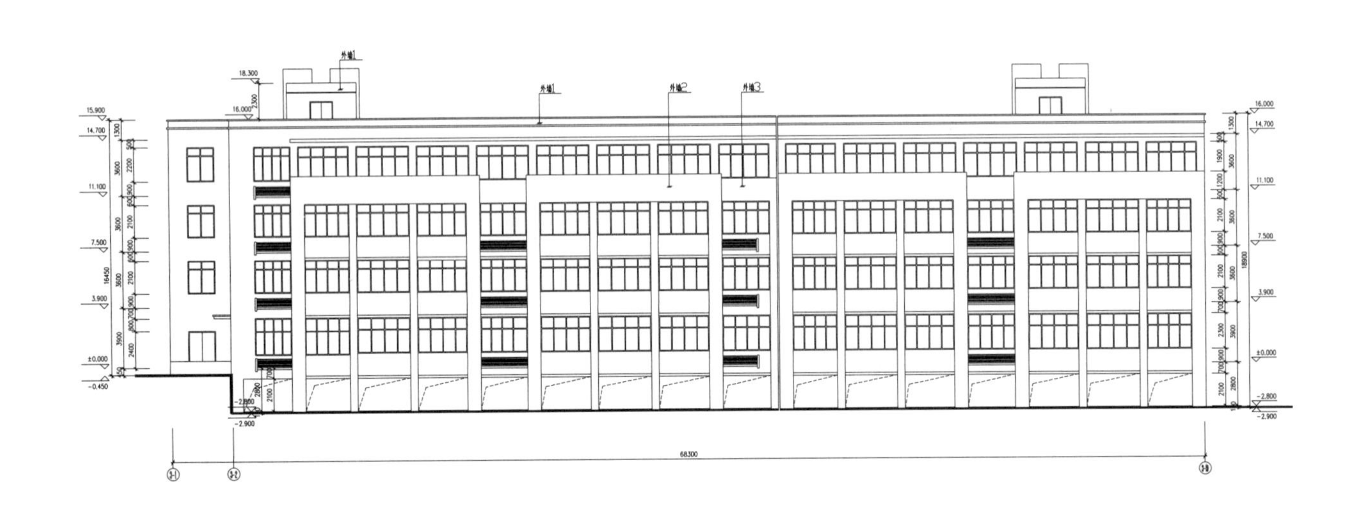

立面图

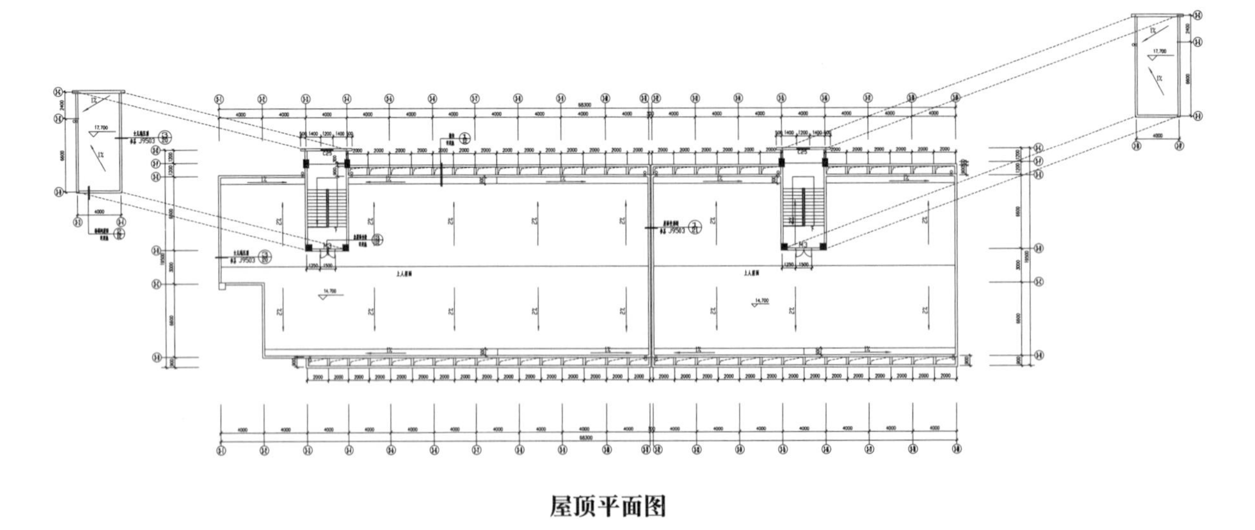

屋顶平面图

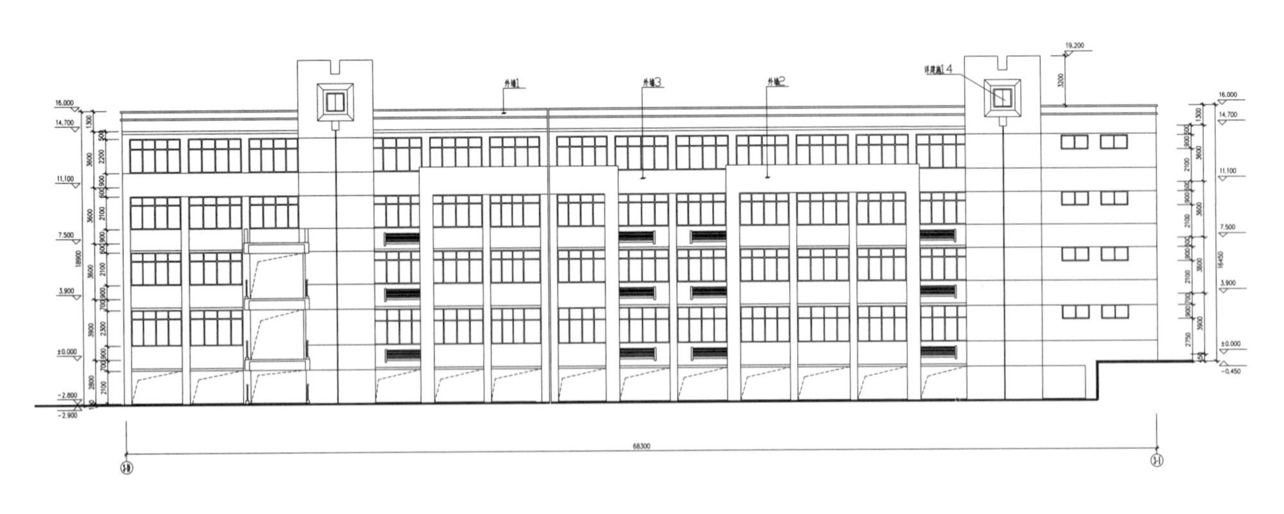

立面图

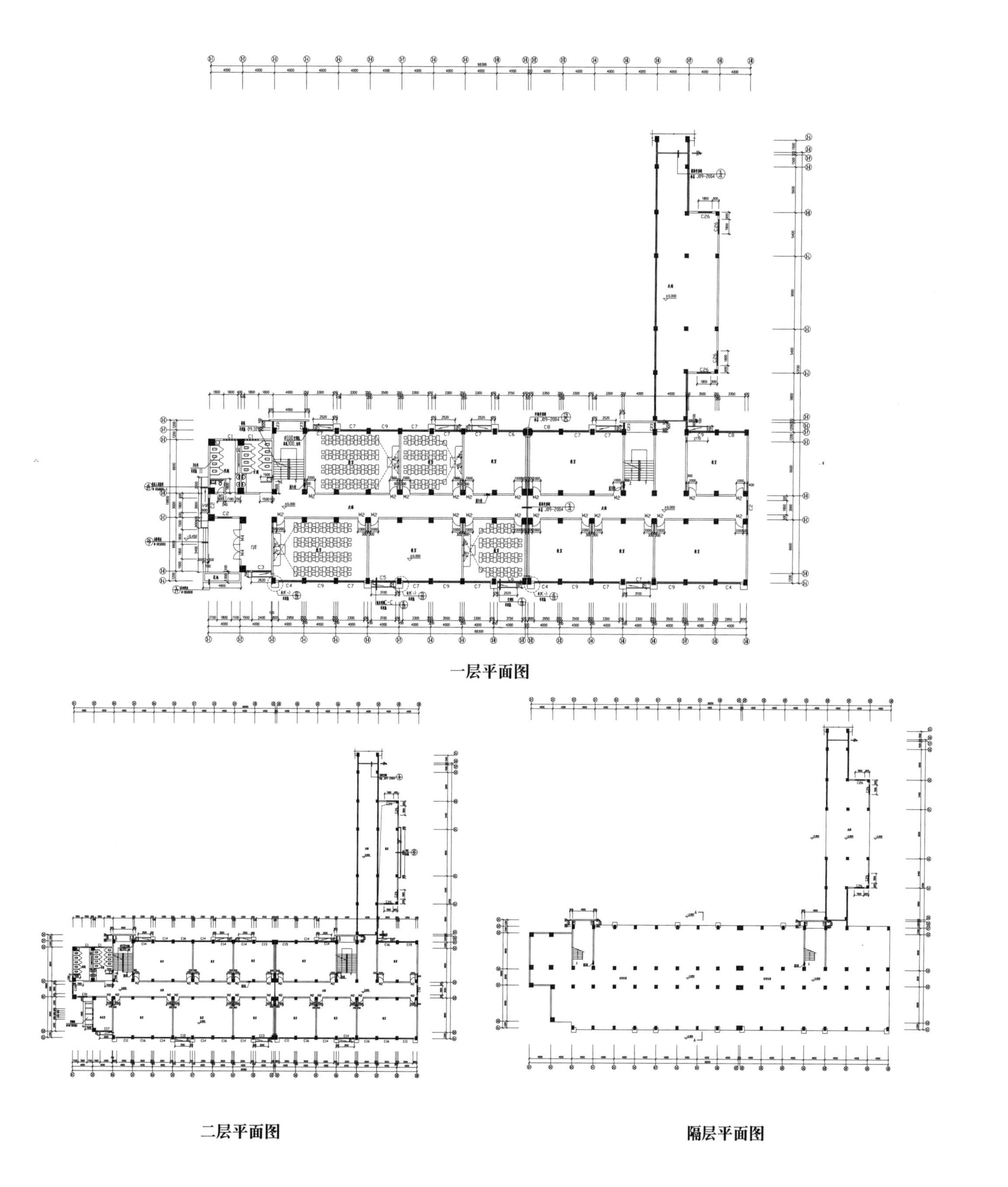

一层平面图

二层平面图

隔层平面图

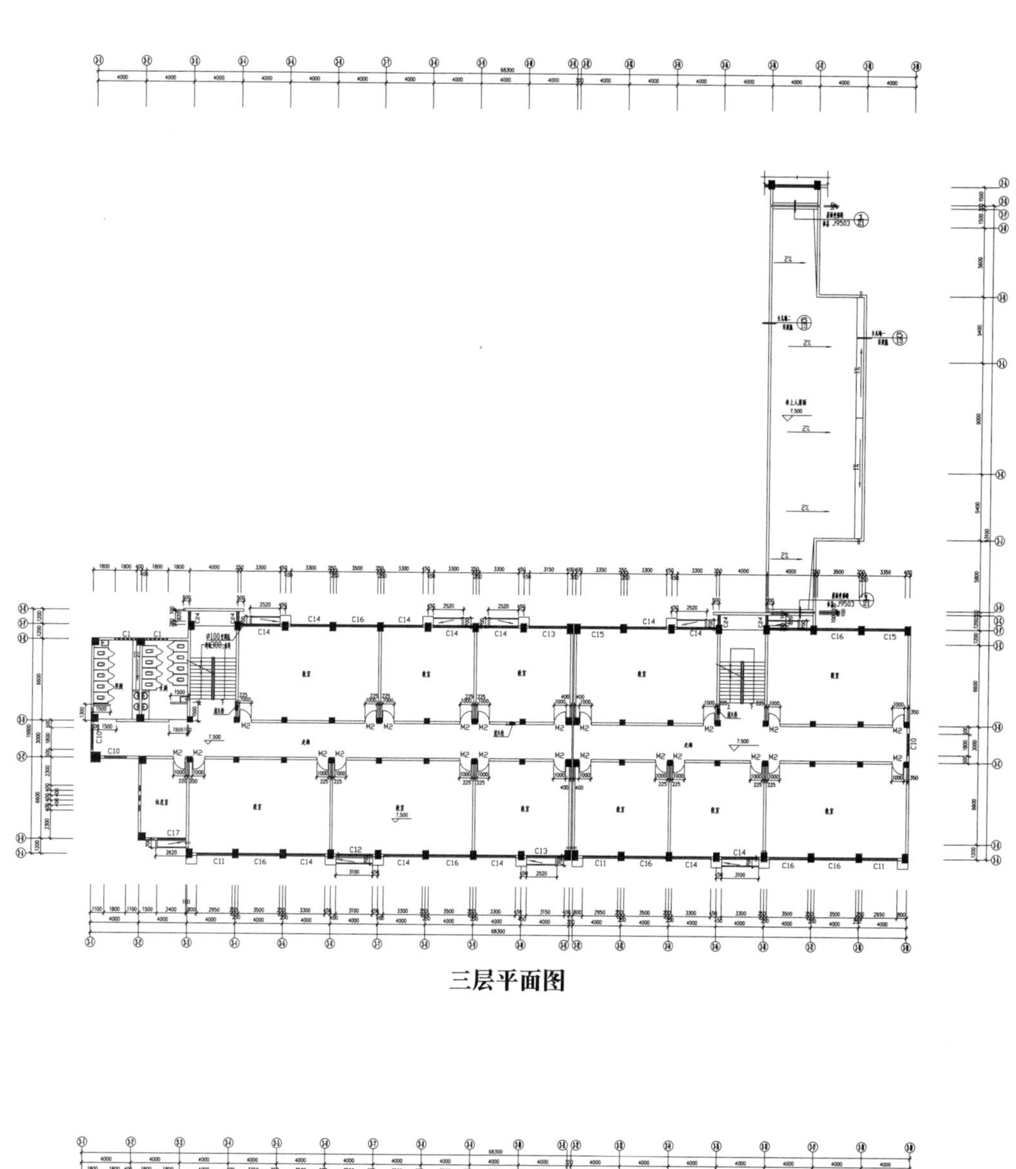

三层平面图

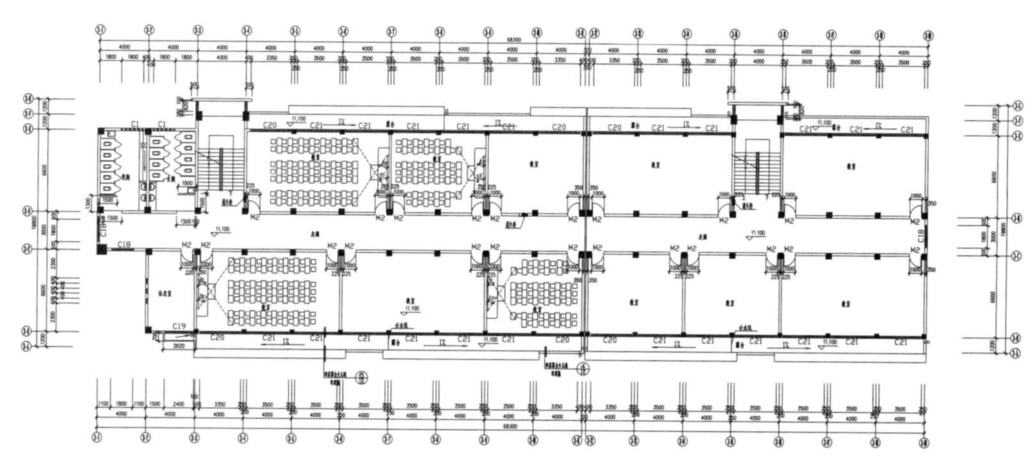

四层平面图

> 宿迁市某电视大学新区大门建筑施工图

设计说明

高度类别：多层建筑
结构形式：钢筋混凝土结构
框架图纸深度 ：方案（初设图）

设计风格：现代风格
设计流派：现代

内容简介

本套图纸包括：平面图、剖面图

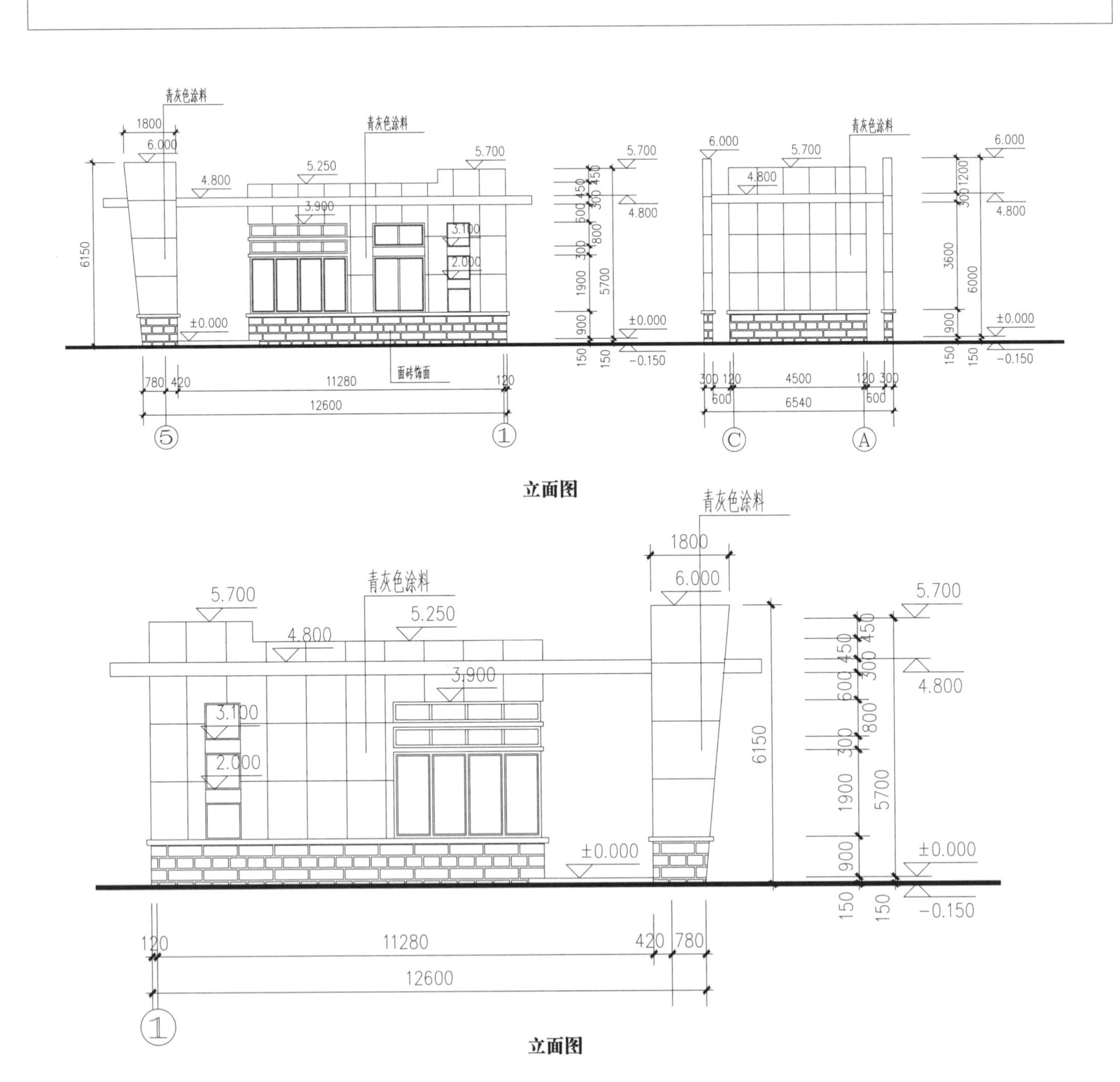

立面图

立面图

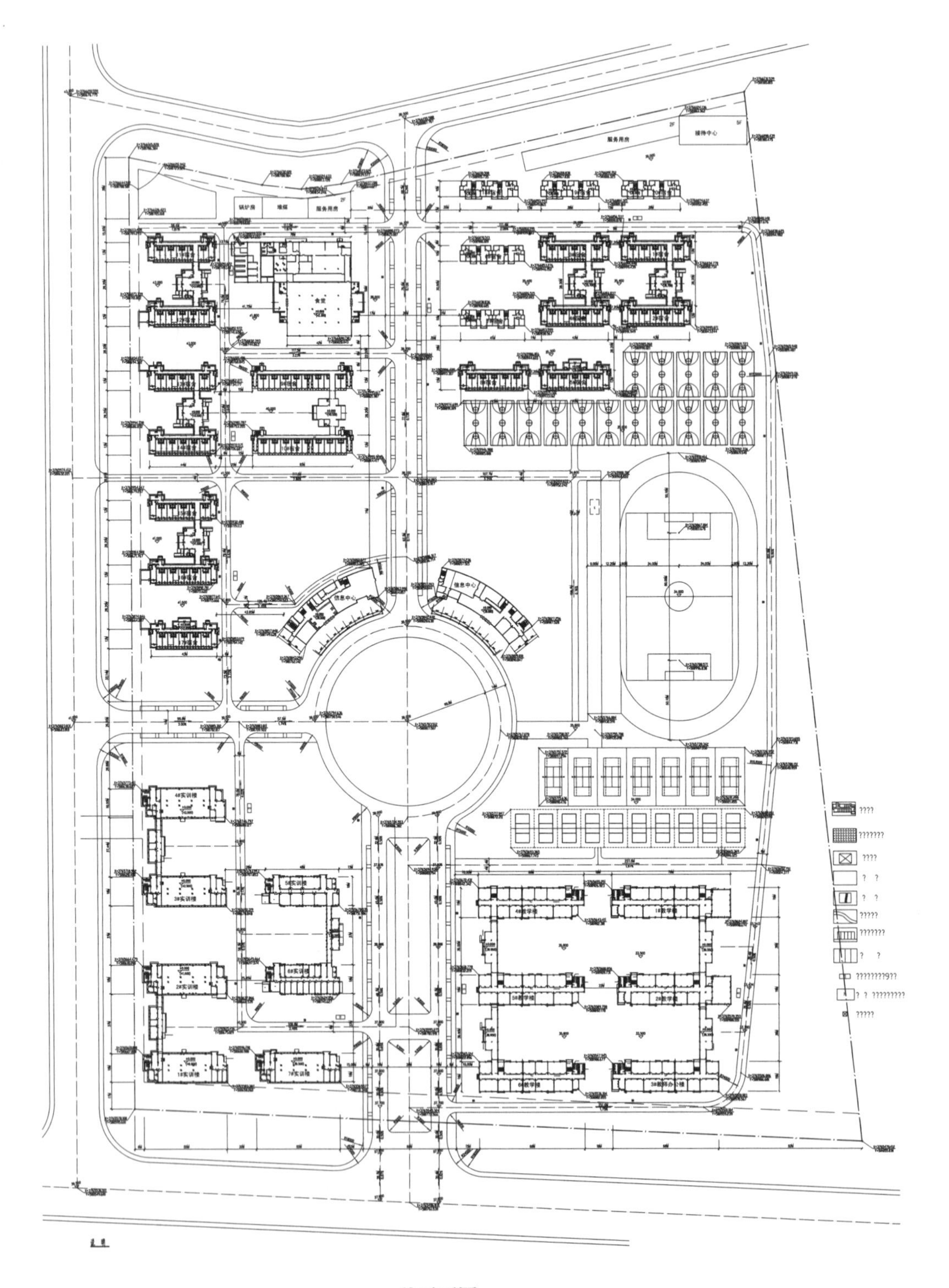

总平面图

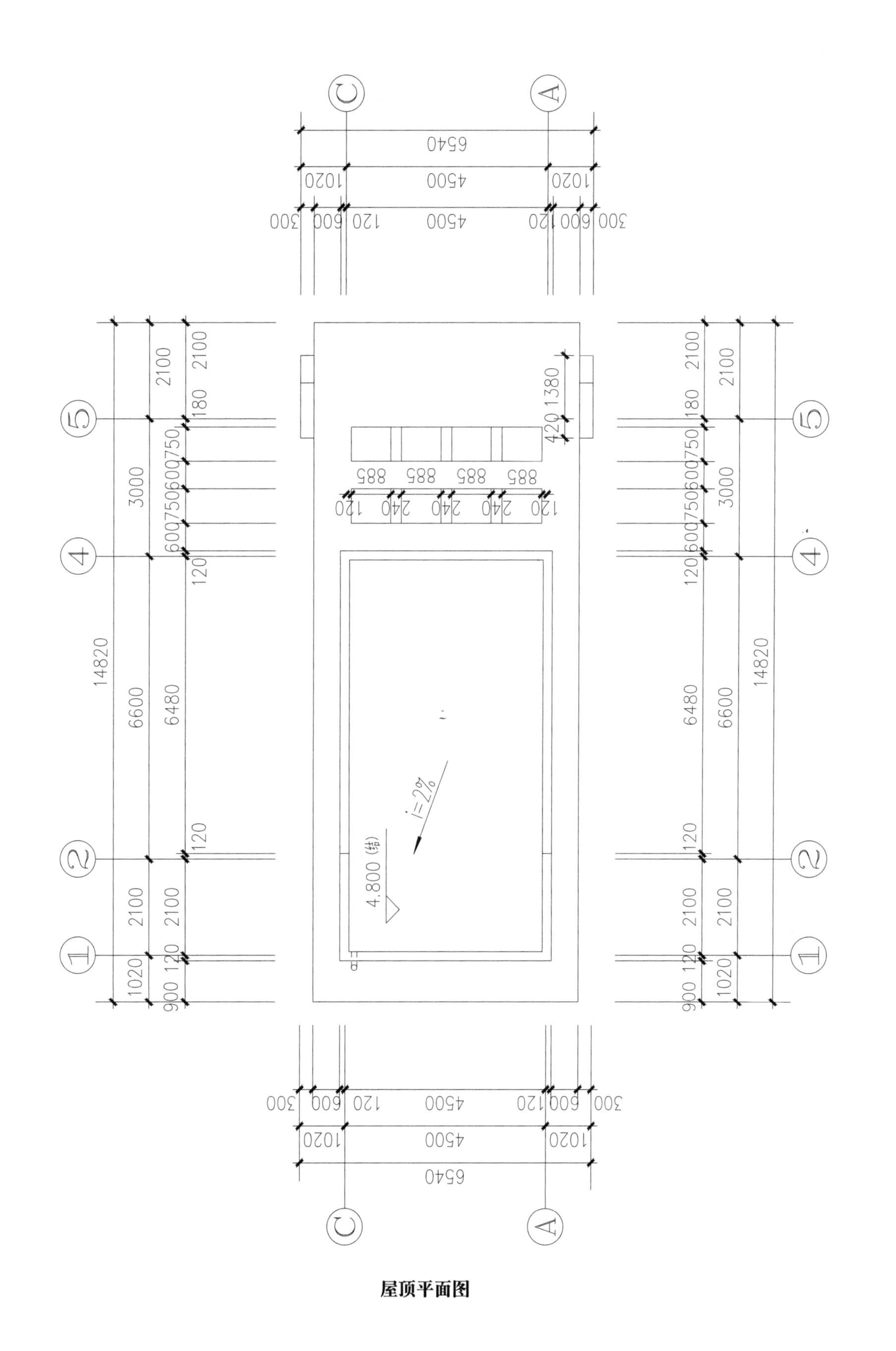

屋顶平面图

一层平面图

>宿迁市学校新区实训楼建筑

设计说明

高度类别：多层建筑
结构形式：钢筋混凝土结构
框架图纸深度 ：方案（初设图）

设计风格：现代风格
设计流派：现代

内容简介

本套图纸包括：总平面图、剖面图、立面图

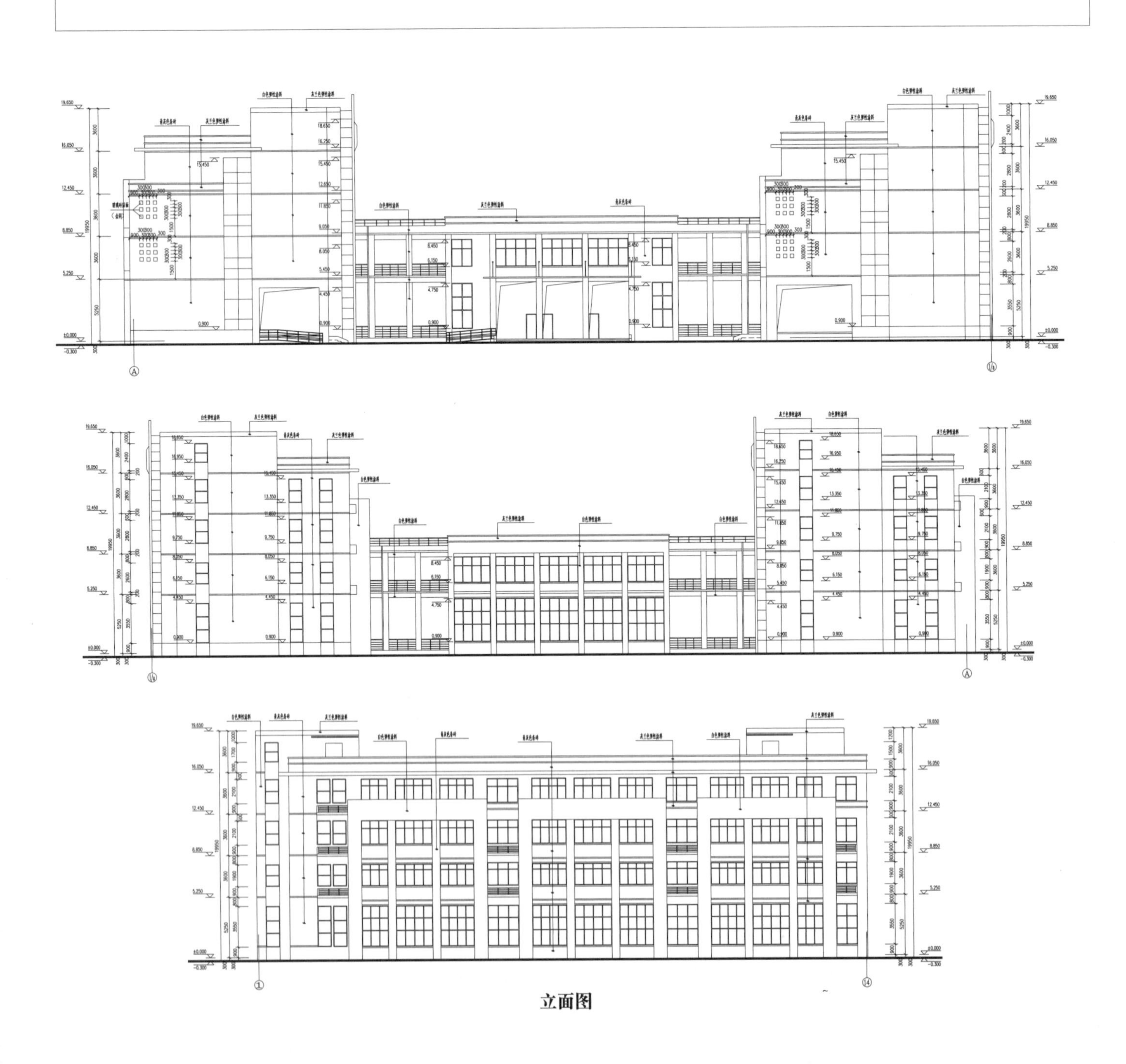

立面图

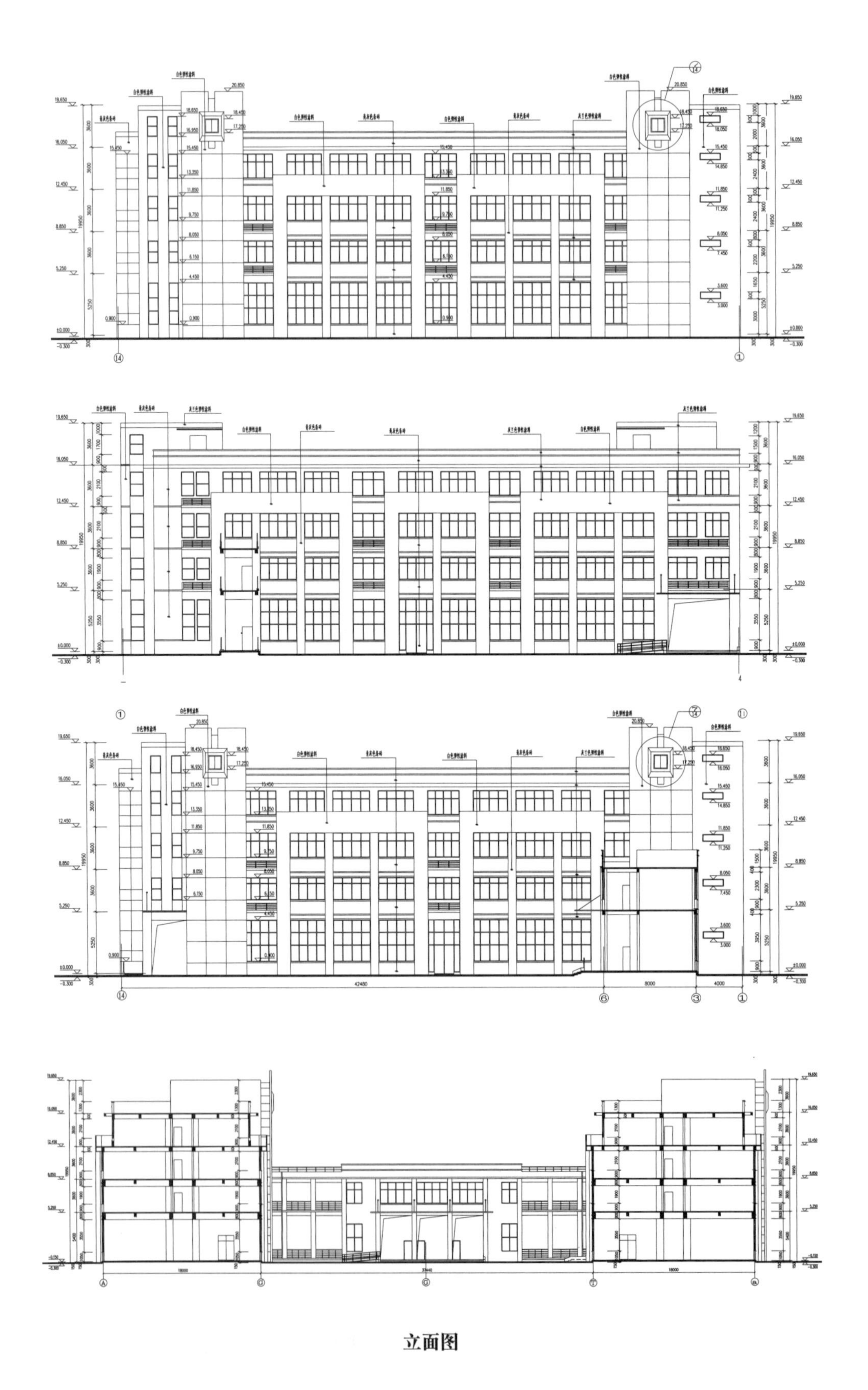

立面图

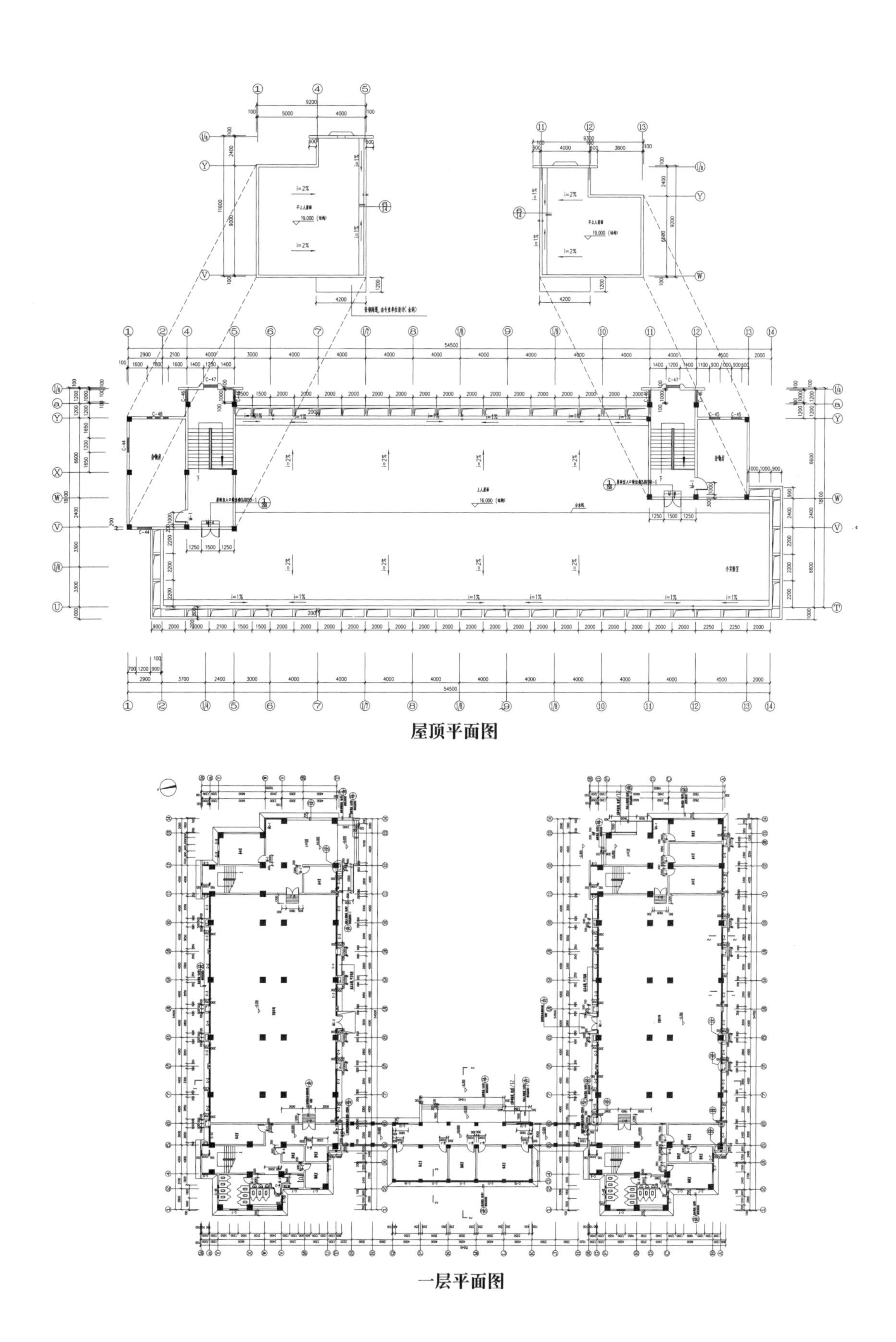

屋顶平面图

一层平面图

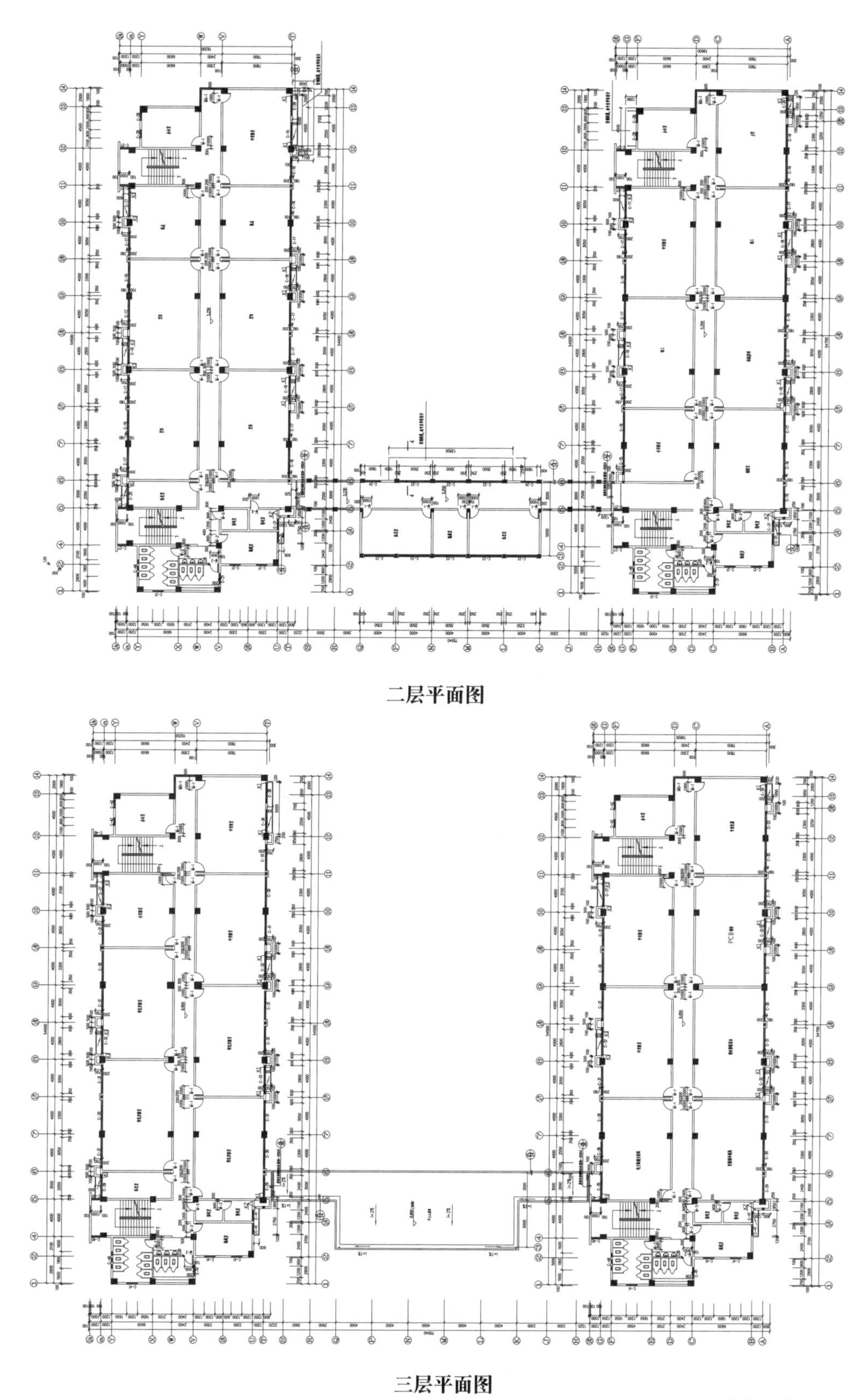

二层平面图

三层平面图

> 天津大学六层教学楼建筑施工图

设计说明

高度类别：多层建筑
结构形式：钢筋混凝土结构
框架图纸深度 ：方案（初设图）

设计风格：现代风格
设计流派：现代

内容简介

本套图纸包括：筑平面定位图、平面图、立面图、剖面图、节点详图，设计说明和防火说明。共30张图纸

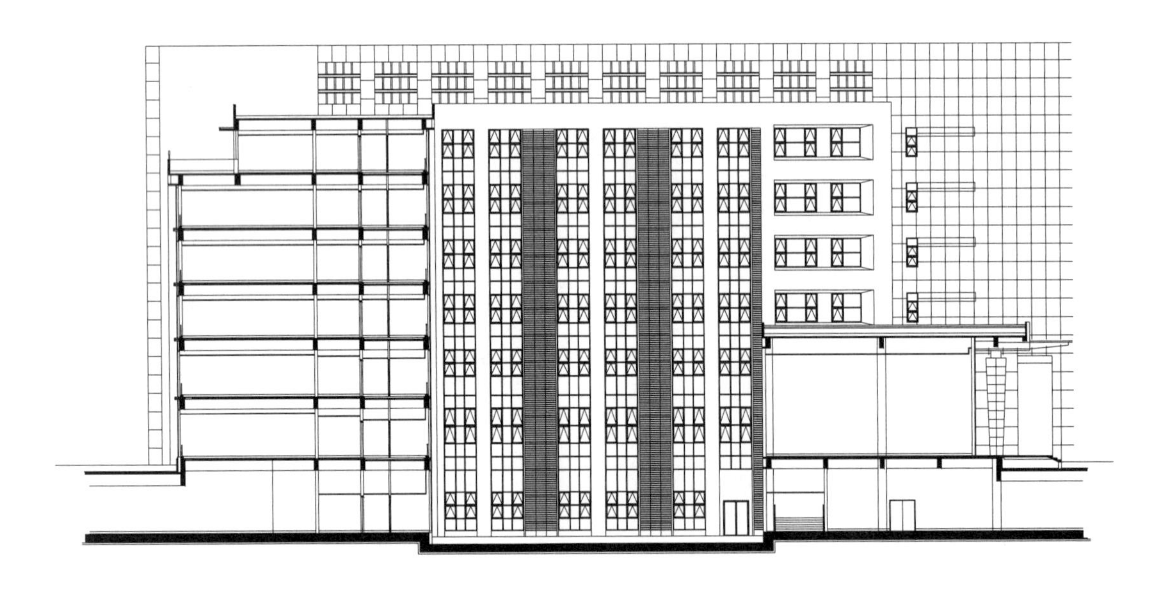

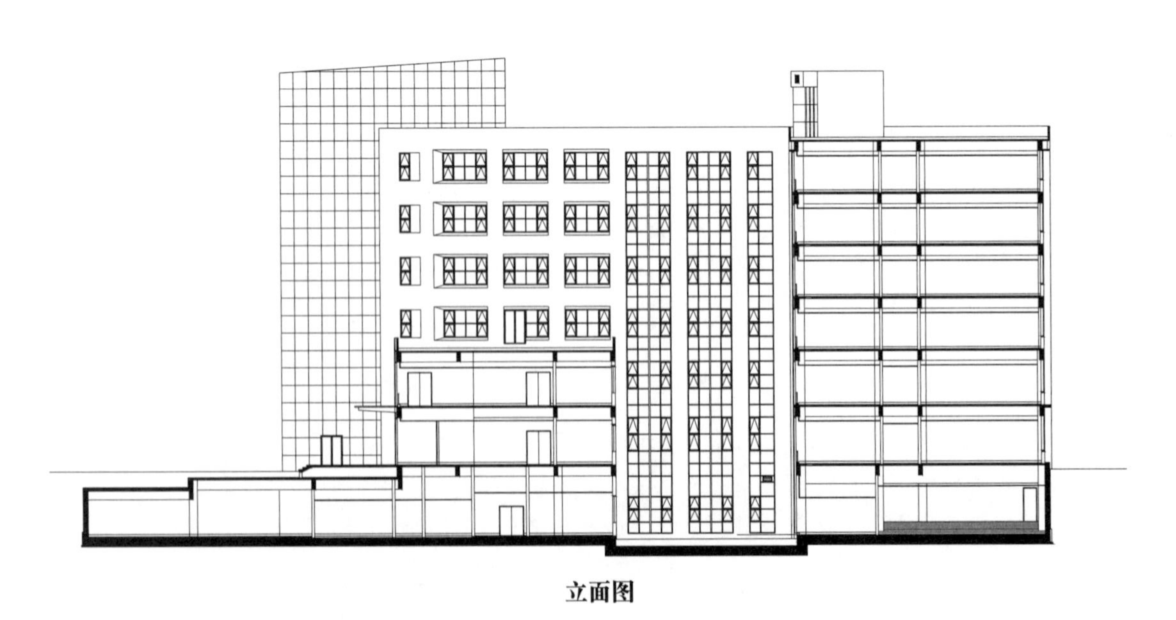

立面图

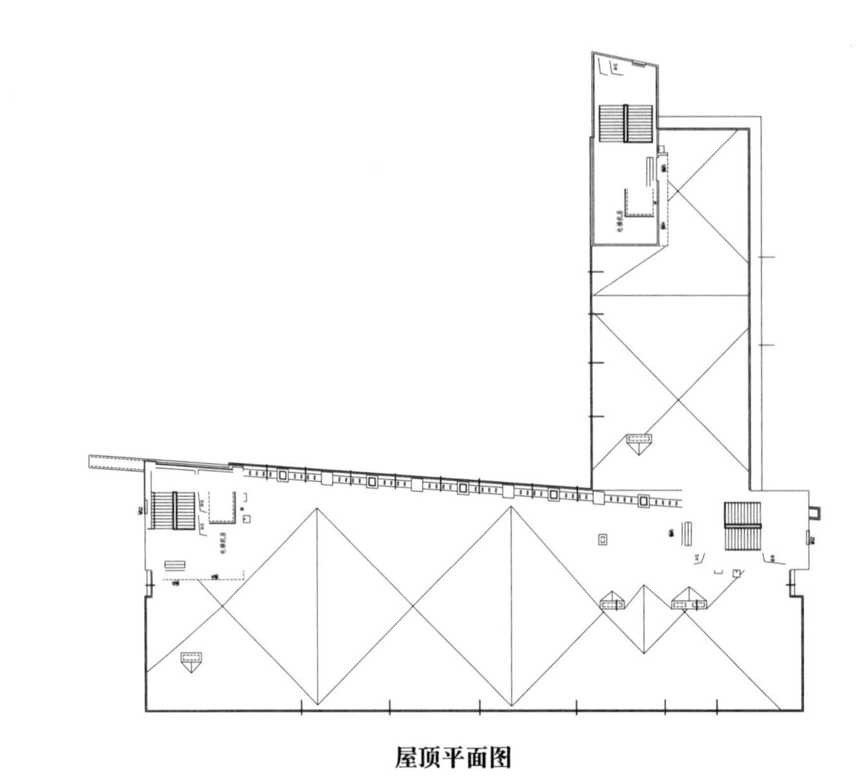

屋顶平面图

一层平面图

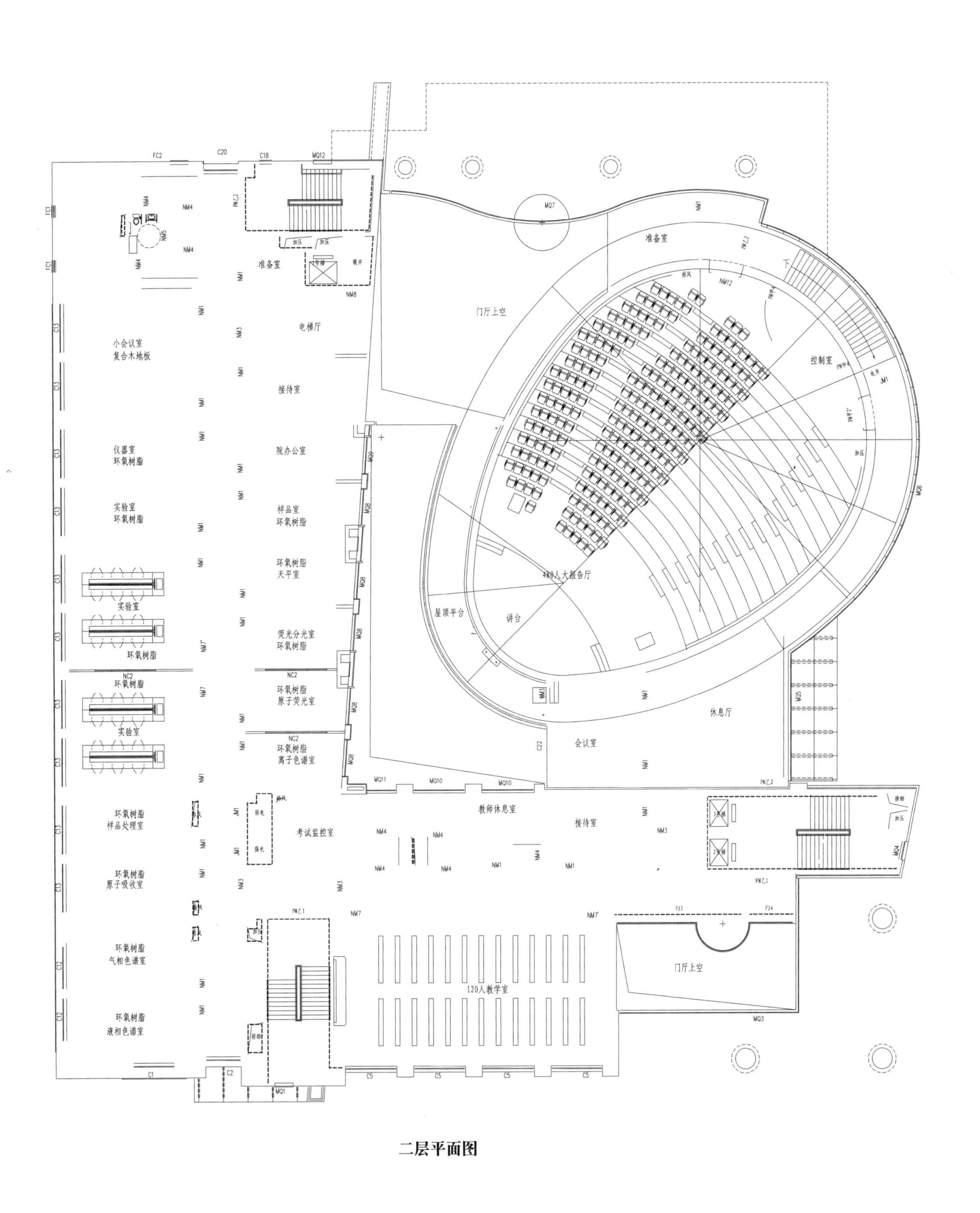

二层平面图

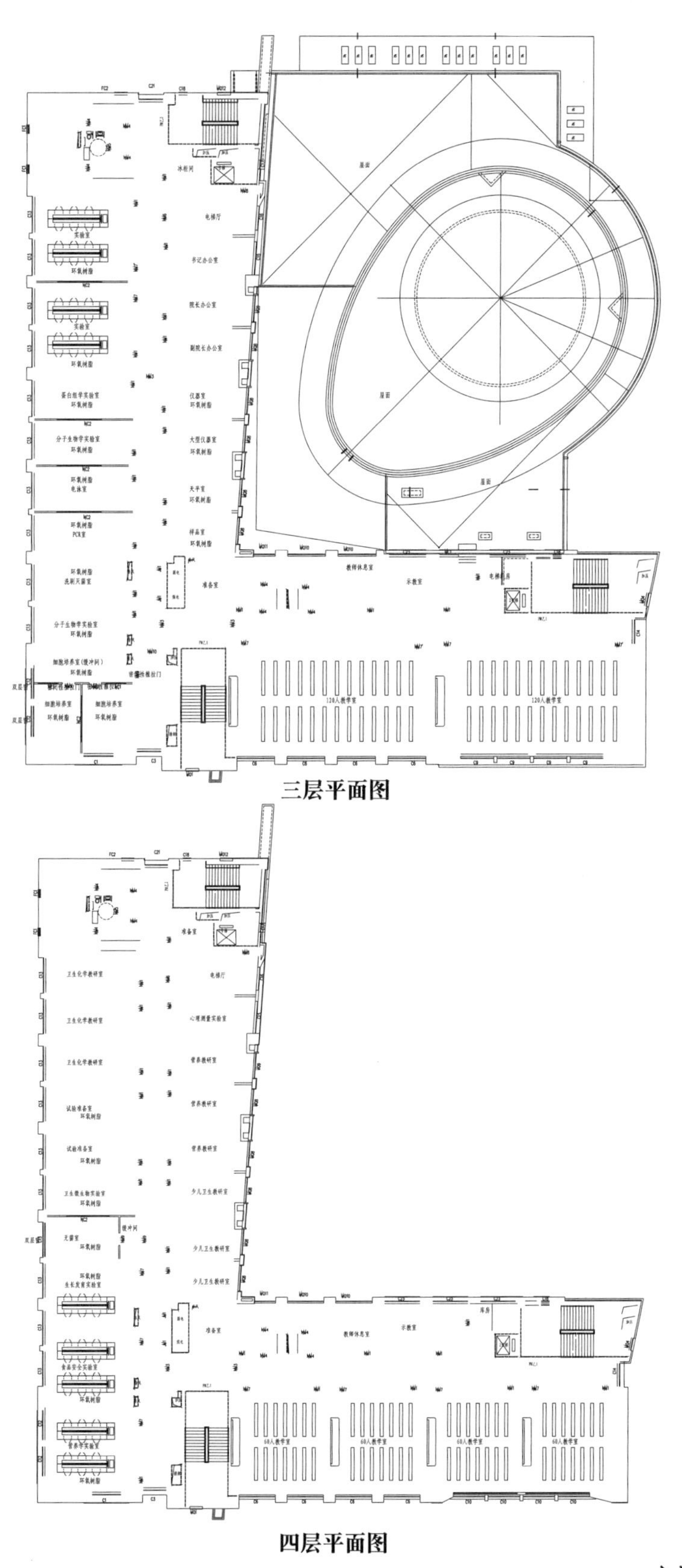

三层平面图

四层平面图

> 扬州大学六层教学楼建筑方案图

设计说明

高度类别：多层建筑
结构形式：钢筋混凝土结构
框架图纸深度 ：方案（初设图）
设计风格：欧陆风格
设计流派：新古典

内容简介

本套图纸包括：各层平面图、立面图

立面图

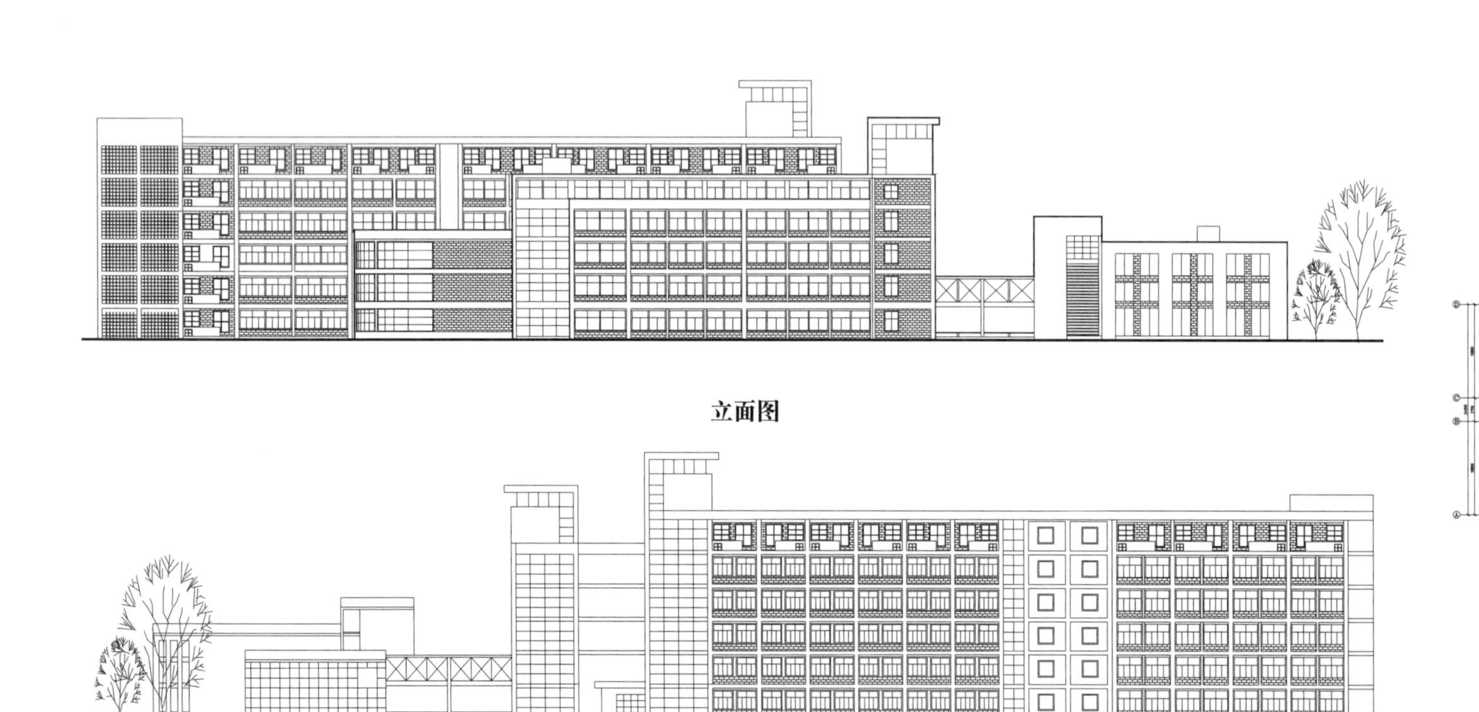

立面图

立面图

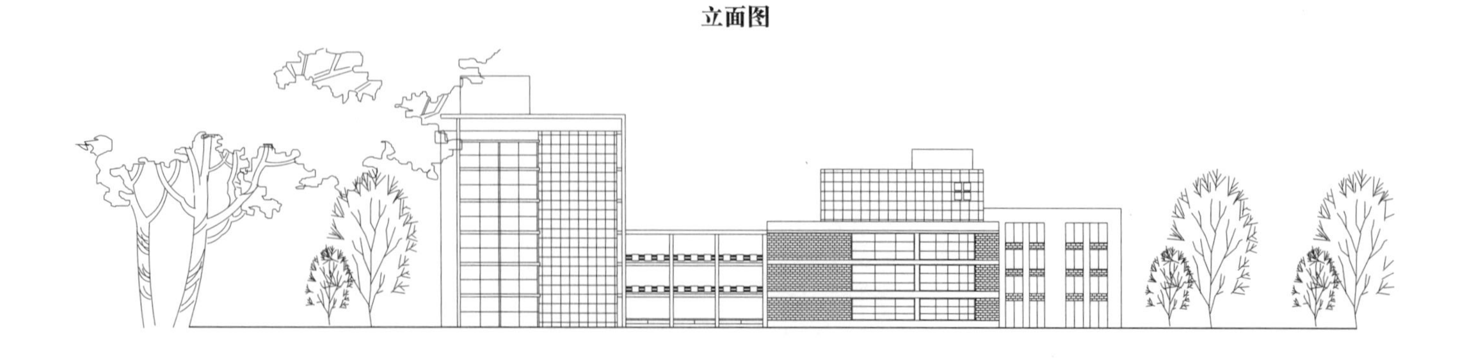

立面图

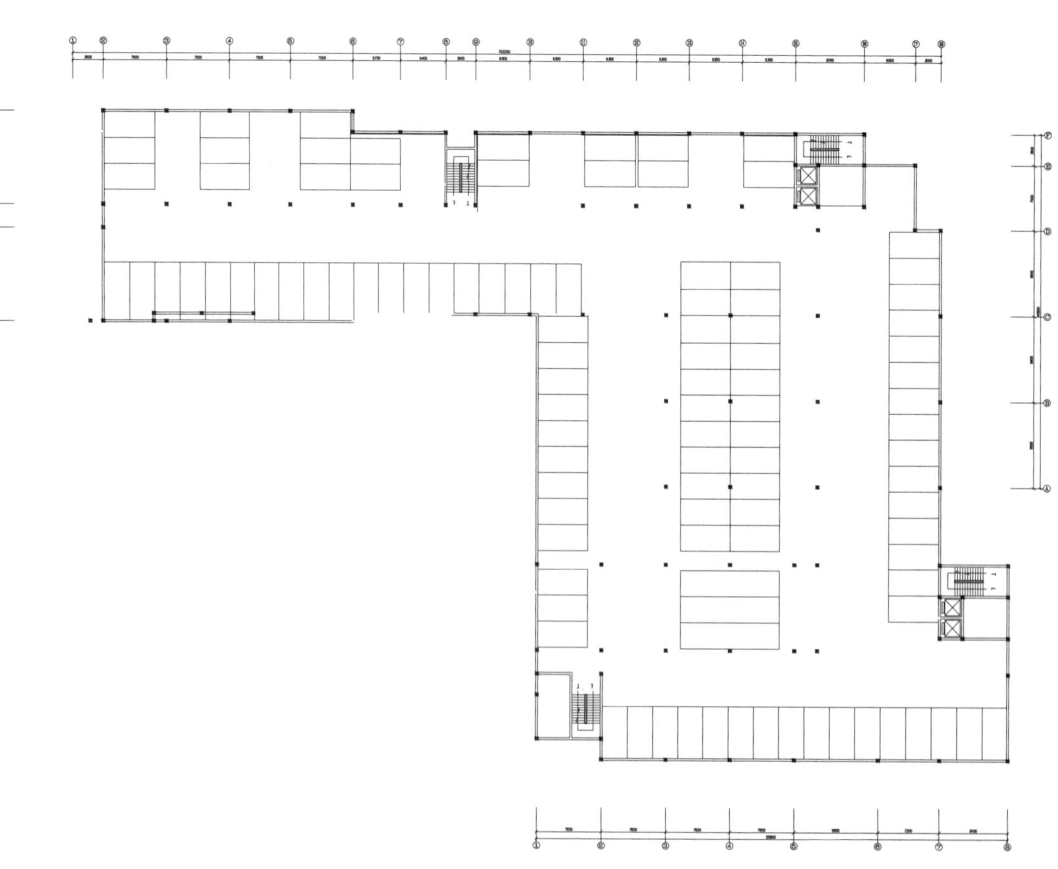

屋顶平面图

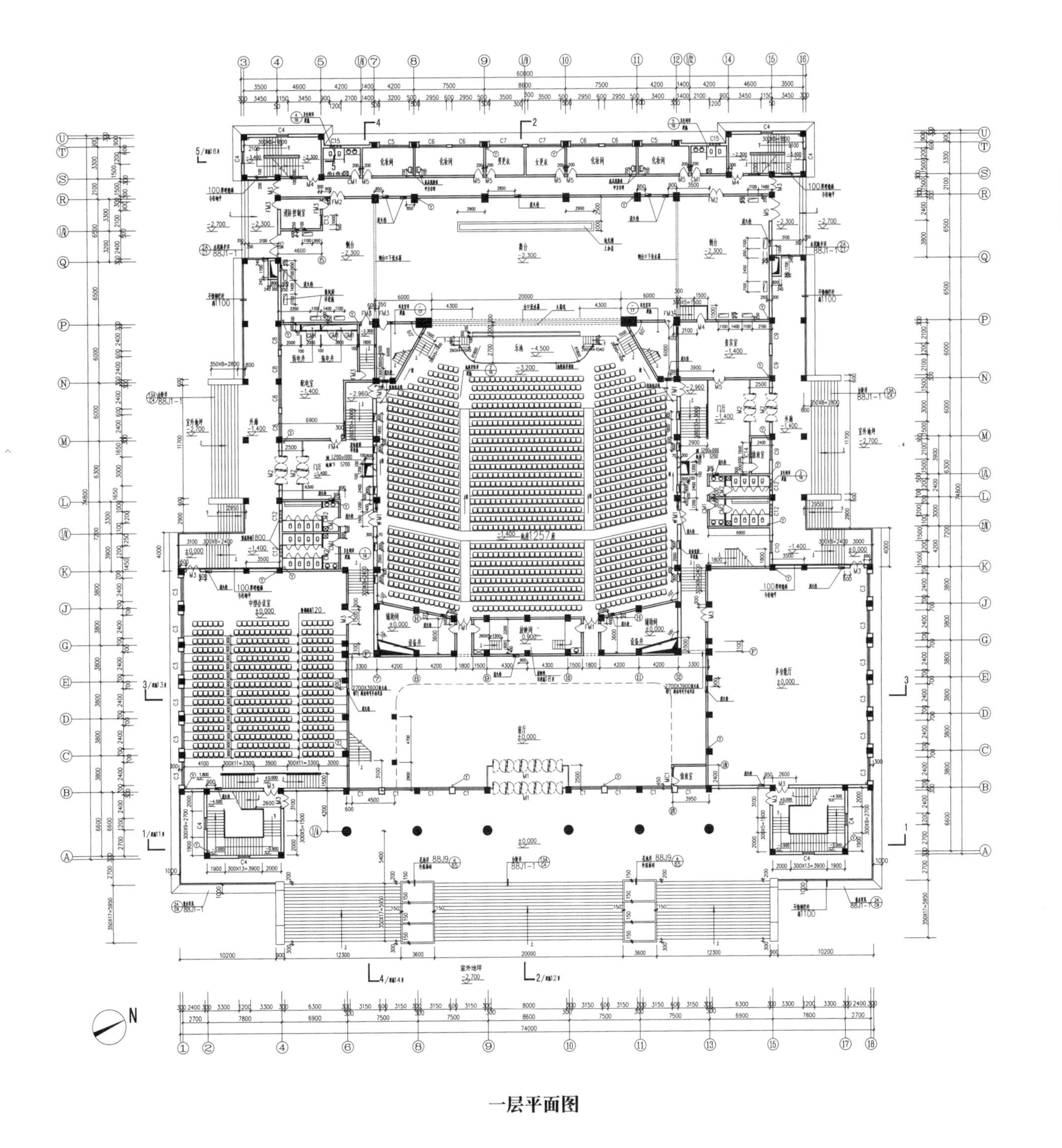

一层平面图

夹层平面图 1:150

建筑面积 338.5M²

二层平面图

>新疆大学框架结构礼堂建筑施工图

设计说明

高度类别：多层建筑
结构形式：钢筋混凝土结构
框架图纸深度 ：方案（初设图）

设计风格：欧陆风格
设计流派：新古典

内容简介

本套图纸包括：建筑总说明，门窗表，各层平面布置图，立面以及剖面图，节点详图，楼梯详图等

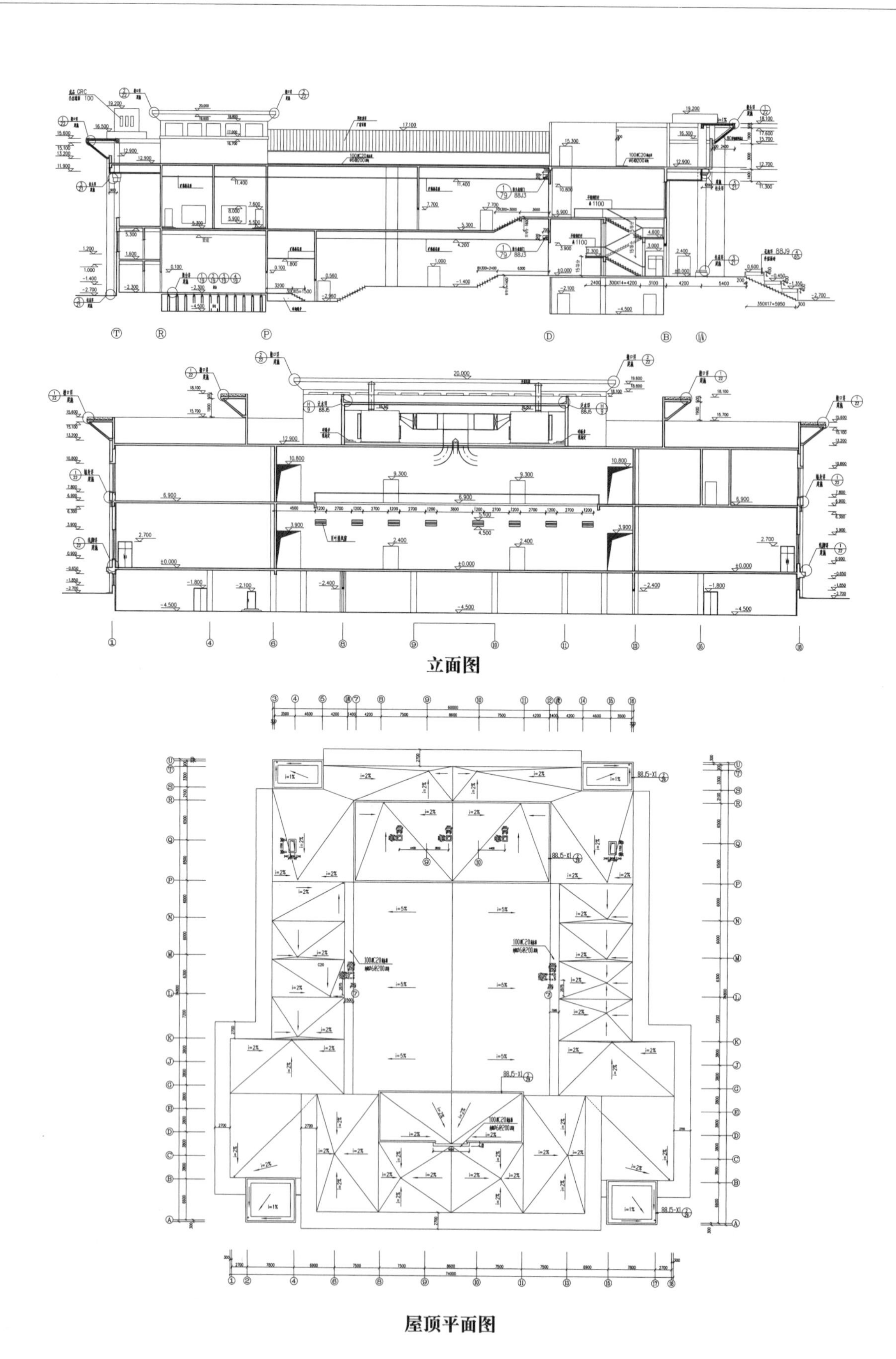

立面图

屋顶平面图

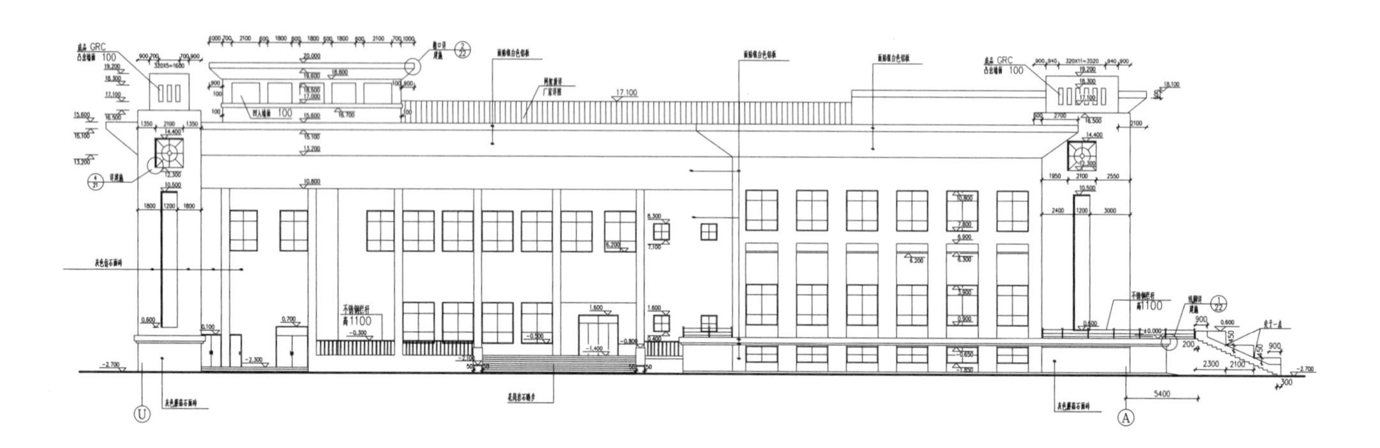

立面图

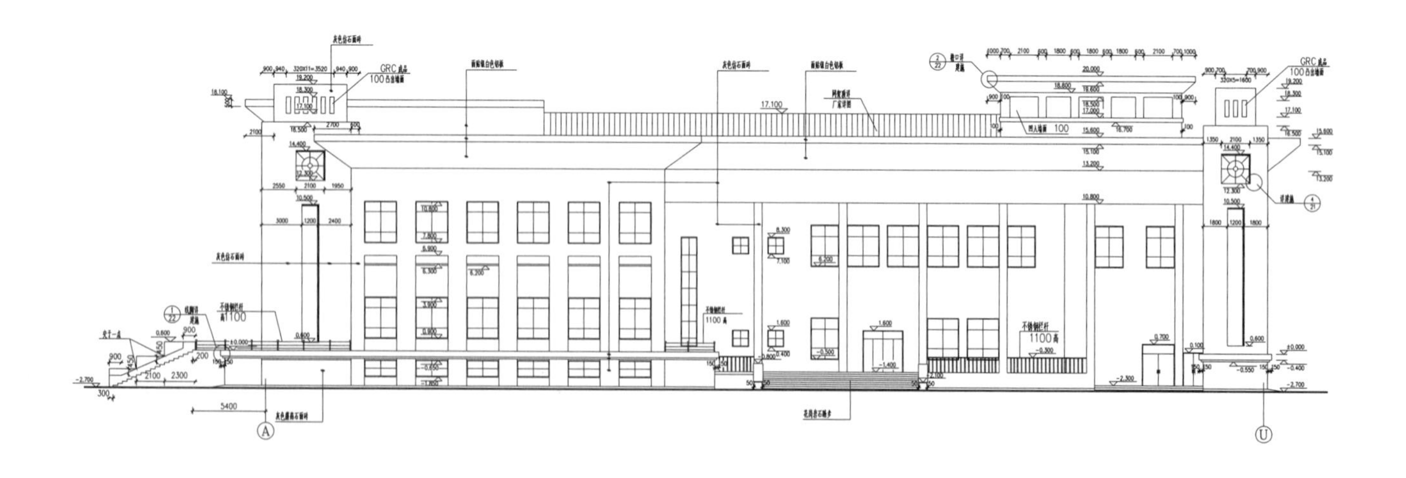

立面图

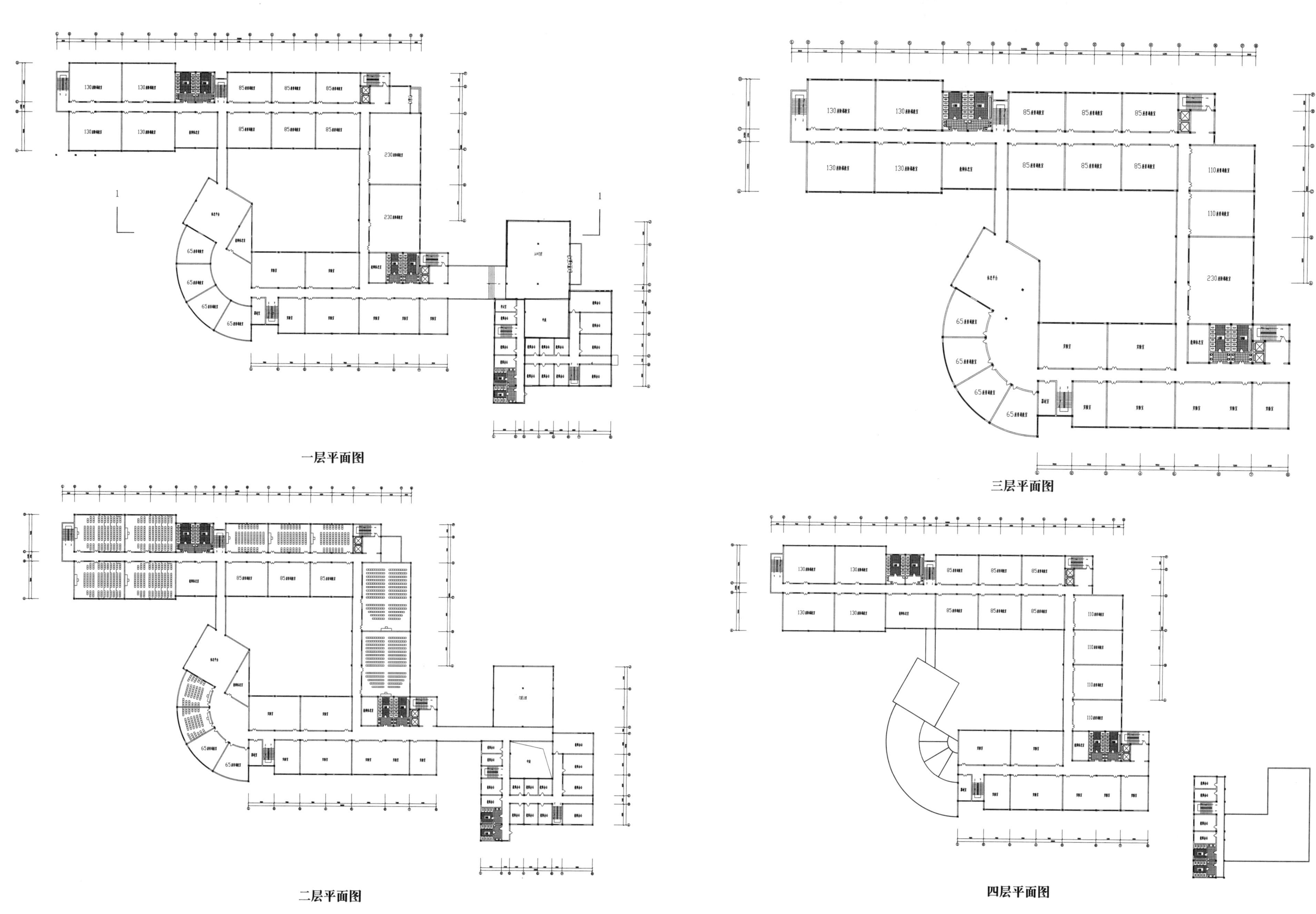

一层平面图

三层平面图

二层平面图

四层平面图

> 中山某学院四层教学楼建筑施工图

设计说明

高度类别：多层建筑
结构形式：钢筋混凝土结构
框架图纸深度 ：方案（初设图）

设计风格：欧陆风格
设计流派：新古典

内容简介

本套图纸包括：设计说明、各层平面图、剖面图、立面图、楼梯大样、卫生间大样、门窗大样以及各墙身节点大样。

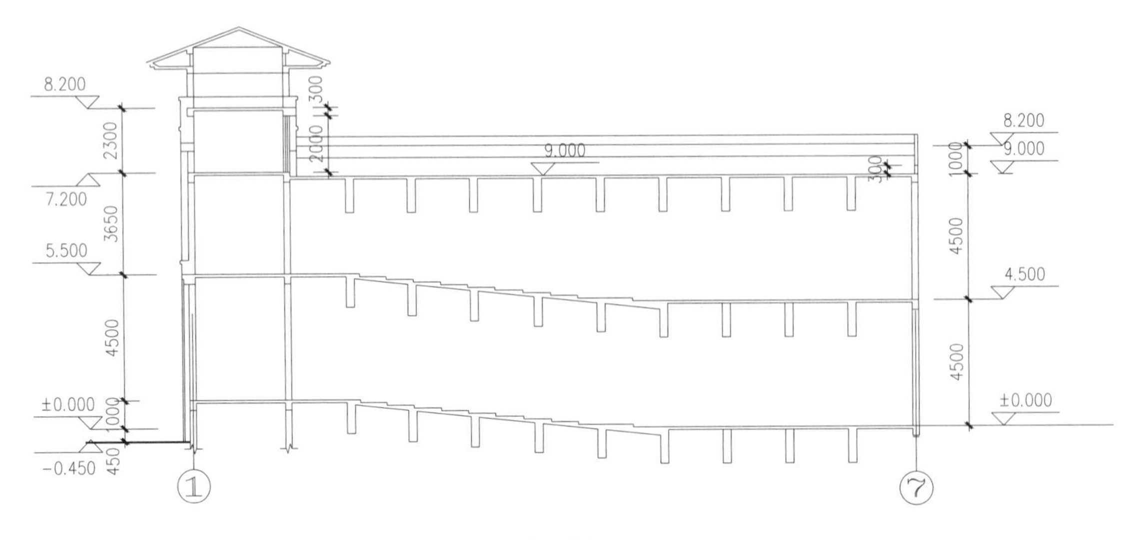

剖面图

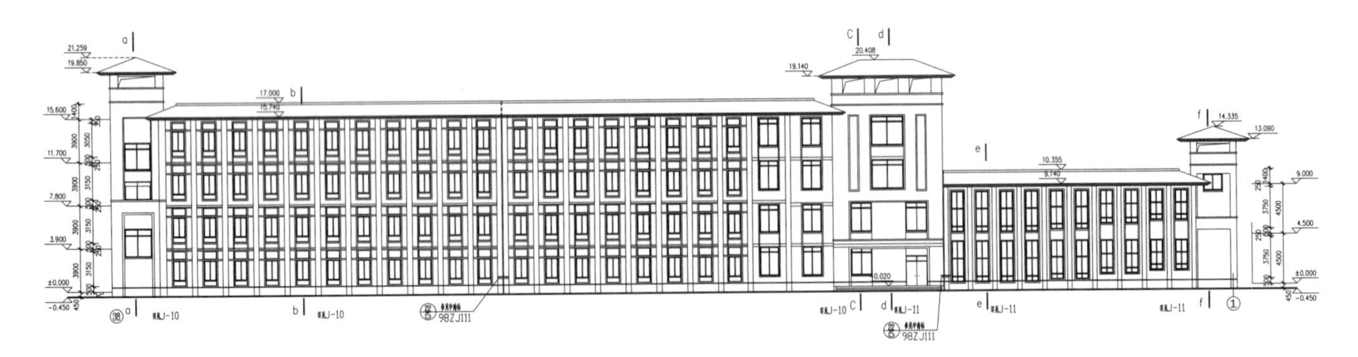

立面图

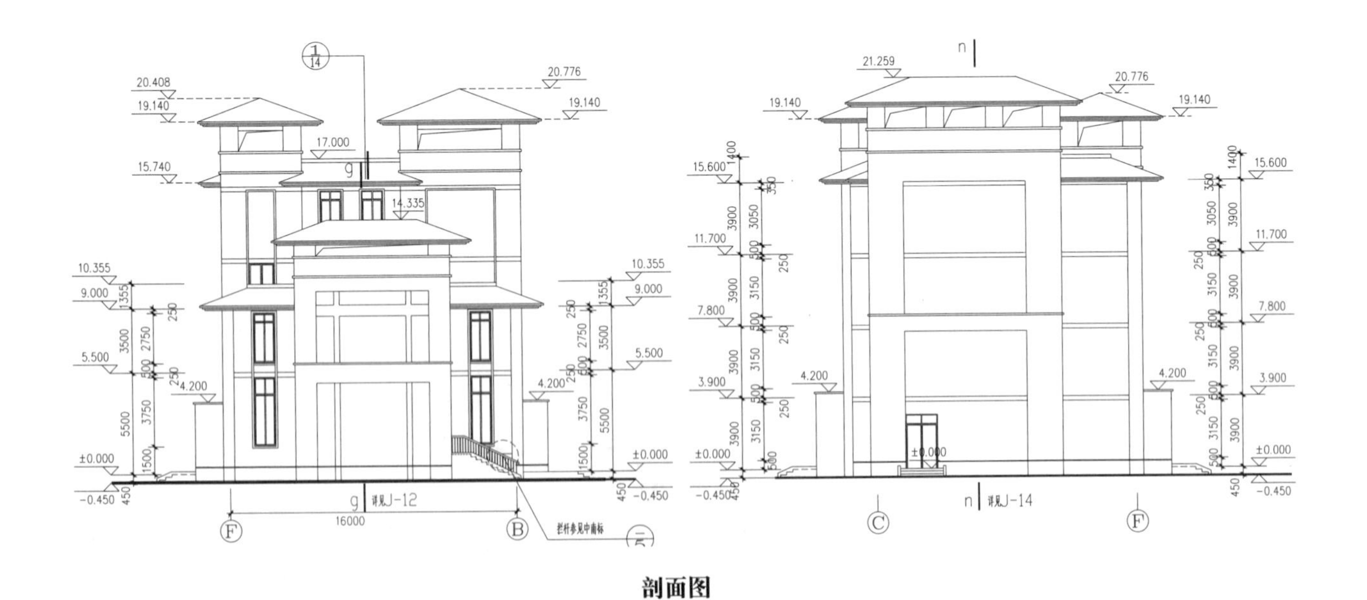

剖面图

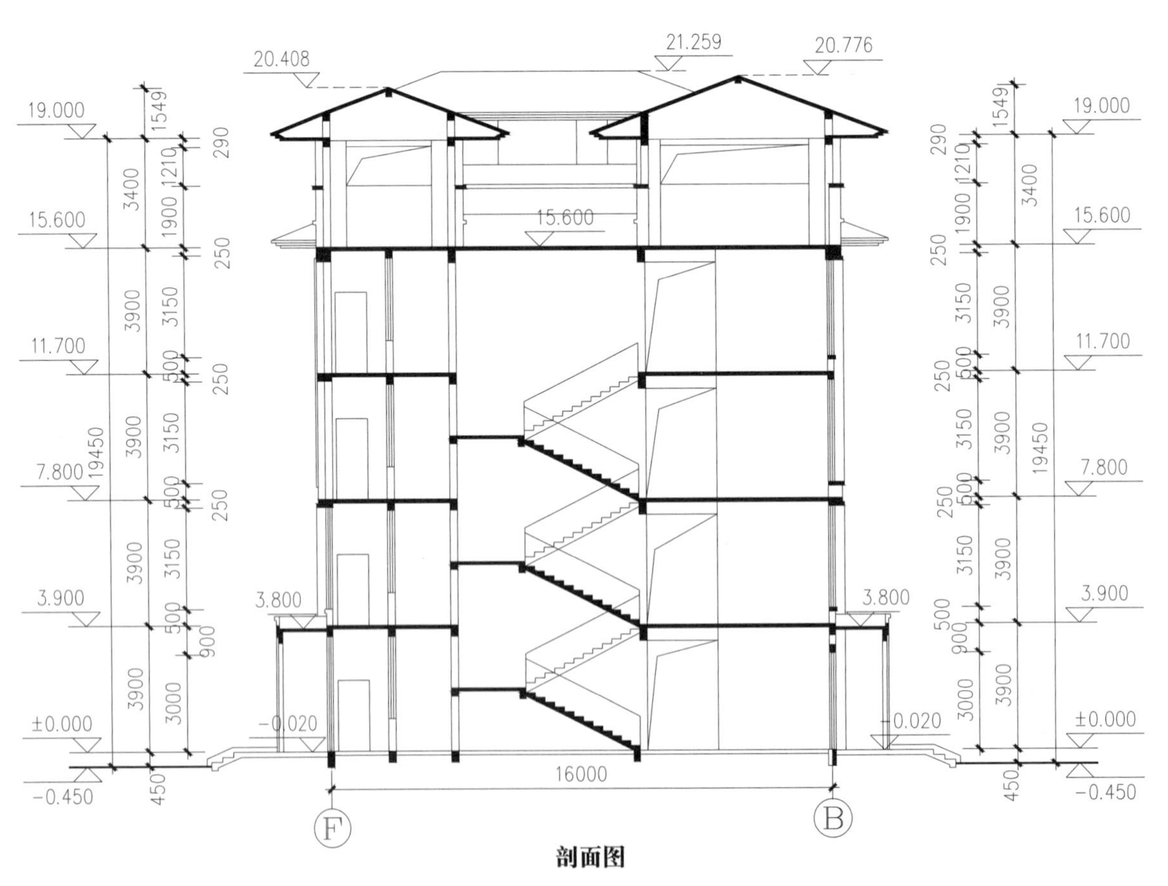

剖面图

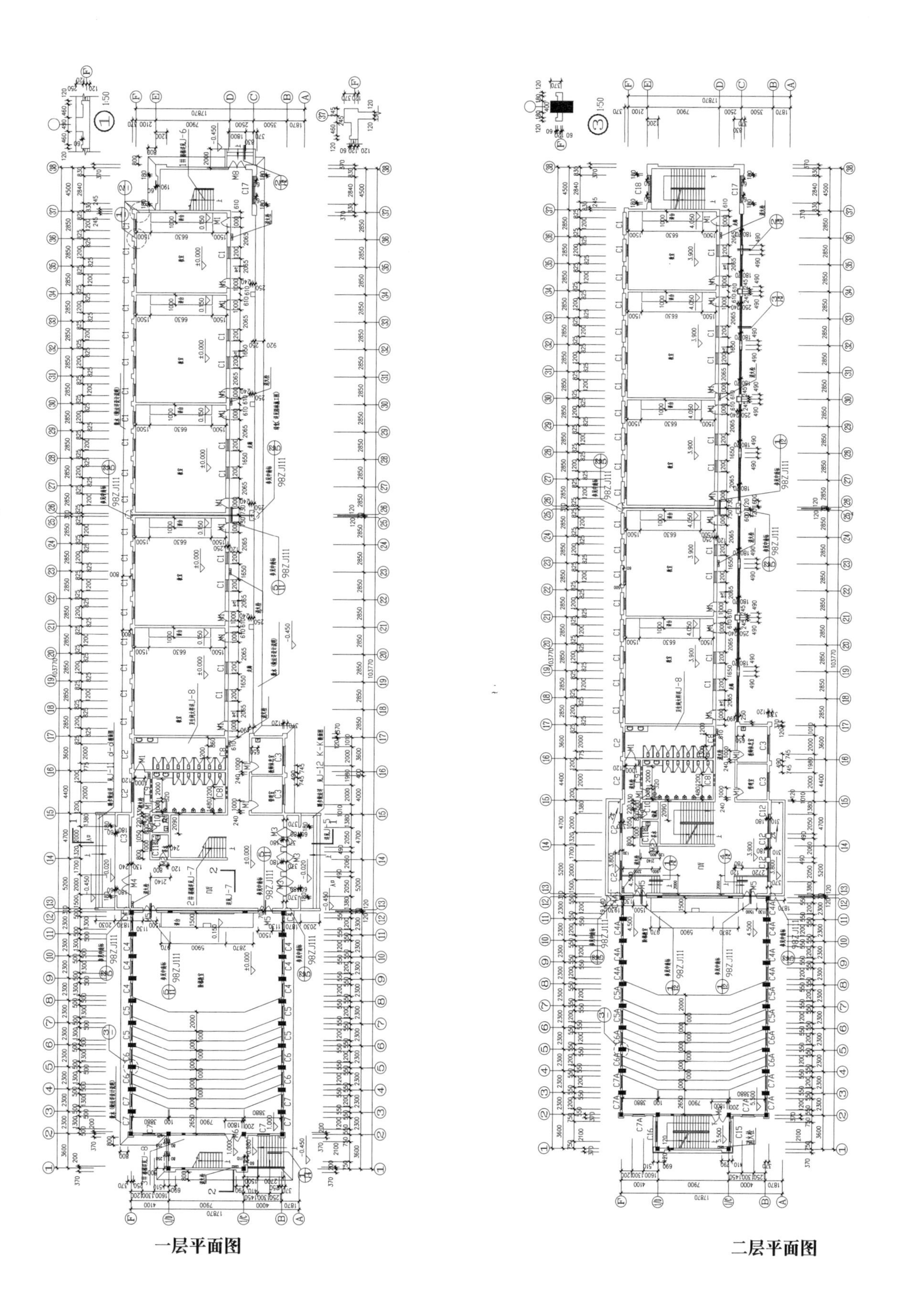

一层平面图

二层平面图

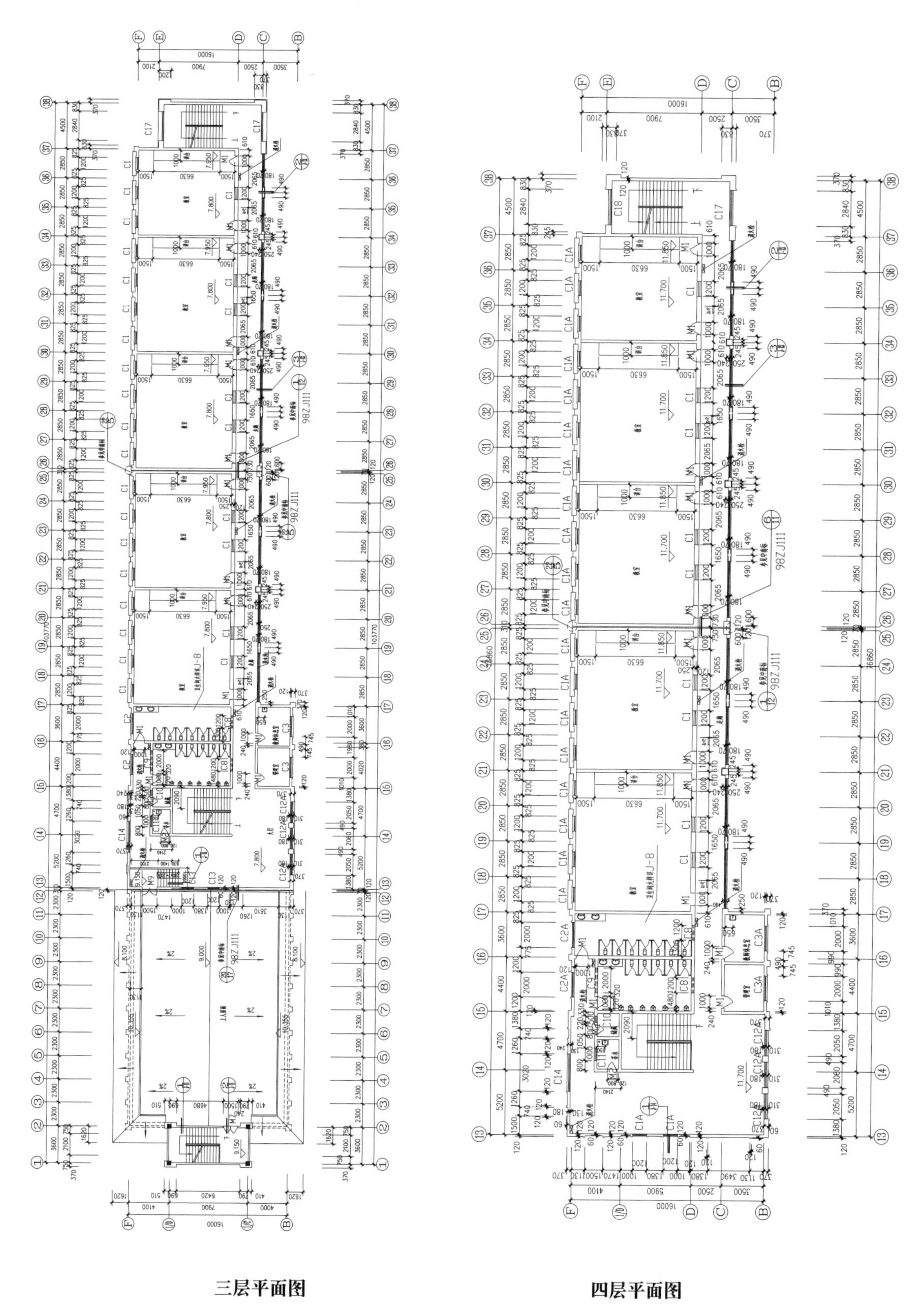

三层平面图

四层平面图

> 重庆商学院艺术学院建筑施工图

设计说明

高度类别：多层建筑　　　　设计风格：现代风格
结构形式：钢筋混凝土结构　设计流派：现代
框架图纸深度 ：方案（初设图）

内容简介

本套图纸包括：建筑施工图设计说明、门窗表、门窗立面、总平面图、竖向设计、各层平面图、立面图、剖面图、底层报告厅放大平面图、二层多功能厅放大平面图、多功能厅上空放大平面图、报告厅剖面图、阶梯教室放大详图、卫生间、盥洗间详图、楼梯间详图、挑台放大详图、阳台放大详图、详图、各层天花布置图

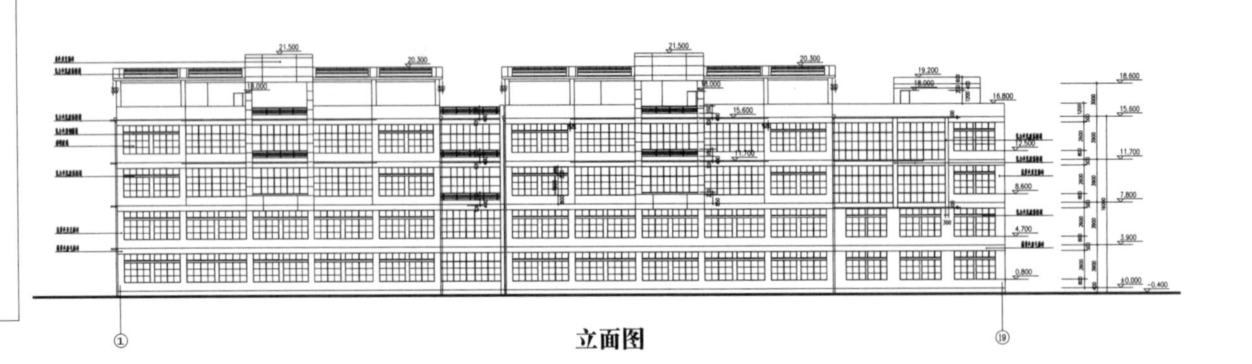

立面图

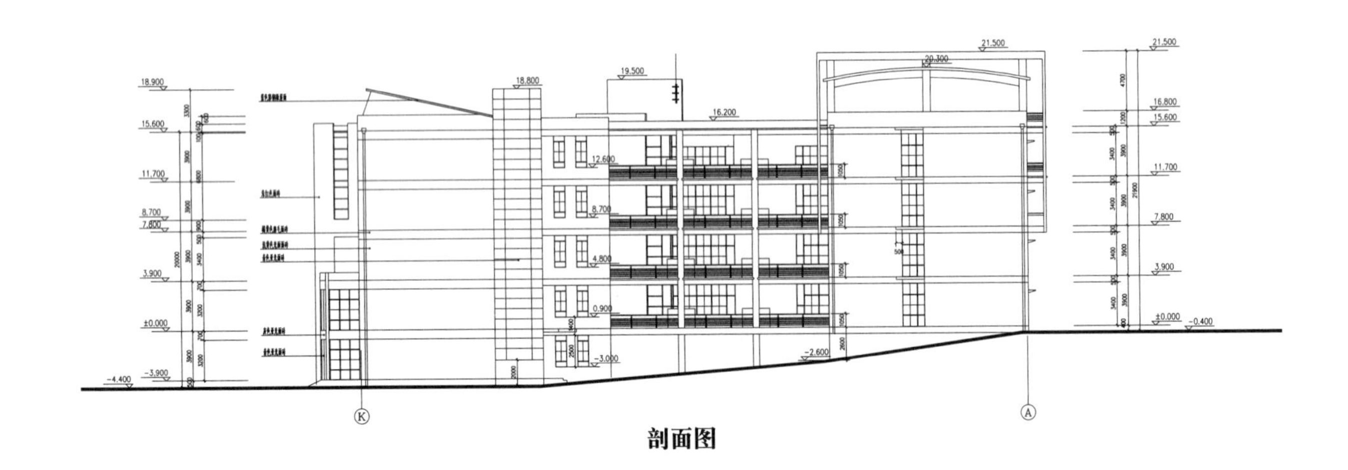

剖面图

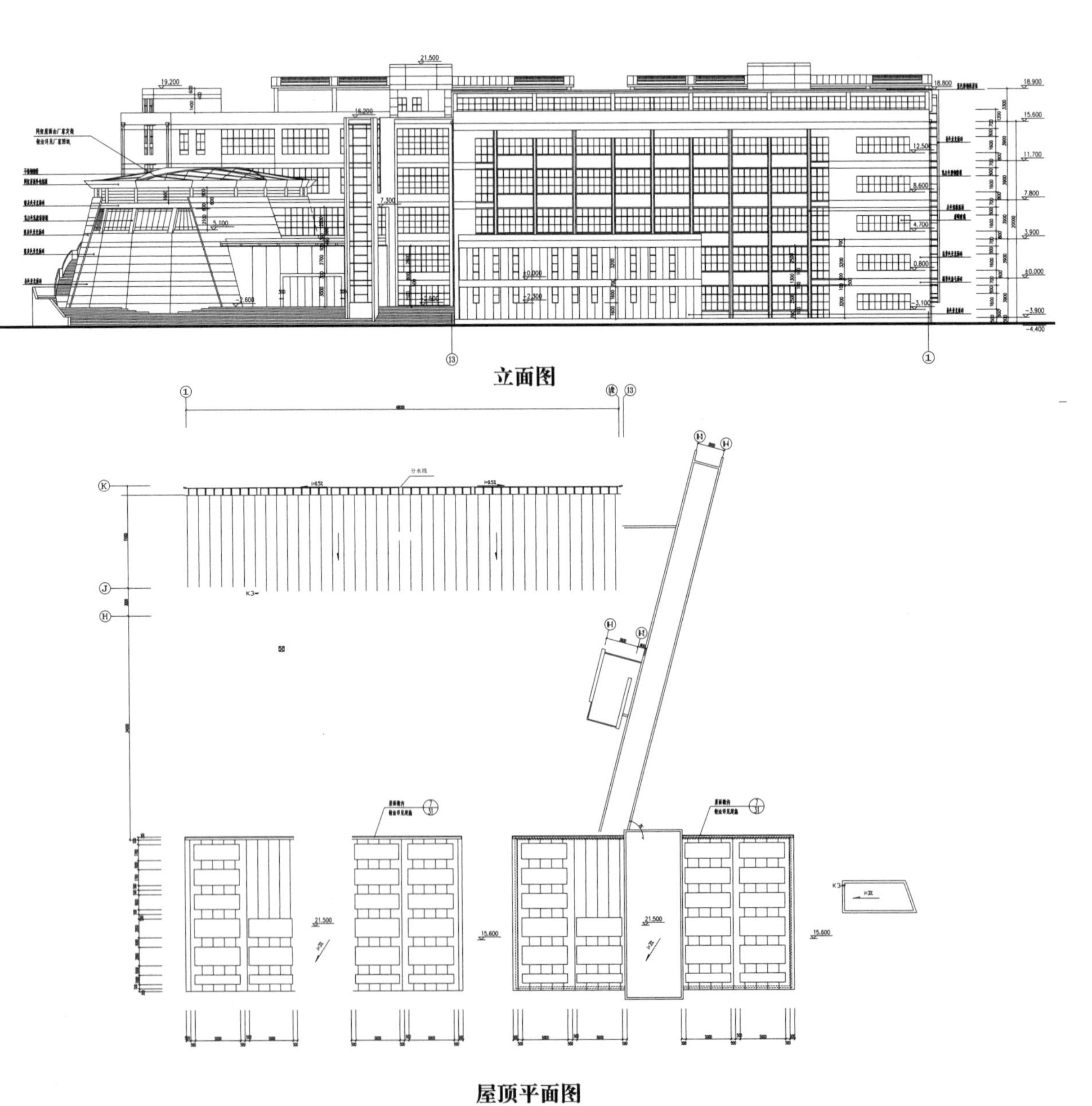

立面图

屋顶平面图

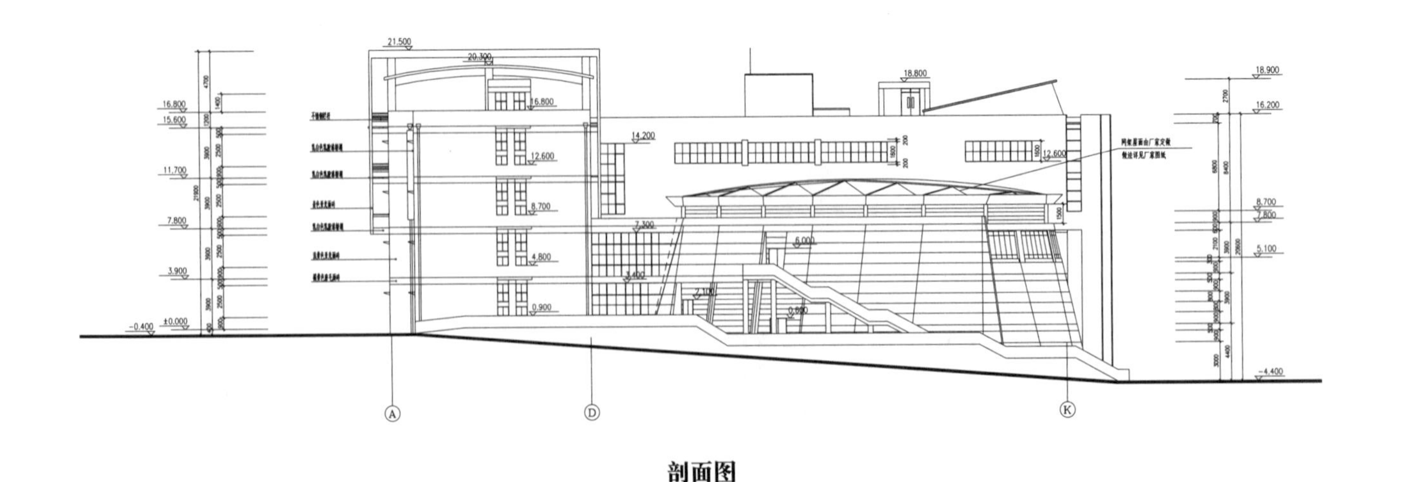

剖面图

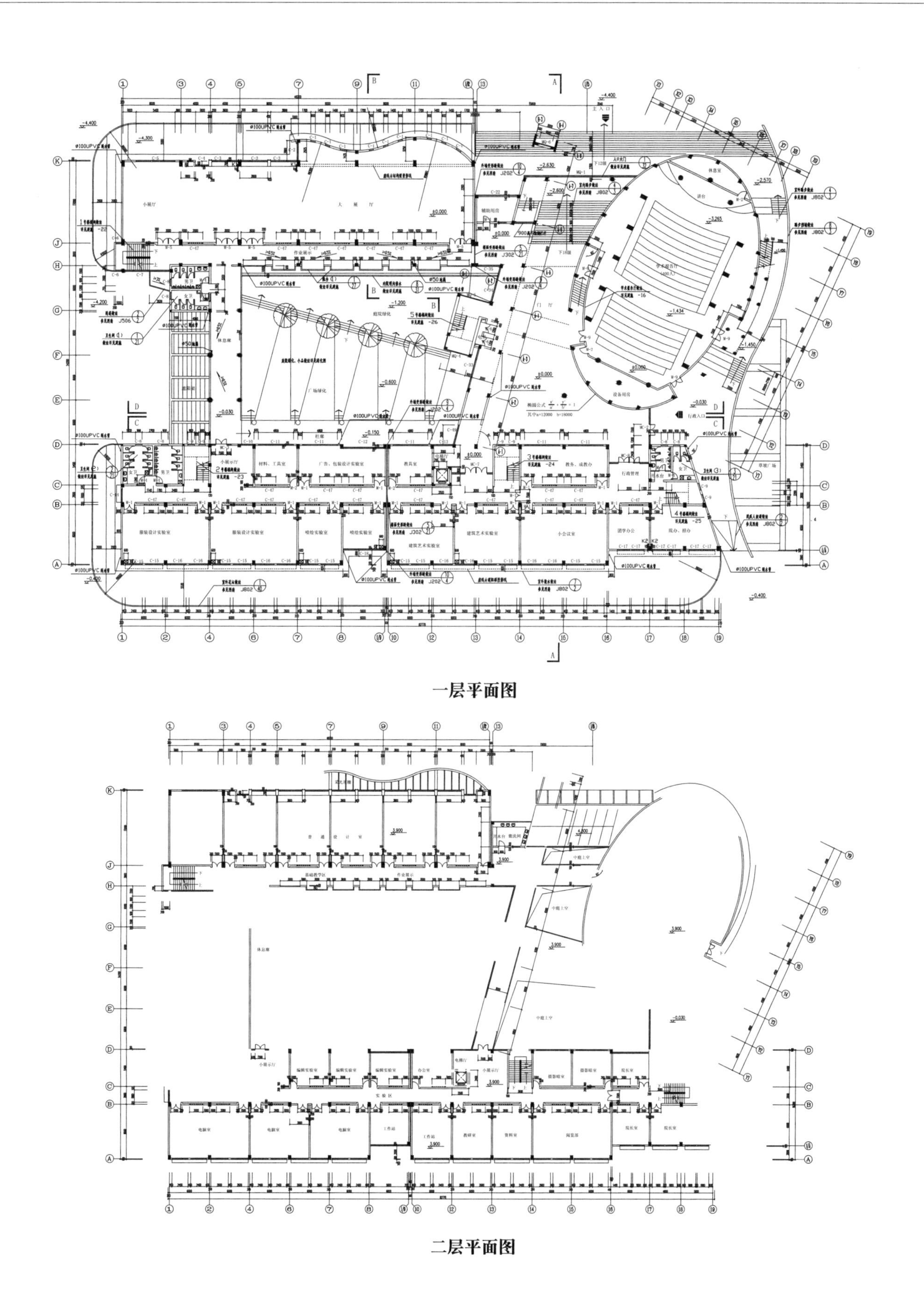

一层平面图

二层平面图

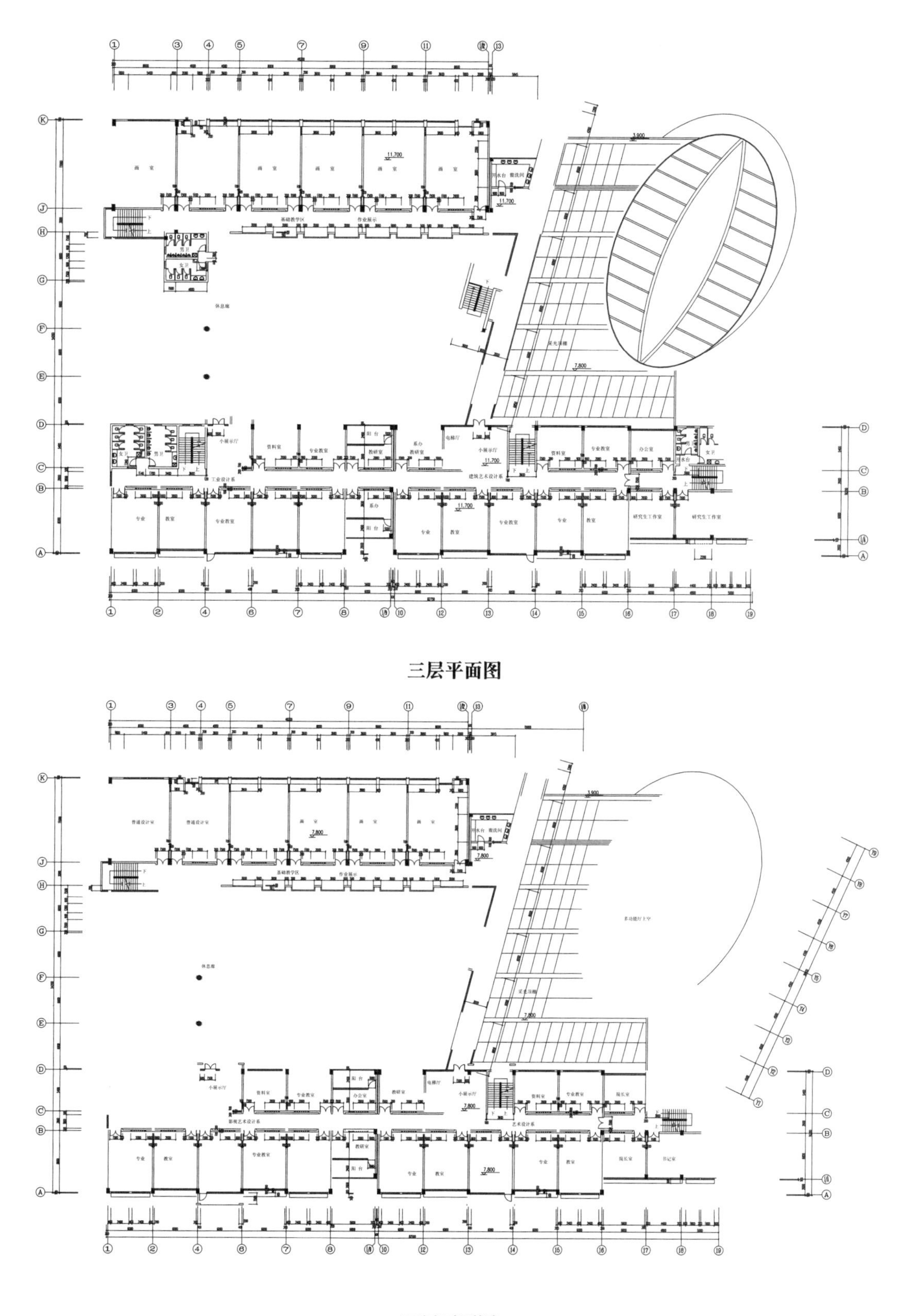

三层平面图

四层平面图

> 重庆学校六层教学楼建筑施工图

设计说明

高度类别：多层建筑
结构形式：钢筋混凝土结构
框架图纸深度 ：方案（初设图）

设计风格：现代风格
设计流派：现代

内容简介

本套图纸包括：总平面图、设计说明、做法表、各层平面图、立面图、剖面图、门窗表、门窗大样、楼梯大样、节点详图

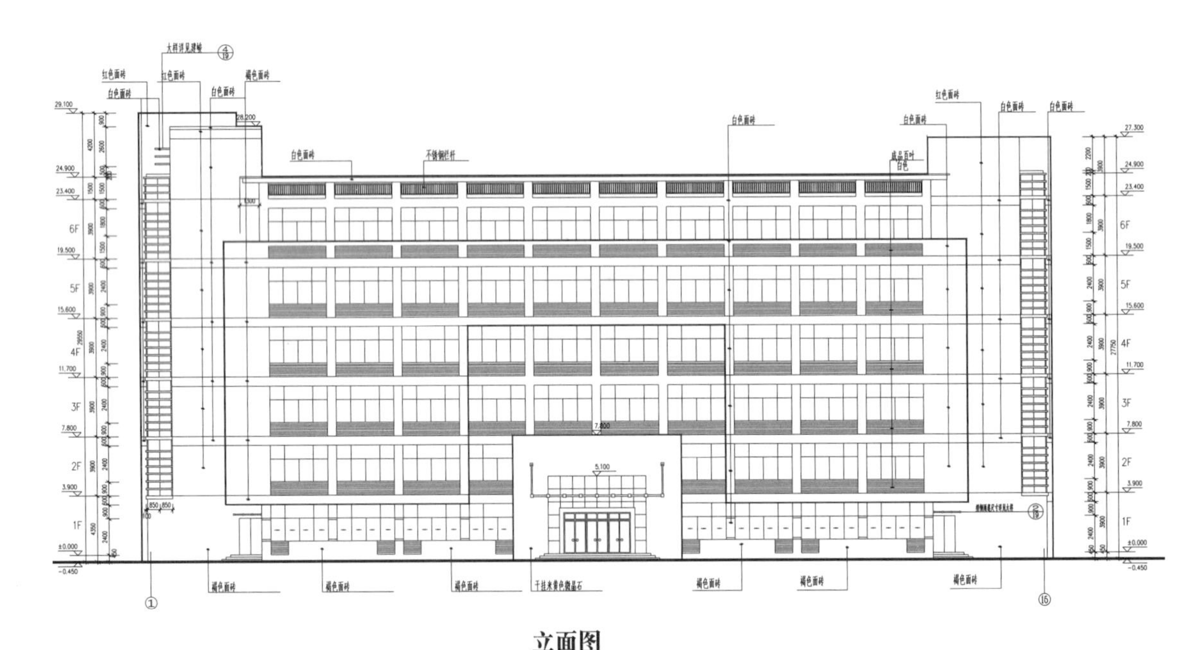

立面图

立面图

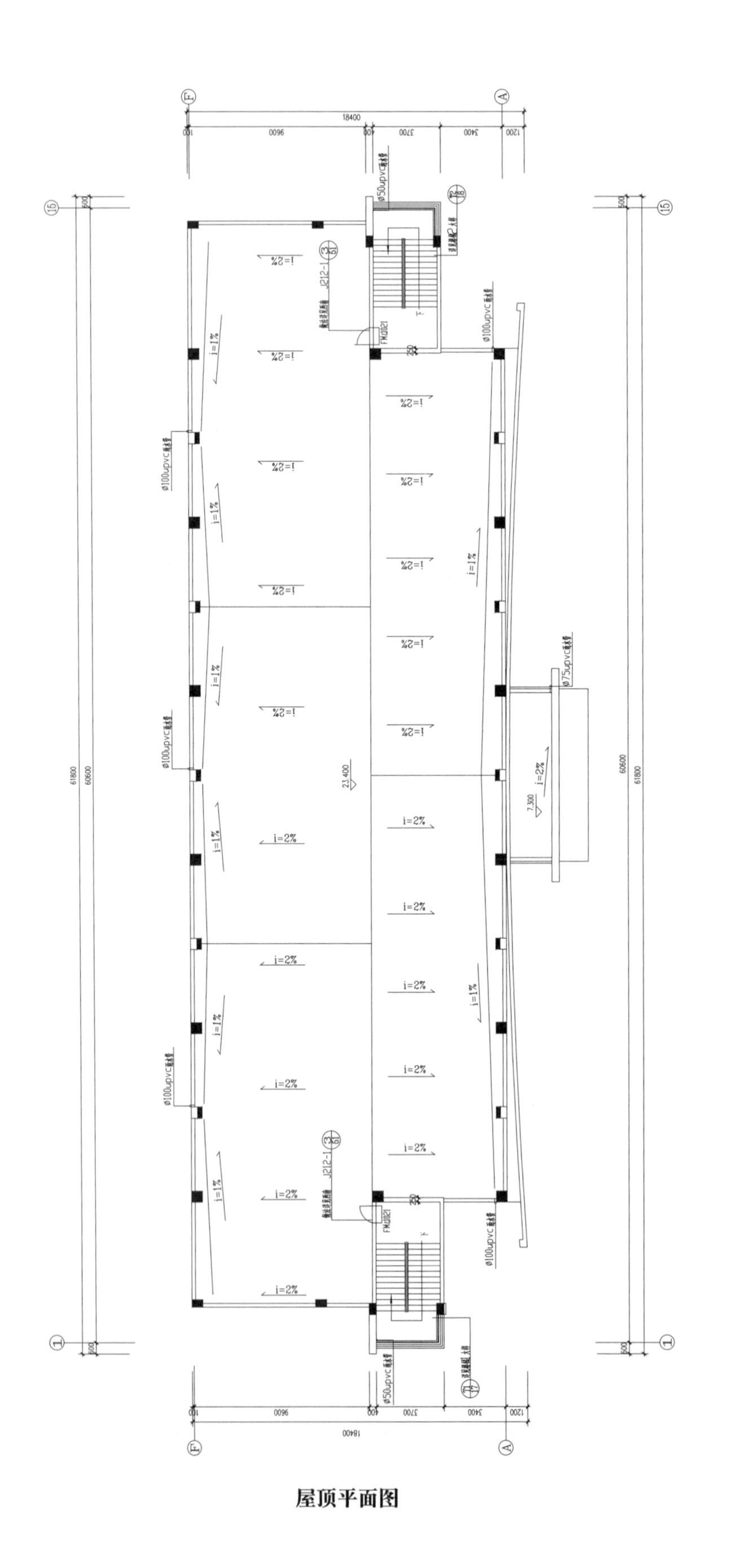

屋顶平面图

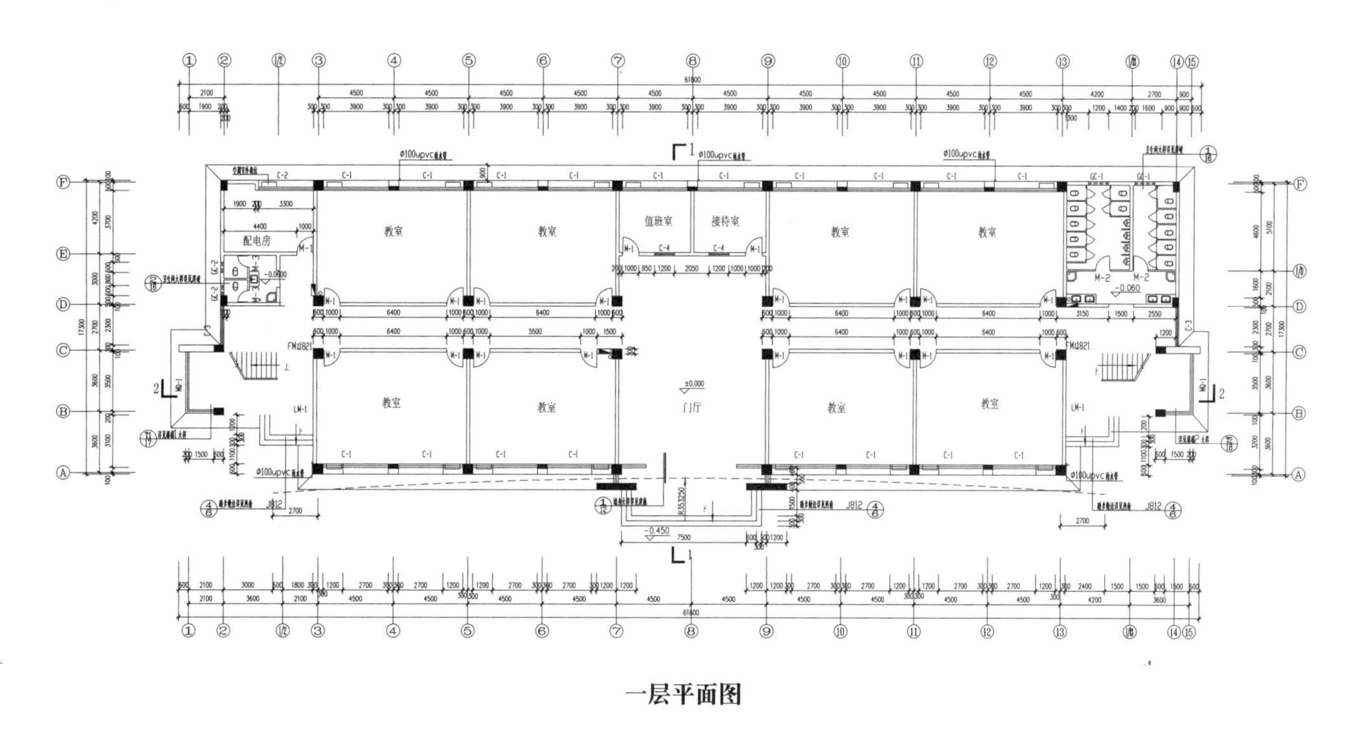

一层平面图

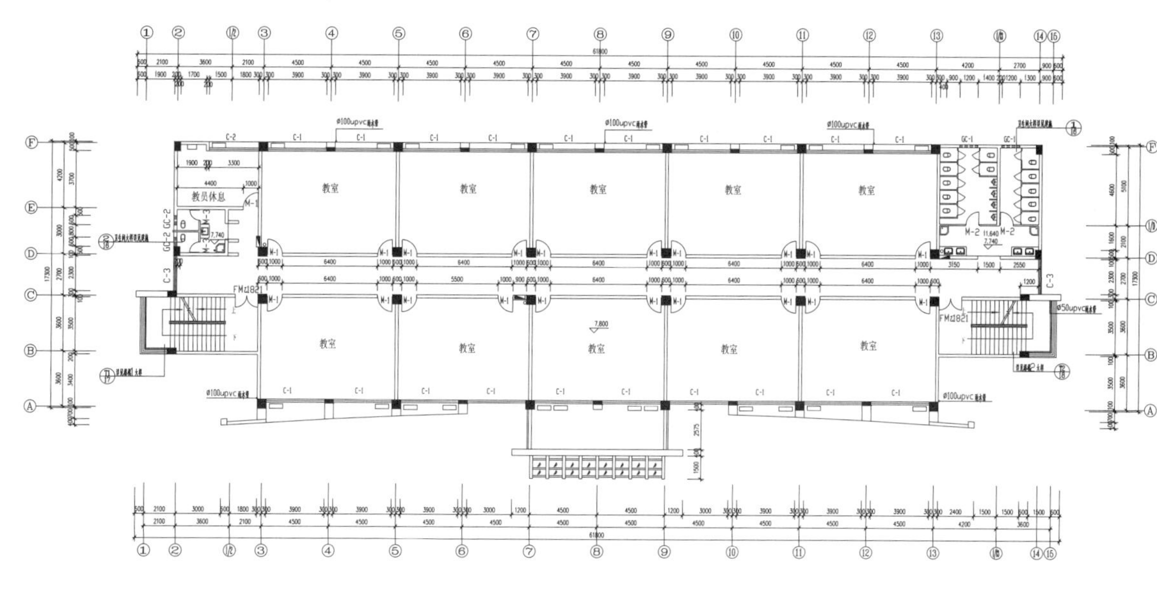

三层平面图

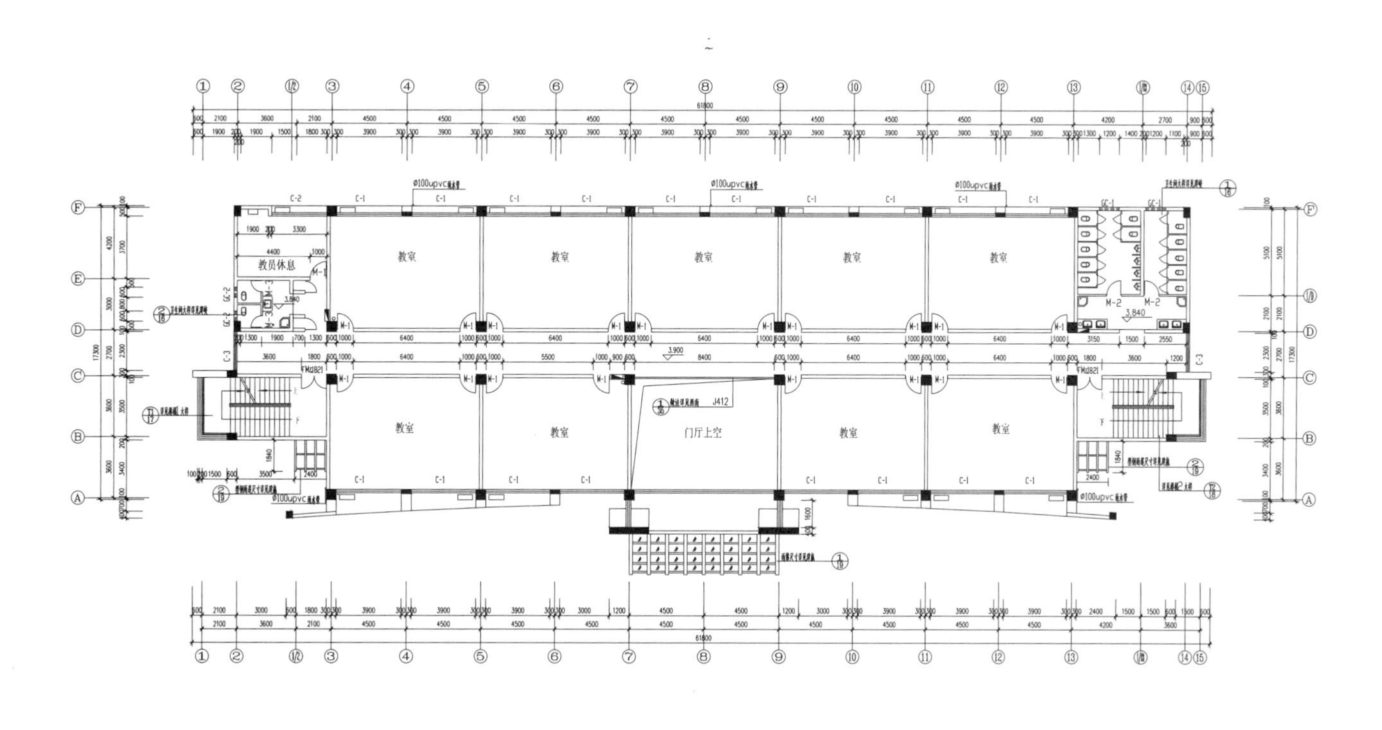

二层平面图

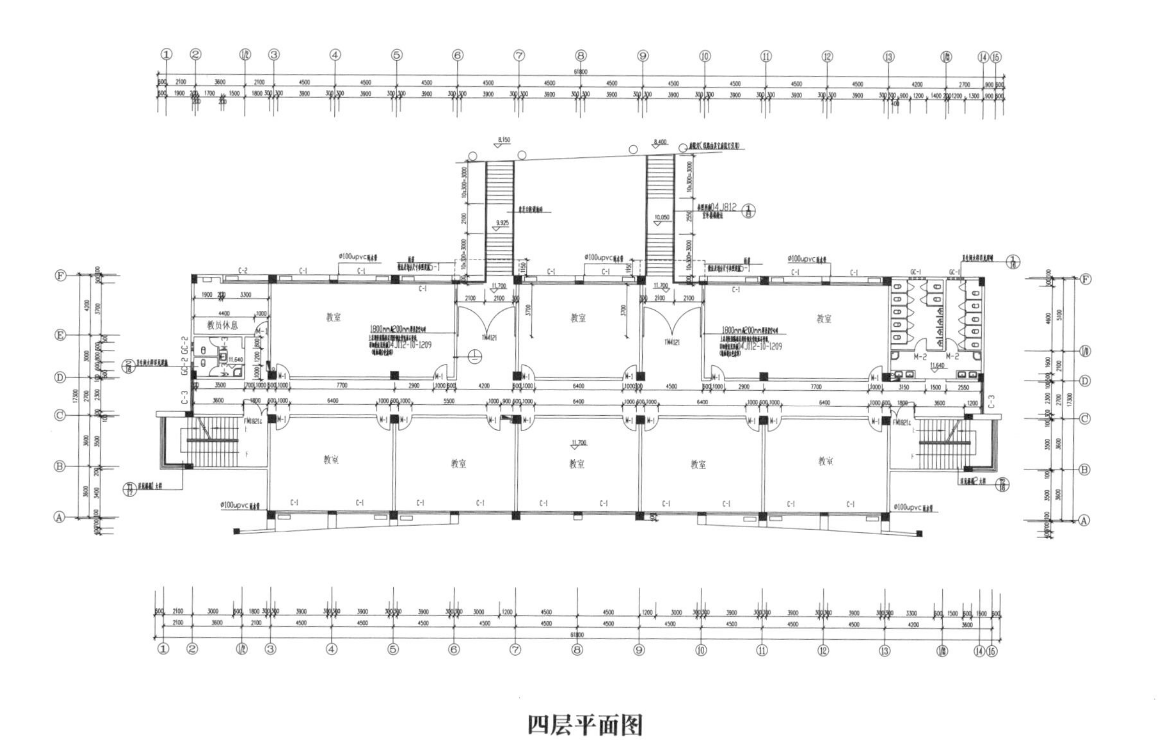

四层平面图